Schütze
und Schützensteuerungen

Von

Herbert Franken
Direktor der Firma Klöckner-Moeller GmbH
Bonn a. Rhein

Zweite erweiterte Auflage

Mit 220 Abbildungen

Springer-Verlag
Berlin / Heidelberg / New York
1967

ISBN-13: 978-3-642-92941-0 e-ISBN-13: 978-3-642-92940-3
DOI: 10.1007/978-3-642-92940-3

Softcover reprint of the hardcover 2nd edition 1967
Library of Congress Catalog Card Number 67–17957

Titelnummer 0255

Vorwort zur zweiten Auflage

In den sieben Jahren seit Erscheinen der 1. Auflage hat sich die Bedeutung dieses Arbeitsgebietes noch gesteigert. Die Erzeugung von Schützen stieg in der Bundesrepublik stückzahlmäßig auf fast das $2^1/_2$-fache an. Konsequente Weiterentwicklung führte zu erheblichen Fortschritten bei der Erhöhung der Geräte- und Schaltstücklebensdauer. Weiteres Studium und Entwicklung der Schaltstückstoffe, insbesondere mit dem Ziel das Einschaltvermögen trotz guter Dauerstromführung zu erhöhen, führte zum Erfolg. Bei den Lichtbogenlöschmethoden trat die Unterteilung der Schaltlichtbögen durch ein in der Löschkammer befindliches Löschblechsystem mehr in den Vordergrund. Man sorgte dabei für schnelle Entlastung der Schaltstücke. Die Mehrfachunterbrechung, jetzt vorzugsweise in Form der Zweifachunterbrechung, hat sich durchgesetzt. Die im Rahmen der modernen Steuerungstechnik stark gestiegene Zahl der Hilfsschaltelemente führte zu einer umfangreichen Entwicklung auf dem Gebiet der Befehlsgeräte. Von ihnen hängt die Betriebstüchtigkeit der Anlage wesentlich ab. Im Vordergrund stand dabei die Forderung nach Steigerung der „Kontaktsicherheit", möglichst auch bei kleinen Spannungen wie sie am Ausgang elektronischer Vorsätze vorhanden sind. Die Notwendigkeit immer mehr Hilfsschaltglieder und auch selbst Schütze auf kleinem Raum unterzubringen hat über das „Kleinschütz" hinweg die Entwicklung von „Kleinstschützen" mit hohem Isolationsniveau vorwärtsgetrieben. Sie sind als „Hilfsschütze" weitgehend an die Stelle von Schaltrelais getreten.

Starke Einflüsse gingen von der Überarbeitung der technischen Vorschriften aus. Einen ersten Ansatzpunkt für internationale Festlegungen mit Bezug auf Schütze bietet die IEC-Publikation 158–1 vom Jahre 1964[1]. Auf dieser Grundlage wurden die VDE-Bestimmungen 0660 neu bearbeitet. Ihr Teil I behandelt u. a. die Schütze[2]. Nebenher laufen

---

[1] Eine deutsche Übersetzung erschien im VDE-Verlag: „Niederspannungssteuergeräte für industrielle Anwendung" Teil 1 Schütze. 1. Ausgabe 1964

[2] Die Herausgabe hat sich etwas verzögert. Mit ihr ist Ende 1967 oder Anfang 1968 zu rechnen. Hierbei könnten noch kleine Änderungen bei einigen Zahlenwerten entstehen. Die Teile 2 bis 5 sind in Arbeit. Sie behandeln:

Teil 2 die Hilfsstromschalter. Dazu gehören die Hilfsschaltglieder sowie die Befehlsschalter der Schütze.
Teil 3 die Anlaß-, Stell- und Widerstandsgeräte.
Teil 4 die Niederspannungs-Hochleistungs-Sicherungen.
Teil 5 die fabrikfertigen Schaltgeräte-Kombinationen (FSK).

noch Verhandlungen im Rahmen der EWG und IEC mit dem Ziel der weiteren Harmonisierung der technischen Bestimmungen.

Die Fülle des Stoffes zwang weiterhin zur Beschränkung. Die bei der ersten Auflage gemachte Voraussetzung, die eigentlichen elektronischen Steuerungen nicht zu behandeln, mußte aus den gleichen Gründen beibehalten werden. Dabei ist auch zu beachten, daß sich mit den Schützen die überwiegende Zahl aller Steuerungsaufgaben lösen läßt. Es ist für die meisten Steuerungen immer noch die wirtschaftlichste Lösung. Elektronische Steuerungen sind am Platze, wenn an bestimmte Eigenschaften extrem hohe Anforderungen gestellt werden, z. B. ungewöhnlich hohe Schalthäufigkeiten oder kleinste Steuerleistungen.

Bonn, im Frühjahr 1967

H. Franken

Vorwort zur ersten Auflage

An der Niederspannungsschaltgerätetechnik haben die „Schütze" und die damit aufgebauten „Schützensteuerungen" einen großen Anteil. Die Elektrifizierung der Arbeitsmaschinen, also die Entwicklung der elektrisch einzeln angetriebenen Arbeitsmaschine zur „Elektroarbeitsmaschine", wurde in der heute erreichten, hochentwickelten Form erst mit ihrer Hilfe möglich. Es ist deshalb auch nicht verwunderlich, daß ihre ausgedehnte Verwendung zeitlich einhergeht mit der Abkehr von der Transmission, vor allem der Aufteilung der Energieströme innerhalb der Maschine, der Entwicklung zur Vielmotorenmaschine und der Übernahme zahlreicher Steuerfunktionen innerhalb der Maschinen, wie Richtungswechsel, Drehzahlwechsel u. dgl., durch elektrotechnische Elemente. Mit der Ausdehnung der Automatisierung wuchs die Bedeutung nochmals stark an. Statt einer Maschine sind ganze Maschinenketten in Abhängigkeit voneinander zu steuern. Für diese elektrischen Ausrüstungen ist das Schütz der Grundbaustein, der in immer gleichbleibender Form auf dem Fließband billig, bei hoher Güte erzeugt wird und bei der Lösung der unterschiedlichsten Aufgaben Verwendung findet. Sorgfältige physikalische Durcharbeitung der Einzelprobleme hat dazu geführt, daß die Geräte heute auch den stark gestiegenen Ansprüchen der Verbraucherindustrien voll entsprechen. Ständige umfangreiche Erprobungen in Verbindung mit den Erfahrungen des praktischen Betriebs haben zu einer ständigen Steigerung der Güte geführt. Heute ist nach einem Zeitraum lebhafter Entwicklung eine gewisse Abklärung der Ansichten und weitgehende Übereinstimmung in den Konstruktionstendenzen festzustellen.

Was für das Schütz gilt, gilt auch für die zahlreichen Hilfsgeräte, die „Befehls"-, „Überwachungs"- und „Signal"-Elemente. Hinzu kommt jedesmal noch verhältnismäßig viel Kopfarbeit bei der Projektierung, insbesondere der Aufstellung der Steuerungspläne, so daß für die rationelle Gesamtlösung und Anwendung der zur Verfügung stehenden Massenerzeugnisse eine der wichtigsten Aufgaben die rationelle Schaltplanentwicklung und für die Werkstatt die Rationalisierung der räumlichen Kombination der Einzelelemente, z. B. im Schaltschrank, ist. Hier liegt der Schwerpunkt der Arbeit beim Aufbau der Steuerungen.

Der Umfang der Arbeit deckt sich mit dem, was man in USA mit „Industrial Control" bezeichnet. Nicht einbezogen sind die noch in ständigem Fluß befindlichen Regelprobleme, also der Einsatz der Stromtore, Transduktoren, Transistoren u. dgl. Deren Entwicklung ist so stürmisch, daß eine Zusammenfassung mit dem nun schon auf gesicherter Grundlage stehenden Wissen über die Schützensteuerung nicht zweckmäßig erschien. Außerdem hätte sie den Rahmen eines handlichen Werkes gesprengt. Andererseits rechtfertigt die auch heute noch dominierende Zahl reiner Schützensteuerungen eine solche Beschränkung. Es erschien aber sehr wesentlich, die sonst wenig beachteten Methoden zur Beherrschung des Ein- und Ausschaltvermögens usw. der Schütze ausführlicher darzustellen. Im übrigen waren für den Umfang des Textes die Fragen entscheidend, die in jahrzehntelanger Beschäftigung mit Entwicklung, Herstellung und Vertrieb vom Verfasser ermittelt wurden.

Der Verfasser ist für Kritik und Anregungen dankbar.

Bonn, im September 1959

H. Franken

Inhaltsverzeichnis

1. Einleitung, Begriffe und Gliederungen

Die Kernelemente der Schützensteuerungen sind die Schütze. Sie stellen ein Mittel dar, um mit geringen Hilfsenergien auch aus der Ferne Stromkreise öffnen und schließen zu können. Die Befehlsgröße für den Schaltvorgang kann meistens gar nicht die volle benötigte Energie umfassen. Als Hilfsenergie kommt vor allem die elektromagnetische in Betracht, aber auch die mechanische, z. B. die pneumatische. Die Schützensteuerung umfaßt die Schütze, die zugehörigen Befehlsschalter und eine u. U. große Anzahl von Zwischengliedern, Überwachungs-, Signalgeräten o. dgl. (s. S. 5, Tab. 1).

1.1 Schütze

Die Schütze, und zwar in erster Linie die elektromagnetischen, stellen heute eins der wichtigsten Elemente der Niederspannungsschaltgerätetechnik dar. Sie entspringen fast allerorts einer wirklichen Massenerzeugung, die die Geräte zu außerordentlich preiswerten und leistungsfähigen Elementen der Steuertechnik gemacht hat. Sie dienen in weitem Umfang der Steuerung der Arbeitsmaschinen, der Aufzüge u. dgl. Früher beschränkte man ihre Anwendung auf Anlagen, in denen sie unentbehrlich waren, wie z. B. selbsttätige Wasserhaltungen u. dgl., also auf Kreise, die der Fernsteuerung bedürfen. Dann wurden sie bei Steuerungen mit hohen Ansprüchen an die Schalthäufigkeit eingesetzt wie in Hüttenwerken, bei Kransteuerungen u. dgl. Mittlerweile haben sie sich das Gebiet der Arbeitsmaschinen aller Art, bis herab zu ganz kleinen Leistungen, erobert. Sie traten als bequem bedienbare Geräte mit kurzen Bedienungszeiten an die Stelle der handbetätigten Schaltgeräte, auch ohne daß eine Ausnutzung der Fernsteuerbarkeit die Regel war. Außerordentlich hohe und stetig steigende Umsatzziffern führten dazu, daß das Schütz in Verbindung mit den Annehmlichkeiten seiner Anwendung zu den wohlfeilsten Schaltgeräten gehört. Das Schütz hat weiterhin den großen Vorzug, daß es in immer gleichbleibender Fertigung den unterschiedlichsten Schaltansprüchen durch die Vielfalt der Schaltpläne angepaßt werden kann. Es ist ein Baustein bei der Verwirklichung ausgedehnter Steuerungsaufgaben und ein Hauptelement der Antriebstechnik, dem in bezug auf die Rationalisierung der Produktionsbetriebe erhebliche Bedeutung zukommt.

Nach den *Begriffsbestimmungen* handelt es sich bei den Schützen um „Schalter mit Rückstellkraft, jedoch ohne Sperre". Es müssen also Schalter sein, die durch irgendeine physikalische Kraft in die Kontaktlage gebracht werden und nach Aufhören dieser Kraft selbsttätig in die Ausgangslage zurückgehen. Geräte, die sich verklinken, also diese Kraft nach erfolgter Einschaltung nicht mehr brauchen, gehören an sich nicht zu den Schützen. Gelegentlich werden jedoch auch solche Geräte noch zu ihnen gerechnet. Man spricht dann von „Einklinkschützen" oder „verklinkten Schützen", die durch Erregung einer Spule eingeschaltet, aber durch eine mechanische Verklinkung gehalten werden, wobei die Wiederauslösung mechanisch oder elektrisch erfolgt. Magnetisch verklinkte Schütze, sog. Remanenzschütze s. S. 108. Keine scharfen Grenzen kennt der Sprachgebrauch zwischen „Schütz", „Hilfsschütz" und „Schaltrelais". Allen sind die gleichen Prinzipien gemeinsam. Ein Unterschied besteht darin, daß man Hilfsschütze oder Steuerschütze und Schaltrelais nur für Steuerstromkreise oder jedenfalls Kreise, die keine nennenswerten Leistungen und Stromspitzen zu bewältigen haben, einsetzt. In einigen Punkten sind auch die Ansprüche etwas verschieden (s. S. 222). Beim Relais wird der selbsttätige Rückgang nicht unbedingt gefordert. Man hat schon vorgeschlagen, die Grenze darin zu suchen, daß bei dem Schütz die Betonung der Strombahnen u. dgl. stärker ist, während beim Hilfsschütz und beim Schaltrelais der Steuerteil, also das Magnetsystem das beherrschende Element ist [Zandra (1)].

Abb. 1 zeigt das Schütz im Rahmen der *Klassifizierung der Schalter* nach dem „mechanischen Verhalten in den Schaltstellungen", der „Betätigungsart", dem „Schaltvermögen" und der Art der „Lichtbogenlöschung". Die Kennzeichen der Schütze sind in der Zusammenstellung

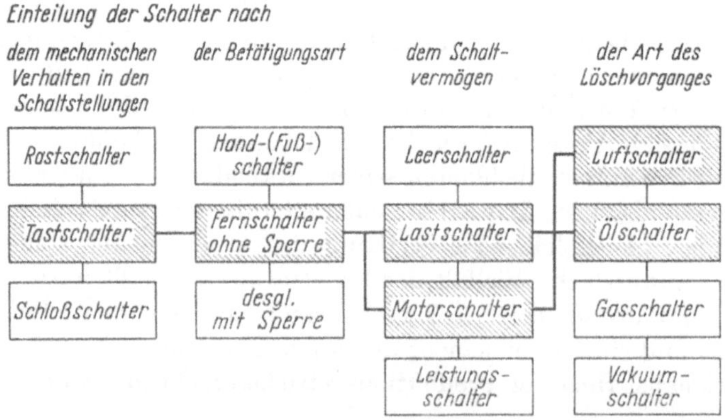

Abb. 1. Die Schütze im Gliederungsplan der Schalter
(Die für die Schütze im Betracht kommenden Felder sind schraffiert)

durch Schraffur hervorgehoben. Die meisten Schütze sind „Motorschalter", d. h. sie sind in der Lage, die Ströme des stillstehenden wie des laufenden Motors zu beherrschen. Sonderkonstruktionen sind auch als reine „Lastschalter" entwickelt, d. h. sie können ihren Nennstrom mit einigen Zuschlägen beherrschen und dann z. B. nur in Elektrowärmeanlagen u. dgl. eingesetzt werden. Das Lichtbogenlöschprinzip ist das eines „Luft"- oder „Ölschalters". Es kommen aber auch Vakuumschalter vor. Die *Grenze im Betrieb* wird in den *Verschleißverhältnissen* gefunden (s. S. 231). Das Bestreben geht dahin, Steuerungen derart aufzubauen, daß sie eine vieljährige Lebensdauer ohne Eingriff ermöglichen und die Wartungsansprüche auf ein Mindestmaß herabdrücken. Dieser Gesichtspunkt findet seine Grenze vor allen Dingen bei Geräten für größere Leistungen. Sie verschiebt sich aber unaufhörlich. Eine Grenze für die Anwendung ist auch noch durch die stündlichen Schaltzahlen gesetzt. Wenn diese einige 1000 überschreitet, dann ist der Einsatz der handelsüblichen Schützen nicht mehr durchführbar, denn es sind nun einmal Geräte, bei denen Massen in Bewegung zu setzen und wieder zurückzuholen sind. Die Funktionszeiten sind dadurch begrenzt, sie lassen sich nicht durch übermäßige Beschleunigungsstöße seitens der Antriebselemente unter gewisse Grenzwerte vermindern, weil andernfalls die Schlag- und Stoßbeanspruchung in den Geräten zu hoch würde. Die Grenze hinsichtlich der Zahl der stündlichen Schaltvorgänge ist eine außerordentlich wichtige und wesentlich durch die Konstruktionseigenschaften des Gerätes bedingt. Auch ist der Streubereich der Funktionszeiten häufig zu beachten (s. S. 160), ein Umstand, der meist auch wieder erst eine wesentliche Rolle spielt, wenn es sich um hohe Schalthäufigkeiten handelt. Dieser Streubereich ist besonders wichtig bei der Wechselstromsteuerung, bei der es sehr von der Phasenlage der Steuerspannung im Einschaltaugenblick abhängt, in welcher Zeit der Schließvorgang zu Ende geführt wird.

Zwei Gesichtspunkte sind noch besonders wichtig. Die Schütze besitzen von Hause aus eine Freiauslösung. Sobald man die steuernde physikalische Kraft unwirksam macht, gehen sie in ihre Ausgangsstellung zurück. Man kann das Bedienungselement dabei ruhig festhalten. Ferner haben sie den besonderen Vorzug, elektrische Verriegelungen in einfachster Weise durch Schaltverbindungen von Gerät zu Gerät zu gestatten. Im übrigen hat die Entwicklung der letzten Jahrzehnte bei kleinsten Abmessungen zu Erzeugnissen verhältnismäßig sehr hoher Leistung und Lebensdauer geführt.

Der Name. Geräte mit den durch die Begriffsbestimmungen festgelegten Eigenschaften nennt man in Deutschland „Schütze", und zwar „das Schütz", Mehrzahl „die Schütze". Dieser Name hat sich offenbar Anfang des Jahrhunderts langsam durchgesetzt. Die Siemens-Schuckert-Werke haben bis in die 2. Hälfte des 1. Jahrzehntes die Geräte als „Hüpfer“ bezeichnet. Wahrscheinlich wäre letztere Bezeichnung sinnfälliger gewesen als die jetzt gewählte, die dem Wasserkraftbau entlehnt ist. In den übrigen Sprachen gilt einheitlich eine Bezeichnung, die vom Kontakt (der Berührung) abgeleitet worden ist[1].

Insbesondere in der Vergangenheit waren noch Unterscheidungen nach dem Zweck üblich. Man sprach vom „Walzwerkschütz“, „Schütz für schwere Antriebe“, „Schweißschütz“ u. dgl. Heute findet man für Geräte größerer Motorleistungen und Schalthäufigkeiten auch noch den Namen „Industrieschütz“.

Der Schützenbau beruht wie der Niederspannungsschaltgerätebau überhaupt weitgehend auf Massenerzeugung, d. h. Fließarbeit. Dabei wird der geistige Anteil an der Fertigung in die Arbeitsvorbereitungsbüros verlegt. Das Erzeugnis kann in gleichmäßiger, zuverlässiger Güte billig hergestellt werden. Man kann weitgehend auf den qualifizierten Facharbeiter, der in der Lage ist ein Gerät beim Zusammenbau individuell zu behandeln, verzichten. Das Fließbanderzeugnis wird von angelernten Kräften montiert. Auf rein konstruktivem Gebiet setzt sich die Tendenz zur Baukastenform immer mehr und mehr durch. Selbständige Grundformen und Standardteilgeräte werden entwickelt, letztere nach Bedarf eingefügt. Bei Schützen ist diese Kombinationsfrage besonders einfach zu lösen, da ein Großteil der Zusatzelemente, wie z. B. aufgebaute Motorschutzrelais, Drucktaster u. dgl. mit dem Hauptgerät nicht funktionell mechanisch, sondern nur elektrisch durch Leitungen verbunden wird. Die Anbaubarkeit bezieht sich auf Relais der verschiedenen Art, auf die Anordnung, Zahl und Art der Hilfsschaltelemente, auf die Fragen der Kapselung für verschiedene Schutzarten u. dgl. Auf der anderen Seite haben die verhältnismäßig sehr großen Stückzahlen dazu geführt, daß man kaum noch versucht, bestimmte Modelle aus der Massenfertigung herauszunehmen, um sie einem eng umgrenzten Anwendungsbereich zuzuordnen. Die Anwendung der normalen Erzeugnisse, auch wenn dadurch einmal ihre Zahl wächst oder die Leistungsgrenze für einen Sonderfall vermindert werden muß, ist immer wirtschaftlicher.

Die Entwicklungstendenzen, die im Augenblick auf diesem Gebiet herrschen, sind gekennzeichnet, durch die Ausweitungen der Konstruktionsreihen auf Modelle mit verhältnismäßig hohen Schaltzahlen, z. B. über 10×10^6 und naturgemäß den Versuch, die Abmessungen bei gleicher Leistung noch weiter zu vermindern. Weiterhin wird eine möglichst ausgeglichene Lebensdauer der Bauteile angestrebt, erleichterter Zugang zu allen Bestandteilen, Konstruktionen aus isolierenden, bruchsicheren Stoffen, die die aktiven Teile einschließen, aber die Beobachtung der Innenteile durch Fenster ermöglichen. Die immer weiter fortschreitende

---

[1] Franz. „Contacteur“, engl. „Contactor“, ital. Contattore, holl. „Contactor“, span. „Contactor“, schwedisch „Kontaktor“. Geräte mit Ruhekontakten (Öffner) franz. „Rupteur“, span. „Ruptor“.

automatische Fertigung in Verbindung mit strengen Kontrollen gewährleistet die gleichbleibende Güte jedes einzelnen Gerätes.

1.2 Schützensteuerungen

Die Definition der „Steuerung" ist noch nicht einheitlich. Im technischen Bereich versteht man darunter Einrichtungen, die den Arbeitsablauf einer Maschine oder Maschinengruppe u. dgl. entweder durch den Menschen willkürlich oder in Abhängigkeit von technischen Vorgängen an anderen Maschinen, Zuständen der Einrichtung und der Verarbeitungsgüter, u. U. auch durch einen besonderen Programmschalter beeinflussen. Oft wird Wert darauf gelegt, daß es sich um eine wiederholte oder fortlaufende Tätigkeit, also eine verhältnismäßig hohe Schalthäufigkeit handelt. Es handelt sich dabei immer um eine offene Wirkungskette, wobei am Eingabeglied ein Befehl von Menschen oder einem Programmschalter oder einem Gerät, das den Zustand einer Einrichtung wiederspiegelt, über eine Reihe von Zwischengliedern im Zuge eines Masse- oder Energiestromes zur Wirkung gebracht wird, damit im Ausgangsglied ein beabsichtigter Erfolg oder Wert auftritt. Die Wirkung geht zunächst bis zum „Stellglied" das in den Energiestrom steuernd

Tabelle 1. *Gliederung der Schützensteuerungen*

Eingabeglieder	Zwischenglieder (Übertrager)			Stellglieder	Energieumformer	Zielglieder
Befehlsgeräte	Steuer-, Hilfsgeräte (Steuerzwischenglieder)	Überwachungsgeräte	Meldegeräte	Hauptschaltgeräte		
willkürlich: Handschalter Fußschalter zeitabhängig Programmschaltwerke selbsttätig abhängig von anderen Vorgängen: Lage, physik. Größen, z. B. Temperatur, Druck, Wasserstand	Hilfsschütze Schaltrelais Zeitrelais Verstärker[1] Stromwächter Spannungswächter Anstoßschalter Wahlschalter Hilfsschalter an den Schützen	Überlastrelais Unterspannungsrelais Stromwächter Spannungswächter Begrenzer Druck-, Temperatur-, Strom-, Not-End-schalter	Signallampen Schauzeichen Leuchtschaltbilder	Schütze	Motoren Magnete	Werkzeuge, Transportmittel u. dgl.

←——————— Steuerung[2] ———————→|

|←——— Steuerung im engeren Sinne ———→|

←——————— Steuerkreis (Befehlsstrang) ———————→ (bis einschl. Kraftsystem der Hauptschaltglieder-Schütze)

[1] Röhren, Stromtore, Stromrichter mit Gitter, Transistoren, Maschinen (Feldänderung).
[2] Im gegenständlichen Sinne.

eingreift. Die Elemente zwischen dem Eingabeglied, dem „Befehlsglied" bis zum Stellglied, werden als „Steuereinrichtung" oder kurz „Steuerung" angesehen. Im engeren Sinne versteht man darunter auch oft die genannten Elemente, ohne die Befehlsglieder, weil diese häufig weitgehend in einer geschlossenen Gruppe zusammengefaßt werden. Eine besondere Bedeutung hat hierbei der „Steuerkreis". Er umfaßt die Befehlsglieder, die Zwischenglieder und die Kraftsysteme der Stellglieder (Hauptschaltgeräte), also z. B. bei den Schützen die Spulen der Magnetsysteme und die zugehörigen Hilfsschalter. Die Einrichtungen zwischen dem Stellglied bis zum Zielglied, z. B. dem Werkzeug oder Transportmittel, über die Energieumformer, z. B. die Motoren und Hubmagnete, werden gelegentlich in Anlehnung an die Festlegungen in DIN 19226 für die Regelvorgänge als „Steuerstrecke" bezeichnet. Tab. 1 geht von den weiteren, der Regeltechnik entnommenen Bezeichnungen „Eingabeglied" usw. bis zum „Zielglied" aus und ordnet diesen Begriffen die Elemente der Schützensteuerung zu (s. Zeile 2). Wesentliche, für die einzelnen Abschnitte der Steuerung in Betracht kommende Geräte sind in der Tabelle weiterhin vermerkt.

Die Schützensteuerungen bedürfen zur Ein-, Aus- und Umschaltung der Stromverbraucher, zu ihrer Ingangsetzung und zur Verknüpfung der Schütze zur Schützensteuerung, abgesehen von den an sie angebauten Hilfsschaltern, noch einer Anzahl von Zusatzgeräten. Dazu gehören:

Befehlsgeräte,	Steuerzwischenglieder (Hilfsglieder),
Überwachungsgeräte,	Meldegeräte.

Auch diese Geräte stehen listenmäßig, der Fließ- oder Serienfertigung entstammend, zur Verfügung, so daß ihr Einsatz, mit Ausnahme des Entwurfs der „Schalt"- und „Montagepläne", für die Gesamtsteuereinrichtung keinerlei konstruktive Sonderentwicklung erfordert.

Individuell bei der Lösung einer bestimmten Aufgabe ist der Anteil an Geistesarbeit für die Kombinationen, während die Herstellung der Elemente Gegenstand der Massenanfertigung ist und dann natürlich die Schaltverbindungen nach den erstellten Plänen zu verlegen sind. Die Schützensteuerung führt auf diese Weise zu verhältnismäßig billigen Lösungen.

Die Anwendungsbereiche der obengenannten Geräte gehen für ein und dasselbe Element weitgehend ineinander über. So kann beispielsweise ein Anstoßschalter „Befehlsgerät" sein, aber auch lediglich zur Überwachung der Grenzlage dienen. Dasselbe gilt von einem Temperaturwächter für eine Wärme- oder Kälteanlage. Er kann als Befehlsschalter zur regelmäßigen selbsttätigen In- und Außerbetriebsetzung dienen, aber auch als reiner Begrenzer, der nur bei der Über- bzw. Unterschreitung von

Extremwerten in Tätigkeit tritt. Es sollen deshalb auf S. 171 ff. auch die Befehls- und Überwachungsgeräte gemeinsam behandelt werden.

Zu den „Steuerzwischengliedern", bei denen es sich im wesentlichen um die sogenannten „Hilfsschütze", „Steuerschütze" und die „Schaltrelais" handelt (s. S. 208), rechnet man vielfach auch Hubmagnete und Magnetventile. Das sind Verbindungsglieder zwischen elektrischen und mechanischen bzw. hydraulischen Bauteilen. Sie sind hier nicht weiter behandelt.

Der Ausdruck „Befehlsgeräte oder -schalter" ist in VDE 0660 Teil 2 § 5 festgelegt. Es heißt dort: Befehlsgeräte sind Hilfsschalter, die Befehlsstromkreise ein- oder ausschalten.

Außerdem enthält VDE 0660 noch die Begriffe der „Grenzschalter", „Wächter" und „Begrenzer". Danach sind:

„Grenzschalter" Schalter, die eine physikalische Größe oder einen Betriebszustand überwachen und bei Über- oder Unterschreiten einer eingestellten Grenze schalten und willkürlich zurückgestellt werden müssen.

„Wächter" sind Grenzschalter, die beim Überschreiten einer oberen Grenze einen Stromkreis ausschalten, bei Unterschreiten einer unteren den gleichen Stromkreis einschalten oder umgekehrt.

„Begrenzer" sind Grenzschalter, die beim Überschreiten einer Grenze einen Stromkreis ein- oder ausschalten.

Für die Anwendung der Zusatzgeräte ist maßgebend, daß die Schütze nur ein „Ein"- und „Aus"-Kommando zulassen. Zwischenstadien gibt es nicht. Das hierdurch z. B. motorgesteuerte Gerät kann dabei seinerseits natürlich jede Lage einnehmen, die vom Abschaltzeitpunkt des Motors abhängt. Auf diese Weise kommen auch Verstellungen zustande. Eine solche Verstelleinrichtung kann auch der Drehzahlbeeinflussung dienen.

Wenn auch der Starkstromschützensteuerung auf einigen Gebieten, auf denen weitgehende Regelaufgaben gestellt werden, teilweise Konkurrenz durch Verstärkerröhre, Magnetverstärker, Transistor u. dgl. erwächst, so liegt das Gros der Antriebsaufgaben doch immer noch bei den Anlagen, die mit dem Käfig- und Schleifringläufermotor ausgerüstet sind und wenn zu den neueren Mitteln gegriffen werden muß, dann werden sie meist zunächst nur als Teilabschnitt einer Schützensteuerung eingesetzt. Von ihrer Behandlung soll hier abgesehen werden.

2. Die Schütze

Wesentliche Bestandteile sind das Kontaktsystem (s. S. 8) und das Kraftsystem (s. S. 68). Die Art des Zusammenwirkens beider Systeme bestimmt den Gesamtaufbau des Schützes (s. S. 98). Es werden Sonderformen für bestimmte Zwecke gebaut (s. S. 123). Ferner erhalten die

Geräte eine Anzahl Zusätze wie z. B. die Hilfskontaktglieder (s. S. 131). Das Verhalten in verschiedener Hinsicht s. S. 153. Die Ausführungen über Schütze gelten auch weitgehend für Schaltrelais (s. S. 208).

2.1 Das Kontaktsystem

Es hat die Aufgabe, den Strom im Dauer- oder Aussetzbetrieb zu führen. Hierbei wie auch bei der Erfüllung der nachstehend angedeuteten Aufgaben ist der Schaltstückstoff von Einfluß (s. S. 9). Wesentlich ist, daß der Einschaltvorgang ohne nennenswerte Prellungen vonstatten geht (s. S. 21). Dabei muß eine bestimmte Stromstärke ohne Verschweißung geschaltet werden können (s. S. 27 das Einschaltvermögen), und endlich ist ein gewisses Ausschaltvermögen erforderlich. Weitergehende Ansprüche an das Kontaktsystem werden hinsichtlich der Lebensdauer der Schaltstücke gestellt (s. S. 238 und 288).

2.11 Die Stromführung

Die Fragen der Kontaktgebung haben in den letzten Jahrzehnten eine weitgehende Klärung erfahren. Die Güte des Kontaktes ist durch den Übergangswiderstand bestimmt, wozu der Einfluß von Zeit, Temperatur, Stromlast, Atmosphäre u. dgl. kommt. Er ist von vielen Faktoren abhängig, insbesondere von der Art der Schaltstückstoffe, ihrer Form, der Kontaktdruckkraft, der Oberflächengestaltung bzw. den ihnen anhaftenden Fremdschichten. Von besonderem Interesse ist hier die Abhängigkeit von der *Druckkraft*. Mit ihr wächst unter Berücksichtigung der Fließfestigkeit des Schaltstückstoffes die tragende Berührungsfläche. Der Übergangswiderstand, und zwar der Engewiderstand ist der Druckkraft in einer bestimmten Potenz umgekehrt proportional. Diese Potenz ist bei den in der Starkstromtechnik üblichen und auch bei Schützen notwendigen Schaltstückformen, also verhältnismäßig großen Kontaktklötzen in der Praxis immer etwa 1. Bei balligen Schaltstücken tritt zunächst eine elastische und dann erst eine plastische Deformation ein. Die Folge davon ist, daß man z. B. bei kleinen Relaisschaltstücken, Hilfsschaltgliedern an Schützen u. dgl. in weitem Umfang mit Potenzen unter 1 (etwa 1/3 bis 2/3) zu rechnen hat. An sich kommt, abgesehen von dem Fall der rein elastischen Deformation, dem Exponenten keine physikalische Bedeutung bei, es handelt sich um Erfahrungswerte. Man hat gefunden, daß bei noch so hoher Druckkraft (P) ein Restglied nicht verschwindet, also die Beziehung lautet:

$$\text{Engewiderstand } R_e = \frac{C}{P^n} + \sigma \ [\Omega] .$$

Höpp (2) fand für $n = 1$ und Feinsilberschaltstücke $C = 0{,}2 \cdot 10^{-3}$ und $\sigma = 5 \cdot 10^{-6}$, wenn P in kp.

Zu den genannten Engewiderständen treten noch die der die Schaltstücke überziehenden *Fremdschichten*. Einerseits die nur einige Moleküldurchmesser starken, die bei der Anlagerung von Gasen u. dgl. auch beim Zusammenpressen zweier Schaltstücke übrig bleiben und dann diejenigen, die durch chemische Verbindungen atmosphärischer Bestandteile mit den Schaltstückstoffen zustande kommen. Hierbei handelt es sich um stärkere Schichten, z. B. Oxyde, Sulfide u. dgl. Es gibt Verbindungen, die nur bis zu einer gewissen Stärke anwachsen können und sogar bei höheren Temperaturen wieder dissoziieren. Andere führen praktisch unaufhaltsam bis zur Isolation. An sich ist es schon eigenartig, daß beim Auftreten geringmolekularer Schichten überhaupt noch von einem Übergangswiderstand, der nennenswert kleiner ist als unendlich, geredet werden kann, also etwas anderem als einem Isolator. Die Tatsache, daß es in der Praxis anders ist, bewirkt die Spannung, die an der Berührungsfläche liegt. Sie unterstützt das Zustandekommen eines Stromflusses. In Betracht kommen hierbei der „*Tunneleffekt*" und die „*Frittung*" [Holm, S. 127 und Burstyn, S. 69]. An der Stelle der höchsten Feldstärke werden die Fremdschichten durchbrochen. Dafür ist in erster Linie der Tunneleffekt maßgebend, bei dem dünne Schichten von den Leitungselektronen nahezu verlustlos durchdrungen werden. Stärkere Fremdschichten, wie sie insbesondere bei Kupferschaltstücken nach längeren Alterungszeiten auftreten, können dagegen durch ihn nicht mehr überbrückt werden, sondern hier tritt, wenn sie nicht auf mechanischem Wege durch die Kontaktkraft oder Reibung zerstört werden, die Frittung ein. In ihrem Gefolge bilden sich Brücken. Für die erforderliche Spannung rechnet man bei Metallen mit Werten von 300 bis 500 mV, also Spannungsabfällen, die meist unterhalb der Schmelzspannungen (s. S. 29) liegen und mit denen man in der Starkstromtechnik immer rechnen kann. Bei dem heute bevorzugten Schaltstückstoff Silber sowie den damit entwickelten Verbindungen tritt die Frittung in ihrer Bedeutung zurück.

Für die Frage der *Schaltstückstoffwahl* bei Schützen ist gerade die Fremdschichtbildung von ausschlaggebender Bedeutung. Das klassische Schaltstückmaterial Kupfer ist dabei in den Hintergrund getreten und bei den Relais sogar praktisch zugunsten des Feinsilbers (99,9 v. H.) bzw. von Silberlegierungen verschwunden. Das Kupfer hat bei reiner Oberfläche zwar noch etwas bessere Übergangseigenschaften als Silber, es oxydiert aber leicht und ist dann für niedrigere Spannungen wegen der isolierenden Oxyde nicht zu brauchen, bei höheren Spannungen nur unter entsprechender Wärmeentwicklung, die das Oxyd bis zur vollen Isolation fortschreiten lassen kann. Deshalb werden beim Schaltvorgang die Schaltstücke so gegeneinander gepreßt, daß sich ihre Oberflächen bei der

Berührung gegeneinander reiben und eine saubere Kontaktfläche zustande kommt. Man spricht vom „Wälzschiebekontakt". Dieser Reinigungsvorgang hat natürlich einen unerwünschten mechanischen Abrieb zur Folge (s. S. 242). Bei höheren Schalthäufigkeiten kann auf diese Weise ein einwandfreier Kontakt hergestellt werden, nicht aber, wenn das betreffende Gerät für längere Belastungszeiten einzurichten ist, wie z. B. bei den Schützen für einen Pumpenmotor. Für langdauernde Belastungen sind aus diesem Grunde selbst Schaltstücke mit Relativbewegung schlecht zu brauchen. Die Oxydation führt nach einiger Zeit, bei entsprechend hohen Kontaktkräften, wie sie aber bei Schützen kaum erreicht werden können, u. U. erst nach mehreren Monaten, zu plötzlichen, dann aber unaufhaltsamen Steigerungen des Übergangswiderstandes (s. Abb. 140, S. 254). Das Kupfer hat auch noch hinsichtlich des Schaltstückabbrandes Nachteile, weil sich der auf S. 244 für Silberschaltstücke geschilderte „Spareffekt" hier nicht einstellt. Die Wiederanlagerung gelöster Kupferpartikel an das Gegenschaltstück ist mit Rücksicht auf die Verunreinigung durch die Oxyde nicht möglich.

Bei *Silber* liegen günstigere Verhältnisse vor, es wird von der Atmosphäre (Chlor, Ammoniak, Schwefelwasserstoff) praktisch nicht angegriffen. Die gelegentliche Bildung dünner Sulfidschichten hat sich bei ausreichenden Kontaktkräften als für den Übergangswiderstand praktisch ohne Bedeutung erwiesen. Die Schaltstücke sehen dabei aber nicht mehr metallisch blank aus. Diese Schichten sind sehr dünn, haften aber gut. Bei Relais- und Hilfskontaktgliedern mit geringen Kontaktkräften z. B. unter 25—35 p ist es unter Umständen nötig, auf Silber–Palladium überzugehen, das auch in schwefelhaltiger Atmosphäre widerstandsfähig ist. Auch eine Vernarbung der Schaltstückoberfläche (s. Abb. 139, S. 249) beeinträchtigt bei Silber die Stromübergangseigenschaften nicht. Eine mechanische Reinigung von Silberschaltstücken durch Relativbewegung ist nicht erforderlich. Deshalb lassen sich Silberschaltstücke als reine Druckkontaktstücke ausführen. Dabei ist die Lebensdauer groß und eine unbeschränkte Dauereinstellung ohne weiteres möglich. Soweit Fremdschichten auftreten, zerfallen sie schon bei verhältnismäßig niedrigen Temperaturen z. B. 180°. Bei Starkstromlichtbögen wird also Silber im allgemeinen desoxydiert. Die Erwärmung des Schaltstückes kann bedingt durch die Oxydbildung zunächst nicht über 180° hinauswachsen, eine Temperatur, die meist erträglich ist. Die Temperaturgrenze der Silberschaltstücke ist nur durch die umgebenden Materialien gegeben, da im Gegensatz zu Schaltstücken aus unedlen Stoffen eine weitere Steigerung im Betrieb nicht mehr eintritt. Im Gegensatz dazu zerfällt Kupferoxyd erst bei 2000°. Unterhalb dieses Wertes fördert der Lichtbogen die Oxydation und die Oxydhaut wird immer dicker. Bei kräftiger Lichtbogenentwicklung geschieht es nicht selten, daß in der

Bogenbahn Cu_2O zu CuO ja zu reinem Kupfer reduziert wird, währenddessen weitere Bildungen am Rand der Bahn begünstigt sind.

Reinsilber wird weitgehend bei Schützen und Relais verwandt [FRANKEN (16)]. Es besitzt den besten Leitwert und man kann mit niedrigen, praktisch gleichbleibenden Übergangswiderständen rechnen. Hinzu kommt noch, daß sich bei der Abnutzung das Silber als der günstigste Stoff erwiesen hat (s. S. 248). Nicht zu den günstigsten Stoffen gehört es bezüglich der Schweißfestigkeit, also des Einschaltvermögens (s. S. 34). Deshalb werden Vorschaltstücke aus einer einschaltfesteren Legierung oder gar aus Kupfer hergestellt. Gelegentlich macht sich bei der Abnutzung durch mechanische Beanspruchung vor allen Dingen beim Einschaltschlag die geringe Härte des Silbers unangenehm bemerkbar. In anderen Fällen trägt sie durch die großen Übergangsflächen zu den niedrigen Übergangswiderständen besonders bei. Durch eine starke *Versilberung* kann natürlich die gleiche Wirkung wie bei Massivsilber erzielt werden. Hier ist aber Vorsicht notwendig. Geräte, die mit einer einigermaßen größeren Schaltzahl arbeiten müssen, das sind z. B. alle Schütze, dürfen nur mit massiven und plattierten Silberstücken versehen werden. Galvanische Schichten an Kontaktstellen selten geschalteter Geräte sollten mindestens 12 μ aufweisen. Als Korrosionsschutz würde ein erheblich geringerer Silberauftrag genügen. Silber als Schaltstückstoff hat auf Grund seiner Zuverlässigkeit bei allen Beanspruchungen zu kleineren Geräteabmessungen geführt.

Kupfer und vor allem Silber weisen für die meisten Verwendungszwecke eine ausgezeichnete Mischung von Eigenschaften auf. Es gibt aber keinen in der Natur vorkommenden Grundstoff, der als Ideal für Schaltstücke anzusprechen wäre. Deshalb haben sich für die immer mehr spezialisierten Anforderungen in vielen Fällen neue *Sonderwerkstoffe* bestehend aus echten oder Sinter-Legierungen einen Platz gesichert. Aber auch sie haben alle ihre Vor- und Nachteile. Es ist sehr schwer, sich durch dieses Gebiet der Verbindungen des Kupfers und Silbers hindurchzufinden. Häufig ist versucht worden, bestimmte Eigenschaften zu verbessern, wobei man den Blick auf das Ganze verlor. So z. B. hat man bei Silber die Schweißgrenze erhöhen, die Stoffwanderung (s. S. 244) unterdrücken oder die Härte steigern wollen. All das hat oft wenig Sinn gehabt, weil mit der Verbesserung irgendeiner Eigenschaft eine andere so verschlechtert wurde, daß die Einsatzfähigkeit des Stoffes geringer war als vorher die des reinen Materials. So hat z. B. die Stoffwanderung in Wechselstromkreisen im allgemeinen keinen Nachteil. Der Stoff wandert einmal in der einen und bei der nächsten Schaltung in der anderen Richtung, so daß keine Stiftbildung zustande kommt. Erhöht man die Schweißgrenze, dann ist damit auch sehr oft die Anlagerung gelöster Silberpartikel unterbunden und der Verschleiß wird größer.

Bei Legierungen aus Silber und Kadmium wurde eine starke Steigerung des Übergangswiderstandes bei Dauererwärmung und auch des Einschaltabbrandes festgestellt [s. FRANKEN (18)]. Der Ausschaltabbrand ging dabei jedoch zurück. Bei Legierungen aus Silber mit Kupfer ist gegenüber Reinsilber der Gesamtabbrand größer und auch der Kontaktwiderstand höher (s. PALME). Beide Wirkungen sind auf das unedle Metall und seine Oxydation zurückzuführen. Im Gegensatz dazu brachte jedoch die Verbindung Silber–Nickel (60/40) eine Verbesserung der Abbrandverhältnisse ohne wesentliche Verschlechterung der Kontaktübergangswiderstände mit sich.

Besondere Erfolge bezüglich der Verbesserung bestimmter Eigenschaften haben *Sinterstoffe* gebracht. Sie beruhen wesentlich darauf, daß dabei elektrisch leitende Teile neben abbrandfesten, also solchen mit hohem Schmelzpunkt angeordnet werden. Bei der Herstellung dieser Sinterstoffe vermischt man die Pulver der Komponenten und sintert das Gemisch oder man stellt aus dem Pulver der höher schmelzenden Komponente ein poröses Sinterskelett her und tränkt es in der Schmelze der tiefer schmelzenden. In beiden Fällen entstehen keine Mischkristalle mit neuen Eigenschaften, sondern ein Gemenge der ursprünglichen Komponenten, deren Eigenschaften als solche erhalten bleiben. Es wird nicht nur die bei Legierungen unvermeidbare Erniedrigung der Leitfähigkeit und des Schmelzpunktes umgangen, sondern es können auch nicht legierbare Metalle mit Nichtmetallen z. B. Graphit oder chem. Verbindungen wie Oxyden und Karbiden kombiniert werden. Die Eigenschaften der Sinterstücke werden nicht nur durch die Komponenten und ihr Verhältnis zueinander bestimmt, sondern sie sind auch von der Korngröße des Pulvers, dem Preßdruck, der Sintertemperatur usw. abhängig [s. RIEDER (2)]. Besonders wichtig ist der Sinterstoff *AgCdO*. Die Oxydkomponente liegt vorwiegend bei 10 v. H. Mit ihr gelang es, die Schweißneigung des Silbers herabzusetzen (s. S. 34), ohne die Leitfähigkeit erheblich zu beeinflussen. Das schlechtleitende Kadmiumoxyd verdampft unter der Einwirkung eines Schaltlichtbogens infolge seines hohen Dampfdruckes, so daß die Oberfläche damit nicht angereichert wird (PALME). Es sublimiert bzw. dissoziiert oberhalb 1000—1400 °C. Da keine vollständige Verschlackung der Kontaktoberfläche zustande kommt, erhöht sich auch der Übergangswiderstand nur in beschränktem Maße. Eine wichtige Voraussetzung ist dabei eine geringe Korngröße der Komponenten. Das erreichte man zunächst, indem man das Oxyd in einer Legierung durch nachträgliche Glühbehandlung erzeugte (innere Oxydation). [KEIL (1) S. 153]. Es muß eine gewisse Tiefenwirkung vorhanden sein, die natürlich von der Glühzeit abhängt. Heute stehen für die Erzielung einer geringen Korngröße auch andere Methoden zur Verfügung (s. DEGOT). Die gute Leitfähigkeit des Silbers bleibt praktisch erhalten. Der Stoff ist aber einschalt- und in gewissem Umfang auch abnutzungsfester (s. S. 35 bzw. 248).

Die geringe *Härte* des Silbers läßt sich durch Legieren mit Kupfer verbessern, aber nur auf Kosten der sonstigen guten Eigenschaften. Dagegen wird der mech. Verschleiß und die Deformation der Schaltstücke beim häufigen Schalten erheblich vermindert. Die Beimischung von Nickel schafft noch größere und auch temperaturbeständigere Härte. Im übrigen ist in der Starkstromtechnik ein besonders hartes Silber kaum einmal vonnöten. Der Zusatz von Kupfer bewirkt außer der Härtung noch, daß das beim Einschalten großer Ströme auftretende explosionsartige Ausstoßen gelösten Sauerstoffs praktisch vermieden wird (s. „Spratzen" S. 241). Einen Überblick über die auf Silbergrundlage entwickelten Schaltstückwerkstoffe gibt Tab. 2.

Als reines Element tritt im Schaltgerätebau neben Kupfer und Silber in gewissen Fällen *Wolfram* auf, aber kaum bei Schützen. Sein Vorteil liegt in seiner hohen Härte und seinem außerordentlichen hohen Schmelzpunkt. Leider ist die elektrische Leitfähigkeit gering, so daß man gezwungen ist Kombinationen mit anderen Stoffen herzustellen. Wolfram wird vom Lichtbogen wenig angegriffen, nachteilig ist, daß sich dabei ein schlecht leitendes Oxyd WO_3 bildet. Es setzt sich rings um die Kontaktstelle ab, während die Ansatzpunkte des Lichtbogens sich nur mit einer dünnen, porösen Oxydhaut bedecken. Es sublimiert erst bei etwa 1500 °C. Wolfram läßt sich wegen seiner Sprödigkeit nicht nieten und auch nicht weich löten. Es werden deshalb meistens Wolframstückchen auf Unterlagen aus Eisen oder Kupfer hartgelötet. Wegen der Oxydationsschichten ist Wolfram für kleinere Ströme und Spannungen gänzlich ungeeignet. Eine größere Bedeutung als das reine Metall haben die Sinterstoffe, wie Wolfram–Kupfer und Wolfram–Silber. Von ihnen wird bei besonderen Abreißschaltstücken auch an Luftschützen gelegentlich Gebrauch gemacht, desgleichen von Wolfram–Kupfer bei Ölschützen zur Erhöhung der Schaltstücklebensdauer (s. S. 248).

Die Verwendung von *Kohle* als Schaltstückwerkstoff im Schützen- und Relaisbau, die früher einen gewissen Umfang hatte, ist sehr stark zurückgegangen. Kohle hatte den Nachteil eines großen spezifischen Widerstandes, den Vorteil, daß praktisch keine Schweißneigung vorhanden ist. Schwierigkeiten bietet die Befestigung der Kohlestücke. Der Hauptgrund für den Rückgang in der Anwendung ist aber die Verschmutzungsgefahr für das Gesamtgerät durch die Schaltschläge.

Eine ausführliche Technologie der Kontaktwerkstoffe findet sich bei Keil (1).

Bezüglich der Beurteilung der Kontaktwerkstoffe für elektrische Schaltgeräte s. auch Rieder (2). Eine genormte Prüfung der Schaltstückstoffe mit Bezug auf Ein- und Ausschaltvermögen, Abbrand und

Tabelle 2. *Schaltstückwerkstoffe auf Silbergrundlage*

Werkstoff Bezeichnung	Zusammen-setzung	Spez. Leitfähigkeit m/Ohm mm²	Werkstoffart	Eigenschaften und Verwendungszweck
Feinsilber (techn.)	99,9... 99,99% Ag	58...62	homogener Werkstoff	konstanter niedriger Übergangswiderstand, je nach Einsatz niedriger Abbrand; Breiter Anwendungsbereich, Schaltstücke für langzeitige Dauerbelastung
Hartsilber	2,5—3,5% Cu, Rest Ag	55...52	homogene Legierung	größere Härte, relativ warmfest, bei höheren Temperaturen geringere Schweißneigung, kein Spratzen, geringer Abrieb aber höherer Übergangswiderstand; Schaltstücke für Sonderanforderungen
Silber-Kadmiumoxyd	10% CdO Rest Ag	45	heute meist aus Legierung innerl. oxydiert oder Sinterverbundstoff	geringe Schweißneigung, meist je nach Einsatz geringerer Abbrand als Feinsilber aber höherer Übergangswiderstand, begünstigt die Lichtbogenlöschung; Schaltstücke für hohes Ein- und Ausschaltvermögen
Silber-Nickel 10/40	10—40% Ni, Rest Ag	54—35	Sinter-Verbund-Werkstoff	große Härte, bei ausreichender Kontaktkraft gute Leitfähigkeit, gute Stabilität gegen Abbrand und Verschweißen, kalt verformbar; Bei ausreichender konstruktiver Bemessung, Schaltstücke für erhöhte Ansprüche
Silber-Wolfram 30/90	30—90% W Rest Ag, Spuren Ni, Co	40—21	Sinter-Verbund-Werkstoff	große Härte, hohe Abbrandfestigkeit, geringe Schweißneigung (mit steigendem W-Gehalt), — Verbundschlacke beachten; Abbrennschaltstücke für Leistungsschalter

mechanischen Verschleiß ist nicht sinnvoll, weil neben dem Stoff die Einsatzverhältnisse, die Stoffe der Umgebung, Blasfelder, Ausbildung der Lichtbogenkammern und dgl. eine Rolle spielen. Der Schaltstückstoff ist nur ein Faktor unter mehreren, s. Loh (7).

Die Aufgabe der Schaltstücke, den Einschaltzustand herbeizuführen und wieder zu trennen sowie die Forderung, den Strom mehr oder weniger lange Zeit zu führen, stellt widersprechende Anforderungen. Deshalb trifft man häufig die Anordnung von Vorkontaktstücken, Lichtbogenabreißschaltstücken und dgl. aus meist anderen Stoffen, die sich beim Abschalten nacheinander vom Gegenschaltstück lösen (s. Abb. 61, S. 105).

Über die zweckmäßigen *Kontaktdruckkräfte* kann man einiges Grundsätzliche sagen, im übrigen hängen sie natürlich sehr stark von der jeweiligen Konstruktion ab. Einfach sind Angaben für ein Schaltstück zu normieren, das lediglich die Aufgabe der Stromführung hat. Bei Kupferschaltstücken und Dauerstromführung kann man mit etwa 25 p je A, entsprechend 10—15 mV Spannungsabfall rechnen. Bei häufigen Schaltbewegungen sinken diese Kräfte, bei sehr häufigem Schalten genügen etwa 10 p je A, entsprechend 50 mV.

Der Einfluß der Schaltungen ist dabei naturgemäß von etwaigen Relativbewegungen abhängig. Für Schaltstücke mit höherer Strombelastung z. B. über 600 A, müssen die angegebenen Kräfte meistens noch etwas ansteigen. Bei Silberschaltstücken muß man für die Dauerstrom-

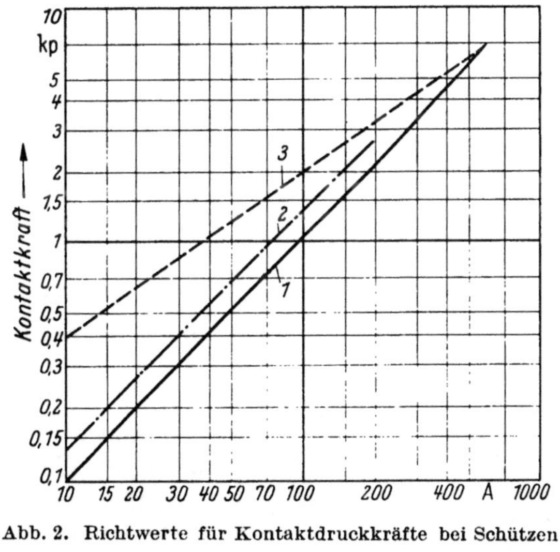

Abb. 2. Richtwerte für Kontaktdruckkräfte bei Schützen

1 Mindestwerte Ag in Luft;
2 Mindestwerte Cu in Öl;
3 gebräuchliche Werte Cu in Luft

führung mit etwa 10 p je A rechnen, das entspricht etwa 20 mV Spannungsabfall und etwa 40 °C Erwärmung über die des ungeschnittenen Leiters hinaus. Hierzu kommt bei höheren Stromstärken ein Zuschlag, und zwar rechnet man bei 200 A statt mit 2 kp mit 2,1, bei 600 A statt mit 6 kp mit 7,1, bei 1000 mit 13,3 kp und bei 2000 mit 40 kp [Höpp (3)]. Auch für aussetzenden Betrieb empfiehlt es sich, mit den gleichen Werten zu arbeiten.

In der Praxis sind die erforderlichen Kontaktdruckkräfte nicht allein von der Stromführung abhängig. So z. B. bei Motorschaltgeräten und damit den Schützen müssen die Anfangskräfte so hoch sein, daß das Gerät über das nötige Einschaltvermögen (s. S. 31) verfügt. Diese Werte sind bedingt durch Stoff, Relativbewegung u. dgl. Als ungefähre Richtwerte kann man mit den Zahlen nach Abb. 2 rechnen. Bei Kupfer in Öl hängen die erforderlichen Kräfte wesentlich von der Wärmeabfuhr ab. Bei Öltemperaturen über etwa 70 bis 75° tritt Verseifung ein. Geräte mit nicht allzugroßem Ölvolumen machen meistens Werte entsprechend der Kurve notwendig.

Eine Übersicht über die *Übergangswiderstände für Silberschaltstücke*, abhängig von der Druckkraft, zeigt Abb. 3 und zwar Kurve a einen von Höpp empirisch ermittelten Grenzwert, der in der Praxis nie überschritten wird. Dann weiterhin einige gemessene Werte bei verschiedenen Zuständen der Schaltstücke, neuen sowie durch Starkstromversuche stark verschmorten Schaltstücken und auch blauschwarz gefärbten, die mit nur geringer Stromstärke betrieben wurden [Franken (16)]. Auch die von Kappler, Rüchardt und Schläfer gemessenen Werte liegen unter der Höppschen Formel. Bei 4000 A und 20 mV ist nach ihr eine unendliche Druckkraft erforderlich und deshalb aus

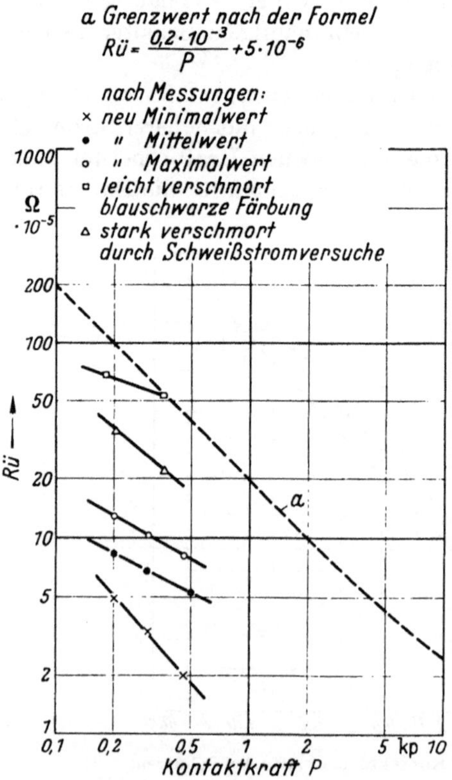

Abb. 3. Übergangswiderstände von Silberschaltstücken

thermischen Gründen eine Begrenzung der Einzelelemente auf 2000 A und Parallelschaltung zweckmäßig. Abgesehen davon, daß die dynamische Entlastung andernfalls nicht immer leicht durchzuführen ist. Auch bei Kupfer gibt es eine solche Grenze.

In Verbindung mit dem Auftreten von Fremdschichten oder Fremdkörpern im Kontaktspalt ist die *Kontaktsicherheit* wichtig. Die Verteilung der wirklichen Druckflächen auf solche mit und ohne Fremdschichten führt dazu, daß es mit einer, wenn auch ganz bescheidenen Wahrscheinlichkeit vorkommen kann, daß sich eine solche Fläche, wenn sie sehr klein ist, bei irgendeiner Schaltung einmal als Isolator und nicht als Übergangsstelle des Stromes herausstellt, oder doch wenigstens einen hohen Übergangswiderstand aufweist. Rechnet man beispielsweise bei Silberschaltstücken mit einer Härte von 40 kp je mm^2 und einer Kontaktdruckkraft von 50 p, dann entspricht dieser Kraft eine Deformationsfläche von 0,00125 mm^2 oder ein Quadrat von 0,035 mm Kantenlänge, also eine außerordentlich kleine Fläche. Wenn man weiter daran denkt, daß sich auf dieser winzigen, kaum zu erkennenden Fläche ein Staubkorn befinden kann, dann muß man ohne weiteres mit der gelegentlichen Sperrung des Durchganges rechnen. Die praktische Auswirkung dieses Vorganges beschränkt sich auf verhältnismäßig kleine Geräte, in erster Linie die Hilfsschaltglieder in den Steuerstromkreisen. Sie ist nicht mehr von Bedeutung bei Schaltgliedern mit Druckkräften, die erheblich über 50 p liegen. Erfahrungen dieser Art werden naturgemäß nur dann gemacht, wenn es sich um automatische Steuerungen handelt, bei denen sehr viele solcher Glieder nacheinander zur Wirkung kommen, die Auswirkung einer solchen Fehlschaltung großen Umfang hat und nicht jemand daneben steht, der sofort wieder dasselbe Befehlsgerät drückt, damit es das nächste Mal zur Kontaktgebung kommt. Bei kleinen Kontaktkräften ist also auch bei Edelmetallstücken der Stromübergang nicht ohne weiteres sicher. Die Beobachtung solcher Vorgänge ist sehr schwierig, denn es handelt sich ja nicht darum, eine bestimmte Zahl in einer verhältnismäßig kurzen Zeit festzustellen, sondern z. B. zu ermitteln, ob bei einem Anstoßschalter, der 10^7 Schaltungen vollführen kann, etwa im Durchschnitt nach jeder millionsten Schaltung einmal eine Kontaktgabe nicht zustande kommt. Die Feststellung solch winziger Differenzen mit Zählwerken ist schon sehr schwierig. Normale mechanische und auch elektrische Zählwerke würden die notwendige Zuverlässigkeit gar nicht haben, zumindest nicht solche mit Klinkwerken.

Neben den Fremdkörpern bedingen naturgemäß *Fremdschichten* auf dem Schaltstück eine Erhöhung des Übergangswiderstandes, nicht so sehr eine vollständige Isolation. Bei der Beurteilung der Kontaktsicherheit handelt es sich darum, welchen Schwankungen der Kontaktübergangswiderstand unterliegt und welchen Einfluß diese Schwankungen auf die Funktionssicherheit der abhängigen Schaltelemente bzw. Meldekreise haben. Der Übergangswiderstand ist ein Vorschaltwiderstand vor dem zu schaltenden Stromverbraucher. Er bewirkt einen Spannungsabfall, der eine gewisse Größe nicht überschreiten darf. Ein Widerstand bestimmten Umfangs ist bei einem Stromverbraucher hoher Stromaufnahme von größerem Einfluß als bei einem niedrigen Bedarfs, oder umgekehrt, bei gleichem Leistungsbedarf und einer hohen Spannung, d. h. verminderter Stromaufnahme tritt sie weniger in Erscheinung als bei gleichem Leistungsbedarf und niedriger Spannung [s. GALLE (3)]. Weiterhin wird die Kontaktsicherheit bei Fremdschichten auch durch den „Tunneleffekt" und u. U. die „Frittung" (s. S. 9) beeinflußt, wobei eine Strombahn durch eine adsorbierte Schicht hindurch zustande kommt. Für diese Effekte ist wiederum die Spannung maßgebend. Große Feldstärken beeinflussen auch die Leitfähigkeit eines Halbleiters durch die auftretenden elektrostatischen Kräfte, die die Struktur der Isolierschichten schädigen. Aus diesen Gründen ist die Kontaktsicherheit in hohem Maße von der Steuerspannung abhängig. Ein Beispiel, fest-

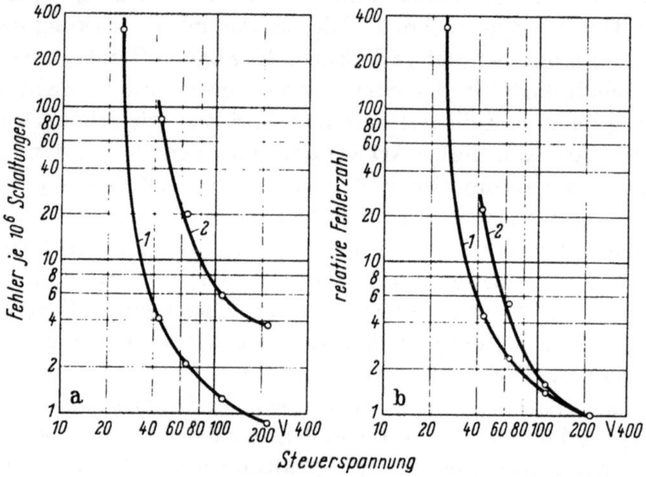

Abb. 4 a u. b. Kontaktversager abhängig von der Spannung, Ag-Schaltstücke gewaschen a) Absolutwerte; b) Relativwerte (für 220 V = 1); *1* Kontaktkraft 46 p, *2* Kontaktkraft 33 p, Last 85 mA

gestellt an Kleinschützen, bei einer Belastung mit 85 mA, zeigt Abb. 4. Wenn bei 220 Volt Steuerspannung 1 Ausfall je 10^6 Schaltungen eintrat, dann waren es bei 110 Volt schon fast 2, bei 24 Volt mehrere Hundert.

Ferner erreicht man kleine Widerstände mit gesteigerten Kontaktkräften, die ihrerseits in der Lage sind, etwa entstehende Fremdschichten mechanisch zu zerstören und eine größere Übergangsfläche auszubilden. In Abb. 4 sind die Werte jeweils für zwei Kontaktkräfte eingetragen.

Sie erwiesen sich als wesentlich für die Kontaktsicherheit. Weitere Ausfallzahlen in Abhängigkeit von der Kontaktkraft s. Abb. 5 nach BIEFER, aufgrund amerikanischer kriegstechnischer Forschungsberichte zusammengestellt. Danach ist bei Reinsilber und etwa 35 p mit etwa einem Versager auf eine Million Schaltungen zu rechnen, bei 20 p schon mit 100 Versagern. Die Kurven der Abb. 4 werden mit steigender Druckkraft flacher und verlieren langsam ihre Abhängigkeit von der Spannung. Insbesondere bei größeren Steuerungen mit vielen Schaltgliedern ist diese Druckkraftabhängigkeit für die Betriebssicherheit der gesamten Anlage von großer Bedeutung (s. auch S. 297). Die Ausfallwerte sind weiter davon abhängig, ob man mit etwas Relativbewegung arbeitet oder nicht. Erfahrungsgemäß reichen oft schon ganz winzige Bewegungen der Schaltstücke aus, um Widerstandsschichten auf der Oberfläche zu zerstören.

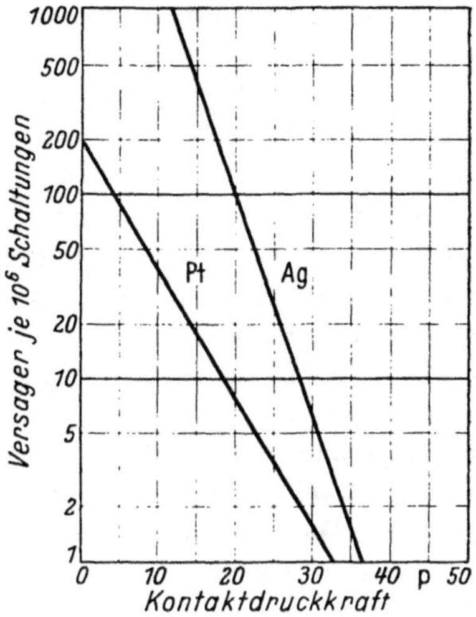

Abb. 5. Relative Anzahl der Kontaktversager je 10^6 Schaltungen, abhängig von der Kontaktkraft (nach BIEFER)

Zu den weiteren Maßnahmen zur Steigerung der Kontaktsicherheit gehört die Herstellung eines entsprechenden Oberflächenzustandes. Ein hochglänzendes poliertes Silberschaltstück ist nicht das günstigste, sondern ein solches, das Berg und Tal aufweist. Bei einem hochglanzpolierten Stück wirkt auch die allerkleinste Staubpartikel sofort vollständig kontakttrennend. Von Bedeutung ist auch die *Lage des Kontaktspaltes*. Aus einem senkrechten Spalt werden die Fremdkörper schneller verschwinden als aus einem waagerechten. Bei einer größeren Anzahl von übereinander liegenden Schaltstellen und Geräten können die oberen leicht die unteren verschmutzen [s. FRANKEN (45, Abb. 5)].

Weiter kommt es darauf an, das Auftreten von *Fremdkörpern*, aber auch die Bildung von Wasserhäuten sowie massiven Fremd-Schichten wie Sulfiden, u. dgl. zu verhüten. Letztere sind bei Silber nicht beständig. Sie dissoziieren bei etwa 180 °C. Bei Hilfsschaltern ist aber das Erreichen dieser Temperaturen nicht grundsätzlich gegeben. Eine ganz üble Störungsquelle sind natürlich Fremdkörper, die von außen her in den Kontaktspalt gelangen, wie z. B. winzige Staubteilchen in der Luft, kleine Fäden, Staubkörner aber auch Verschleißprodukte der übrigen Konstruktionselemente der Geräte wie beispielsweise Preßstoffpartikel.

Schaltstückabrieb braucht nicht unmittelbar zur Erhöhung des Übergangswiderstandes zu führen. Es sei denn, daß durch die feine Verteilung des Stoffes eine chemische Veränderung und Einwirkung der Umgebung begünstigt wird. Es sind auch noch Kontaktstörungen durch adsorbierte Schichten, deren Bestandteile aus der Atmosphäre kommen oder aber auch Ausdünstungen der Geräte insbesondere der Isolierteile bedingen, möglich. Der Austritt von Dämpfen aus Kunststoffteilen, vor allen Dingen aus den Leitungsisolationen ist wesentlich durch deren Weichmacher bedingt. Die Hersteller müssen durch geeignete Versuche die Ungefährlichkeit der verwandten Stoffe prüfen. Im Zusammenhang mit der Abspaltung aus Isolierstoffen spricht man vom „Kleinklima" innerhalb der gekapselten Geräte [s. KEIL (2)]. Aus der Außenluft stammende Fremdkörper müssen durch eine entsprechende Schutzart s. S. 228 ferngehalten werden.

Zur Erhöhung der Kontaktsicherheit verwendet man statt Silber bei geringen Druckkräften auch Silber–Palladium (70/30). Es ist in schwefelhaltiger Industrieatmosphäre besser, der Preis aber auch erheblich höher als der von Feinsilber. Nach HENTSCH (2) ist jedoch je nach den Versuchsbedingungen sein Widerstandsverhalten von dem reinen Silbers nicht wesentlich verschieden. Bei Befehlsgeräten, sowie Schaltrelais für kleine Spannungen z. B. 24 V kommen auch vergoldete Schaltstücke vor. Das Gold geht im Gegensatz zu Silber keinerlei nichtleitende Verbindungen ein. Die Zuverlässigkeit der Kontaktgabe bei Hilfsschaltgeräten ist also wesentlich abhängig vom Schaltstückstoff, der Kontaktkraft, der Kapselung, der Spannung der zu steuernden Kreise, sowie der Sauberkeit bei der Herstellung und der Montage. Eine zusammenhängende Darstellung siehe FRANKEN (45).

Sehr günstig für die Steigerung der Kontaktsicherheit ist die *Parallelschaltung* mehrerer Kontaktglieder. Wenn ein Einschaltglied eine Ausfallwahrscheinlichkeit von 1 auf 10^6 Schaltungen hat, dann haben zwei parallel geschaltete nur noch eine solche von 1 auf 10^{12} Schaltungen.

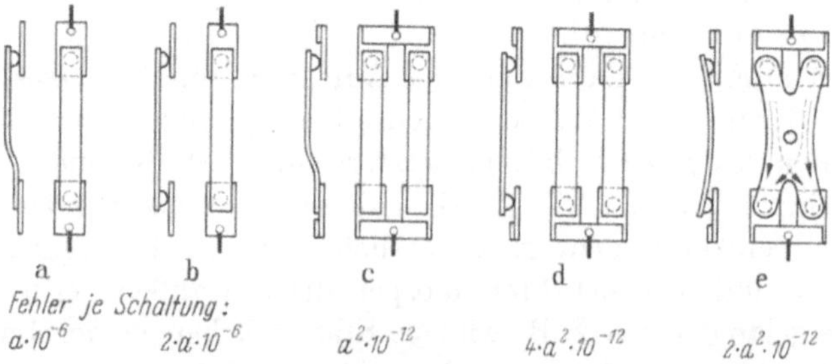

Abb. 6a bis e. Verminderung der Kontaktversager durch parallele Schaltglieder unter der Voraussetzung gleicher Kraft an allen Kontaktpunkten

Den Einfluß der Parallelschaltung s. Abb. 6. Bei den eingetragenen Werten für das Absinken der Fehlerwahrscheinlichkeit ist vorausgesetzt, daß alle Kontaktpunkte gleiche Kraft haben. Das gilt insbesondere auch für die Ausführung nach *e*, bei der Druck und Elastizität so sein müssen, daß nicht nur eine Dreipunktauflage zustandekommt. In Steuerkreisen, die nur eine Spannung von 12 oder 24 Volt aufweisen, kann die entscheidende Verbesserung der Kontaktsicherheit meistens nur durch Anwendung von Doppelkontakten erreicht werden.

Statt des Begriffes der Kontaktsicherheit verwendet man auch den umfassenderen der *Fehlschaltungssicherheit* mit der Festlegung, daß eine Fehlschaltung dann eintritt, wenn der elektromagnetische Antrieb eines Schaltgerätes keine ausreichende Betätigungsspannung erhält s. Seck (4). Es handelt sich also hier um die Einwirkung des Übergangswiderstandes in einem Kreise bestimmter Spannungs- und Leistungsaufnahme. Fehlschaltungsfeste Geräte zeichnen sich mithin in erster Linie durch einen niedrigen Kontaktwiderstand aus. Als Maßstab dient die Summenhäufigkeits-Verteilung der Kontaktwiderstände bei strom- und spannungslosem Schalten. Über die Kontaktzuverlässigkeit elektrischer Steuerschütze s. auch Meyer (5).

2.12 Der Prellschlag

Beim Aufbau von Schützen und Relais ist die Vermeidung von Prellschlägen besonders wichtig. Sie kommen dadurch zustande, daß die mit einer gewissen Geschwindigkeit auf die festen Schaltstücke aufschlagenden beweglichen Schaltstücke entsprechend den Stoßgesetzen zum Rückschlag, d. h. zur Wiederunterbrechung des Einschaltzustandes neigen. Unter dem Einfluß der Kontaktkraftfedern wird der Stoß ein elastischer. Er wiederholt sich, bis die Stoßenergie verzehrt ist. Solche Vorgänge können auch beim Ausschalten auftreten. Die Kontaktgebung soll aber ohne Zwischenstadien zustande kommen. In Wirklichkeit geht bei den meisten Anordnungen einer dauernden Kontaktgabe eine Folge unregelmäßiger Berührungen voraus. Diese Unregelmäßigkeiten werden als „Prellungen“ — „Prellschläge“ bezeichnet. Sie beeinflussen das Einschaltvermögen, also die Stromstärke, die im Augenblick der Kontaktgebung bzw. im unmittelbaren Anschluß daran fließen darf. Weiter wird hierdurch die Lebensdauer der Schaltstücke herabgesetzt. Sehr oft können aber auch als Folge derartiger unsauberer Kontaktgebungen, insbesondere bei Relais, weitere Störungen auftreten, z. B. bei der Weitergabe von Steuerkommandos, die dann Unruhe in die abhängigen Schaltsysteme bringen.

Bei der Behandlung dieses Themas verwirren die vielen möglichen Einflüsse häufig die Begriffe. Prellschläge sind einerseits praktisch kaum vermeidbar, sondern insbesondere bei Schützen meist höchstens reduzierbar. Andererseits darf man nicht vergessen, daß es dem Abnehmer im allgemeinen gleichgültig sein kann, wie groß die Prellschläge sind. Sein Interesse richtet sich vor allen Dingen auf die Auswirkungen. Aus diesem Grunde sind die Feststellung der Prelldauer und die hierzu gehörenden Versuchsbedingungen auch nicht Gegenstand der Modellprüfung nach VDE 0660.

Erfahrungsgemäß sind die Prellbilder bei ein und demselben Modell von Schaltung zu Schaltung ziemlich ungleichmäßig. Das hängt damit zusammen, daß bei der jeweils ersten Berührung der Schaltstücke naturgemäß die der Druckkraft entsprechende Kontaktfläche noch nicht zur Verfügung steht. Es ist mithin eine plastische Verformung des ersten Berührungspunktes durchaus denkbar, besonders wenn die Kontaktfläche beim letzten Schaltprozeß, wenn auch nur wenig, angerauht wurde. Weitere Veränderungen bringt die Stromlast, die das Schaltstück bei der ersten Berührung zu ertragen hat. Andere Einflüsse auf den Verlauf der Prellung behandelt LAIG- HÖRSTEBROCK. Beeinflußt werden die Stoßvorgänge noch von den mit Schallgeschwindigkeit hin und her laufenden Deformationswellen, die reflektiert werden und zu zusätzlichen Abhebungen führen können. Die Werte der Schallgeschwindigkeit liegen bei Metall etwa bei 4000 $msec^{-1}$. Jede Rückkehr der Stoßwelle ist mit einem Zucken der Stoßfläche verbunden. Diese Schwingungserscheinungen sind als Störungen des eigentlichen Stoßvorganges anzusehen.

Die Bedeutung des Prellschlages ist vom zeitlichen Verlauf des Stromes abhängig. Bei induktiven Kreisen sind kleine Prellzeiten ohne jede Bedeutung. So würde beispielsweise beim Einschalten eines Käfigläufers, bei einer Prellzeit von 7 msec, die höchste Stromspitze noch in den

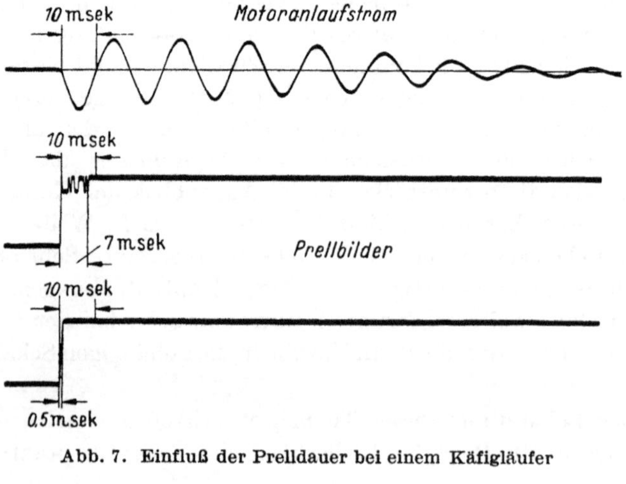

Abb. 7. Einfluß der Prelldauer bei einem Käfigläufer

Bereich der Prellung hineinfallen (s. Abb. 7). Das wäre für das Einschaltvermögen und den Schaltstückabbrand von ausschlaggebender Bedeutung. Dagegen wird eine Prellzeit von 0,5 msec (s. Abb. 7 unten) bei diesem langsamen Stromanstieg ohne Bedeutung sein. Häufig wird von „Prellfreier Einschaltung" gesprochen. Dieser Begriff bedarf nach dem Gesagten einer genauen Umschreibung. CARLSSON (3) bezeichnet einen Einschaltvorgang als prellfrei, wenn der Mittelwert bei 20 Einschaltungen höchstens 1 msec beträgt.

Neben der zeitlichen Ausdehnung des Prellvorganges ist selbstverständlich auch der Weg, um den die Schaltstücke zurückprellen, wichtig. Auch verhältnismäßig sehr kleine Rückschlagwege sind von Einfluß, z. B. entstehen bei Wegen von 0,1 bis 0,2 mm regelrechte Lichtbögen und ein solcher Bogen von beispielsweise 100 A erzeugt einen Leistungsverlust von etwa 2 kW. Hierdurch werden die Schaltstücke aufgeheizt und an den Fußpunkten aufgeschmolzen bzw. verdampft. Bei induktiven Kreisen und einer Prelldauer von z. B. 0,5 bis 1 msec ist der Einschaltabbrand vernachlässigbar klein. Der letztere Zustand ist in der Praxis heute erreicht. Beim Einschalten von Kondensatoren ist die Prelldauer, auch wenn sie ganz gering ist, nicht ohne Bedeutung (s. Abb. 22, S. 42), desgleichen bei induktionsfreien Kreisen, die aber den Vorteil des Fehlens großer Einschaltüberströme haben.

Die *Berechnung der Vorgänge* an Hand der Stoßgesetze ist nicht ganz einfach. Viele Faktoren sind nicht ohne weiteres bekannt, so z. B. die Stoßziffer. Sie an bearbeiteten, gut aufeinander passenden Stücken festzustellen, ist nicht schwierig. Bei Schaltstücken werden durch den Stromeinfluß jedoch die Festigkeitsverhältnisse beeinträchtigt und damit auch Einfluß auf die Prellung genommen. Es ist weiter z. B. auch gar nicht sicher, daß das sogenannte feststehende Schaltstück in diesem Sinne feststehend ist. Es ist genau so gut denkbar und in der Praxis sehr häufig, daß das Gerät als Ganzes Schwingungen ausführen kann, so daß nicht nur die Stoßverhältnisse zwischen den beiden Schaltstücken, sondern diejenigen zwischen dem beweglichen Schaltstück und einer größeren Anzahl von Konstruktionselementen in Betracht kommen. Nur in den allerseltensten Fällen kann die Masse des feststehenden Schaltstückes wirklich als unendlich angesehen werden. Bei Prellschlagmessungen ist (s. S. 262) deshalb die betriebsmäßige Aufstellung des Gerätes von großer Bedeutung. Die Verminderung der Prellungen ist in erster Linie darauf zurückzuführen, daß man die Masse der aufschlagenden Körper soweit wie möglich verkleinerte und auch versucht hat, die Geschwindigkeit in geringen Grenzen zu halten. Damit sinkt die Stoßenergie. Natürlich sind beiden Werten nach unten Grenzen gesetzt.

Bezüglich der *Geschwindigkeit* bereitet das wechselstromgesteuerte Schütz, dessen Aufschlaggeschwindigkeit von der Phasenlage der Steuerspannung im Einschaltaugenblick abhängt, Schwierigkeiten. Dabei können die Geschwindigkeiten sehr unterschiedlich sein s. unten, Abb. 8. Ein an einem Gerät mit verschiedenen durch die Einschaltphasenlage bedingten Aufschlaggeschwindigkeiten ermitteltes Streubild be-

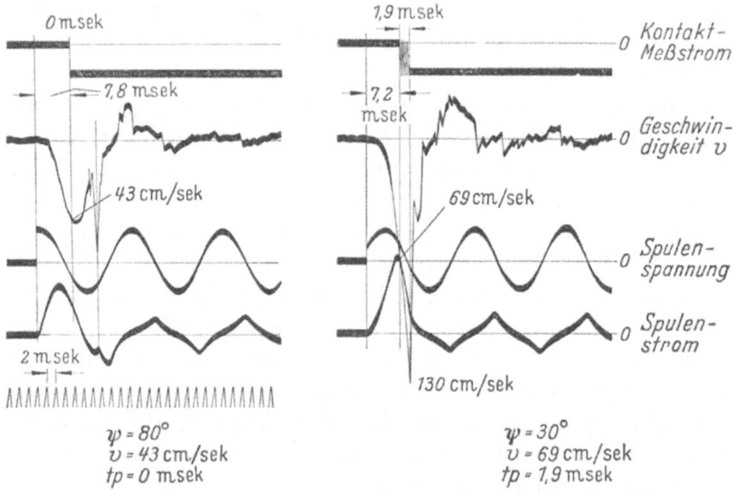

Abb. 8. Zwei Prellbilder – Kommando bei unterschiedlichen Phasenlagen

züglich der Prellzeiten zeigt Abb. 9 [FRANKEN (32)]. Die Verlängerung des Mittelwertes für die Prellzeit 0 ergab eine Geschwindigkeit, die nach den rechnerischen Zusammenhängen [KESSELRING (S. 108)] zwischen Druckkraft, Masse und Geschwindigkeit diesen Wert erwarten ließ.

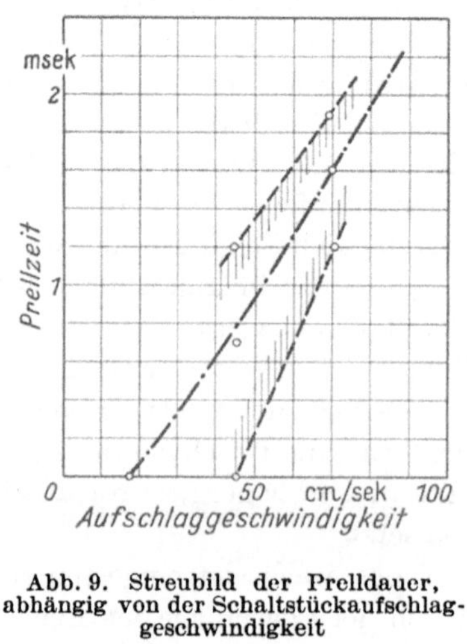

Abb. 9. Streubild der Prelldauer, abhängig von der Schaltstückaufschlaggeschwindigkeit

Ein vorzügliches Mittel zur Beeinflussung der Geschwindigkeit ist der Kniehebel (s. S. 106) [FRANKEN (25)]. Bei Schützen dürfte eine Aufschlaggeschwindigkeit von 50 $cmsec^{-1}$ genügen. Aber eine solche unter 30 $cmsec^{-1}$ ist bei Vielfachunterbrechung nicht mehr möglich, weil die Voreilung einer Stelle um 1 mm schon 3 ms entsprechen würde (s. EIDINGER). Bei Gleichstrommagneten scheidet die unterschiedliche Geschwindigkeit beim Aufschlag naturgemäß aus (s. Abb. 85, S. 160).

Ein vorzügliches Mittel zum schnellen Verzehr der Stoßenergie ist die Verwendung hoher *Kontaktdruckkräfte*. Beim Zusammenstoß erfolgt eine elastische Deformation der zusammenstoßenden Körper auf einer gewissen Strecke, dann federn sie wieder auseinander. Ist die Druckkraft so groß, daß ihr Wert multipliziert mit dem Betrag dieser Durchfederung die Energie aufzehrt, dann ist ein Lösen der Schaltstücke nicht mehr möglich. Diese Verhältnisse sind errechnet worden [Kesselring (S. 108)]. Leider sind die Kräfte, die sich nach diesen Beziehungen ergeben, so groß, daß sie von einem Schütz nicht aufgebracht werden können. Ihre Anwendung würde die Steigerung der Magnetabmessungen um beträchtliche Beträge voraussetzen und damit wieder zur Erzeugung neuer Überschußkräfte führen, die erneute Geschwindigkeitssteigerungen zur Folge hätten und auch die Konstruktionselemente mechanisch zu sehr beanspruchten. Man hat sich aber trotzdem häufig durch Steigerungen der Druckkräfte geholfen und ist auf diese Weise zu brauchbaren Ergebnissen gekommen. Die Überschußkräfte, soweit sie durch die Steigerung der Kontaktfederkräfte nicht verbraucht wurden, hat man dann durch zusätzliche Federn, die nacheinander zum Eingriff kamen, aufgezehrt.

Eine vorübergehende Steigerung der Gegenkräfte kann auch geschehen durch die Verwendung von Stoffen, die zunächst der Kompression hohe Kräfte entgegenstellen, die dann nachlassen [Schönauer (1)]. Weitere Mittel sind die *Erhöhung der Anpreßdrücke* durch von den hohen Einschaltströmen hervorgerufene *elektrodynamische* Wirkungen oder, z. B. durch ein mit dem Anker lose gekuppeltes Pendel, das kurz nachdem der Magnetanker angezogen wird, auf ihn oder die Kontaktbrücke aufschlägt. Auch *Reibung* sowohl die zweier Körper aufeinander wie auch innere Reibung und plastische Deformation ist geeignet, die Prellschläge zu mindern.

Ein *weiteres Mittel* zur Verminderung der Prelldauer ist der Einbau der *Geräte unter Öl*. Er ist nicht ohne weiteres prellschlagvermindernd, denn es kommt nunmehr außer der Einwirkung der bewegten Festkörpermassen u. U. noch die der Ölmenge als Ganzes hinzu [Müller-Hillebrand (2)]. Unter Öl ist es aber leicht möglich, z. B. durch Dämpferplatten u. dgl. die Geschwindigkeit so zu dämpfen, daß ein Prellschlag praktisch vermieden wird.

Eine andere Methode ist die Anwendung von *Relativbewegungen*. Zum Beispiel ist es beim Weiterschreiten der Schaltbewegung in Form einer reinen Wälzbewegung nicht erforderlich, daß die lebendige Energie der Schaltstücke in Stoßenergie, die zum Wiederabheben führt, umgewandelt wird. Die Energie der geradlinig bewegten Massen wird dabei in Rotationsenergie umgesetzt. Dieses Mittel ist nur beschränkt anwendbar, denn sobald die Wälzbewegung als Folge des Abbrandes nachläßt, treten die alten Verhältnisse wieder auf (s. Abb. 10) [Carlsson (1)]. Ähnliche Verhältnisse erreicht man mit einem schiefen Stoß, von dem man in der Praxis aber nur selten Gebrauch machen kann. Über die Messung der Prellungen s. S. 261. Dabei sind auch Messungen an Schaltstücken unter *Strombelastung* von Interesse (s. Abb. 11). Unter dem Stromeinfluß wird die Stoffhärte bis zum lokalen Schmelzen ermäßigt, damit die Übergangsfläche stetig vergrößert und naturgemäß das Prellverhalten geändert. Beim Überschreiten einer bestimmten Stromstärke sind keine Unterbrechungen mehr festzustellen, sondern nur noch Spannungserhöhungen in Höhe der Lichtbogenspannung bei dementsprechendem Wärmeverlust [FRANKEN (15)].

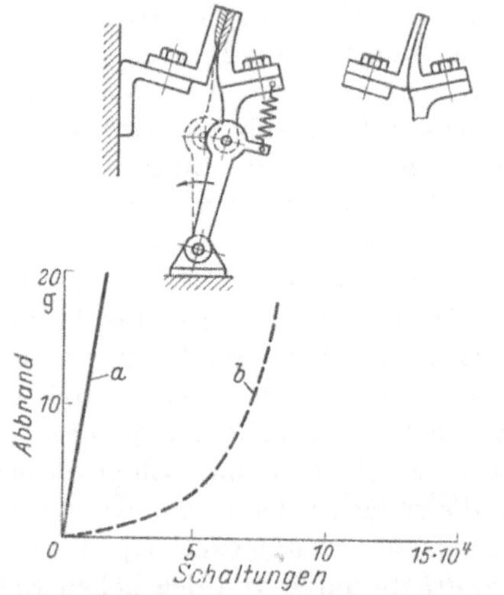

Abb. 10. Anfängliche Verbesserung des Schaltstückabbrandes durch Wälzbewegung und verminderte Prellung (nach CARLSSON)
a Tastbewegung; *b* Wälzbewegung

Bei Schützen treten nicht nur Prellungen beim Schaltstückaufschlag auf, sondern eine zweite Prellerscheinung kann später durch das *Zusammenschlagen* der beiden *Magnethälften* hervorgerufen werden. Dabei können beide Prellperioden nacheinander kommen oder der Magnetprellschlag verlängert den Schaltstückprellschlag (s. z. B. Abb. 12). Hier weist die Spulenstromkurve nach dem Rückgang auf den Haltestrom nochmals zwei Knicke auf, bei denen jeweils wiederum neue Prellungen eingeleitet wurden.

Bei *Parallelschaltung* zweier Schaltbahnen ist die Wahrscheinlichkeit vorhanden, daß sich die Unterbrechungszeiten der einzelnen Schaltstücke mehr oder weniger gut überdecken, so daß die Wirkung der Prellung, z. B. auf den Abbrand, bedeutend zurückgeht (s. Abb. 61, S. 105).

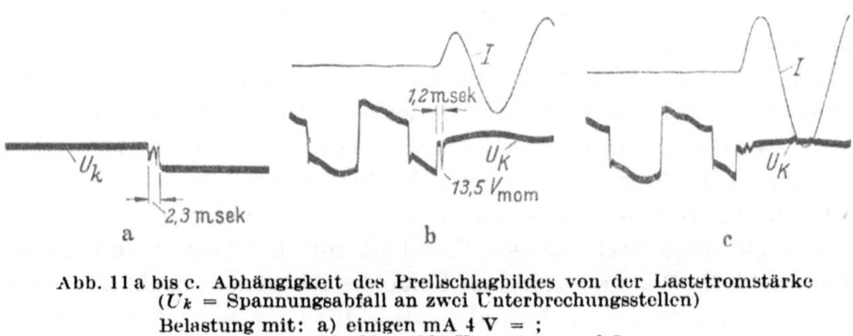

Abb. 11 a bis c. Abhängigkeit des Prellschlagbildes von der Laststromstärke (U_k = Spannungsabfall an zwei Unterbrechungsstellen)
Belastung mit: a) einigen mA 4 V = ;
b) 590 A, 380 V ~, $\cos\varphi = 0{,}7$;
c) 920 A, 380 V ~, $\cos\varphi = 0{,}7$

Ein sehr günstiges Mittel ist die *Herabsetzung des Schalthubes* (Magnetweges). Es wird besonders dann angewandt, wenn die Geräte mit besonders hohen Schaltzahlen betrieben werden sollen, also auf der anderen Seite die Leistungen und Ströme verhältnismäßig niedrig gehalten werden. Man verkleinert bei einem Schütz den gesamten Magnethub und gleichzeitig die Magnet- und damit die Kontaktdruckkräfte. Zwei derartige Soll- und Ist-Kraftdiagramme (s. auch Abb. 41, S. 69) zeigt Abb. 13. Der Magnethub wurde von h_1 auf h_2 beispielsweise von 10 auf 6 mm vermindert und gleichzeitig die Magnetkräfte so stark gedrosselt, daß sie bei der Ausgangslage die gleichen sind [FRANKEN (28)].

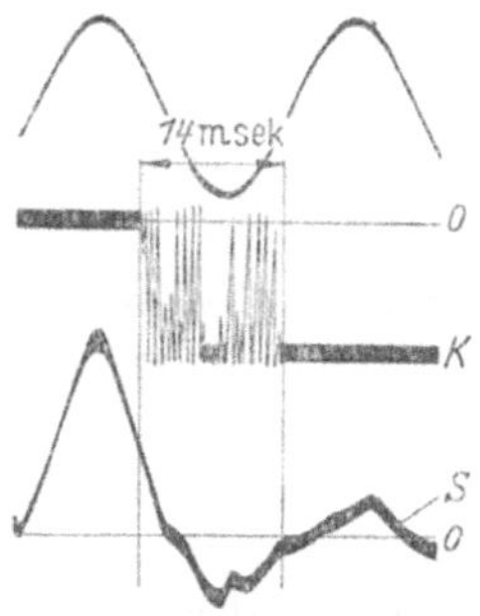

Abb. 12. Große Prellzeiten, die in Magnetprellungen übergehen
K = Kontaktmeßstrom:
S = Spulenstrom

Außer den Prellvorgängen rein mechanischer Natur gibt es bei belasteten Schaltstücken häufig noch elektrisch-thermische, z. B. können in Kondensatorkreisen beim Einschalten die metallischen Berührungsbrücken explosionsartig verdampfen, und so das endgültige Schließen der Kontaktstelle verzögern. Man unterscheidet dann mechanisches und elektrisches Prellen (LINCKH und KRAPF).

2.13 Das Einschaltvermögen

Außer der mehr oder weniger lang dauernden Führung bestimmter Stromstärken ist für das Kontaktsystem das Ein- bzw. Ausschaltvermögen entscheidend. Unter dem Einschaltvermögen versteht man den höchsten Strom (bei Wechselstrom den Scheitelwert), für dessen Einschaltung bei Nennspannung und einem bestimmten Stromdiagramm das Gerät bemessen ist, d. h. eine Stromstärke bei der es nicht verschweißt und die Strombahn weder durch Stromkräfte noch durch unzulässige Erwärmung beschädigt wird. Den beherrschbaren Einschaltstrom nennt man das „Nenneinschaltvermögen". Bei seiner Definition war es notwendig, den Scheitelwert und nicht den Effektivwert anzuführen, weil der Schweißvorgang von den in außerordentlich kleinen Zeitabschnitten, die in der Größenordnung von 10^{-3} bis 10^{-4} sec liegen, auftretenden Stromstärken abhängt. Die Angabe des Einschaltvermögens setzt die Feststellung des gewissermaßen gegenteiligen Wertes

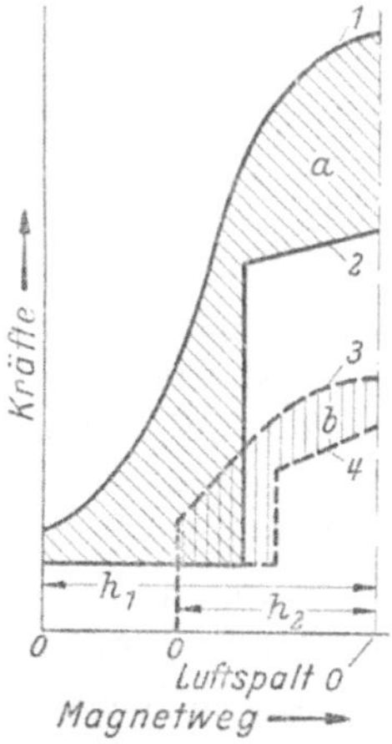

Abb. 13. Beschleunigungskräfte (schraffierte Felder) bei Verminderung des Hubes und der Zugkraft

des sogenannten „Schweißstromes“ voraus. Einen eindeutigen zulässigen Einschaltstrom gibt es nicht, sondern dieser Wert ist immer an gewisse Bedingungen geknüpft [Franken (15)]. Die thermischen Auswirkungen der durch die Ausgleichvorgänge bestimmten Stromspitzen zeigen sich bei den übrigen Elementen des Stromkreises z. B. den Leitungen, Maschinenwicklungen usw., sowie allen Teilen der Schaltgeräte mit Ausnahme der Schaltstücke, als verschwindend gering. Die Wirkungen auf die Schaltstücke können jedoch recht bedeutend sein, sie bedingen die Schweißgefahr und erhöhen den Schaltstückabbrand, insbesondere dann, wenn die Stromspitzen noch in die Prellzeit fallen.

Weitere Begriffsbestimmungen liegen auf diesem Gebiet nicht vor, deshalb gehen die Angaben auch etwas durcheinander. Verschweißungen kommen vor, sobald eine, wenn auch noch so kleine Metallpartikel auf der Oberfläche ihre Schmelztemperatur erreicht. Die Untersuchungen unterscheiden deshalb bei verschiedenen Stromlasten, Belastungszeiten und dergl. für einen gegebenen Stoff und gegebene Kontaktform mehrere Bereiche. Bei dem einen ist keinerlei Verschweißung festzustellen. Es wird also in keinem Punkt die Schmelztemperatur erreicht. Bei Steigerung der Belastung treten dann Verschweißungen auf, wobei sich aber die Kontaktstücke leicht wieder trennen lassen. Bei noch höherer Belastung wird die Schweißstelle so fest, daß das praktisch nicht mehr der Fall ist. Bei noch weiteren Stromsteigerungen bleibt die Verschweißung manchmal erstaunlicherweise aus, weil ein Teil der Oberflächenmaterialien unter starker Verdampfung auseinander getrieben wird. Es wird dann z. B. Schaltstückstoff aus dem Spalt herausgeblasen. Das höchste Stadium ist eine totale Verschweißung, bei der sich zwischen den Schaltstücken ein Lichtbogen entwickelt hat. Solche Grenzen stellte z. B. Wolleneck bei einschaltenden Kupferschaltstücken mit 700, 1000, 1800, 7000 A fest. Die praktische Verwendung der Schaltstücke kann sich nicht etwa nur auf den Strombereich beschränken, bei dem keinerlei Verschweißung festzustellen ist, sondern für sie ist entscheidend, ob beim Ausschalten die lokale Verschweißung durch Abreißkräfte, bzw. das Abreißvermögen, das den Schaltgliedern innewohnt, wieder gelöst wird oder nicht.

Wesentlich für den *Schweißvorgang* ist der zeitliche Verlauf des Einschaltstromes, d. h. die Zeit vom Beginn der Kontaktgabe bis zu dem Augenblick, in dem die höchste Stromspitze erreicht wird. Bei der Mehrzahl der Stromverbraucherkreise ist Selbstinduktion vorhanden, so daß der Aufbau des Spitzenwertes verzögert wird. Nur bei rein Ohmschen Kreisen, wie sie in der Elektrowärme auftreten, ist mit einem praktisch unverzögerten Anstieg zu rechnen. Weitere Kreise mit verhältnismäßig schnellem Anstieg sind diejenigen mit Kapazitäten, z. B. solchen zur Leistungsfaktorverbesserung. Hier muß man mit verhältnismäßig hohen Einschwingfrequenzen des Stromes rechnen, so daß die Anstiegsgeschwindigkeit bedeutend ist. Bei induktiven Kreisen ist der $\cos\varphi$ bestimmend, in Gleichstromkreisen entsprechend die Zeitkonstante. Die Abhängigkeit des Einschaltvermögens von der Anstiegsgeschwindigkeit ist damit begründet, daß, wenn die höchste Spitze mit einiger Verzögerung auftritt, mittlerweile die Kontaktkräfte voll entfaltet sind und die ihnen entsprechende Deformation der Oberlächenteilchen eingetreten ist. Auch ist die Möglichkeit gegeben, daß die Prellvorgänge mittlerweile abgeklungen sind, so daß Erschwerungen des Einschaltvorganges aus dieser Quelle nicht zu erwarten sind. Im übrigen ist die Zahl der Faktoren, die den Schweißvorgang beeinflußt, verhältnismäßig groß. Von Einfluß sind im wesentlichen die Kontaktkräfte, etwaige elektrodynamische Abhebungen, Relativbewegung, das Prellverhalten, die Abreißenergie, die Wärmekapazität und die Stoffeigenschaften der Schaltstücke. Endlich noch die Netzspannung und die etwaige Möglichkeit von Vorentladungen [Franken (15)].

Die Verschweißungen treten oberhalb einer gewissen Stromstärke mit einer mehr oder weniger ausgedehnten Abschmelzung der beiden Schaltstücke auf. Maßgebend hierfür ist die Temperatur des zuerst erreichten Berührungspunktes. Zwischen der Temperatur im Kontaktgebiet und dem Spannungsabfall an der Kontaktstelle besteht ein einfacher Zusammenhang unter der Voraussetzung, daß Stromfluß und Wärmefluß gleiche Wege gehen, also keine Wärme nach außen abgegeben wird, eine Voraussetzung, die bei den Schaltstücken in der Praxis genügend genau erfüllt ist. Bei Silber tritt beispielsweise die Schmelztemperatur bei einem Kontaktspannungsabfall von 350 mV auf. Bei etwa 90 mV wird das Material weitgehend entfestigt, so daß bei gleicher Kraft die Übergangsfläche wächst. Der Kontaktspannungsabfall ist aber bei gegebenem Stoff durch die Kontaktkraft bedingt. Nach den angegebenen Gesetzen müssen die Temperaturen in allen Berührungspunken gleich sein, ganz unabhängig, ob es sich um viele oder wenige, kleine oder große Flächen handelt. Die Frage der Beteiligung von Fremdschichten an den Schweißvorgängen ist noch nicht restlos geklärt. Oberhalb einer bestimmten Strombelastung im Übergangspunkt scheint die Verschweißung nicht mehr zu verhüten zu sein. Jedenfalls haben an verschiedenen Schaltgeräten mit punktförmigen Stromübergangsstellen durchgeführte Kurzschlußversuche ergeben, daß an einer einzigen punktförmigen Stelle bei Verwendung von Kupfer als Schaltstückwerkstoff und den durch die Betätigungsmöglichkeit begrenzten Kontaktkräften höchstens 20 bis 25 kA Stoßstrom ohne Schweißgefahr übertragen werden können. Ein Grund für solche Grenzen dürfte im Stromengegebiet zu suchen sein. Beim Trennen unter Strom erleichtert nach Beginn der mechanischen Zerstörung der Schweißstelle ein neuer Schmelzprozeß die Ablösung.

Wesentlich ist, daß es sich bei den Zeitkonstanten für den Erwärmungs- und Schmelzvorgang um außerordentlich geringe Beträge handelt, bedingt durch die Tatsache, daß die einzelnen schmelzenden Partikel von recht bescheidenem Durchmesser sind. Diese Zeiten sind meistens um mehrere Größenordnungen kleiner als die Spielzeit für die schwankende Wärmeentwicklung, z. B. beim 50-Periodenstrom in Höhe von 10^{-2} sec. Deshalb folgen die Temperaturen an den heißesten Stellen den Schwankungen der Wärmeentwicklung fast trägheitslos. Die Temperatur an der Berührungsstelle erreicht also den höchsten Wert ungefähr in dem Augenblick, in dem auch der Strom seinen Scheitelwert durchläuft. Erst bei verhältnismäßig sehr großen Berührungsflächen, die bei Schützen praktisch nicht vorkommen können, macht sich eine gewisse Wärmeträgheit bemerkbar. Bei Wechselstrom ist also der höchstmögliche asymmetrische Scheitelwert des Stromes bestimmend. Bei höher-frequenten Kreisen kann man mit einem höheren Schweißstrom rechnen. Den Eintritt einer Verschweißung zeigt durch den Zusammenbruch der Kontaktabfallspannung Abb. 14. Kurz vor dem Scheitelwert des Stromes geht plötz-

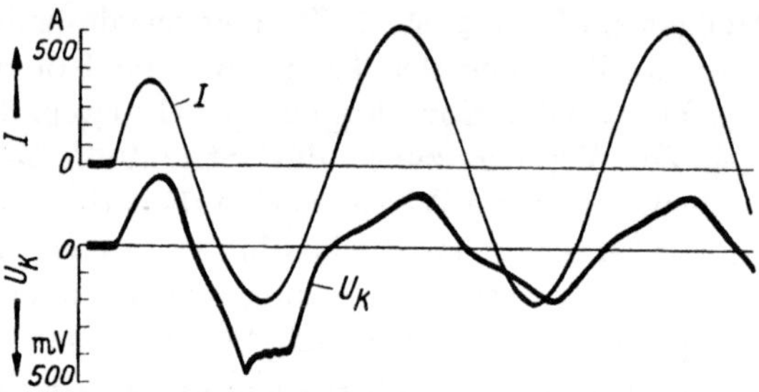

Abb. 14. Spannungsabfall (U_k) beim Verschweißen von Schaltstücken

lich der Spannungsabfall zurück, hält sich eine Zeitlang auf konstanter Höhe, das ist ungefähr die Schmelzspannung des Silbers, um dann mit sinkendem Strom langsam zurückzugehen und danach auch nicht mehr die alte Höhe zu erreichen. Die erste niedrigere Stromspitze, bedingt durch die Induktivität des Kreises und den Einschaltaugenblick, hatte keinen Spannungsabfall zur Folge, der für die Verschweißung ausreichte. Bei der Verschweißung treten häufig lichtbogenähnliche Erscheinungen auf, nachdem zunächst eine flüssige Brücke mit einem Spannungsabfall von 1 bis etwa 2,5 V zustande kam.

Da der Schweißvorgang an das Auftreten des Spannungsabfalls gebunden ist und umgekehrt der Spannungsabfall bei gegebener Stromstärke eine Funktion des Schaltstückstoffes und der *Kontaktkraft* ist, so muß zwischen der Grenzstromstärke und der Kontaktkraft eine Beziehung bestehen. Die Erfahrung hat gezeigt, daß die beherrschbare Stromstärke der Wurzel aus der Kontaktdruckkraft proportional ist. So z. B. gibt KESSELRING (S. 77) für Tulpenkontakte die Beziehung

$$\hat{\imath}_s = 4000 \cdot \sqrt{P} \; [A]$$

an (P in kp). Eine einfache Überlegung ließe diese Beziehung nicht erwarten, da der Übergangswiderstand sich meistens umgekehrt proportional mit der Druckkraft und nicht mit ihrer Wurzel verändert. Diesen Widerspruch klärte HILGARTH auf. Er fand die Richtigkeit der Proportionalität mit $\sqrt{P}$ bei Kreisen mit 50 Hz, also gewissermaßen lang andauernder Belastung. Bei kurzen Stromstößen, also bei höher-frequenten Kreisen, wurde der Strom proportional der Kontaktkraft P und umgekehrt proportional der Wurzel aus der Belastungszeit bzw. proportional der Wurzel aus der Frequenz ermittelt. Die Abhängigkeit von $\sqrt{P}$ für normal frequente Wechselstromkreise findet man auch bei anderen Autoren z. B. CLERC. Für die Geschwindigkeit 0 erhält man aus den Kurven der Arbeit den Faktor 1770. Bei Schützen mit Silberauflage und Abhebekontakten ergab sich der Faktor 2400 [FRANKEN (15)]. Auch bei bewegten Schaltstücken wurde der Einfluß des Faktors $\sqrt{P}$ ermittelt. Bei ihnen hängt die Schweißstromstärke außer von der Kontaktkraft auch von der Wurzel aus der *Abreißenergie* A (cmkp) ab. Für Schütze mit leichter Prellung und Silbertastschaltstücken ergibt sich [FRANKEN (15]

$$\hat{\imath}_s = \approx 2000 \cdot \sqrt{A \cdot P} \; [A]$$

Die Abreißenergie ist gegeben durch die in den bewegten Teilen, auf dem Weg, den sie von der ersten Kontaktberührung der Schaltstücke bis zur Endlage noch zurücklegen, aufgespeicherten Fallenergien sowie den auf dem gleichen Weg in den Kontaktdruck- und etwaigen Abdruckfedern aufgespeicherten Energien.

Bei Geräten mit Vielfachunterbrechung setzt man in die Formel zweckmäßig die Wurzel aus der Druckkraft einer Kontaktstelle ein, dagegen die Abreißenergie für die gesamte Polbrücke. Bei ruhenden Schaltstücken wurden derartige Abhängigkeiten von der Kontaktdruckkraft nach Abb. 15, bei bewegten Schaltstücken unter Berücksichtigung der Abreißenergie nach Abb. 16 ermittelt.

Die von HILGARTH festgestellten Zusammenhänge für die höher frequenten Stromstöße sind für die Behandlung der Einschaltvorgänge bei Kapazitäten und den entsprechenden Einschwingfrequenzen von Bedeutung. Im übrigen ist darauf zu achten, inwieweit die Kontaktdruckkräfte durch elektrodynamische Gegenwirkungen vermindert werden können. Die Beziehung zu der Wurzel aus der Kontaktdruckkraft findet hier eine Grenze. Von einem bestimmten Punkt an ist das Verhalten plötzlich ein anderes. Es nutzt nichts mehr, die Abreißenergie noch weiter zu steigern. Untersuchungen dieser Verhältnisse zeigten, daß dann fast immer die elektrodynamischen Gegenwirkungen zu stark wurden [FRANKEN (15)].

Die Faktoren A und P sind nicht gleichwertig. Für den Grenzstrom ist zwar das Produkt maßgebend. Es ist aber zu beachten, daß, je größer die Druckkraft ist, desto kleiner die Narbe vom Schmelzvorgang beim Einschalten wird. Man wird also bei der Auswahl der beiden Komponen-

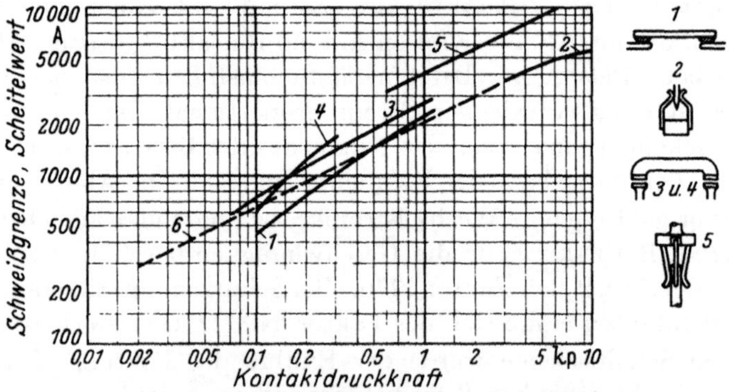

Abb. 15. Schweißgrenze ruhender Schaltstücke
1 Tast-Schaltstück Cu–Ms;
2 Messerschaltstück (Clerc) Cu–Cu;
3 und 4 Tastschaltstücke Ag–Ag;
5 Tulpenkontakt (Kesselring) Cu–Cu;
6 theoretischer Wert $\sim 2000 \cdot \sqrt{P}$

ten die Druckkraft, soweit es irgendwie geht, vorziehen. Setzt man übrigens die Abreißenergie A im wesentlichen gleich derjenigen der Kontaktkraftfedern, also bei m Unterbrechungsstellen und h Durchfederung $A = P \cdot h \cdot m$ (cmkp), so wird $\hat{\imath}_s$ proportional der Kontaktkraft P. Meistens sind in der Abreißenergie aber auch noch andere Komponenten, wie z. B. das Gewicht der Kontaktbrücke, die Energie von Abreißfedern u. dgl. enthalten. Man hat die Kontaktdruckkräfte auch künstlich gesteigert, z. B. unter Ausnutzung elektrodynamischer Wirkungen.

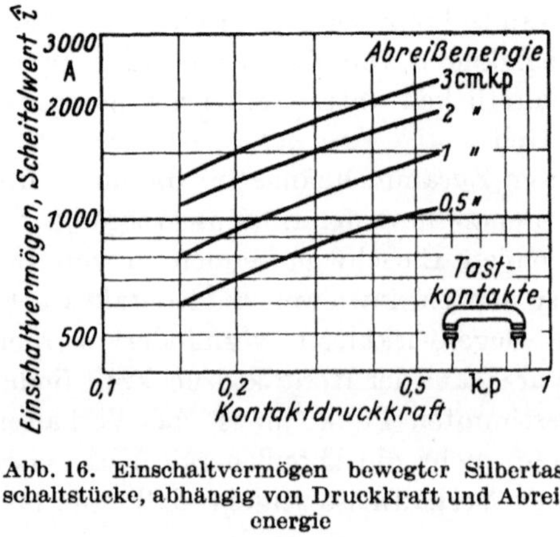

Abb. 16. Einschaltvermögen bewegter Silbertastschaltstücke, abhängig von Druckkraft und Abreißenergie

Von ganz beachtlichem Einfluß ist die *Relativbewegung* der Schaltstücke. Von ihr wird zwar im allgemeinen heute bei den Schützen nur noch wenig Gebrauch gemacht, da sie auch zu einem unerwünschten mechanischen Abrieb, d. h. Verschleiß der Schaltstücke führt. Bei ihr werden bereits während des Einschaltvorganges sich anbahnende Strompfade sofort wieder zerrissen. Eine gewisse Relativbewegung wird bei Schützen auch durch Schrägstellung der beweglichen Schaltstücke, die sich nachher durch Kippbewegungen einander anpassen, erzielt. [SCHÖNAUER (1)]. Aus den Messungen von CLERC ergibt sich, daß der Faktor 1770 unter dem Einfluß der Relativgeschwindigkeit um den Betrag $460 \times v^{0,65}$ wächst (v in $cmsec^{-1}$). Die für die Zeitkonstante erwähnte Mindestzeit von 10^{-3} bis 10^{-5} sec wird durch die Bewegung bei den einzelnen Berührungspunkten unterschritten, so daß höhere Ströme möglich sind. MÜLLER-HILLEBRAND (2) beschreibt ein Ölschütz, bei dem durch Verwendung kurzhebeliger Schiebe-Walzkontakte die Schweißgrenze auf das doppelte erhöht werden konnte. Gleitende Schaltstücke mit Relativbewegung weisen auch kaum den Schweißvorgang ungünstig beeinflussende Prellungen (s. S. 21) auf. Über die Schweißneigung prellender Schaltstücke berichtet u. a. WOLLENEK. Der Einfluß des Prellvorganges auf das Einschaltverhalten der Schaltstücke läßt der *Einschaltgeschwindigkeit* eine besondere Bedeutung zukommen. Unterhalb einer bestimmten Aufschlaggeschwindigkeit findet keine Prellung statt (s. S. 24). Die Abreißkräfte der Schweißstelle als Funktion der Einschaltgeschwindigkeit ergeben V-förmige Kurven und weisen bei einer bestimmten Geschwindigkeit ein deutliches Minimum auf. Diese Minima lagen nach Messungen von BERGOLD und FAIKUS z. B. bei 0,2 $msec.^{-1}$ fast unabhängig von der Stromstärke und dem Schaltstückwerkstoff. Bei geringeren wie auch bei höheren Geschwindigkeiten waren größere Abreißkräfte notwendig. Der Grund liegt darin, daß sich bei kleineren Geschwindigkeiten die Schaltstücke über einen verhältnismäßig weiten Zeitraum hinweg mit hohem Übergangswiderstand berühren. Bei sehr hoher Geschwindigkeit prellt dagegen das bewegliche Schaltstück und es bilden sich kurzzeitig Lichtbögen. Dazwischen liegt das Minimum an Wärmeentwicklung infolgedessen auch an Verschmelzung und erforderlicher Abreißkraft. Solange die Prellgrenze nicht erreicht wurde, zeigten sich auch die Einflüsse von Kontaktkraft und Masse des beweglichen Kontaktstückes auf das Verschweißen der einschaltenden Schaltstücke als verhältnismäßig bescheiden. Bei sehr hohen kurzschlußartigen Stromstärken hat man auch schon eine Erhöhung der Abreißenergie bewirkt, indem man bei Schützen mit Schnellauslösern die für letztere erforderlichen Magnete auf die Kontaktbrücke aufschlagen ließ (Schlaganker) [COHN].

Neue Schaltstücke verschweißen schon bei erheblich geringeren Strömen als angerauhte [KLEINLE; LINCKH und KRAPF). Das gilt auch für Schaltstücke unter Öl. Bei Luftgeräten ist der Grund, daß neue Schaltstücke leichter verschweißen als vernarbte, wahrscheinlich darin zu suchen, daß hier flüssige Stoffteilchen beide Hälften verbinden, während sie sich bei Luftabstand der der Schweißfläche benachbarten Oberflächenteile nur an eine einzige Schaltstückhälfte anlegen. Bei neuen Schaltstücken kann die Kontaktfläche makroskopisch durch Riffelung unterteilt werden oder mikroskopisch durch Einlagerung von schlecht, bzw. nichtleitenden Stoffen, in feinster Verteilung [s. a. KEIL (1) S. 36]. Bei solchen Einlagerungen handelt es sich z. B. um Graphit, Kadmiumoxyd und dgl. in Verbindung mit Silber. Letzteres ergibt, in Verbindung mit Silber, grundsätzlich eine höhere Schweißstromgrenze, s. unten. Das Schweißverhalten wird also wesentlich durch die *Schaltstückstoffe* beeinflußt. Die Schweißneigung ist umso größer, je niedriger der Schmelzpunkt dieser Stoffe liegt. Auf der anderen Seite werden Stücke mit unreiner Oberfläche nicht so schnell verschweißen, wie solche mit sauberer. Trotzdem die Oberflächenverunreinigungen den Widerstand erhöhen und dementsprechend auch die Wärmeentwicklung, werden aber doch diese Fremdschichten, da sie ein Löten der Materialien verhindern oder erschweren, zu einer weniger dauerhaften Schweißverbindung führen. Die Schweißneigung läuft in etwa parallel der Neigung zur Stoffwanderung, also der Stiftbildung bei Gleichstrombelastung (s. S. 245). Silber liegt hierbei wie alle Edelmetalle verhältnismäßig ungünstig. Es sind verschiedentlich Reihen für die Schweißneigung der Stoffe aufgestellt worden. Die Messungen wurden aber unter unterschiedlichen Voraussetzungen vorgenommen. Dabei ist oft bemerkenswert, daß die Schweißkraft sich keineswegs bei jedem Schaltvorgang in der gleichen Größe einstellt und im einzelnen davon abhängt, ob insbesondere bei der vohergehenden Schweißung Metalloxyd oder sonstige Verunreinigungen an der Oberfläche entstanden sind.

Die Stoffe mit den besten Einschalteigenschaften sind für Schütze nicht immer verwendbar, weil die Geräte als Betriebsschaltgeräte auch hohen Schaltzahlen standhalten müssen und deshalb die Schaltstücklebensdauer eine große Rolle spielt. Stoffe mit hohem Schmelzpunkt haben einen ungünstigen Übergangswiderstand. Die *Verbundstoffe* füllen diese Lücke zum Teil mit Erfolg aus und sind in der Lage, geringe Schweißneigung bei verhältnismäßig nicht allzu starker Widerstandssteigerung zu bieten. Die Entwicklung der letzten Jahre hat eine Anzahl solcher Stoffe, meistens auf Silberbasis, gebracht, mit deren Hilfe das Nenneinschaltvermögen der Geräte eine bedeutende Steigerung erfahren hat. Dabei hat sich gezeigt, daß nicht nur die Stoffanteile der verschiedenen Komponenten von ausschlaggebender Bedeutung sind, sondern auch die Lage der Partikel zueinander bzw. in der Richtung zur Oberfläche. Für Luftschütze kommt heute in erster Linie Ag–CdO (meistens 90/10) in Betracht. KLEINLE ermittelte die Abreißkraft dabei in Höhe von etwa 25 v. H. der Werte bei reinem Silber. Der Erfolg ist wohl darin begründet, daß sich in der schmelzförmigen Brücke Oxyde bilden, bzw. vorhanden sind, die sich wenig mit dem Grundmetall benetzen. Dadurch verfügt die erstarrte Brücke nur über eine geringe Festigkeit, wodurch die Gefahr des Verschweißens herabgesetzt wird. In dem genannten Werkstoff ist ein solches Nebeneinander von Oxyden und leitenden Metallen vorhanden s. HENTSCH (2). Auch ERK (2) gibt an, daß Ag–CdO-Verbundstoff den Anforderungen an einen schweißstromfesten Werkstoff von den heute bekannten am besten entspricht. Während die Schweißgrenzstromstärke bei geschlossenen Schaltstücken etwa die gleiche ist wie bei Reinsilber, steigt sie bei prellenden auf den 6—7-fachen Stromwert. Aus den gleichen Gründen verläuft auch die V-förmige Kurve der Schweißfestigkeit in Abhängigkeit von der Geschwindigkeit s. S. 33 im Gegensatz zu denen bei Kupfer und Reinsilber verhältnismäßig flach, so daß selbst bei Geschwindigkeiten weit außerhalb des Optimums die Abreißkräfte nicht zu sehr ansteigen. In Gleichstromkreisen, in denen das Reinsilber wegen der Stoffwanderung (s. S. 245) Nachteile hat, greift man zu Silber–Nickel-Verbundwerkstoffen, die ebenfalls noch verhältnismäßig günstig bezüglich des Schweißstromes liegen. Sie stellen einen guten Kompromiß zwischen Übergangswiderstand und Schweißfähigkeit dar (s. Tab. 2, S. 14). Bei kleinen Druckkräften haben die Verbundstoffe zu hohe Übergangswiderstände, so daß man bei Reinsilber verbleiben muß.

Die Frage, *geteilte oder ungeteilte Schaltstücke* in bezug auf den Nenneinschaltstrom, ist nicht einfach zu beantworten. Den ungeteilten ist im Gegensatz zum Dauerstromschaltstück zunächst im allgemeinen der Vorzug zu geben, denn bei geteilten eilt doch immer ein Stück vor und würde auch nur mit einem Bruchteil der Gesamtdruckkraft wirksam sein. Beim gleichzeitigen Angriff geteilter Schaltstücke kann ein Vorteil darin bestehen, daß sich die Prellvorgänge überlagern. Geteilte, gestaffelte Schaltstücke haben bei induktiven Kreisen den Vorzug, daß es möglich ist, bei gleicher Magnetcharakteristik einige Zeit nach der ersten Kontaktgabe eine gesteigerte Gesamtdruckkraft aufzuwenden und durch das nacheinander Angreifen etwaige Prellungen unschädlich zu machen (s. S. 105, Abb. 61). Die Vorteile der Verteilung der Übergangspunkte auf einem Schaltstück bei gewissen Sinterstoffen s. S. 34. Den Einfluß der Schaltstückform behandelt STOTZKE.

Die *weiteren Einflußfaktoren* können nur kurz gestreift werden. Die Schweißstromstärke ist stark durch die *Wärmekapazität* der Schaltstücke bestimmt. Sie prägt sich aber erfahrungsgemäß erst bei einer größeren Anzahl Schaltungen hintereinander aus. Weiterhin von Bedeutung ist die *Netzspannung* [FRANKEN (15)]. Das gilt insbesondere auch für die Prüfungen, die früher häufig mit sehr bescheidenen Spannungen vorgenommen wurden. Der Einfluß ist naturgemäß in erster Linie im Zusammenhang mit etwaigen Prellungen von Bedeutung. VDE 0660 verlangt, daß der Versuch mit der Betriebsspannung oder doch je Unterbrechungsstelle mindestens 100 V durchgeführt wird. Bei höheren Spannungen sind Vorentladungen möglich. Glücklicherweise hat aber eine noch so kleine Luftstrecke ein Sperrvermögen von mehreren 100 Volt, so daß die Niederspannungsgeräte hiervon kaum betroffen werden.

Die Ansprüche der Stromverbraucher an das Einschaltvermögen. Diese Anforderungen schwanken je nach Art des Stromverbrauchers in weiten Grenzen. Bei den Drehstrominduktionsmotoren ist zu unterscheiden zwischen dem Stillstandsstrom und den durch die Ausgleichvorgänge erhöhten Anfangswerten [FRANKEN (15)]. Die Modellwerte des Stillstandstromes können nach VDE 0530 um 20 v. H. überschritten werden. Ferner hat eine 10%ige Spannungserhöhung nochmals einen Zuschlag von mindestens 15 v. H. zur Folge. Die Ausgleichströme bringen um etwa 50 v. H. höhere Anfangsspitzen (FICKERT). Der Stillstand-cos φ liegt bei etwa 0,3—0,6. Den Geräteprüfungen wird nach VDE 0660 bei Käfigläufermotoren je nach Kategorie (s. Tab. 6, S. 289) der 8—12fache Motornennstrom und ein cos φ = 0,35 zugrunde gelegt, bei Motoren mit einem Nennstrom $\leq$ 16 A cos φ 0,65. Den angegebenen Vielfachen der Nennströme entsprechen bei cos φ 0,35 Stoßströme in Höhe des 11—16fachen Scheitelwertes des Motornennstromes. Das sind Werte wie sie bei den Anlaufströmen in der Mehrzahl der Motoren vorkommen. Es gibt aber eine nicht unbeträchtliche Zahl, bei denen die Einschaltströme höher liegen, z. B. weitgehend bei 2-poligen Motoren. Es ist deshalb zweckmäßig, in Anlehnung an die praktischen Bedürfnisse mit um 25 bis 30 v. H. höheren Strömen zu rechnen, denn es gilt nicht nur, vom Einschalten des vorher unerregten Motors auszugehen, sondern darüber hinaus muß man damit rechnen, daß die alten Felder noch nicht abgeklungen sind. Das ist z. B. bei Tippschaltungen und beim Reversieren der Fall. Dann können bedeutend höhere Werte auftreten [s. FRANKEN (41)]. Dabei werden die beim Einschalten des stillstehenden, vorher unerregten Motors festgestellten Stromspitzen in der Praxis in mehreren Fällen überschritten. Das geschieht auch bei der Wiedereinschaltung nach Kurzunterbrechung des Hochspannungsnetzes durch verzögerte Nullspannungsauslösung (s. S. 146). Bei Rastschaltern ist dieser Vorgang ohne Bedeutung, da die Kontaktstellen geschlossen bleiben. Bei Schützen dagegen, die erst nach dieser Unterbrechungszeit wieder einschalten können, muß die hohe Stromspitze beherrscht werden können. Zwischenzeitlich kommt der Motor unter den bremsenden Einfluß seiner Reibmomente. Durch die abfallende Drehzahl entsteht u. U. Phasenopposition zwischen dem alten noch am Läufer haftenden Feld und dem neu aufzudrückenden. Infolgedessen ist nicht nur eine Magnetisierung, sondern eine Ummagnetisierung notwendig. Das Vorhandensein des Läuferfeldes und seine wechselnde Phasenlage zum

Netz ergibt sich auch aus den Spannungen, die nach dem Abschalten zwischen Netz und Motorklemme festgestellt werden können, s. z. B. FRANKEN (38). Die dabei auftretenden Stromspitzen lagen bei einem 23-kW-Motor und Nennlast bis zu 70 v. H. über den höchsten Spitzen, die beim Einschalten aus dem Stillstand heraus ohne Vormagnetisierung festgestellt worden waren. Ein Oszillogramm mit Stromspitzen etwas unter den höchsten ermittelten Werten sowie eine Hüllkurve der Stromhöchstwerte, abhängig von der Unterbrechungszeit bei Nennlast s. Abb. 17a. Diese Überspitzen sind recht beträchtlich und können sehr wohl den Grund abgeben, wenn unter den geschilderten Bedingungen ein Schütz verschweißt, das den Prüfbedingungen des VDE für die gegebene Leistung voll entspricht.

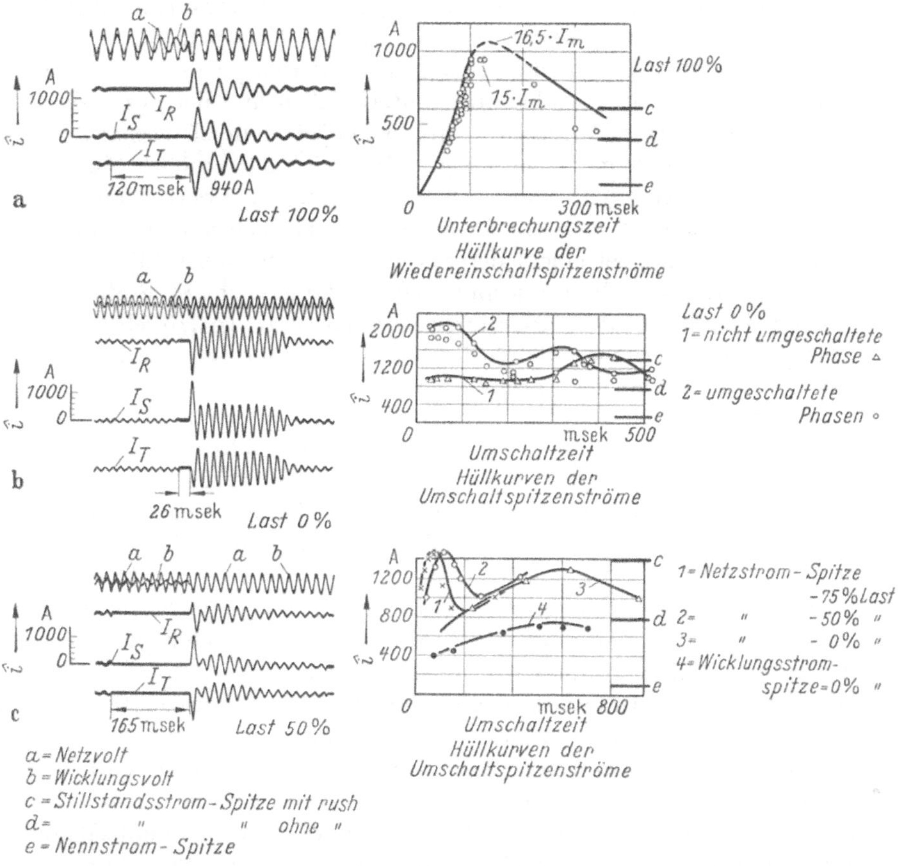

Abb. 17a bis c. Erhöhte Stromspitzen durch Ummagnetisierung bei Käfigläufern
a) Wiedereinschalten eines Käfigläufermotors nach kurzer Unterbrechungszeit;
b) Wendebetrieb mit kurzen Unterbrechungen;
c) Abhängigkeit der Wiedereinschaltspitze in Dreieckschaltung von der Umschaltzeit bei Sterndreieckschaltern

Ähnliche Erscheinungen treten beim Wendebetrieb eines Drehstrommotors auf, wenn schnell gewendet wird. Eine Phasenwicklung bleibt dabei oder wird später wieder mit der gleichen Netzklemme verbunden. Die beiden anderen erfahren eine unterschiedliche Änderung der Feldlage, und zwar einmal um $120° + 2\,\varphi$ und einmal um $120° - 2\,\varphi$. Deshalb sind auch die zugehörigen Stromspitzen verschieden. Solche Spitzen, abhängig von der Unterbrechungszeit für die drei verschiedenen Phasen sowie eine entsprechende oszillographische Aufnahme s. Abb. 17b. Die höchste Spitze entsprach etwa dem 2,5fachen Stillstandswert, so daß auch hier unter Berücksichtigung der üblichen Überschwingungen im Stillstand in Höhe von 50 v. H. eine absolute Steigerung der Spitze um 70 v. H. festzustellen ist. Bei größeren Unterbrechungszeiten werden die alten Felder, abgesehen von einem remanenten Restwert, nicht mehr existieren und diese Überspitzen verschwinden. Umschaltvorgänge, die aber beispielsweise durch einen Endlagenschalter eingeleitet werden, bei dem der Steuerkreis eines Schützes unterbrochen und der des anderen sofort anschließend eingeschaltet wird, haben jedoch nur Umschaltzeiten von etwa 20 bis 30 msec zur Folge. Hier wird der erhöhte Magnetisierungsstoß noch recht beträchtlich sein. In der Praxis sind diese Spitzen bei Schützen meistens nicht von ausschlaggebender Bedeutung, weil man ohnehin bei einem derartigen Betrieb Schwerlastdiagramme (Kategorie AC_4 s. S. 289) zugrunde legt und unter ihrem Einfluß die Leistung im allgemeinen herabsetzt, z. B. auf 50 v. H., so daß selbst unter Einschluß dieser erhöhten Spitze der Maximalwert im Rahmen des VDE-Versuches für die normale Leistung liegt.

Praktisch gleichartige Verhältnisse treten auf, wenn durch einen selbsttätigen oder auch von Hand bedienten Umschalter ein Motor von einem Netz an ein anderes, nicht synchronisiertes, angeschlossen wird, dann kann im Umschaltaugenblick sofort die volle Phasenopposition auftreten und hier dürften u. U. noch höhere Spitzen als der 1,7fache Betrag zu erwarten sein.

Ein Fall der Wicklungsumschaltung liegt auch beim Sterndreieckschalter vor. Hier sind die Verhältnisse nicht ganz so schlimm, denn in der Sternstellung wird im Motor nur ein Feld in Höhe von 58 v. H. des Nennfeldes für die Dreieckschaltung erzeugt. Außerdem beträgt die Veränderung der Feldlage nur 30°. Trotz alledem sind nicht zu unterschätzende Stromspitzen zu verzeichnen. Vor allen Dingen muß beachtet werden, daß die Überschaltspitze nicht, wie oft vermutet, besonders niedrig ist, sondern noch über die Maximalwerte beim unmittelbaren Einschalten des betreffenden Motors in der Spitze hinausgeht, s. Abb. 17c. Es handelt sich hierbei wiederum um eine Hüllkurve, die die höchsten Spitzen in Abhängigkeit von der Unterbrechungszeit zwischen Stern- und Dreieckschaltung anzeigt, und zwar 1 bis 3 bei verschiedener Lasthöhe. Außerdem sind unter 4 die höchsten Spitzen des Wicklungsstromes verzeichnet, sie liegen genau im üblichen Verhältnis, in dem der Netzstrom zum Wicklungsstrom bei Dreieckschaltung steht, also in der Höhe von 58 v. H. Der verhältnismäßig niedrige Überstrom von maximal 5 v. H. ist daraus zu erklären, daß die Opposition nicht nach voller Erregung stattfindet, sondern von 58 auf 100 v. H. der anderen Richtung. Aus der Kurve geht weiter hervor, daß die Unterbrechungszeit zwischen Stern- und Dreieckschaltung, wenn man die höchsten Umschaltspitzen vermeiden will, erheblich unter 100 msec liegen muß. An dem Oszillogramm ist bemerkenswert, daß nach Auftreten der Magnetisierungsspitze eine deutliche Einschnürung der Stromkurven festzustellen ist. Danach erfolgt ein Wiederanstieg und dann ein langsames Abklingen. Auch bei der Polumschaltung werden Wicklungen umgeschaltet. Die Frage nach den Stromspitzen hängt hier wesentlich davon ab, in welchem Verhältnis die Drehzahlen bzw. die Polpaarzahlen zueinander stehen. Bei einem Motor, der nur Polpaarzahlen mit der Steigerung 1:2 enthält, sind beim Weiterschalten auf höhere Drehzahlen gar keine besonderen Überströme zu verzeichnen, die über die Höchstwerte beim Einschalten im Stillstand hinausgehen. Das ist verständlich, weil beispielsweise beim Übergang von 4 Polpaaren auf 2 die alten Felder, soweit sie noch vorhanden sind, sich im Bereich des neuen Poles aufheben. Dasselbe gilt beim Weiterschalten von 2 Polpaaren auf 1. Anders sind die Verhältnisse beim Rückschalten. Hier liegt für einen der neu entstehenden Pole das alte Feld richtig, für den anderen falsch. Infolgedessen wurde bei solchen Motoren ein Überstrom in Höhe von 25 v. H. über den höchsten Spitzen der unmittelbaren Einschaltung der Wicklung für die höchste Drehzahl ermittelt, bzw. bei unterschiedlicher Auslegung dieser Wicklungen für den höchsten ermittelten Strom bei Stillstandseinschaltung auf irgendeiner Wicklung. Die Verhältnisse ändern sich, wenn nicht mehr der Polzahlsprung 2:1 vorhanden ist, z. B. eine 6polige Wicklung dazwischen liegt. Dann ist es leicht ersichtlich, daß beim Weiterschalten beispielsweise von 4 nach 3 Polpaaren bei 2 Polen teilweise Ummagnetisierungen notwendig sind. Auch beim Rückschalten sind sie unerläßlich. Es dürften aber diese Spitzen niemals die Werte annehmen, wie sie beim direkten Umschalten oder bei der Kurzunterbrechung festgestellt wurden. Diese gar nicht so sehr bekannten Überströme über die des unmittelbar eingeschalteten Motors ohne Vorerregung hinaus sind oft in Verbindung mit der Frage des Einschaltvermögens der Schütze der Beachtung wert.

Für die *Festlegung des Nenneinschaltvermögens* ist der Verlauf des Prüfdiagramms von ausschlaggebender Bedeutung. Die zahlenmäßige Feststellung geschieht in klar definierten Kreisen, mit Luftdrosseln und Widerständen sowie Einstellung eines bestimmten Leistungsfaktors bzw. einer Zeitkonstante (s. S. 272). Die Form der entstehenden Stromkurven hängt bei Wechselstrom vom Einsatzpunkt ab. Ist im Augenblick der Einschaltung der Sollwert des Stromes 0, dann ergeben sich keine Überspitzen, bei anderen Einschaltphasenlagen entsprechende Überwerte. Hüllkurven solcher Prozesse zeigt Abb. 18, daraus geht hervor, daß beim Unterschreiten von etwa $\cos\varphi = 0{,}9$ mit Überwerten zu rechnen ist. Aber auch schon bei verhältnismäßig kleinen Abweichungen vom $\cos\varphi = 1$, z. B. Werten von 0,98 und 0,99, wie sie insbesondere bei größeren Entnahmen im Netz mit Rücksicht auf die Induktivität der Leitungen und der Transformatoren unvermeidlich sind, ist ein ganz schneller Stromanstieg nicht mehr zu erwarten. Wegen der unterschiedlichen Diagramme, die die einzelnen Einschaltlagen bieten, ist zur Feststellung des Einschaltvermögens eine größere Anzahl von Versuchen notwendig, insbesondere bei Einphasenstromkreisen [Franken (15)]. Einzeleinschaltvorgänge bei $\cos\varphi = 0{,}2$ sowie die zugehörige Hüllkurve zeigt Abb. 19. Die Höchstwerte des Stromes, die beim Einschalten abhängig vom $\cos\varphi$ auftreten können s. Abb. 152, S. 272.

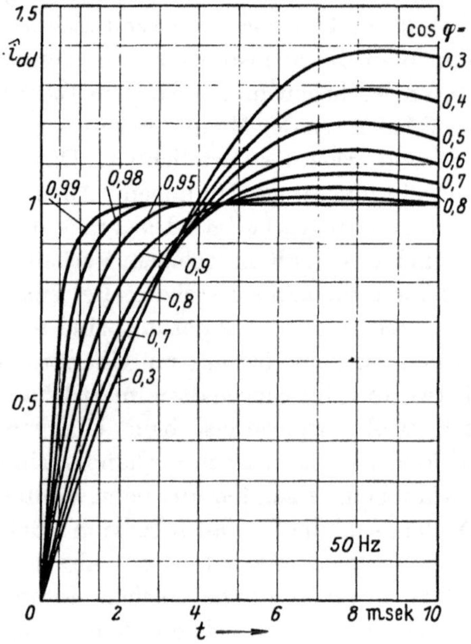

Abb. 18. Einschaltstrom – Hüllkurven eisenfreier induktiver Kreise 50 Hz

Auch die Verhältnisse bei *Schleifringläufermotoren*, bei denen eine Dämpfung der Einschaltstromstärken durch die Läuferwiderstände stattfinden kann, sind hier nicht ohne Interesse, und zwar deshalb, weil das Verhältnis 1:1,5 zwischen Stillstandsstrom und höchster Spitze nur für den praktisch beim Einschalten nicht ausgenutzten Bereich mit geringem Läufer-Zusatz-Widerstand richtig ist. Bei höheren Widerstandswerten steigt dieses Verhältnis bedeutend an, weil der Magnetisierungsstrom gegenüber dem Wirkstrom von ausschlaggebender Bedeutung wird. An einem Schleifringläufermotor aufgenommene Stromspitzen zeigt Abb. 20, wobei das Verhältnis des höchsten Wertes zum Stillstandsdauerwert entsprechend der Kurve *c* bis zu 6 anstieg. Beim teilweisen Kurzschluß solcher Läuferwiderstände wird bei der Überbrückung der vor der Überbrückung fließende Strom schlagartig in voller Höhe, entsprechend dem Punkt *A* der Abb. 21, von dem Überbrückungsschalter übernommen.

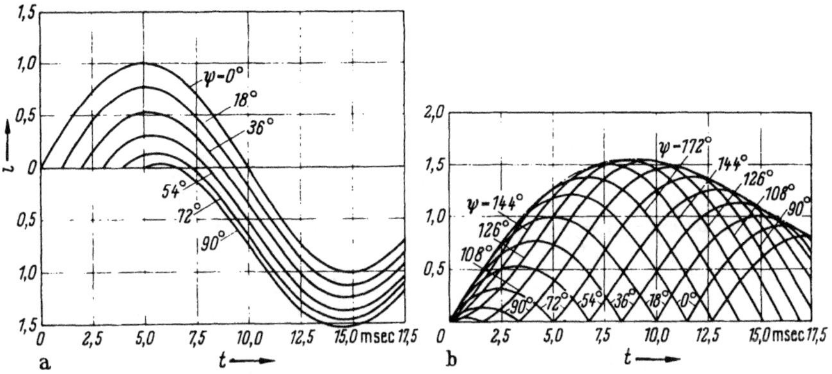

Abb. 19 a u. b. Einschaltströme eisenfreier induktiver Kreise cos φ = 0,2
a) bei verschiedenen Einschaltphasenlagen;
b) Hüllkurve

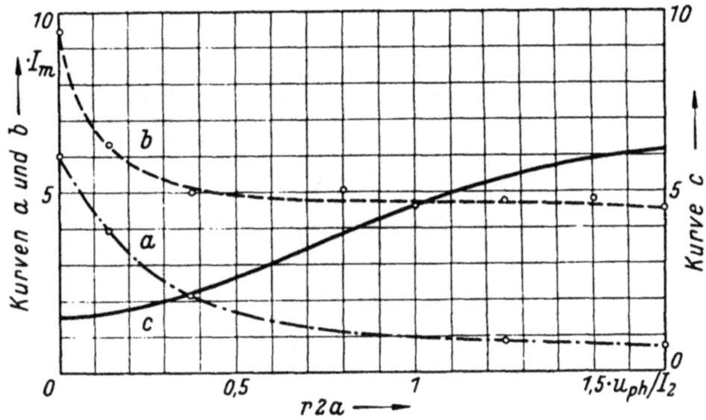

Abb. 20. Ständereinschaltströme eines Schleifringläufers bei verschiedenen Läuferzusatzwiderständen r_{2a}
a Stillstandsstrom-Vielfaches des Motornennstromes;
b höchste Spitze, als Vielfaches des Motornennstromes;
c = *b*/*a*

Die Einspielung von dieser Stromstärke auf den dem neuen Widerstandsverhältnis entsprechenden Sollstrom 2 durch das Gleichstromglied 4 geht dann mit Rücksicht auf die Induktivität verzögert vor sich. Die Abb. 21 enthält weiter ein Oszillogramm *d*.

Besonders hohe Spitzen mit hoher Anstiegsgeschwindigkeit treten beim Einschalten von *Kondensatoren* auf, wie sie bei der Blindleistungskompensation verwandt werden. Die Überströme stehen (Abb. 22), bezogen auf den Nennstrom des Kondensators im Verhältnis der Eigenfrequenz des Kreises zur Nennfrequenz des Netzes. Die Eigenfrequenz errechnet sich zu

$$f_e = \frac{1}{2 \cdot \pi \cdot \sqrt{L \cdot C}}.$$

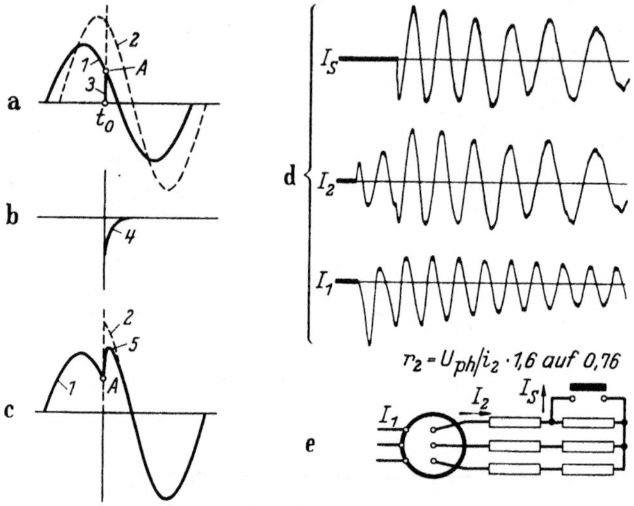

Abb. 21a bis e. Kurzschluß eines Teilwiderstandes im Läuferkreis
1 Läuferstrom vor der Teilüberbrückung
2 Läuferstrom nach der Teilüberbrückung;
3 Läuferstrom im Überbrückungsaugenblick;
4 Ausgleichstrom;
5 Übergang von 1 nach 2

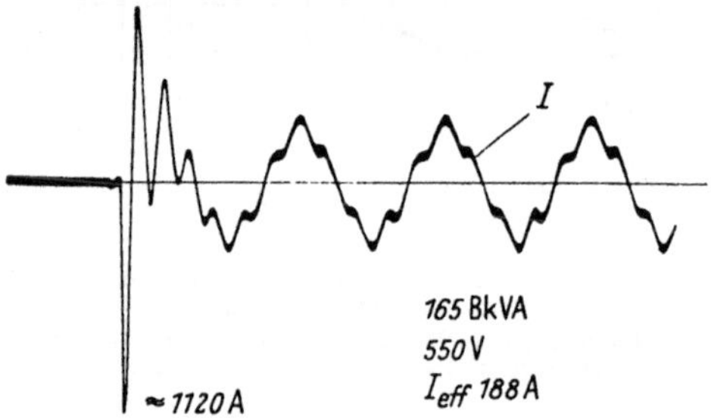

Abb. 22. Einschalten eines Kondensators

Hierin ist L einmal gegeben durch die Induktivität der Leitungen, dann aber steht sie im umgekehrten Verhältnis zur Transformatorleistung (N_T). C wächst mit der Nennleistung der Kapazität (N_C). Der Ausgleichstrom wird, ohne Rücksicht auf Leitungsinduktivitäten

$$I' \approx 12 \cdot I_C \cdot \sqrt{\frac{N_T}{N_C \cdot u_K}}$$

wobei I_C der Kondensatorennennstrom und u_K die Kurzschlußspannung (v. H.) des Transformators ist.

Für das Einschaltvermögen gilt, wie für kurze Zeiten angegeben, daß es proportional der Wurzel aus der Frequenz, in diesem Fall der Eigenfrequenz (f_e) ist (s. S. 31). Die Spitzen können durch Vorschalten von Widerständen oder Induktivitäten herabgesetzt werden. Ist der induktive Widerstand $= b \cdot$ und der Ohmsche Vorschaltwiderstand $= a \cdot$ dem kapazitiven Widerstand, dann ist [FRANKEN (29)] das Verhältnis

$$\frac{f_e}{f_n} = \sqrt{\frac{1}{b} - \left(\frac{a}{2 \cdot b}\right)^2}\,.$$

Schütze mit Vorschaltwiderständen s. S. 128. Es sei noch darauf aufmerksam gemacht, daß es zweckmäßig ist, zur Dämpfung der Einschaltspitzen die Stromverteilung für eine Gruppe von Phasenschieberkondensatoren mit der Hauptverteilung durch ein Kabel zu verbinden und nicht die Abgänge unmittelbar an die Hauptverteilung zu setzen. Ferner, daß das Einschalten von unerregten Kondensatoren auf bereits erregte besonders unangenehm ist, weil hier nicht mehr so sehr die Induktivität des Netzes als die geringere Induktivität der Verbindungsleitungen zwischen den zuzuschaltenden und den bereits eingeschalteten Kondensatoren maßgebend ist [FLÖTH, LOH (1)].

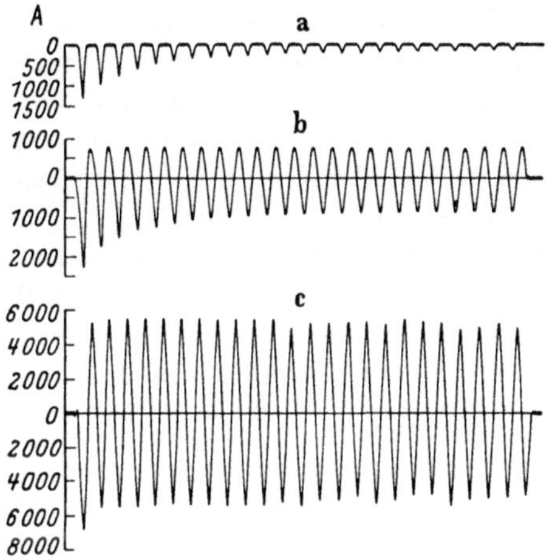

Abb. 23a bis c. Einschaltspitzen bei Punktschweißmaschinen
a) Leerlauf;
b) Kurzschluß über Schweißzange;
c) Klemmenkurzschluß

Die Ansprüche von *Punktschweißmaschinen* sind nicht einfach zu umschreiben. Der Klemmenkurzschlußstrom des Trafos ist kein brauchbarer Anhaltspunkt. Die Widerstände der Schweißarme bzw. der Schweißzangen müssen mit berücksichtigt werden. Stromdiagramme beim Einschalten von Schweißtransformatoren im Leerlauf, beim Kurzschluß über eine Schweißzange und Klemmenkurzschluß zeigt Abb. 23. Von großem Einfluß ist bei den Stromspitzen die Liniendichte der Transformatoren bei höchster Erregung. Der Kurzschlußstrom über die Schweißarme kann mit 5mal Dauerstrom des Transformators bei $\cos\varphi = 0{,}3$ und einer Einschaltspitze von 10mal Dauerstrom angenommen werden. Höhere Werte sind aber durchaus denkbar. Es wurden z. B. schon Spitzen bis zum 60fachen Dauerstrom und stationäre Werte bis zum 9fachen gemessen. Auch die Abschaltstromstärken stehen keinesfalls fest. Sie können mit Rücksicht darauf, daß es sich um aussetzenden Betrieb handelt, erheblich über dem Dauerstrom liegen.

2.14 Ausschaltvermögen

Wesentlich ist weiterhin die Beherrschung der auszuschaltenden Ströme. Der Ausschaltvorgang ist fast regelmäßig mit einer Lichtbogenentwicklung verbunden. Der Bogen kann bei richtiger Führung und Konstruktion zum schnellen Abschalten beitragen und bei Nichterfüllung dieser Voraussetzungen leicht zu einem außerordentlich kräftigen Wärmeherd mit unerwünschten Begleiterscheinungen werden. Dazu kommt bei den Betriebsschaltgeräten, z. B. Motorschaltgeräten, wie sie die Schütze in erster Linie darstellen, die Forderung, daß beim Ausschaltprozeß mit Rücksicht auf die Lebensdauer möglichst wenig Schaltstückstoff verbraucht wird. Es handelt sich bei dem Ausschaltproblem durchaus nicht um einfache, leicht übersehbare Vorgänge. Die Zeiten, in denen sie sich abspielen, sind außerordentlich klein. Die Vorgänge werden, außer von der Bauart der Geräte, durch die Art der Stromkreise bedingt.

Die „Kontaktentladungen" haben, physikalisch gesehen, die verschiedensten Formen. An der Spitze stehen die ausgesprochenen „Lichtbögen". Andere wichtige Formen sind die „Glimmentladungen" und die „flüssige Brücke". Die Ausschaltvorgänge wirken sich in der Praxis in den verschiedensten optischen und akustischen Erscheinungen aus. Die Untersuchungen des Lichtbogens gingen in erster Linie darauf hinaus, festzustellen, welche Spannung bzw. Stromstärke zur Aufrechterhaltung unbedingt erforderlich ist. Die Meßergebnisse streuen stark, weil die Zahl der Einflüsse groß ist. Es spielen die Elektrodenstoffe, ihre Oberflächenbeschaffenheit und sogar die rel. Feuchte der umgebenden Luft eine Rolle. Die Werte kann man auch nur für bestimmte Kontaktspalte angeben. Je größer der Spalt, desto größer ist die bei einer bestimmten Stromstärke erforderliche Spannung. Die Lichtbögen lassen sich nur dann aufrechterhalten, wenn auch bei kleinsten Kontaktspalten eine bestimmte Mindestspannung nicht unterschritten wird. Mit absinkender Stromstärke wächst diese Mindestspannung an (s. z. B. Abb. 24 für Silberschaltstücke). Weiterhin ist unabhängig von der Spannung eine bestimmte Stromstärke zur Aufrechterhaltung des Lichtbogens unerläßlich. Diese Ströme

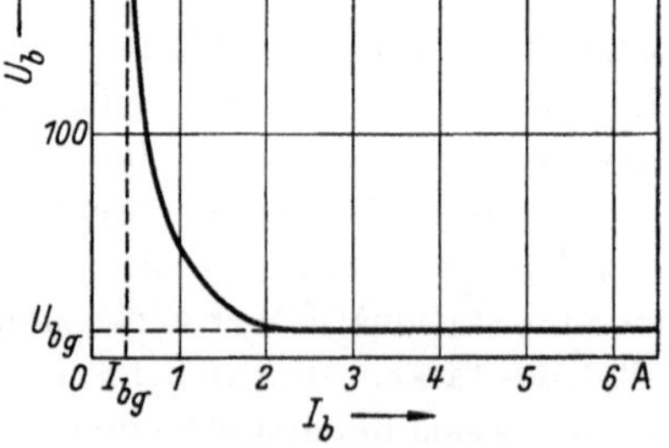

Abb. 24. Lichtbogenmindestspannung und -Strom bei Ag-Schaltstücken

liegen im allgemeinen unter 1 A. Die beiden Grenzwerte werden als „Grenzspannung" bzw. „Grenzstrom" bezeichnet. Zwischen ihnen hat die Kurve einen hyperbelähnlichen Verlauf. Die Grenzstromstärken gelten nur für Spannungen unterhalb der „Glimmgrenze". Die Glimmbogengrenzspannung liegt bei etwa 300 V. Überschreitet man sie, dann wird ein Glimmbogen schon durch Stromstärken aufrechterhalten, die unterhalb der „Grenzstromstärke" des Lichtbogens liegen.

Der Grenzstrom hängt u. a. auch weitgehend vom Reinigungszustand der Schaltstücke ab. Die Grenzstromkurven zeigen, daß bei den kleinen Stromstärken, wie sie in Steuerstromkreisen üblich sind, u. U. die Lichtbögen auch bei der üblichen Steuerspannung von 220 V verhältnismäßig sehr schnell erlöschen. Der praktische Einfluß auf Wechselstrom-Steuerstromkreise ist aus Abb. 25 erkennbar. Es sind hier die Abschaltdiagramme je einer Wechselstrommagnetspule mit unterschiedlicher Leistungsaufnahme bei einer Schaltgeschwindigkeit von 0,8 mm je Sekunde verzeichnet. In den beiden oberen Fällen treten bei kleinen Strömen verhältnismäßig hohe Lichtbogenspannungen in der Größenordnung von etwa 300 V auf. Der Strom klingt deshalb in der Zeit von etwa 2 bis 3 msec schnell ab. Bei dem unteren Bild, entsprechend einer Aufnahme von 110 VA, entsteht jedoch eine ausgesprochen niedrige Lichtbogenspannung. Die Stromabschnürung erfolgt praktisch erst beim normalen Stromnulldurchgang.

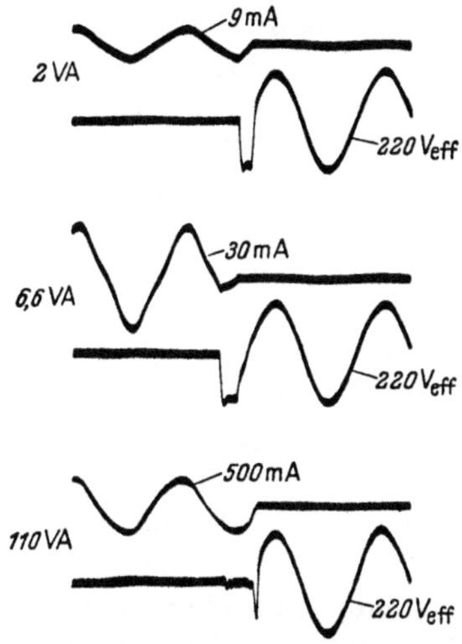

Abb. 25. Abschalten von Schützensteuerstromkreisen unterschiedlicher Leistungsaufnahme mit Anstoßschaltern – Einfachunterbrechung $v = 0{,}8$ mm je Sekunde

Für die Beurteilung der verschiedenen *Methoden zur Beherrschung* des Abschaltlichtbogens ist der Spannungsbedarf eines solchen Lichtbogens wesentlich. Die Spannung, die zur Aufrechterhaltung eines Bogens erforderlich ist, folgt abgekürzt der Formel

$$U_b = \alpha + \beta \cdot l\,,$$

wobei α und β stromabhängig sind. Sie sinken beim freibrennenden Bogen und höheren Strömen auf einen Grenzwert, z. B. $\alpha = 14$ V bei Silber und 21 V bei Kupfer, $\beta = 36$ bzw. 30 V $\cdot$ cm^{-1} ab. α ist der Spannungsbedarf der Lichtbogenfußpunkte, β der eines cm Bogenlänge, l die Bogenlänge. Die Konstanten sind vom Elektrodenwerkstoff und dem umgebenden Gas abhängig. Die Formel gilt für einige cm Bogenlänge und begrenzte Stromstärken.

Die Methoden der Lichtbogenlöschung werden in *2 Hauptgruppen* gegliedert. Man spricht einmal von der sogenannten „Gleichstromlösung" und andererseits von der spezifischen „Wechselstromlösung". Bei der ersteren handelt es sich um das Verfahren, das bei Gleichstrom angewandt werden muß, aber auch für Wechselstrom verwendbar ist und dahin geht, dem Lichtbogen die Existenzbedingungen zu nehmen, d. h. die Verhältnisse so einzurichten, daß der Lichtbogen einer höheren Spannung bedarf als der Kreis hergeben kann. Die letztere, nur bei Wechselstromabschaltung verwendbare Methode geht dahin, nach dem automatischen Stromnulldurchgang bei Wechselstrom, einem Augenblick, in dem naturgemäß auch der Lichtbogen vorübergehend verschwinden muß, die Bedingungen zur Wiederzündung zu vermeiden.

Die Gleichstromlösung. Die Maßnahmen der Gleichstromlösung unterscheiden sich nun dadurch, an welchem der 3 Einzelwerte der Gleichung für die Bogenspannung angegriffen wird. Ob an dem Fußpunkt-Spannungsabfall α, dem Spannungsgradienten β oder der Bogenlänge l.

Die älteste Methode ist die *Steigerung der Bogenlänge.* Der Lichtbogen muß bis auf die Abreißlänge gebracht werden, bei der er seine Existenzbedingungen verliert, entweder durch Bewegung der Schaltstücke oder durch den Auftrieb mit Unterstützung durch elektrodynamische Kräfte. Sobald die Bogenspannung und der Spannungsabfall am Kreiswiderstand in ihrer Summe größer sind als die Netzspannung, wird der Bogen erlöschen. Beim Einsatz derartiger Geräte mußte über ihnen Raum für die Lichtbogenentwicklung freibleiben. Diese Methode fand deshalb ihre Grenze als man dazu überging, die Geräte zu kapseln und so den Einwirkungen der Außenatmosphäre zu entziehen. Man versuchte dann, die Lichtbogenverlängerung durch den Einbau von isolierten Stegen in die ohnehin erforderlichen Lichtbogenkammern auf einem verhältnismäßig kleinem Raum zu betreiben (s. Abb. 26a). Man kann den Lichtbogen auch im Zickzack führen, indem man z. B. die Platten mit Schlitzen versieht, die einmal nach links, in der nächsten Platte nach rechts gerichtet sind bzw. die Schlitze oder Wände überhaupt gegeneinander versetzt. Bei der Bewegung von Lichtbögen auf Stromschienen schreitet der Fußpunkt der Kathode (Minuspol) sprunghaft weiter. Auf der Anode wandert der Bogen kontinuierlich. Die Erhöhung des Spannungsbedarfs des Lichtbogens läßt sich aber nicht nur durch die Bogenlänge l, sondern zunächst auch durch Erhöhung des Spannungsgradienten β erzielen. Der Träger des Bogens ist der ionisierte Gas- oder Dampfstrom zwischen den Elektroden. Zur Aufrechterhaltung dieses Zustandes ist eine bestimmte Spannung je cm Bogenlänge erforderlich — der „Spannungsgradient". Er hängt von der Stromstärke, dem Zustand der Atmosphäre und vor allen Dingen den Kühlmöglichkeiten ab. Einen vermehrten Energieentzug gleicht eine Steigerung der Säulenfeldstärke, also des Spannungsgradienten, aus. Man erreicht die Kühlung des Bogens beispielsweise, indem man ihn gegen kalte Wände drückt oder durch enge Spalte treibt. Aber auch schon eine verhältnismäßig schnelle Fortbewegung des Lichtbogens im umgebenden Gas allein kühlt ihn beträchtlich. Über die Er-

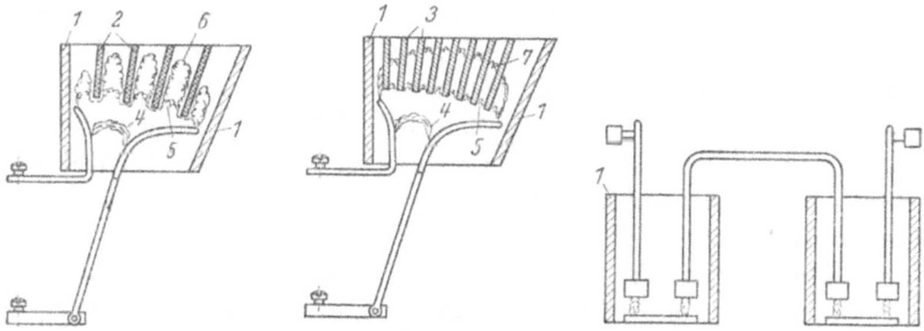

a b c

Abb. 26a bis c. Bogenverlängerung und -Teilung

1 Lichtbogenkammer;
2 Isolierstoffplatten;
3 Metallplatten;
4 Bogen im Entstehen;
5 Bogen bei Eintritt in das Plattensystem;
6 Bogen verlängert zwischen Isolierstoffplatten;
7 Bogen verlängert im Metallplattensystem.
a) Lichtbogenverlängerung durch keramische Stege;
b) Bogenteilung durch Metallplatten im Lichtbogenraum;
c) Bogenteilung durch Vielfachunterbrechung andauernd stromdurchflossener Kontaktstellen

höhung des Spannungsgradienten in engen Schlitzen berichtet SLEPIAN (1 u. 2), ferner MÜLLER. Für Löschblechkammern (s. Abb. 26b) gibt EINSELE (2) etwa 60 V cm^{-1} und mehr an.

Die Spannungsgradienten wachsen bei Bögen in Öl noch ganz beträchtlich an, z. B. auf 100 V cm^{-1} in Wasserstoff auf 200. Die Lichtbogenspannung ist im übrigen auch vom Druck abhängig.

Das heute bei Schützen vorherrschende Verfahren ist aber das des *Angriffs auf den Wert* α, d. h. der Wert selbst läßt sich nicht verändern. Die Lösung liegt darin, daß man durch Vielfachunterteilung des Lichtbogens seine Wirkung entsprechend vervielfältigt. n-Unterbrechungsstellen steigern ihn auf den Wert $\alpha \cdot n$. Hier muß man *2 grundlegend verschiedene Methoden* unterscheiden. Einmal die Unterbrechung des Stromkreises mehr oder weniger gleichzeitig an einer größeren Anzahl von Kontaktstellen, die auch während des Betriebes alle stromführend sind. Die andere Methode besteht darin, mit wenigen Stromübergangspunkten auszukommen und beim Einsetzen des Lichtbogens ihn in ein System von Metallteilen z. B. Blechen, Stiften u. dgl. hineinwandern zu lassen und dort entsprechend zu unterteilen s. Abb. 26b. Für die Beherrschung großer Leistungen z. B. beim Abschalten von Kurzschlüssen durch Selbstschalter, ist das letztere Verfahren üblich. Bei Betriebsschaltgeräten wie Schützen versucht man aber vielfach mit dem ersteren auszukommen. Es finden sich auch weitgehend Vermischungen der beiden Lösungen, indem man beispielsweise eine Unterteilung des Stromkreises grundsätzlich je Pol zweifach vornimmt mit im Betrieb stromdurchflossenen Kontaktstellen und dann die dort entstehenden Lichtbögen an jeder einzelnen Stelle in ein Löschblechsystem hineindrängt (s. Abb. 58k bis q, S. 100). Lichtbogenfreie Unterbrechungen kommen bei den heutigen Verteilerspannungen praktisch nicht in Betracht. Die Zahl der Unterbrechungsstellen müßte außerordentlich hoch werden. Die Vielfachunterteilung wird in erster Linie angewandt, um des Lichtbogens in verhältnismäßig kurzer Zeit Herr zu werden, indem sie ihm die Existenzbedingungen raubt.

Bei *Unterteilung des Lichtbogens nach Austritt aus dem Kontaktspalt*, in einem System von Blechen usw. in den sogenannten „Löschblechkammern", wird er durch die eingeschobenen, zunächst kalten Metallteile außerdem gekühlt und dadurch, wie bereits erwähnt, der Spannungsgradient günstig beeinflußt. Die Gesamtanordnung hat eine verhältnismäßig bescheidene Lichtbogenlänge zur Folge. Durch den Einsatz der Löschbleche in die Lichtbogenkammern wurden auch die Kammerabmessungen bedeutend vermindert.

Diese Anordnungen, bei denen die Unterteilung nicht durch eine große Anzahl hintereinander geschalteter Kontaktstellen, sondern beispielsweise durch den Übertritt eines Lichtbogens in ein Löschplattensystem erreicht wird, müssen mit einer Übergangszeit, dem „labilen Zustand", von der Einfach- zur Vielfachunterbrechung rechnen. Dieser Übergang erfordert vielfach besondere konstruktive Mittel, s. z. B. Abb. 27a. Um das Eintreten der Lichtbögen in die Löschbleche 3 zu beschleunigen, sind die Schaltstückträger 1 U-förmig gebogen, so daß das Eigenfeld am Berührungspunkt der Schaltstücke verstärkt wird. Damit die Schaltstücke nachher vollständig entlastet werden, kann der Lichtbogen auf der U-förmigen Verlängerung des Anschlußstückes 1 weiterwandern. Die letzten Bleche auf jeder Seite der Zweifachunterbrechung sind miteinander verbunden,

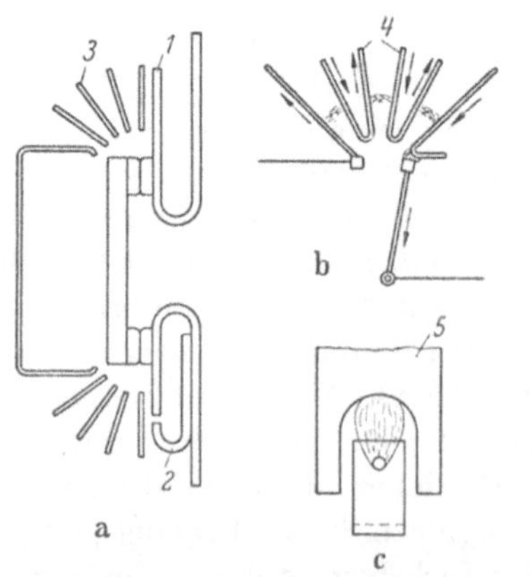

Abb. 27 a bis c. Maßnahmen zur Beschleunigung des Lichtbogeneintritts in Löschblechsysteme

so daß der Lichtbogen durch die Bleche hindurchtreten kann, ohne die Schaltstücke noch zu berühren.

An dem unteren Anschluß ist darüber hinaus durch die besondere Formgebung der Anschlußstücke ein Wandern des Bogens auf die Rückseite der Schaltstückzuführung verhindert. Im Teilbild b sind die einzelnen Bleche V-förmig gebogen. Es entstehen dabei an den Fußpunkten der Lichtbögen stark konzentrierte Felder, was beim Durchsetzen paralleler Bleche sobald die Lichtbögen in den einzelnen Kammern auf gleiche Höhe kommen, nicht ohne weiteres der Fall ist. Hier kann sogar ein zurückbleibender Bogen von nun an in die entgegengesetzte Richtung gedrückt werden. Die V-förmige Anordnung hat natürlich den Nachteil, daß man auf der gleichen Strecke weniger Unterteilungen vornehmen kann als bei einfachen Blechen. Teilbild c zeigt Bleche, die schon um den Lichtbogen herumgreifen, solange er sich noch im Kontaktspalt befindet. Der Bogen wird dadurch am Fußpunkt in ein verhältnismäßig starkes Eigenfeld eingehüllt und auf diese Weise schnell in das Blechsystem hineingetrieben. Naturgemäß müssen die Bleche auch nahe an den Kontaktspalt herankommen. Neuere Untersuchungen über Material und Form der Löschbleche s. u. a. Burkhard (1, 2, 3) u. Domonkos. Bleche aus Eisen sind am günstigsten. Eine häufige Unterstützungsmaßnahme für den schnellen Eintritt der Lichtbögen in das Plattensystem ist die Anwendung der magnetischen Zusatzblasung (s. S. 50).

Die Vielfachunterbrechung an mehreren dauernd stromdurchflossenen Kontaktstellen, wobei die Lichtbögen nicht mehr an andere Stellen wandern sollen, ist zur eleganteren Beherrschung der Schaltleistung in den letzten Jahrzehnten häufiger verwandt worden. Die unterschiedliche Wirkung der 2- und 4-fachunterbrechung je Pol bezüglich der Lichtbogenzeit eines Schützes bei 380 V zeigt beispielsweise Abb. 28. Während bei der 2-fach-Unterbrechung je nach der Belastung regelmäßig damit zu rechnen war, daß die Lichtbogenzeit über eine Halbwelle hinausging, blieb sie bei der Vierfachunterbrechung immer unter einer Halbwelle. Mit ihr können außerordentlich schnelle Abschaltungen erzielt werden s. Abb. 29. Bei 3poliger Abschaltung betrug die größte Lichtbogendauer bei Spannungen bis 550 V etwa 7 msec.

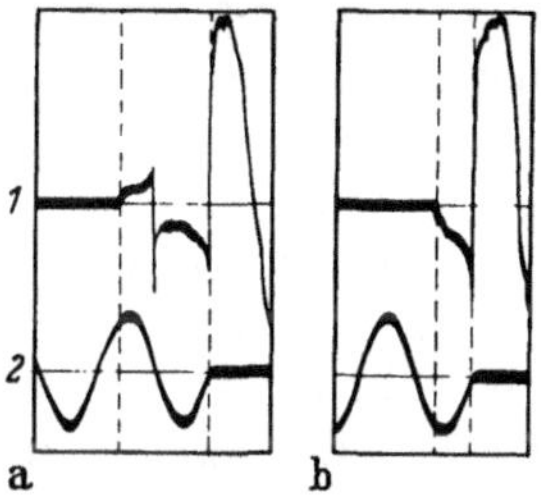

Abb. 28a u. b. Ausschaltvorgang bei 2- und 4-fach-Unterbrechung
a) 2-fach,
b) 4-fach-Unterbrechung;
1 Lichtbogenspannuug,
2 Strom

Eine weitere Gegenüberstellung von 4fach- und 2fach-Unterbrechung, letztere in Verbindung mit Löschblechsätzen, zeigt Abb. 30. Bei der rechten Hälfte der Abb. wurden mit den drei unteren Kurven die Spannungen an den Blechen gemessen, so daß der Zeitverzug bis zum Eintreten des Bogens in die Bleche zu erkennen ist. Es standen nur die Kräfte des Eigenblasfeldes zur Verfügung und keine zusätzlich erregten Magnetfelder. Bei der geringen Belastung von 63 A wanderten die Lichtbögen nicht in das Blechsystem, bei höheren erst nach geraumer Zeit. Bei 4fach-Unterbrechung und der sofortigen Unterteilung der Bögen waren die Lichtbogenzeiten bedeutend kleiner. Das Abschalten induktiver Wechselströme wird bei Vielfachlichtbogenkammern und u. U. gleichzeitiger Anwendung der magnetischen Blasung nicht schwieriger als das Abschalten induktionsfreier Kreise. Die Vielfachunterbrechung bewirkt auch bei Gleichstrom ein stark erhöhtes Schaltvermögen. Ein Vergleich des Ausschaltverhaltens bei Drehstromschützen mit 3×4fach, 3×2fach und $1 \times 4 + 2 \times 2$fach-Unterbrechung je Pol s. Loh (3). Bei der Vielfachunterbrechung ist auch mit einem erheblichen Lichtbogenwiderstand zu rechnen, so daß sich bei Wechselstrom der Leistungsfaktor des Kreises verbessert und der Stromnulldurchgang vorverlegt wird. Die schnellere Regenerierung des Kontaktspaltes bei Schaltstücken aus AgCdO (s. S. 59) hat zur Folge, daß der Vorteil der 4-fach-Unterbrechung in gewissem Umfang gegenüber der einfacher aufzubauenden 2fach-Unterbrechung zurücktritt, wobei insbesondere für die Abschaltung der höheren Ströme, die nur gelegentlich auftreten, s. Tab. 6, die Löschbleche hinzutreten.

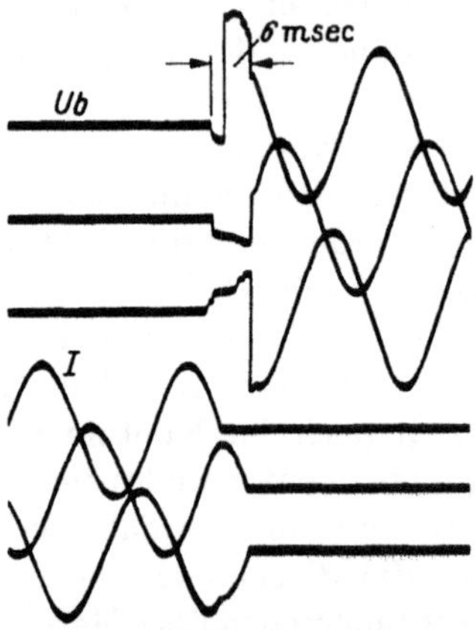

Abb. 29. Schnellabschaltung bei 4-fach-Unterbrechung
U_b = Lichtbogenspannung

Die magnetische Blasung. Alle 3 hier genannten Methoden können, abgesehen von dem Fall, daß man in der Strombahn selbst schon so viel Unterteilungsstellen anordnet, daß der Lichtbogen ohne weitere Mittel seine Existenzfähigkeit verliert, wirksam durch die elektromagnetische Blasung, sei es die Zusatzblasung oder die Eigenblasung aufgrund der Formung der Strombahn unterstützt werden. Man findet sie deshalb auch weitgehend bei Schützen u. a. bei der Aufteilung der Lichtbögen in Löschblechpaketen und dgl. Die Bögen gelangen dann schneller in das System der Metallstege hinein. Anderenfalls wirkt sie in dreifacher Hinsicht.

1. Lichtbogenverlängernd, da der Bogen ein beweglicher Leiter ist, der im magnetischen Feld gleichen Kräften ausgesetzt ist, wie ein metallischer, durch den der gleiche Strom fließt.

2. Durch bessere Kühlung. Diese Wirkung ist so zu erklären, daß das Feld den Bogen z. B. bei Ölschaltern an den Rand der Gasblase oder bei einem Luftgerät in noch nicht erwärmte Luftmassen drängt.

3. Durch Verminderung der Ionenerzeugung, indem das magnetische Feld die Höchstgeschwindigkeit des einzelnen Elektrons begrenzt und auf diese Weise die Stoßionisation vermindert.

Die Blasfelder müssen nicht nur bei den höchsten Strömen, sondern auch bei niedrigeren eine ausreichende Stärke erreichen. Hierzu werden auch Dauermagnete eingesetzt s. z. B. ANONYM (2). Die Stärke der Blasfelder bei Schützen ist bei Motornennstrom selten höher als 100 Gauß. Geräte mit 200 Gauß haben bei Wechselstrom schon geblätterte Kerne. Die erforderliche Bogenlänge geht bei Steigerung der Feldstärke von

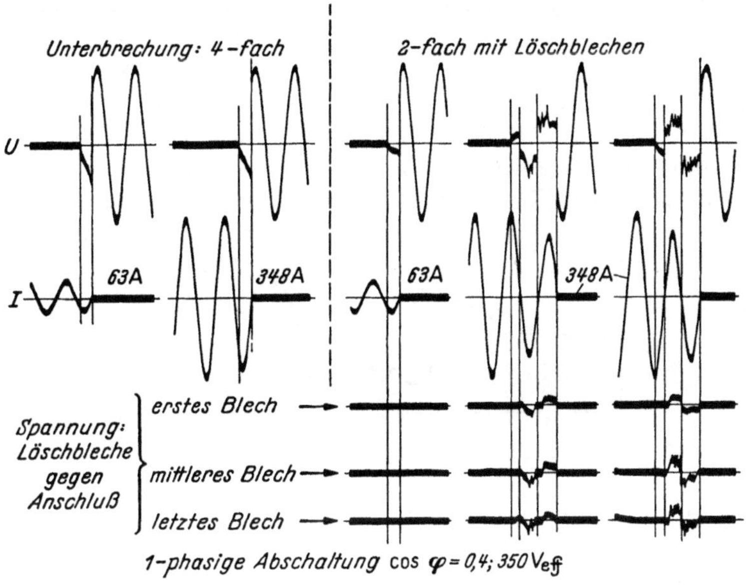

Abb. 30. Lichtbogenentwicklung bei 4-fach-Unterbrechung ohne und 2-fach-Unterbrechung mit Löschblechen

100 auf 500 Gauß etwa auf den halben Wert zurück (ROTH S. 467). Die Frage der Minimalfeldstärke, die zum Ansprechen der magnetischen Blasung führt, behandeln EIDINGER und RIEDER. Bei größerer Induktivität kann die Blasung vergrößernd auf die Endlichtbogenlänge einwirken, anstatt sie zu verkleinern. Durch kleine Eisenmassen kann dem Blasfeld eine günstige Gestalt gegeben werden.

Unstabile Lichtbögen im Sinne eines unruhigen Bogens entstehen, wenn die Deionisierung das Maß der Ionisation erreicht. Bei der Durchbildung der magnetischen Blasung stößt man auf einige Schwierigkeiten. Bei kleinen Stromstärken und geringen Bogenlängen kann u. U. der Bogen nicht mit Sicherheit vom Magnetfeld in Bewegung gesetzt werden. Einen solchen stabilen Zustand (Stehzeit) durchläuft, im Gegensatz zu einer weit verbreiteten Auffassung, jeder Lichtbogen. Um diese Zeit so kurz wie möglich zu halten sind u. a. scharfe Krümmungen in der Fußpunktbahn zu vermeiden, die sonst die Bogenbewegung an diesen Stellen verzögern. Auch sind große Wärmekapazitäten der Schaltstücke nicht besonders vorteilhaft, während zur Kühlung des Spaltes ein großes Volumen zweckmäßig ist. Eine wirksame Blasung erfordert eine gute Lichtbogenführung und einen möglichst schmalen Blasmagnetluftspalt. Erst die heute grundsätzlich angewandten massiven Schaltstücke schufen hierfür die Voraussetzung. Eine verhältnismäßig lange stabile Lichtbogenperiode zeigt Abb. 31. Wichtig für die Wirksamkeit der Blasspule ist auch ihre Lage zum Kontaktspalt und die Form der Polplatte. Die Spulen stellen natürlich eine nicht zu vernachlässigende Wärmequelle dar. Sie werden deshalb oft so angeordnet, daß sie nur während des Ausschaltvorganges Strom führen, d. h. so lange ein etwa vorhandenes Abreißschaltstück allein Kontakt gibt. Eine Schwierigkeit bietet u. U. die Notwendigkeit, den Lichtbogen in der Symmetrieebene der Lichtbogenkammer zu halten. Er setzt z. B. meistens etwas außerhalb der Mitten-

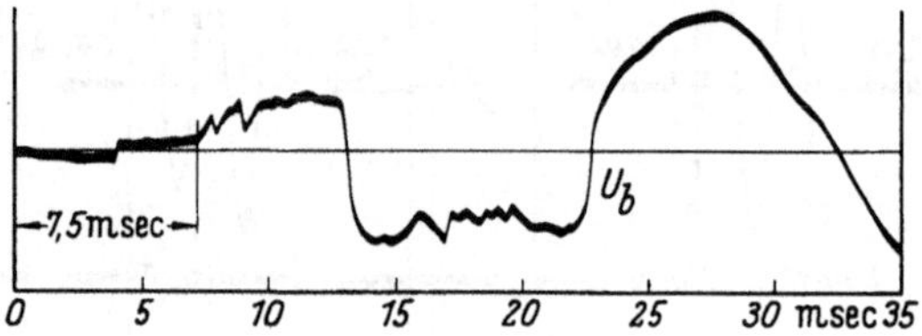

Abb. 31. Stabile Lichtbogenperiode bei einem Schütz

achse an. Der Anteil des Stromes von der einen Seite her ist dann natürlich größer als der von der anderen. Dadurch entsteht eine seitlich gerichtete Stromkomponente. Im eigenen Magnetfeld erhält der Bogen einen in dieser Richtung wirksamen magnetischen Antrieb, der ihn vom Schaltstück seitlich herunter laufen läßt, dabei werden unter Umständen die Wandungen der Lichtbogenkammern angegriffen. Das kann auch bei Blasspulen z. B. unter dem Einfluß ihrer Streuflüsse der Fall sein. Zur Verhütung dieses Vorganges werden die Schaltstücke geschlitzt und erhalten nur noch seitliche Stromzuführungen [Müller-Hillebrandt (1)] oder man verwendet hohle Schaltstücke s. Burghardt (2, Teil II). Über die *Geschwindigkeit des beblasenen Lichtbogens* berichten u. a. Eidinger u. Rieder.

Auf den Lichtbogen wirken außer dem magnetischen Feld der Blasspule auch noch die Felder aller anderen Elemente des Stromkreises ein. Diese Kräfte brauchen nicht alle den gleichen Sinn zu haben, sie können der Gesamtwirkung abträglich und auch förderlich sein. Auch die Ausbuchtung oder Wanderung des Lichtbogens selbst schafft Zusatzkräfte. Bei vielen Motorschaltgeräten kommt man ohne magnetische Zusatzblasung aus, wenn die Strombahn passend geformt wird. In gleicher Weise hemmend oder fördernd kann der Wärmeauftrieb auf den Bogen einwirken, insbesondere bei Relais und Hilfsstromschaltstücken kann er von Bedeutung sein.

Für die *Abschaltung eines Gleichstromkreises* ist die Lichtbogenkennlinie $u_b = f(i)$ s. S. 44, Abb. 24 in Verbindung mit der Widerstandsgeraden ausschlaggebend. Wird dem Lichtbogen ein Widerstand R vorgeschaltet, dann entsteht in ihm der Spannungsabfall $i \times R$-Widerstandsgerade. Zu ihr addiert sich die Lichtbogenkennlinie u_b (Abb. 32a). Die

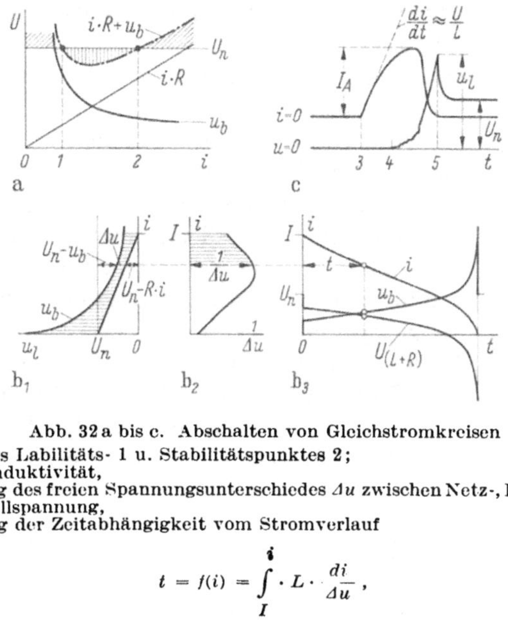

Abb. 32a bis c. Abschalten von Gleichstromkreisen

a) Ermittlung des Labilitäts- 1 u. Stabilitätspunktes 2;
b) Einfluß der Induktivität,
b₁) Ermittlung des freien Spannungsunterschiedes Δu zwischen Netz-, Bogen- und Widerstandsabfallspannung,
b₂) Ermittlung der Zeitabhängigkeit vom Stromverlauf

$$t = f(i) = \int_I^i \cdot L \cdot \frac{di}{\Delta u},$$

b₃) Ermittlung des Stromes i, der Bogenspannung U_b und der Spannung an der Belastung $U_L + U_R = U_n - U_b$ abhängig von der Zeit;
c Stromverlauf bei Kurzschlußeinsatz *3*, Lichtbogeneinsatz *4*, Spannungs-Maximum bei *5*; U_l = Löschspannung

Summe ergibt zwei Schnittpunkte mit der Kreisspannungsgeraden U_n. Bei Punkt 1 verhält sich der Bogen labil, denn bei Anstieg auf höhere Stromstärken liegt $i \times R + u_b$ niedriger als die Kreisspannung U_n. Erst beim Punkt 2 sind die Werte wieder gleich, der Bogen bleibt stabil. Bei jeder weiteren Stromsteigerung hätte er nicht mehr die zu seiner Aufrechterhaltung erforderliche Spannung. Es hat also nur dieser Punkt praktische Bedeutung. Durch Wahl des Vorwiderstandes oder der Bogenspannung kann man ihn verlegen. Kommt kein Schnittpunkt zustande, dann ist auch kein Lichtbogen möglich.

Das Ausschalten induktiver Kreise ist grundsätzlich durch genau die gleichen Verhältnisse bedingt, nur geht hierbei die Änderung der Stromstärke nicht plötzlich vonstatten, weiterhin tritt beim Ausschalten des Kreises eine unter Umständen hohe Ausschaltspannung auf. In Abb. 32b ist $U_n - R \times i$ und die Lichtbogenspannung aufgetragen. Die Differenz dieser beiden Werte Δu ist gleich $L \cdot di/dt$. Sie ist stromabhängig. Mit ihrer Hilfe läßt sich der Stromverlauf abhängig von der Zeit berechnen bzw. konstruieren, s. RÜDENBERG (S. 344). Dazu muß der reziproke Wert als Funktion des Stromes aufgetragen werden (b_2). Da diese Spannungsdifferenz stets negativ ist, ist auch di/dt negativ. Der Strom nimmt also mit wachsender Zeit dauernd ab. Die Integration der Kurve b_2 liefert den Zusammenhang von Zeit und Strom, also die Ausschaltkurve des Stromes, s. Abb. 32b_3.

Jedem Augenblickswert des Stromes kann man durch Rückgriff auf die Abb. 32a auch die Spannung am abgeschalteten Stromkreis zuordnen. Sie ist gleich der Netzspannung abzüglich der Lichtbogenspannung. Man erkennt aus der Abb. c, daß der Strom sich allmählich und später immer schneller verkleinert, bis er im letzten Augenblick unter der Wirkung der Löschspannung U_2 schnell verschwindet, dementsprechend nimmt die Spannung am Lichtbogen erst gegen Ende der Ausschaltzeit stark zu. Die Spannung an der Belastung springt beim Öffnen des Schalters um die Lichtbogenspannung herab, durchschreitet im Verlauf des Ausschaltens die Nullinie und erreicht zum Schluß einen hohen negativen Wert, der durch die Differenz der Lichtbogenlöschspannung und der Kreisspannung gegeben ist. Er hängt also von den Eigenschaften des Stromkreises gar nicht mehr ab, sondern wird nur noch durch die Löschspannung des Bogens und die Netzspannung bestimmt, s. Abb. 32 b_3. Selbstinduktion und Widerstand des Stromkreises bestimmen lediglich die Dauer und den Verlauf des Ausschaltvorganges. Die Überspannungen, die beim Ausschalten von Gleichstromkreisen auftreten, sind also außer durch die Netzspannung nur durch die Eigenschaften des Schalters bestimmt. Wenn sie gering gehalten werden sollen, muß man Schalter mit kleinen Löschspannungen verwenden.

Die Geschwindigkeit der Steigerung der Lichtbogenspannung ist also eine Frage der zulässigen Schaltüberspannung. Je rascher der Strom 0 werden soll, um so höher muß die Bogenspannung sein. Die Isolation des Kreises setzt hier eine Grenze. Auch bei der Wechselstromlösung sind Überspannungen möglich, aber nur in eng begrenztem Umfang, hauptsächlich durch die höherfrequenten Einschwingvorgänge (s. S. 63).

Im übrigen ist die Gleichstromunterbrechung im Gegensatz zur nachfolgend behandelten Wechselstromlösung, bei der man das selbsttätige Erlöschen des Lichtbogens bei Strom-0-Durchgang in den Vordergrund stellt, grundsätzlich ein energetisches Problem. Die in der Induktivität des Stromkreises gespeicherte magnetische Energie muß im Schalter in

Wärme umgesetzt werden, hinzu kommt noch die aus dem Netz nachfließende. Um diesen Zuschuß klein zu halten, ist es notwendig, möglichst schnell abzuschalten.

Die Wechselstromlösung. Bei Wechselstrom gelten zunächst die gleichen Methoden, wie sie auch bei der sogenannten Gleichstromlösung angewandt werden, bei der man dafür sorgt, daß der Lichtbogen seine Existenzbedingungen verliert. Bei der Wechselstromlösung braucht man es, im Gegensatz dazu, aber nur soweit zu treiben, daß der Lichtbogen bei seinem natürlichen Erlöschen im Stromnulldurchgang nicht mehr wiederzünden kann. Der Leistungsentzug durch verschiedene Kühlungseffekte oder die Unterteilung des Bogens schafft die Möglichkeit, eine Wiederzündung der heißen Lichtbogenrestsäule zu verhindern. Der Lichtbogen brennt dann nur solange, bis der Nulldurchgang erfolgt, d. h. bei 50 Hz bis zu max. 10 msec. Der Nullpunkt des Stromes wird durch Beeinflussung der Stromkurve oft zeitlich noch vorverlegt, indem eine hohe Lichtbogenspannung zur schnellen Stromverminderung führt. Praktisch werden die Schaltstücke in einem beliebigen Zeitpunkt, und damit bei einem beliebigen Augenblickswert des Stromes getrennt. Wichtig wäre es deshalb, Konstruktionen zu schaffen, die den Stromkreis im oder kurz vor dem Augenblick des Nulldurchgangs öffnen, so daß entweder gar kein Lichtbogen zustande kommt, oder sein Auftreten doch auf eine ganz kurze Zeit beschränkt bleibt. Vorschläge zur Durchführung dieses Prinzips bei Wechselstromschützen hat BUCHHOLD gemacht. Eine grundsätzlich brauchbare Lösung gibt es aber noch nicht, s. auch HEUMANN und KOPPELMANN. Gelingt die Lösung einer solchen Aufgabe für einen Wechselstromkreis, dann ist sie auch bei Drehstrom nicht aussichtslos, da bei Abschaltung im Nulldurchgang einer Phase der verbleibende Wechselstrom in weiteren 5 msec ebenfalls durch Null geht. Die beiden zuletzt öffnenden Schaltstellen müßten der zuerst öffnenden um einen Weg nacheilen, der unter Berücksichtigung der Geschwindigkeit in 5 msec zurückgelegt wird. Bisher ist dieses Prinzip bei Schützen noch nicht angewandt worden. Nachteilig ist es naturgemäß, daß die Phasenwinkel für die verschiedenen Belastungen der betreffenden Anlage stark voneinander abweichen. Gewisse rhythmisch wiederkehrende Prozesse kann man von einem Synchronmotor aus steuern, der die Abschaltung beim Nulldurchgang erzwingt und mit dem auch vielleicht die Einschaltung in besonders günstigen Momenten möglich ist. Derartige Effekte treten bei Schützen gelegentlich unbeabsichtigt auf, indem ein Synchronmotor als Antriebsglied für einen Programmschalter immer bei derselben Phasenlage der Spannung Kontakt gibt. Die Folge davon kann sein, daß sowohl beim Einschalten wie auch umgekehrt beim Ausschalten ein Pol hinsichtlich der Abbrandverhältnisse der Schaltstücke bevorzugt bzw.

benachteiligt ist. Den Einfluß des Abschaltaugenblickes auf die Lichtbogenzeit zeigt Abb. 33. Um in diesen kurzen Lichtbogenzeiten bis zum Stromnulldurchgang die Wärmeentwicklung, d. h. die Lichtbogenspannung nicht zu hoch anwachsen zu lassen, ist eine Beschränkung der Abschaltgeschwindigkeit notwendig.

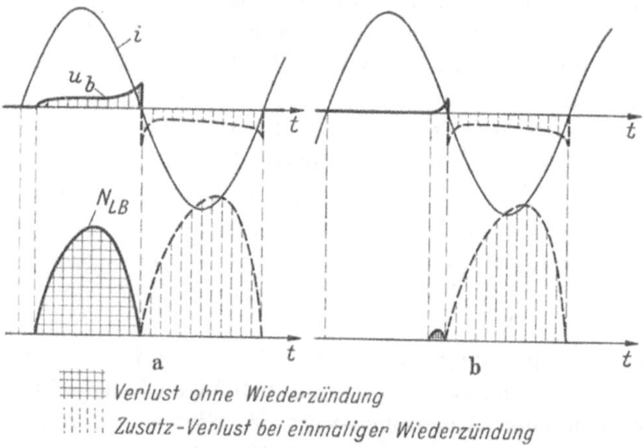

Abb. 33a u. b. Einfluß des Abschaltaugenblickes auf Lichtbogenzeit und -verlust (N_{LB}), mit und ohne Wiederzündung

Ob ein bei Stromnulldurchgang erloschener Lichtbogen wieder zündet, hängt einmal vom Zustand der Schaltstrecke, dann aber von der Geschwindigkeit des Spannungsanstieges und dem Spitzenwert ab. Dabei ist es möglich, daß vorher abgerissene Bögen an anderer Stelle, z. B. mit engerem Kontaktspalt, wieder Zündungsmöglichkeiten finden. Für den Ausschaltvorgang und seinen Verlauf ist die Kenntnis der Wiederzündungsbedingungen demnach sehr wesentlich. Die zulässige Spannung an einem Kontaktspalt steigt zunächst in außerordentlich kurzer Zeit (z. B. einigen μsec) auf etwa 300 V an, dann folgt eine Zeit mit der Dauer von etwa 10^{-4} sec, in der sich die zulässige Spannung nur sehr wenig ändert, um später langsam anzusteigen (s. Abb. 34). Allgemein kann man also sagen, der Lichtbogenraum geht von einem Zustand guter Leitfähigkeit über den Zwischenzustand eines unvollkommenen Isolators in den eines guten über. Der Zwischenzustand dauert einige Millisekunden. Meßwerte über eine solche Wiederverfestigung s. u. a. Slepian (1, 2, 3), Bergold, Browne, Taev, Karttunen u. Törnquist. Im übrigen wird

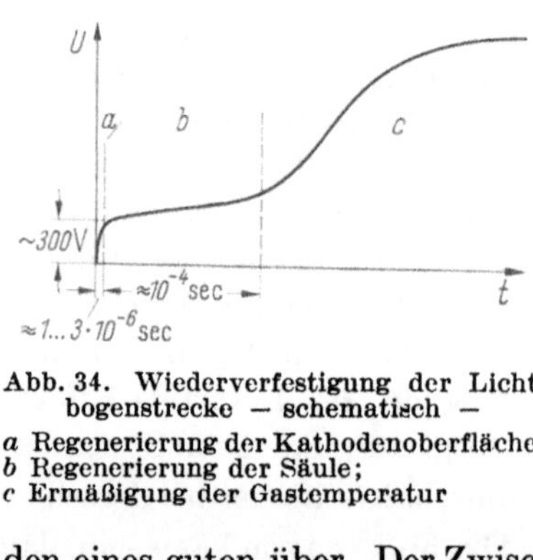

Abb. 34. Wiederverfestigung der Lichtbogenstrecke — schematisch —
a Regenerierung der Kathodenoberfläche;
b Regenerierung der Säule;
c Ermäßigung der Gastemperatur

die Wiederzündung durch eine große Anzahl von Einflußgrößen bestimmt, z. B. die örtliche Ausbildung des Lichtbogens in verschiedenen Löschkammeranordnungen, seine unterschiedliche Bewegung und Kühlung, den Ausschaltaugenblick, die Schaltstückstoffe, die Beschaffenheit der Schaltstückoberfläche usw. Auch spielt das Lichtbogenverhalten vor der Löschung eine große Rolle. Für den Niederspannungsgerätebau ist der allererste Kurvenabschnitt von ausschlaggebender Bedeutung. Über seinen Verlauf ist noch nicht allzuviel bekannt. Es herrscht vielfach die Auffassung, daß die Wiederverfestigungsspannungskurve bei einem bestimmten über 0 liegenden Wert beginnt. Offensichtlich tritt der Wert jedoch erst mit einer gewissen Verzögerung auf. In der ersten Zeit werden noch positive Ionen aus der Säule heraus auf die Kathode gezogen, wobei es sich hauptsächlich um aus der abklingenden Säule stammende, der Kathode naheliegende handelt. Vielleicht werden auch noch einige durch Stoß neu erzeugt. Vor der Kathode bauen die positiven Ionen einen Wall auf, dessen Durchbrechung erfordert einen der Glimmspannung entsprechenden Wert in der Größenordnung von knapp 300 V. Die damit eingeleitete Glimmentladung, unterscheidet sich vom Lichtbogen in erster Linie durch die Stromstärke. Sie brennt geräuschlos, weniger hell und weiß und zeigt nicht das Spektrum des Elektrodenstoffes wie der Lichtbogen, sondern das des Gases, in dem sie brennt.

Über die Glimmentladung hinweg ist die Einleitung einer ausgesprochenen Lichtbogenentladung möglich. Der Nachstrom kann auch zur Folge haben, daß die Spannung beim Wiederanstieg zusammenbricht. Insbesondere bei größeren Strömen wird häufig beobachtet, daß mit einer bestimmten Häufigkeit bei wiederholten Abschaltversuchen Wiederzündspannungen weit unterhalb 200 bis 250 Volt auftreten. Die Wiederzündvorgänge werden mithin weitgehend von statistischen Erscheinungen beherrscht.

Ein wichtiges Mittel, die Wiederzündung nach 0-Durchgang zu verhindern, ist die Verwendung ausreichend bemessener *gut wärmeleitender Schaltstücke*, deren Erwärmung schleunigst zurückgeht, oder aber die Kühlung der Schaltstücke durch strömende Mittel, wozu auch die in den Lichtbogenkammern vom Lichtbogen erzeugte Luftbewegung gehört. Weiterhin ist wichtig, die *Einhaltung einer optimalen Bogenlänge* beim 0-Durchgang also des Elektrodenabstandes in diesem Zeitpunkt. Erreicht er nur die Dicke der ungeladenen Schicht, dann sind in dem Spalt keine Ladungsträger mehr vorhanden. Es besteht aber die Gefahr, daß dann das Dielektrikum der wiederkehrenden Spannung nicht standhält. Ist der Abstand größer als die ungeladene Schicht, dann haben die in der Säule noch verbliebenen Ladungsträger längere Wege bis zu den Elektroden zurückzulegen. Die Folge davon ist, daß die Wiederzündspannung zunächst absinkt. Erst wenn der Abstand noch weiter wächst, steigt sie, wobei die Entionisierung in der Hauptsache durch die radiale Abwanderung der Träger aus der Säule stattfindet. Eine zu große Geschwindigkeit der Schaltstücke bewirkt aber eine Erhöhung der Bogenspannung, wodurch die Lichtbogenarbeit wächst. Der Anteil der Elektroden an der Kühlung und Entionisierung der Lichtbogensäule tritt dann gegenüber der radialen Kühlung und Entionisierung zurück. Erst bei sehr hohen Trenngeschwindigkeiten ist letztere ebenso intensiv wie bei kurzen Bögen. Optimale Geschwindigkeiten liegen in der Größenordnung von 0,03 bis 0,04 $msec^{-1}$. Das wären nach einer Halbwelle von 10 msec Spaltweiten in der Größe von 0,3...0,4 mm. Bei solch kleinen Spaltweiten und höheren Stromstärken bilden sich aber Materialbrücken, die eine Erhöhung der Trenngeschwindigkeiten notwendig machen. Die optimalen Spaltweiten liegen nach den verschiedensten Untersuchungen in der Größenordnung von etwa 1 mm. Aus fertigungstechnischen Gründen ist es meist nicht möglich, kleinere Spaltweiten als etwa 3 mm herzustellen. Lichtbögen bis etwa 10 mm Länge führen fast ihre gesamte Leistung den Elektroden zu [s. RIEDER (1)]. Zu der Frage der optimalen Größe der Geschwindigkeit und des Kontaktspaltes bei Strom-0-Durchgang, siehe auch BERNDT (1 u. 2), BURGHARDT (3), NÖSKE, RÜHLEMANN (2) u. TONIOLO. Wollte man eine Beschleunigung der Entionisierung der Bogenstrecke im induktiven Belastungsfall für höhere Ströme durch entsprechend hohe Trenngeschwindigkeiten der Schaltstücke erreichen, so würde das zu Geschwindigkeiten führen, die bei Niederspannungsschaltgeräten technisch nicht vertretbar wären. Bei Einhaltung eines optimalen Wertes für den Kontaktspalt im Augenblick des Strom-0-Durchganges hat man den Vorzug daß die Lichtbogenverlustarbeit bis dahin ein Minimum darstellt und infolgedessen auch die Temperatur der Schaltstücke bei gegebener Wärmeaufnahme- und Leitfähigkeit ein Minimum ist. Die Folge davon ist eine geringe Werkstoffverdampfung bzw. -Abschmelzung und eine höhere dielektrische Festigkeit des Spaltes. Bei einer größeren Anzahl von Schützen fand LOH (4) durch Filmaufnahmen, daß nach dem Strom-0-Durchgang der bisherige Gasentladungskanal bzw. dessen hochionisiertes Plasma wieder vom Strom benutzt wurde und eine thermische Wiederbelebung der bisherigen Lichtbogensäule mit umgekehrter Transportrichtung der Ladungsträger vorlag. Bei einem in der Löschkammer nicht bewegten Bogen verläuft die Wiederverfestigung so langsam, daß an der erloschenen Lichtbogenstrecke nur eine die Lichtbogenspannung wenig übersteigende Spannung auftreten darf, siehe NEUMANN. Der Übergang von der natürlichen Abschaltung zur erzwungenen liegt auch in der Art der Belastung. So z. B. vollzieht sich die Abschaltung des laufenden Motors bei geringen Stromstärken als eine natürliche, der Bogen bleibt im Kontaktspalt, während die Abschaltung des festgebremsten Motors z. B. mit der Aufnahme des 8fachen Stromes erzwungen werden muß, z. B. durch starke Eigenblasfelder, die auch ohne magnetische Zusatzblasung zur Lichtbogenverlängerung führen, s. EIDINGER.

Inwieweit die beim Schalten entstehenden *Gase* zur Verzögerung der *Deionisierung* beitragen, hängt von ihrer chemischen Wirksamkeit ab. Besonders Metalldämpfe sind ausgezeichnete Stromleiter. Ihre Entfernung aus dem Luftspalt ist infolgedessen ein wichtiger Vorgang. Ihre Ionisation nimmt aber mit sinkender Temperatur außerordentlich schnell ab. Sie ist z. B. bei 1000 °K ganz gering gegenüber der bei 2000 °K. Ein hervorstechendes Deionisationsmittel ist das Öl, das bei hoher Bogentemperatur zerfällt und dabei Wasserstoff entwickelt. Außer der Dampfart der Gasstrecke spielen die Eigenschaften der *Elektroden* eine Rolle, insbesondere ihre Wärmeleitfähigkeit. Z. B. genügen bei Kohle mit Rücksicht auf die langsame Temperaturabnahme, bedingt durch die schlechte Wärmeleitfähigkeit erst Zeiträume bis zu $^1/_4$ Periode, also 5×10^{-3} sec, nach dem Stromnulldurchgang zur Entionisierung. Bei Metallelektroden liegt diese Zeit weit unter 10^{-4} sec. Eine verhältnismäßig geringe Anzahl von Wiederzündungen und damit eine kleinere Lichtbogenarbeit gegenüber dem Verhalten von Reinsilber zeigt der Sinterstoff AgCdO (90/10) s. LOH (6). Das Verdampfen des Kadmiumoxyds soll eine löschende Wirkung auf den Lichtbogen ausüben. Nach KEIL (1, S. 152) fehlt es zwar bisher an einer exakten Überprüfung dieser Wirkung. Er weist auf einige Möglichkeiten hin z. B., daß durch die Dissoziation des CdO dem Lichtbogen Energie entzogen wird und damit besonders bei Wechselstrombetrieb Rückzündungen des Bogens unterdrückt werden. Nach NÖSKE verbessert sich das Löschverhalten ganz allgemein, wenn dem Reinsilber Stoffe mit niedriger Verdampfungstemperatur und hohem Dampfdruck beigemischt werden.

Ausreichende Messungen über die Wiederverfestigung im Niederspannungsgebiet liegen wie gesagt für den Kurvenanfang noch nicht vor. Dieser ist aber entscheidend, denn der Lichtbogen bleibt erloschen, wenn durch die Verringerung der Ladungsträgerdichte in der Bogenrestsäule die wiederkehrende Festigkeit schneller ansteigt als die wiederkehrende Spannung. Letztere tritt aber unter dem Einfluß der Einschwingvorgänge, s. S. 63, meist so schnell auf, daß nur Zeiten von einigen Mikrosekunden von Bedeutung sind. Würde sich der Spannungsanstieg durch die Einschwingvorgänge nicht verzögern, so wäre die Wechselstromlösung weitgehend praktisch unmöglich. Wenn man mit 300 Volt je Unterbrechungsstelle als feste Spannungsgrenze sicher rechnen könnte, dann gäbe es in der Niederspannung kaum Probleme der wiederkehrenden dielektrischen Festigkeit, vorausgesetzt, daß bei 380- und 500-Volt-Netzen bei dreipoliger Abschaltung immer wenigstens zwei Unterbrechungsstellen in Reihe lägen. Die Praxis macht aber gegenteilige Feststellungen. Insbesondere, wenn man die Metalldämpfe nicht entfernen kann. Ein Ausmessen der dielektrischen Festigkeit ist nach dem von Hochrainer angegebenen Verfahren möglich, mit dem die sogenannten „Sägezahnkurven“ aufgenommen werden. Bei Niederspannungsgeräten scheint dabei die Gefahr zu bestehen, daß, wenn die Spalte nicht von einem Strömungsmittel durchzogen werden, das Meßverfahren selbst das Ergebnis beeinflußt. Messungen in dieser Richtung liegen von Taev vor. Er fand durch Extrapolation der Hüllkurve für die Zahnspitzen bei Strömen unter 100 A höhere Spannungswerte, als nach Slepian zu erwarten waren. Im Gebiet von 100 bis 200 A deckten sich die Werte ungefähr, dagegen nahmen sie bei Strömen von 1000 A und mehr ganz beträchtlich bis auf einige 10 Volt ab, s. auch Burghardt (2). Diese Stromabhängigkeit stellte auch schon Höpp (1) fest. Er gab für die Festigkeit nach dem 0-Durchgang 150 V_{eff} je Trennstelle an. Das sind bei sinusförmiger Spannung etwa 210 Volt Scheitelwert. Hinzu kommt nach seinen Angaben noch ein umgekehrt mit dem Strom sinkendes Zusatzglied. Die Werte decken sich in etwa mit den Anfangswerten der Kurven von Browne und Slepian (1, 2, 3). Deren Zahlen gelten aber für kalte Elektroden in normaler Atmosphäre. Sie können mithin in der Praxis eine Verminderung erfahren. Relativ hohe Zündspannungen beim ersten Stromnulldurchgang lassen vermuten, daß danach keine Wiederzündung mehr erfolgt. An Schützen unterschiedlicher Konstruktion mit 1fach- und Mehrfachunterbrechung tatsächlich gemessene Werte in Abhängigkeit von der Stromstärke s. Franken (33, Abb. 4). Die untere Grenze des Streubandes lag hier bei Strömen von 100 bis 500 A bei etwa 100 V_{eff}. Abb. 35 zeigt eine Reihe neuerer Messungen, davon beziehen sich die Kurven *1–5* auf solche an Schützen. Es sind jeweils die Effektivspannungen je Trennstelle angegeben, soweit sie in Drehstromkreisen ermittelt wurden gelten die Werte für die erstlöschende Phase. Die Spannung ist dabei mit dem 1,5fachen Effektivwert der Phasenspannung angegeben. Bei den Kurven *1* und *2* mit unterschiedlichem Schaltstückmaterial und einem Leistungsfaktor von 0,35 bis 0,4 fielen die zulässigen Spannungen nach Überschreitung von 30 bzw.

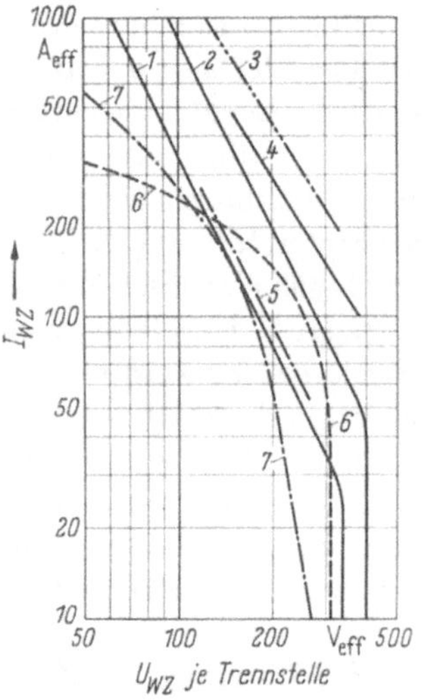

Abb. 35. Wiederzündströme I_{WZ} abhängig von der wiederkehrenden Spannung U_{WZ} des erstlöschenden Poles. *1* 30 A Schütz-2fach Unterbrechung-Ag Schaltstücke $\cos\varphi = 0{,}36 - 0{,}42$, *2* 80 A Schütz-4fach Unterbrechung-AgCdO Schaltstücke (90/10), *3* 125 A Schütz-2fach Unterbrechung mit Löschblechen-Silberverbindung nach Kartunnen und Törnquist, *4* desgl. 63 A Schütz, *5* desgl. 25 A Schütz, *6* Kupferschaltstücke 12 mm ⌀ nach Bergold, *7* Kupferschaltstücke ohne Fußpunktbewegung nach Taev

40 A stark ab. Die Kurven fanden nach oben ihre Grenzen durch Verschweißung. Der Überschwingfaktor (s. S. 64) lag dabei etwa bei 2, die Einschwingfrequenz stieg von etwa 18 kHz bei 30 A über 50 kHz bei 300 A auf Werte über 100 kHz. Bei den höheren Strömen waren die Ergebnisse stark streuend. Die Kurven *3* bis *5* für Schütze verschiedener Größe nach KARTUNNEN und TÖRNQUIST haben bei steigendem Strom etwa dieselbe abfallende Tendenz. Die angegebenen Spannungswerte beziehen sich auf den Zeitraum von 2 bis 20 μsec nach Stromnulldurchgang. Hinzugefügt worden sind noch zwei Kurven *6* und *7* für Kupferschaltstücke. Die Kurve *6* nach BERGOLD entspricht der unteren Grenze des Streubereichs, der vor allen Dingen bei hohen Stromstärken sehr breit war. Die Kurve *7*, Grenzwerte nach TAEV, bezieht sich auf Kupferelektroden, zwischen denen der Lichtbogen stehen blieb, und entspricht einer aufgrund der Versuchsreihen aufgestellten Formel.

Der zeitliche Anstieg der Wiederverfestigung ist bei ruhendem Bogen und geringer Geschwindigkeit verständlicherweise etwas geringer gegenüber schnell bewegten Bögen z. B. steigt sie in der gleichen Zeit auf 200 bzw. 300 V. Messungen über die Wiederverfestigung der Lichtbogenstrecken bei Luftschützen mit Doppelunterbrechung führten nach BURGHARDT (4) ebenfalls zu dem Ergebnis, daß die Wiederzündvorgänge vom Grenzfall des thermischen Wiederzündens mit einer einfachen Umkehrung der Lichtbogenspannung während des Stromnulldurchganges bis zum dielektrischen Durchschlag mit hohen Spannungsspitzen beim Wiederzünden reichen. Bei gleicher Steilheit wurden wiederkehrende Spannungen zwischen 50 bis 300 V oder sogar 700 V festgestellt, wenn die Lichtbogenteilstrecken für sich untersucht wurden.

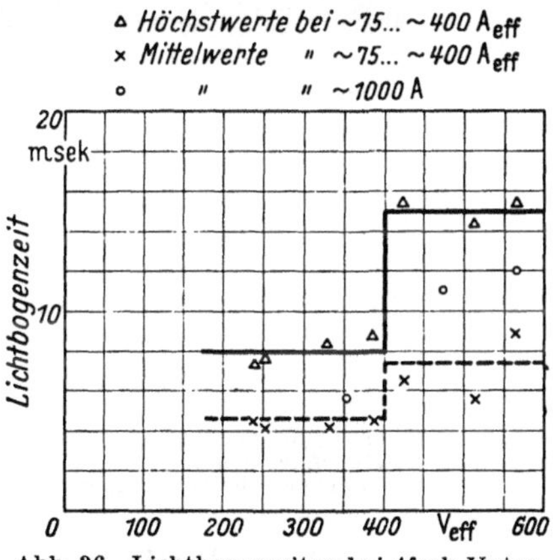

Abb. 36. Lichtbogenzeiten bei 4fach-Unterbrechung und cos φ = 0,4

Im übrigen sind Rückschlüsse aus dem Verhalten bei 1fach- auf das bei Mehrfachunterbrechung nicht einfach. Es handelt sich hierbei weitgehend um statistische Vorgänge. Das erkennt man besonders deutlich durch die außerordentlich großen Streuungen der Zündspannungen, wenn man die Untersuchungen auf die Teilstrecken der Mehrfachunterbrechung erstreckt. Während bei der Einfachunterbrechung noch ganz bescheidene Wiederzündspannungen zwischen 50 und 300 V festgestellt wurden, kam man bei der Doppelunterbrechung praktisch nicht mehr unter 400 V. Bei ihr kann infolge der statistischen Vorgänge im Lichtbogen an einer Teilstrecke bereits ein Entladungsvorgang stattfinden, während an der anderen die wiederkehrende Spannung noch ungedämpft einschwingt.

Sprunghaftes Ansteigen der Lichtbogenzeiten, also Auftreten von Rückzündungen bei gewissen Schwellwerten zeigt Abb. 36. Hier lagen letztere bei Vierfachunterbrechung und 385 bis 425 V je Pol. Das heißt, bei diesen einphasigen Wechselstromkreisen trat bei Überschreitung von etwa 400 V_{eff} also 100 V_{eff} je Trennstelle eine Rückzündung ein, unterhalb dieses Wertes nicht. Außer dem Zustand des einzelnen Kontaktspaltes, also der einzelnen Unterbrechungsstelle, kommt es also auch wieder auf deren Zahl an. Die Wiederzündung wird insbesondere durch die Vielfachunterbrechung erschwert, denn die erforderliche Spannung muß bei n-Unterbrechungsstellen n-mal aufgebracht werden. Eine Lichtbogenkammer mit Vierfachunterbrechung je Pol, zeigt Abb. 37.

Bei Wechselstrom werden die Vorgänge noch dadurch unterstützt, daß bei jeder Neuzündung die Kathode entgegengesetzte Polarität erhält

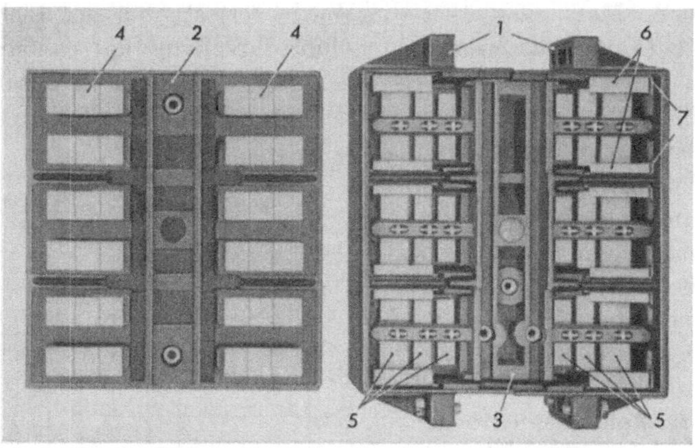

Abb. 37. Kontaktapparat mit 4fach-Unterbrechung je Pol ohne Löschbleche

1 Lichtbogenkammer; *2* feststehender Schaltstückträger; *3* beweglicher Schaltstückträger; *4* feststehende Schaltstücke; *5* bewegliche Schaltstücke; *6* und *7* Leitbleche

(„Elektrodeneffekt"). Die Raumladung vor der Kathode muß nunmehr verlagert werden. Das ist entscheidend für die Löschung von Wechselstromlichtbögen. Die wiederauftretende Spannung führt natürlich zu neuen Stoßionisationen und zwar jetzt unmittelbar durch das elektrische Feld. Bei Anwendung von Löschblechen entsteht der Effekt an jedem Blech. Auch hier gelten die Gedankengänge hinsichtlich der optimalen Kontaktspaltgröße s. S. 58 und zwar für die Blechabstände. Kleine Elektrodenabstände bewirken beim Anstieg der wiederkehrenden Spannung in entgegengesetzter Polarität ein rasches Absaugen der Ladungsträger aus der Restsäule. Zu enge Spalten erschweren jedoch das Eindringen der Lichtbögen in das Blechpaket. Abhängig vom Lichtbogenstrom und der Auftreffgeschwindigkeit muß ein Mindestblechabstand eingehalten werden s. BURKHARD (3).

Die Frage der Wiederzündung entscheidet sich also einmal durch das Verhalten des Kontaktspaltes, zum anderen aber durch die Höhe der nach dem Erlöschen des Bogens auftretenden Spannung und die Schnelligkeit mit der sie wieder ansteigt. Bei praktisch induktionsfreien Kreisen steigt und fällt die Spannung mit dem Strom. Es wird also hier nach Stromnulldurchgang auch die Stromstärke noch einige Zeit Null bleiben.

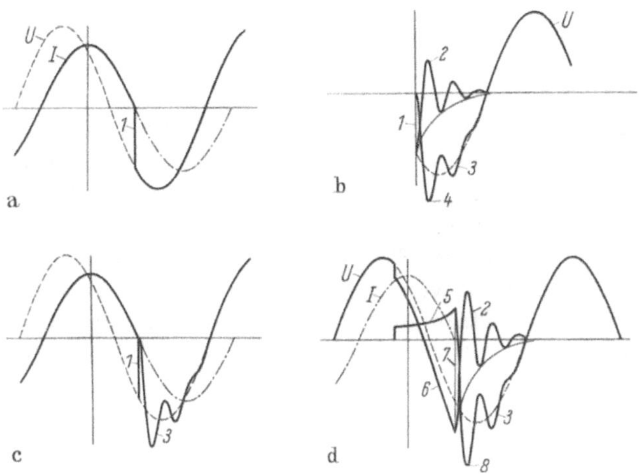

Abb. 38a bis d. Wiederkehrende Spannung nach Abschalten eines Wechselstromkreises mit und ohne Lichtbogeneinfluß

a) ohne Lichtbogenspannung und ohne Einschwingvorgang;
b) dgl. aber mit Einschwingvorgang;
c) wie *b* *1* Netzspannung bei Stromnulldurchgang, *3* Spannung am Kontaktspalt;
d) dgl. mit Einfluß der Lichtbogenspannung;
weitere Erklärungen im Text

Diese Strompause kann der Luftspalt zur weiteren Isolation verwenden. In anderen Fällen ist die Frage nicht so einfach zu beantworten, wie es auf den ersten Blick erscheint. Zunächst einmal ist die im Augenblick des Stromnulldurchganges am Kontaktspalt herrschende Spannung durch den Leistungsfaktor des Kreises mit $\hat{U} \times \sin \varphi$ gegeben und zwar, da der Motorstrom nacheilt, der ihm vorher anhaftenden Richtung entgegengesetzt s. Abb. 38a „1". Diese Spannung tritt aber nicht sofort in dieser Höhe am Kontaktspalt auf, denn alle Wicklungen, Leitungen usw., die auch mit Kapazitäten behaftet sind, befinden sich in einem Ladungszustand entsprechend der genannten Spannung. Es ist damit ein Schwingungskreis gegeben, der außerdem naturgemäß noch von den Ohmschen Widerständen, sowohl denen in der Wicklung als auch denen der Sekundär- und Tertiär-Kreise im Eisen und dgl. beeinflußt wird. Die Ladeenergie wird an den Kreis abgegeben und setzt sich in magnetische um. Es entstehen auch Verluste und als Folgeerscheinung ein Schwingungszustand, der von der Spannungshöhe 1 ausgehend mit einer durch Kapazität und Induktivität gegebenen Eigenfrequenz f_e und mit der durch R bedingten Dämpfung entsprechend Bild *b* Kurve *2* abklingt. Diese Spannung überlagert sich nun der Netzspannung. Am Kontaktspalt wirkt lediglich entsprechend der Kurve *3* die Differenz zwischen ihr und der Netzspannung. Kurve *3* tritt s. Abb. *c* im Übergang an die Stelle der Spannung 1 und weiter der Netzspannung in Bild *a*. Die am Kontaktspalt auftretende Spannung beginnt also bei 0, um dann je nach der Frequenz mehr oder weniger steil anzusteigen. Die Verhältnisse werden noch etwas durch die Lichtbogenspannung, die sich während des Ausschaltvorganges entwickelt, beeinflußt. Im Bild d sei 5 die Lichtbogenspannung, die langsam ansteigt und bei Stromnulldurchgang ein der Netzspannung entgegengerichtetes Vorzeichen hat. Deshalb ist die Spannung am Stromverbraucher vom Augenblick des Lichtbogeneinsatzes bis zum Löschen des Stromes nicht mehr gleich der Netzspannung sondern der Differenz von Netzspannung und Lichtbogenspannung (Kurve *6*). Da bei Stromnulldurchgang die Lichtbogenspannung eine andere Polarität besitzt, wächst die Spannung am Objekt über die Netzspannung hinaus auf den Wert 7. Mit dieser erhöhten Spannung sind nunmehr auch die Kapazitäten geladen und der Einschwingvorgang, der sich zwar auf den gleichen Induktivitäten und Kapazitäten aufbaut wie in den Bildern b und c, also im wesentlichen die gleiche Eigenfrequenz f_e besitzt, hat größere Amplituden. Die Spannungsspitze 8 geht über den Wert *4* der Kurve *3* in den Bildern b und c hinaus. Zunächst fällt aber die Spannung am Kontaktspalt von der Höhe der Lichtbogenlöschspitze noch einmal ab.

Die Steilheit, mit der diese Spannung ansteigt, ist für den Wiederzündvorgang von entscheidender Bedeutung und nicht nur die absolute Höhe. Zweckmäßig ist es, sie durch die „Einschwingfrequenz" als Maßstab für die Zeit, in der die Spannungsspitze auftritt, und die auftretende Überhöhung der wiederkehrenden Spannung darzustellen. Letztere wird durch den „Überschwingfaktor" γ ausgedrückt. Das ist die höchste Spannungsspitze im Verhältnis zu dem Momentanwert, der auftreten würde, wenn keine Einschwingvorgänge stattfänden. Im vorliegenden Falle handelt es sich also um das Verhältnis „8" zu „1". Anstelle dieser Werte wird vielfach auch eine mittlere Steilheit der Einschwingspannung angegeben, s. u. a. BIERMANNS.

Es hat sich immer mehr gezeigt, daß von der Beachtung dieser Werte nicht nur bei Hochspannungs- sondern auch bei Niederspannungsgeräten die Beurteilung und damit vor allem die festzulegende Prüfmethode abhängt. In der Niederspannungstechnik ist die Bedeutung sogar stellenweise noch größer, denn es treten höhere Frequenzen auf, so daß der erste steile Anstieg eher in den Abschnitt a der Abb. 34 hineinfällt. Bei Motoren bis 100 kW wurden je nach Spannung Einschwingfrequenzen von 20—160 kHz festgestellt. Für die Wiederverfestigung ist daher hier der Zeitbereich von wenigen μsec bis etwa 25 μsec nach dem Nullwerden des Ausschaltstromes von besonderem Interesse s. BURGHARDT (2). Das manchmal beobachtete Verschwinden des Einschwingvorganges oder jedenfalls seine Beschränkung auf eine kleine Überschwingung ist dadurch zu erklären, daß, wenn die wiederkehrende Netzspannung zwar die für die Neuzündung erforderlichen Werte nicht erreicht, aber nicht allzuweit davon entfernt bleibt, Glimmentladungen auftreten, die einen Nachstrom zur Folge haben. Durch ihn wird die Schwingkreisenergie aufgezehrt und reicht nicht mehr zur Wiederzündung.

Die *Einschwingspannung* ist dabei die Spannung, die über einem Schalterpol, unmittelbar nachdem der Strom in diesem unterbrochen wurde, auftritt. Sie besteht aus dem betriebsfrequenten Spannungsanteil und der überlagerten Ausgleichsspannung. Letztere verläuft je nach den Eigenschaften des Stromkreises als abklingende Schwingung mit einer oder aber auch mehreren Frequenzen. Sie kann auch aperiodisch erfolgen. Bei 3-poligen Geräten ist die Einschwingspannung am erstlöschenden Pol maßgebend. Ihr betriebsfrequenter Anteil beträgt, wenn keine Gegenspannung vorhanden ist, das 1,5fache der Phasenspannung. Über Frequenzen, Anfangssteilheit der Einschwingspannung sowie den Überschwingfaktor s. VDE 0660 Teil I §§ 13, 68 u. 72.

Die Schwingungsbilder ohne Beeinflussung durch den Ausschaltvorgang, die Lichtbogenspannung und die Impedanz des Schaltgerätes nennt man die „unbeeinflußten", die anderen analog die „beeinflußten".

Die erforderliche *Zahl der Unterbrechungsstellen* eines solchen Kreises, ist bei gegebener Wiederzündspannung im Drehstromsystem sehr stark von der Schaltung abhängig. Liegen bei dreipoliger Abschaltung die Schalterpole in den Netzzuleitungen, dann erhalten sie nur die Sternspannung, also z. B. bei einem 500 V Netz und einer Prüfspannung von 110 v. H. entsprechend 316 V, bei Zweifachunterbrechung je Pol mithin rund 160 V je Trennstelle, eine Spannung, die häufig ohne weiteres beherrscht werden kann. Legt man denselben Schalter in eine Dreieckanordnung, dann würde auf die beiden Unterbrechungsstellen 550 V, also 275 V je Unterbrechungsstelle kommen. Eine Ausschaltmöglichkeit ist dann u. U. nicht mehr gegeben. Die höhere Beanspruchung des zuerst öffnenden Poles s. oben. Bei ihm ist also eine Rückzündung leichter möglich. Dann erfolgt aber die Ausschaltung des restlichen Einphasenkreises mit der doppelten Anzahl von Unterbrechungsstellen eines Poles. Ein laufender Motor hält beim Ausschalten eine Spannung aufrecht, so daß man am erst löschenden Pol auch bei allpoligem Abschalten nur geringe Differenzen feststellen kann [FRANKEN (38, 46 S. 7)]. Die Abhängigkeit des beherrschbaren Ausschaltstromes vom cos φ des Stromkreises zeigt an einem bestimmten Beispiel Abb. 39. Je schlechter der cos φ ist, um so höher ist die Spannung beim Stromnulldurchgang. Die Praxis hat gezeigt, daß meistens bei cos φ = 0,35 ein Grenzwert für den Ausschaltstrom auftritt, der nicht mehr wesentlich unterschritten wird.

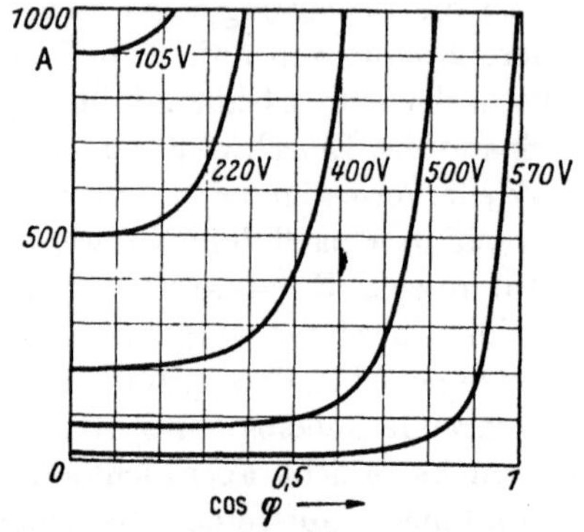

Abb. 39. Abschaltvermögen einer Schützenstrombahn abhängig von Spannung und cos φ

Man kann die *Methoden der Schaltleistungsbeherrschung* außer nach Gleichstrom- und Wechselstromlöschprinzip noch nach der Tatsache unterteilen, ob der Bogen bewegt wird oder im wesentlichen im Kontaktspalt verbleibt (s. Tab. 3).

Tabelle 3. *Einteilung der Methoden der Schaltleistungsbeherrschung nach bewegtem und im Spalt verbleibendem Bogen*

Löschen durch:	
Bewegten Lichtbogen	Bogenverlängerung durch Schaltstückbewegung
	Bogenverlängerung durch Abreißhörner
	Bogenverlängerung durch profilierte Kammerwände
	Metalltrennwände (Löschbleche) im Lichtbogenraum (Deionisierung)
	Magnetische Blasung (in Verbindung mit anderen Methoden)
Bogen bleibt im ursprünglichen Kontaktspalt	Vielfachunterbrechung
	Bewegtes Löschmittel (Gas, Flüssigkeit)

Zusammenfassend sei gesagt, daß für Wechselstrom bei Schützen heute folgende Lösungen angewandt werden:

1. Die Zweifachunterbrechung je Gerätepol. Diese Methode hat sich für kleinere Leistungen als ausreichend erwiesen.
2. Die Zweifachunterbrechung in Verbindung mit Löschblechen.
3. Die Vierfachunterbrechung. Dabei kommen auch Geräte vor, die

bei einem Pol 4fach- und bei den beiden anderen 2fach-Unterbrechung aufweisen (s. Loh 3).

4. Einfach-Unterbrechungen mit Blasmagneten.

Bei den Wechselstromlösungen 1 und 3 ist die Fortbewegung des Lichtbogens an sich keine Notwendigkeit. Bei Lösung 2 mit Löschblechsystemen wird jedoch bei großen Stromstärken oft ein zusätzliches Magnetfeld dazu herangezogen. Durch den weitgehenden Wegfall der Blasspulen konnte bei den Wechselstromluftschützen der Aufwand erheblich vermindert werden.

Bei *Gleichstrom* ist weitgehend die magnetische Blasung in Verbindung mit Löschblechen vorherrschend. Höchstens bei kleinen Leistungen beschränkt man sich auf die geringfügige Unterteilung (meist 2fach).

Die Abschaltung unter Öl. Von den vorstehenden Ausführungen gilt das meiste auch für die Abschaltung unter Öl. Beim Auftreten von Lichtbögen wird das Öl zersetzt und dadurch der Ausschaltvorgang beeinflußt. Besondere Kühleffekte entstehen durch die Abspaltung von Wasserstoff, der infolge seiner erheblich höheren Wärmeaufnahmefähigkeit eine mehrfach bessere Löschwirkung als Luft ergibt. Für Gleichstrom wird das Öl wohl gar nicht mehr angewandt, weil die Gleichstromlichtbögen zur Verrußung führen. Bei Wechselstrom steigt vor allem der Spannungsgradient des Bogens und damit werden bei erheblich kleineren Schaltstückabständen hohe Zündspannungen erzielt. Der höhere Spannungsgradient ist dadurch bedingt, daß das Öl das Schaltstück und die Bogenstrecke schnell abkühlt. Das Ölschütz bietet also einen Vorzug bezüglich des Ausschaltvermögens. Die Ölfüllung hat heute vor allen Dingen noch den Zweck, ein Gerät zu schaffen mit dauernder Konservierung aller Metallteile und in gewissem Umfang auch zur sicheren Einkapselung der Lichtbögen. Zur Beherrschung des Lichtbogens ist man nicht mehr darauf angewiesen. Die Lichtbogenlöschung unter Öl geht nicht durch jähes Überfluten der Schaltstücke vor sich, sondern der Lichtbogen brennt in der Gasatmosphäre. Die Löschung erfolgt im allgemeinen in einer Gasblase, die kein Öl mehr enthält. Die Energie der heißen Gas- und Dampfzone wird durch Sieden der Flüssigkeitshülle vermindert. Der Entstehungsort muß so tief unter dem Ölspiegel liegen, daß das Gas vor Erreichen der Öloberfläche ausreichend abgekühlt ist. Selbstverständlich hängen alle Bewegungsvorgänge und infolgedessen auch die zeitliche Vergrößerung des Kontaktspaltes von der Viskosität des Öles ab. Innerhalb einer Halbperiode spielt die Steigegeschwindigkeit der Ölblase keine große Rolle. Sie bewegt sich nur wenig. Verrußung hat auf die Lichtbogenlänge keinen nennenswerten Einfluß.

Die **Ansprüche der Stromverbraucher an das Ausschaltvermögen** der Schütze und die VDE-Anforderungen schwanken in weiten Grenzen.

In VDE 0660 Teil 1 Tafel 26, 27, 29 sind konventionelle Prüfungen festgelegt, die die Geräte bestehen sollen. Wesentlich dabei ist, daß das geforderte höchste Ausschaltvermögen, einerseits eine Reserve für das betriebsmäßige Schaltvermögen darstellt, andererseits die Grenze für gelegentliche Beanspruchungen umreißt. Hier wird bei der Beherrschung von Käfigläufermotoren je nach Motorgröße und Gebrauchs-Kategorie (s. S. 289 Tab. 6) die Abschaltung des 6—10-fachen Nennstromes bei $\cos\varphi = 0{,}35$ verlangt, bei Käfigläufern mit Nennströmen bis 16 A $\cos\varphi = 0{,}65$, ferner bei Schleifringläufermotoren und Gleichstrommotoren der 4-fache Nennstrom bei einem Leistungsfaktor 0,65 und einer Zeitkonstanten von 2,5 bzw. 15 ms.

Etwas anders gestaltet sind die Ansprüche beim Abschalten von *Kondensatoren.* Sie bieten in der Niederspannungstechnik praktisch keine Schwierigkeiten. Im Augenblick der Trennung, d. h. dem Erlöschen des Lichtbogens bei Stromnulldurchgang ist der Ladezustand der größte. Der

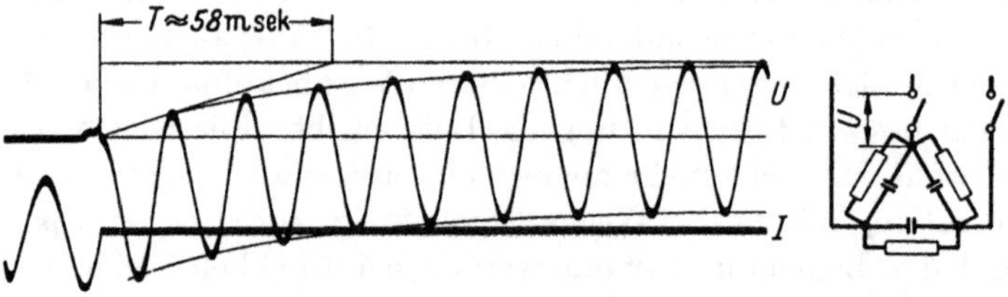

Abb. 40. 2-poliges Abschalten eines Kondensators mit Parallelwiderstand

abgetrennte Kondensator hat die gleiche Spannung wie das Netz, infolgedessen entsteht keine Spannungsdifferenz und auch keine Wiederzündungsgefahr. Nach Verlauf einer Halbwelle ist die Spannungsdifferenz auf den doppelten Scheitelwert angewachsen. In diesen 10 msec ist jedoch die Schaltstrecke bei Niederspannung erfahrungsgemäß soweit verfestigt, daß nichts mehr zu befürchten ist. Abb. 40 zeigt einen solchen Spannungsverlauf beim Abschalten eines Kondensators mit einem Parallelwiderstand. Ohne Parallelwiderstand würde die doppelte Spannung am Kontaktspalt erst nach sehr langer Zeit verschwinden.

Als *Nennausschaltvermögen* gilt der vom Hersteller angegebene Strom, den das Schaltgerät unter festgelegten Bedingungen bezügl. Prüfspannung, Zeitkonstante oder Leistungsfaktor, sowie bei Geräten für Käfigläufer Einschwingfrequenz u. Überschwingfaktor (s. S. 270), ausschalten kann. Es wird für Betriebsströme bei Wechselstrom als Effektivwert der symmetrischen Stromkomponente angegeben.

2.2 Das Kraftsystem

Die Betätigungskräfte für die Schütze können magnetische (s. rechts) oder pneumatische (s. S. 98) sein oder auch einem thermischen System entnommen werden. Die pneumatischen Kräfte sind weitgehend elektropneumatische, wobei die Druckluftkreise durch Ventilmagnete gesteuert werden.

2.21 Magnetisch gesteuerte Schütze

Der Magnet ist ein Kernstück der Schütze. Für seine Form und Größe ist das Kraft–Weg-Diagramm, das ihm vom Gerät abverlangt wird, von ausschlaggebender Bedeutung. In schematischer Darstellung zeigt Abb. 41 den bei Schützen mit der Magnetbewegung auftretenden Sollbedarf an Magnetkräften. Zunächst einmal sind lediglich die bewegten Teile gewichtsmäßig anzuheben, also die Polbrücke, der Anker, die Schaltstücke u. dgl. Das ergibt den verhältnismäßige niedrigen Kraftbedarf *c* bis zu dem Augenblick, in dem die beweglichen Schaltstücke nach Zurücklegung des Magnetweges *a* die festen berühren. Hier treten nun plötzlich die Kontaktdruckkräfte auf, so daß der Kraftbedarf auf einen bedeutend höheren Wert ansteigt, der sich dann weiter bis zum Bahn-End-Punkt *b* erhöht. Die Schaltmagnete passen sich naturgemäß diesen treppenförmigen Kurven mit einem starken Kraftanstieg im Punkte *a* nicht schlagartig an. Man ist höchstens in der Lage, ihren grundsätzlichen Charakter diesen Sollwerten einigermaßen anzugleichen. Eine Gefahr besteht darin, daß bei dem Bahnpunkt *a* die bei den meisten Magnetkonstruktionen stetig steigenden Zugkräfte sich dem Soll zwar nähern, es aber nicht erreichen, so daß die Kontaktdruckkräfte oft beim ersten Auftreten nicht aus den statischen Kräften des Magneten aufgebracht werden können, sondern wenn sie überwunden werden, der kinetischen Energie der Massen entstammen. Das hat Nachteile, von denen später mit Bezug auf den Spannungsrückgang die Rede sein soll (s. S. 155). Aus diesem Grunde nennt man den beim Magnetweg *a* noch verbleibenden Luftspalt auch den kritischen. Im übrigen entspricht der Unterschied *b* — *a* dem sog. „Kontakthub“ oder „Durchdruck“ der Schaltstücke. Den Ablauf des Bewegungsvorganges könnte man exakt errechnen und auch feststellen, ob der Magnet, trotzdem seine Charakteristik das Sollkräftediagramm schneidet, über diesen Punkt hinwegkommen kann, wenn die Zukgraft als Funktion des Ankerweges genau bekannt wäre. Leider ist das bei den Schützenschaltmagneten nicht der

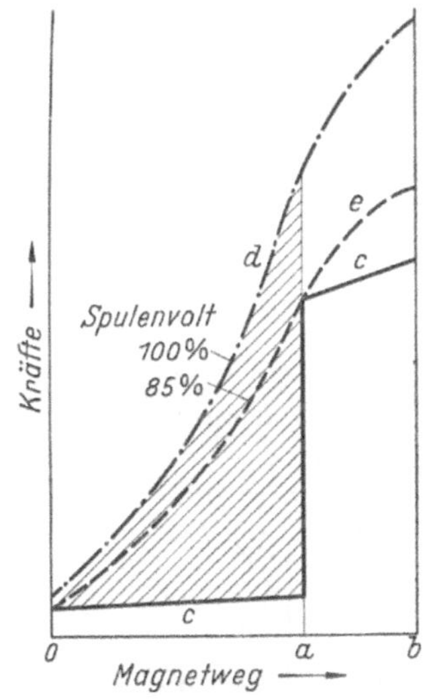

Abb. 41. Kraftweg-Diagramm für Schützenmagnet

Fall, bei den Wechselstrommagneten schon gar nicht, weil hier die Kräfte nicht nur lage-, sondern auch phasenabhängig sind. Auch bei Gleichstrom kommt noch die Veränderung des Kraftflusses durch die Ausgleichvorgänge hinzu. Im übrigen würde sich eine solche Rechnung entsprechend Abb. 42 abwickeln. Die Beschleunigungszeiten als Funktion des Magnethubes sind nach der angegebenen Formel durch Planimetrieren zu ermitteln, wobei die Beschleunigungskräfte als Differenz zwischen Magnetzugkraft und Gegenkraft in ihrem reziproken Wert über dem Hub aufzuzeichnen sind. Die Kraftbedarfskennlinien der Schütze können durch die Ausbildung der Übertragungseinrichtungen in weiten Grenzen verändert und gegebenenfalls der Zugkraftwegkurve des Magneten angepaßt werden. Die kleineren Geräte arbeiten vorwiegend ohne Zwischenschaltung einer Über- oder Untersetzung, bei größeren sind einfache Hebelarme, Kniegelenke, Kulissenhebel und dgl. zwischengeschaltet [s. ERK (1)].

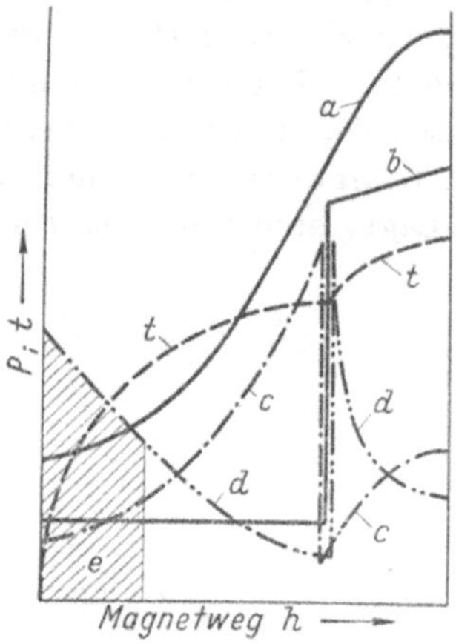

Abb. 42. Ermittlung der Magnetbewegung (G = Gewicht der zu beschleunigenden Masse)
a Magnetzugkraft P_z;
b Gegenkraft P_g;
c Beschleunigungskraft $P_b = P_z - P_g$;
d Kehrwert von P_b;
e proportional t^2;

$$t = f(h) = \sqrt{\frac{2 \cdot G}{g}} \int \frac{d_b}{P_b} = \sqrt{\frac{2 \cdot G}{g}} \cdot \sqrt{e}$$

Weiterhin ist für die Berechnung der Magnetkräfte als Wegfunktion die Kenntnis der Streuung, d. h. der Streuflußbilder, entscheidend. Mit „Streuung" ist der Umstand zu kennzeichnen, daß bei den Magneten ein Teil des Kraftflusses Wege geht, die dem Wunsche des Konstrukteurs nicht entsprechen. Bei Schützen und Schaltrelais sind es diejenigen Kraftlinienabschnitte, die zur Zugkraftentwicklung nicht beitragen. Infolgedessen wird die Berechnung der Magnetkräfte nur einigermaßen durchführbar sein, wenn die Luftspalte im Eisenkreis klein sind, d. h. gegen Ende des Ankerweges. In der Anfangslage bei größeren Luftspalten sind dagegen die Streuflüsse nur schlecht überschbar. Rechnerisch sind sie in den meisten Fällen kaum zu erfassen. Aus dem Elektromaschinenbau sind zwar zahlreiche Methoden teils analytischer, teils graphischer Art bekannt. Die Anwendungen im Elektromaschinenbau haben aber auch alle den Vorzug, daß die Wirkungen sich fast nur im Ankerluftspalt der Maschine vollziehen und man annehmen kann, daß die beiden stählernen Begrenzungslinien die gleiche magnetische Spannung gegeneinander aufweisen und die Kraftlinien im wesentlichen geradlinig auf dem kürzesten Weg von Eisen zu Eisen übergehen, ferner auf der

Eisenoberfläche senkrecht stehen und im Luftspalt sich nur wenig seitlich ausbreiten. Bei den Zugmagneten ist diese bei den Maschinen gegebene Voraussetzung nicht erfüllt. Es kommt aber auch wesentlich darauf an, die Zugkraft bei dem größten Luftspalt zu ermitteln. Der Luftweg im magnetischen Kreis ist dann im Verhältnis zum Eisenweg groß. Der Streufluß kann größer werden als der Hauptkraftfluß. Der geradlinige Übergang der Kraftlinien zwischen den Eisenflächen ist nicht mehr die Regel. Damit sind die Grundlagen der Rechnung von vornherein sehr eingeschränkt. Man muß mit großen Abweichungen rechnen. Es sind schon zahlreiche Vorausberechnungsversuche gemacht worden, ohne zu einem sicheren Verfahren zu gelangen. Solange diese Schwierigkeiten ausgeschieden werden können, sind die aus dem Elektromaschinenbau bekannten Rechenmethoden anwendbar. Über die Bemessung der Antriebsmagnete zur Vermeidung zu geringer Schaltkräfte bzw. eines Überschusses an in den beweglichen Teilen aufgespeicherter kinetischer Energie, s. Tomoiaga und Goldemberg.

Im übrigen ist immer wieder festzuhalten, daß sich die Zugkraft nicht aus einem einzelnen, wenn auch noch so genau ermittelten Kraftlinienbild eindeutig entnehmen läßt. Erst dessen Änderung und damit die der magnetischen Energie mit dem Hub bestimmt die Kräfte. Bei größeren Luftspalten ist der Anteil der Energie im Eisen ohne Bedeutung. Die scheinbar nur einen eindeutig bestimmten Kraftlinienverlauf voraussetzende Maxwellsche Zugkraftformel enthält in sich schon Voraussetzungen über die Änderung des Verlaufs. Daß diese Formel nur mit Einschränkungen gültig ist, spielt gegenüber den genannten Schwierigkeiten kaum mehr eine Rolle. Auch läßt sich die vom Ringkreis mit Luftspalt abgeleitete Forderung, die Erregung da anzubringen, wo sie hauptsächlich gebraucht wird, nämlich beim Luftspalt, wenigstens bei großer Veränderbarkeit des Spaltes nie genau erfüllen.

Zu diesen Berechnungsschwierigkeiten wegen Unkenntnis der wahren Kraftflußausbildung, insbesondere bei großen Luftspalten, kommen noch weitere. Einmal entstehen beträchtliche Unterschiede auch dadurch, daß man mit einer mittleren Liniendichte am Polschuh rechnet. In Wirklichkeit ist sie jedoch ungleichmäßig verteilt und an Stelle des Wertes $B^2 \cdot F$ in der Zugkraftformel, müßte man mit $\int B^2 \cdot dF$ rechnen. Es ist aber ohne weiteres klar, daß für den Fall einer gleichmäßigen Liniendichte dieses Integral zu einem Minimum führt, gegenüber dem mit unterschiedlichen Werten von B bei gleichem Gesamtkraftfluß. Man erhält in der Praxis gegenüber der Berechnung mit mittlerer Liniendichte also einen höheren Zugkraftwert.

Weiterhin ändern sich beim Einschalten die Kräfte nicht so wie es die stationären Verhältnisse vermuten lassen. So z. B. verändert sich bei Gleichstrom der Strom stärker oder schwächer werdend mit der Magnetankerbewegung (s. S. 79). Beim Einschalten steigt er zunächst nur langsam an. Die Rechnung mit dem stationären Strom ist also nicht möglich. Bei Wechselstrom liegen die Dinge noch viel ungünstiger. Dabei tritt zum Ausgleich beim Einschalten ein abklingendes Gleichfeld hinzu (s. S. 83), dessen Stärke vom Einschaltaugenblick abhängt.

Wegen der Schwierigkeiten ist es in der Praxis üblich, bei der Entwicklung von Schützen und Relais die Magnete nach grundsätzlichen Überlegungen vorauszuschätzen und dann die Kräfte zu messen. Die Messung der Zugkräfte bietet aber, insbesondere bei Wechselstrom, weitere Schwie-

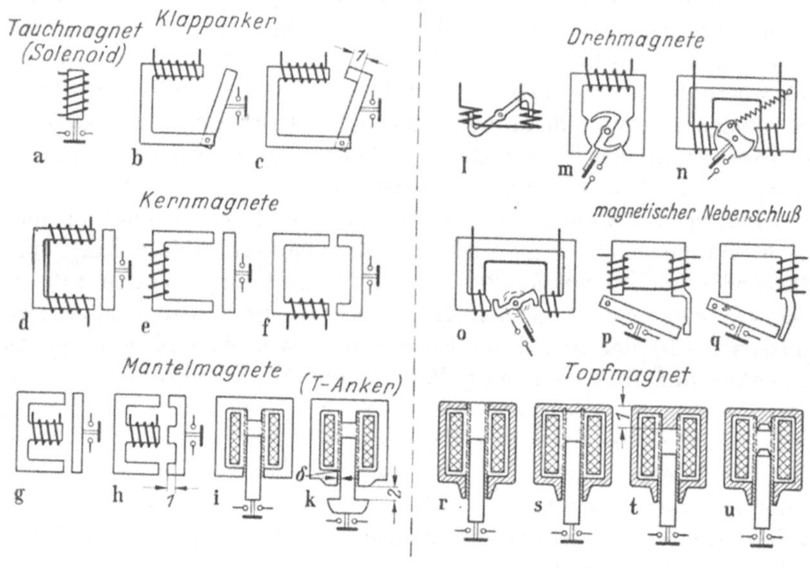

Abb. 43a bis u. Schaltmagnetformen

rigkeiten (s. Wechselstrommagnete S. 81). Über Zugkraftmessungen s. Erk (1), Friedrich (1) und Loh (2, 5).

Die Magnete werden nach den verschiedensten Gesichtspunkten unterschieden. So z. B. spricht man nach den *Grundprinzipien* von Zug-, Schub- und Drehmagneten. Dann weiterhin nach der Ausbildung der Polflächen und ihrer Lage im magnetischen Kreis von Tauchankern, Klappankern, Geräten mit konischen bzw. zugespitzten Kernen, Topfmagneten, T-Ankern, E- und U-Magneten u. dgl., wobei die Begriffsbestimmungen durchaus nicht immer eindeutig sind. Eine Übersicht s. Abb. 43.

Das hier unter *a* skizzierte Solenoid, praktisch ohne Eisenschluß, wird häufig als „Schwebekern" bezeichnet. Der Anker kommt zur Ruhe, wenn sein Schwerpunkt mit dem der Spule zusammenfällt. Es findet bei

Schützen im allgemeinen keine Verwendung, wohl aber bei Relais. Die Kräfte sind dem Quadrat der Ströme proportional. Das Halteverhältnis ist groß. Diese Magnete werden mit Vorzug für Strom- und Spannungswächter (s. S. 218) verwandt. Unter Zugmagneten versteht man in der Hauptsache Magnetsysteme, bei denen sich der bewegliche Teil des Ankers im wesentlichen senkrecht auf den Pol zu bewegt. In dieser Weise werden die meisten Schützenmagnete ausgebildet (s. Abb. 43, Teilbilder b bis k und r bis u). Sie sind dadurch gekennzeichnet, daß sich der Luftspalt während des Arbeitsvorganges beträchtlich verändert. Infolgedessen wachsen auch die Zugkräfte gegen Ende des Hubes stark an. Hierbei ist neben der Änderung des Luftspaltes die damit verbundene Änderung der Streufelder von wesentlicher Bedeutung. Aus diesem Grunde ist es auch wichtig, ob die Trennfugen innerhalb der Magnetspulen verlaufen oder an deren Kopfflächen. Man unterscheidet dabei „Klappanker" mit Drehachse (b und c). Die Anker sind dabei glatt oder tragen Ansätze (l in c). Die Ankerdrehachse ist oft gleichzeitig der Drehpunkt für die bewegliche Schaltbrücke.

Weiterhin unterscheidet man „Kernmagnete" (d bis f) und „Mantelmagnete" (g bis k). Bei letzteren wird die Spule von den Kraftrückflüssen umschlungen. Die zweizinkigen Magnete „U-Magnete" (d bis f) und die dreischenkeligen „E-Magnete" (g u. h) haben den Nachteil, daß der Kraftfluß einen Luftspalt in doppelter Höhe des Magnethubes durchsetzen muß. Hierfür sind die entsprechenden AW aufzubringen. Beim Klappanker (b, c) sowie den Formen i und k ist das nicht der Fall. Der max. Luftspalt ist nur wenig größer als der Magnethub, an der Außenkante gemessen. Relativ höhere Anfangskräfte, die bei Schützen nur beschränkt erwünscht sind, erhält man bei ausgeprägten Polen nach f, h, i und k, wenn die Polschenkel in die Spulen eintauchen. Den Einfluß der Länge dieser Polschenkel a im Verhältnis zur Gesamthöhe h der Magnetschenkel auf die Zugkraft, zeigt an einem Beispiel Abb. 44, s. auch Friedrich und Schlager. Ein weiteres Mittel die Anfangskräfte zu steigern, ist die Abschrägung der Pole. Auf diese Weise erreicht man bei gleichem Weg eine Verkleinerung des Luftspaltes und damit eine höhere Anfangskraft. Grundsätzlich bietet auch bei gegebenem Gesamtkraft-

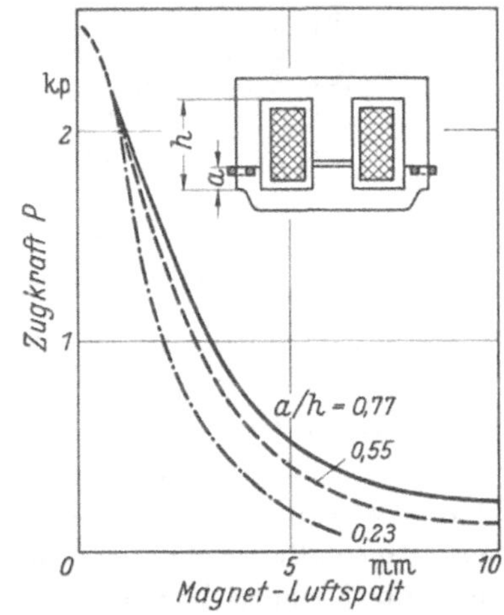

Abb. 44. Einfluß der Schenkelteilung auf die Zugkraft von Mantelmagneten

fluß eine verhältnismäßig kleine Polfläche gesteigerte Kräfte. Damit bei Wechselstrommagneten die Verluste nicht allzusehr wachsen, wählt man dagegen die Querschnitte im weiteren Verlauf möglichst groß. Die Magnete d bis h werden vorwiegend mit parallel geführtem Anker betrieben. Bei den dreischenkeligen E-Magneten g und h sind die Zugkräfte gegenüber denen der zweischenkeligen mit zwei Spulen (d) etwas niedriger, weil selbst bei gleicher Liniendichte in den Außenschenkeln wie im Mittelschenkel die Streuung der Außenpole stärker ist. Bei den Ausführungen e und f mit einer Spule fällt der Vorteil wegen der starken Streuung im allgemeinen fort.

Stärkste Feldkonzentration zeigen die Mantelmagnete i und k. Die Anfangskräfte sind noch verhältnismäßig gering, weil nur eine Polfläche

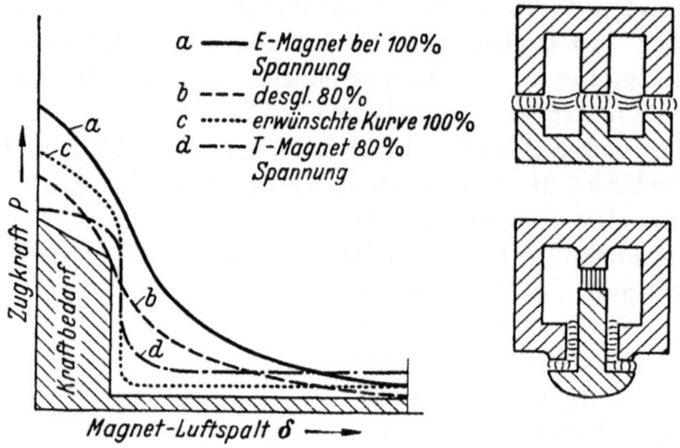

Abb. 45. Kraft–Weg-Diagramm von E-Magneten und T-Ankern

wirksam ist. Schwierigkeiten bereitet der unvermeidliche Seitenzug am Luftspalt. Ohne ausgesprochenen Spalt wären die Einflüsse durch unsymmetrische Lagerung noch größer. Der „T-Anker" (k) erfährt jedoch eine starke Zugkraftsteigerung, sobald der noch verbliebene Hub (2) kleiner wird als der Luftspalt an der Führung. Die Zugkraftkurve ist verhältnismäßig leicht beeinflußbar. Das Diagramm nähert sich stark dem Sollwert nach Abb. 41. Den Vergleich einer Zugkraftkurve für einen E-Magneten nach Abb. 43 (h) und einem T-Anker (k) bei gleichen Außenabmessungen zeigt Abb. 45. Die T-Magnete erlauben eine gute Führung des Ankers (Christeler).

Zu den Zugmagneten gehören auch die Topfmagnete (r bis u), wie sie aus Herstellungsgründen vorzugsweise für Gleichstrom verwandt werden. Die Form r hat hinsichtlich ihrer Wirkung Verwandtschaft mit dem Solenoid a. Die Kräfte wachsen bei s, insbesondere aber bei dem Polansatz 1, Teilbild t. Die Streuung ist hier geringer.

Wünscht man eine besonders hohe Anfangskraft, oder besser gesagt, eine auf dem Ankerweg möglichst gleichmäßige Kraft, dann kommt man bei Gleichstrom zu konischen Kernen (u). Hierbei ist der Luftspalt kleiner als der noch zurückzulegende Hub. Diese Kernformen sind natürlich auch bei einfachen Mantelmagneten ohne geschlossenen Topf möglich. Kerne mit kegeligen Polflächen erfordern die geringste Durchflutung und weisen die kleinsten Abmessungen auf, ergeben aber nur wenig gekrümmte Zugkraftwegkurven, also keine besonders günstige Anpassung an die Kraftbedarfskurve. Bei den Wechselstrommagneten macht man den Anker aus dem gleichen Grunde gelegentlich keilförmig oder arbeitet mit abgeschrägten Polen. Die passende Herrichtung dieser Keile ist aber sehr schwierig. Deshalb ist das Verfahren bei Wechselstrom selten. Vor allen Dingen müssen hier bei der Anwendung zugeschärfter Anker die Ansprüche an die Führung der beweglichen Magnetteile außerordentlich gesteigert werden. Maximale Haltekräfte können erzielt werden, wenn man die Polflächen bei gegebenem Gesamtfluß relativ klein hält.

Bei allen Magneten mit Führungshülsen (i, k, r bis u) müssen diese, wenn sie aus Metallen bestehen, geschlitzt sein, um Sekundärströme zu verhüten. Bei geschlossenen Sekundärwindungen entstehen bei Wechselstrom Verluste, bei Gleichstrom eine beachtliche Verzögerung (s. Abb. 119, S. 215). Neuerdings werden für solche Führungshülsen Kunststoffe verwandt.

Die Anordnungen c, f und h, vorausgesetzt, daß die Spule schon in der Ausgangslage den Ankerzinken teilweise umschließt, sowie r bis u werden auch als „Tauch"- oder „Tauchanker-Magnete" bezeichnet.

Im Relaisbau sind oft die „Drehmagnete" (l bis o) von Vorteil. Das ist darin begründet, daß sie je nach Flankenausbildung eine weitgehende Beeinflussung der Kraftkurven über dem Bewegungswinkel ermöglichen. Durch die bei der Drehbewegung eintretende Verkleinerung des Luftspaltes sinkt der magnetische Widerstand und das Drehmoment steigt an. Der Winkelausschlag ist natürlich begrenzt. Im Maximum werden etwa 60° erreicht. Drehmagnete haben weiter den Vorzug, daß sie sich grundsätzlich in jeder Form als aus Blechscheiben aufgebaute Konstruktionen entwickeln lassen und deshalb universell verwendbar für Gleich- und Wechselstrom sind. Im Gegensatz zu den Zugmagneten bieten sie noch den Vorteil etwas weitergehenderer Vorausberechenbarkeit der Zugkräfte, denn ihre Feldverteilung läßt sich besser übersehen, weil die Luftspalte an sich klein gehalten werden können [Jasse (S. 36)]. Trotzdem ist ein größerer Hub möglich, da die beiden Teile sich nicht in Richtung des Kraftflusses, sondern relativ senkrecht zu ihm zueinander bewegen. Während beim Zugmagneten die Hubveränderung gleichzeitig unbedingt eine Veränderung des Luftspaltes in der Länge zur Folge hat, ist die Voraussetzung bei Dreh- und Schubmagneten nicht in gleicher Weise gegeben. Für die Drehmagnete ist nicht die Zugkraft, sondern das Drehmoment maßgebend. Selbstverständlich sind auch Drehmagnete mit Zugkraftcharakteristik möglich, wobei der drehbare Anker bis zum festen Eisenanschlag kommt. Sie werden dann gelegentlich als „Drehschlagmagnete" bezeichnet. Varianten der Drehmagnete sind die Formen p und q. Sie liegen zwischen diesen und den Klappankern. Ein magnetischer Nebenschluß zum Luftspalt verändert die Zugkraftkurven oft im Sinne einer Steigerung der Anzugskräfte. Man kann die Geräte so ausbilden, daß sie am Ende des Hubes wie reine Zugmagnete (Klappanker) wirken. Sie werden gelegentlich bei Relais verwandt und oft als „Schubmagnete" bezeichnet.

Ausgesprochene Zugmagnete nur für Gleichstrom werden vorzugsweise in zylinderförmiger Art entwickelt, während die mit Wechselstrom zu betreibenden Magnete der Verluste wegen aus geblättertem Eisen bestehen und infolgedessen außer bei den Drehmagneten die Rundform ausschließen.

Bei den Magneten ist mit Rücksicht auf die Geräte- und Schaltstücklebensdauer im allgemeinen eine geringe Geschwindigkeit anzustreben, natürlich ohne daß dabei die Massen gesteigert werden. Eine geringe Geschwindigkeit ist auch für den Wendebetrieb bei unmittelbarer Steuerung über die Hilfsschaltglieder ohne Zwischenschaltung von Verzögerungselementen (s. S. 353) von Vorteil. Nicht zuletzt wird dadurch die Prellung insbesondere auch die beim Aufschlagen der Magnete herabgesetzt (s. auch FRIEDRICH und SCHLAGER).

Beim Verschwinden der Luftspalte wachsen die Kraftflüsse stark an. Die *Remanenzkräfte* stehen zu diesen Höchstwerten immer in einem bestimmten Verhältnis, d. h. auch sie werden durch diesen Vorgang ge-

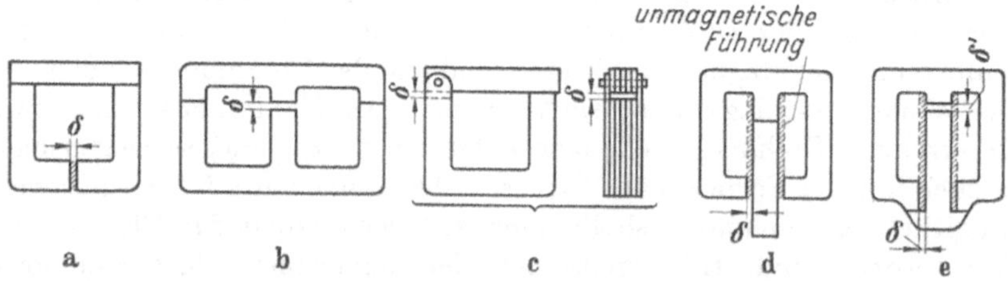

Abb. 46a bis e. Remanenzluftspalte bei Magneten

steigert. Es ist sehr häufig nicht mehr möglich, daß die Magnete ohne zusätzliche Kräfte, hervorgerufen durch Abdruckfedern, zusätzliche Gewichte u. dgl., abfallen. Zu den Remanenzkräften kommt in gewissen Fällen bei gut bearbeiteten Magnetflächen noch die Adhäsion hinzu, insbesondere bei Magneten unter Öl. Zusätzliche Abdruckkräfte belasten naturgemäß den Anzugsvorgang in gleicher Weise, so daß man sie zu vermeiden trachtet. Ein Mittel hierzu ist das Einfügen von Trennblechen, d. h. dünner unmagnetischer Schichten (Stifte oder Plättchen aus Messing o. dgl.) an der Polfläche. Dabei ist die Gefahr schneller Zerstörung durch die Schaltschläge gegeben. Sie ist naturgemäß auch bei größeren Flächen noch vorhanden, denn die unmagnetischen Trennbleche haben fast niemals die Festigkeit des Dynamostahls. Man hat deshalb gelegentlich diese Schichten an ganz anderen Stellen des Magnetkreises angeordnet, um ihre Konstanthaltung zu gewährleisten, s. z. B. nach Abb. 46a, im Joch überbrückt durch ein unmagnetisches Deckblech [Franken (4)]. Die üblichste Methode, den Remanenzfluß zu beseitigen, besteht aber im Einfügen von Luftspalten (etwa 0,15 bis 0,3 mm), die auch nach dem Anzug bestehen bleiben: s. δ in den Teilbildern b bis e. Diese Luftspalte können durch Deformation der Magnetteile im Laufe der Zeit verschwinden. Insbesondere erfahren beim freibeweglichen 3zinkigen Kern die Seitenpole beim Aufschlagen durch einseitiges Anlegen eine u. U. frühe Zerstörung, wodurch sich der Luftspalt verringert oder gar verschwindet und die Gefahr des Brummens und Klebens entsteht. Beim Klappanker c genügt eine Deformation der Lagerstellen, um den Luftspalt zum Verschwinden zu bringen.

Die „Trennbleche" werden oft noch „Kleb"-Scheiben o. dgl. benannt. Ihre Funktion besteht aber im Verhüten des Klebens, der Ausdruck Trennbleche ist deshalb vorzuziehen. Unter Umständen können noch magnetisierbare Trennbleche, z. B. solche aus Nickel, von Vorteil sein, deren Permeabilität nach Unterschreiten einer bestimmten Magnetisierungsgrenze ständig abnimmt und sich wie unmagnetisches Material verhält.

2.211 Gleichstrommagnete

Gleichstrommagnete erfordern, wenn sie mit Wechselstrommagnetformen betrieben werden sollen, mehr Kupferaufwand für die Spule als Wechselstrommagnete, da ihre Stromaufnahme konstant bleibt. Es muß deshalb meist in ihnen der Strom nach vollendetem Hub künstlich herabgesetzt werden. Weiterhin sind die Abreißkräfte, nachdem der Luftspalt praktisch verschwunden ist und damit die Amp.-Windungen in erster Linie für die Erregung des Eisens verwandt werden können, sehr hoch, viel höher als mit Rücksicht auf die notwendigen Anzugskräfte aus größerem Abstand erforderlich. Man steigert deshalb die Leistung eines Modells, indem man die Spulenwärme im Anfang höher ansetzt als für die betreffende Betriebsform (dd oder aussetzend) zulässig ist und setzt, wenn der Kern angehoben ist, die Magneterregung durch Vorschalten eines Widerstandes herab (Sparwiderstand). Mit dieser Anordnung ist gleichzeitig der Vorzug verbunden, daß die Remanenz beim Abschalten infolge der zwischenzeitlich geringeren Erregung weniger in Erscheinung tritt. Die Herabsetzung des Stromes erfolgt im Verhältnis von 1:5 bis 1:10, ist also beträchtlich. Daher ist auch die Spannung am Überbrückungsschalter des Vorschaltwiderstandes verhältnismäßig hoch und eine Lichtbogenentwicklung wahrscheinlich. Auf der anderen Seite darf die Stromschwächung erst im letzten Augenblick erfolgen, so daß der Lichtbogen auf kleinstem Hub verschwinden muß. Die Ausbildung der Sparschalter ist aus diesem Grunde nicht ganz einfach, man findet im allgemeinen mindestens 2fach-Unterbrechung. Erschwerend ist dabei der Umstand, daß gerade im Umschaltaugenblick von den Magneten hohe Zugkräfte gefordert werden. Anordnungen von Sparschaltern s. Abb. 47. Statt des Vorschaltwiderstandes kommt auch Wicklungsunter-

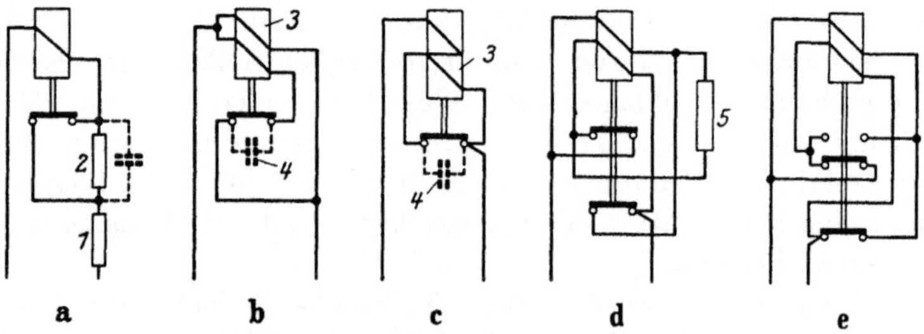

Abb. 47 a bis e. Sparschaltungen bei Gleichstromschützenmagneten
a) mit Sparwiderstand;
b) mit 2 Spulen verschiedener Stärke — parallel;
c) mit 2 Spulen hintereinander;
d) mit 2 Spulen in Reihen-Parallelschaltung mit Hilfswiderstand;
e) dgl. ohne Hilfswiderstand;
1 Vorwiderstand;
2 Sparwiderstand
3 Haltespule
4 Kondensator
5 Widerstand oder Hilfswicklung

teilung (b und c) in Betracht, ferner Reihenparallelschaltung von Wicklungsteilen (d und e), wozu aber verhältnismäßig komplizierte Umschalter (e), die induktive Kreise zu schalten haben, notwendig sind und auch nur eine Strom- bzw. eine entsprechende Kraftflußänderung im Verhältnis 1:2 möglich ist. Diese Änderungen reichen meistens nicht, daher empfiehlt Edler (1, 2) diese Schaltung in Verbindung mit einem Vorschaltwiderstand (d). Sie macht statt eines Umschalters zwei Öffner notwendig. Die bei a bis c wahlweise eingetragenen Parallelkondensatoren können der Verbesserung des Ausschaltvorganges dienen, bei a außerdem zum allmählichen Übergang auf den Haltestrom (s. Abb. 48). Eine eingehende Darstellung des Stromverlaufes beim Einschalten eines Gleichstrommagneten, s. auch Kocmann. Die Sparschaltung ist eine unangenehme Zugabe, insbesondere weil der Schalter eine genaue Justierung erfordert, damit erst auf dem letzten Teil des Ankerweges umgeschaltet wird. Bei Deformationen an diesem Schaltglied oder wenn sich durch Abbrand oder Materialwanderung der Kontaktgebungspunkt verändert, besteht die Gefahr, daß der Anker flattert oder der Spulenstrom im angezogenen Zustand nicht vermindert wird. Das können die Spulen jedoch nicht dauernd aushalten, sie werden zerstört. Das geschieht auch, wenn das Kontaktglied in Ordnung ist, der Anker jedoch, weil er mechanisch blockiert ist, nicht durchzieht. Man hat deshalb gelegentlich auf Methoden, die ohne das Schaltglied arbeiten, besonderen Wert gelegt. So z. B. kann man den Hilfsschalter bei der Anordnung nach Abb. 47c weglassen, oder aber man macht den Übergang vom Anzugs- auf den Haltestrom nicht vom Wege abhängig, den der Anker zurückgelegt hat, sondern von zeitabhängigen Organen. Es ist auch

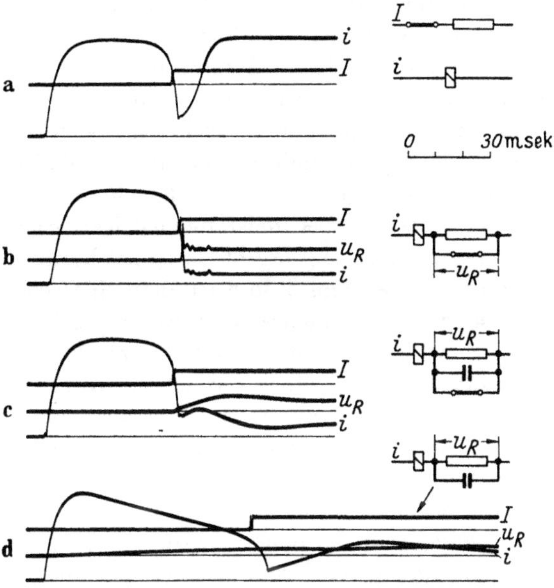

Abb. 48a bis d. Steuerstromverlauf bei Gleichstromschützen mit Sparschaltung
a) ohne Sparwiderstand;
b) mit Sparwiderstand und Sparschalter
c) dgl. mit Parallelkapazität
d) dgl. ohne Sparschalter

möglich, diese Wirkung durch eine Transistorsteuerschaltung zu erzielen (s. GERLACH). Um die Schwierigkeiten zu umgehen, baut man auch Schütze und zwar vor allen Dingen kleinere mit einem Gleichstrommagneten ohne Sparschaltung. Bevorzugt werden in diesem Falle Tauchankermagnete, selbstverständlich werden die Abmessungen dabei größer. Bei höheren Steuerspannungen, z. B. über 300 V, erhalten die Spulen meist einen Parallel-Schutz-Widerstand.

Bei Gleichstrommagneten sind noch einige andere Erscheinungen bedeutungsvoll. Jede Steigerung oder Schwächung des Kraftflusses ändert die Stromstärke in den Spulenstromkreisen im Sinne einer Ermäßigung infolge Gegenspannung, wenn das Feld steigt, und Erhöhung, wenn es sinkt. Der beim Einschalten sich bewegende Anker hat die Wirkung einer Feldverstärkung. Die Errechnung der Stromaufnahme, in Abhängigkeit von der Zeit nach den einfachen Gesetzen für die Einschaltung eines induktiven Kreises, ist also nur bedingt richtig. Sie gelten nur bei einem festgebundenen Anker. Die Spulenströme werden durch die Magnetbewegung beeinflußt (s. Abb. 48). Zunächst ist unter a der Vorgang ohne Verwendung eines Sparwiderstandes aufgezeichnet. Der Strom steigt langsam an, wird aber unter dem Einfluß der Magnetbewegung wieder herabgedrückt, um am Ende der Magnetbewegung wieder anzusteigen. Bei b wird ein Vorschalt-(Spar)-Widerstand mit Sparschalter freigegeben. Der Wiederanstieg des Stromes unterbleibt. Oft geht er aber vorher noch unter den Endwert, der durch das Vorschalten des Sparwiderstandes zustande kommt. In dem Augenblick, in dem der hochohmige Sparwiderstand vorgeschaltet wird, kann sich die Stromstärke im Magneten nicht schlagartig ändern. Sie fließt deshalb in alter Höhe zunächst über den Vorwiderstand und erzeugt einen hohen Spannungsabfall. In der Praxis werden aber meistens niedrigere Spannungsspitzen gemessen als die reine Rechnung ergibt, z. B. solche in Höhe der dreifachen Netzspannung. Bei dem Bild c ist dem Sparschalter und dem Sparwiderstand noch ein Kondensator parallel geschaltet. Er wirkt nach Öffnen des Sparschalters zunächst noch als Kurzschluß für den Vorschaltwiderstand, deshalb bleiben die hohen Spannungsspitzen weg. Langsam geht mit steigender Ladung des Kondensators der Strom auf den durch Spulen- und Sparwiderstand gegebenen Wert zurück. Bei dieser Anordnung ist es möglich, den Sparschalter vollständig wegzulassen, s. Teilbild d, hierbei beginnt naturgemäß die Ladung des Kondensators schon während der eigentlichen Anzugsperiode, die Stromstärke sinkt schon kurz nachdem das Maximum erreicht ist, wieder ab. Die Schaltgeschwindigkeit wird bei Annäherung der Magnetteile kleiner sein als bei der Anordnung c, infolgedessen ist auch die Gegenspannung geringer, soweit sie von der Magnetbewegung herrührt. Nach der Magnetauflage steigt, je nach Kondensatorgröße, die Stromstärke nochmals merkbar an, beachtlich ist aber vor allen Dingen, daß die Spannung am Widerstand nur langsam auf den Endwert wächst. Die Methoden unter Verwendung eines Parallelkondensators haben den Vorteil, daß die Stromstärke bei der Magnetberührung nochmals etwas ansteigt. Das prägt sich in der Praxis dadurch aus, daß Magnetprellungen hierbei kaum mehr vorkommen, während sie in dem Bild b durch Schwankungen in der Stromstärke im Anfang noch erkennbar sind.

Der Stromanstieg ist immer gekennzeichnet durch die Zeitkonstante $T = L/R$ des Kreises. Sie ist nicht konstant, da sich die Selbstinduktion mit dem Luftspalt ändert. Dieser langsame Anstieg kann vorteilhaft sein, wenn die zeitliche Verzögerung ohne Bedeutung ist, weil die Beschleunigungskräfte nunmehr weniger von der Netzspannung abhängen als bei schnellem Feldanstieg. Bei einem kleinen Arbeitsluftspalt und gleicher Spule ist die Selbstinduktion L groß, infolgedessen auch die Zeit, die zum Aufbau des Feldes notwendig ist. Ist die zu beschleunigende Masse relativ gering, dann kann selbstverständlich die Beschleunigung und die Zurücklegung des Arbeitsweges schon innerhalb der Zeitkonstante beendet sein. Erlaubt die Einrichtung die durch die Selbstinduktion bedingte Verzögerung nicht, so muß zur *Schnellerregung* gegriffen werden, die darin besteht, daß die Spule nur für eine Teilspannung ausgelegt wird und einen Vorschaltwiderstand erhält bei gleichen Amp.-Windungszahlen und gleichen Watt auf der Spule (s. Abb. 47a). Die Zeitkonstante geht dann bei Spannungsherabsetzung auf den k-ten Teil ebenfalls auf $1/k$ zurück. Die Leistungsaufnahme des Systems steigt auf den k-fachen Wert.

Eine *Abschaltverzögerung* läßt sich bei Gleichstrommagneten durch Kurzschlußwicklungen erzielen. Hierdurch kann das Verschwinden des Kraftflusses erheblich verzögert werden. Als solche Sekundärwicklung wirken häufig Konstruktionselemente, wie z. B. ein Messingrohr als Führungselement für einen zylindrischen Kern. In der Kurzschlußwicklung entstehen Ströme, die durch 2 e-Funktionen bedingt sind, deren Zeitkonstanten vom Hauptfeld bzw. dem Streufeld abhängen, s. auch RÜDENBERG (S. 81). Beim Ausschalten verklingt das Feld mit der Zeitkonstante des Sekundärkreises. Diese Sekundärwicklungen werden bei Zeitrelais mit magnetischer Verzögerung verwandt (s. S. 215), kaum bei Schützen. Im Gegenteil, hier muß man eher dafür sorgen, daß solche Sekundärkreise nicht zustande kommen, um die Anzugszeiten der Geräte nicht unnötig zu verlängern. Es ist leicht möglich, mit diesen Mitteln eine Abfallverzögerung von mehreren Sekunden zu erzielen. Die gleichen Mittel wirken auch auf den Einschaltvorgang verzögernd ein, weil die kurzgeschlossene Sekundärwicklung den Feldaufbau und damit den Zugkraftanstieg verlangsamt (s. Abb. 119, S. 215).

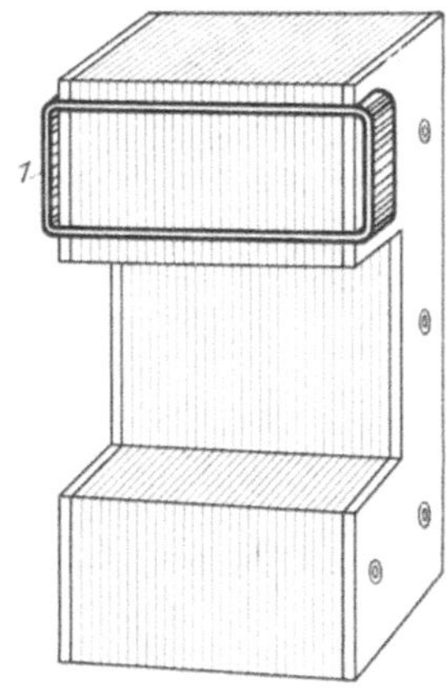

Abb. 49. Wechselstrommagnet mit Kurzschlußring (1)

2.212 Wechselstrommagnete

Die Zugkraftkurven von Wechselstrommagneten weisen einige Besonderheiten auf [FRANKEN (34)]. Um die ungleichmäßigen Kräfte einigermaßen auszugleichen, werden in die Polflächen *Kurzschlußringe* eingebaut (s. Abb. 49). Andernfalls entwickeln die Magnete ein verhältnismäßig starkes Geräusch und ihre Haltekräfte liegen unter dem Mittelwert der Kräfte für die Endlage, weil bei den Ankerschwingungen im Mittel

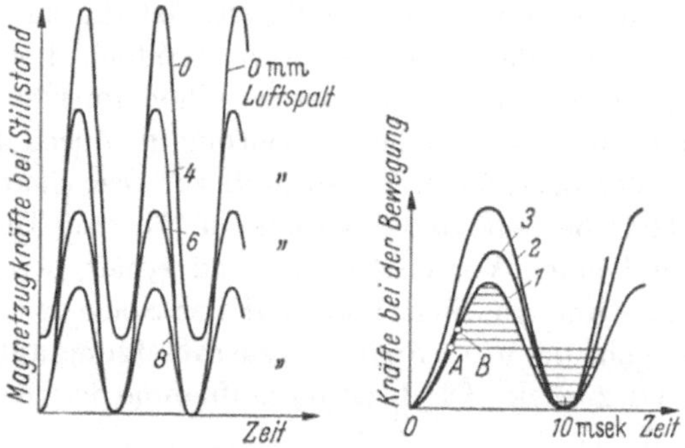

Abb. 50. Kräfte beim Einphasenmagneten
In der rechten Bildhälfte gilt
1 für den Luftspalt *1*,
2 für den Luftspalt *2*,
3 Bei Bewegung von *1* nach *2*

ein zusätzlicher Luftspalt entsteht, der Feldstärke und Zugkraft herabsetzt. Diese Kurzschlußringe, auch „Beruhigungsringe" genannt, sollen in der umschlossenen Fläche einen zum Hauptfluß phasenverschobenen Kraftfluß erzeugen. Leider ist dieser Fall nicht in idealer Weise zu verwirklichen.

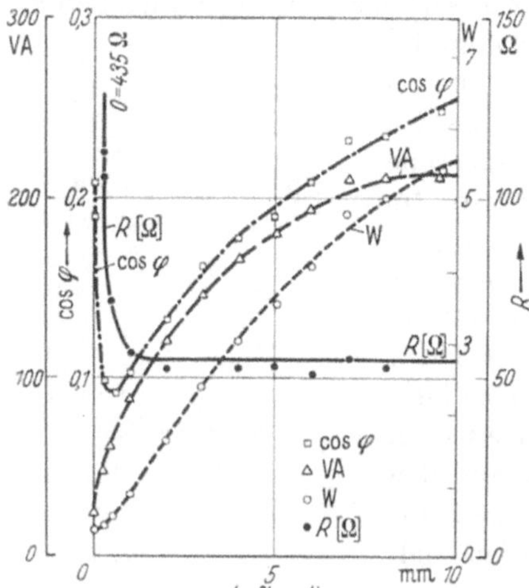

Abb. 51. Strom- und Leistungsaufnahme eines Wechselstrommagneten abhängig vom Ankerweg (Luftspalt)

Die etwaige Errechnung von Zugkraftkurven erstreckt sich immer auf den stationären Zustand. Schwierigkeiten bereitet das hier nicht vermeidbare Gleichstromglied. Weitere Schwierigkeiten treten auf, wenn die Zugkräfte eines Wechselstrommagneten gemessen werden sollen. Zunächst einmal ist zu beachten, daß auch nach Einfügung von Kurzschlußringen in die Wechselstrommagnetpfade die Zugkraft 100mal in der Sekunde wieder zurückgeht, und zwar bis daß der Eisenschluß zustande gekommen ist, praktisch auf Null

s. Abb. 50. Die Kurzschlußringe sind nur bei ganz winzigen Luftspalten wirksam, nach FRIEDRICH (1) nur bei Luftspalten $<0,1$ mm. Diese Tatsache zeigt auch Abb. 51, in der die Leistungsaufnahme eines Magneten, abhängig vom Luftspalt, verzeichnet ist. Der $\cos\varphi$ geht erst bei einem ganz winzigen Luftspalt, nachdem er vorher mit kleiner werdendem Luftspalt stetig abnahm, weil damit die Induktivität stieg, wieder in die Höhe und erreicht unter dem Einfluß des Ringes ungefähr den Ausgangswert. Gleichzeitig steigt der rechnungsmäßige Ohmsche Widerstand des Kreises sehr stark an. Man muß also, über die ganze Bahn gesehen, praktisch immer damit rechnen, daß die Zugkräfte 100mal in der Sekunde auf Null zurückgehen.

Die Meßschwierigkeiten liegen darin, daß man nicht, wie auf den ersten Blick anzunehmen, das arithmetische Mittel der Zugkraftkurve feststellt, wenn man an die Magnete ein Gewicht anhängt und dessen

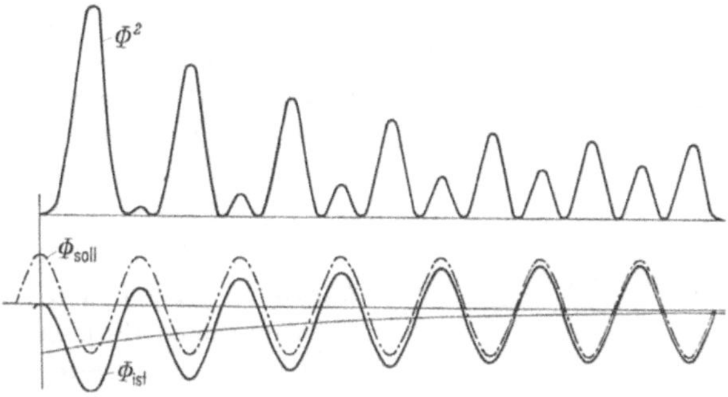

Abb. 52. Kraftverlauf beim Einschalten von Wechselstrommagneten

zulässige Größe bestimmt. Wenn das Gewicht gerade dem arithmetischen Mittel entspräche, dann könnte keine Bewegung stattfinden, weil die Überschußkräfte einer Halbperiode durch die Minuskräfte der nächsten kompensiert werden. In der Zwischenzeit hat aber der Magnet bereits einen kleineren Luftspalt, so daß mit größeren Amplituden gerechnet werden kann (s. Abb. 50 rechts). In der Zwischenzeit ist der Magnet gewissermaßen auf eine höhere Ebene gehoben worden, so daß man in der Tat eine mittlere Zugkraft mißt, die größer ist als die Hälfte der Amplitude des Ausgangswertes. Würde man die Zugkraft messen, indem man den Anker beispielsweise durch eine Federwaage abreißt, dann erhielte man umgekehrt niedrigere Werte, weil in dem Augenblick, in dem sich nunmehr der Magnet in Bewegung setzt, die Zugkräfte sinken. Diese Betrachtungen setzen jedoch voraus, daß kein Gleichstromglied auftritt und infolgedessen die Zugkräfte bezüglich des Magnetankers nur lagegebunden sind und sich nicht zeitabhängig verändern. Bei Auftreten eines Gleichstromgliedes, das dann wirksam wird, wenn der Sollwert des Kraftflusses beim Einschalten von Null abweicht, ist nach Anstieg von der Zugkraft Null aus zunächst ein besonders hoher Wert zu erwarten und bei dem nächsten Wiederanstieg ein besonders niedriger. Diese beiden Spitzen nähern sich langsam und gehen in den stationären Wert über (s. Abb. 52). Auch hierdurch wird die Wirksamkeit mancher Magnete stark beeinträchtigt. Man kommt dann u. U. aus der Ruhelage des Ankers bei Spulenspannungen heraus, die eigentlich den Rechnungswerten nicht entsprechen. Sie müßten höher sein als die tatsächlich gemessenen. Das nachfolgende Tal in der Zugkraftkurve ist besonders flach. Die Lücke also, wie die Abb. 52 zeigt, relativ groß. Wenn durch den Beschleunigungsstoß der ersten Halbwelle der Magnet in ein günstigeres Zugkraftniveau gebracht worden ist, dann kann dieser übermäßige Beschleunigungsstoß von Vorteil sein. Geht die Beschleunigung jedoch sehr langsam vonstatten, dann tritt meist nur ein mehr oder weniger starkes Brummen ein. Geschwindigkeitskurven, aufgenommen an Schützenmagneten bei verschiedenen Einschaltphasenlagen s. Loh (2).

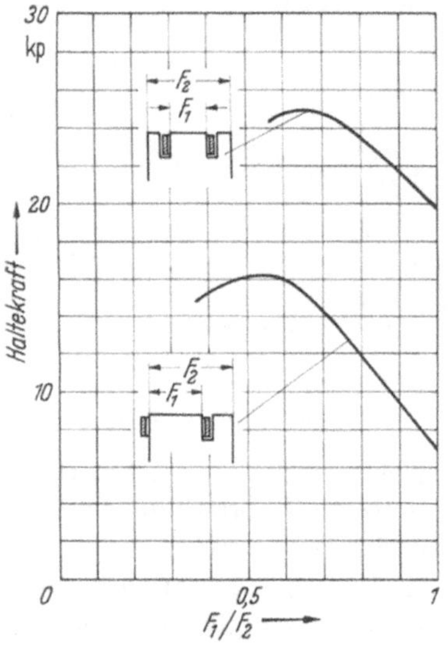

Abb. 53. Haltekräfte, abhängig von dem vom Kurzschlußring umschlossenen Flächenanteil

Bei Wechselstrommagneten beobachtet man genau so wie bei anderen elektrischen, von Wechselstrom durchflossenen Maschinen und Apparaten gelegentlich mechanische Schwingungen, die sich durch schnarrende oder ratternde Geräusche bemerkbar machen und durch magnetische bzw. elektrodynamische Kräfte erzeugt werden. Bei Wechselstrommagneten sind sie besonders häufig, da die Kräfte ja mit doppelter Frequenz schwanken. Wesentlich für diese Schwingungen ist das Verhältnis der Netzfrequenz zur Eigenschwingungszahl des Magnetsystems.

Bei den Kurzschlußringen ist die umschlossene und die nicht *umschlossene Fläche* für optimale Verhältnisse nicht gleich, deshalb ist ein gleichbleibender Fluß ohnehin nicht mehr anzustreben, sondern es müßten die Werte $B^2 \cdot F$ für die beiden Teilflüsse konstant sein. Übrig bleibt in der Praxis, daß es mit Hilfe der Ringe gelingt, die Minimalwerte der Zugkräfte größer als Null zu machen. Darüber hinaus treten dann wieder Zuschläge auf, die einer Sinusquadratkurve oder einer Überlagerung über dem Mittelwert mit einer Kurve doppelter Netzfrequenz entsprechen.

Dem Problem ist ein verhältnismäßig umfangreiches Schrifttum gewidmet s. ANDERSEN, EVANS, GERSTMANN, KÜBLER, KUBIAK und MATTHIAS, KUSSY (2), MEYER (1), MOBARRY, PAWELKA (S. 76) sowie STEINBERG und PANAITE. Trotz alledem ist eine restlose für die Praxis befriedigende Klärung nicht möglich gewesen, da die Zahl der Einflußfaktoren nicht gering ist und auch einige in der Praxis nicht mit Sicherheit zu bestimmende wie z. B. der Luftspalt an den Polflächen dazu gehören. Die grundsätzlichen Zusammenhänge sind zwar erkannt. Von Einfluß ist in der Hauptsache die Lage des Ringes, der Anteil der vom Ring umschlossenen Fläche an der Gesamtpolfläche des Magneten, sein Leitwiderstand, die Größe des Luftspaltes sowie die Frage, ob er an der nichtumschlossenen Fläche größer sein soll als an der umschlossenen Fläche. Die genannten Arbeiten der verschiedenen Autoren gehen alle von etwas unterschiedlichen Voraussetzungen aus, d. h. es wird in unterschiedlichem Ausmaß die Zahl der Einflüsse beschränkt. Der entscheidenste Unterschied liegt darin, ob man konstante Permeabilität voraussetzt, was meistens geschieht, oder ob man auch mit starker Sättigung rechnet. Die theoretische Behandlung und Messung an solchen Magneten zeigt, daß im freien Teil der Polflächen sehr schnell starke Sättigungen auftreten und als Folge davon starke ungeradzahlige Oberwellen, so daß dieser Einfluß nicht zu vernachlässigen ist. MEYER (1) schließt diese Betrachtung in seine Arbeit ein und ersetzt die Magnetisierungskurve durch zwei geradlinige Abschnitte.

Rechnung und Messung haben bei den Kurzschlußringen für die *umschlossene Fläche* optimale Verhältnisse für die Größe von 0,6—0,7 der Gesamtfläche ergeben. Es werden aber auch noch größere Flächenanteile empfohlen s. z. B. STEINBERG und PANAITE, die das Optimum für das Verhältnis der umschlossenen zur nicht umschlossenen Fläche mit 3—6 angeben, jedoch unter der Voraussetzung, daß die Luftspalte des freien Teiles 1,5—2mal so groß sind wie die des umschlossenen. Dabei hat sich gezeigt, daß das Polflächenverhältnis von diesem Spaltverhältnis in starkem Maße abhängt. Je größer aber das Luftspaltenverhältnis wird, um so enger wird der Bereich für die günstigste Pulsation. Im übrigen ist jedoch der Verlauf der Haltekraftkurven beim Optimum verhältnismäßig sehr flach, so daß Maßabweichungen in gewissem Umfang nicht sehr ins Gewicht fallen. Ein Beispiel zeigt Abb. 53. Das Flächenverhältnis beeinflußt weiterhin in starkem Maße die Sättigung, die in dem freien Polteil auftritt. Es wird deshalb empfohlen, bei großem Flächenverhältnis den Gesamtpol anzuspitzen, damit die Liniendichte hinter der Polfläche schnell wieder zurückgeht. Sie ist im nichtumschlossenen Teil weitgehend doppelt so hoch wie der Mittelwert beim Gesamtfluß. Man kann die Feldstärken durch Messung der Windungsspannung an der jeweils umschlossenen Fläche ermitteln (s. Abb. 54). Hierbei zeigt sich auch, daß die Feldstärke in den vom Kurzschlußring nicht umschlossenen Flächen (Meßwindung c und d) Werte von fast 200 v. H. derjenigen im Gesamtmagneten vor der Ringschicht erreicht. Innerhalb des Ringes liegt sie dann bei etwa 70 v. H. Ein voller Ausgleich der Kräfte würde verlangen, daß man eine optimale Kraft im Gebiet des Kurzschlußringes bei 90° *Phasenverschiebung* erzielen könnte. Diese beiden Forderungen lassen sich jedoch nicht gleichzeitig erreichen. Günstige Werte liegen meistens nur bei etwas über 60°, mit denen der sekundäre Kraftfluß dem Hauptfluß nacheilt. Kubiak u. Matthias beschrieben einen Magneten, bei dem unterhalb der nicht abgeschirmten Polstirnfläche ein magnetischer Widerstand in Form eines senkrecht zu der Kraftlinienrichtung verlaufenden Luftspaltes eingeführt ist. Die beiden Flächen sind dabei gleich groß. Es treten keine Verzerrungen des Feldes durch Sättigungseffekte mehr auf. Die Phasenverschiebung der Felder wird mit etwa 80° angegeben, so daß sie dem Idealwert schon sehr nahe kommen. Das Minimum der veränderlichen Haltekraft soll über 70 v. H. ihres Höchstwertes betragen.

Sehr wichtig ist der *Ringwiderstand*. Die Untersuchungen führen dazu, daß er im wesentlichen von der Frequenz, der Permeabilität, der umschlossenen Fläche, der Größe des Luftspaltes und der Phasenverschiebung der beiden Flüsse abhängt. Für die optimalen Verhältnisse sind von den verschiedenen Autoren auch zahlenmäßige Ausdrücke geliefert worden. Das Optimum kann also ohnehin nur für einen bestimmten Spalt erreicht werden. Auch diese Abhängigkeiten haben den Vorzug, daß sie in der Nähe des Optimums einen verhältnismäßig flachen Verlauf aufweisen, so daß die Genauigkeit nicht allzuhoch zu sein braucht. Beachtlich dabei ist aber, daß der optimale Ringwiderstand außer von den magnetischen Abmessungen in hohem Maße von der Frequenz abhängig und zwar ihr in etwa proportional ist [Kussy (2)]. Läßt man die Ringabmessungen bei sinkender Periodenzahl unverändert, so macht sich eine Kraftminderung leicht in Kernabhebungen, Ankerstillstand, wenn nicht gar Ankerrückgang bemerkbar.

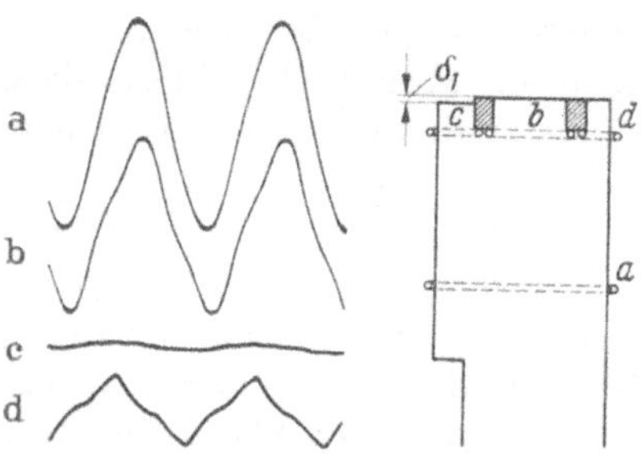

Abb. 54 a bis d. Windungsspannungen, hervorgerufen durch die verschiedenen Kraftflüsse bei Magneten mit Kurzschlußringen

Die *Lage des Ringes* am Pol ist an sich für den Effekt nicht von ausschlaggebender Bedeutung. Es lassen sich sowohl die in zwei Nuten eingelegten Anordnungen, wie die mit einer Nut und seitlich am Umfang des Pols verlaufenden Ringe mit Erfolg verwenden. Die Ausführung mit einer Nut ist aber vorherrschend. Abb. 55 zeigt die Lage der Ringe *bei einzelnen Magnetformen*. Beim U-Magneten a liegen sie an beiden Stoßstellen unter der Voraussetzung daß hier keine ausgesprochenen zusätzlichen Luftspalte vorhanden sind, z. B. der die Remanenz verhütende Spalt sich wie dargestellt im oberen Joch befindet. Bei den E-Magneten b besitzt der mittlere Schenkel einen Luftspalt, die Ringe liegen in den Seitenschenkeln, bei dem Mantelmagneten c am mittleren Kern, Luftspalte unten an der Führung würden Ringe hier naturgemäß nicht wirksam sein lassen. Anders beim T-Anker-Magneten nach d. Hier kommt der Querbalken zum Anliegen. Oben bleibt ein Luftspalt. Beim Klapp-

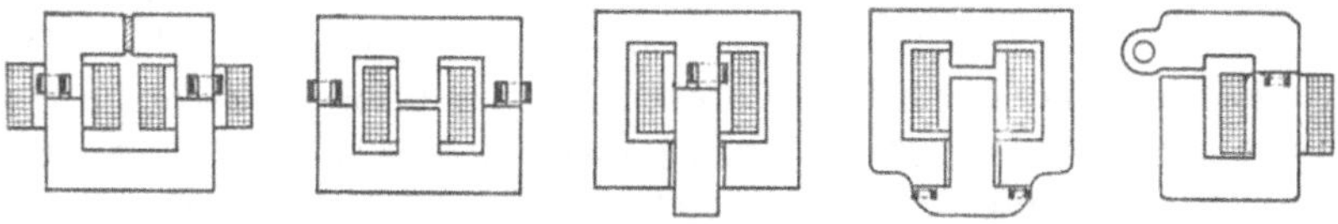

Abb. 55a bis e. Anordnungen von Kurzschlußringen

a) U-Magnet ohne besonderen Luftspalt an den Polflächen;
b) E-Magnet mit Mitten-Luftspalt;
c) Tauchanker-Magnet;
d) T-Anker-Magnet;
e) Klappanker-Magnet, Luftspalt in der Nähe der Achse

Anker-Magneten e liegt der Luftspalt in der Nähe der Achse. Der Ring befindet sich deshalb auf dem außen liegenden Schenkel.

Die Frage nach dem *Stoff*, aus dem die Ringe bestehen sollen, läßt sich aus elektrotechnischen Gründen nicht beantworten. Hier entscheidet letzten Endes die Festigkeit. Man kommt bei gut leitenden Stoffen, wie Kupfer unter Umständen auf zu kleine Abmessungen. Die Ringe sind als Folge der Wechselwirkungen zwischen den sie durchsetzenden Strömen und den sie umgebenden Magnetfeldern verhältnismäßigen starken Beanspruchungen ausgesetzt.

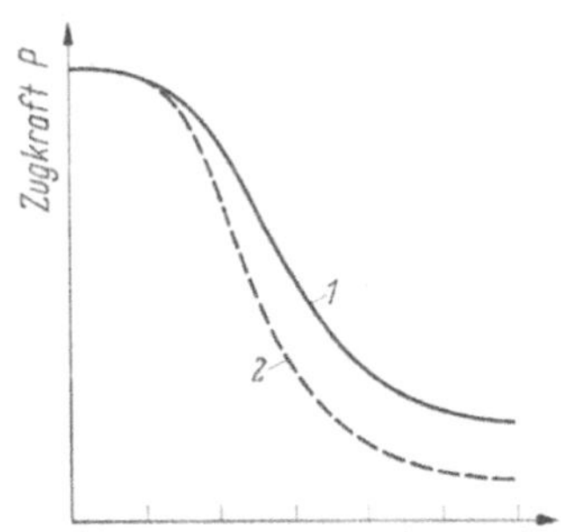

Abb. 56. Grundsätzlicher Verlauf der Zugkraftkurve eines Wechselstrommagneten ohne (*1*) und mit (*2*) erhöhtem Spulenwiderstand (Vorschaltwiderstand)

Ein besonderes Mittel zur Beeinflussung der Zugkraftcharakteristik bei Wechselstrommagneten ist der Einsatz eines *erhöhten Wirkwiderstandes im Spulenkreis*, s. Abb. 56. Bei kleinen Luftspalten und vor allem in der Endlage werden die Magnetkräfte wegen der verminderten Stromaufnahme von dem Widerstand nicht mehr beeinflußt, sondern nur bei großen Luftspalten. Der Einsatz der Widerstände ist besonders geeignet, das Ansprechen aus der Ruhelage heraus bei einer Spannung zu verhindern, bei der ein Durchzug noch nicht möglich ist, s. auch S. 156. Dieses Mittel kann unter Umständen auch zur Ansprechverzögerung bei Wendeschützen, wenn der Schließ- und Öffnungsverzug im Verhältnis zur Lichtbogenzeit zu klein ist (s. S. 135), ausreichen (s. Kündiger). Ein solcher Widerstand kann bei Impulskontaktbetätigung mit Haltekreis durch die Halteleitung später umgangen werden. Er hat auch noch den Vorzug, daß er bei Wechselstrommagneten den Einfluß der Ausgleichvorgänge auf die Unterschiedlichkeit der Kräfte beim Aufschlagen des Ankers vermindert, weil der günstigere cos φ des Spulenkreises einen schneller verlaufenden Ausgleichvorgang bedingt, der bei Magnetaufschlag eher abgeklungen ist. Statt des Vorschaltwiderstandes kann man auch eine bescheidene Widerstandserhöhung in die Spule legen. Ein höherer Wicklungswiderstand ist insbesondere bei größeren Wechselstrommagneten nicht von Nachteil, da die Wärmeentwicklung wesentlich durch die Eisenverluste bestimmt wird. Bei kleineren Magneten ist die Widerstandserhöhung seltener durchführbar. Zweckmäßig sind auch temperaturabhängige, bei Erwärmung sinkende Widerstände. Sie verzögern zunächst den Anzug. Bei kurz aufeinanderfolgenden Schaltungen geht jedoch ihr Einfluß auf den Ansprechverzug zurück. Nach erfolgtem Anzug ist eine Überbrückung notwendig. Halbleiterelemente lassen sich durch Veränderung ihrer Abmessungen für die verschiedensten Verzögerungszeiten einrichten. Sie sind von der Umgebungstemperatur und der Schalthäufigkeit, vor allem aber der angelegten Spannung abhängig (s. Meyer-Hartwig). Es wurde auch der Einsatz magnetempfindlicher Widerstände mit ausgeprägter Schwellwertcharakteristik, die bei zum Ansprechen ausreichender Spannung stromdurchlässig, dagegen bei zu niedriger stromsperrend sind, vorgeschlagen. Über den Einfluß von Vorschaltwiderständen s. auch S. 136, 156 u. 161.

Beim Einschalten eines Wechselstrommagneten ist der *aufgenommene Strom*, da ein großer Teil des Kraftlinienflusses in Luft verläuft, zunächst noch sinusförmig. Die Stromaufnahme wird mit kleinerwerdendem Luftspalt geringer und geht bei geschlossenem Eisenkreis in den Haltestrom über. Dieser zeigt der Sättigung des Eisens entsprechend Oberwellen. Der Verlauf der *Geschwindigkeit* entspricht den Schwankungen der Zug- und damit Beschleunigungskräfte. Bei absinkenden Kräften geht sie zunächst etwas zurück, um dann wieder stärker anzusteigen. Es handelt sich bei Wechselstrommagneten also nicht um eine stetig schneller werdende Bewegung.

Während bei der Umrechnung einer Magnetspule für *unterschiedliche Steuerspannungen* nur der unterschiedliche Füllfaktor einige Schwierigkeiten bereitet, wachsen diese, wenn es sich darum handelt, die Geräte für eine *andere Frequenz* einzurichten. Diese Umrechnung ist, wenn man von 50 Hz als dem Normalfall ausgeht, mit Rücksicht auf die amerikanischen Netze für 60 Hz und für einige andere Netze bis herab zu etwa 42 Hz notwendig. Eine Sonderheit spielen dann noch Bahnnetze mit der Frequenz $16^2/_3$ Hz. Um den gleichen Kraftfluß zu erzeugen, müßte bei gleicher Spule nach dem Induktionsgesetz die Windungszahl im Verhältnis $\frac{\text{Spannung}}{\text{Frequenz}}$ geändert werden. Nicht konstant bleibt dabei aber das Verhältnis vom Ohmschen zum induktiven Widerstand. Die angegebene Proportionalität ist aus diesem Grunde nur in gewissen Grenzen richtig. Es ist deshalb üblich bei der Modellentwicklung für die verschiedenen Frequenzen die Windungsspannung an Hand von Versuchen besonders festzulegen. Auf diese Weise ist es möglich, für den Beginn der Magnetbewegung gleiche Verhältnisse zu schaffen. Der Haltekraftfluß ist aber nicht der gleiche. Die Praxis hat gezeigt, daß es möglich ist, für 50 Hz gebaute Geräte zwischen 40 und 60 Hz verwendbar zu machen. Auch für niedrigere Frequenzen besteht noch einige Aussicht. Es ist dann aber nicht mehr möglich, den Kurzschlußring beizubehalten. Sein Widerstand muß, wie ausgeführt, der Frequenz angepaßt werden. Bei niedrigeren Frequenzen muß er kleiner werden. Man ändert dann gelegentlich das Material, nimmt z. B. statt Messing Kupfer. Eine Abänderung auf höhere Frequenzen ist im allgemeinen nicht möglich, sie wäre vielleicht auch über 60 Hz hinaus noch etwas denkbar, aber in diesem Bereich liegen keine Anwendungsgebiete. Schnellfrequenzwerkzeuge u. dgl. beginnen erst mit Frequenzen über 100. In diesem Fall wird man also die Schütz- und Relaismagnete immer mit einer niedrigeren Frequenz aus einem anderen Netz betreiben, wenn notwendig mit Fehlphasenschutz (s. S. 340).

2.213 Drehstrommagnete

Drehstrommagnete werden als Antriebselemente für Schütze verhältnismäßig selten gebraucht. Sie kommen höchstens für einige besonders große Geräte in Betracht. Es wird dann dem Magnetsystem ein besonderes Steuerschütz mit einphasiger Erregung vorgeschaltet. Bei Drehstrommagneten muß der im mittleren von den in den äußeren Polen unterschiedliche Eisenweg berücksichtigt werden und die oft auch unterschiedlichen Luftspalte. Bemerkenswert ist weiterhin, daß die Verluste in den einzelnen Phasen unterschiedlich, und zwar drehfeldrichtungsabhängig sind. Die mittlere Phase zeigt mittlere Werte, die im Drehfeld vorangehende bedeutend höhere und die nachfolgende bedeutend niedrigere (s. auch JASSE S. 144]. Im übrigen weisen die Drehstrommagnete eine praktisch konstante Zugkraft auf.

2.214 Verschiedenes

Die Schwierigkeiten, insbesondere der Feldverteilungs- und der Streuungs-Vorausberechnung, legen es nahe, es mit den auch sonst in der

Technik in schwierigen Fällen gern angewandten *Modellgesetzen* zu versuchen, d. h. einen durch eingehende Versuche entwickelten Magneten für ein größeres oder kleineres Arbeitsvermögen als ähnlichen Körper mit proportionalen Maßen auszuführen (KESSELRING). Man ändert alle Abmessungen im Verhältnis c zu den Ausgangsmaßen. Das Verfahren ist bei den Magneten dadurch erschwert, daß einmal die Feldausweitung an den Polflächen nicht in gleichem Maße ansteigt wie die Fläche selbst, ferner wie bei allen solchen Modellreihen die Wärmeabfuhr mit der Oberfläche, also mit c^2, die entstehenden Wärmeverluste, z. B. die Eisenverluste, aber weitgehend mit dem Volumen, also mit c^3 wachsen. Läßt man diese beiden Schwierigkeiten zunächst außer acht, so ergibt sich für das mit c-fachen Abmessungen ausgestattete Gerät:

Zugkraft $P = c^2 \cdot P_0$
Hub $h = c \cdot h_0$
Hubarbeit $A = P \cdot h = c^3 \cdot A_0$
Windungszahl $w = \frac{w_0}{c^2}$ (für gleichbleibende Spannung)
Wickelraum $Q = c^2 \cdot Q_0$
Mittlere Windungslänge $l_m = c \cdot l_{m0}$
Drahtquerschnitt $q = c^4 \cdot q_0$
Wicklungswiderstand für gleichbleibende Spannung $R = \frac{R_0}{c^5}$

Die Kupferverluste wachsen proportional c, die Eisenverluste proportional c^3 bei gleicher Liniendichte und deshalb:

Die spezifische Oberflächenbelastung, bezogen auf die Kupferverluste

$$\frac{N}{O} = \frac{N_0}{O_0} \cdot \frac{1}{c}$$

bezogen auf die Eisenverluste

$$\frac{N}{O} = \frac{N_0}{O_0} \cdot c\,.$$

Bei Wechselstromspulen ist die tatsächliche Spulenwärme gleich der in ihr entstehenden, zuzüglich der vom Eisen herüberströmenden, die bezüglich ihrer Wirksamkeit mit einem Bruchteil, z. B. 0,35 anzusetzen ist. Hierbei sinkt der Quotient N/O zunächst mit steigendem c, um später wieder über den Ausgangswert anzusteigen.

Die Beschleunigung b ist $= b_0/c$. Da bei Wechselstrommagneten bei Vergrößerung der Abmessungen, die Oberfläche weniger stark wächst als das Volumen und damit die Eisenverluste, so ist für gleiche Eisenerwärmung in einem solchen Fall eine Verminderung der Liniendichte notwendig. Das mögliche Annäherungsrechenverfahren sei übergangen.

Bei den *kleinen Magneten* sind einige besondere *Schwierigkeiten* festzustellen. Je kleiner das Gerät, um so schwerer ist nach dem Wachstumsgesetz die Beherrschung des Spulen-Wärmeproblems. Einfacher wird bei Wechselstrommagneten dann die Frage der Eisenwärme. Das Verhältnis

Eisenverlust je Oberflächeneinheit sinkt mit den linearen Abmessungen, während die Kupferverluste je Oberflächeneinheit umgekehrt mit der Reduzierung wachsen. Noch schlimmer ist aber das Anwachsen des Spannungsabfalls in der Spule. Der Wicklungswiderstand für gleiche verkettete Spannung ändert sich sogar umgekehrt mit der fünften Potenz der linearen Abmessungen und der Spannungsabfall entsprechend umgekehrt mit der zweiten. Dieser verhältnismäßig hohe Spannungsabfall ist sehr nachteilig. Er flacht den Anfang der Zugkraftkurve, abhängig vom Hub, bei Verkleinerung stark ab und hat zur Folge, daß das Volumen des Magneten durchaus nicht mehr im Verhältnis zum Arbeitsinhalt steht, auch wenn die Kraftflußdichte im angezogenen Zustand die gleiche bleibt. Aber darüber hinaus ist der Einfluß des Ohmschen Spannungsabfalls, je nach der Erwärmung, nunmehr auch selbst bei Wechselstromspulen von Bedeutung. Er wird u. a. weitgehend von der Schalthäufigkeit bestimmt (s. z. B. Abb. 142, S. 257). Setzt man die höchsten Werte in Rechnung, so wird bei anderen Arbeitsdiagrammen (kleinere Schalthäufigkeit oder geringere Einschaltzeit) eine höhere Zugkraft, also ein größerer Beschleunigungsüberschuß und in seiner Folge eine stärkere Beanspruchung der Magnetflächen festzustellen sein. Es bleibt nichts anderes übrig, als das Kupfergewicht verhältnismäßig zu erhöhen. Man kann bei einem Einphasenmagneten den Schenkel, der die Spule trägt, mit größerem Eisenquerschnitt ausstatten und demnach die hier entstehenden Eisenverluste und ihren Einfluß auf die Spulenerwärmung vermindern, wobei die Zugkraft in erster Linie auf die nicht bewickelten Schenkel zu verlegen ist, die jedoch leicht eine stärkere Streuung aufweisen. Diese Methode birgt die Gefahr der Vergrößerung der mittleren Windungslänge, so daß ein Teil des Gewinnes wieder wegfällt.

Eine andere Sorge ist die des geringen Drahtdurchmessers. Der Drahtquerschnitt nimmt mit der vierten Potenz der linearen Abmessungen ab, der Durchmesser mit der zweiten. Man kommt schnell zu Drähten mit so kleinem Durchmesser, daß sie sich schlecht verarbeiten und nicht mehr lagemäßig wickeln lassen. Ferner dehnen sie sich beim Wickeln leicht unterschiedlich, vor allem aber sinkt der Füllfaktor, so daß der Widerstand nochmals ansteigt. Bei kleinen Geräten ist deshalb das Sparen an Isolationen, d. h. Ausscheiden hoher Steuerspannungen >220 V besonders wichtig.

Eine häufig gestellte Forderung, wenn auch weniger bei Schaltmagneten von Schützen als bei Relais mit Meßcharakter, ist die *Temperaturunabhängigkeit der Ansprechgrenzen*. Diese Forderung ist vor allen Dingen gelegentlich bei Gleichstrommagneten wichtig, weil sich die mit der Veränderung der Wicklungstemperatur auch bemerkbar machende Widerstandserhöhung hier besonders ungünstig auswirkt. Die Stromaufnahme und damit die Zugkräfte ändern sich stark. Man kann der Temperaturabhängigkeit der Ansprechspannung durch die Einführung eines Bimetallstreifens entgegenwirken, der den Hub verändert, oder aber durch einen magnetischen Nebenschluß, der mit steigender Temperatur die magnetischen Widerstände verringert.

Eine weitere Forderung ist ein Abschluß insbesondere der kleinen Magnete bzw. des ganzen Teilgerätes gegen die Außenluft, auch innerhalb der Gesamtsteuerung, möglichst mit durchsichtigen Stoffen. Bei Schaltrelais mit entsprechend geringerer Wärmeentwicklung wird die Abdeckung in steigendem Maße angewandt. Bei Schützen bleibt die Anwendung vorerst auf kleine Geräte mit verhältnismäßig geringem Wärmeaufwand beschränkt. An sich ist diese Forderung besonders bei Wechselstrommagneten wichtig, weil die Verstaubung auf den Magnetflächen die Stromaufnahme stark steigert, die Beruhigungsringe unwirksam macht und ein starkes Geräusch entstehen läßt.

Der weiteren Forderung, die Beschleunigungskräfte gleichmäßig zu gestalten, steht außer der schwankenden Netzspannung bei Wechselstrom noch die Abhängigkeit von der Einschaltphasenlage entgegen.

Für die Magnete werden meistens normale *Dynamobleche* der Gruppen I—III DIN 46400 verwandt, dabei Gruppe I wesentlich für kleine Schütze bei Übergang zu den Gruppen II und III mit steigender Modellgröße. Von besonderer Bedeutung ist das Ausmaß der Koerzitiv-Kräfte, die bei Schaltmagneten mit Remanenzluftspalten und der damit verbundenen Scherung wesentlich das tatsächliche Ausmaß der Remanenz bestimmen. Es zeigt sich aber, daß hierbei nicht die dynamischen sondern die statischen Kurven ausschlaggebend sind. Eine zwangsläufige Beziehung zwischen den beiden Werten besteht nicht. Der bedeutendste Fortschritt in jüngerer Zeit, der Übergang vom warmgewalzten Blech auf die Kaltwalztechnik, wodurch sich die Permeabilität bei hohen Induktionen stark erhöht, ferner die Oberflächengüte verbessert wird, so daß die Füllfaktoren wachsen, konnte bei Schützen und Relais nicht ausgenutzt werden, da die Kornorientierung ja jeweils nur für einen Teil der Magnetflußbahn gilt, andernfalls müßten die Eisenwege aus Einzelstücken geschachtelt zusammengesetzt werden, was beim Schaltmagneten nicht durchführbar ist. Von der *Isolierung* der Bleche wird verlangt, daß sie möglichst den Stanzgrad noch isolierend bedeckt, um Gratverbindungen benachbarter Bleche und damit Wirbelstromflüsse zu verhindern. Die praktische Ausführung der Isolation richtet sich wesentlich nach den Formen, in denen das Blech verwandt wird. Wenn es in Tafeln angewandt wird, was im wesentlichen nur noch bei größeren Typen der Fall ist, dann findet man noch die Isolierung durch Bekleben mit Papier. Die Dickenzunahme durch die Papieraufnahme beeinflußt den Füllfaktor beträchtlich. Außerdem ist die Papierisolation hygroskopisch und deshalb für feuchte Atmosphäre schlecht geeignet. Weiterhin verträgt sie keine hohen Temperaturen. Die neuere, immer mehr im Vordringen befindliche Methode ist das Lackieren der Bleche oder die Anwendung von die Oberfläche wandelnden Stoffen. Das ist billiger und die Schicht vor allen Dingen auch dünner. Bei Papier lag sie bei etwa 13—40 μm, bei Lack geht sie bis unter 10 μm. Dabei handelt es sich um organische Stoffe, bei denen auf die Erwärmung zu achten ist. Eine Beanspruchung über die zulässigen Grenzen hinaus kommt aber im Schaltgerätebau praktisch nicht vor. Die Widerstandsfähigkeit gegen hohe Temperaturen läßt sich durch anorganische Füllmittel steigern, insbesondere feinstvermahlene Silikate oder Glimmer, die ihrerseits auch für den Fall der Beschädigung der Lackbestandteile selbst eine entsprechende wirksame Isolationsschicht bilden. Zu den anorganischen Anstrichstoffen, die angewandt werden, gehören hauptsächlich Wasserglas und Kaolin, sie sind aber hygroskopisch. Das Lackieren wird bei Schaltmagneten meist nur einseitig durchgeführt. Einige Lacke eignen sich nicht für Ölschaltmagnete. Die heute üblichste Isoliermethode ist die Oxydierung oder Phosphatierung. Diese Methoden haben den Vorzug, daß sie die Wärmeableitung und den magnetischen Fluß nicht behindern. Über die Isolierung der Elektrobleche s. auch MÜHLINGHAUS. Über Maßnahmen zum Korrosionsschutz s. S. 121.

Eine *elastische Lagerung* des Magnetkerns bietet Vorteile, insbesondere bei Wechselstrommagneten, bei denen sie eine allseitige Beweglichkeit der Magnetteile gewährleistet, so daß sich die Polflächen voll aufeinander legen und Brummfreiheit erzielt wird.

Im übrigen ist auch die *Herstellungsart* auf die Formgebung und Anwendung der Schaltmagnete nicht ohne Einfluß. Sie erfolgt entsprechend den Bedürfnissen der Wechselstromtechnik fast ausschließlich aus geblättertem Eisen. Die Blechstärken können dabei erfahrungsgemäß bei kleinen Magneten groß gehalten werden (1 mm), weil bei ihnen die erforderlichen, verhältnismäßig zahlreichen Niet- oder Schweißstellen und die in der Nähe des Eisens liegenden Führungsorgane u. dgl., soweit sie aus Metall bestehen, sowieso die Wirbelstromverluste beträchtlich erhöhen, so daß die Verluststeigerung, die die größere Blechdicke mit sich bringt, nicht sehr ins Gewicht fällt. Bei stärkeren Magneten ist mit Rücksicht auf das steigende Verhältnis der Eisenverluste zur Oberfläche der Übergang zu dünneren Blechen, in erster Linie 0,5 mm starken, günstiger. 1 mm starke Bleche sind nicht, wie oft angenommen, widerstandsfähiger gegen Deformation durch den Magnetschlag. Über den Einfluß der Blechdicke auf die Induktion und die Ummagnetisierungsverluste siehe BEER. Die Verminderung der Induktion bei größerer Blechdicke ist gering, wenn man hochsilizierte Bleche, also solche mit geringer elektrischer Leitfähigkeit, verwendet. Dickere Bleche erfordern für die gleiche Induktion keine nennenswerte Durchflutungserhöhung, dagegen steigen die Ummagnetisierungsverluste etwas an. Bei niedrig silizierten Blechen, also solchen mit großer elektrischer Leitfähigkeit, sinkt jedoch die Induktion bei der größeren Blechdicke mit wachsenden Ummagnetisierungsverlusten erheblich. Die 1 mm starken Bleche erlauben, von der Verwendung eines stärkeren sogenannten Deckbleches abzusehen, was bei 0,5 mm meist nicht möglich ist. Die Schlagdeformation ist um so geringer, wenn die Bleche einer höheren Gruppe — DIN 46 400 — angehören, mit Rücksicht auf die Lebensdauer muß das Vernieten des Blechpaketes unter hohem Preßdruck erfolgen. Das hat zur Folge, daß sich die Stanzgrate leicht in die Nachbarbleche einpressen und auf diese Weise zur Wirbelstrombildung beitragen. Der Produktionsprozeß beginnt mit dem Ausschneiden der Magnetbleche auf dem Stanzautomaten. Die nächste Aufgabe besteht darin, die Zahl der zu einem Paket zu vereinigenden Bleche festzustellen. Das geschieht meistens durch Messen der Paketdicke. Die Toleranz kann nicht kleiner sein als eine Magnetblechdicke z. B. 0,5 mm. Bei 1 mm starken Blechen kann man notfalls ein solches geringerer Stärke zulegen. Relativ genau ist die Feststellung der Paketdicke aufgrund des Gewichtes. Dann folgt das Einfügen der Nietstifte. Die Pakete wandern zur Presse, werden hier vorgepreßt, so daß die Luftspalte zwischen den einzelnen Blechen verschwinden und durch einen weiteren Prozeß unter Anwendung höchster Kräfte endgültig zusammen genietet. Die genaue Überwachung des Druckes beim Zusammenpressen der Bleche ist eine Voraussetzung für möglichste Brummfreiheit. Statt des Nietprozesses können auch Schweißprozesse angewandt werden. Mit ihrer Hilfe ist es möglich, die Zahl der Arbeitsvorgänge weitgehend herabzusetzen.

Ein solches Verfahren besteht z. B. darin, bei einseitig isolierten Blechen, damit der Schweißstrom Durchgang finden kann, beim Stanzprozeß an den Stellen, an denen sie sonst Löcher zur Aufnahme der Nieten aufweisen, kleine kegelförmige Erhöhungen anzubringen, die die Papier- oder Lackschicht in winzigen Punkten durchbrechen (DBP 847 037). Die Pakete werden an diesen Stellen nacheinander durch ein Gerät verschweißt, das bei gleichzeitiger Pressung des gesamten Pakets die einzelnen Stellen hintereinander unter Strom setzt. Dauerversuche führten zur Feststellung einer hohen Lebensdauer. Die Wirbelstromverluste eines solchen Pakets sind niedriger als die eines genieteten. Bleche für Punktschweißung mit eingepreßten Butzen, s. Abb. 57. Außer der Verschweißung wird auch teilweises Umspritzen der Blechpakete mit Isolierstoff, der gleichzeitig in Bohrungen eindringt, angewandt. Dabei liegen u. U. auch die Kurzschlußringe im Spritzstoff. Ferner wird auch der Spalt nach Abb. 46a von ihm ausgefüllt.

Meistens ist nun noch die Bearbeitung der Polflächen vorzunehmen. Bei Schützen ist ein Schleifprozeß erfahrungsgemäß unerläßlich. Dann kommen noch die Maßnahmen zur Verhütung der Remanenz, z. B. bei mehrpoligen Magneten Zurücksetzen einer Polfläche mit dem Zweck, hier einen Luftspalt beizubehalten oder den Luftspalt wie in Abb. 46a dargestellt an eine andere Stelle des Blechpaketes zu verlegen. Diese Luftspalte müssen erfahrungsgemäß mit Rücksicht auf die Erwärmung und die Abfallsicherheit des Gerätes in engen Grenzen gehalten werden, z. B. von 0,15—0,3 mm. Wo Luftspalte unabhängig von der Stoßstelle verbleiben sollen, kommt man in einem gewissen Umfang auch mit sauber gestanzten Kanten ohne Nachbearbeitung aus. Zur Erhöhung der mech. Lebensdauer der Schaltmagnete wurde auch eine Härtung der Polflächen durchgeführt, z. B. durch karbonitieren (s. BOECKLE).

Bei Einphasenmagneten folgt dann noch das Aufsetzen der *Kurzschlußringe* (s. S. 82). Ihrer Befestigung ist große Aufmerksamkeit zu

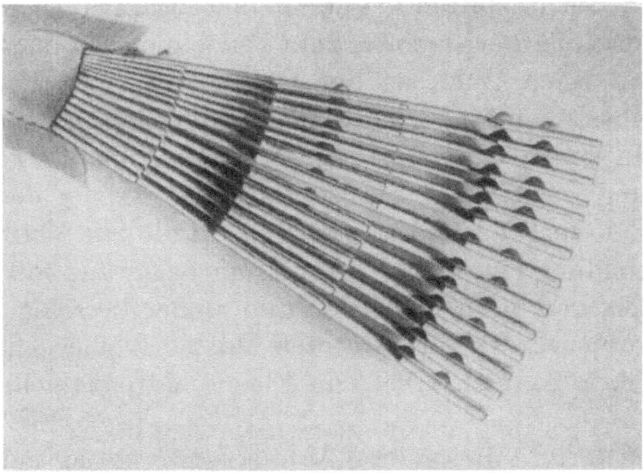

Abb. 57. Magnetbleche für Punktschweißung

widmen. Sie werden meist als geschlossene Ringe gestanzt. Jeder gegeschlossene eingepreßte Ring hat den Nachteil, daß er nur durch Reibung gehalten wird und zum Herausfallen neigt. Das wird vermieden, indem man vor dem Schleifen die Nutenkante an einzelnen Stellen auf den Ring drückt oder den Ring selbst deformiert, so daß er in den Nuten unterhalb überhängender Kanten, z. B. in Kannelierungen der Nutenflanken, plastisch verformt eingepreßt wird und nach der Verformung mit Rippen in die Kanäle der Flanken greift. Weiterhin werden die Ringe verstemmt oder formschlüssig eingelegt, neuerdings auch zusätzlich verkittet oder mit Gießharz vollständig vergossen s. SCHLAGER und FRIEDRICH. Aus mechanischen Gründen wählt man meistens Messing, bei größeren Magneten Kupfer. Die wechselnden elektrodynamischen Einwirkungen auf die Ringe führen bei unzweckmäßigen Konstruktionen oft zum Bruch. Bei gestanzten Ringen ist insbesondere auf die Kerbwirkung zu achten.

Es wird auch eine federnde Aufhängung der Ringe angewandt, um die durch das Verstemmen möglichen Kerbwirkungen zu vermeiden, oder es wird um ihre Köpfe ein elastisches, schwingungsdämpfendes Zwischenglied herumgelegt. Bei größeren Geräten findet man auch besondere auf die Magnetschenkel aufgesetzte Haltestücke, die die überstehenden Ringteile umfassen. Im übrigen ist die zweckmäßigste Befestigungsart von der Masse der Magnete und der Schlagbeanspruchung abhängig. Ausgedehnte Modellerprobung ist in jedem Fall notwendig. Der Widerstand der Ringe ist wie schon gesagt, an ein bestimmtes Maß gebunden.

Für kleinere Magnete stellt sich noch die Frage, ob man auch bei Wechselstrom statt der lamellierten massive Kerne anwenden sollte. Sie ist deshalb berechtigt, weil beim lamellierten Kern die zusätzlichen Verluste, z. B. durch den Kurzschlußring und die Verschlechterung der magnetischen Eigenschaften bei der Verarbeitung einen großen Einfluß ausüben, so daß die Blechverluste zum Teil keine ausschlaggebende Rolle mehr spielen. Nach Wich ist der Einsatz massiver Magnetkerne bei kleinen Wechselstrommagneten erfolgversprechend, wobei die Kernherstellung in einem Gußverfahren ohne wesentliche Nachbearbeitung stattfindet und die Isolier-, Stanz- und Preßarbeiten der Blechpakete wegfallen. Bei einer Versuchsausführung wurde zur Verminderung der Wirbelstrombildung eine Eisen–Aluminium-Legierung mit hohem spezifischem Widerstand, geringer Dichte und großer Verschleißfestigkeit gewählt. Dadurch wurden die bewegten Massen kleiner und die Lebensdauer stieg. Es ließen sich nahezu die Eigenschaften lamellierter Magnete erreichen.

Die Schaltspulen. Besondere Aufmerksamkeit ist naturgemäß der Ausführung und dem Einbau der Spulen zu widmen. Wenn ein Gerät u.U. viele Millionen Schaltungen durchführen soll, dann darf die Spule und vor allen Dingen ihr Anschluß, nicht zur Schwachstelle werden. Hierbei ist in erster Linie auf die Anschlußlitzen zu achten, sie dürfen nicht zu lang sein, damit sie nicht durch die beim Schalten auftretenden Erschütterungen und Schwingungen schließlich brechen. Es sind Konstruktionen auf dem Markt, bei denen die Litzen überhaupt vermieden werden und der Anschluß der Spulen über Steckverbindungen, Blattfedern und dergl. erfolgt. Auch diese Übergänge werden von den Schaltschlägen beeinflußt und bedürfen ganz besonderer Durchbildung und Berücksichtigung der Schlagwirkungen, wenn sie nicht Störungsstelle werden sollen. Solche kraftschlüssigen Verbindungen, die Relativbewegungen zulassen, leiden unter den unvermeidbaren kleinen Reibungen. Was von dem Anschluß gilt, gilt aber auch in weitem Umfang von den Spulen selbst. Sie werden oft durch Federn gehalten. Wenn kleine Eigenbewegungen möglich sind, dann können sie leicht zu größerem Spiel und damit zu späteren Störungen führen.

Bei den heute auf modernen Wickelmaschinen aufgebrachten Wicklungen ist die Verwendung von Papier-Zwischenlagen nur noch bei großen Magneten zweckmäßig. Die synthetischen Lackdrähte haben sich derart gut entwickelt, daß man sogar auf die sogenannten Doppellackdrähte wieder verzichten kann. Spulenschäden sind zur Seltenheit geworden. Trotzdem ist es üblich, bei der Fertigung jede einzelne Spule auf etwaigen Windungsschluß als Quelle für einen inneren Schaden zu prüfen (s. S. 286, Abb. 161). Schaden leiden kann die Spule durch hohe Über- und Unterspannungen des Steuernetzes (s. S. 154). Daran läßt sich aber auch durch die beste Spulenbauart nichts ändern. Bei derart abnormen Spannungen können, vor allen Dingen bei der Wechselstromspule, bedeutende Stromerhöhungen auftreten, wobei die dann entwickelte Wärme nicht abführbar ist. Die Spulen werden vorzugsweise noch auf Spulenkörper gewickelt. Es werden aber auch flanschlose ausgeführt, die man dann u. U. später mit einem Kunststoffmantel umgibt, der sie zu einem kompakten Bauelement macht. Dabei umschließt wärmeunempfindliches Gießharz die feinen Windungen, mechanisch unverletzbar, erschütterungsfest und unempfindlich gegen atmosphärische Einflüsse. Bei Spulen, die nicht so eingekapselt sind, wendet man gelegentlich noch die Vakuumtränkung an. Bei den heutigen synthetischen Isolierstoffen hat sie aber nicht mehr die Bedeutung, die ihr vor Jahrzehnten zukam.

2.22 Thermisch gesteuerte Schütze

Diese Geräte arbeiten im allgemeinen im Vakuum. Hierbei kann man unter gewissen Bedingungen mit außerordentlich kleinen Kontaktspalten unter Vermeidung jeder Oxydation der Schaltstellen und ohne Lichtbogenbildung schalten. Gebaut worden sind sie jedoch nur für verhältnismäßig kleine Leistungen. Man baut z. B. in die Röhren Bimetall-Streifen ein, die durch Heizwicklungen erwärmt werden und sich unter deren Einfluß deformieren. Diese mittelbare Beheizung hat große Schaltzeiten zur Folge. Sie können u. U. in die Minuten gehen. Bei unmittelbar beheizten Elementen z. B. Hitzdrähten liegen die Zeiten in der Größenordnung von einer Sekunde. Die Steuerströme sind gering und praktisch induktionsfrei. Die Längenänderung solcher Drähte bewirkt Öffnen und Schließen der Kontaktstelle. Man kann dünne Drähte verwenden, weil sie durch die Abwesenheit von Luft vor jeder Oxydation geschützt sind. Die Abnutzung der Schaltstücke ist gering, die Lebensdauer überraschend hoch. Die Geräte sind lage- und erschütterungsunempfindlich. Sie eignen sich auch für periodische Schaltvorgänge. Beim Schalten induktiver Ströme empfiehlt sich die Füllung des Rohres mit einem indifferenten Gas. Bei höheren induktiven Belastungen wird den Schaltstücken u. U. ein Kondensator und ein Vakuumableiter parallel geschaltet, um das Anwachsen der Schaltspannungen auf einen unzulässigen Wert zu verhindern. Die Geräte werden weniger als Hauptstrom- wie als Hilfsorgane verwandt. Die außerordentlich geringen Betätigungsströme erlauben empfindliche Meßgeräte als Kontaktgeber.

2.23 Druckluftgesteuerte Schütze

Diese Geräte werden, abgesehen von Vollbahnfahrzeugen, nach DIN 43 615 vorwiegend mit einem Nenn-(Über-)druck von 5 kp cm^{-2} betrieben (4,25 bis 5,5), bei Bahnen gilt nach 0660 Teil 1 §39 für den Druckbereich ohne weitere Vereinbarung 0,7 bis 1,2facher Nenndruck. In den meisten Anlagen findet man noch einen Speicherkessel. Da bei Schützen im Gegensatz zu Leistungsschaltern keine Luftreserve für den Ausschaltvorgang notwendig ist, sondern die Geräte nach Ausbleiben des Luftdruckes selbsttätig in die Ausgangsstellung zurückgehen, so wäre an sich eine Speicherung nicht notwendig. Sie ist aber, mit Rücksicht auf die Notwendigkeit der Verwendung trockener Luft, erwünscht. Die Luft enthält stets eine bestimmte Menge Wasser in Dampfform. Der Feuchtigkeitsgehalt der Luft ist allein von der Temperatur und dem Volumen abhängig, nicht aber vom Druck. Der Druck in der Speicheranlage ist höher als der Verbrauchsdruck. Die Feuchtigkeit schlägt sich bei Abkühlung im Speicherkessel nieder. Bei der nachfolgenden Entspannung auf den Verbraucherdruck vergrößert sich das Volumen, so daß die relative Feuchtigkeit geringer wird. Die Verbrauchsluft ist also praktisch trocken. Die Luft wird im übrigen durch entsprechende Abscheider möglichst wasser- und ölfrei gemacht. Für die Druckluftleitungen werden Kupferrohre nach DIN 1754 oder innen kupferplattierte Stahlrohre verwandt. Bei pneumatisch gesteuerten Schützen lassen sich die Geschwindigkeiten im allgemeinen besser beherrschen als bei elektromagnetisch gesteuerten. Je nach Ausführung des Steuerventils ermöglicht es einen kurzen und in bestimmten Grenzen einstellbaren Schaltverzug. Die Prellungen und damit der Schaltstückabbrand sind deshalb besonders niedrig, ferner die Streuung beim Ein- und Ausschaltverzug gering. Die Steuerung ist dabei im allgemeinen eine elektropneumatische. Durch einen Magneten öffnet man ein Druckventil. Bei zu niedrigem Druck verhindert ein Absperrventil die Druckluftzufuhr zum Schütz. Über solche Steuerungen bei Straßenbahnwagen berichten Rosellen und Tils.

2.3 Der Gesamtaufbau der Schütze

2.31 Die Verbindung von Kraftsystem und Kontaktsystem

Von dieser Verbindung wird der konstruktive Aufbau des gesamten Gerätes wesentlich bestimmt. Wichtig ist hierbei, ob die Magnetanker geradlinige Bewegungen (horizontal oder vertikal) ausführen oder Drehbewegungen, so daß sich die Teile in spitzem Winkel einander nähern. Das gleiche gilt für die Polbrücke. Ferner ob sie in direkter Übertragung oder mit Übersetzungen, z. B. Kniehebeln, miteinander verbunden sind. Eine Übersicht zeigt Abb. 58. Die meisten Geräte sind hierbei mehrpolig dargestellt, entsprechend der heute vorherrschenden Form. Die Magnetform, ob 2-, 3zinkig oder z. B. T-Anker, ist nicht entscheidend für das Prinzip.

a zeigt Ausgangskonstruktionen einfacher Bauform. Hierbei trug die Verlängerung eines Klappankers mit Drehpunkt das oder die beweglichen Schaltstücke. b stellt ein ähnliches Gerät mit horizontal geführtem Anker (Gleitanker) dar. Der Anker wird in diesem Zusammenhang oft fälschlicherweise Klappanker genannt. Die Führung ist durch etwaige Kreisbewegung der Polbrücke zusätzlich beansprucht. Nach c werden die Magnete in den verschiedensten Formen auch seitlich angebracht. Hierbei sind häufig die einzelnen Kontakthebel und auch der Magnet auf eine isolierte Stahlachse aufgeklemmt. Die Konstruktionen erlauben dann eine gewisse Beweglichkeit. In letzterer Form findet sie sich vor allen Dingen bei Geräten für größere Stromstärken mit entsprechend geringeren Absatzziffern, bei denen man die Polzahl und die Stromstärke durch Verschieben und Parallelschalten der Einzelelemente variieren will. Entsprechend d wandte man zur Erhöhung der Druckkräfte und um einen möglichst kleinen Magneten verwenden zu können, schon sehr früh das Kniehebelprinzip an. Nach e aufgebaute Geräte mit praktisch geradliniger Bewegung von Anker und Polbrücke wurden zuerst bei Ölschützen und dann auch bei kleineren Luftschützen verwandt. In Abänderung des Grundtyps nach Bild e entstand nach f die senkrechte parallele Bewegung der Polbrücke (Hubschütz). Ihr besonderer Vorzug liegt im einfachen Gesamtaufbau, dem Wegfall aller Gelenke oder anderer, die Kräfte übertragenden gegeneinander beweglichen Teile. Wegen der unvermeidlichen Zugkraftsymmetrien der mehrzinkigen (E)-Magnete ist es jedoch notwendig, den Kern zu führen. U-Magnete sind hier seltener. Die Führung geschieht oft zusätzlich durch symmetrisch angeordnete Federn, die es in der Ruhelage halten. Sie verbürgen dem Gerät eine weitgehende Lageunabhängigkeit. Die Geräte haben Zweifachunterbrechung je Pol. Jede bewegliche Leitungszuführung fällt weg. Die vertikale Betätigungsrichtung hat den Vorzug besonderer Unempfindlichkeit gegen horizontale Beschleunigungsstöße und vermeidet deshalb ungewollte Selbstbetätigungen. Entsprechend g liegen bei der Grundanordnung f oft die Schaltstücke oberhalb des Magneten. Die Stromwege sind dann gegenüber f verhältnismäßig klein. Ein Nachteil liegt in der Gefahr, daß je nach Konstruktion die Abbrandprodukte auf die Magnetflächen gelangen können. Insbesondere bei Hilfsschützen wird nach h der senkrecht angeordnete Magnet, z. B. als Klappanker mit einer senkrechten Polbrücke in Verbindung gebracht. Die Anordnung erlaubt zahlreiche, gut

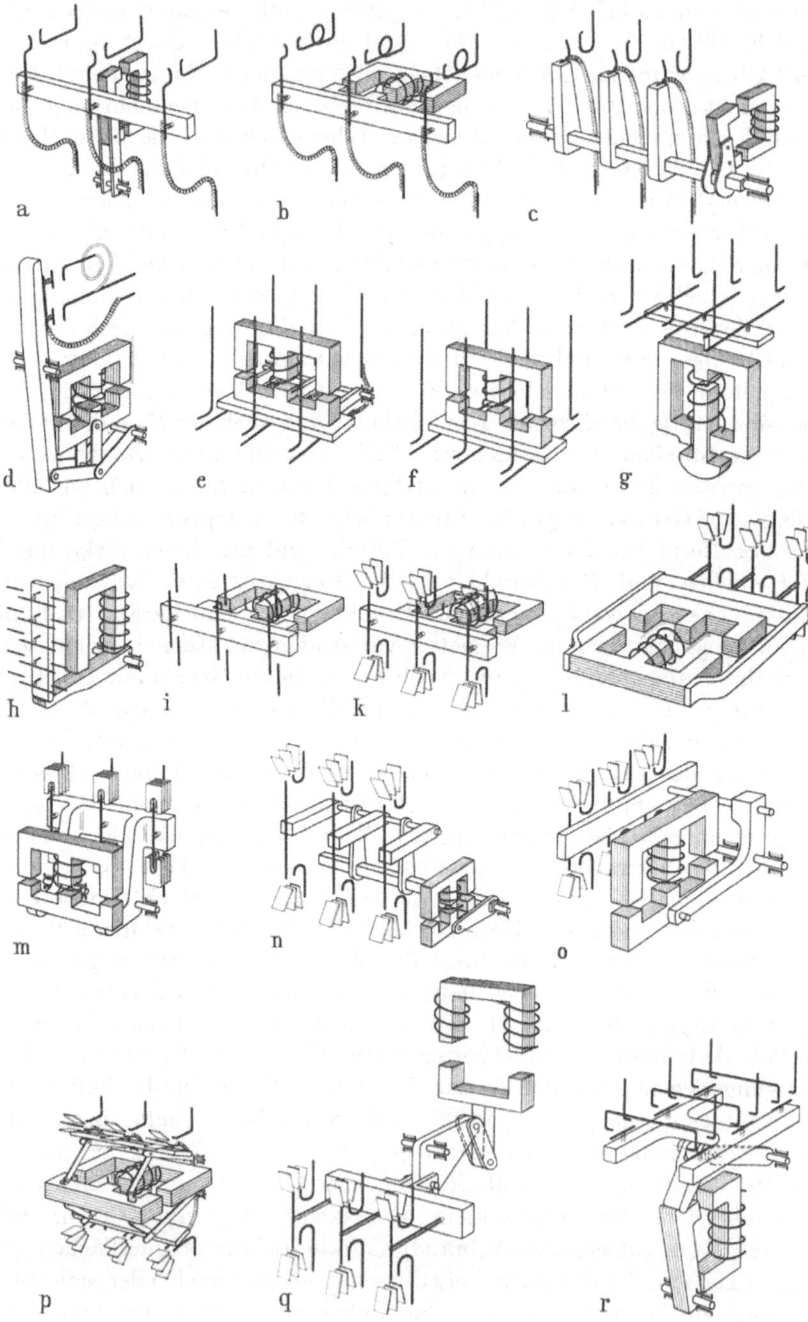

Abb. 58a bis r. Grundformen von Schützen

überblickbare Kontaktglieder. Entsprechend i hat sich für kleinere und mittlere Leistungen im Gegensatz zu den zuletzt genannten Anordnungen die horizontale Bewegung meist mit E-Magneten durchgesetzt (Gleitschütz). Hierbei bewegt sich Magnetanker und Polbrücke geradlinig horizontal. Die Unterbrechung ist ebenfalls zweifach je Pol. Die Gefahr, daß die Polflächen der Magnethälften schräg aufeinandertreffen, ist hierbei etwas größer als bei vertikaler Magnetführung von e bis g. Die unter i genannten Geräte erhalten nach k bei Bedarf Lichtbogenkammern mit Löschblechen. Nach l werden die Magnete auch vor den Kontaktapparat gelegt s. Schütz nach Abb. 63, S. 107. Bei Horizontalbewegung der Schaltstücke werden nach m aber auch Geräte mit senkrechtem Magnetzug ausgebildet, wobei eine Zugkraftübersetzung möglich ist. n zeigt eine ähnliche Ausführung mit seitlicher Magnetanordnung bei vertikaler und horizontaler Ankerbewegung. Bei o liegen Magnet und Kontaktapparat in zwei Ebenen parallel, dazwischen ein Übersetzungshebel. Die Anordnung erlaubt eine geringe Breitenentwicklung und leichtes Zugängigmachen von Kontaktapparat und Magnet. Nach p werden zwischen den horizontal geführten Magneten und der Schaltbrücke noch Kniehebel eingefügt, wobei z. B. zwei symmetrische Hebelsysteme auf zwei getrennte, im wesentlichen vertikal bewegte Brücken mit Drehpunkt einwirken. Bei q liegt der Magnet hinter dem Kontaktsystem mit vertikaler Ankerbewegung, dazwischen Übersetzungselemente. Bei r handelt es sich um einen Klappanker mit Kniehebel und vertikal geführter Polbrücke bei Vierfachunterbrechung je Pol (s. a. Abb. 37, S. 62). Mit dem Kniehebel kann man die Schaltgeschwindigkeit den Bedürfnissen besser anpassen und die Kontaktdruckkräfte am Bahnende erhöhen.

Im Interesse eines vereinfachten Zusammenbaus wird versucht, die Verbindung der einzelnen Geräteteile so vorzunehmen, daß Verschraubungen oder Nietungen soweit wie möglich entfallen und die Teile so ineinandergefügt sind, daß sie sich gegenseitig fixieren und stützen. Eine solche Bauweise ist für den Aufbau des Gerätes beim Hersteller angenehm, aber bezüglich der Sicherheit der Funktion der Geräte von noch viel größerem Wert insofern, als die Geräte übersichtlicher und ihre Arbeitsweise zuverlässiger werden. Die Zahl der Verschraubungen bringt bei großen Schalthäufigkeiten eine ebenso große Zahl von Fehlermöglichkeiten. Auf der anderen Seite muß bei der formschlüssigen Bauweise dafür gesorgt werden, daß keine Veränderungen wichtiger Funktionen durch Verschleiß der mit kleinen Schlägen aufeinander wirkenden Konstruktionselemente eintreten. Beispiele ausgeführter Konstruktionen zu den Grundformen nach Abb. 58, s. Abb. 59. Es handelt sich um eine Auswahl derart, daß sie auf mehrere Hersteller verteilt ist und sagt nicht, daß nicht darüber hinaus Geräte der einzelnen Grundformen auch noch von anderen Firmen gebaut werden.

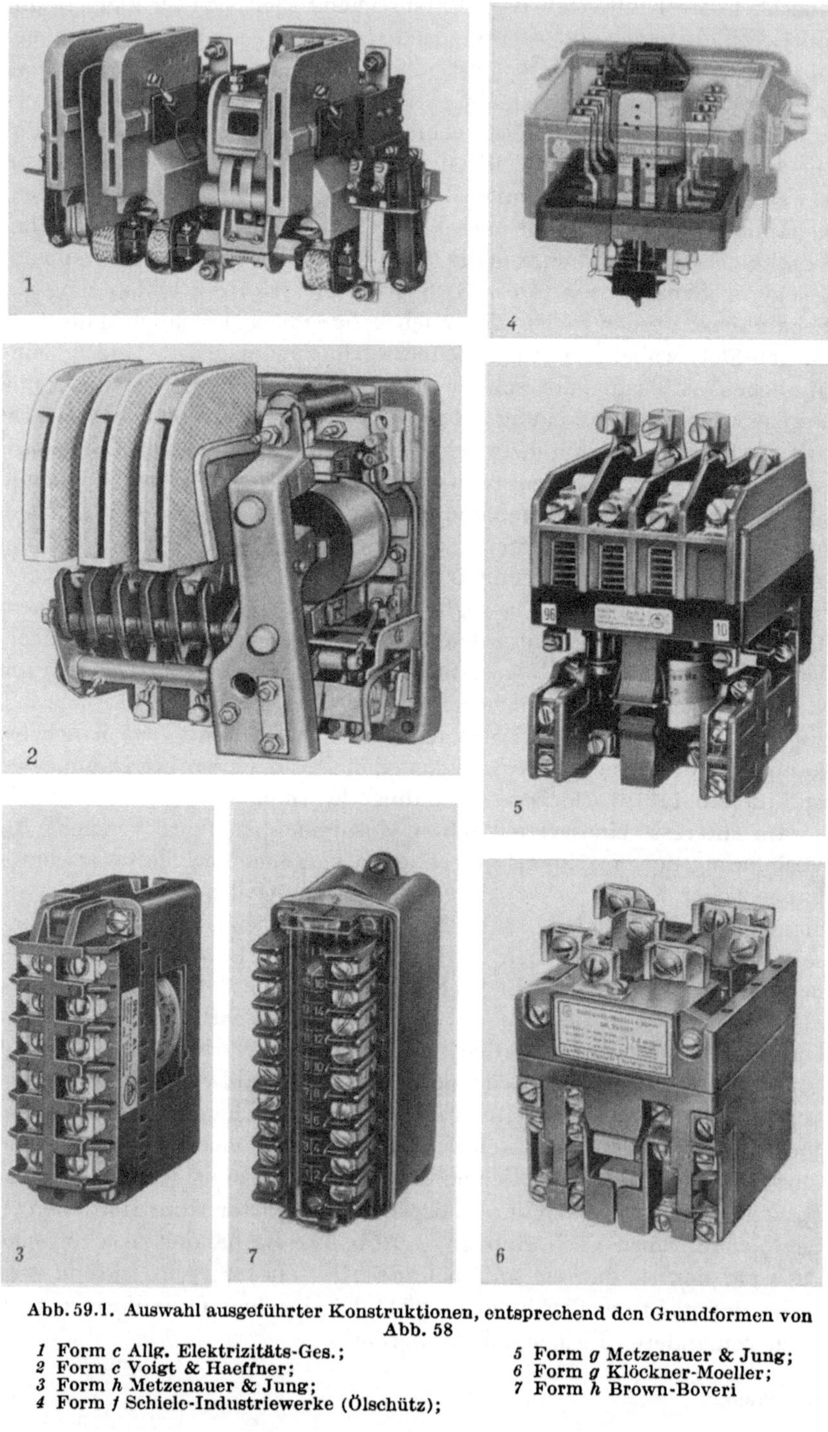

Abb. 59.1. Auswahl ausgeführter Konstruktionen, entsprechend den Grundformen von Abb. 58

1 Form *c* Allg. Elektrizitäts-Ges.;
2 Form *c* Voigt & Haeffner;
3 Form *h* Metzenauer & Jung;
4 Form *f* Schiele-Industriewerke (Ölschütz);
5 Form *g* Metzenauer & Jung;
6 Form *g* Klöckner-Moeller;
7 Form *h* Brown-Boveri

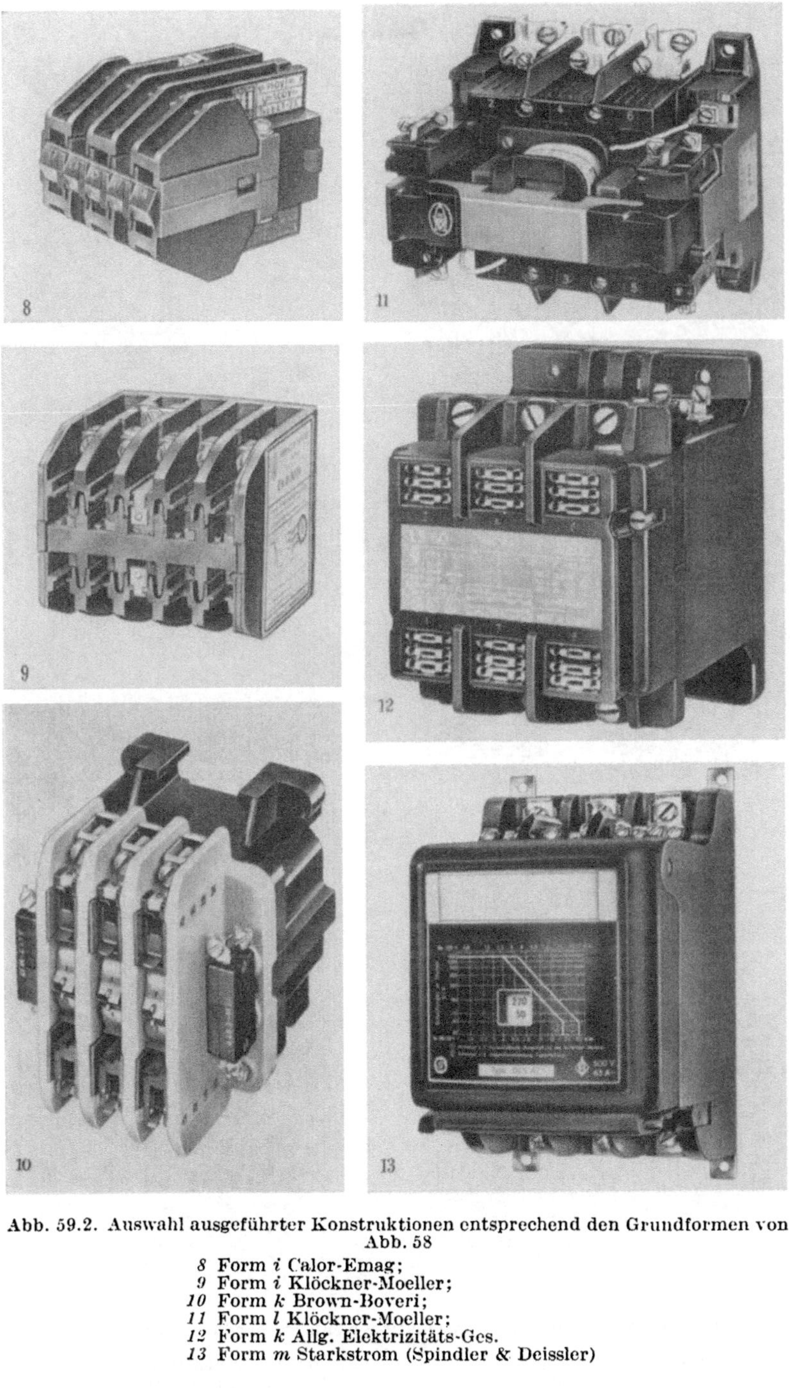

Abb. 59.2. Auswahl ausgeführter Konstruktionen entsprechend den Grundformen von Abb. 58

8 Form *i* Calor-Emag;
9 Form *i* Klöckner-Moeller;
10 Form *k* Brown-Boveri;
11 Form *l* Klöckner-Moeller;
12 Form *k* Allg. Elektrizitäts-Ges.
13 Form *m* Starkstrom (Spindler & Deissler)

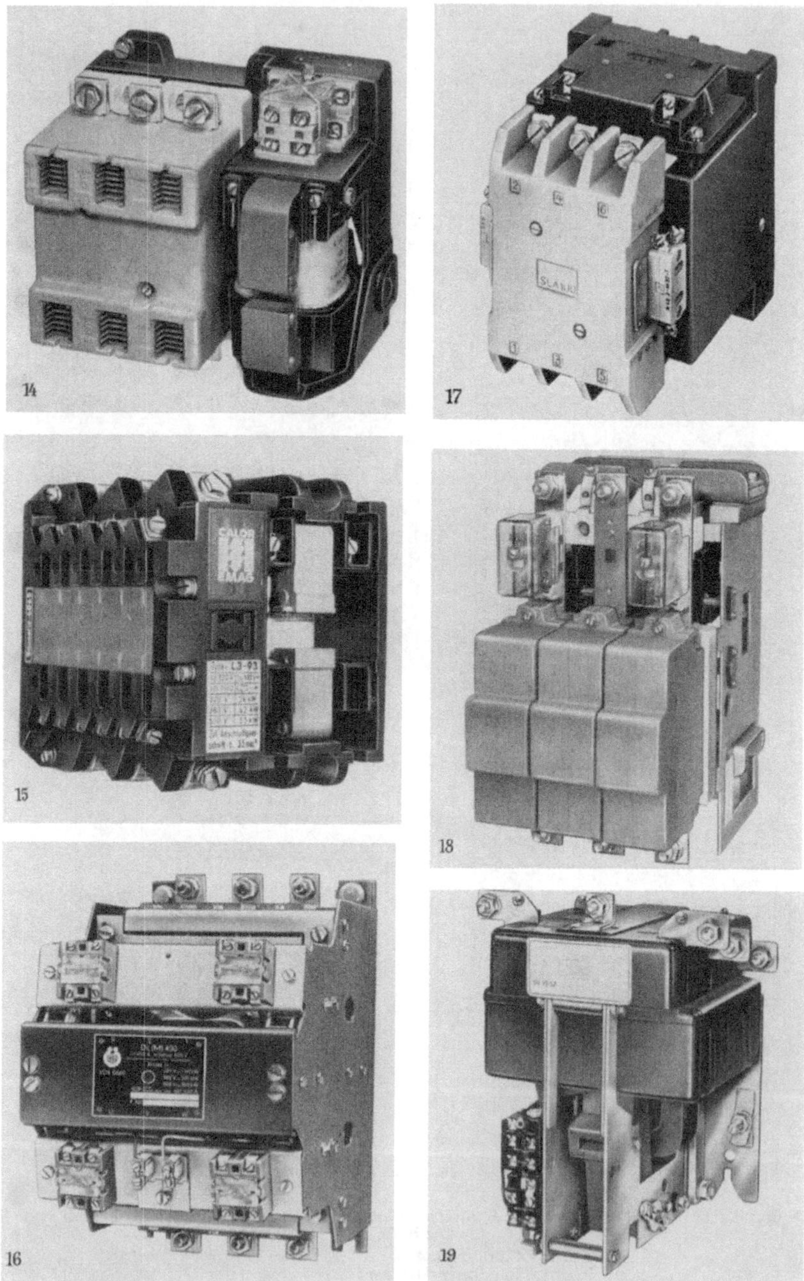

Abb. 59.3. Auswahl ausgeführter Konstruktionen entsprechend den Grundformen von Abb. 58

14 Form *n* Siemens AG;
15 Form *o* Calor-Emag;
16 Form *p* Schiele Industriewerke;
17 Form *q* Brown Boveri;
18 Form *q* Siemens AG;
19 Form *r* Klöckner-Moeller

Statt der in Abb. 58 angedeuteten Kupplung der Schaltmagnete mit den Polbrücken wurden auch Geräte entwickelt, bei denen bei eingeschaltetem Schütz der Magnetanker von allen Kontaktkräften entlastet ist. Dabei wird der Magnet dazu verwandt, in einem System zweier entgegenwirkender Federn eine unwirksam zu machen und die andere zur Kontaktgebung heranzuziehen s. Abb. 60 [Nedess und Vincken]. Die Schaltbrücken folgen den Ankern bis zu festen Anschlägen. Hier wird die volle Kontaktkraft wirksam und bleibt es auch, wenn der Anker infolge Absinkens der Spannung unruhig wird, da der bewegliche Teil der Schaltglieder mit dem beweglichen Teil des Magnetankers nicht mehr starr gekuppelt ist. Die verhältnismäßig starken Rückstellfedern 1, die in der Ausgangsstellung ja stärker sein müssen als die Kontaktkraftfedern 2, müssen genauer abgeglichen werden als beispielsweise bei den Teilbildern e, f, g, i usw. der Abb. 58. [s. Erk (1)]. Man spricht bei dieser Anordnung vom *kontaktfreien Magnetanker*. Die Magnetausnutzung ist etwas ge-

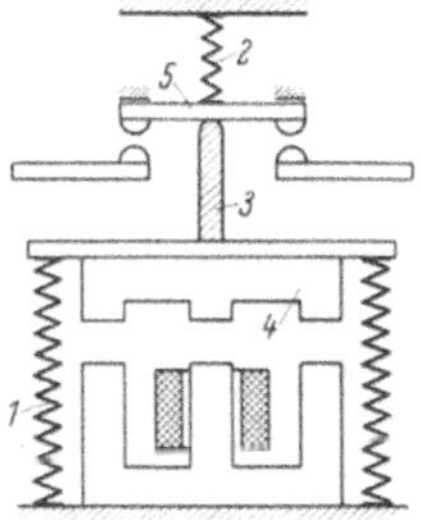

Abb. 60. Schütz mit kontaktkraftfreiem Anker
1 Rückstellfeder;
2 Kontaktkraftfeder;
3 lose Kupplung zwischen Anker 4 und Kontaktbrücke 5

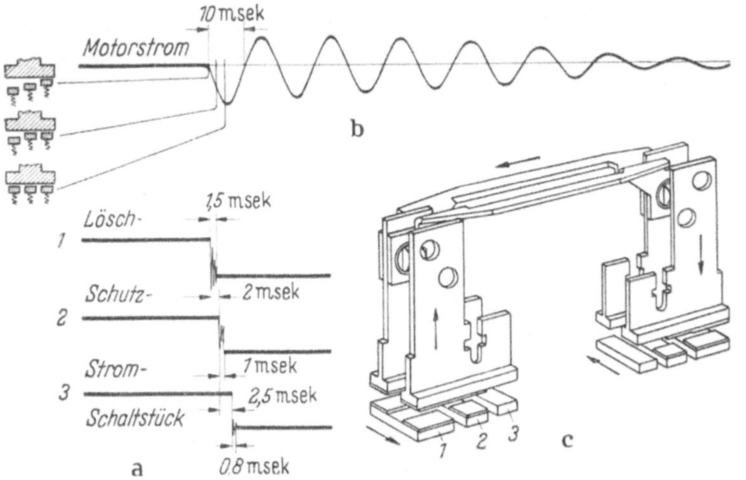

Abb. 61 a bis c. 4fach-Unterbrechung je Pol bei gestaffelten Schaltstücken
a) Prellbilder der 3 Schaltstücke;
b) Verlauf des Motorstromes;
c) Beispiel einer konstruktiven Ausführung;
1 zuerst angreifendes Schaltstück

ringer als bei den Schützen herkömmlicher Bauart mit im wesentlichen starrer Kupplung.

An einem *Kniehebelschütz* sollen noch einige Prinzipien näher erläutert werden. Abb. 61 c zeigt 3-fach gestaffelte Schaltstücke. Sie haben zur

Folge (a), daß wenn die Prellung des jeweils nächsten Schaltstückes einsetzt, die Prelldauer des vorhergehenden bereits zu Ende ist, so daß wirksame Prellungen nur noch bei Beginn des Stromanstiegs (b) möglich sind. Die Kräfteausnutzung wird dabei der Magnetcharakteristik angepaßt. Die hohen Kräfte treten auf, ehe z. B. der Motoreinschaltstrom im induktiven Kreis sein Maximum erreicht hat. Bei einem einzigen Schaltstück müßte für die gleiche Enddruckkraft die Durchfederung und damit das abbrennbare Stoffvolumen herabgesetzt werden. Die Wirksamkeit der hierbei angewandten Kniehebelübersetzung s. Abb. 62. Während die Geschwindigkeit des Ankers mit steigender Bewegung anwächst (v_A), sinkt die Geschwindigkeit der Brücke (v_B) zum Schluß sogar noch etwas ab. Die Verminderung der Aufschlaggeschwindigkeit bei der Kontaktgabe hat einen günstigen Einfluß auf die Prellschläge sowie die Geräte- und Schaltstücklebensdauer. Auch ist man damit in der Lage, sich dem Optimum der Schaltstückausschaltgeschwindigkeit (s. S. 58) mit Rücksicht auf das Ausschaltverhalten zu nähern. Weiterhin ist von ihr noch der kompromißlose Wendebetrieb ohne Zwischenschaltung von Verzögerungselementen (s. S. 353) abhängig. Außer dem Kniehebelantrieb stehen dazu noch Übersetzungen verschiedenster Art zur Verfügung.

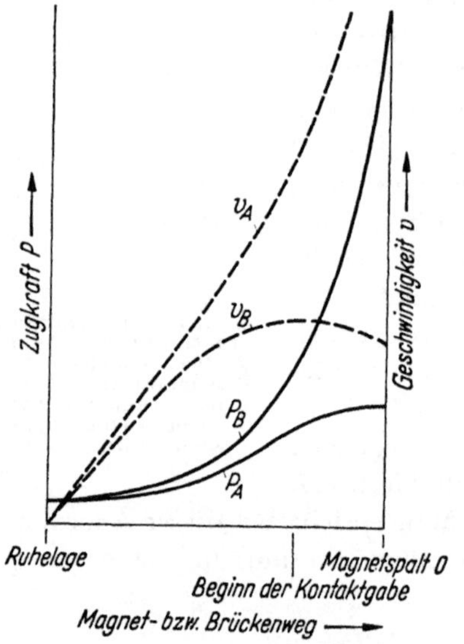

Abb. 62. Kraft- und Geschwindigkeitsverhältnisses bei der Kniehebelübersetzung
P_A = Kraft am Anker;
P_B = Kraft an der Brücke;
v_A = Ankergeschwindigkeit;
v_B = Brückengeschwindigkeit

Die *Magnetkraftentwicklung* muß dem *Kraftbedarfsdiagramm* (s. Abb. 41 u. 45) möglichst gut *angepaßt* werden. Bei zu weit gehenden Abweichungen, d. h. Überschußkräften, wachsen die Beschleunigungen und dementsprechend auch die Geschwindigkeiten. Wo die Anpassung der Magnetkraft mit einer Übersetzung nicht zu erreichen ist, kann auch der Kraftbedarf durch Rückstellfedern gesteigert werden. Je nach der Art der Anbringung können solche Gegenkräfte in der Ausgangsstellung des Gerätes einen Höchstwert und bei der Schließbewegung einen verminderten Wert aufweisen, so daß sie dann, wenn die Kontaktkräfte zur vollen Entfaltung kommen, möglichst ohne Einfluß bleiben. Man kann auch den Magnethub größer wählen als den Hub des Schaltstückträgers. Das gilt vor allen Dingen, wenn man mit Rücksicht auf die Wiederzündverhältnisse mit einem geringen Kontaktspalt arbeiten will (s. S. 58 und auch FRIEDRICH und SCHLAGER sowie SCHLAGER und FRIEDRICH).

Abb. 63 zeigt als Beispiel die Aufbaustufen eines Gerätes nach Abb. 58 l. In den Grundsockel a mit eingelegten festen Schaltstücken, Anschlußklemmen und Löschblechen wird der bewegliche Kontaktträger b, in den der Magnetanker eingepreßt ist, nach c hineingeschoben. Das Konstruktionselement b bildet einen rechteckigen Rahmen. In ihn wird dann die

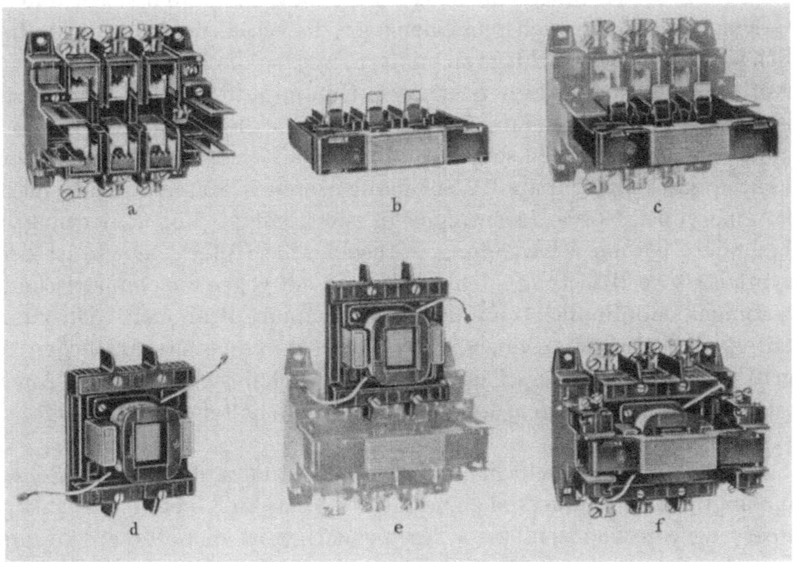

Abb. 63a bis f. Aufbau eines Gerätes nach Abb. 59.2 Teilbild 11 (Klöckner-Moeller)

a) Sockel mit eingesetzten Anschlußklemmen, feststehenden Schaltstücken und Löschblechen;
b) einzuschiebender Rahmen mit den beweglichen Schaltstücken und dem beweglichen Magnetanker;
c) nach erfolgtem Einbau von b;
d) Einsatzplatte mit aufgesetztem feststehenden Magnetteil und Schaltspule;
e) Einsatz von d in c;
f) komplettes Gerät mit aufgesetzten Hilfsschaltern

Platte d mit dem aufgesetzten feststehenden Magneten und der Schaltspule nach Abb. e eingeschoben. Hinzu kommen noch 4 umsteckbare Hilfsschalter. Bild f zeigt das vollkommen zusammengebaute Gerät. Der Magnetteil liegt offen und bietet Stellungsanzeige sowie die Möglichkeit der Probebetätigung. Das System der Gegenfedern gewährleistet bei der niedrigsten Anzugsspannung vollen Durchzug.

Die *Parallelführung von Schaltbrücken* und Magneten bei Schützen bereitet, insbesondere bei größeren Geräten, Schwierigkeiten, weil sie die

Gefahr des Eckens in sich birgt. Auf der anderen Seite ist auf diese Weise der einfachste Aufbau möglich. Mit Abstand angreifende Abdruckfedern sind dabei günstig. Für die Führungselemente gilt selbstverständlich der für alle Gleitelemente geltende Grundsatz, daß möglichst nicht zwei gleichartige Stoffe aufeinander einwirken dürfen. Die Magnetführung verlangt große Aufmerksamkeit mit Rücksicht auf gleichbleibende Anzugs- und Abfallspannung sowie die Lebensdauer. Man wird jede Reibung zu vermeiden suchen und greift deshalb auch zu Rollen und Kugeln. *Drehachsen* weisen oft Nadel- oder Rollenlager auf. Statt der Drehbolzen und der Gelenke findet man auch Schneidenlager, die verhältnismäßig unempfindlich sind. Um harte Schläge zu mildern, werden die Magnethälften an der Auflagestelle mit Federn oder auch Gummipuffern bzw. Schaumstoff abgefedert. Dadurch dämpft man vor allem die Abfallenergie. Es ist auch wichtig, dafür zu sorgen, daß die Polflächen der beiden Magnethälften sich immer parallel zueinander stellen können. Auch hierfür ist eine vollelastische Lagerung sehr zweckmäßig. Von Bedeutung insbesondere bei der Verwendung wechselstromerregter Magnete ist deren symmetrische Belastung. Jedenfalls sind sie gegen unsymmetrische Belastungen empfindlich und neigen dann zum Brummen. Unsymmetrische Belastungen können insbesondere durch unterschiedlichen Angriff von Federn der verschiedensten Art, durch unsymmetrischen Angriff zusätzlicher Belastungen wie z. B. von Hilfsschaltgliedern und dgl. entstehen.

Gelegentlich versucht man auch, die Leistungsaufnahme der Schütze im eingeschalteten Zustand zu vermeiden, ohne zu Klinken und sonstigen Sperrungen greifen zu müssen. Noch wichtiger ist aber oft die Forderung, daß das Schütz seinen Betriebszustand unabhängig von der Betriebsspannung z. B. einer gewollten oder ungewollten Betriebsunterbrechung beibehält, bis ein entsprechender Gegenbefehl erteilt wird. Auch soll die Anfälligkeit gegen Unterspannung beseitigt werden. Zum Aufbau dieser Geräte geht man z. B. unter Verwendung eines magnetisch harten Werkstoffes davon aus, daß sogar bei Wechselstrom und Erlöschen des Steuerstromkreises noch ein ausreichend starker remanenter Kraftfluß zurückbleibt, um das Gerät mit Sicherheit im angezogenen Zustand zu halten „*Remanenzschütz*" oder „*magnetisch verklinktes* Schütz" [Wagner, Zandra (2)]. Diese Schütze mit Remanenzmagnet unterscheiden sich von den normalen Kleinschützen im wesentlichen nur durch das Magnetmaterial. Sie bleiben auch nach Wegnahme der Steuerspannung in der Kontaktlage, bis der remanente Magnetismus durch eine richtig dosierte Entmagnetisierung von außen wieder beseitigt wird. Im Gegensatz zu mechanisch verklinkten Schützen (s. S. 130), mit denen man dieselben Wirkungen erzielen kann, haben sie keine dem Verschleiß unterliegende Klinken u. dgl.

Die Geräte werden für Gleichstromerregung gebaut. Zum Ausschalten des Schützes wird dann z. B. die Spule von einem Wechselstrom mit Gleichstromkomponente oder mit der der Einschalterregung entgegengerichteten Halbwelle des Wechselstromes durchflossen, wobei dieser Gleichstromanteil der Einschaltmagnetisierung entgegengerichtet ist. Bei dieser Lösung ist es nicht notwendig, das Ausschaltkommando zu einem genau dosierten Impuls umzuformen, außerdem kann es beliebig lang anstehen s. Häusler. Bei einer anderen Anordnung hat die Spule zwei Wicklungen. [Stettner (1)]. Oder aber man schaltet der Einschaltwicklung einen Kondensator vor, der im ausgeschalteten Zustand durch ein Schaltglied des Schützes überbrückt ist. Die Erregung hört mithin in der Einschaltlage auf und es bleibt nur der remanente Magnetismus zurück. Die Entmagnetisierung erfolgt über eine zweite Wicklung. In allen Fällen tritt an die Stelle eines Doppeltasters mit einem Öffner und einem Schließer ein solcher mit zwei Schließern. Es ist darauf zu achten, daß das Ein- und Ausschaltkommando nicht gleichzeitig gegeben werden kann, da in diesem Fall keine eindeutige Schaltstellung bestimmt wäre. Die Befehlsgeber müssen also mechanisch oder elektrisch gegeneinander verriegelt sein.

Im Interesse der universellen Anwendung werden u. U. noch einige Forderungen gestellt [Meyer (6)]. So z. B. soll es zulässig sein, die Einschalt- oder Ausschaltwicklung dauernd zu erregen, obwohl nur ein kurzer Impuls zur Steuerung erforderlich ist. Ferner soll eine gleichzeitige Erregung der beiden Wicklungsteile, also sowohl der Einschalt- als auch der Ausschaltwicklung, nicht zu Schäden am Gerät oder zum Flattern führen. Auch sollen sich die beiden Wicklungsteile nicht induktiv beeinflussen. Es sollte möglich sein, zwei Remanenzschütze antiparallel zu schalten, d. h. mit ein- und demselben Befehlsgeber das eine Gerät ein- und gleichzeitig das andere auszuschalten und umgekehrt. Das bedeutet die Möglichkeit, eine gemeinsame Einschalt- oder Ausschaltleitung für mehrere Remanenzschütze zu verwenden. Durch die Ein- und Ausschaltimpulse soll der Schaltzustand der nicht betroffenen Geräte nicht verändert werden.

Ein Vorzug ist die Geräuschlosigkeit im Betrieb, ferner daß u. a. bei Maschinenausrüstungen und Abschmelzen einer Steuerleitungssicherung diejenigen Schütze, die mit Rücksicht auf die Unfallverhütung nicht ausfallen dürfen, eingeschaltet bleiben und erst abgeschaltet werden, wenn der Entregungsstromstoß hinzukommt. Weiter sind sie wichtig für Folgesteuerungen, z. B. bei Transportstraßen, bei denen während einer Betriebsunterbrechung das Programm nicht gestört werden darf und die Maschine bei Spannungswiederkehr in dem gleichen Betriebszustand, der bei der Unterbrechung vorhanden war, wieder anlaufen muß. Andernfalls müßte nach jeder Unterbrechung der Steuerspannung das Programm von einer bestimmten Ausgangsstellung neu angefahren werden, damit die mechanischen Teile mit der elektrischen Steuerung wieder in Takt kommen. Die Geräte können auch an Stelle von Schrittschaltwerken (s. S. 223) eingesetzt werden. Selbstverständlich ist in diesem Fall darauf zu achten, daß das Weiterschalten von Schritt zu Schritt mit Überlappung erfolgt, denn nur das jeweils eingeschaltete Schrittschütz kann bei diesem Minimum an Geräteaufwand eine Aussage über den nächstfolgenden Schaltschritt machen. Erst wenn dieser eingeschaltet ist, veranlaßt er seinerseits das Löschen des ihn vorbereitenden vorigen Schrittes. Den Aufbau einer solchen Schaltung zeigt beispielsweise Häusler. Die gleiche Aufgabe läßt sich natürlich mit Kipprelais (s. S. 213) oder mit verklinkten Schützen (s. S. 130) lösen.

Die heute *verbreitetste Schützform* ist die als Luftschütz. Gekennzeichnet wenigstens bei Geräten kleinerer und mittlerer Größe durch Doppel-, wenn nicht gar Vierfachunterbrechung je Pol, u. U. in der Wirkung verstärkt durch Löschblechsysteme. Die Vielfachunterbrechung vermeidet bewegliche Stromzuführungen (Bänder, Litzen). Die reine mechanische Lebensdauer liegt bei Werten bis zu $10 \cdot 10^6$ Schaltungen, in Sonderfällen noch höher. Das Schaltstückmaterial ist weitgehend Silber oder Silberverbindungen. Bei Gleichstrom muß man wegen der Stoffwanderung oft mit Legierungen statt Reinsilber arbeiten.

In Anpassung an die Marktbedürfnisse sind auch *Schützenreihen in zwei Richtungen* durchgebildet worden. Einmal für geringe Schalthäufigkeit und hohe beherrschbare Leistung, das andere Mal umgekehrt unter Hervorhebung der Schalthäufigkeit bei gleichzeitiger Leistungsminderung. Dieser Unterscheidung zugrunde liegt die Tatsache, daß von etwa 70 v. H. aller Schütze, wenn nicht noch mehr, nur eine verhältnismäßig geringe Schalthäufigkeit von z. B. 40 bis 60 Schaltspielen je Stunde gefordert wird, während höhere Schalthäufigkeiten sehr häufig auch mit schwerem Schaltbetrieb also den Ansprüchen der Kategorie AC_4 (s. S. 289) einhergehen. Die Lösung der gestellten Aufgabe bedeutet eine Umstellung von Schützen auf eine andere Geräteklasse (s. S. 237), wobei bei einer niedrigeren Klasse eine höhere Leistungsausnutzung möglich sein soll. Über eine solche Umstellung [Franken (28), Meyer (3) u. Seck (2)]. Für die bescheideneren Ansprüche kommen Schütze mit einer Gerätelebensdauer von $0{,}5 \ldots 1 \times 10^6$ Schaltspiele in Betracht. Ein solches Gerät wird man natürlich hinsichtlich seiner Reibungswiderstände, Schlagkräfte und dgl. anders gestalten können, als ein solches der Klasse E mit der 10fachen Prüfschaltzahl. An sich liegt der Gedanke nahe, diese Aufgliederung nicht nur zweifach sondern mehrfach durchzuführen.

Es ist nicht zweckmäßig, eine höhere Lebensdauer, d. h. eine höhere Schalthäufigkeit nur dadurch zu gewinnen, daß man einfach die Leistung des Geräts herabsetzt, sondern es sind Eingriffe bei der Konstruktion von

Vorteil. Zur Herabsetzung der Lebensdauer bei steigender Leistung kann man z. B. mit höheren Anfangskontaktkräften und dafür geringeren Kontaktdurchhub, d. h. geringerem Abbrandvolumen bei gleicher Magnetausführung arbeiten. Abb. 64 zeigt ein Diagramm für eine solche Umstellung bei einem Gerät mit gestaffelter Kontaktgabe unter Beibehaltung der Magnetkräfte. Während bei großem Abbrandvolumen mit drei nacheinander angreifenden Kontaktstücken (a) und entsprechend geringerer Anfangsdruckkraft gearbeitet wurde, ist bei geringerer Lebensdauer der Geräte nur eine zweifache Staffelung mit etwa doppelter Kontaktanfangskraft (b) vorhanden, so daß die Lebensdauer durch das verminderte Abbrandvolumen sank und das Gerät damit in eine niedrigere Klasse gebracht wurde, bei Steigerung der Motorleistung entsprechend der höheren Kontaktanfangskraft und damit des Einschaltvermögens. Bei der Anordnung nach Abb. 13, S. 27, wurden dagegen die Magnetkräfte bei der Steigerung auf hohe Gerätelebensdauer herabgesetzt. Die durch die Schraffur jeweils gekennzeichneten für die Beschleunigung in Betracht kommenden Flächen sind in letzterem Falle bedeutend geringer, deshalb stieg die Geräte-Lebensdauer bei allerdings auch beträchtlicher Verminderung der Leistung bedeutend an, so daß das Gerät statt der Klasse D der Klasse E zuzuordnen war, [Franken (28)]. Um lediglich Klassenunterschiede zu erzielen, genügt auch u. U. eine mehr oder weniger genaue Tolerierung der Einzelteile (s. S. 237).

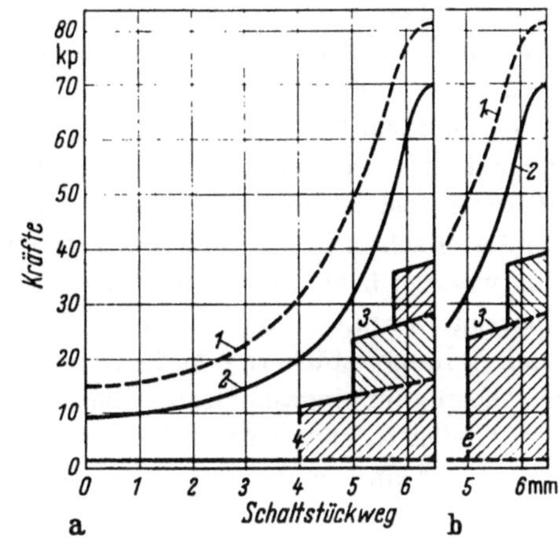

Abb. 64a u. b. Umwandlung eines Schützes
a) Geräteklasse E,
b) Geräteklasse D
1 = Magnetkräfte bei 100 v. H. Spulenvolt;
2 = Magnetkräfte bei 80 v. H. Spulenvolt;
3 = Druckkräfte der Schaltstücke

Solche Modifikationen werden bei mehreren Firmen durch *unterschiedliche Farben* gekennzeichnet, z. B. grün für Klasse D, rot für Klasse E. Die Methode erlaubt in einer groben Abstufung eine möglichst günstige Material- und Raumausnutzung und erspart die Durchkonstruktion getrennter Modellreihen wie sie z. B. im Ausland in Anlehnung an die unterschiedlichen Bedürfnisse einer Arbeitsmaschine mit hohen Schaltzahlen und hohen Ansprüchen im Gegensatz zu einer solchen mit langer Laufzeit und geringen Schaltzahlen gefordert werden [z. B. Jermolajew]. *Ölschütze* werden nach den Grundformen Abb. 58e und f ausgeführt. Ein Gerät, bei dem nur der Magnet in Öl arbeitete s. FRANKEN (10, 12).

Gelegentlich wird, insbesondere auch bei größeren Konstruktionen für *Drehstrom* vor allem im Schwerbetrieb (über 1000 S/h) ein *Gleichstrommagnet* verwandt. Der Magnet hat hier betrieblich einige Vorzüge. Die bei Wechselstrom durch die unterschiedlichen Ausgleichsvorgänge je Phasenlage beim Einschalten festzustellenden unterschiedlichen Zeit-Kraft-Diagramme fallen weg. Der Kraftverlauf ist lediglich durch die Spannungen und die dem Magnetsystem innewohnenden Induktivitäten bzw. seine Zeitkonstante gegeben. Das Ummagnetisierungsgeräusch also das oft lästige Brummen der Wechselstrommagnete verschwindet, aber auch der besonders harte Schlag, der bei ungünstigen Ausgleichsströmen gelegentlich auftritt und die Lebensdauer der Magnetblechpakete stark herabsetzen kann. Weniger wichtig sind die oft ins Feld geführten Vorteile, die darin bestehen sollen, daß ein massives Magnetsystem möglich gemacht ist. Der Magnet aus Blechen ist allgemein leichter herzustellen als die Massivmagnete, die spanabhebende Bearbeitung verlangen. Besonders nachteilig bei dem Gleichstrommagneten ist die Notwendigkeit, ihn, wenn er bzw. seine Spule nicht überbemessen werden soll, mit einem Sparschalter und einem Sparwiderstand zu versehen. Man findet deshalb auch in immer stärkerem Maße so bemessene Magnete, daß sie der Stromminderung im eingeschalteten Zustand nicht bedürfen. Die Verwendung von Gleichstrom hat natürlich den Nachteil, daß Gleichrichterelemente notwendig sind, wobei nun entweder das ganze Steuersystem mit einem Gleichrichter betrieben wird oder man den einzelnen, vielleicht den größeren Schützen, besondere (u. U. eingebaute) Gleichrichter vorsetzt. Gelegentlich werden bei höheren Schaltzahlen auch vom Standpunkt der Erwärmung aus gesehen, noch Vorteile festgestellt. Mit Gleichstrommagneten lassen sie eher Prellungen vermeiden als mit wechselstromerregten Magneten und ihrer unterschiedlichen Aufschlagenergie. Wegen der geringen Steuerleistung der Gleichstrommagnete sind diese Schütze als Endstufen in Verbindung mit elektronischen Steuerungen besonders geeignet. *Hilfs-* und *Steuerschütze* s. S. 221, *Steckschütze* s. S. 118.

2.32 Die Isolation

Für die Isolation sind maßgebend die „Luftstrecken“ der verschiedenen Pole gegeneinander und gegen Erde sowie die Wege über die Isolierstoffe hinweg, die „Kriechwege“. Außerdem unterscheidet VDE 0110 von den beiden genannten Begriffen noch die „Abstände“. Letztere kommen nur dann in Betracht, wenn es gilt, Einbau- und Anschlußtoleranzen zu berücksichtigen, also wenn Gefahr besteht, daß durch unvermeidliche Ungenauigkeiten beim Einbau und Anschluß die Mindestluft-

und Kriechstrecken unterschritten werden können. Das gilt für das Einzelschütz, Relais und dgl. nicht, sondern gelegentlich für die Anschlußstellen und für die etwa in eine Kombination eingebauten Sammelschienen. Für die genannten Werte — insbesondere die Kriechwege — lassen sich keinerlei Zahlen mit wissenschaftlicher Begründung angeben. Zur Verhinderung des Spannungsübertritts über unzerstörte Isolierstoffflächen genügten schon außerordentlich kleine Kriechwege. Sie brauchten nicht größer zu sein als die Schlagweiten für den Spannungsübertritt in Luft.

Die Einflüsse der Umgebung machen aber größere Wege erforderlich. Es hat sich in der Praxis die Methode herausgebildet, nach dem Grad der Wichtigkeit der betreffenden Geräte die Kriech- und Luftstrecken abzustufen. In VDE 0110/5.65 sind, unter diesem Gesichtspunkt gesehen, Werte festgelegt, die für einzelne Anwendungsbereiche als Mindestwerte verbindlich sind. Die Schütze als Schaltgeräte nach VDE 0660 fallen hierbei mindestens unter die Gruppe C, der die Betriebsmittel für die Verwendung in industriellen, gewerblichen und landwirtschaftlichen Betrieben u. dgl. zugeordnet sind. VDE 0110 verlangt, daß bei besonders großem Staub- und Feuchtigkeitsgehalt der Luft in diesen Räumen, sowie bei chemischer Einwirkung, z. B. von Gas und Dämpfen, wenn die Bemessung der Kriech- und Luftstrecken nach der Gruppe C allein nicht genügt, außerdem noch eine entsprechende Kapselung anzuwenden ist. Das gilt z. B. für Kohlenstaubbetriebe, Zementfabriken, Molkereien, chemische Fabriken usw.

Die Gruppe C muß also gefordert werden bei Schaltgeräten an Werkzeugmaschinen, ferner für Hebezeuge, Transportanlagen, Walzwerke, Hüttenindustrie, industrielle Elektrowärme, Schiffe, Bahngeräte in Führerräumen, in abgeschlossenen Schränken u. dgl., sofern die Geräte gegen das Eindringen von Staub, Schnee usw. geschützt sind. Andernfalls ist eine noch höhere Gruppe notwendig. Das sind aber Anwendungsgebiete, in denen auch die Schütze in erster Linie Anwendung finden. Infolgedessen ist es Grundsatz, daß sie nach der Gruppe C isoliert sein müssen. Das gilt aber nicht nur für die Schütze, sondern auch für alle Hilfsgeräte, Befehlsschalter, Hilfsrelais u. dgl. Für Geräte nach der Schutzart „erhöhte Sicherheit“ in schlagwetter- und explosionsgefährdeten Betrieben, werden u. U. noch Werte verlangt, die über die der Gruppe D hinausgehen (s. VDE 0170/0171).

Grundsätzlich heißt es in VDE 0110 noch, daß Betriebsmittel der Gruppen B oder C, die durch eine Schutzart nach DIN 40 050 ausreichend geschützt sind, in die nächst höhere Gruppe C oder D eingereiht werden können. Diese Erleichterung ist natürlich nicht möglich, wenn die Schutzart bereits angewandt werden muß, weil die atmosphärischen Einwirkungen in den industriellen Räumen sie notwendig machen. Das ist der Grund, daß bei Schaltgeräten keine Unterscheidungen mehr gemacht werden können, sondern man grundsätzlich nach der genannten Gruppe C arbeitet.

Für schwere Industrie-Schütze, z. B. solche für die Hüttenindustrie, wird bezüglich der Kriech- und Luftstrecken auch noch Aufbau nach Gruppe D gefordert. Es bilden sich in diesen Anlagen starke Staubschichten, s. z. B. GEBAUER und BECK sowie KLEINER.

Die *Zahlenwerte der Kriechstrecken* (s. Tab. 4 a und b) hängen nach VDE 0110 von der Form der Strecke und dem Kriechstromverhalten des Isolierstoffs ab. Für die Einteilung ist maßgebend, ob die Strecken Rippen aufweisen oder nicht. Für das Kriechstromverhalten werden Stufen gemäß VDE 0303 Teil 1/9.64 zugrundegelegt. Sie tragen die Bezeichnung KA 1—3. Es kommen auch Mittelwerte zwischen den Kriechstrek-

Tabelle 4. *Kriech- und Luftstrecken der Gruppe C nach VDE 0110/5/65 sowie Prüfspannungen nach VDE 0660 Teil 1*

Reihenspannung[3] bis Volt Gleich-spannung	Wechsel-spannung	Kriechstrecke mm a	b	Luftstrecke mm	Prüfspannung V
60	60	2	3	2	1000
110	125	2,5	3,5	2,5	1500
250	250	3(4)[2]	4(6)[2]	3(4)[2]	2000
440	380	4	6	4	2500
600	500	6	10	6	2500
800	750	10	14	8	3000
1200	1000	14	20	10	3500
1500	1500	20	28	14	5000
2000	2000	28	36	20	7000
3000	3000	36	50	28	10000
6000	6000	70	90	50	20000[1]

[1] Nur für Wechselstrom festgelegt.

[2] Die Klammerwerte gelten gegen Schutzleiter, Erde, Befestigungsauflage, Wand u. dergl.

[3] Statt „Reihenspannung“ heißt es jetzt in VDE 0660 „Nennisolationsspannung“

ken a und b vor. Die Werte a gelten grundsätzlich für anorganische Stoffe wie Keramik, Glas, Glimmer u. dergleichen ohne Rücksicht auf die Formgebung der Strecke, die größeren Werte b für organische Stoffe der Isolierstoffgruppe KA 1 u. 2 ohne Rippen. Dazu gehören beispielsweise Preßstoffe auf Phenolharzbasis mit Holzmehl als Füllstoff und für höhere Ansprüche hinsichtlich der mechanischen Festigkeit mit kurzfaserigen Zellstoffen, Schnitzeln, Textilfasern u. dgl. Mit Rippen gelten bei ihnen Mittelwerte zwischen a u. b. Bei der Isolierstoffgruppe KA 3 gelten auch ohne Rippen die Zwischenwerte, mit Rippen die niedrigsten Werte a. Zu dieser Gruppe gehören die auf Harnstoff- und Melaminbasis aufgebauten Preßstoffe, s. a. DIN 7708. Die Thermoplaste gehören zu den Gruppen KA 1 u. 2.

In mehreren nationalen Vorschriften geht man bezügl. der Luft- und Kriechstrecken, bedingt durch die unterschiedlichen klimatischen Ansprüche der betreffenden Gebiete, wie z. B. USA und Kanada über das deutsche Niveau hinaus. Auch die IEC-Publikation 158-1 Teil 1 für Schütze enthält zum Teil höhere Werte. Bis 63 A Nennstrom entsprechen sie in etwa der deutschen Gruppe C, über 63 A der Gruppe D. Dabei sind die Werte zwischen spannungsführenden Teilen kleiner gehalten als die zwischen spannungsführenden und berührbaren, normalerweise nichtspannungsführenden, also Erde. Die Kriechstromsicherheit ist nicht nur von der Güte der Isolierstoffe, sondern auch von der Ausbildung der Kriechstrecke und der Kapselung abhängig.

Ein weiteres Maß für die Isolation bietet die vorgeschriebene *Spannungsprüfung* nach VDE 0660, die aber bei den vorgesehenen Kriech- und Luftstrecken mehr den Zweck hat, Fehler im Isolierstoff aufzudecken. Vorgeschriebene Werte s. Tab. 4. Da die Masse der Geräte im Niederspannungsgebiet mit 2500 V probiert werden muß, ist es üblich, die Schütze grundsätzlich mit mindestens dieser Spannung zu überprüfen. An sich könnten bei den vorgeschriebenen Luftstrecken die Prüfspannungen ganz bedeutend höher sein. So ist z. B. bei einem 380-V-Gerät bei 4 mm Luftstrecke, ein Überschlag erst bei 4500 V zu erwarten, so daß man ohne Schwierigkeiten auf 3000 V Prüfspannung gehen könnte.

Die Verwendung der Keramik als Isolierstoff ist im Niederspannungsschaltgerätebau, sehr stark zurückgegangen [Franken (21)]. Ihr Vorzug liegt einmal in ihrem niedrigeren Preis, dann für einige Anwendungsgebiete in ihrer größeren Starrheit und geringeren Wärmeempfindlichkeit. Ihr Nachteil in der für die modernen Konstruktionen nicht ausreichenden Genauigkeit. Ein weiterer Vorzug liegt bei der Kriechstromfestigkeit, die bei Isolierpreßstoffen zum mindesten nicht bei allen Stoffen das gleiche Ausmaß erreicht. Die Preßstoffe werden nicht nur für die Isolierung verwandt, sondern auch als Konstruktionselemente schlechtweg, wobei die leichte Herstellbarkeit auch verhältnismäßig komplizierter Stücke und die Korrosionsbeständigkeit im Vordergrund steht. Nachteile können aus der etwas geringen Wärmebeständigkeit entstehen, wenn Schrumpfung und Nachhärtung unzulässige Veränderungen hervorrufen. Hier ist Stoffwahl, Form und Herstellung entscheidend.

In einem gewissen Umfang sind durch die Anwesenheit von Isolierpreßstoffen Metallkorrosionen möglich. Die beim Geräteaufbau unvermeidliche Nachbarschaft leitender und nichtleitender Stoffe führt gelegentlich zu chemischen bzw. elektrochemischen Reaktionen zwischen diesen Werkstoffgruppen. Der Ablauf der Vorgänge wird, wie auch sonst fast immer durch äußere Einflüsse, wie Feuchtigkeit, Temperatur, das Vorhandensein von Gleichströmen, Luftsauerstoffen und unter Umständen auch durch Lichteinwirkung beeinflußt. Die Praxis hat aber gezeigt, daß gelegentliche Schwierigkeiten in dieser Richtung nur bei Gleichstromkreisen auftreten, wenn die Lüftung beschränkt ist, also der Gasentwicklungsherd in Verbindung mit den Metallteilen zu eng abgekapselt ist. Isolationsfragen machen bei Steuerungen häufig Schwierigkeiten, wenn mit den Geräten der klassischen Bauart, wie Schützen und ihren Befehlsgeräten usw., auch Mittel der Schwachstromtechnik und der Elektronik, also Schaltelemente geringeren Isolationsvermögens, zu verbinden sind (s. S. 346).

2.33 Leichte Auswechselbarkeit

Bei den Geräten wird häufig noch auf *leichte Auswechselbarkeit* bestimmter Teile Wert gelegt. Über die Notwendigkeit der Auswechslungsmöglichkeit kann man zum mindesten streiten. Es ist in der heutigen Steuertechnik unerwünscht, Spulen oder Schaltstücke auszutauschen. Durch Schadensfälle und nicht zu verhindernde Störungen kann es gelegentlich einmal angenehm sein. An sich ist der Austausch der *Spulen* nach den heutigen Fertigungsmethoden kaum einmal notwendig, weil eine Spule Schaden gelitten hat. Das kann in der Hauptsache nur dann eintreten, wenn besonders ungünstige Spannungsverhältnisse vorherrschen, die ein Gerät, ohne daß es anzieht oder durchzieht, längere Zeit unter Spulenüberströmen stehen lassen. Sei es nun bei Wechselspannungen der hohe Einschaltstrom oder bei Gleichstrom die Stromstärke, ehe der Sparwiderstand vorgeschaltet wird. Ein anderer Grund könnte darin bestehen, daß man nachträglich die Steuerspannung ändern will. Bei einer einheitlichen Steuerspannung von 220 V (s. S. 309) tritt eine solche Notwendigkeit nicht mehr auf. Sie wäre auf die außerordentlich seltenen Fälle beschränkt, wo man aus bestimmten Gründen mit Kleinspannung arbeiten muß. Eher könnte schon bei Auslandslieferungen in diesem Punkt ein weitergehendes Interesse herrschen, wo zu der vielleicht abnormen Spannung, z. B. 110 V, u. U. auch noch die abnorme Frequenz hinzukommt. Die Möglichkeit, eine Spule auswechseln zu können, sollte deshalb im allgemeinen gegeben sein. Es ist aber nicht zu verantworten, wenn man mit Rücksicht darauf nun Konstruktionen schafft, die Störungsmöglichkeiten einschließen, also mit Klinken arbeiten, oder bei denen die Kontaktgebung auf Federspannungen angewiesen ist. Bei den Schaltschlägen, die auf jedes Schütz immer wieder einwirken, ist eine feste Verbindung aller Elemente, soweit sie irgendwie möglich ist, unbedingt vorzuziehen. Die Eleganz einer solchen leichten Auswechselbarkeit wird u. U. mit höherer Störanfälligkeit erkauft. Man sollte den bequemen Austausch durch keinerlei Kompromisse zuungunsten der Betriebstüchtigkeit des Gerätes erkaufen. Bei schweren Betriebsbedingungen, z. B. im Hüttenbetrieb, darf ein Schaden am Schütz, der zu einem Stillstand der gesamten Anlage führt, gar nicht erst auftreten. Selbst bei leichtester Auswechselbarkeit des Schützes wirkt u. U. die Zeit, die zum Suchen des Fehlers und zur Auswechslung notwendig ist, sehr störend. Es ist also zweckmäßig, daß bereits vor dem Ausfall des Gerätes in den Betriebspausen durch leichte Aufdeckbarkeit der wesentlichen Elemente feststellbar ist, ob Auswechselungen geraten erscheinen. (SEEGERT und BECK.) Hier hilft u. a. die durchsichtige Abdeckung der Geräte, s. S. 230.

Ein anderes Kapitel ist das der Auswechselbarkeit der *Schaltstücke*. Wie auf S. 294 auseinandergesetzt, ist es bei den heutigen Verhältnissen nicht zweckmäßig, eine Schaltstückauswechslungsmöglichkeit überhaupt einzukalkulieren. Die Zahl der Kontaktstellen ist in neuzeitlichen Steuerungen meist so groß, daß eine Kontrolle ohnehin nicht durchführbar ist. Die Ausfallzeitpunkte sind verschieden. Andererseits führt aber ein nicht beachteter Ausfall u. U. zum Stillstand großer Anlagen. Man sollte also alles tun, um die Geräte so auszulegen, daß sie einschließlich ihrer Schaltstücke Maschinen- bzw. Anlagenlebensdauer haben, und eine Auswechslung während der Lebensdauer der Arbeitsmaschine nach Möglichkeit vermieden werden kann. Dieser Gedanke hat sich leider noch nicht allenthalben durchgesetzt und deshalb wird auf die Auswechselbarkeit der Schaltstücke gelegentlich noch Wert gelegt. Die Auswechslung ist bei den heutigen Konstruktionsformen, den kleinen Kontaktspalten, den verhältnismäßig kleinen Hüben und geringen Durchfederungen gar nicht so einfach, denn der Einsatz neuer Stücke muß sehr präzise erfolgen, es müssen also Einrichtungen geschaffen werden, die die Durchführung dieser Präzision überhaupt erlauben. Gelegentlich wird mit einiger Berechtigung eingewandt, daß die Auswechslung außerordentlich erwünscht ist, wenn das Gerät einmal aus irgendeinem Grund Schaden gelitten hat, z. B. ein Kurzschluß über es hinweggegangen ist, der zum Verschweißen der Schaltstücke führte. Es erscheint aber trotzdem richtiger, auch diesen Gesichtspunkt nicht gelten zu lassen und sich in einem solchen Schadensfall auf den Austausch eines ganzen Schützes zu beschränken. Die Nichtauswechselbarkeit der Schaltstücke führt überdies zu einer höheren Qualität des Gerätes selbst, denn es wird einfacher. Verlagerungen und Lockerungen der Schaltstücke sind nicht denkbar. Meistens ist auch noch ein anderer Umstand zu beachten. Wenn wirklich jemand bei der Auslegung nicht daran gedacht hat, daß das betreffende Gerät Tippschaltungen (s. S. 291) auszuführen hat und er infolgedessen unter Berücksichtigung der Schalthäufigkeit das Gerät zu klein gewählt hat, dann nutzt ihm eigentlich auch die Auswechslung der Schaltstücke nichts, denn diese Überbeanspruchung hat meist das ganze Gerät in Mitleidenschaft gezogen. Mit der Auswechselbarkeit der Schaltstücke ist dann die Aufgabe nicht gelöst, sondern das Gerät ist in diesen Fällen eben wirklich zu klein und muß durch ein anderes ersetzt werden, denn, da der Abbrand beim Ausschalten des Stillstandstromes im Gegensatz zu dem beim Ausschalten des Nennstromes bei verminderter Spannung ganz bedeutend viel höher ist, würde andernfalls, selbst bei guten Auswechselmöglichkeiten, ein zu häufiger Eingriff notwendig sein [s. auch SECK (1)].

Hersteller, die diesen Argumenten nicht die Durchschlagskraft beimessen, wie sie vorstehend geschildert wurde, suchen nun die verschiedensten Wege, um die leichte Auswechselbarkeit zu ermöglichen. Es ist beispielsweise bei einem Gerät mit Parallelführung der Polbrücke und der beweglichen Schaltstücke die Brücke so angeordnet, daß sie nach Zurückschieben eines Riegels abgeklappt werden kann. Dann liegen selbstverständlich die festen Schaltstücke und auf der heruntergeklappten Brücke auch die beweglichen Schaltstücke offen. In anderen Fällen werden die Führungselemente einer derartig parallel bewegten Brücke zurückgebogen, so daß die Brücke, mit demselben Effekt wie vorhin geschildert, aus der Führung herausgenommen werden kann. Oft sind die Konstruktionen dann so eingerichtet, daß man hierfür nicht einmal ein Werkzeug braucht. Man ist aber auch noch weitergegangen und hat die Schaltstücke umsteckbar gemacht, so daß ein Schaltstück, das an der einen Seite verschlissen ist, nun durch diese Umlagerung nochmals bei neuer Kontaktfläche in Betrieb genommen werden kann.

Bei gewissen Anwendungsarten ist es wünschenswert, das Schütz als Ganzes schnell auswechseln zu können. Für diesen Zweck wurden *Steckschütze* entwickelt, bei denen sowohl die Hauptstrom- wie die Hilfsstrombahn nur über Steckkontakte, die ortsfest verbleiben, geführt werden. Diese Konstruktionen sind natürlich teurer und haben sich deshalb bei Schützen noch nicht so sehr durchgesetzt. Auch werden Schütze, insbesondere Hilfsschütze, mit *Steckanschlüssen* ausgerüstet, bei denen die Leitungen ohne Verschraubung einzeln abgezogen werden können. Andere Entwicklungen sind gekennzeichnet durch die *Zweiteilung* in ein separates Ober- und Unterteil, wobei die beiden Teile durch Spannfedern zusammengehalten werden. Das Oberteil enthält den Magnetanker und alle Schaltstücke und kann nach Lösen der Spannfedern ohne Lösen der Anschlüsse abgehoben werden. Das Unterteil enthält im Zuge der Leitungsführung die Anschlußklemmen und den Magneten mit der Spule. Der Stromübergang von den Anschlußklemmen des Unterteils auf die festen Schaltstücke des Oberteils erfolgt durch Tastkontakte. Mit dieser Lösung will man praktisch alle Vorteile eines steckbaren Schützes erreichen, ohne die Kompliziertheit einer solchen Konstruktion in Kauf nehmen zu müssen (s. CHRISTELER). Den einfachen Spulenausbau s. auch Abb. 63, S. 107.

2.34 Leitungseinführung

Für den Leitungsanschluß soll in jedem Fall im Klemmbereich genügend Platz gelassen werden, wobei darauf zu achten ist, daß die Zuleitungen nicht an die beweglichen Teile der Schütze anstoßen. Für die Steuerleitungen werden zweckmäßig, zum mindesten bei großer Schalthäufigkeit, Litzen verwandt, nicht unter 2,5 mm². Dabei darf man aber die Litzenenden nicht verlöten (Bruchgefahr), sondern sie sollten mittels Adernendhülsen lediglich angeklemmt werden. Litzenverdrahtungen sind erfahrungsgemäß weniger störanfällig als Massivdrähte, vorausgesetzt, daß sie gut gefaßt sind, also mittels hydraulischer Verpressung oder Kaltverschweißung. Bei der Verlegung massiver Drähte ist es wesentlich, daß der Draht in keiner Weise verletzt worden ist. Die allermeisten Störungen entstehen durch Kerbwirkungen, die entweder bei der Abisolation oder bei der Formierung des Drahtes entstanden sind. Bei einem gegebenen Querschnitt und gegebener Anklemmung ist für die Gefahr eines Bruches die Erschütterungsmöglichkeit und die Masse des in Bewegung gesetzten Drahtes ausschlaggebend. Es ist also sehr wichtig, ob es sich um kurze oder lange Stücke handelt. Die Beanspruchung kann dadurch unzulässig gesteigert werden, daß beim Zusammenfassen mehrerer Drähte die ganze in Bewegung kommende Masse durch die Art der Verlegung an einer einzigen Klemmstelle zerrt.

Die Leitungseinführung geschieht mit den in der Installation üblichen Mitteln wie Stopfbuchsverschraubungen, Stahlpanzerrohren oder auch Gummistopfen, die sich beim Einpressen dicht an Leiter und Gehäuse anlegen. Eine wesentliche Frage ist aber dabei die Lage der Anschlußklemmen, und zwar dreht es sich darum, ob die Klemmen teils oben, teils unten liegen, d. h. also Netzleitung und Ableitung von verschiedenen Seiten erfolgt oder ob alle oben oder unten liegen. Die Lage der Klemmen ergibt sich meistens aus der Grundform des Gerätes. Bei Geräten mit Vertikalbewegung der Kontaktbrücken, sowie bei Ölschützen, ist die günstigste Lage der Klemmen meist oben (s. Abb. 58, S. 100, Teilbilder e, f, g, r). Bei Geräten mit Horizontalbewegung der Polbrücke werden sie vorteilhaft teils oben, teils unten liegen (s. Teilbilder i bis q). Was für den Anwendungsfall am passendsten ist, ergibt sich aus der Anbringungssituation. In vielen Fällen geht Zu- und Ableitung von derselben Seite aus, in anderen ist die durchgehende Leitungsführung zweckmäßiger. Eine Versteifung auf irgendeines der beiden Prinzipien bringt nur jeweils in einem bestimmten Prozentsatz aller Fälle Vorteile. Bei kleinen Geräten insbesondere für Hausgeräte, Ölbrennersteuerungen u. dgl. werden auch Anschlußfahnen für Flachsteckverbindungen verwandt.

2.35 Die Montage

Für die Montage der Geräte ist wesentlich, daß sie den Umwelteinflüssen, insbesondere der Verstaubung, entzogen sind. Das bedeutet Einbau in verhältnismäßig dichte Gehäuse, Schaltschränke u. dgl. oder in entsprechend gelüftete Räume (s. S. 367). Weiterhin ist noch wichtig, daß die Schütze auf einer festen nichtschwingenden Wand befestigt werden, anderenfalls besteht die Gefahr, daß durch die Schaltschläge des Magneten die Schaltglieder in Eigenschwingungen geraten, die der Lebensdauer abträglich sind und unter ungünstigen Bedingungen sogar zu Fehlschaltungen führen können. Die Montage sollte auch nicht an unzugänglichen Stellen erfolgen. Man darf also die Geräte nicht in einer Arbeitsmaschine verstecken.

Schräglagen der Geräte sind nur in beschränktem Umfange zulässig, hierbei sind die Herstellerangaben zu beachten. Häufig kann man bis zu 15° von der Senkrechten abweichen, das Bestreben geht aber dahin, die Betriebssicherheit bei Lageveränderung zu erhöhen, z. B. bis zu 30° der normalen Einbaulage. Es wird auch die Forderung erhoben, daß die Luftschütze in allen möglichen Lagen arbeiten können — „lageunabhängige Funktion". Das ist bei vielen Konstruktionen der Fall, sollte aber nicht zur Grundvoraussetzung gemacht werden. Die Forderung ist durchführbar, wenn die Schwerkräfte zwischen dem Magnet und Federnsystem an Einfluß zurücktreten. Sie ist z. B. bei vielen Kleinschützen, neuerdings aber auch bei einigen Hauptstromgeräten, erfüllt.

Wichtig ist die *Raumtemperatur*. Der Grenzwert nach VDE 0660 liegt bei 35 °C im Tagesmittel. Vorübergehende Erhöhungen bis 40 °C sind zugelassen. Die Geräte im ungekapselten Zustand halten etwa 5 °C mehr aus als die gekapselten, bei Gleichstrom- etwa 5 °C weniger als bei solchen mit Wechselstromerregung wegen des Einflusses der Erwärmung auf den Spulenwiderstand und damit auf die entstehenden Betätigungsströme.

2.36 Korrosionsfestigkeit

In Betrieben mit besonders aggressiver Atmosphäre ist in erster Linie das Ölschütz am Platze, wobei die geringe Schaltstücklebensdauer (s. S. 248) in Kauf genommen werden muß. Grundsätzlich müssen naturgemäß die Metallteile, auch Federn und Schrauben, Schutzüberzüge haben (galvanische Behandlung, Lackierung oder dgl.). Versilberte stromführende Teile werden passiviert, um das Anlaufen der Versilberung durch Sulfidbildung zu verzögern. Schwierigkeiten macht der Schaltmagnet, oder doch wenigstens dessen geschliffene Polflächen, die aufeinander schlagen. Ihre galvanische Behandlung hat bisher nicht zum Erfolg geführt. Das gleiche gilt für den Versuch einer Bonderung.

Die hierbei notwendigen Chemikalien drangen in die Blechpakete ein und führten dann später im Gegenteil zu besonders starkem Rostansatz, der soweit ging, daß die Magnete kleben blieben. Grundsätzlich begnügt man sich mit Schutzschichten, die z. B. bei Versand in die Tropen wenigstens den Rostansatz zeitlich hinausschieben. In Betracht kommen Speziallacke, die einige tausend Schaltungen aushalten, bevor sie mehr oder weniger zerschlagen sind. Die Schutzwirkung ist bei Freiluftbewetterung, im Klimaschrank und im Salzsprühtest im Verhältnis zu unbehandelten Polflächen erstaunlich gut, bei lang anhaltender Feuchtigkeitseinwirkung sind allerdings Rostpunkte möglich. Den Lackschichten etwas überlegen sind Eisen–Phosphat-Schichten, die im Tauchverfahren hergestellt werden. Hierbei können auch die Poren durch Nachbehandlung weiter verstopft werden, wobei Fette und Öle allerdings unzulässig sind, weil sie bei kleinen Magneten zum Zusammenkleben der Magnethälften führen können [s. WOEBCKEN (2)]. Alle solche Schichten dürfen nicht stärker als etwa 5 μ sein, weil sie andernfalls den Luftspalt im Magnetkreis zu sehr beeinflussen. Bei metallischen Überzügen ist dieser Einfluß geringer. Es kommt dann aber darauf an, daß das Material ferromagnetisch ist und keinen hohen Leitwert besitzt.

Bei im Betrieb befindlichen Geräten hat der Rostansatz sich weniger störend herausgestellt als die Anlagerung beim Transport. Lediglich in sehr feuchter Atmosphäre und bei sehr geringer Schalthäufigkeit kann es infolge einer stärkeren Rostschicht zu einem Brummen der Magnete kommen. Die Funktionssicherheit wird jedoch hierdurch nicht berührt. Bei der ganzen Frage handelt es sich in der Praxis um ein nicht allzu schwieriges Problem. Viele Millionen Schütze sind ohne Polflächenschutz der Magnete verwandt worden, ohne daß sich hierbei technische Mängel gezeigt hätten.

Im übrigen sind hinsichtlich des Korrosionsschutzes und der Klimabeständigkeit der Anlagen im gemäßigten Klima (z. B. Mitteleuropa) keine besonderen Maßnahmen erforderlich. Die gleichen Ausführungen sind auch in den subtropischen Gebieten für Anlagen, die sich in geschlossenen Räumen befinden, zulässig. Andernfalls und besonders im tropischen Gebiet sind einige Rücksichtnahmen notwendig. So z. B. werden für den Grundanstrich Alkydharzlacke oder Chlorkautschuk-Bleimennige verwandt. Deckanstriche mit Kunstharzlack werden im Ofen eingebrannt. Kupfer wird weitgehend versilbert und anschließend paraffiniert. Bei Litzen sollten in diesem Fall die einzelnen Adern verzinnt sein. Auch Messing und Bronze sollte man verzinnen oder vernickeln, stromführende Teile möglichst versilbern. Bei Schichtpreßstoffen sind besonders harzreiche Typen zu wählen. Die Temperatur soll im Innern der Gehäuse, z. B. Schaltschränken, höher sein als die Raumtemperatur. Reicht die Eigenerwärmung der eingebauten Geräte nicht aus, dann muß zusätzlich geheizt werden. Auf jeden Fall soll bei Außerbetriebnahme die Heizung automatisch eingeschaltet werden. Man schließt sie also an einen anderen Stromversorger an als den, an den die Steuerung selbst angeschlossen ist. Die Temperaturen werden mit Regeleinrichtungen konstant gehalten. Für die Verdrahtung kommen in erster Linie kunststoffisolierte Leitungen in Betracht, wobei man gegebenenfalls erhöhte Temperaturen berücksichtigen muß. Bei der Bundverdrahtung sollten die Leiterbunde mit etwa 5 bis 10 mm Abstand von den Gerüstteilen befestigt werden, damit Schwitzwasser abfließen kann (s. auch Martin).

Als *normale Betriebsbedingung bezüglich der Umgebungsluft* gilt nach 0660 Teil 1 § 29a, daß die Umgebungstemperatur 40 °C nicht überschreitet und der Mittelwert auf die Dauer von 24 Stunden nicht über 35 °C hinausgeht. Als Jahresmittel wird sogar 20 °C zugrunde gelegt. Die rel. Feuchte der umgebenden Luft soll 50% bei 40 °C nicht überschreiten. Bei geringeren Temperaturen können höhere Luftfeuchtigkeiten zugelassen werden, z. B. 90% bei 20 °C. Auf gelegentlich auftretende mäßige Kondenswasserbildung wird dabei Rücksicht genommen. Darüber hinaus werden aber auch normale Geräte gebaut, die bis zu 90% rel. Feuchte bei 40 °C zulassen und auf die mögliche Betauung Rücksicht nehmen. Es handelt sich hierbei also um die Zulassung eines feuchten Wechselklimas. Anlagen mit weitergehenden Anforderungen laufen unter dem Begriff „tropenfest". Hierbei erfahren die Schaltspulen weitgehend eine Sonderbehandlung, ferner wird auf Insektenfraß Rücksicht genommen und dgl. Ausführungen bezüglich der Klimaprüfung (Mecklenburg), s. auch DIN 40040, 40045 u. 40046 aufgestellt für Bauelemente der Nachrichtentechnik, ferner DIN 50010.

2.37 Internationale Normen und Vorschriften

Der Aufbau der Geräte wird im übrigen von den verschiedenen Normen und Vorschriften beeinflußt. Während die Arbeit VDE 0660 für viele Länder, besonders in Europa richtungsweisend ist, sind z. B. in den angelsächsischen Ländern in manchen Punkten stark abweichende Vorschriften vorhanden, deren Ursache sehr häufig auf die Verschiedenheiten der Umweltbedingungen, aber auch auf die in den einzelnen Ländern unterschiedlich verlaufenden Entwicklungen der Elektrotechnik zurückzuführen ist. Am wichtigsten sind dabei die Kriech- und Luftstrecken, die in den zuletzt genannten Ländern erheblich größere Werte aufweisen als in Europa üblich. Die IEC hat in der Empfehlung für Schütze, Publikation 158–1 1964, zum Teil Werte höher als die der Gruppe C (s. S. 113) festgelegt. Die deutsche Elektroindustrie sucht die Schwierigkeiten bei den Kriech- und Luftstrecken für Schütze dadurch zu überwinden, daß sie die Werte den größeren Beträgen der angelsächsischen Länder angleicht. Die anderen Festlegungen der IEC-Arbeit sind im übrigen in weitem Umfang in 0660 Teil 1 aufgenommen worden, insbesondere die Rezepte für die Prüfung und die Bewertung der Geräte, die verschiedenen Klasseneinteilungen und dgl. Über Einzelheiten der Unterschiede und Schwierigkeiten s. METZGER (1).

2.4 Sonderschütze

Das heute gängigste Schütz ist das Drehstromluftschütz. Sonderformen umfassen den Einsatz in Läuferkreisen, die Einbettung in Öl, das Gleichstromschütz, Hochspannungsschütze und Geräte für besondere Anwendungsgebiete wie z. B. Aufzug-, Bahn- und Kondensatorenschütze.

2.41 Läuferschütze

Für die Läuferstromkreise bei Drehstrommotoren werden gelegentlich Sonderformen geliefert. Sie beziehen sich im wesentlichen auf die Mittel zur Schaltleistungsbeherrschung. So werden z. B. bei Modellen mit Blasspulen diese mit Rücksicht auf die verminderten Schaltleistungsansprüche weggelassen. Die Läuferschütze brauchen nur Teilwerte der Läuferstillstandsspannung zu beherrschen. Außerdem liegt der Widerstand der wieder vorzuschaltenden Stufen dem Lichtbogen parallel und erleichtert die Ausschaltbedingungen beträchtlich.

Ein besonderes Problem stellt die von der Netzspannung abweichende Läuferspannung dar. Das Ausmaß der Isolation (s. S. 112) richtet sich nach der Stillstandsspannung, die nach VDE 0660 aber nur mit 60 v. H. in Ansatz gebracht wird. Im Gegenstrombetrieb wird jedoch vom Nennwert ausgegangen. Läuferschütze brauchen nur zweipolig zu sein, um drei Punkte eines Widerstandssystems miteinander zu verbinden. Bei der Verwendung dreipoliger Geräte ergibt sich aber der Vorteil, daß die Geräte nur für den Läuferstrom: $\sqrt{3}$ ausgelegt werden brauchen, vorausgesetzt, daß die drei Pole im $\triangle$ geschaltet werden.

2.42 Ölschütze

Wechselstromschütze werden unter gewissen Voraussetzungen mit Erfolg unter Öl gesetzt. Die Schaltstücke werden meist mit einer kleinen Relativ-(Wälz-)bewegung ausgeführt, um den Ölfilm und etwaige Ansätze von Metallseifen schneller zu beseitigen, gelegentlich auch zu Erhöhung des Einschaltvermögens. Die Schütze erhalten eine Anzeigevorrichtung für die Schaltstellungen. Drucktaster oder Schwenktaster können eingebaut werden. Die Dämpfung des Einschaltschlages und die Schmierung durch das Öl ergeben eine hohe mechanische Lebensdauer.

Bei Ölschützen ist ferner das Aus- und auch das Einschaltvermögen verhältnismäßig hoch. Lange hat die Herstellung von Ölschützen diejenige von Luftschützen zahlenmäßig übertroffen, ist dann aber beträchtlich zurückgegangen. Entscheidend für diesen Rückgang war die Tatsache, daß das ölgefüllte Gerät an seinen Schaltstücken, bei außerordentlich hoher mechanischer Lebensdauer, einen erheblich höheren Verschleiß aufwies als ein Luftschütz, und zwar dürfte deren Lebensdauer im rohen Durchschnitt mindestens 7mal so hoch gewesen sein solange die Schaltstücke noch aus Kupfer bestanden, und 70mal so hoch als sie aus Silber hergestellt wurden. Deshalb werden die Ölschütze grundsätzlich mit auswechselbaren Schaltstücken gebaut.

Die Anwendung der Ölschütze beschränkt sich heute im wesentlichen auf die Betriebe, bei denen der Verschleiß an den Schaltstücken nicht ausschlaggebend ist, auf der anderen Seite aber ein Mindestmaß von Wartung und ein Höchstmaß von Betriebssicherheit gefordert wird. Die Verhältnisse werden dadurch so außerordentlich günstig, daß alle bewegten Teile durch die Ölfüllung fortdauernd geschmiert werden und auch die unbewegten, z. B. deren Kriechstrecken durch das bewegte Öl sauber gehalten werden. Man findet wenigstens bei Wechselstromölschützen fast immer lediglich ganz blanke Konstruktionselemente innerhalb der Geräte und höchstens einen Bodensatz, der die verbrannten Schaltstückteilchen enthält. Das aufgewirbelte, mehr oder weniger verschmutzte Öl hat erfahrungsgemäß noch eine außerordentlich hohe Durchschlagfestigkeit. Bei Gleichstrom trifft das nicht ganz zu. Gleichstromschaltgeräte unter Öl können nur sehr beschränkt angewandt werden. Hier ist die Verrußungsgefahr nicht von der Hand zu weisen. Ein weiterer Vorzug des Ölschützes gegenüber dem Luftschütz liegt im besseren Wärmeausgleich zwischen den einzelnen Teilen wie Spule, Magneteisen und Strombahnen. Es kann vorkommen, daß man ein Gerät in irgendeiner Richtung zeitweise überlastet, z. B. die Spule mit höherer Spannung oder abweichenden Frequenz betreibt oder aber die Hauptschaltstücke bezüglich der Stromführung. Das ölgefüllte Gerät wird aber in seiner Temperatur fast nur von der Summe der Verluste im Verhältnis zu seiner Oberfläche bestimmt. Bei Luftschaltgeräten ist das nicht der Fall. Die Schaltstücke im Ölschaltgerät weisen praktisch keine Oxydation auf, da ihnen das Öl nur bescheidene Sauerstoffmengen zuführen kann. Bei Öl kann nur eine Verschlechterung auftreten wenn es verseift. Besonders an Kupferschaltstücken sind dann zähe, feste Ausscheidungen möglich. Um das zu vermeiden, ist es notwendig, mit den Temperaturen unterhalb gewisser Werte zu bleiben. Ein besonders vorteilhaftes Anwendungsgebiet finden Ölschütze außerdem bei aggressiven Einflüssen der Atmosphäre, z. B. in chemischen Fabriken. Alle diese Vorteile gehen aber mit dem erwähnten hohen Schaltstückverschleiß einher.

2.43 Gleichstromschütze

Bei modernen Geräten sind die Mittel zur Leistungsbeherrschung nicht mehr sehr verschieden von denen bei Wechselstrom. Bei größeren Geräten findet man noch vielfach elektromagnetische Blasung und Lichtbogenentwicklung in Blaskammern mit Stegen. Dagegen bei kleineren Geräten und leicht induktiven Stromkreisen fast ausschließlich Vielfachunterbrechung (mindestens 2fach je Pol, also 4fach je Kreis) und bei stärkerer Induktivität zusätzlich magnetische Blasung oder den Einbau von Löschblechen. Bei größeren Geräten sind besondere Abreißschaltstücke und Lichtbogenhörner üblich. Gleichstromschütze unterscheiden sich von den Wechselstromschützen oft durch das Magnetsystem, das, wenn es hierfür besonders entwickelt wurde, meist aus massiven Eisenteilen besteht.

Man versucht aber im allgemeinen, möglichst Drehstromschütze zu nehmen, die die überwiegenden Absatzziffern ergeben, und sie mit Gleichstromerregung zu betreiben, beschränkt sich also darauf, andere Spulen zu verwenden. Die Herstellung von Sondermagneten, die den Verhältnissen besser angepaßt sind, bietet natürlich für den Anwendungszweck Vorzüge. Derartige Gleichstrommagnete haben nichtlamellierte zylinderförmige Tauchanker. Das sanfte Arbeiten dieser Magnete hat eine große Schonung der gesamten Schützenmechanik zur Folge, so daß sehr hohe Schaltzahlen erreicht werden können.

Dieses gleichmäßige, sanfte Arbeiten ist die Folge davon, daß die Stromanstiegskurve und damit auch die Kraftanstiegskurve immer die gleiche ist (s. Abb. 85, S. 160) im Gegensatz zu Wechselstrom, bei dem je nach der unterschiedlichen Einschaltphasenlage und damit des Ausgleichstromes unterschiedliche Kraft-, Weg- und Zeitdiagramme zu verzeichnen sind. Die Sparschaltungen (s. Abb. 47, S. 78), bei denen die Spule während der Anzugszeit mit Überströmen betrieben wird, führen zu verhältnismäßig härteren Schaltschlägen und bei Unterspannungen, wenn der Sparschalter nicht zum Einsatz kommt, leicht zum Verbrennen der Spulen. Der Magnet hat dann Eigenschaften, die denen der Arbeitsweise des Wechselstrommagneten etwas näher kommen. Bei Geräten, die infolge ihrer Magnetausbildung und Dimensionierung keinen Sparschalter brauchen, also der Einschaltstrom gleichzeitig der Haltestrom ist, sind aus diesem Punkt keine Schwierigkeiten mehr zu erwarten. Eine Erschwerung besteht jedoch für die Hilfsschaltelemente und die Befehlsgeräte, sie müssen die zum Steuern erforderlichen Gleichströme beherrschen können. Das ist bei Endtastern, Drucktastern usw. nicht etwa grundsätzlich der Fall, sie sind heute in erster Linie für Wechselstrom gebaut. Die Vorzüge eines Gleichstromschützes ohne Sparwiderstand gegenüber dem System mit Anwendung eines Sparwiderstandes behandelt Kündiger.

Eine weitere Schwierigkeit ist die beim Ausschalten auftretende Überspannung, herrührend von der Selbstinduktion des Magneten. Sie kann je nach der Lichtbogengestaltung an dem Befehlsgerät und der Steuerleitung ein Vielfaches der Steuerspannung ausmachen. Dadurch sind Isolationsschäden möglich. Vermieden werden solche Überspannungen durch Schutzwiderstände, die der Spule parallel liegen.

Die Anzugszeiten der Gleichstromschütze sind grundsätzlich länger als bei Geräten mit Wechselstromantrieb und damit auch die Befehlsmindestdauern. Diese Zeiten kann man mit der Schnellerregung, d. h. Ausführung der Spule für eine Teilspannung und Verwendung eines Vorschaltwiderstandes vermindern (s. S. 81). Die Abfallzeit wird durch einen dauernd eingeschalteten Parallelwiderstand vergrößert. Bei Erregung aus dem Wechselstromnetz über Gleichrichter und Steuerung auf der Wechselstromseite ist ein kurzzeitiges Öffnen der Verbindung zwischen Spule und Gleichrichter möglich. Das erfordert naturgemäß einen Sonderschalter, der nur beim Abfallen des Schützes öffnet und beim Anziehen dauernd geschlossen bleibt. Man legt die Befehlsgeräte deshalb im allgemeinen zwischen Gleichrichter und Schützenspulen.

Ein weiterer Unterschied gegenüber Drehstromgeräten besteht darin, daß man in der Auswahl der Isolierstoffe etwas vorsichtiger sein muß.

2.44 Hochspannungsschütze

Das Bauprinzip ist für die Hochspannungsgeräte das gleiche wie bei Niederspannung. Sie werden im allgemeinen nur für Nennwerte bis 6 und 10 kV sowie Betriebsströme bis zu etwa 400 A bei einigen kA Abschaltstrom gebaut. Oberhalb dieser Grenzen sind Betriebsaufgaben mit großer Schalthäufigkeit noch nicht allzu häufig. In einem gewissen Umfang entwickelte man hierfür Leistungsschalter, die eine größere Schalthäufigkeit zulassen. Die älteren Hochspannungsschütze waren weitgehend als Ölschütze ausgeführt und dabei die Löschprinzipien die gleichen wie bei damals gebräuchlichen Hochspannungsschaltern. Die Anwendung von Öl als Löschmittel

Abb. 65. Hochspannungsschütz 6 kV (SSW)

bei Schützen hat den Nachteil starken Schaltstückabbrandes. Die neuere Entwicklung führte deshalb zu Luftschützen mit Bogenverlängerungen in der Lichtbogenkammer durch eingesetzte Keile, verstärkt durch magnetische Blaseinrichtungen [s. anonym (6)]. Man ging dann auf Düsenkammern (MÜLLER) und zum Schluß auf Löschbleche über, d. h. also, die Methoden sind jetzt praktisch die gleichen wie auch im Niederspannungs-Schützenbau. Natürlich nimmt bei solchen Konstruktionen die Lichtbogenkammer einen verhältnismäßig viel größeren Teil des Gesamtgerätes in Anspruch als bei Niederspannung s. GERHARD und SCHMELCHER. Ein neuzeitliches Gerät s. Abb. 65. Betätigungsmagnet, Hilfsschalter und Klemmen im Steuerkreis sind selbstverständlich nur für Niederspannung ausgelegt und der Niederspannungsteil gegen den Hochspannungsteil scharf abgedeckt.

2.45 Leistungsschütze

Unter Leistungsschützen werden solche verstanden, die über die Motorströme hinaus in einem gewissen Umfang in der Lage sind, höhere also Kurzschlußströme zu beherrschen. Allzuhoch sind die Möglichkeiten, die das Schütz in dieser Richtung bietet, nicht, weil ja mit dem hohen Abschaltvermögen auch ein hohes Einschaltvermögen einhergehen muß. Die Mittel zur Beherrschung stärkerer Kurzschlußströme sind unter anderem Ausbildung der Strombahnen unter Umständen so, daß elektrodynamische Wirkungen von einer bestimmten Belastung an schon automatisch ohne Eingriff der Schnellauslöser zur Unterbrechung führen. Man hat auch Schütze, die zum Ausschalten von Kurzschlüssen dienen sollen, mit einer Klinke versehen in der Weise, daß entweder die festen oder die beweglichen Schaltstücke damit festgehalten wurden und Kurzschlußauslöser unmittelbar auf die Klinke, unabhängig vom Schützenmagneten, einwirkten. Das darf natürlich bei Betriebsströmen nicht eintreten, da die Lebensdauer einer solchen Anordnung naturgemäß gegenüber der von Schützen ohne Klinken gering ist. Zur Erhöhung der Schaltleistungsgrenze hat man ferner den Schlaganker eingesetzt (COHN). Er wird durch vom Kurzschlußstrom durchflossene Magnetspulen angezogen und bewirkt eine schnelle Abhebung der Schaltstücke, dadurch wird deren Verschweißen verhindert. Gleichzeitig wird die Schützenspule abgeschaltet. Über das Verhalten normaler Schütze bei Kurzschluß sowie in Verbindung mit Sicherungen und Leistungsschaltern s. S. 168.

2.46 Aufzugsschütze

Auf einige Sonderformen von Schützen sei noch hingewiesen. Da sind einmal die *Aufzugsschütze*, die sich von anderen dadurch unterscheiden, daß sie im allgemeinen nicht für Dauerbetrieb, sondern nur für aussetzenden Betrieb ausgelegt sind. Vor allen Dingen aber auf besonders geringe Geräuschentwicklung abgestellt sind, beispielsweise werden bei ihnen wie überhaupt bei Schützen für geräuschlosen Dauerbetrieb mit Vorliebe Gleichstromerregungen der Magnete verwandt (KÜNDIGER). Zur weiteren Steigerung der Geräuschlosigkeit werden mechanische Dämpfungen, z. B. Gummipuffer, für Anzugs- und Abfalldämpfung angewandt.

2.47 Kondensatorenschütze

Als Sonderausführung werden vielfach Schütze für Kondensatoren gebaut. Sie zeichnen sich zunächst einmal dadurch aus, daß sie einen Entladewiderstand erhalten, der beim Abschalten der Kondensatoren automatisch über Hilfsschaltelemente an die Kondensatoren angeschlossen wird. Diese Entladung ist notwendig, weil sonst beim Wiedereinschalten in Opposition entsprechend höhere Überströme auftreten könnten. Die vorhandenen Dauerparallelwiderstände sind in ihrem Ohmwert zu hoch, als daß sie diese Funktion voll erfüllen könnten. Die Widerstände sind entbehrlich, wenn Kondensatoren auf andere Weise, z. B. durch Trafowicklungen oder Motorwicklungen ohnehin nach Abschaltung dauernd überbrückt sind. In weitem Umfang werden die Kondensatoren zur Verminderung der Einschaltstromspitzen über Vorwiderstände oder Vordrosseln eingeschaltet, wobei dann diese Elemente nach Einschaltung überbrückt werden. Das geschieht im allgemeinen nur unter Berücksichtigung der Eigenzeiten der Schütze, da die Ausgleichströme in einem derartigen Kreis mit Vorwiderständen mit außerordentlich kurzer Zeitkonstante abklingen. Die Schaltung eines solchen Gerätes zeigt Abb. 66, eine Kombination aus Kondensatorenschütz mit Vorwiderstand, Überbrückungsschütz und Entlade-

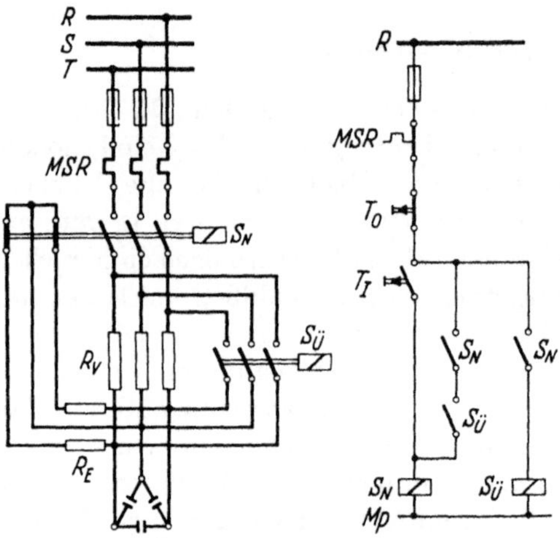

Abb. 66. Kondensatorschütz mit Vorstufen- und Entladewiderständen-Schaltung

S_N = Netzschütz;
$S_Ü$ = Überbrückungsschütz;
R_E = Entladewiderstand;
R_V = Vorschaltwiderstand;
T_O = Austaster;
T_I = Eintaster;
MSR = Motorschutzrelais

widerständen, s. Abb. 67. Es werden auch Schütze zur Bewältigung der hohen Einschaltstromspitzen in ihrem Kontaktsystem abweichend gebaut, z. B. mit besonders einschaltfesten Schaltstückstoffen, Konzentration der Kontaktkräfte auf ein Schaltstück u. dgl. Staffelschaltstücke sind hier weniger von Vorteil, weil die Stromspitzen praktisch ohne Verzögerung auftreten. Zur Stromdämpfung werden auch Blasspulen herangezogen [Franken (5, 19, 29)].

Abb. 67. Kondensatorschütz mit Vorstufen- und Entladewiderständen (Klöckner-Moeller)

2.48 Bahnschütze

Bei Bahnschützen besteht eine Abnormität darin, daß der Spannungsbereich, innerhalb dessen das Schütz arbeiten muß, weitergezogen ist, als bei normalen Schützen (s. S. 154). Diese abweichenden Werte für Bahngeräte gelten nur dann, wenn sie von der Fahrleitungsspannung abhängig sind. Hinsichtlich der Abfallspannung genügt bei Bahngeräten die Ablösung, wenn die Betriebsspannung Null wird. Sie werden elektromagnetisch, aber auch weitgehend elektropneumatisch gesteuert. Es ist besonders darauf zu achten, wie hoch die Leerspannung ansteigen darf, beispielsweise bis 800 V bei einer Betriebsspannung von 600 V. Obwohl bei Triebfahrzeugen in verstärktem Maße gesteuerte Halbleiter-Starkstromelemente eingesetzt werden, lassen sich viele Schaltungsaufgaben nur mit mech. Geräten wirtschaftlich lösen. Das ist überall da der Fall, wo selten oder nur in längeren Abständen größere Ströme geschaltet werden müssen. Einpolige Geräte, die als Stufenschütz bei großen Schaltzahlen angewandt werden, können durch Parallelschaltung auf höhere Stromstärken gebracht werden und bei Reihenschaltung zur Verwendung als Trennschütz für höhere Spannungen (Klein).

2.49 Nockenschütze

Nockenschütze nennt man einen Teil der Geräte, die im Bahnbetrieb angewandt und mit Druckluft gesteuert werden. Die Druckluftsteuerung geschieht über elektromagnetisch betätigte Ventile, die ihrerseits auf das pneumatische Schaltelement einwirken. Erhalten dabei die Schütze je einen Druckluftzylinder, dann handelt es sich um reelle Schütze, die der Begriffsbestimmung entsprechen. Werden sie jedoch von einem pneumatischen Nockenschaltwerk aus gesteuert, bei dem, wenn beide Zylinder unter Druck stehen, das Schaltwerk in Ruhe ist, dann stimmt die Bezeichnung „Schütze" mit der Begriffsbestimmung nicht ganz überein.

2.410 Mechanisch verklinkte Schütze

Es wurde bereits in Abschnitt 1.1 darauf hingewiesen, daß verklinkte Schütze, also Geräte die beim Stromloswerden der Magnetspule bzw. überhaupt beim Aufhören der physikalischen Kraft nicht selbsttätig in die Nullstellung zurückgehen, keine echten Schütze im Sinne der Begriffsbestimmung von VDE 0660 sind. Sie werden eingesetzt, wenn bei Unterbrechung automatisch gesteuerter Arbeitsprozesse gefordert wird, daß die in diesem Augenblick vorhandene Schaltsituation erhalten bleibt und bei Spannungswiederkehr der Prozeß an dem Punkte, an dem er unterbrochen wurde, weiterlaufen kann. Die Unterbrechung kann auf kurzzeitigen Ausfall der Steuerspannung hin eintreten oder aber auch z. B. zu Kontrollzwecken beabsichtigt sein. Diese Forderung bezieht sich vor allem auf Steuerschütze. Bei ihrem Einschalten wird die Traverse mechanisch in der Einschaltstellung festgehalten. Die Entriegelung erfolgt durch einen Arbeitsstromauslöser. Die Geräte werden auch so gebaut, daß sowohl Ein- wie Ausschaltung von Hand erfolgen kann. Den gleichen Effekt bieten magnetisch-verklinkte Schütze, sogenannte Remanenzschütze (s. S. 108).

2.411 Schütze für Heizstromkreise

Geräte für diesen Verwendungszweck (Kategorie AC_1 u. DC_1 s. S. 289) werden häufig besonders aufgebaut, wobei man, da die Ansprüche an das Motorschaltvermögen wegfallen, auf eine etwas höhere Strombelastung kommt. Schaltet man die einzelnen Heizkreise und mit ihnen die Schalterpole im Dreieck, dann kann die Leistungsaufnahme auf das 3fache gesteigert werden. Natürlich macht ein solches Schütz die Heizelemente nicht mehr spannungslos. Bei der Parallelschaltung von 3 Strombahnen für einen einphasigen Kreis läßt sich die Heizleistung bis zum 1,5fachen der Leistung bei 3poliger Abschaltung steigern. Die Kontaktspalte sind dann aber mit der vollen Netzspannung beansprucht, ein Umstand, der jedoch bei diesen Schaltprozessen mit günstigen Leistungsfaktoren ohne Bedeutung ist [s. Meyer (4)].

2.412 Anlaßhilfsschütze

Viele Kleinantriebe, vor allem auch elektromotorischer Haushaltgeräte, werden mit Einphasen-Wechselstrommotoren ausgerüstet. Hierbei reicht bei Selbstanlauf das Anlaufdrehmoment oft nicht aus, man verwendet dann Motoren mit zusätzlichen Anlaufhilfsmitteln. Diese müssen wieder abgeschaltet werden, entweder zeit-, drehzahl- oder stromabhängig. Der letzteren Methode dienen thermische Elemente, vor allem aber auch elektromagnetische, und zwar die sog. Anlaßhilfsschütze. Die Schützenspule wird dabei vom Motorstrom erregt und schaltet die Hilfsphase ein. Sobald der Strom auf einen Wert gesunken ist, bei dem die Hauptwicklung allein das größtmögliche Drehmoment entwickelt, wird die Anlaufeinrichtung wieder abgetrennt. Die Ausführung des magnetischen Kreises wird durch das Verhältnis der Ein- und Ausschaltströme, das Ansprechverhältnis, bedingt. Dessen zulässige Werte sind groß, so daß Magnete mit verhältnismäßig geringer Luftspaltänderung notwendig sind [s. GARBERS (2)].

2.413 Schütze für aussetzenden Betrieb

Die für aussetzenden Betrieb bestimmten Geräte werden oft, z. B. bezügl. der Anzugsspannung besonders ausgelegt, die dann etwas tiefer liegt als wie üblich bei 85 v. H. Man bezeichnet diese Geräte häufig als „Kranschütze", weil sie hier mit Rücksicht auf die in den Fahrleitungen möglichen Spannungsabfälle ein bevorzugtes Anwendungsgebiet finden.

Abb. 68. Isoliert-gekapseltes Schütz mit eingebautem Doppeldrucktaster und Entsperrungstaste für Motorschutzrelais (Klöckner-Moeller)

2.5 Zusätze bei Schützen

An die Schütze wird eine Anzahl von Zusatzelementen unmittelbar angebaut, z. B. Motorschutzrelais, Hilfsschaltelemente und Befehlsschalter.

2.51 Angebaute Befehlsschalter

Bei Einzelschützen, die an Ort und Stelle von Hand bedient werden, ist es oft zweckmäßig, die dafür erforderlichen Befehlsgeräte, z. B. Druckknopf- oder Schwenktaster, in das Schutzgehäuse mit einzubauen. Bei vielen Konstruktionen kann das sogar nachträglich am Montageort geschehen. Im Gehäusedeckel befinden sich dann die Tasten oder Hebel und auf das Schütz aufgesetzt wird der zugehörige Kontaktapparat (Abb. 68).

2.52 Hilfskontaktglieder

Ein wesentlicher Zusatzbestandteil aller Schütze sind die „Hilfskontaktglieder" oder „Hilfsschalter". Sie sind besonders bei verwickelten Steuerungen von entscheidendem Einfluß und müssen deshalb genau so widerstandsfähig sein wie das Gesamtgerät. Insbesondere ist eine sichere Kontaktlage unerläßlich. Bevorzugt ist die Doppelunterbrechung unter Vermeidung von Litzen u. dgl. Die Rückführung der Hilfskontaktglieder nach Abschalten der Schütze erfolgt meist durch ihre eigenen Federkräfte, die dafür ausreichend bemessen sein müssen. Ein etwaiges Hängenbleiben stört natürlich das ganze Steuersystem. Aus diesem Grunde kommen auch zwangsläufig gesteuerte Hilfskontaktglieder zur Anwendung. Die Zahl der Hilfsschalter ist bei den Motorschützen naturgemäß begrenzt. Steuerschütze (s. S. 221), die nur Hilfsstromkreise führen, erhalten u. U. eine große Anzahl von Hilfskontaktgliedern. Reicht ihre Zahl bei Motorschützen nicht aus, so sind zusätzlich kleine Schütze zu verwenden. Die Hilfsschalter dienen dem Schalten von Hilfsstromkreisen, wie Befehls-, Betätigungs-, Melde- und Meßstromkreisen. Vielfach muß man unterscheiden zwischen „freien“ und „besetzten“ oder „nichtfreien“ Hilfsschaltgliedern. „Frei“ nennt man ein solches Glied, wenn es für die Funktion des Gerätes nicht gebraucht wird, also für Kreise außerhalb des Schaltgerätes selbst zur Verfügung steht, „Besetzt“ im Gegensatz dazu diejenigen, die zum Betätigungskreis des Schaltgerätes gehören, z. B. den Halteschalter bei Doppeldrucktasterbetrieb.

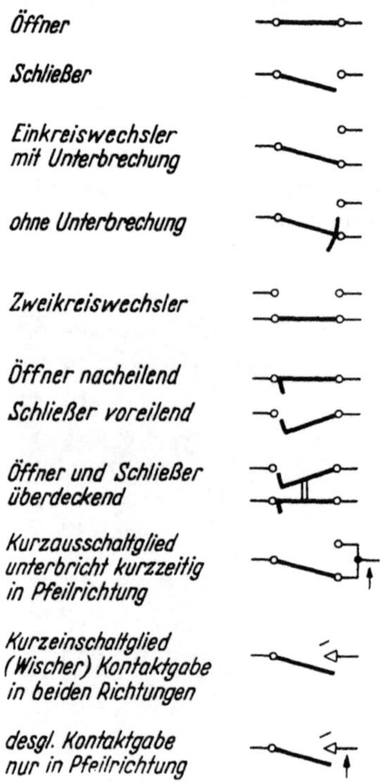

Abb. 69. Hilfsschalter bei Schützen- und Relaisschaltglieder

Hinsichtlich der Funktion unterscheidet man 4 wesentliche *Arten* (s. Abb. 69), zunächst einmal „Öffner“ und „Schließer“, und zwar sind sie danach benannt, welche Funktion sie bei der Einschaltbewegung des Schützes ausführen, dementsprechend ist der „Schließer“ ein Hilfsschalter, der bei geschlossenem Schütz ebenfalls geschlossen ist, und der „Öffner“ ein solcher, der bei geschlossenem Schütz geöffnet ist. „Einkreis-Wechsler“ sind solche mit nur einem beweglichen Schaltstück, die je eine Schließstelle bei geschlossenem und bei geöffnetem Schaltgerät besitzen. Im Gegensatz dazu haben „Zweikreiswechsler“ 4 galvanisch getrennte Anschlüsse. Ihre Kontaktglieder können in zwei getrennten Kreisen liegen.

„Öffner“ und „Schließer“ müssen oft in Hintereinanderschaltung überdeckend wirken, so daß sich kurzfristig beide in Kontaktlage befinden. Es entsteht dann ein „Wisch-Hilfsschalter“ der aber auch von einem einzigen Kontaktglied gebildet werden kann, so daß kurzzeitig während der Bewegung des Gerätes die Kontaktstelle geschlossen oder geöffnet wird („Kurz-Aus-“ bzw. „Kurz-Einschaltglied“). Bei „Zweikreiswechslern“ ist es meistens notwendig darauf zu achten, daß die beiden Schaltstrecken an ein gleiches Potential kommen, weil anderenfalls mit Rücksicht auf die üblichen kleinen Schaltwege in hochinduktiven Kreisen Ausschaltlichtbögen zu Steuerleitungskurzschlüssen führen können. Hilfsschalter sollen die Schaltmagnete nicht unsymmetrisch mechanisch belasten. Deshalb ist es im allgemeinen nicht zulässig, an verschiedenen Seiten des Magneten bzw. der Schaltbrücke angreifende Hilfsschalter bei Nichtbenutzung auf einer Seite zu entfernen. Für solche Fälle sind häufig seitens der Hersteller anstelle des zweiten Hilfsschaltgliedes oder Hilfsschalterblocks Federelemente vorgesehen.

Die Normalausführung der Hilfsschalter an Schützen ist im allgemeinen die, daß zuerst der Öffner öffnet und dann der Schließer geschlossen wird, wobei eine Überschneidung der Ausschaltlichtbögen an den Öffnern nicht mit eingerechnet wird. Im übrigen können die Hilfskontaktglieder so angeordnet werden, daß sie voreilend, nacheilend oder gleichzeitig mit den Hauptkontaktgliedern öffnen bzw. schließen. Wichtig ist, ob die Öffner und Schließer als „Frühöffner“ bzw. „Spätschließer“ oder „Spätöffner“ bzw. „Frühschließer“ anzusehen sind. Im ersteren Falle ist keine Überdeckung vorhanden. Diese Anordnung ist für Verriegelungen oft sehr wichtig. Durch Kombination von Spätöffner und Frühschließer entsteht eine Überdeckung. Die Überdeckungszeit ist aber im allgemeinen nicht ausreichend, um etwa ein anderes Schütz mit Sicherheit zum Anzug zu bringen. Die Hilfsschaltglieder sind auch so ausgebildet worden, daß z. B. durch Austausch des beweglichen Gliedes der Öffnungs- bzw. Schließpunkt verändert wird. Es werden auch auswechselbare Hilfskontaktschalter mit unterschiedlichen Kontaktgliedern verwandt. Gelegentlich ist bei Schützen mit mehr als einem Hilfsschaltersatz, der eine grundsätzlich voreilend, der andere nacheilend. Die Tendenz zur Verstellbarkeit, die mit Rücksicht auf Verriegelungen lange eine große Rolle spielte, und vor allem der Zeitstaffelung von Haupt- und Hilfsschaltstellen diente, geht zurück, weil die Hübe und damit die Schalt-

Abb. 70. Schütz mit angesetztem Hilfsschalterblock

zeiten außerordentlich klein geworden sind (nur noch ganz wenige Halbwellen), so daß eine ausreichende Zeitstaffelung nur noch schwer durchführbar ist. Ansicht eines Hilfsschalterblocks s. Abb. 70. Häufig findet man vom Öffner zum Schließer umsteckbare Hilfsschaltglieder.

Es ist üblich geworden, die Hilfskontaktglieder an Schützen grundsätzlich für eine bestimmte Stromstärke z. B. 6 A dd einzurichten, wenigstens soweit es sich um „freie" Glieder handelt. Die „besetzten" werden dann oft nur dem tatsächlichen Bedarf angepaßt. Versteckt angebrachte Hilfsschalter sind eine Gefahr für die Betriebssicherheit der Geräte, und erschweren etwaige Störungssuche. Die Lage des Schaltgliedes sollte von außen erkennbar, das Element selbst aber gut und zwar möglichst durchsichtig abgedeckt sein. Das Eindringen von Staub führt leicht zu Betriebsstörungen. Im Interesse der Betriebssicherheit ist eine ausreichende Kontaktkraft (s. S. 19, Abb. 5) erforderlich.

Bei den Schaltstücken der Hilfsschalter ist Edelmetall (Silber) vorherrschend, weil gerade bei den verhältnismäßig niedrigen Kontaktkräften der Hilfsschalter die Zuverlässigkeit wesentlich von der Oxydfreiheit der Oberfläche abhängt. Insbesondere für Gleichstromkreise werden gelegentlich auch Sprungschaltglieder (s. S. 196) verwandt. Es werden auch Hilfskontaktglieder mit Verzögerung angebaut, da es oft notwendig ist, daß sich z. B. ein „Schließer" später schließt als die Magnetbewegung zu Ende geführt wurde oder ein „Öffner" erst einige Zeit später öffnet, bzw. in gleicher Weise beim Rückgang des Gerätes ein Öffner erst verzögert wieder schließt, wie es bei der elektrischen Verriegelung (s. S. 135), z. B. von Wendeschützen oft erwünscht ist. Man kann dann Kommandos noch einige Zeit festhalten oder mit der Weiterkontaktgabe warten, bis Lichtbogenzeiten verklungen sind. Sie ersetzen u. U. Stufenzeitwerke bei Selbstanlassern und werden bei verzögerter Nullspannungsauslösung (s. S. 146) verwendet. Da sich die Verzögerungselemente aber schlecht auf dem für ein Hilfsschaltglied gegebenen Raum unterbringen lassen, empfiehlt sich im allgemeinen die Anwendung eines vom Schütz unabhängigen Zeitrelais. Hydraulische Verzögerungselemente sind bei Ölschützen einfach aufbaubar und zuverlässig. Da die Ausflußgeschwindigkeit des Öles im kalten und warmen Zustand verschieden ist, wurde das Einstellventil durch einen Bimetallstreifen gesteuert, damit die Verzögerungszeit konstant blieb. Bei Luftgeräten machte die erforderliche Dichtung Schwierigkeiten. Neuere Ausführungen mit Kunststoffwellbalg haben eine hohe Lebensdauer. Bei thermischen Lösungen wird z. B. ein Bimetallstreifen während der Spulenbelastungszeit erwärmt. Er hält dann das Schaltglied überbrückt und gibt es erst nach dem Erkalten wieder frei.

Auch bei Hilfskontaktgliedern ist entgegen weitverbreiteter Auffassung auf die Schaltstücklebensdauer zu achten. Eine hohe Schaltleistung hat insbesondere bei Gleichstrom oft einen hohen Schaltstückverschleiß zur Folge. Es wurden deshalb auch aufsteckbare Hilfsschalter vorgeschlagen, wobei die Buchsen mit den Leitungen ortsfest am Gerät verbleiben.

Gelegentlich werden an den Schützen im Steuerstromkreis noch *Trennelemente* angebracht, mit denen die Geräte außer Funktion gebracht werden können. Natürlich ist damit keine zuverlässige Hauptstromtrennung verbunden. Wirksame Trennelemente sind Leistungsschalter bzw. -trenner und Sicherungen.

2.53 Verriegelungen

Verriegelungen zwischen verschiedenen Schützen derart, daß das eine nur ansprechen kann, wenn das andere ausgeschaltet ist, sind in vielen Fällen, z. B. bei Drehrichtungsumkehr bzw. bestimmten Wicklungsgruppierungen, unbedingt erforderlich. Bei solchen Anwendungen könnte gleichzeitiges Einschalten bestimmter Schütze zum Kurzschluß führen. Bei den Verriegelungen unterscheidet man 3 *verschiedene Systeme:*

Die „*elektrische* Verriegelung" mittels Hilfskontaktgliedern, die bei den einzelnen Schützen lageabhängig öffnen bzw. schließen.

Die rein „*mechanische* Sperre", die dafür sorgt, daß, wenn ein Schütz eingeschaltet hat bzw. im Einschaltprozeß begriffen ist, die Bewegung der Polbrücke des anderen verhindert wird.

Als drittes kommt hinzu die Abhängigkeit der Einschaltmöglichkeit für ein Schütz vom Erlöschen der Lichtbögen an einem anderen, die sogenannte „*Lichtbogensperre*".

Die *elektrische Verriegelung* wird zwischen zwei oder mehreren Geräten angewandt und besteht darin, daß ein eingeschaltetes bzw. in Bewegung gesetztes Gerät, Hilfsschaltglieder im Spulenkreis der anderen Schütze öffnet bzw. nach Wiederausschaltung schließt, so daß auch die anderen Schütze ansprechen können. Diese Verriegelung ist die einfachste und die vorwiegend angewandte. Eine Grenze findet die Anwendung der elektrischen Verriegelung, wenn z. B. bei einem Gerät für Wendebetrieb die Schließzeit des Hilfsschaltgliedes, vom Beginn der Kontaktlösung des ersten Gerätes an gerechnet, zuzüglich dem Einschaltverzug des neu einzuschaltenden Schützes, also die „Mindestkontaktumschlagzeit" (s. S. 159, Abs. 2.63) nicht größer ist als die Lichtbogenzeit, d. h. bei Wechselstrom nicht größer als im allgemeinen mindestens 10 msec, und das mit Sicherheit, wobei man eine Ausschaltmethode voraussetzen muß, die Rückzündungen ausschließt. Andernfalls müssen die genannten Zeiten in ihrer Summe naturgemäß noch größer sein. Diese Gefahr ist besonders groß bei höheren Spannungen und einer geringen Zahl von Unterbrechungsstellen. Man kann nicht damit rechnen, daß diese Voraussetzungen ohne weiteres erfüllt sind. Das muß an Hand der Herstellerangaben oder der besonderen Angaben über die Funktions- und Lichtbogenzeiten ermittelt werden. Zur Verhütung von Kurzschlüssen ist auf alle Fälle auf eine eindeutige Befehlsgabe in den Betätigungskreisen zu achten. Die gestellte Forderung ist insbesondere bei Neukonstruktionen mit kleinen Kontaktspalten nicht immer leicht zu erfüllen. Man versucht dann, die Schaltgeschwindigkeit herabzusetzen. Das kann dadurch geschehen, daß man der Magnetkraftkurve eine solche Gestalt gibt, daß die schraffierte Fläche in Abb. 41 z. B. durch eine entsprechende Magnetform (s. Abb. 44 und 45), möglichst klein wird. Die gleiche Wirkung erreicht man bei Wechselstrommagneten durch Einfügung eines Widerstandes in den Spulenstromkreis (s. S. 87), oder durch stufig wachsende oder nur bei Bahnanfang wirksame Gegenfedern und dgl. (s. FRIEDRICH u. SCHLAGER sowie SCHLAGER u. FRIEDRICH). Bei der Einfügung von Verriegelungsschaltgliedern in den Steuerkreis ist jedoch zu bedenken, daß möglichste Einfachheit oberstes Gebot in der Frage der Störanfälligkeit ist. Man muß deshalb abwägen, ob nicht die Vorteile von Verriegelungsgliedern mit zu großer Unübersichtlichkeit und Störanfälligkeit erkauft werden. Es sei hier auf die Ausführungen auf S. 298 hinsichtlich der Ausfallmöglichkeiten verwiesen.

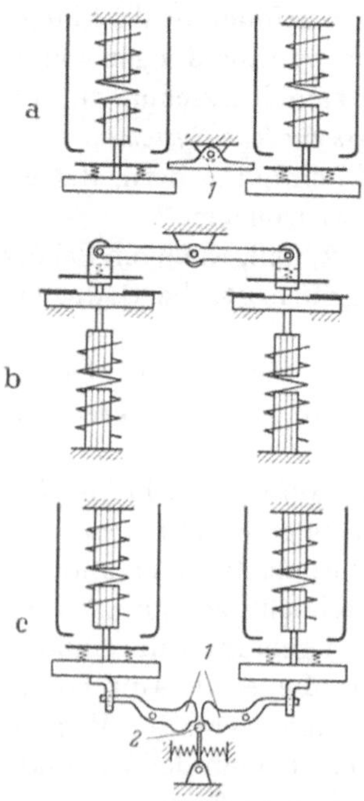

Abb. 71 a bis c. Mechanische Verriegelung zweier Schütze

Die *mechanische Verriegelung* sperrt durch Hebel oder dgl. von der Kontaktlage des einen Gerätes ausgehend die Bewegung des anderen. Sie bringt die beiden Kontaktbrücken in starre Abhängigkeit. Hierbei ist es wesentlich, daß das verriegelnde Schütz mechanisch nicht zusätzlich z. B. durch die zwar geringeren Magnetkräfte des offenen Schützes belastet wird. Meistens ist das aber der Fall. Abb. 71 zeigt unter a die üblichste Verriegelung, die dieser Forderung nicht nachkommt. Bei der Ausführung b wird die Belastung durch das zweite Schütz vermindert, sobald sich der Anker des ersten in Bewegung setzt, vergrößert sich der Luftspalt des zweiten fortschreitend, so daß die Gegenkräfte, die es hervorruft stetig abnehmen. Eine Lösung, die die Belastung ausschließt, zeigt Teilbild c. Die Verriegelung ist paarschlüssig. Das zuerst in Bewegung geratende Gerät schiebt durch den mit einem Anker gekuppelten Hebel *1* den Sperrhebel *2* unter den Hebel *1* des Gegenschützes, so daß es nicht mehr anziehen kann und das erste Schütz trotzdem nicht belastet. Ähnlich wirkt auch ein Pendel. Eine Schocksperre, die gleichzeitig der Verriegelung dient, s. Abb. 80, S. 153. Im übrigen bietet die mechanische Verriegelung genausowenig wie eine elektrische Schutz, wenn der Lichtbogen beim Erreichen der Verriegelungsschlußstellung noch nicht erloschen ist. Sie ist verhältnismäßig schwierig anzubringen und wird nur noch selten angewandt, da die Nachteile die Vorteile meistens überwiegen. Ein bescheidener Vorteil ist unter Umständen dann gegeben, wenn zwei Schütze gleichzeitig Spannung erhalten, dann kann nur eines zur Kontaktgebung kommen. Erhalten dagegen zwei nur elektrisch verriegelte Geräte gleichzeitig Steuerspannung dann erhalten auch beide einen Impuls, der je nach Durchbildung der Geräte beide bis zur

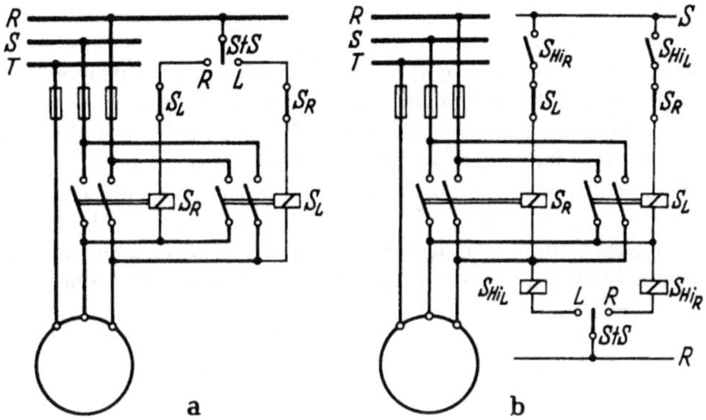

Abb. 72a u. b. Lichtbogensperre bei Wendebetrieb. a) ohne Zusatzrelais; b) mit Zusatzrelais; S_{HiR} Hilfsschütz für Rechtslauf; S_{HiL} Hilfsschütz für Linkslauf; S_R Schütz für Rechtslauf; S_L Schütz für Linkslauf; *StS* Steuerschalter

Kontaktgebung bringen kann, wenn die Mindestbefehlsdauer kleiner ist als der Einschaltverzug. In diesem Falle hilft nur eine Verminderung der Anzugsgeschwindigkeit mit den auf S. 134 angegebenen Mitteln. Die mechanische Verriegelung ist nicht mehr möglich, wenn ein Gerät gegen mehr als zwei andere verriegelt werden muß oder eine Montage unmittelbar nebeneinander undurchführbar ist. Im übrigen kann die mechanische Verriegelung beim Auftreten äußerer Brems- und Beschleunigungskräfte gegen die Massenstöße zweier Schütze im Wendeschütz von Vorteil sein.

Die dritte Methode, die *Lichtbogensperre*, hat ihr besonderes Anwendungsgebiet bei Gleichstromsteuerungen, bei denen man die Lichtbogendauer nicht so präzise begrenzen kann wie bei Wechselstrom und Geräten, die im Nulldurchgang sicher zur Abschaltung kommen. Abb. 72 zeigt einige Beispiele für die Lichtbogensperrschaltung bei Drehstrom-Umkehrschützen. Bei a erfolgt die Sperre ohne zusätzliche Hilfsschütze. Die Sicherheit ist nur für eine Strombahn gegeben.

Die Wirkung ist folgende: Will man das Richtungsschütz S_R einschalten, dann ist bei entsprechender Lage des Steuerschalters *StS* eine Klemme der Spule an Phase *R* angeschlossen. Sind die Lichtbögen von der vorherigen Schaltung, also von Schütz S_L erloschen, dann liegt die andere Klemme der Spule über die Motorwicklungen an der nicht geschalteten Phase *T*. Steht aber der Lichtbogen von S_L noch bei der linken Strombahn, dann wird über diesen Lichtbogen der anderen Spulenklemme ebenfalls die Spannung von der Phasenleitung *R* zugeführt, so daß die Spule von S_R praktisch keine Spannung erhält, bis der Lichtbogen am Schütz S_L erlischt. Sie ist kurzgeschlossen. In gleicher Weise wirkt umgekehrt die Lichtbogensperre beim Einschalten von Schütz S_L. Auch hier liegt über den Steuerschalter *StS* eine Spulenklemme immer an Phase *R*. Wenn der Lichtbogen bei S_R erloschen ist, erhält die andere Spulenklemme Spannung von der Netzphase *T*. Steht der Lichtbogen am Schütz S_R Phase *R* noch, dann wird auch dieser Klemme die Spannung von *R* zugeführt. Später beim Erlöschen des Lichtbogens und Ansprechen von der Phase *T* aus wird in beiden Fällen eine Umschaltung der einzelnen Spulenklemmen auf die Phase *S* erfolgen. Das Ansprechen des Gegenschützes ist also erst dann möglich, wenn der Lichtbogen mindestens in einer Phase erloschen ist. Die Sicherheit, die eine derartig einphasige Sperrung bietet, ist naturgemäß nur eine begrenzte. Die Notwendigkeit der zweiphasigen Sperre beruht auf der Tatsache, daß die Lichtbögen an den Hauptschaltstücken der Ständerschütze S_R und S_L verschieden schnell abreißen. Es werden zusätzlich noch zwei Hilfsschütze $S_{Hi\,L}$ und $S_{Hi\,R}$ verwandt, s. Abb. 72b. Die Ständerschütze werden hierbei nicht unmittelbar über den Steuerschalter *StS* betätigt, sondern mittelbar über die Schaltstücke der Hilfsschütze. Diese überwachen eine Phase, die Hauptschütze die andere. Die Methode ist nur bei zweipoliger Drehstromabschaltung anwendbar. Schwierigkeiten können bei Geräten mit hohen Lichtbogenspannungen entstehen. Für Gleichspannung sind ähnliche Lösungen bekannt.

Es sind aber auch Lichtbogensperrschaltungen bekannt geworden, bei denen zur Erzielung der Unmöglichkeit des Einschaltens, solange auch nur noch an einem Schaltstück ein Lichtbogen steht, lediglich ein einzelnes Hilfsschütz notwendig ist. Voraussetzung ist hierbei, daß das Schütz so ausgelegt wird, daß ein Abfall erst bei Spannungen unterhalb der halben verketteten Spannung erfolgen kann. Das Hilfsschütz erhält beim Einschalten die volle Netzspannung, bei vollständigem Erlöschen der Lichtbögen keinerlei Spannung mehr, nach nur teilweisem Erlöschen der Lichtbögen noch Spannungen, die gleich der halben verketteten Spannung sind. Solange also noch ein Lichtbogen besteht, wird das Hilfsschütz eingeschaltet bleiben. Die Ausschaltlage des Hilfsschützes ist aber notwendig, um die Einschaltung eines der beiden Hauptschütze zu erzielen. Spricht das Hilfsschütz an, so öffnet sich der zugehörige Hilfsschalter, und es treten zwei Selbsthalteschalter je nach Motordrehrichtung zur Überbrückung in Tätigkeit.

Die elektrische Lichtbogenverriegelung hat den Nachteil, daß sich die Steuerstromsysteme von den Hauptstromsystemen praktisch nicht mehr getrennt führen, z. B. absichern, lassen. Außerdem beruhen die bekannten Methoden auch alle darauf, daß man den Drehstrommotor nur zweipolig abschaltet. Bei den meisten modernen Steuerungen sucht man ohne diese Mittel auszukommen und z. B. durch Mehrfachunterbrechung der einzelnen Phasen, die Lichtbogenzeit herabzusetzen und im Betriebsfall auf 1 Halbwelle zu beschränken. Man muß dann naturgemäß bei der normalen Hilfsschalterverriegelung so disponieren, daß zwischen dem

Beginn der Öffnung des abzuschaltenden Schützes und der Kontaktgebung des neu einzuschaltenden so viel Zeit verstreicht, daß die Lichtbogenentwicklung mit Sicherheit beendet ist. Bei einer Anzahl von Geräten, insbesondere Kleinschützen mit einer geringeren Unterbrecherstellenzahl und sehr kurzer Ansprechzeit, ist diese Voraussetzung nicht gegeben, und es kann der Fall eintreten, daß der Lichtbogen auch dann noch steht, wenn bereits die volle Schaltstückentfernung vorhanden ist. Die Bedingung, daß die Abfallzeit des ersten Schützes plus dem Einschaltverzug des zweiten mit Sicherheit größer sein muß als die Lichtbogenzeit, muß auch bei erhöhter Steuerspannung erfüllt sein. Gefahr besteht besonders bei Wendeschützen, wenn durch das gleiche Kommando von der einen Drehrichtung sofort in die andere übergegangen wird. Zur Erfüllung der genannten Forderung braucht man sehr oft Hilfsschalter, die erst mit Verzögerung wirksam werden (s. S. 134). Erst diese Maßnahme gewährleistet in manchen Fällen mit Sicherheit ausreichende Unterbrechungszeiten. Die dabei geforderten Werte sind meistens nicht so groß, als daß besondere Zeitelemente notwendig werden. Häufig hilft man sich mit der Zwischenschaltung eines Hilfsschützes oder Relais.

2.54 Überlastungsschutz

Der Überlastungsschutz ist in erster Linie Motorschutz. Ein Großteil der Schütze wird mit derartigen Einrichtungen versehen. Man mißt dabei nicht unmittelbar die Erwärmung der Motoren, sondern beheizt besondere Geräte mit dem Motorstrom. In einigen Sonderfällen, vor allen Dingen bei besonders schwer anlaufenden Maschinen, großer Schalthäufigkeit, Umkehrbetrieb mit Gegenstrombremsung u. dgl., wird darüber hinaus auch noch durch Temperaturmeßorgane in der Wicklung eine Überwachung durchgeführt, wobei diese Elemente u. U. ebenfalls auf Schütze einwirken. Aufbau, Anwendung und Bewertung der Motorschutzgeräte werfen eine große Anzahl von Fragen auf. Es sollen hier nur einige wenige Kennzeichen hervorgehoben werden. Eine ausführliche Darstellung der Motorschutzprobleme s. Franken (46).

Bei den Schützen werden die Motorschutzeinrichtungen in Form der *Motorschutzrelais* verwandt, die ihrerseits den Steuerkreis der Schütze unterbrechen. Das Aufbauprinzip für diese Relais beruht entweder auf der Wärmedehnung von Metallen oder der Änderung des Aggregatzustandes. Charakteristische Vertreter sind das Dehnungsband, das Bimetall und das Schmelzlot sowie Dampfdruckkapseln. Das heute verbreitetste System ist das der Bimetallrelais, bei dem zwei Streifen unterschiedlicher Wärmedehnung durch Verschweißung miteinander verbunden sind, so daß bei Erwärmung eine Biegung zustande kommt. Ein Bimetallrelais zeigt Abb. 73. Hier findet man direkt beheizte und durch umgelegte Heizwicklungen indirekt beheizte, letztere insbesondere für kleinere Ströme, und paketförmige Anordnungen.

Wesentlich bei den Motorschutzrelais ist die Einhaltung eines bestimmten Grenzstromes. Dieser Grenzstrom soll nach VDE 0660 zwischen 105 und 120 v. H. des Einstellwertes liegen, wobei der Einstellwert dem Motornennstrom entsprechen soll. Weiterhin sind noch einige Grenzzeiten bei höheren Belastungen angegeben, z. B. beim 6fachen Einstellstrom für leichte Anlaufbedingungen Trägheitsgrad T I über 2 sec und bei Motoren mit schwereren Anlaufbedingungen Trägheitsgrad T II über 5 sec. Die Motoren selbst vertragen im allgemeinen erheblich längerdauernde Belastungen. Wenn man dies aber ausnutzen will, dann muß die Wärmeträgheit der Motorschutzrelais stark vergrößert werden. Das erfordert ein anderes Verhältnis Oberfläche zu Gewicht der Wärmeelemente und ist mit wirtschaftlichen Mitteln nicht zu erfüllen. Die Praxis hat gezeigt, daß die Geräte mit der verhältnismäßig geringen Zeitkonstante im großen und ganzen ihren Ansprüchen entsprechen. Für einige Sonderfälle werden die bereits erwähnten Temperaturwächter in die Wicklung gelegt oder aber man speist die Motorschutzrelais über Sättigungswandler, die bei hohen Primärströmen nur einen verhältnismäßig geringen Sekundärstrom und damit die entsprechend größere Auslösezeit bewirken. Über den Schutzwert von Motorschutzrelais mit geringer Zeitkonstante s. Franken (46), S. 165. Übrigens verlangen in der Praxis die Leitungen ein Schutzgerät erheblich kleinerer Zeitkonstante als die des Motors. Die Zeitkonstanten der marktgängigen Geräte sind für den Leitungsschutz geeignet [Franken (46), S. 191].

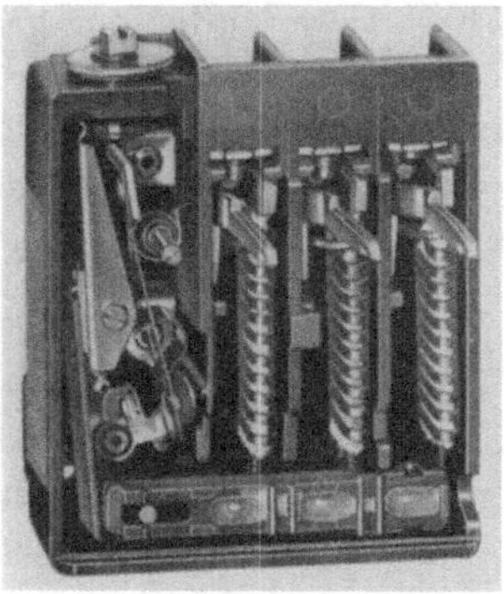

Abb. 73. Bimetallrelais ohne Abdeckung (Klöckner-Moeller)

Motorschutzrelais sollten *allpolig* ausgeführt werden. Bei Aussetzbetrieben und in besonders gearteten Anwendungsfällen kann auf die allpolige Überwachung auch verzichtet werden, z. B. beim Mehr-Motoren-Kran, bei dem üblicherweise die thermischen Relais bei den Einzelmotoren nur einpolig und außerdem ein dreipoliges Gerät für den Gesamtanschluß vorgesehen wird. Die Notwendigkeit der Verwendung allpoliger Relais zeigte sich beim Studium der Motoren und der Netze hinsichtlich unsymmetrischer Belastungen, wobei leicht Überlastungen in einer einzigen Phase auftreten können [s. Franken (46), S. 6ff.]. Bei nur ein- oder zweipoliger Belastung steigen die Grenzströme an [Franken (46), S. 150]. Auch hat die Raumtemperatur Einfluß, wenn keine Kompensationseinrichtungen eingebaut sind [Franken (46), S. 133]. Die Anpassung an die Motornennströme geschieht vorzugsweise durch Wegverstellungen an Hand einer Skala.

Die Motorschutzrelais sind nur bis zu einer gewissen Überlastung *eigenkurzschlußfest*. Bei direkt beheizten Relais liegt diese Belastung verhältnismäßig hoch. Bei indirekt beheizten erheblich tiefer. In jedem Fall soll sie so hoch sein, daß das nächste vorgeschaltete Schutzelement (Sicherung oder Leistungsschalter) die Ströme rechtzeitig wegnimmt, wenn das Relais bzw. das Schütz ihrer selbst nicht mehr Herr werden kann (s. Abb. 74). Hier ist ohne Schnellauslöser z. B. mit Rücksicht auf das Relais *b* die Sicherung *c*, mit Schnellauslöser und der Auslösezeit t_e mit Rücksicht auf das Relais und das Schaltvermögen des Schützes die Sicherung *f* erforderlich [s. Franken (46), S. 196].

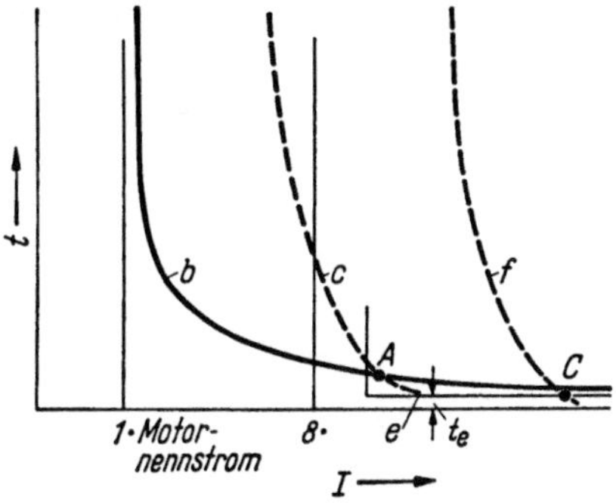

Abb. 74. Beziehungen zwischen Motorschutzrelais, Sicherungen und Schnellauslösern
b Motorschutz-(Relais)-charakteristik;
c Charakteristik der höchstzulässigen Sicherung — wegen Relais;
e Charakteristik der Schnellauslöser;
f Zulässige Sicherungsverstärkung — wegen der Schnellauslöser

Die Auslösezeiten werden in Zuordnung zur Stromstärke in Form der „*Auslösekennlinien*" angegeben, die naturgemäß jeweils ein Streuband darstellen, mit den unteren Grenzen — wie schon gesagt — zwischen 105 und 120 v. H. des Einstellstromes. Diese Kurven lassen sich auch durch einige charakteristische Kennwerte wiedergeben [s. Franken (46), S. 118]. Eine Rolle spielt gelegentlich die Frage der Auslösezeit bei Belastung *aus dem betriebswarmen Zustand* heraus. Diese Angaben sind in einfacher Form exakt gar nicht zu machen, sie hängen von der tatsächlichen Höhe der Vorbelastung, von der Lage des Grenzstroms zum Einstellstrom (105 oder 120 v. H.) und weiterhin von der Pause zwischen Vorbelastung und neuer Überlast ab. Verhältnismäßig kleine Pausen verändern diesen Betrag schon beträchtlich. Vor allen Dingen ist aber die Höhe des Grenzstromes entscheidend [s. Franken (46), S. 101 ff].

Eine weitere Eigentümlichkeit der Geräte ist davon abhängig, wie die Schaltung des zugehörigen Schützes erfolgt. Wird es mit einem Dauerkontaktgeber in Betrieb gesetzt, dann ist es notwendig, daß sich das Relais nach erfolgtem Ansprechen verklinkt, denn es würde sonst eine unausgesetzte Ein- und Ausschaltung stattfinden, s. Abb. 169, S. 308. Bei Betätigung durch Impulskontaktgabe, wie z. B. bei Doppeldrucktastern, ist diese Maßnahme unnötig. Ein mehrfaches Einschalten wäre nur denkbar, wenn man die Einschalttaste festhielte. Die Hilfsschaltelemente an den thermischen Relais sind Öffner, neuerdings in steigendem Umfang auch Wechsler oder Umschalter, um eine Anzeige nach erfolgtem Ansprechen geben zu können. Die Sperrungen werden durch besondere „Entsperrungstasten" (s. Abb. 68) wieder beseitigt.

Bei diesen mechanischen Sperren der Relaisausschaltkontaktglieder muß man sich naturgemäß an den Platz der Relais begeben. Die Sperrungen können aber auch elektromagnetische sein, die sich aus der Ferne aufheben lassen (s. Abb. 75). Auch dabei muß es möglich sein, das Bedienungselement festzuhalten, und trotzdem muß die Auslösung hiervon unbeeinflußt vonstatten gehen. Die Freiauslösung vollzieht sich dann unter Zwischenschaltung eines elektromagnetischen Relais. Mit seiner Hilfe wird der Kreis der Schützenspule unterbrochen und dann das Hilfs-

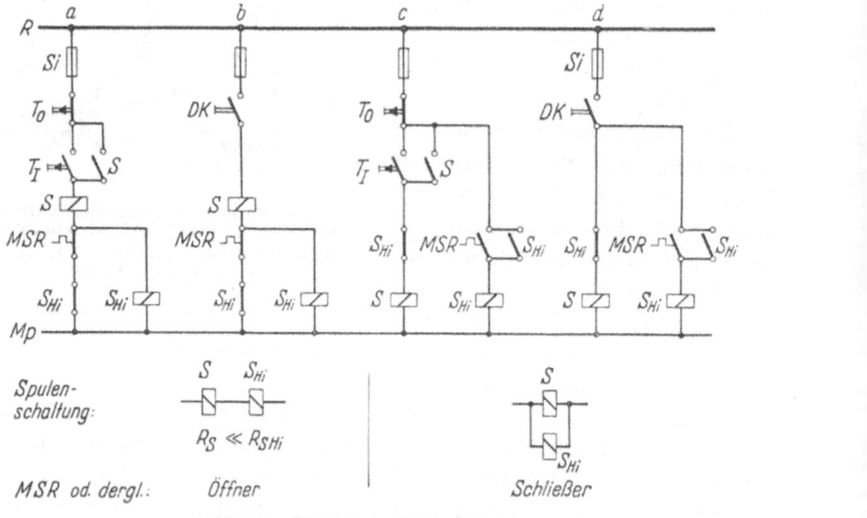

Abb. 75. Elektrische Freiauslösung
Si Sicherung; S_{Hi} Hilfsschütz; *S* Schütz; T_O Austaster; T_I E ntaster; *MSR* Motorschutzrelais; *DK* Dauerkontaktgeber

relais in seiner Einschaltlage gehalten. Es kann dann ohne weiteres durch Ferneinwirkung, beispielsweise bei Doppeldruckknopfsteuerung den Ausschaltdruckknopf, wieder abgeschaltet und das Schütz von der Steuerstelle durch Fernbetätigung wieder eingeschaltet werden. Lösungen kann man in der Hintereinander- und in der Parallelschaltung von Schützen- und Hilfsrelaisspule finden.

Abb. 75a u. b zeigt zunächst die Lösung für hintereinander geschaltete Magnete. Normalerweise wird das Schütz *S* durch die Drucktaster T_I und T_O betätigt und ersterer nach erfolgter Einschaltung durch den Schließer *S* überbrückt, so daß die Spule auf diese Weise an Spannung bleibt. Die Öffner des thermischen Relais und des Hilfsrelais S_{Hi} sind in Kontaktlage. Tritt das thermische Relais in Funktion, dann wird die Schützenspule S abgeschaltet. Es fließt aber nunmehr ein Strom über die hintereinander geschalteten Spulen S und S_{Hi}. Das Hilfsrelais zieht an und öffnet seinen Hilfsschalter. Es bleibt erregt, solange die Einschalttaste niedergehalten wird. Der Widerstand des Schützenmagneten S muß bedeutend kleiner sein als der des Hilfsrelaismagneten S_{Hi}. Infolgedessen wird die Stromstärke so stark gedrosselt, daß das Schütz nicht anziehen kann und sicher abfällt. Dieser Zustand wird durch den Öffner S_{Hi} solange beibehalten, bis die „Ein"-taste losgelassen wird. Nach Bild b kann die gleiche Anordnung auch für Dauerkontaktanordnung verwandt werden. Es bleibt dann das Hilfsschütz oder -relais solange erregt, wie dieser Befehlsschalter geschlossen ist. Zur Wiederinbetriebsetzung ist er zunächst zu öffnen und dann erneut einzulegen. Eine andere Anordnung bieten die Bilder c u. d. Hierbei sind die Spulen S und S_{Hi} während ihres gemeinsamen Wirkens parallelgeschaltet. Das thermische Relais erhält statt eines Öffners einen Schließer. Über ihn wird das Hilfsrelais bei erhöhter Stromaufnahme des Motors eingeschaltet. Es öffnet dann den Kreis des Hauptschützes S. Diese Anordnung hat den Vorzug, daß man hinsichtlich der Widerstandsabstimmung der Spulen S und S_{Hi} keine besonderen Überlegungen anzustellen braucht. Sie hat den Nachteil, daß das Ansprechen des thermischen Relais nicht unmittelbar die Spule S beeinflußt, sondern indirekt über die Spule S_{Hi}, also zusätzliche Verzögerungszeiten auftreten. c gilt für Drucktaster (T_O, T_I) und d für Dauerkontaktgeber (DK).

Das üblichste ist aber, all das wegzulassen und bei Bedienung durch Doppeldrucktaster davon auszugehen, daß niemand absichtlich längere Zeit die Einschalttaste festhält.

Bei *schwer anlaufenden Maschinen* ist die Frage, wieweit man mit den marktgängigen Motorschutzrelais noch auskommt. Gelegentlich geht man dann vom thermischen Relais ab und setzt, wie gesagt, ein entsprechendes Temperaturmeßglied in die Wicklung. Neuerdings werden vorzugsweise solche mit Heißleitern verwandt, deren Widerstandskennlinie einen sehr scharfen Knick aufweist. Anderenfalls schreitet man zur „Höhereinstellung" der netzstromabhängigen Geräte. Eine Methode, die verhältnismäßig gefährlich ist, da sie voraussetzt, daß das Arbeitsprogramm des Antriebes festliegt. Außerdem gibt es aber auch noch schaltungstechnische Möglichkeiten. Der Motor wird z. B. nur während des Betriebes, aber nicht beim Anlaufen oder in beiden Fällen durch getrennte thermische Elemente geschützt. Zum Beispiel wird dem Motor ein Relais vorgeschaltet, das für seinen Nennstrom ausgerichtet ist, aber während der Anlaufperiode unter Verwendung eines Zeitrelais durch ein Schütz überbrückt wird. Oder man verwendet 2 Relais unterschiedlichen Einstellstroms, wobei das auf den Nennstrom eingestellte zeitweise überbrückt wird. Diese und weitere Lösungen s. Franken (46, S. 219, Abb. 96). Es sind keine Ideallösungen, haben sich aber in der Praxis bewährt und erlauben in sehr vielen Fällen auch bei Antrieben mit größeren Schwungmassen und höheren Drehzahlen die Verwendung normaler Motorschutzrelais. Ähnliche Schwierigkeiten ergeben sich im aussetzenden Betrieb. Bei mehr als 60 bis 80 Schaltungen je Stunde ist deshalb die

Verwendung normaler Relais selten und nur bei „Höhereinstellung" möglich.

Bei *polumschaltbaren Motoren* und Motoren, die im *Sterndreieck* anlaufen sollen, ist dafür Sorge zu tragen, daß die Relais mit den Wicklungen umgeschaltet werden, bzw. bei polumschaltbaren Motoren in der nötigen Anzahl vorhanden sind, s. Abb. 198, 200, 201, S. 354. Die Relais werden entweder unmittelbar auf die Klemmen der Schütze gesetzt (s. Abb. 76) oder auch unabhängig davon an beliebiger Stelle in die Steuerung eingebaut. Bemerkenswerte Veröffentlichungen auf dem Gebiete des Motorschutzes siehe das Schrifttumsregister bei FRANKEN (46).

Abb. 76. Schütz mit aufgebautem Motorschutzrelais (Klöckner-Moeller)

2.55 Fehlerspannungs- und Fehlerstromschutz

Mit den Schützen kann auch ein Fehler*spannungs*relais verbunden werden, das beim Auftreten unzulässiger Berührungsspannungen den betreffenden Stromverbraucher abschaltet. Es wird eine hochohmige Spule zwischen die zu schützenden metallischen Teile und eine Hilfserde gelegt. Sobald an der Spule eine Spannung über 24 V auftritt, erfolgt Abschaltung. Dabei ist ein Vorwiderstand (Hilfserde) von 200 Ohm zugelassen. Die Wirksamkeit der Einrichtung wird durch eine „Prüfeinrichtung" nachgeprüft, mit der man eine Verbindung zwischen Hilfserde und einem Phasenleiter über einen Widerstand und die Spule des Relais herstellt. Sie wird umschaltbar gemacht, so daß man wahlweise an zwei verschiedenen Phasen prüfen kann. Diese Fehlerspannungsschutzrelais müssen naturgemäß genauso wie ein Überlastrelais der Steuerungsart der Schütze angepaßt sein, d. h. bei einem Schütz mit Dauerkontaktgebung im Steuerstromkreis ist ein sich verklinkendes Relais notwendig. Der Schutzbereich beginnt hinter dem Schütz. Die metallischen Schutzverkleidungen der abgehenden Leitungen müssen gegen das Gehäuse isoliert sein, s. auch VDE 0663 und 0660. Schütze mit Fehlerspannungsauslösung sind heute verhältnismäßig selten geworden. Es empfiehlt sich, bei Bedarf statt dessen einen besonderen Fehlerspannungsschutzschalter in die Steuerleitung zu legen.

Es werden auch Schütze mit Fehler*strom*relais in Verbindung gebracht. Ein Meßglied z. B. ein Summenstromwandler ermittelt den Unterschied der in die Anlage hineinfließenden und herausfließenden Ströme, den „Fehlerstrom", der seinerseits das Relais beeinflußt. Die

Ansprechbedingungen s. VDE 0664/3.63. Der Ausschaltverzug darf 0,2 s nicht überschreiten. Das gilt auch für etwa verwandte Schütze. Bei diesen als spannungsabhängig in der Einschaltstellung gehaltenen Hauptstromelementen verlangt § 18 eine Kurzschlußprüfung mit einer bestimmten Stromstärke unter Vorschaltung eines Silberdrahtes bei einer Steuerspannung in Höhe von 80 v. H. der Nennspannung. Es muß wie beim Fehlerspannungsschutz eine Prüfeinrichtung vorhanden sein. Für die Kombination der Fehlerstromauslösung mit Schützen sind „Fehlerstrom-Relais" auf dem Markt, in denen der Summenwandler, Auslöse- und Prüfeinrichtung zusammengefaßt sind [s. FISCHER].

2.56 Signaleinrichtungen — Schaltstellungsanzeiger

Schaltstellungsanzeigevorrichtungen sind in VDE 0660 für Schütze nicht gefordert und das mit Recht. Die Anforderungen an die Schütze hinsichtlich schneller Leistungsbeherrschung und einer hohen Lebensdauer bei großer Schalthäufigkeit machen es notwendig, die Schaltwege, vor allem die Kontaktspalte, verhältnismäßig klein zu halten. Weiterhin müssen die Einzelkontaktglieder alle gegeneinander relativ beweglich sein. Bei Überlastungen, insbesondere im Auftreten kurzschlußartiger Ströme ist die Verschweißung eines einzelnen Kontaktgliedes nicht ausgeschlossen, (s. S. 170). Bei kleinen Schaltwegen kann der Magnet trotz einer punktförmigen Verschweißung eines Schaltstückes oft praktisch seine Ausgangslage erreichen. Deshalb wäre die Bedeutung solcher Anzeigevorrichtungen nicht sehr groß, jedenfalls erlauben sie keinesfalls den Schluß zu ziehen, daß das betreffende Stromverbrauchselement, wie z. B. der Motor, nunmehr spannungslos wäre. Ganz abgesehen davon, daß Schütze keine „Trenner" sind, weil anderenfalls die Schaltstrecken gegenüber den gestellten Anforderungen zu groß ausfallen müßten (s. auch S. 58).

Trotzdem ist es erwünscht, den Schaltzustand erkennen zu können. Dieser Wunsch ist im allgemeinen dadurch erfüllt, daß die Lage bestimmter Konstruktionselemente die Einschalt- bzw. Ausschaltlage des Magneten erkennbar macht. Die gleichen Elemente bieten dann meist auch die Möglichkeit der Probebetätigung. Größere Schütze werden auch mit zusätzlichen farbigen oder beschrifteten Stellungsanzeigern gebaut. Meist wird aber stattdessen bei Bedarf ein Meldeglied (Signallampe) zur Kennzeichnung verwandt (s. S. 225). Bei Ölschützen ist ein Stellungsanzeiger die Regel. Die Schaltstellungsanzeige am Gerät ist im übrigen i. allgemeinen entbehrlich, da es sich um fernbetätigte Schalter handelt, die vom Bedienungsplatz aus ohnehin nicht zu übersehen sind.

Anzeigelampen werden auch unmittelbar an die Schütze angebaut, dabei ist es möglich, sie bei Wechselstrom mit Kleinspannung transformatorisch vom Schaltmagneten zu betreiben. Dessen Spule erhält eine sekundäre Wicklung zur Speisung dieser Lampen, s. Abb. 123b, S. 225. Damit diese Wicklungen nicht aus zu dünnen Drähten hergestellt werden müssen, bevorzugt man in diesem Fall „Telefonlampen" für 4 V, die eine gute Lichtausbeute haben, jedoch gegen dauernde Überspannungen empfindlich sind. Da die Schütze ihrerseits auch bei 10 v. H. Erhöhung der Steuerspannung noch brauchbar sein müssen, sorgt man dafür, daß die Lampen-Nennspannung erst bei 10 v. H. erhöhter Spulennennspannung auftritt. Mit Rücksicht auf die Lebensdauer der Lampen geht man zweckmäßig sogar noch etwas weiter bis auf 3,2 V bei Nennspannung herab. Am verringerten Helligkeitsgrad der Lampen kann man häufig einen schlechten Einschaltzustand des Gerätes erkennen, da kleine Luftspalte im Magnetkreis die Spannung der Hilfswicklung beeinflussen (s. auch „Meldeglieder" S. 225).

2.57 Verzögerte Nullspannungsauslösung

Es wird gelegentlich verlangt, daß bei der „Kurzabschaltung" des Hochspannungsnetzes mit Unterbrechungszeiten von etwa 100 bis 500 msec auch ein mit Doppeldrucktaster gesteuertes Schütz wieder in die Betriebslage geht, ohne daß ein neues Kommando erfolgt. Außer durch die Kurzabschaltung können solche Unterbrechungen auch durch Umschalthandlungen im Netz bedingt sein, beispielsweise Umschaltung eines Antriebes auf eine andere Sammelschienengruppe oder eine andere Stromquelle. Die selbsttätige Wiedereinschaltung ist meistens nicht erforderlich, gelegentlich aber wünschenswert oder mit Rücksicht auf die technologischen Prozesse sogar notwendig, s. Schär, u. Courvoisier. Ein durchlaufender Betrieb wird beispielsweise in Pumpenanlagen gefordert, ohne daß hinsichtlich des Drehzahlabfalls während der stromlosen Pause besondere Bedingungen gestellt werden. Die Aufgabe ist hierbei naturgemäß sehr einfach durch Dauerkontaktgebung zu lösen, wie sie beispielsweise durch die Druckwächter (s. S. 204) grundsätzlich bedingt ist. Antriebe, bei denen aus technologischen Gründen eine Unterbrechung vermieden werden muß, gibt es z. B. in der chemischen, Textil- und Faserstoff-Industrie. Unerwünschte Betriebsunterbrechungen führen nicht nur u. U. zu erheblichen wirtschaftlichen Verlusten, sondern auch zu gefährlichen Situationen. Im Bedarfsfalle läßt sich diese Frage durch zusätzliche Einrichtungen an den Schützen lösen. Die Lösung bedeutet aber immer einen gewissen Aufwand, der nicht geeignet ist, die Gesamtbetriebstüchtigkeit der Anlage zu erhöhen. Wichtig ist bei drucktastergesteuerten Schützen z. B., daß die normale Ein- und Ausschaltung durch die Zusatzelemente nicht behindert wird. Außerdem sollte die Art der Bedienung hierdurch nicht geändert werden und es nicht notwendig sein, daß die Ausschalttaste auf die Dauer der Verzögerung niedergehalten wird oder daß das bei Drucktasterbedienung übliche kurzzeitige Niederdrücken der Tasten hinsichtlich Zeit oder Schaltweg verlängert werden muß. Da das Feld, das der Motor vor der Abschaltung aufweist, nicht sofort verschwindet, treten nach einer gewissen Unterbrechungszeit und Wiedereinschaltung recht beträchtliche Überströme auf, s. S. 37, Abb. 17a. Die dadurch bedingten zulässigen Zeiten sind häufig kleiner als die Unterbrechungszeit, beispielsweise bei der Kurzabschaltung. Es muß dann bei der Auslegung der Geräte auf diese Überströme Rücksicht genommen werden. Dasselbe ist natürlich der Fall, wenn es sich um die Umschaltung auf ein anderes nicht synchronisiertes Netz handelt. In solchen Fällen ist es notwendig, durch Verzögerungselemente die Wiedereinschaltung um einen angemessenen Betrag hinauszuschieben, der z. B. häufig in der Größenordnung von 1,5 sec liegt. Für Arbeitsmaschinen mit komplizierten Steuerungen kommen die Mittel zur Wiedereinschaltung eines Schützes bei kurzzeitiger Abschaltung nicht in Betracht. Sie müßten praktisch an jedem Einzelschütz einzeln eingesetzt werden. Größere Steuerungen sowie Arbeitsmaschinen mit mehreren Geräten werden diesen Situationen zweckmäßig durch einen rotierenden Umformer für den Steuerstromkreis angepaßt, der infolge seiner Schwungmasse die Spannung eine Zeitlang aufrecht erhält, auch wenn die Primärseite abgeschaltet worden ist. In diesem Fall ist es notwendig, durch ein Zeitrelais zu verhüten, daß bei längeren Unterbrechungszeiten die Spannungen für die Schütze ungleichmäßige Schaltzustände, u. U. sogar Zwischenlagen im Kontaktzustand zur Folge haben. Man wird die Spannung in diesem Fall wohl nicht unter 70 oder allenfalls auf 60 v. H. sinken lassen. Im übrigen ist bei Arbeitsmaschinen, bei denen die fortlaufend einzuschaltenden Prozesse lagebedingt sind und durch Weiterschaltkommandos gegeben werden, dafür zu sorgen, daß der jeweils erreichte Schaltzustand bei Ausbleiben der Spannung festgehalten wird und bei Wiederkehr der Spannungen der Prozeß sich da fortsetzt, an dem er vor dem Spannungseinbruch aufgehört hat. Hierzu ist weitgehend der Einsatz von Schrittschaltwerken (s. S. 223) oder von Remanenzschützen (s. S. 108) notwendig. Bei einfachen Arbeitsmaschinen sollte man im allgemeinen solche Mittel nicht anwenden. Es wird das billigste und einfachste sein, durch erneutes Niederdrücken der Drucktaste die Maschine wieder in Gang zu bringen. Bei der Frage nach der notwendigen Unterbrechungszeit beim Umschalten auf synchronisierte Netze ist bemerkenswert, daß bei einer Gruppe von Motoren mit verschiedenartigen Arbeitsmaschinen, die durch einen gemeinsamen Hauptschalter abgeschaltet werden [Fleguth; Keiper], während des ersten Teils der Unterbrechungszeit Ausgleichsströme zwischen den Motoren fließen, da einzelne, die mit großen Schwungmassen gekuppelt sind, als Generatoren arbeiten und die anderen speisen. Die Aberregung des gesamten Systems geht dann schneller vonstatten.

Die *Lösungen* liegen in *zweierlei Richtungen*. Vorwiegend geht man so vor, daß nach Abfall der Geräte beim Ausbleiben der Spannung innerhalb einer bestimmten Zeit durch besondere Einrichtungen eine Wiedereinschaltung des Schützes zustande kommt, ohne daß eine erneute Betätigung notwendig ist. Diese Methode hat den Nachteil, daß die Wiedereinschaltung auslaufender Asynchronmotoren bei Phasenopposition möglich ist (s. S. 36), die hohe Ausgleichströme mit sich bringt, dementsprechend die Schaltstücke stark beansprucht werden und ein hohes Nenneinschaltvermögen gefordert wird. Bei der zweiten Lösungsmethode werden die Schütze eine Zeit lang aus Fremdspannungsquellen gespeist und ein ungewolltes Abschalten während der Unterbrechungszeit verhindert. Das ist die technisch hochwertigere, aber meist auch aufwendigere Lösung. Der bestehende Steuerungszustand wird aufrecht erhalten und ein Rückfall in den Ausgangszustand verhindert.

Wenn die *Wiedereinschaltung* innerhalb einer gewissen Unterbrechungszeit selbständig vonstatten gehen soll, so kann man bei Dauerkontaktgebung häufig die Aufgabe dadurch lösen, daß man einer ganzen Gruppe von Antrieben einen gemeinsamen Hauptschalter entweder für das Hauptstromnetz oder auch nur für das Steuernetz vorsetzt, der seinerseits eine verzögerte Nullspannungsauslösung aufweist. Kommt die Spannung innerhalb der Verzögerungszeit nicht wieder, dann fallen selbst die Maschinen endgültig aus, die Dauerkontaktgebung aufweisen. Bei der Bedienung durch Doppeldrucktaster gibt es verschiedene Lösungen. Die rein mechanischen bestehen darin, daß man den Halteschalter mit einem Verzögerungsglied versieht (s. Pohlmann u. S. 134), Anordnung s. Abb. 77a. Derartige Halteschalter haben den Nachteil, daß man den Ausschaltknopf nun so lange niederdrücken muß, bis die Verzögerungszeit des Schalters verstrichen ist. Das ist naturgemäß eine gefährliche Maßnahme und betrieblich ausgeschlossen, wenn es sich um Zeiten handelt, die über z. B. 100 msec hinausgehen. Auf die betriebsüblichen, sehr kurzen Kontaktgebungszeiten an Befehlsschaltern macht Einsele (1) aufmerksam. Gelegentlich schlägt man für derartige Geräte mit verzögerter Öffnung des Haltegliedes eine Signallampe zur Kontrolle der Abschaltung vor. Die beschriebene Anordnung läßt sich erweitern, so daß das Ausschalten von Hand jederzeit durchführbar ist, s. Abb. 77b. Zu dem Gerät tritt hier ein Hilfsschütz und der Ausschalttaster hat außer dem Öffner einen Schließer, der das Hilfsschütz in Bewegung setzt, das seinerseits den Haltekreis des Hauptschützes unterbricht. In der Kombination nach Abb. 77c ist im Gegensatz zu b statt eines verzögerten Hilfsschaltgerätes am Hauptschütz ein Zeitgerät mit abfallverzögertem Hilfsschaltglied verwandt. Sofortige Ausschaltung durch die Ausschalttaste ist möglich, man vermeidet auch die Schließer am Ausschalttaster. Das ist auch der Fall bei einer von CARLSSON (2) beschriebenen Anordnung (s. Bild d). Hierzu gehört ein Hilfsschütz ohne Verzögerung und ein verzögerter Schließer am Hauptschütz, der erst wirksam wird, wenn das Hilfsschütz abfällt. Dadurch wird der Spulenstromkreis während der Verzögerung geschlossen gehalten, so daß bei Wiederkehr der Spannung sofort die Einschaltung erfolgt. Die Abfallspannung des Hilfsschützes muß höher, die Anzugsspannung niedriger liegen als diejenige des Hauptschützes. Solange Spannung vorhanden ist, kann das Verzögerungsglied

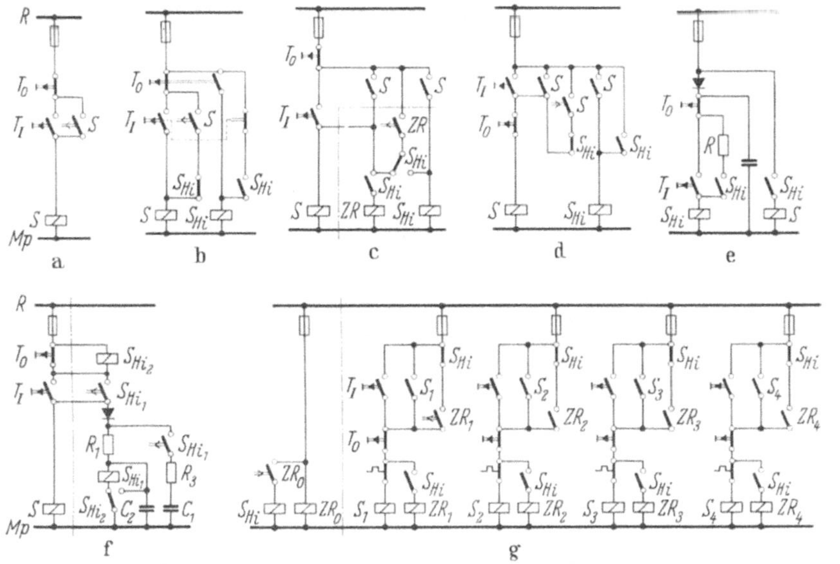

Abb. 77 a bis g. Schütze mit verzögerter Nullspannungsauslösung — Gerät fällt während der spannungslosen Pause ab. Erklärungen im Text

nicht wirken und eine momentane Ein- und Ausschaltung durch die Drucktaster ist möglich. Man kann auch nach Abb. 77e dem Hauptschütz ein Hilfsschütz zuordnen, das seinerseits über Gleichrichter erregt wird. Mit der Erregung des Magneten wird ein Kondensator aufgeladen, der das Hilfsschütz in der spannungslosen Pause in der Kontaktlage hält. Dadurch bleibt der Steuerkreis des Hauptschützes geschlossen und bei Wiederkehr der Spannung in der erforderlichen Höhe erfolgt eine neue Einschaltung, s. SCHUMANN. Eines Kondensatorrelais bedient man sich auch bei der Anordnung 77f (s. MÖNNICH u. WOSNY). Sie hat den Vorzug, daß keinerlei Änderungen am Hauptschütz selbst notwendig sind. Das Gerät ist als Zusatzelement ausgebildet. Der Kondensator C_2 dient wesentlich der Glättung, während der Kondensator C_1, der nach

Anzug des Hilfsschützes $S_{H\,i\,1}$ geladen wird, die Energie für das verzögerte Halten hergibt. Das Hilfsschütz wird über Gleichrichter gespeist. Die unverzögerte Abschaltung geschieht durch das Hilfsschütz $S_{H\,i\,2}$.

Wenn man den *Abfall des Gerätes* in der spannungslosen *Zeit verhindern* will, dann kommen z. B. Anordnungen in Betracht, bei denen das Gerät grundsätzlich mit Gleichstrom betrieben und ihm durch einen parallel geschalteten Kondensator die Aufrechterhaltung der Kontaktlage noch eine Zeitlang ermöglicht wird (s. Abb. 78a; SCHUMANN, Bild 4). Dabei ist R_1 ein etwaiger Sparwiderstand und R_2 beim Entladen des Kondensators der Schützenspule parallel geschaltet. Bei der Ausführung nach Abb. 78b, wird das Schütz beim Einschalten mit Wechselstrom erregt.

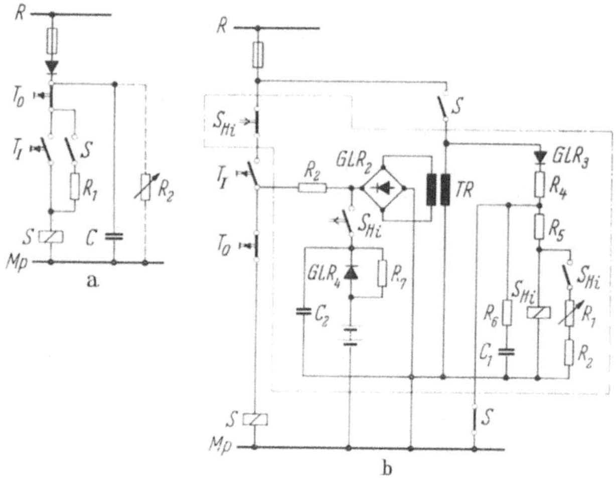

Abb. 78 a u. b. Schütz, das bei Spannungsunterbrechung kurzzeitig in Kontaktlage verbleibt
a) Gleichstrom-Erregung s. SCHUMANN;
b) Einschaltung mit Wechselstrom, Halten mit Gleichstrom (MÖNNICH und WOSNY)

Nach Schließen des Hilfsschaltgliedes S liegt Spannung am Transformator und das Hilfsschütz $S_{H\,i}$ schaltet nach einer gewissen Verzögerung die Wechselspannung am Hauptschütz aus sowie die Kleinbatterie zur Bereitschaft ein. Damit geht die Wechselstromversorgung des Gerätes S in eine Gleichstromversorgung über. Der Kondensator C_2 dient der Glättung der Gleichspannung und der Aufladung der Kleinbatterie. Bei Ausfall der Netzspannung hält sie das Schütz im eingeschalteten Zustand, auch der Halteschalter S bleibt geschlossen. Nach Verbrauch der Ladeenergie fällt das Hilfsschütz, je nach der am Potentiometer R_1 eingestellten Verzögerungszeit ab und unterbricht den Batteriestrom. Gleichzeitig wird durch Schließen des Schaltgliedes $S_{H\,i}$ eine erneute Einschaltung mit Wechselspannung vorbereitet. Die Speisung des Schützes wird bei Netzspannungswiederkehr statt durch die Batterie innerhalb der eingestellten Zeit wieder vom Netz übernommen (S. MÖNNICH u. WOSNY). In den Abb. 77c und f sowie 78b sind die Elemente, die zu einem normalen Schütz hinzuzufügen sind, durch eine strichpunktierte Linie abgegrenzt.

Bei komplizierten Geräten, wie z. B. Wendeschützen sind die Zusatzeinrichtungen für jede Drehrichtung getrennt erforderlich. Bei *Gruppenantrieben*, bei denen alle Kreise einzeln schaltbar, aber mit verzögerter Nullspannungsauslösung versehen sein sollen, kann das Hilfsschütz für mehrere Abzweige gemeinsam sein. Es ist aber notwendig, daß jedes Abzweiggerät ein abfallverzögertes und das gemeinsame Hilfsschütz ein anzugsverzögertes Zeitrelais erhält. Das gemeinsame Hilfsschütz braucht je Abzweig einen Schließer und einen Öffner (s. Abb. 77g). Remanenzschütze (s. S. 108) haben ebenfalls die Eigenschaft, daß sie bei Spannungsunterbrechung eingeschaltet bleiben, mit dem Unterschied, daß das ohne Zeitbegrenzung geschieht.

2.58 Explosions- und Schlagwetterschutz

Es ist üblich, die Geräte für explosions- und schlagwettergefährdete Betriebe, wenn irgendwie angängig, in nicht gefährdeten Räumen unterzubringen. Für die gefährdeten kommen nach VDE 0170/0171 im wesentlichen „druckfeste Kapselung“ und „Ölkapselung“ in Betracht. Letztere ist für Gleichstrom-Schaltgeräte nicht zugelassen. Soweit die Geräte zum Schutz von Motoren in Schutzart „Erhöhte Sicherheit“ dienen und sie durch Wärmeauslöser oder Überstromrelais (s. S. 139) ausgelöst werden, müssen außerdem Auslösekennlinien vorhanden sein. Als Nenneinschaltstrom ist dabei nur ein Drittel des ermittelten Schweißstromes zulässig. Unter Nenneinschaltstrom ist in diesem Zusammenhang der Motorstillstandsstrom ohne Zuschläge verstanden. Mit weniger als dem 4fachen Motornennstrom darf nicht gerechnet werden. Der tatsächliche Stillstandsstrom kann dabei nach VDE 0530 vom Nennwert um

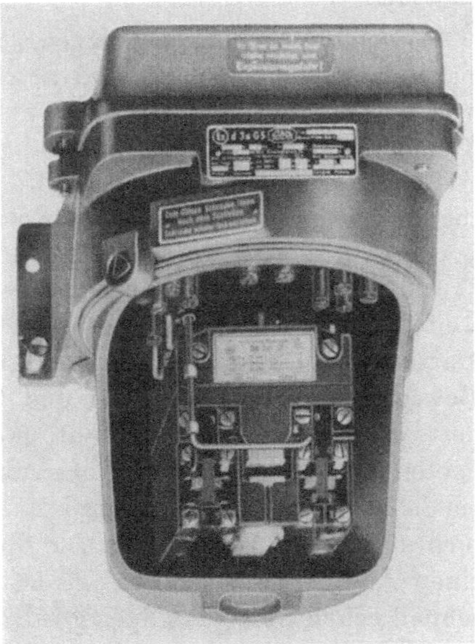

Abb. 79. Explosionsgeschütztes Luftschütz, Schutzart 3 nG 5 (R. Stahl)

$\pm$ 20 v. H. abweichen. Bei Ölkapselung (§25) und Geräten zum Schalten von Käfigläufern soll der Nennausschaltstrom mindestens das 6fache des höchstzulässigen Motornennstromes bei $\cos \varphi = 0{,}4$ sein. Im übrigen können im allgemeinen normale Schütze verwandt werden. Mit den Schützen werden u. U. in den druckdichten Gehäusen thermische Relais, Hauptvorschaltsicherungen, Steuerleitungssicherungen, Befehlsschalter und Anzeigeglimmlampen eingebaut. Weitere Zusätze sind der Verriegelungstrenner, und für den Fall, daß er nicht in der Lage ist, auch den Motorstillstandsstrom sicher abzuschalten, eine Verriegelung zwischen dem Trenner und dem eingebauten Befehlsschalter für das Schütz. Ein druckfest gekapseltes Schütz ohne weitere Zusätze zeigt Abb. 79. Die Ausbildung der Gehäuse entspricht im übrigen den beim Bau schlagwetter- und explosionssicherer Materialien üblichen Methoden. Für ölgekapselte Bauart ist naturgemäß Bedingung, daß die lichtbogengebenden Teile so tief unter Öl eingebettet sind, daß die Zündung eines oberhalb des Ölspiegels befindlichen explosiven Gemisches nicht möglich ist. Die in Einzelgehäusen entsprechend gekapselten Geräte werden mit Sammelschienenkästen in Schutzart „Erhöhte Sicherheit" zusammengebaut.

2.59 Die Schocksperre

Gegen die bei einigen Anlagen, z. B. Kränen, Bahnfahrzeugen u. dgl. häufig auftretenden Stöße und Erschütterungen werden zur Verhütung von Betriebsstörungen, die durch unbeabsichtigtes Einschalten zustande kommen, die Geräte, wenn notwendig, mit Zusatzeinrichtung ausgerüstet. Als Maß für die Einwirkungen wird dabei die Einheit der Erdbeschleunigung g verwandt. Übliche Beanspruchungen, z. B. im Kran- und Bahnbetrieb von 1—2 g werden von den Geräten ohnehin ertragen. Höhere Werte, die durch die genannten Stöße zustandekommen jedoch nicht ohne weiteres. Diese Zusatzeinrichtungen bezeichnet man als „Schocksperre". Dabei handelt es sich um ein Sperrglied, das im unerregten Zustand die Bewegung des Schaltmagneten und damit des Kontaktapparates verhindert. Es wird z. B. so aufgebaut, daß es in den Luftspalt des Schaltmagneten oder entsprechender Konstruktionselemente hineinragt und durch ein Streufeld des Magneten verstellt wird, so daß der Bewegung des Ankers nichts mehr im Wege steht. Die Sperreinrichtung stellt dann notfalls einen Anschlag für ihn dar. Es ist wichtig, daß die Sperrbeseitigung schnell erfolgt, also das Sperrglied rechtzeitig vor der Ankerbewegung aus dem Spalt verschwindet. Bei einer anderen Lösung werden Federkräfte und Gewichte eines Sperrhebels so gegeneinander ausgewogen, daß bei einer unzulässigen Beschleunigung der Sperrarm schneller einwirkt, als die Bewegung der Schaltstücke verläuft. Mit den Schocksperren erreicht man Stoßsicherheiten bis weit über 10 g [MEYER (2)]. Im übrigen s. a. Rüttelsicherheit S. 171.

Als Schocksperre dient auch die in Abb. 80 dargestellte Anordnung für Wendeschütze, bei denen sie mit Rücksicht auf den häufigen Einsatz auf Hebezeugen und dgl. besonders am Platze ist. An jedem Schütz befindet sich ein Hebel aus verschleißfestem Preßstoff mit einer bestimmten Formung und Zahnung. Die doppelte Hebellänge ist größer als der Mittenabstand der beiden Magnete. Die Sperre wird wirksam, sobald sich die Kerben nicht mehr gegenüber stehen. Das ist schon unter Berücksichtigung der kleinsten Toleranzen auch immer die praktische Ausgangslage (b). Tritt hierbei ein Massenstoß auf, dann werden die Hebel gegeneinander gesperrt und eine Bewegung ist ausgeschlossen. Die gleiche Einrichtung erlaubt auch eine paarschlüssige mechanische Verriegelung der beiden Schütze (d). Sobald sich eines dieser beiden um verhältnismäßig geringe Beträge aus der Ruhelage heraus bewegt hat, oder sich auf sie zubewegt, ist eine Sperre für die andere Seite gegeben. Diese Vorrichtung hat den Vorteil, ohne Ausgleichsmassen zu arbeiten und die Funktionswerte nicht zu beeinflussen.

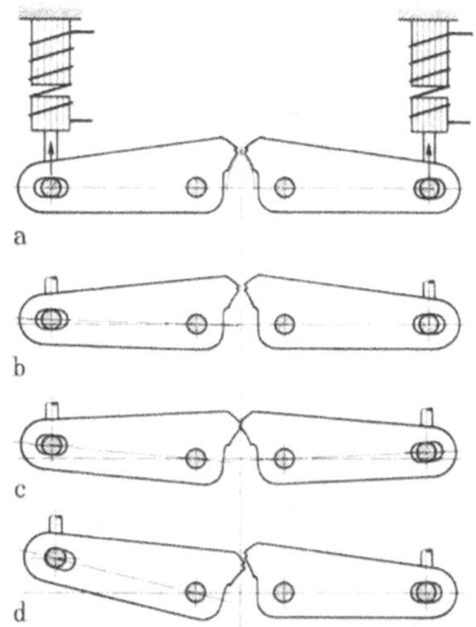

Abb. 80a bis d. Schocksperre und Verriegelung bei einem Wendeschütz (Kloeckner-Moeller)
a) theoretische, b) praktische Ausgangslage, c) verklinkte, d) verriegelte Lage

2.6 Verhalten der Schütze

Für den praktischen Einsatz ist das Verhalten der Schütze beim Eintritt verschiedener Ereignisse wie Spannungseinbruch, Auftreten eines Kurzschlußstromes und dgl. von Bedeutung. Besonders wichtig sind aber die Schaltzeiten.

2.61 Die Anzugs- und Abfallspannung

Nach 0660 Teil 1 § 39 müssen die Schütze zwischen dem 0,85 und 1,1fachen der Spulennennspannung sicher schließen. Bei Schützen für Bahnen und für Anlagen in Bergwerken unter Tage sind die Grenzen weiter gezogen. Dabei wird vorausgesetzt, daß die Schütze sich nicht erst bei diesen Spannungswerten in Bewegung setzen, sondern es ist noch eine Spannungsdifferenz notwendig, die die erforderlichen Beschleunigungskräfte gewährleistet, die ferner die Unterschiede im Spulenwiderstand zwischen kalter Spule und warmer Spule berücksichtigt. Gelegentlich wird eine größere Minustoleranz bei normalen Schützen angestrebt, dann muß aber der Magnet größer werden und was noch wichtiger ist, es wächst die Beschleunigungskraft bei Nennspannung und damit die Schlagarbeit. Das geht auf Kosten der Gerätelebensdauer.

Bei 0,10facher Nennspannung müssen die Schütze nach VDE 0660 abfallen, und zwar bis in die Ruhelage zurückgehen. Wechselstrombetätigte Spulen schalten im allgemeinen zwischen 0,8 und 0,45facher Steuernennspannung aus, gleichstromerregte zwischen 0,45 und 0,2facher. Bei Schützen für Bahnanlagen genügt es, wenn sie bei Spannungsrückgang bis herab zur Spannung 0 abschalten. Die Abfallspannung der Schütze soll keinesfalls zu hoch liegen, denn Netzstörungen, vor allem Erd- und Kurzschlüsse, machen sich besonders im Maschennetz zwar an allen Netzstellen bemerkbar, die tiefen *Spannungseinbrüche* beschränken sich dabei aber auf einen verhältnismäßig engen Bereich um die jeweilige Störungsstelle. Eine Begrenzung der genannten Abfallspannung auf höchstens 65 v. H. des Nennstroms hat bereits eine außerordentlich starke Verminderung der Beeinträchtigung der Betriebe durch Netzstörungen zur Folge, [s. COURVOISIER]. Die Abfallspannung liegt selbst bei werksneuen Geräten und Schaltstücken wohl immer tiefer. Da für den Ausschaltvorgang die Abdruckkräfte der Schaltstücke von Bedeutung sind, ist es notwendig, daß die geforderten Werte auch dann noch eingehalten werden, wenn deren Abbrand das zulässige Maß erreicht hat.

Es ist nun wünschenswert, daß die Magnete bei Spannungen, die unterhalb dieser Betriebswerte liegen, eine *eindeutige Lage* einnehmen, entweder noch sicher durchschalten oder in ihrer Ruhelage verbleiben. In der Praxis lassen sich jedoch Zwischenstadien nur sehr schwer vermeiden, d. h. daß die Magnete bei bestimmten Spannungswerten nur bis zur ersten Kontaktberührung kommen, bzw. beim Abfall zuerst in diese Lage zurückgehen. Das längere Verbleiben der Geräte im ausgeschalteten Zustand bei verminderter Spulenspannung hat naturgemäß eine Erwärmung der Spule zur Folge, die leicht über das zulässige Maß hinausgehen kann. Hiergegen hat man gelegentlich durch Überwachungselemente, z. B. in die Spule eingelegte Bimetall-Sprungplatten u. dgl. einzuwirken gesucht. Die erstrebenswerte Vermeidung der Zwischenlagen erfordert eine Abstimmung der Kontaktkräfte, der Durchfederung und der Magnetkräfte unter Berücksichtigung der Toleranzen und des Schaltstückabbrandzustandes. Der Erfolg sollte auch bei langsam steigender Steuerspannung eintreten, möglichst auch noch, wenn im Augenblick der Schaltstückberührung ein zusätzlicher Spannungsabfall durch den Motorstrom auftritt.

Abb. 81 zeigt das Verhalten der Schütze hinsichtlich der erforderlichen Mindestspannungen an der Spule (U_{sp}). Bei der Ruhelage (*RL*) des Schaltmagneten ist eine bestimmte Spannung erforderlich, um es in Bewegung zu setzen. Mit fortschreitender Verkleinerung des Luftspaltes würde auch eine kleinere Spannung genügen bis daß die Kontaktlage (*KL*) erreicht wird. Nunmehr ist eine beträchtliche Spannungssteigerung notwendig, denn es ist erforderlich, nicht nur die Weiterbewegung zu vollziehen, also die Polbrücke u. dgl. anzuheben, sondern es müssen auch die Kontaktdruckkräfte aufgebracht werden. Infolgedessen springt die erforderliche Spannung (statisch) bei dieser Lage des Schaltmagneten plötzlich auf einen höheren Betrag, dann sinkt sie mit der Bewegung in die Endlage (*EL*) meistens wieder etwas ab, es sei denn, daß die Kontakt-

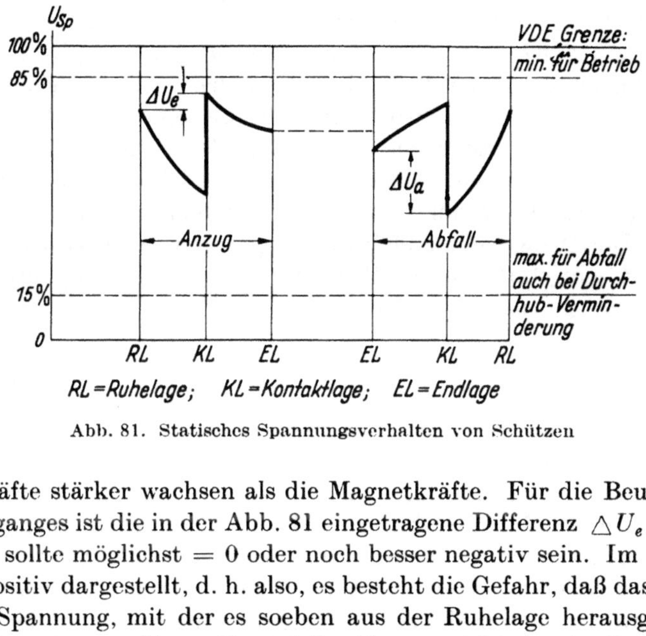

Abb. 81. Statisches Spannungsverhalten von Schützen

druckkräfte stärker wachsen als die Magnetkräfte. Für die Beurteilung des Vorganges ist die in der Abb. 81 eingetragene Differenz $\triangle U_e$ wesentlich. Sie sollte möglichst $= 0$ oder noch besser negativ sein. Im Beispiel ist sie positiv dargestellt, d. h. also, es besteht die Gefahr, daß das Schütz bei der Spannung, mit der es soeben aus der Ruhelage herausgebracht werden konnte, nur bis zur Kontaktberührung, nicht aber in die Endlage kommt. Umgekehrt sind die Verhältnisse bei dem Abschaltprozeß folgende: Bei einer bestimmten Spannung löst sich der Magnet aus der Endlage. Um ihn auf einer Zwischenstellung zu halten, wäre eine höhere Spannung notwendig, denn mittlerweile sinken die Zugkräfte des Magneten bei gleicher Spannung ab. Sobald die Kontaktanfangslage (*KL*) erreicht wird, sinkt die erforderliche Haltespannung beträchtlich, um bis zur Ruhelage hin wieder anzusteigen. Hier ist die Differenz $\triangle U_a$ (s. Abb. 81) maßgebend. Ist sie positiv im Sinne der Eintragung in der Abb., dann besteht die Gefahr, daß, wenn die tatsächlich vorhandene

Spannung in diesen Bereich hineinfällt, der Magnet zwar gelöst wird, die Schaltstücke aber in der Anfangskontaktlage verbleiben. Bei Wechselstromerregungen können hier noch Vibrationen der Brücke auftreten. Eine Beschädigung der Schaltstücke ist also denkbar, insbesondere auch ein Verschweißen. Die an den einzelnen Punkten erforderlichen Spannungen sind statisch festgestellt etwas andere, als wenn sich der Magnet in Bewegung befindet und von seiner lebendigen Energie etwas abgeben kann. Es ist in der Praxis schwierig, diese beiden Werte $\triangle U_e$ und $\triangle U_a$ auf Null zu bringen oder gar in das Negative zu verkehren. Das würde größere Abmessungen der Geräte bei erhöhten Magnetkräften erfordern und es wäre notwendig, den überschüssigen Betrag der Kräfte in Abdruckfedern zu verzehren, so daß die Änderung beim Erreichen bzw. Verlassen der Kontaktlage prozentual geringer würde.
Durch das Vorschalten eines kleinen Widerstandes bei Wechselstrommagneten (s. S. 87, Abb. 56) ist eher die Möglichkeit gegeben, mit dieser Spannung den kritischen Punkt beim Einschalten zu überwinden.

Bei den angegebenen Spannungshöchstwerten müssen die Geräte die auftretende höhere Erwärmung noch aushalten. Auch dürfen die vergrößerten Beschleunigungskräfte nicht zu einer schnellen Zerstörung oder zur Kontaktprellung und damit verstärktem Schaltstückverschleiß führen. Die Anzugs- und Abfallspannungen sind bei gleichstromerregten Magneten sehr stark von der Spulentemperatur abhängig, da in Wirklichkeit der Spulenstrom maßgebend ist.

2.62 Strom- und Leistungsaufnahme der Schützspulen

Die Stromaufnahme der Schütze ist von der Spannung abhängig, bei *Wechselstrom* aber nicht im Sinne einer stetigen Funktion sondern der Strom ändert sich sprunghaft, wenn die Anzugs- bzw. Abfallspannungen erreicht werden. In Abb. 82 sind die Ströme ohne die Gleichstromglieder in Abhängigkeit von der Spulenspannung aufgetragen. Steigert man die Spannung langsam, dann steigt der Strom bis zur Anzugsspannung $U_{an}(A)$ an, um dann nach Zurücklegung des Ankerweges auf den verhältnismäßig geringen Betrag des Haltestromes (B) abzusinken. Der Haltestrom steigt mit weiterer Spannungssteigerung noch etwas an, bei Nennspannung bis zum Nennwert C. Nimmt man die Spannung jetzt wieder zurück, dann geht der Strom langsam ebenfalls zurück bis zum Punkte D. Das ist der Punkt, der der Abfallspannung ($U_{a\upsilon}$) entspricht. Läßt man das Gerät nach Abfallen des Ankers noch weiter unter Spannung stehen, dann tritt entsprechend dem großen Luftspalt wieder eine höhere Stromaufnahme bis zum Punkte E auf. Bei noch weiter absinkender Spannung geht der Strom langsam wieder auf 0. Diese Übergänge sind naturgemäß nicht so schroff wie das Diagramm darzustellen scheint, es ist nur grundsätzlicher Art. Die tatsächliche Lage der Anzugs- und Abfallspannung sowie die Höhe der Punkte A, B, E usw. sind modellabhängig. Bei Wechselstrom steigen die Anstiegs- und Abfallstromkurven schneller an als die Spannung. Bei Gleichstrom handelt es sich zunächst um geradlinige Zusammenhänge. Hierbei entsteht ein gleichartiges Bild natürlich nur, wenn bis zum Anzug ein Sparwiderstand kurzgeschlossen ist und nach erfolgtem Anzug vorgeschaltet wird. Bleibt eine solches Gerät kurz vor Erreichen der Anzugsspannung unter Strom stehen, dann ist, entsprechend der Höhenlage des Punktes A, die Stromaufnahme und damit die Wärmeentwicklung in der Spule recht beträchtlich. Die Ströme bei Wechsel- und Gleichstrommagneten während der Ankerbewegung (s. Abb. 84 u. 85) auf S. 159. Das Verhältnis des Anzugsstromes zum Haltestrom bei einem Wechselstrommagneten liegt i. M. bei etwa 10:1. Es schwankt zwischen 3:1 und 30:1 bei größeren Modellen [s. KIRCHDORFER (3)].

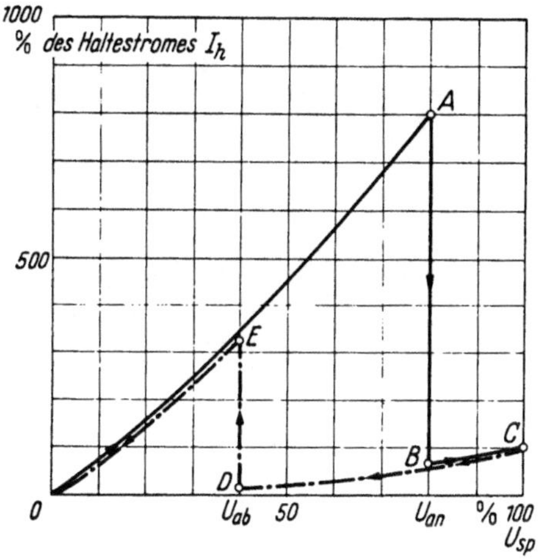

Abb. 82. Stromaufnahme einer Wechselstromschützenspule, abhängig von der relativen Höhe der Steuerspannung

U_{sp} Spulenspannung-Nennwert; U_{an} Anzugs-; U_{ab} Abfallspannung

Die für die *Ein- und Ausschaltbelastung der Hilfsstromglieder* im Wechselstrom-Steuerkreis wichtigen Leistungsfaktoren liegen in der Ausgangsstellung im Mittel bei etwa 0,6 (0,4—0,85). In der Wirkstellung sind sie niedriger, im Mittel etwa 0,35 (0,25 bis 0,4). Die Einschwingfrequenzen der wiederkehrenden Spannung (s. S. 64) steigen in der Ausgangsstellung mit der Modellgröße etwas an und bewegen sich ungefähr zwischen 10 und 30 kHz, der Überschwingfaktor etwa zwischen 1 und 1,35. In der Wirkstellung ist infolge der höheren Eisenverluste der Schwingkreis meistens aperiodisch gedämpft, mit Einschwingfrequenzen hat man mithin nicht zu rechnen [ZÖRB]. Für die Einschaltstromstärken der Steuerkreisglieder ist also der hohe Strom in der Ausgangsstellung entscheidend, für das Ausschalten im allgemeinen nur der Spulendauerstrom, bei verhältnismäßig günstigen Schaltbedingungen. Wenn außerdem eine übliche Steuerspannung in Höhe von 220 V verwandt wird, dann ist auch keine Gefahr für die Wiederverfestigung der Schaltstrecke gegeben (s. S. 56). In Ausnahmefällen, wenn die Abschaltung bei fehlerhafter

Betätigung oder blockiertem Schütz erfolgen muß, ist naturgemäß der Abschaltvorgang bei hoher Stromstärke und einer höheren Einschwingfrequenz beachtlich.

2.63 Die Schaltzeiten

Wie bei jedem Schalter sind bei der Beurteilung die festgelegten Zeitbegriffe ausschlaggebend. Es kann sonst leicht vorkommen, daß man unter ein und der gleichen Bezeichnung an zwei verschiedenen Stellen sich etwas Unterschiedliches vorstellt. Die Definitionen befinden sich in VDE 0660 Teil 1 §19, (s. Abb. 83).

Dabei gilt beim *Einschaltvorgang*:

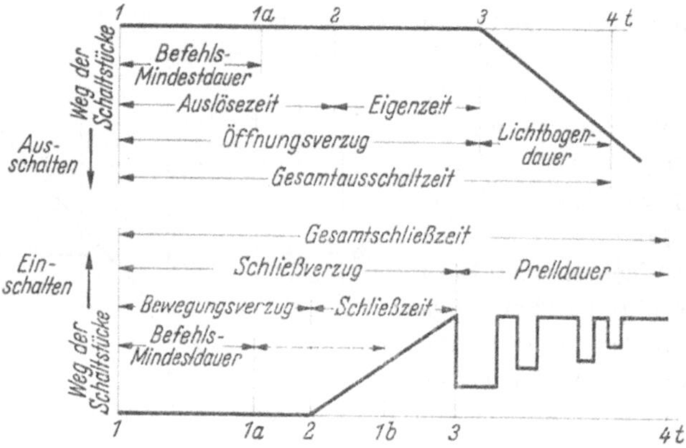

Abb. 83. Zeitbegriffe bei Schaltern nach VDE 0660/1967

Der „Bewegungsverzug" ist die Zeit vom Beginn der Befehlsgabe bis zum Beginn der Bewegung der Schaltstücke *2*.

Die „Schließzeit" ist die Zeit vom Beginn der Schaltstückbewegung bis zur ersten Kontaktgabe der Schaltstücke *3*.

Der „Schließverzug" ist die Summe von Bewegungsverzug und Schließzeit

Die „Prelldauer" ist die Zeit von der ersten bis zur endgültigen Kontaktgabe der Schaltstücke *4*.

Die „Gesamtschließzeit" ist die Summe aus Schließverzug und Prelldauer.

Die „Befehlsmindestdauer" ist die kleinste Zeit des Ein- bzw. des Ausschaltbefehls, die zur vollständigen Ein- oder Ausschaltung des Schalters erforderlich ist *1a, 1b*. Sie kann auch gewollte Verzögerungszeiten enthalten.

Beim *Ausschaltvorgang* gilt in ähnlicher Weise:

Die „Auslösezeit" ist die Zeit vom Eintreten des die Auslösung verursachenden Zustandes bis die Sperrung des Schalters aufgehoben oder die Rückstellkraft freigegeben wird, bzw. bis zur Unterbrechung des Hilfsstromkreises *2*. Die Zeiten von zusätzlichen Verzögerungseinrichtungen werden in die Auslösezeit eingerechnet.

Die „Eigenzeit" des Schalters ist die Zeit von der Freigabe einer Sperrung bis zur Aufhebung des Kontaktschlusses an der Schaltstelle *3*.

Der „Öffnungsverzug" ist die Summe von Auslösezeit und Eigenzeit.

Die „Lichtbogendauer" ist die Zeit von der Aufhebung des Kontaktschlusses der Schaltstücke bis zum endgültigen Erlöschen der Lichtbögen *4*.

Die „Gesamtausschaltzeit" ist die Summe von Öffnungsverzug und Lichtbogendauer.

Für die „Befehlsmindestdauer" gilt das beim Einschaltvorgang Gesagte.

Hinzu kommt noch die „(Mindest)-Umschlagzeit", das ist bei einem Umschalter, der mit Unterbrechung arbeitet, die Zeit vom Öffnen der

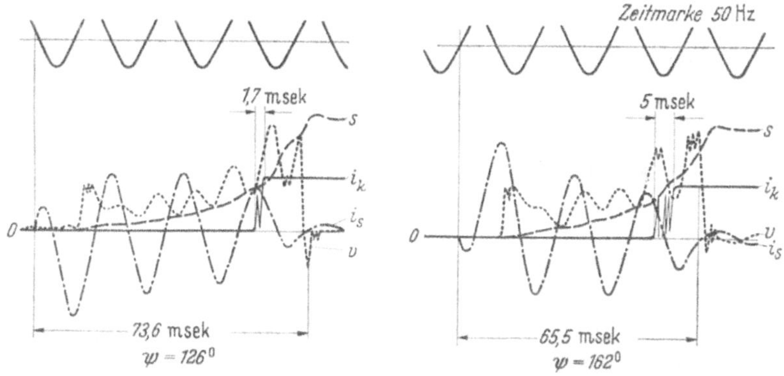

Abb. 84. Ermittlung der Einschaltzeiten eines wechselstromerregten Schützes
s Weg; i_k Kontaktstrom; *v* Geschwindigkeit; i_s Spulenstrom

einen Schaltstelle bis zum Schließen der anderen. Man bezeichnet so auch bei der elektrischen Verriegelung von Wendeschützen gegeneinander (s. S. 135) die Zeit zwischen dem Öffnen der Hauptschaltglieder an einem Richtungsschütz bis zum Kontaktschluß am anderen ohne Rücksicht auf etwaige Lichtbögen.

Die Berechnung der Zeiten und damit der Geschwindigkeiten erfolgt nach den Gesetzen der Massenbeschleunigung (s. Abb. 42). Sie ist jedoch nur dann einfach, wenn es sich um festliegende Kräfte und Gegenkräfte handelt. Ein Wechselstrommagnet bietet z. B. diese Voraussetzung nicht. Hier sind die Zeiten vom Zufall abhängig. Je nach der Einschaltphasenlage ist das Kraft–Weg-Diagramm ein anderes. Die Feldstärke und damit die Kräfte ändern sich nicht nur zeitlich, sondern auch mit der Ankerlage (s. S. 83, Abb. 52). Infolgedessen lassen sich bei wechselstrombetätigten Schützen auch keine exakten Schließzeiten und dgl. angeben, sondern nur Grenzen innerhalb derer die Werte liegen. Abb. 84 zeigt zwei unterschiedliche Vorgänge dieser Art. Die Zeitunterschiede sind zwar noch nicht so kraß wie sie im Grenzfall erwartet werden können, weil die Zeit hier an sich beträchtlich ist. In der Abb. ist der Magnetweg durch den Strom eines hubgesteuerten Widerstandkreises gekennzeichnet. (Strom und Weg sind nicht proportional). Man sieht, daß die Bewegung zeitweise fast aufhört, jedenfalls die Geschwindigkeit stark schwankt. Die Geschwindigkeit wurde nochmals besonders gemessen (s. S. 260). Die Gesamteinschaltzeit ist je nach der Anfangsphasenlage sehr unterschiedlich. Dementsprechend auch die Aufschlaggeschwindigkeit und die Prelldauer. Im übrigen liegen die Endgeschwindigkeiten etwa zwischen 0,5 und 1,5 $msec^{-1}$. Sie erreichen also im Mittel diejenige eines Spaziergängers. Bei Geräten mit geringer Schaltgeschwindigkeit werden die

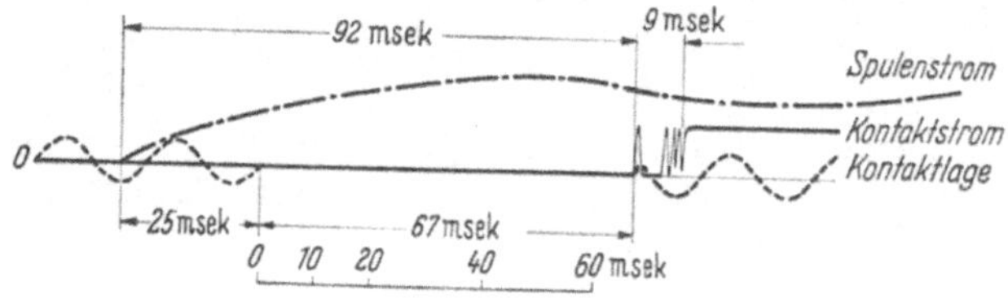

Abb. 85. Ermittlung der Einschaltzeiten eines gleichstromerregten Schützes

Schwankungen im Verhältnis verständlicherweise kleiner, weil der Einfluß der ersten Halbwelle zurückgeht.

Abb. 85 zeigt Teilwerte bei einem gleichstromerregten Schütz. Der Spulenstrom steigt langsam an je nach der Zeitkonstante des Kreises. Erst dann, wenn die Minimalstromstärke, die zum Anzug notwendig ist, erreicht wurde, beginnt die Bewegung. Dieser Punkt wurde in der Aufnahme durch einen Hilfskreis ermittelt. Er lag 25 msec später als der Spulenstrom eingeschaltet wurde. Das betreffende Gerät arbeitete ohne Schnellerregung. Die erste Kontaktberührung ist durch einen über ein Hauptschaltstück geschlossenen Kreis gekennzeichnet. Gleichzeitig wurde auch der vorhin gekennzeichnete Hilfskreis wieder geschlossen. Es lassen sich auf diese Weise die genannten Zeiten, die „Schließzeit" und die „Prelldauer" bestimmen.

Unterschiedliche Werte bei Wechselstrommagneten, abhängig von der Steuerspannungsphasenlage im Einschaltaugenblick der Spulen zeigt Abb. 86 [s. Franken (43)]. Bemerkenswert ist der Knick bzw. die hohe Spitze bei etwa 85 °el. Die unterste Kurve zeigt etwa den Beginn der Bewegung. Bei dem Knick wird die Polbrücke angehoben, um nochmals zurückzufallen. Die Zugkraftkurve beginnt mit einer kleinen Vorwelle. Die Bewegung wird erst mit der nachfolgenden durchgeführt. Würde man den Luftspalt am Magneten (Hub) noch weiter vergrößern und damit den Einschaltstrom, dann käme kein geschlossener Kurvenzug mehr zustande, sondern nur 2 von 0° und 180 °el. ausgehende Teiläste mit endlichen Werten. Bei den Phasenlagen zwischen diesen Teilästen würde überhaupt kein Anzug stattfinden. Bei einem bestimmten Hub hört jede Bewegung auf (s. KOCMANN, Abb. 21). Eine entsprechende Kurve für die Prelldauer verläuft invers zu der für die Einschaltzeit (s. KOCMANN, Abb. 22) und FRANKEN (43, Abb. 5). Dabei zeigte sich, daß ein Prell-Maximum und -Minimum innerhalb des Bereichs von 0 bis 180 °el. mehrfach auftritt. Die Prelldauer steigt bei sinkendem Verzug mit steigender Spannung beträchtlich an. Bei einer zu niedrigen Spannung ist unter Umständen ein Rückfall des Ankers und damit ein Lösen des Kontaktes zu beobachten. Bei bestimmten Spannungen setzt ein Flattern (Pumpen) ein, d. h. eine stets erneute Einschaltung. Bei der Planung ist es notwendig, diese durch Spannungsschwankungen bedingten Änderungen der Funktionszeiten zu beachten. Der Höchstwert der mittleren Geschwindigkeit zum Niedrigstwert liegt etwa bei 2:1, s. auch PFEIFFER(2).

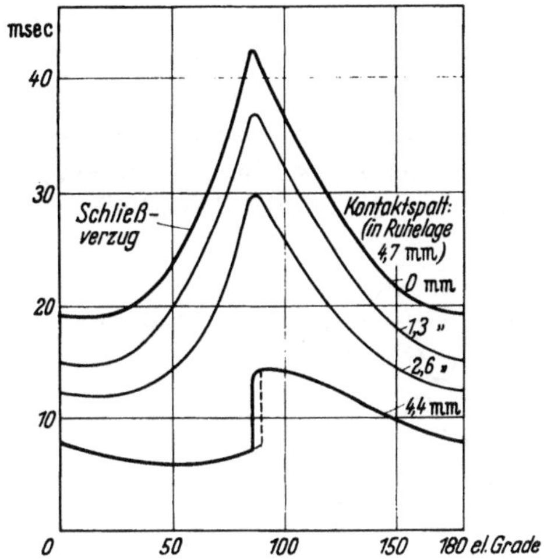

Abb. 86. Gesamtschließverzug eines wechselstromerregten Schützes, abhängig von der Einschaltphasenlage

Der Einschaltverzug ist bei einem Schütz naturgemäß von der relativen Höhe der Betätigungsspannung abhängig. Man ist bestrebt, insbesondere mit Rücksicht auf die Lichtbogenverriegelung, (s. S. 137 u. S. 353) den Schließverzug nicht zu klein zu halten. Das geschieht z. B. durch Herabsetzen der Beschleunigungskräfte, indem man dafür sorgt, daß die nach Abb. 41, S. 69 schraffierten Flächen möglichst klein bleiben. Die Mittel dazu sind Übersetzungen, entsprechende Formgebung der Magnete, Verminderung der Magnetkräfte in der Ausgangslage durch vorgeschaltete Widerstände (s. S. 87). Weiterhin kommen die Mittel in Betracht wie sie auf S. 213 bis 217 für verzögerte Relais beschrieben sind, d. h. mechanische und thermische Verzögerungselemente sowie Kondensatoren. Andererseits wird angestrebt, den Schließverzug möglichst nicht über 30 msec zu steigern, [s. FRIEDRICH (2)]. Am Ausschaltvorgang sind u. a. auch die Kontaktdruckkräfte als Beschleunigungskräfte beteiligt. Sie sind oft bei Schützen sogar vorherrschend. Entgegen stehen Reibungen, Remanenz und Adhäsion der Magnetflächen. Die hemmenden Kräfte beeinflussen meistens nicht die Abschaltgeschwindigkeit, sondern nur den Öffnungsverzug, indem sie den Beginn der Bewegung hinausschieben. Ein Beispiel für die in gleicher Weise wie beim Einschaltprozeß festzustellende Abhängigkeit des Öffnungsverzuges von der Phasenlage, s. FRANKEN (43, Abb. 3). Der Ausschaltverzug kann durch elektro-dynamische Kräfte verkürzt bzw. verlängert werden. Bei Ölschaltgeräten wird die Ein- und Ausschaltgeschwindigkeit außer durch die Konstruktionsform der bewegten Teile weitgehend durch die Viskosität sowie Temperatur des verwandten Öles bedingt. Meistens ist der Einfluß zwischen 0 und 20 °C außerordentlich klein, um dann bei geringeren Temperaturen und höheren Viskositätsgraden anzusteigen. Die bremsende Wirkung des Öles kann durch die Konstruktion der Polbrücke gesteigert werden.

Mit der angestrebten Verkürzung der Kontaktspalte (s. S. 58) sind die Wege, die die Schaltstücke beim Schließ- und Öffnungsvorgang zu-

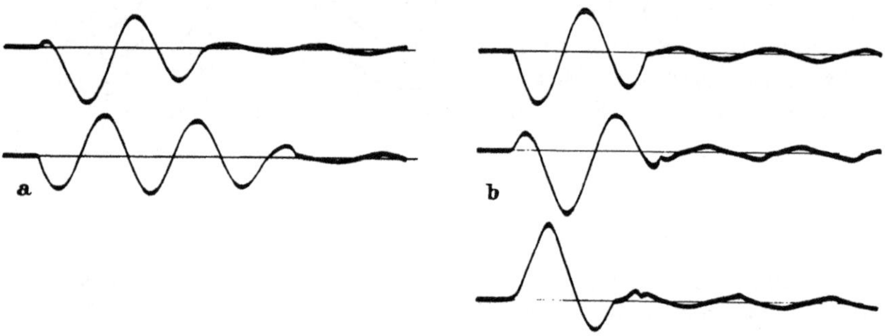

Abb. 87 a u. b. Einschaltspulenströme von wechselstromerregten Schützen, abhängig von Spannungshöhe und Einschaltphasenlage
a) Bei 10 v. H. Unterspannung; b) Bei 10 v. H. Überspannung

rückzulegen haben, kleiner geworden und dementsprechend auch die Schließ- und Eigenzeiten der Schalter gesunken. Bei Geräten für 10 kW-Motoren liegt der Einschaltverzug etwa zwischen 10 und 25 msec, bei 100 kW 15 und 50 msec. Der Ausschaltverzug zwischen 5 und 15 bzw. 15 und 40 msec. Der Einschaltverzug eines Luftschützes ist erheblich kleiner als die Hochlaufzeit eines Motors, die wohl immer über 200 msec liegt. Bei der Streuung der Abschaltzeiten der Schütze ist zu beachten, daß zunächst einmal der Streubereich in Betracht kommt, dem die Eigenzeit von Ausschaltvorgang zu Ausschaltvorgang unterliegt. Abb. 87 zeigt für $\pm$ 10 v. H. Spannungsabweichung sowie jeweils verschiedene Einschaltphasenlagen der Steuerspannung den Stromverlauf und damit den Schließverzug. Die Knicke in den Kurven geben den Eisenschluß des Magneten an. Bei Ölschützen wird bei Geräten bis 200 A Nennstrom ein Schließverzug von etwa 20 bis 40 msec festgestellt, bei größeren Geräten steigt dieser Wert bis zu 70 msec an. Der Öffnungsverzug ist unter Umständen verhältnismäßig groß, bis zu 100 msec [Franken (6)].

Weg–Zeit-Diagramme bei Luft- und Ölschützen s. Abb. 88. Beachtenswert sind außer den Streubändern die Knicke bei der Schaltstückberührung. Das Bild oben links ist für zwei verschiedene Gesamthübe des Magneten ermittelt. Die Verkürzung des Gesamthubes von 13,5 auf 7 mm hat naturgemäß in erster Linie eine bedeutende Verkürzung der

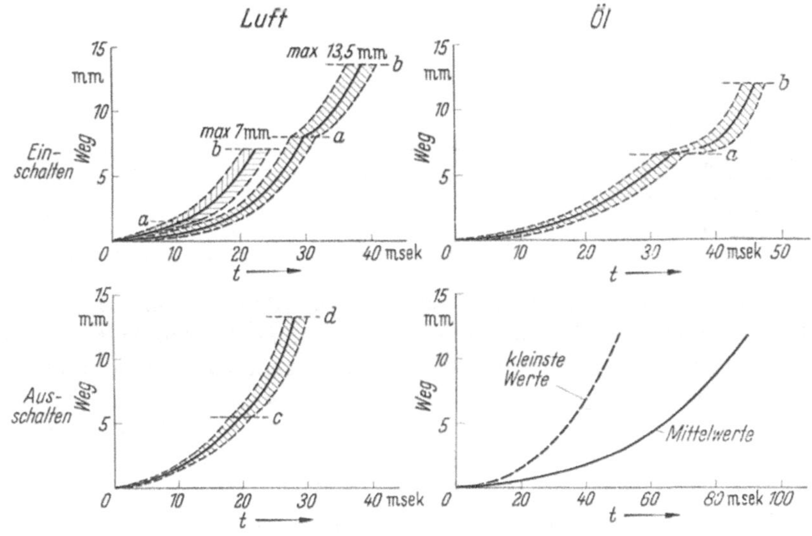

Abb. 88. Zeitwegdiagramme von Schützen
a Kontaktberührung; *b* Einschaltlage; *c* Kontaktlösen; *d* Ausschaltlage

Zeit bis zur Kontaktberührung zur Folge. Beachtenswert ist im Bild rechts unten beim Abschaltvorgang unter Öl die große Streuung der Ausschaltzeiten.

Die *Gesamtsituation für ein Schütz* in Verbindung *mit* einem *Anstoßschalter* zeigt Abb. 89. Hier ist einmal die Wegtoleranz des Anstoßschalters zu berücksichtigen, dann kommt die Lichtbogenzeit an dessen Kontaktelement *b* in der Größenordnung von 2 bis 10 msec Unterschied, ferner der Öffnungsverzug des Schützes (*c*) und zuletzt die Schwankungen der Lichtbogenzeit bis zu 7 msec bei 3phasiger Schaltung (*d*). Das zeigt beispielsweise, daß man bei den angenommenen Werten für ein Gerät, bestimmt für max. 10-kW-Motoren, mit einer Zeitdifferenz von etwa 13 msec, bei einem solchen für 50-kW-Motoren mit einer Zeitdifferenz von etwa 32 msec zu rechnen hat. Hinzu kommt noch die Wegtoleranz des

Anstoßschalters *a* und die sich daraus in Verbindung mit seiner Betätigungsgeschwindigkeit ergebende Zeittoleranz [FRANKEN (30)]. Auch die Lichtbogenzeit ist bei kleinen Leistungen, also hoher Lichtbogenspannung, von der Geschwindigkeit abhängig. Bei langsamerem Betrieb erlischt der Bogen erst bei dem natürlichen Stromdurchgang.

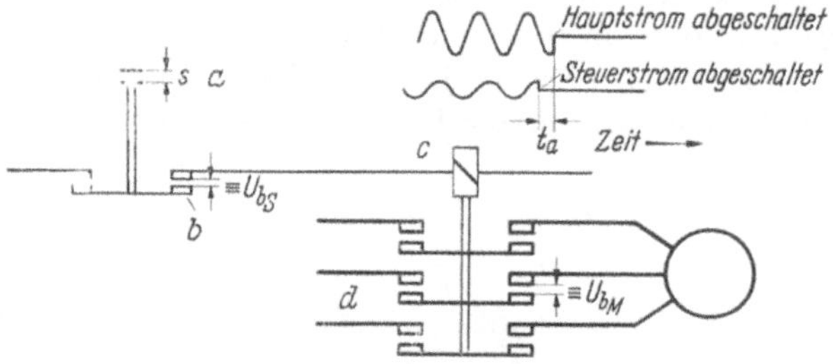

Abb. 89. Schaltgenauigkeiten bei Schütz in Verbindung mit Anstoßschaltern
a Wegtoleranz am Anstoßschalter Δs etwa 0,005 mm;
b Toleranz der Lichtbogendauer am Anstoßschalter U_{b_S} etwa 2 bis 10 msec je nach Schaltergröße;
c Toleranz des Öffnungsverzugs des Schützes Δt_a etwa 4 bis 15 msec je nach Schützengröße und Konstruktion;
d Toleranz der Lichtbogendauer des Schützes ΔU_{b_M} etwa 7 msec je nach Phasenlage

Bei den Zeitbegriffen war noch von der „Befehlsmindestdauer" die Rede. Bei Schützen bedeutet das, wie lange z. B. die Einschalttaste niedergedrückt bleiben muß, damit die Einschaltung zustande kommt. Es wird häufig angenommen, daß diese Zeit unter allen Umständen groß genug sei, um zum Erfolg zu führen. EINSELE (1) hat die Verhältnisse untersucht und fand, daß bei einem schlagwettergeschütztem Gerät bei 77 v. H. Nennspannung eine Kommandodauer von etwa 100 ms die Kontaktgebung noch sicher zustande brachte. Eine solche von 50 ms dagegen nicht. Bei zu kleinen Zeiten ist die Gefahr vorhanden, daß das Gerät zwar durch den Schwung, den es erhält, die Kontaktlage erreicht, jedoch ohne volle Kontaktdruckkraft. Das konnte man selbst bei Nennspannung erzielen. Es war eine effektive Kommandodauer von 13 msec möglich. Das Schaltstück lag dabei nach weiteren 24 msec während 7 msec ohne volle Kontaktdruckkraft an. Bei solchen Vorgängen und dem Vorhandensein entsprechender Ströme sind selbstverständlich Verschweißungen möglich. Bei bewußter Absicht und Übung war es jedenfalls möglich, mit Drucktasten kleinere Zeiten als zulässig zu erreichen. An gefährlichen Stellen, wie es bei den in der genannten Arbeit zur Diskussion stehenden schlagwettergeschützten Geräten der Fall war, ist deshalb unter Umständen auf Drucktaster unter diesem Gesichtspunkt zu verzichten, weil sie möglicherweise die Mindestbefehlsdauer nicht gewährleisten. Bei schnellerem Betätigen von Schwenktastern war es dagegen nicht möglich, eine Kommandozeit von 250 msec zu unterschreiten. Bei bewußter Absicht und Mühe ließ sie sich auf 120—150 msec herunterdrücken.

2.64 Das Verhalten der Schütze bei Kurzunterbrechungen der Steuerspannung

Betriebsmäßig kurze Unterbrechungen des Netzes auf die Dauer von verhältnismäßig wenigen msec kommen in der Praxis nicht vor, weil Umschalthandlungen schon größere Zeiten, z. B. bei der Kurzabschaltung der Hochspannungsnetze zwischen 100 und 500 msec erforderlich machen. Die ganz kurzzeitigen Unterbrechungen im Steuerstromkreis treten als Folge von Prellvorgängen, Flattern oder Abheben von Schaltstücken auf. Es ist nicht möglich, über diese Vorgänge eine rechnerische Vorhersage zu machen; im Gegensatz zu dieser Schwierigkeit steht die Fülle der Möglichkeiten. Bei der in der Steuerung ständig gestiegenen Zahl von Einzelgeräten und damit der Zahl der Unterbrechungsstellen liegen oft im Steuerkreis eines einzigen Schützes 10, 20 und mehr Doppelunterbrechungsstellen. Jede kann die kurzzeitige Unterbrechung der Steuerspannung hervorrufen. Derartige Störungen brauchen nicht auf einem konstruktiven Mangel zu beruhen, eher auf dem Einsatz unzweckmäßiger Geräte. Eine erheblich größere Störmöglichkeit besteht in der Überschreitung des Schaltvermögens der Elemente im Steuerkreis. Damit ist ein verstärkter Schaltstückabbrand und eine Verringerung des Schaltstückdurchhubes verbunden, wodurch die Möglichkeit von Abhebungen des Kontaktapparates wächst. Andere Ursachen sind Erschütterungen der Geräte im Steuerstromkreis. Bei periodisch auftretenden mechanischen Schwingungen kleiner Amplitude durch Resonanzerscheinungen sind die gleichen Wirkungen möglich, wie sie einmalig auftretende Erschütterungen mit großer Amplitude hervorrufen können. Das Ganze bedeutet eine Herabsetzung des Mittelwertes der Steuerspannung und kann zu länger andauernden Kurzunterbrechungen führen, die die vorzeitige Zerstörung des Schützes zur Folge haben.

Bei einer großen Anzahl von Aufnahmen an einem Gerät, bei dem der Halteschalter des mit Drucktaster betätigten Schützes, bezogen auf den Schaltstückweg, 2 mm später öffnete als die Hauptbahn, lösten sich bei Unterbrechungszeiten bis 3 msec weder der Magnet noch die Schaltstücke, bis zu 5 msec erfolgte niemals eine Hauptstromunterbrechung. Nach Unterbrechungszeiten bis 20 msec wurde der Hauptstromkreis bei Spannungsrückgang wieder geschlossen. Erst bei solchen über 20 msec erfolgte unter Umständen endgültige Abschaltung, bei diesen Zahlen ist aber nur auf die Funktion des Gerätes geachtet worden. GALLE (2) stellte bei Versuchen an verschiedenen Geräten fest, daß bei Unterbrechungszeiten in der Größe von 3 msec die Abdruckkräfte der Geräte noch ausreichten, die punktförmigen Verschweißungen wieder zu lösen. Bei Zeiten zwischen 3 und 13 msec entstanden bleibende Verklebungen und Verschweißungen der Schaltstücke oder doch wenigstens starke Verformungen der Schaltstückoberflächen und starker Abbrand. Bei noch größeren Trennzeiten blieben die Verschweißungen aus, weil damit die größte Lichtbogenzeit der betreffenden Geräte unter den entsprechenden Schaltbedingungen überschritten wurde. Diese Wirkungen von Steuerspannungsunterbrechungen, oder -absenkungen bei Schützen sind nicht von der Konstruktion abhängig. Es können lediglich die maßgebenden Zeitintervalle verschieden sein. Unterbrechungen aufgrund derartiger Absenkungen müssen auf jeden Fall vermieden werden, da nur dann eine Anlage störungsfrei und wirtschaftlich arbeiten kann.

Mittel zur selbsttätigen Wiedereinschaltung auch nach längeren Spannungsunterbrechungen s. S. 146 (verzögerte Nullspannungsauslösung). Schwierigere Probleme entstehen, wenn die Spannung nicht ausbleibt, sondern starke Abfälle eintreten [s. Franken (40) und Galle (2) sowie S. 323].

2.65 Schaltgeräusche

Die Energieumsetzungen, die in den Schützen stattfinden, sind mit gewissen Geräuschentwicklungen verbunden. Einmal ist es immer der Aufschlag der Schaltelemente selbst, dann u. U. die Lichtbogenlöschung. Vor allen Dingen ist es aber daneben noch der mehr oder weniger singende Ton der Wechselstrom-Schaltmagnete und u. U. noch Geräusche, bedingt durch elektrodynamische Kräfte, die aber bei Schützen praktisch keine Rolle spielen. Bei komplizierteren Geräten sind die Geräuschquellen durchaus nicht immer einwandfrei erkennbar. Die Verminderung der Ein- und auch Ausschaltgeräusche ist oft, insbesondere bei selbsttätigen Geräten, eine Angelegenheit der beeinflußbaren Schaltgeschwindigkeit, wobei die Geschwindigkeit naturgemäß in den seltensten Fällen allein durch die Geräuschverhältnisse bestimmt werden kann. Bei Wechselstrommagneten besteht ein zuverlässiger Weg, die Dauerschaltgeräusche zum Verschwinden zu bringen, nur in der Umformung des Erregerstroms in Gleichstrom (s. S. 112). Diese Methode führt aber auch nicht zur völligen Geräuschlosigkeit, da über den Gleichrichter kein Gleichstrom, sondern pulsierender Strom entsteht. Um volle Geräuschlosigkeit zu erzielen, müssen zusätzlich parallelgeschaltete Kondensatoren, u. U. auch noch Drosselspulen, angewandt werden. Die erfolgreichste Methode, die Einschaltgeräusche zu dämpfen, ist das Einsetzen der Schaltmagnete in ein Ölbad, so daß im letzten Augenblick, kurz ehe sich die Magnetflächen berühren, ein Ölpolster zwischen die Flächen kommt und das Aufschlaggeräusch vermindert. Zusätzliche Dämpfungen (Luft- oder Ölkolben) sind auch in der Lage, Schaltgeräusche zu dämpfen, ohne daß das Gesamtgerät in ein Ölbad gesetzt wird. Auf dem Weg wirksam werdende Dämpfungspumpen haben bei nachhaltiger Geschwindigkeitsverminderung und Wechselstrom eine starke Erhöhung der Spulenwärme beim Einschalten zur Folge, die höheren Schalthäufigkeiten leicht eine Grenze setzt.

Im übrigen liegen hinsichtlich der Geräuschentwicklung von Schützen noch wenig exakte Messungen vor. Untersuchungen haben auch gezeigt, daß ihre Feststellung außerordentlich schwierig ist. Man hat es sowohl mit dem Luft- wie mit dem Körperschall zu tun. Den Körperschall, der nur durch Verbindung mit Gebäudeteilen übertragen und hier von großen Flächen leicht abgestrahlt werden kann und damit den schon vorhandenen Luftschall stark vermehrt, kann man durch geeignete Dämmmittel, vor allem solche, die in sich Energie verzehren, von den Gebäudeteilen fernhalten. Die Lautstärke, mit der ein Beobachter den Schallvorgang hört, hängt von der Raumgröße, den Abmessungen und der Schallschluckung ab. Je kleiner das Volumen, desto größer ist die Nachhallzeit, desto lauter wirkt sich dieselbe Schallenergie aus. Je größer der Raum, um so leiser erscheint umgekehrt das Geräusch. Der Raumeinfluß muß gerade bei Geräuschen von Schaltgeräten berücksichtigt werden. Bei den Schützen in industriellen Anlagen spielt das Geräusch kaum eine Rolle. Es ist gegenüber dem bescheidensten Fabrikationsgeräusch ohne jede Bedeutung. Etwas anders ist es, wenn solche Geräte gelegentlich, z. B. bei Wasserhaltungen u. dgl., in Privathäusern Anwendung finden.

Von den Herstellern werden die Verhältnisse beachtet. Man prüft die Geräte hinsichtlich ihrer Geräuschentwicklung, um sie auf ein Minimum herabsetzen zu können. Ferner werden sie bei der Stückprüfung darauf untersucht, wobei man im allgemeinen mit Rücksicht auf die in der Fertigungswerkstatt leichtere Durchführungsmöglichkeit den Körperschall mißt. Im übrigen steigt die Geräuschentwicklung bei einem bestimmten Spannungsabfall an einem Wechselstrommagneten stark an. Die Spannungshöhe, bei der das eintritt, ist auch ein gutes Kriterium für die Magnetgüte beim Einzelstück. Pfeiffer (2) fand im schalltoten Raum ein ganz bestimmtes zusätzliches Frequenzband bei einem brummenden Schütz. Als gar nicht recht durchführbar hat sich bisher die Feststellung des Ein- und Ausschaltgeräusches erwiesen. Die Zeiten, in denen diese Geräusche auftreten, sind zu kurz.

2.66 Schütze und Kurzschlußstromabschaltung

Es erscheint nach dem Stand der Technik grundsätzlich richtig, Betriebsschaltgeräte, also z. B. Motorschalter für höhere Schalthäufigkeit, nur für die Erfüllung der Steueraufgabe herzurichten und den Kurzschlußschutz anderen Geräten zuzuweisen. Es ist in Deutschland deshalb nicht üblich, Schütze für Kurzschlußstromabschaltung zu bauen; im

Ausland wird es teilweise in einem gewissen Umfang versucht (s. auch S. 127). Das Schütz eignet sich seiner Natur nach für die Kurzschlußstromabschaltung wenig, denn zur Abschaltung gehört auch die Einschaltung, und wenn man ein Gerät für ein hohes Kurzschlußausschaltvermögen baut, dann muß man damit rechnen, daß es auch auf diesen Kurzschluß eingeschaltet wird. Das Einschaltvermögen kann aber bei Schützen vor allen Dingen, weil man die Kontaktkräfte über ein gewisses Maß nicht steigern kann, nicht auf sehr hohe Werte gebracht werden, so daß Schütze in der Praxis in der Lage wären, den bei der heutigen großen Energiedichte auftretenden hohen Stromstärken gewachsen zu sein.

Soweit Schütze für die Kurzschlußabschaltung gebaut werden, muß der vom Hersteller zugelassene Kurzschlußstrom angegeben werden, hierfür sieht VDE 0660 bei Kurzschlußströmen bis 5 kA einen Leistungsfaktor 0,7 und bei höheren Strömen 0,2...0,5 vor. Die Prüfungen werden mit 1,1facher Nennspannung ausgeführt. Bei Gleichstrom rechnet man mit einer Zeitkonstanten des Kreises von 13 msec für Industrieanlagen und nach der Stromstärke gestaffelten Zeiten für Bahnanlagen und -Fahrzeuge.

Die für Schütze übliche Lösung ist die Vorschaltung einer Hochleistungs-(NH)sicherung oder eines Leistungsschalters, der bei auftretendem Kurzschluß die Kurzschlußstromstärke möglichst schnell von der Schützensteuerung wegnimmt. Das setzt natürlich voraus, daß diese Schaltgeräte dem Kurzschlußstrom der Einbaustelle voll gewachsen sind. Andernfalls brauchen sie zu ihrer Unterstützung wieder vorgeschaltete Hochleistungssicherungen. Weiterhin muß die Ansprechgrenze der eingebauten Schnellauslöser tiefer liegen als der vom Schütz allein beherrschbare Strom. Die NH-Sicherungen haben den Vorteil einer außerordentlich kurzen Wirkungszeit und den, daß sie praktisch allen Netzkurzschlußströmen gewachsen sind, weil sie ihrerseits hohe Kurzschlußströme gar nicht erst voll anwachsen lassen. Unter diesem Gesichtspunkt werden auch zunehmend Leistungsschalter gebaut. Die Geräte müssen so ausgewählt werden, daß die zulässigen thermischen und dynamischen Grenzströme der Schützen nicht überschritten werden können und beim Einsatz von thermischen Relais die Abschaltung erfolgt, sobald die Eigenkurzschlußfestigkeit des Relais überschritten wird (s. Abb. 74, Punkt A S. 141). Die Abschaltzeiten dürfen nicht größer sein als die Eigenzeit des Schützes, wenn durch die kurzschlußartigen Ströme gleichzeitig ein so hoher Spannungsabfall auf der Leitung entsteht, daß die Spule ihre Haltekraft verliert, denn sonst würden u. U. Lichtbögen von längerer Dauer auftreten. Bleibt die Spannung hoch genug und haben die thermischen Auslöseelemente eine ausreichende thermische Festigkeit, dann ist auch bei Überschreitung der Schützeneigenzeit der Abschaltstrom des Schützes gleich dem Abschaltstrom der vorgeschalteten Sicherung. Bei größeren

Längen der Motorzuleitungen kann man u. U. die Situation verbessern, indem man die Leiterquerschnitte bis zum Schütz durch stärkere Bemessung für geringen Spannungsabfall einrichtet. Siehe auch GONSIOR (2).

Der VDE stellt an derartige Kombinationen von Schütz und Sicherung den Anspruch, daß sie in erster Linie einmal alle die Proben bestehen, die von einem Motorschalter schlechtweg verlangt werden, darüber hinaus muß dann die Kurzschlußstromschaltfähigkeit der Kombination erprobt werden. Nach 0660 Teil 1 Taf. 26 u. 27 ist zugelassen, daß der Hersteller die Stromstärke selbst angibt, sie braucht nicht identisch mit den Werten für Leistungsschalter zu sein. Bei der Beurteilung dieses Schaltprozesses ist gegenüber der Bewertung anderer Prüfungen des Schaltvermögens ein Unterschied, nämlich es wird bei Schützen ein Verschweißen der Schaltstücke zugelassen, was sonst Nichtbestehen der Prüfung bedeutet. Diese Ausnahme ist dadurch begründet, daß einerseits die auftretenden Kurzschlußströme durch die Leistungsschalter und Sicherungen weggenommen werden, wobei irgendein Schaden in den Anschlußanlagen nicht zu erwarten ist und auch bei der Probe nicht auftreten darf. Es aber andererseits nicht möglich ist, selbst bei nur kurzzeitigem Einwirken hoher Ströme Betriebsschaltgeräte, z. B. Schütze, so durchzubilden, daß hierbei kein Verschweißen der Schaltstücke stattfindet; es wären hierzu ganz bedeutende Kontaktkräfte erforderlich, die der Natur dieser Geräte entsprechend nicht aufgebracht werden können. Man stand nun zwei Möglichkeiten gegenüber, entweder setzte man für diese Geräte eine außerordentlich bescheidene Kurzschlußstromstärke fest, bei der die Schaltstücke noch nicht verbacken, oder man sorgte dafür, daß sonst nichts passieren kann, als daß die Schaltstücke verschweißen. Eine Festsetzung der ersteren Art hätte zur Folge, daß der Käufer solcher Geräte notgedrungen Kombinationen einbauen müßte, von denen er an Hand der Zahlenangaben genau wüßte, daß sie meist der Kurzschlußstromstärke der Einbaustelle nicht gerecht würden. Die Angabe nach dem zweiten Rezept ist deshalb für die Praxis richtiger. Man weiß jetzt, daß bis zu dieser Stromstärke nichts passiert, als daß die Schaltstücke verschweißen können. Würde jemand eine Stelle haben, an der 10 kA Kurzschlußstromstärke auftreten können und man würde mit einem Schütz in Verbindung mit einer Sicherung nur 2 kA für das Nichtverschweißen zulassen können, dann würde er diese Kombination wohl kaufen müssen, da selbst eine erheblich größere ihm die 10 kA noch nicht bringen könnte. Er baute also nun ein mit 2 kA bezeichnetes Gerät an der betreffenden Stelle ein und wüßte nicht, was bei 10 kA wirklich passiert.

2.67 Schütze als Hauptschalter

Es wird immer wieder die Frage gestellt, inwieweit Schütze als Hauptschalter wirksam sein und verantwortet werden können. Schütze können als das, was man unter einem „Hauptschalter“ beispielsweise nach VDE 0113 versteht, der in der Lage ist, zuverlässig alles spannungslos zu machen, nicht dienen. Sie sind dagegen verwendbar und das vorzugsweise benutzte Gerät als „Gefahrenschalter“, d. h. wenn es sich darum handelt, von einer oder mehreren Stellen eine Anlage aus die Anlage stillzusetzen und über die Schütze die Motoren als die Energieübermittler abzuschalten. Aber spannungslos ist die Anlage dabei nicht. Abgesehen davon, daß bei geöffnetem Schütz der gesamte Steuerkreis grundsätzlich noch unter Spannung steht, denn an den Befehlsgeräten muß ja die Spannung immerzu anstehen, um wirksam werden zu können, sind die Gründe für die Nichtverwendbarkeit als Hauptschalter noch folgende. Bei dem Schütz ist nicht verlangt, daß die Kontaktöffnungen so groß sind, daß diese Elemente Trenneigenschaften haben. Als Trenner müßten sie auch zwischen den Schaltstücken mindestens die Abstände besitzen, die für die Luftstrecken nach VDE 0110 vorgeschrieben sind (s. S. 114, Tab. 4). Das ist aber in VDE 0660 mit Recht nicht verlangt. Weiterhin haben Schütze hinsichtlich ihres Einschaltvermögens nur Möglichkeiten im Rahmen der betriebsmäßigen Ströme. Jede Störung im System, z. B. auch das vorübergehende Auftreten eines Kurzschlußstromes, kann zur Verschweißung der Schaltstücke führen. Gerade im Störungsfall ist es deshalb nicht richtig, sich nach Niederdrücken eines Drucktasters oder auch Herausdrehen der Steuerleitungssicherungen darauf zu verlassen, daß beispielsweise die Motoren spannungslos sind, etwas, was, wie schon gesagt, für die Steuerung als Ganzes ja sowieso in keinem Fall erzielbar ist. Hierfür müssen die Hauptsicherungen entfernt werden oder besser noch ein Hauptschalter, der auch Trennereigenschaft aufweist und gleichzeitig den Steuerstromkreis abschaltet, gezogen werden.

2.68 Verhalten in Netzen höherer Frequenz

Über den Einfluß abweichender, insbesondere erhöhter Frequenz auf die Magnete, s. S. 89. Die Strombahnen sind meistens auch für höhere Frequenzen brauchbar. Nach Meyer und Pfeiffer sind nennenswerte Schwierigkeiten erst ab 1000 Hz zu erwarten, man kann aber im allgemeinen auch noch in Kreisen mit 3000 Hz ohne Schwierigkeiten arbeiten. Es wird empfohlen, da in Mittelfrequenzanlagen immer nur einphasige Stromkreise verwandt werden, die 3polig ausgeführten Geräte durch geeignete Schaltung der einzelnen Pole vor größerer Erwärmung zu schützen. Dabei soll die Anordnung so getroffen werden, daß die von den Strömen erzeugten Magnetfelder sich wenigstens teilweise aufheben. Nach den gleichen Verfassern werden Bimetallrelais bis zu 500 Hz fast nur von der Stromwärme des durchfließenden Stromes beheizt. Bei höheren Frequenzen kommen aber induktive Erwärmungen hinzu, die eine Veränderung der Auslösecharakteristik zur Folge haben.

2.69 Rüttelsicherheit

Bei Schaltgeräten, die mit den Arbeitsgeräten verbunden sind, ist es unter Umständen notwendig, die Übertragung der von den Maschinen herrührenden störenden Schwingungen und Stöße auf die Geräte durch Zwischen- oder Unterlagen von Schwingmetall zu verhüten. Die Beeinflussung empfindlicher Geräteelemente findet naturgemäß besonders dann statt, wenn die betriebsmäßige Bewegungsrichtung dieser Teile z. B. der Hilfsschalter von Schützen, Relais und dgl. die gleiche ist, wie die der Störschwingungen. Innerhalb von Schaltschränken empfiehlt sich häufig bei größeren Schützen die Verwendung von Schwingmetallen zum Zwischenbau zwischen die Montage- und die Schützengrundplatten bzw. zwischen Magnetunterteil und Tragkonstruktion. Anstelle der Schwingmetalle können u. U. auch Stücke aus Nylon und ähnlichen Stoffen treten.

Die Stoßempfindlichkeit von Schützen ist je nach der Stoßrichtung verschieden. Die zulässige Beschleunigung ergibt sich aus den Federkräften und den Gewichten der Konstruktionselemente. Man kommt in der empfindlichsten Richtung z. B. zu Grenzen von etwa 2 g. Bei Normalausführung der Schütze ist in bestimmten Wirkrichtungen der Beschleunigung im allgemeinen eine solche bis zu 3 g zugelassen. In diesem Zusammenhang sind sehr zweckmäßig Schütze, die in verschiedenen Lagen einwandfrei arbeiten können. Zur Erhöhung der Erschütterungssicherheit konstruiert man u. U. auch so, daß sich Magnetanker und Kontaktbrücke in der gleichen Ebene gegenläufig bewegen, auch wird z. B. das Magnetankergewicht durch ein Gegengewicht kompensiert. Die Geräte werden auf diese Weise beispielsweise bis zur Beschleunigung von 10 g erschütterungssicher [s. Nedess und Vincken sowie Meyer (2)]. Bei der Einwirkung sehr starker Stöße wird die „Schocksperre" (s. S. 152) angewandt.

3. Befehlsgeräte

Befehlsgeräte haben die Aufgabe, den Steuerungsvorgang auszulösen. Es dreht sich also im allgemeinen darum, eine Kontaktstelle zu schließen bzw. zu öffnen. Die Geräte lassen sich einteilen in:

1. rein *willkürlich* durch Hand oder Fuß *bediente*.

Der Befehl erfolgt also nicht selbsttätig, sondern wird vom Menschen gegeben. Es kann sich dabei um „Rastschalter" („Steller") oder auch „Taster" handeln. Die Rastschalter sind vorzugsweise Walzenschalter, Nockenschalter und Schwenkschalter ohne Rückzugkraft. Zu ihnen gehören z. B. auch die sogenannten „Meisterschalter". Dabei sind Wahlschalter keine Befehlsgeräte. Sie dienen nur der Vorbereitung des Befehlskreises (s. S. 223). Die Taster sind Handdrucktaster, Schwenktaster und Fußtaster, alle mit selbsttätigem Rückgang.

2. *Zwangsläufig schaltende*, von physikalischen Größen abhängige, auch „Fühler" genannte Befehlsgeräte. Bei 2 eingeeichten Schaltpunkten nennt man sie „Wächter", bei einem „Begrenzer", s. S. 7. Diese Geräte bestehen aus dem eigentlichen „Fühler" (z. B. dem Temperaturfühlorgan) und dem zugehörigen Kontaktglied. Sie dienen der *Selbststeuerung*. Diese greift oft in Handsteuerungen ein und bewirkt Verriegelung oder Begrenzung. Sie erfolgt immer, sobald die Bedingungen vorliegen.

Die Selbststeuergeräte können sein:

a) lageabhängig, z. B. Endschalter mit selbsttätigem Rückgang
Wasserstandsschalter (Schwimmerschalter)
Konturenschalter (Fühlersteuerung),

b) druckkraftabhängig, z. B. Druckwächter,

c) temperaturabhängig, z. B. Temperaturwächter,

d) zeitabhängig, z. B. Schaltuhren und Programmwerke.

Zeitrelais sind im allgemeinen keine Befehls-, sondern Zwischensteuergeräte (s. S. 208).

3. *Geräte für Programmsteuerung*. Hier handelt es sich um einen meist durch Handsteuerung eingeleiteten Prozeß, dem dann eine Selbststeuerung folgt. Sie ist entweder zeitabhängig, u. U. in Verbindung mit Lageabhängigkeit, kann aber auch rein lageabhängig fortschreiten und ein festes Programm, ein veränderbares oder ein festes mit Kontrollelementen umfassen.

4. Manche Befehlsgeräte dienen gelegentlich auch nur als *Überwachungsgeräte*, wie z. B. Endlagenschalter, Temperaturbegrenzer, Druckbegrenzer u. dgl. Sie haben konstruktiv den gleichen Aufbau wie ein entsprechendes Befehlsgerät, deshalb werden sie mit diesen zusammen behandelt.

Für alle Befehlsgeräte gilt das gleiche wie beim Schütz. Sie müssen für eine hohe mechanische- und Schaltstücklebensdauer aufgebaut sein. Das gilt insbesondere für die selbsttätigen Geräte, hier ist ein Ausfall meist von größeren Folgen begleitet als bei einem willkürlich, z. B. von Hand bedienten, weil der Fehler oft erst viel später bemerkt und der Herstellungsprozeß u. U. beträchtlich gestört wird. Weiterhin ist bei Selbststeuergeräten die Frage nach der Genauigkeit zu stellen.

Bei der Durchbildung der Befehlsgeräte sind die Anforderungen an die Kontaktsicherheit (s. S. 17) besonders zu beachten. Weiterhin ist gerade für diese Elemente eine ausreichende Isolation mit den für Industrieschaltgeräte erforderlichen Kriech- und Luftstrecken mindestens nach Gruppe C, VDE 0110 s. S. 113 erforderlich. Wenn in Teilbezirken aus irgendeinem Grunde eine niedrigere Spannung als 220 V verwandt werden muß, dann ist es, wenn schon die Umstände Kleinspannung erfordern, unzweckmäßig nun das Isolationsmaß auch auf diese Werte abzustellen. Befehlsgeräte an Arbeitsmaschinen sollten sogar möglichst immer für 500 V Gruppe C isoliert sein. Sehr vorteilhaft ist bei Befehlsgeräten die Isolierstoffkapselung (s. S. 227). Damit können vor allem viele der in Abb. 171ff. S. 311 geschilderten Schwierigkeiten durch Erdschlüsse vermieden werden, s. SECK (3). Außer auf Spannungssicherheit, ist auf eine ausreichende Schutzart s. S. 228 besonderer Wert zu legen.

3.1 Handbetätigte Druck- und Schwenktaster

Die wichtigsten Befehlsgeräte für Schützensteuerungen sind die Drucktaster [FRANKEN (22)]. Ihre Bedeutung für die Praxis ist dadurch gekennzeichnet, daß ein Ausfall an einem derart winzigen Steuerelement eine ganze Anlage stillsetzt. Die zahlreichen dabei erforderlichen unterschiedlichen Antriebselemente und Kontaktglieder haben dazu geführt, daß man, um die große Anzahl der notwendigen Kombinationen zu erzielen, die genannten beiden Teile unabhängig voneinander durchbildete und kombinationsfähig machte. Man unterscheidet demnach die „*Bausteine für die Kontaktgabe*“ (elektrischer Baustein, Schalteinsatz) und die „*mechanischen Bausteine*“ (Tastvorsatz, Antriebsbaustein).

Die *Bausteine für die Kontaktgabe* bestehen weitgehend aus dem in Abb. 90 dargestellten Kontaktapparat mit einem Öffner und einem Schließer. Es werden aber auch solche mit überlappender Kontaktgebung, insbesondere für Folgeschaltungen im Steuerungsbau, aufgebaut. Sie besitzen dann ein Tastelement mit Spätöffner und Frühschließer. Je nachdem wie man den Anschluß an ein derartiges Element durchführt, entsteht ein Wischtastelement, das nur vorübergehend Kontakt gibt. Mehrere derartige Elemente lassen sich häufig in der sogenannten „Tandemanordnung“ unmittelbar aufeinandersetzen, wodurch mehrere Öffner und Schließer von einer Taste aus bedienbar sind (s. Abb. 93a rechts). Die Rückführung beim Loslassen der Taste geschieht durch Federn. Für die Schaltstücke hat sich die Verwendung von Edelmetall (Silber) durchgesetzt unter weitgehender Vermeidung der Relativbewegung und damit des Reibungsverschleißes.

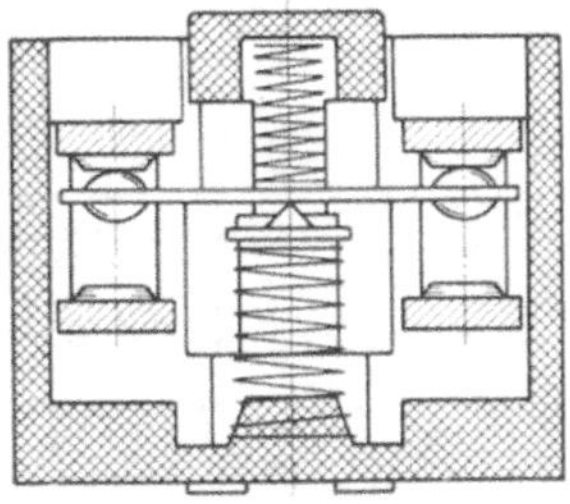

Abb. 90. Schnitt durch den Kontaktapparat eines Tasters

Eine Übersicht über für die Betätigung bestimmte *mechanische Bausteine* oder *Betätigungsvorsätze* s. Abb. 91. Besonders wichtig sind hierbei

Rosetten oder Nippel, die in Schalttafeln und Gehäuse mit Einbaubohrungen bei zum Teil beträchtlichen Wandstärken befestigt werden. Die Bohrungen sind in DIN 43696 mit 30,5 mm genormt. Die Ausführung der Rosetten ist im übrigen sehr mannigfach. An der Spitze steht die einfache *zylindrische Taste*, heute insbesondere als Einschalttaste vorwiegend versenkt angeordnet, um eine unbeabsichtigte Einschaltung möglichst einzuschränken (Abb. 91a). Um Verwechslungen zu vermeiden, werden einige Einschalttasten u. U. nochmals besonders tief versenkt. Das geschieht beispielsweise durch *Aufsatz eines Schutzringes* auf die Tastvorsätze, so daß z. B. für das Einschalten in der Normaldrehrich-

Abb. 91a bis i. Antriebsbausteine für Drucktaster und Wahlschalter (Klöckner-Moeller)

a) Normale zylindrische Taste mit Befestigungsring;
b) Pilztaste;
c) Pilzsperrtaste;
d) Schloßtaste;
e) Wahlschaltervorsatz;
f) Schlagtaste;
g) Taste mit ölbeständiger Gummikappe;
h) Taste mit durchsichtiger Kunststoffkappe;
i) Leuchtmelderkalotte

tung eine normal versenkte Taste, für das Einschalten in der Gegenrichtung eine solche mit diesem Ring verwandt wird. Die früher üblichen dünnen Stifte, die aus den Abdeckplatten herausragten, sind heute bei der industriellen Anwendung nicht mehr zu finden. Die Ausbildung der Tasten und der Mulden, in denen sie verschwinden, muß den Abmessungen eines Fingers oder gar der Hand angepaßt sein. Bei der Ausschalttaste, die meist genau so behandelt wird, geht man aber auch andere Wege und läßt sie mit Absicht vorstehen. Sie kann dann schneller erreicht werden und man braucht nicht so genau hinzuzielen. In einigen ausländischen Leitsätzen ist diese Formgebung gefordert. Häufig macht man auch einen Unterschied zwischen denen, die gelegentlich und denen, die regelmäßig bedient werden, wobei die letzteren einen Pilz- oder muschelförmigen Hut haben s. Abb. 91 b und auch Abb. 92. Diese *Pilztaste* wird in gewissen Anwendungsbereichen auch als Einschalttaste verwandt, z. B. bei der Zweihandbedienung von Pressen, wobei zwei Taster in Reihe geschaltet werden, um Unfälle zu vermeiden. Andernfalls ist gut zu überlegen, ob mit der Pilztaste zum Einschalten nicht die Unfallmöglichkeiten steigen. Eine derartige Ausbildung der Ausschalttaste kann nie Nachteile haben. Sonderformen sind die *Sperrtasten*, wie z. B. die *Pilzsperrtaste* Abb. 91 c. Sie besitzt ein Schloß, rastet nach Betätigung in gedrückter Stellung ein und kann nur mit Schlüssel gelöst werden. Die Sperrtasten sind besonders wichtig für alle Not-Austaster an Maschinen und Anlagen, weil sie die zu schnelle Wiederinbetriebsetzung durch Unbefugte, die u. U. Menschenleben oder Fertigungserzeugnisse gefährden kann, verhindert. Auch wird man bei ausgedehnten Anlagen, die von einem Punkt nicht überschaubar sind (z. B. Transferstraßen), in Störungsfällen daran interessiert sein, auf diese Weise Störungsursache und Störungsort zu ermitteln. Bei einer einfachen Not-Austaste ist das nicht möglich, da sie in ihre Ausgangsstellung zurückgeht. Bei einzelnen Arbeitsmaschinen ist es oft richtiger sich auf den vorgeschriebenen Hauptschalter zu verlassen und diesen abschließbar zu machen. Siehe auch JACOBS sowie SCHARHAG. Abb. 91 d zeigt eine *Schloßtaste*. Sie hat an Stelle der normalen Drucktaste ein Zylinderschloß, und kann nur nach Einstecken des zugehörigen Schlüssels betätigt werden. Sie ist vor allen Dingen für Dauerkontaktgabe ausgebildet, wobei der Schlüssel entweder in beiden Kontaktstellungen oder in nur einer abziehbar ist. Sie wird auch für Impulskontaktgebung (Tippen) gebaut.

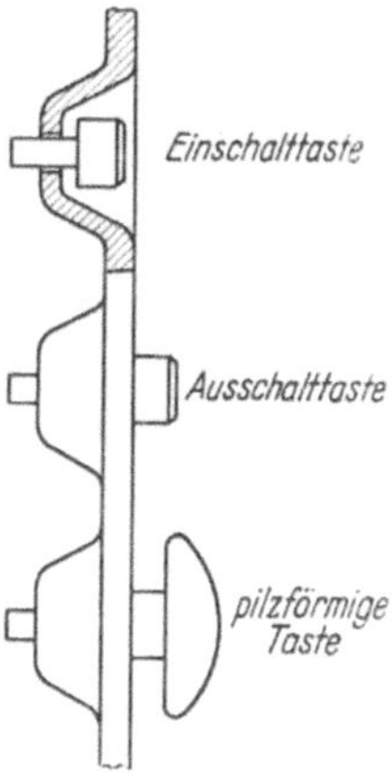

Abb. 92. Tastenformen

Mit etwa den gleichen Abmessungen, also ebenfalls einbaubar in die durch DIN 43696 festgelegte Einbauöffnung, werden auch *Wahlschalter* (s. Abb. 91 e) gebaut. Weitere Rastschalter s. S. 200. Meisterschalter und S. 223 Wahlschalter. Man baut auch Geräte, bei denen durch Drehung die Vorwahl und durch Niederdrücken der Taste die Schaltung selbst herbeigeführt wird. Dabei rasten sie oft in der Schaltstellung ein, behalten nach Loslassen der Taste den Schaltzustand bei und zeigen ihn an. Es handelt sich also dem Prinzip nach um Rastschalter. Man baut auch umstellbare Geräte, die eine Umstellung von „Dauerkontaktgabe“ zum „Taster“ und umgekehrt möglich machen. Es wird in jedem Fall großer Wert auf ein ansprechendes Äußere gelegt. Man verwendet weitgehend farbige Tastenschilder und chromglänzende Frontringe.

Abb. 91f zeigt eine Taste, die selbstrastend ist und von Hand durch Drehung entriegelt werden kann (Schlagtaste). Andere sind tastbar und durch Drehung verrastbar.

Diese Bauprogramme werden bei allen Herstellern noch durch *Signalelemente* vervollständigt. Hier ist es vor allen Dingen der Leuchtmelder, kombiniert mit einem Taster als Leuchttaster, s. S. 183.

Wesentlich ist nun in welcher Weise die Bausteine für die Kontaktgabe und die Betätigung miteinander verbunden werden. Die für die Betätigung sind in erster Linie für Frontbefestigung bestimmt, d. h. sie

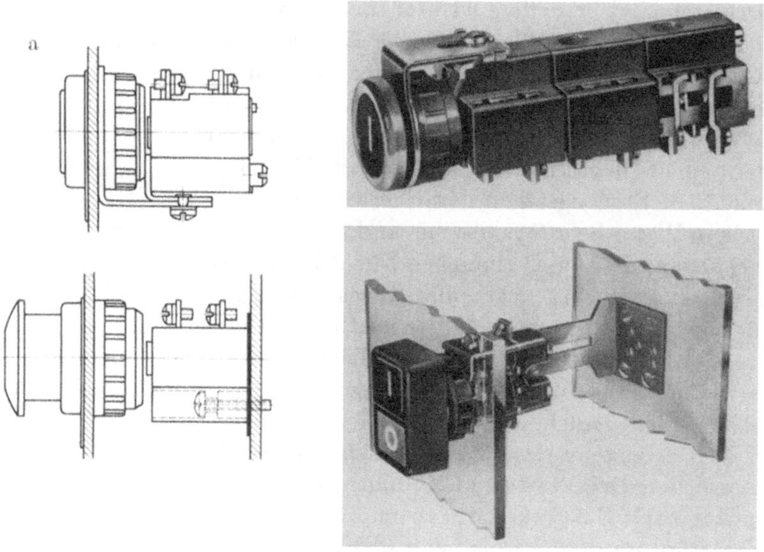

Abb. 93a u. b. Zusammenfassung der Bausteine für Antrieb und Kontaktgebung
a) Einbaugerät für Frontbefestigung;
b) Zwischenbaugerät, Taste für Front-, Kontaktbaustein für Bodenbefestigung

werden in Frontplatten auch bei Schaltschränken, Steuerpulten, Maschinen und dgl. eingesetzt. Die Bausteine für die Kontaktgabe können nun mit den Betätigungsvorsätzen unmittelbar verbunden werden (s. Abb. 93a) oder aber man befestigt sie unabhängig davon auf dem Boden (s. Abb. 93b). In diesem Falle ist keine mechanische Verbindung zwischen dem Baustein für die Betätigung und dem für die Kontaktgabe vorhanden. Bei Einbau in Steuerpulte kann die Frontplatte mit den Tasten abgenommen werden, wobei die dahinterliegenden Kontaktelemente zugänglich sind. Auf diese Weise können die Elemente auch in die Maschinenkonstruktionen selbst, sowie in Schaltkästen bei aufklappbaren Platten und abnehmbaren Deckeln eingefügt werden. Da in DIN 43696 auch die Mindestabstände für die Einbaulöcher in der Montageplatte festgelegt sind, ist damit mittelbar auch der Platzbedarf für den Taster umgrenzt. Die festgelegte Tiefe des Raumes mit 120 mm gestattet den Einbau eines Tasters oder eines Leuchtmelders (s. S. 226) bzw. den Einbau von zwei hintereinander angeordneten Tastern. Für Leuchttaster (s. S. 183) beträgt das Tiefenmaß 140 mm. Bei Berücksichtigung dieser Einbaumaße ist der Anwender in der Lage, ohne Rücksicht auf die Herkunft der Befehlselemente die Einbauanordnung zu gestalten und die Erzeugnisse wechselweise einzusetzen.

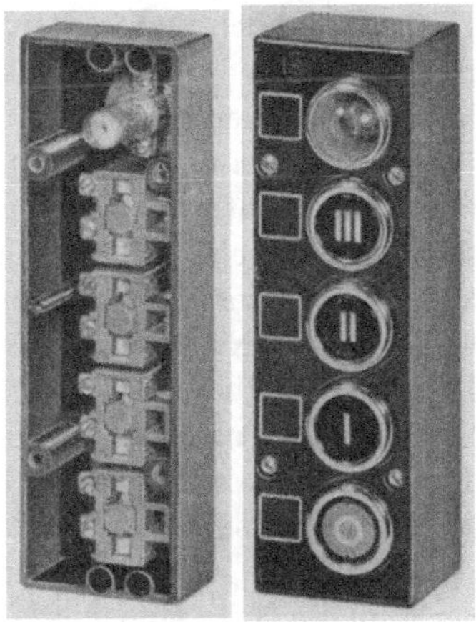

Abb. 94. Gekapselte Druckknopftaster

Die Kontaktelemente nach Abb. 90 setzt man auch weitgehend in besondere Gehäuse ein, die vorwiegend aus Isolierstoff bestehen (s. Abb. 94). Bei diesen Geräten ist auf die nötige Dichtung, d. h. „Schutzart" (s. S. 228) zu achten, denn gerade bei diesen Konstruktionen mit verhältnismäßig geringen Druckkräften, wie sie der Taster erfordert, ist die Staubfreiheit und die Abdichtung gegen das Eindringen von Flüssigkeiten außerordentlich wichtig. Das trifft auch auf Konstruktionen mit besonderen Frontplatten (s. Abb. 95) zu. Sie sollten nur als vollständig geschlossene Geräte in die Maschinen eingesetzt werden und keinesfalls nach dem Maschineninneren zu offen sein, es sei denn, man schafft für die Aufnahme der Geräte abgeschlossene Hohlräume, in denen sich nichts anderes als diese Geräte befinden. Schutzart IP 50 sollte in keinem Fall unterschritten werden, bei Möglichkeit der Wassereinwirkung muß IP 54 oder 55 gewählt werden. Die Abdichtung erfolgt z. B. durch Gummiplatten, so daß die Taste von außen auf die Platte drückt, oder man setzt den einzelnen Tasten elastische Kappen auf. Letztere sind zweckmäßig durchsichtig, vor allen Dingen wenn die Taste durch Farbe oder ein darauf angebrachtes Symbol gekennzeichnet ist. In undurchsichtiger Form werden sie hergestellt, wenn ölbeständiges Material notwendig ist

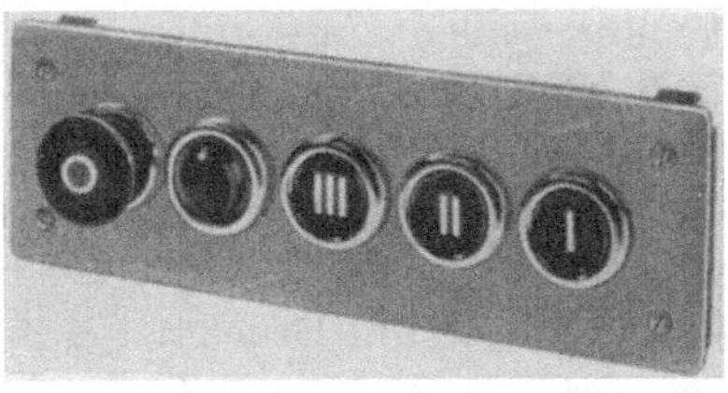

Abb. 95. Druckknopftaster in Frontplatte für versenkten Einbau mit unterschiedlichen Antriebselementen

(s. Abb. 91 g u. h). Außerdem kommen noch Labyrinth-Dichtungen in Betracht. Die Kästen sind meist so durchgebildet, daß man an die Stelle einer Drucktaste auch eine Signallampe oder einen kleinen Stellschalter setzen kann. Die Grundelemente, d. h. die Bausteine für Betätigung, für Kontaktgabe, die Leuchtmelder sowie die zugehörigen Gehäuse können dank der Baukastensysteme weitgehend sogar von den Endverbrauchern selbst zu einer der vielen möglichen Kombinationen zusammengestellt werden.

Die *Aufschriften* müssen eindeutig sein, werkseitig sind Symbole I, II, 0 usw. üblich und in DIN 43605 festgelegt. Andere Aufschriften spezieller Art, die auf die Effekte, die die einzelnen Tasten hervorbringen, hinweisen, sollen deutlich und klar sein (s. auch DIN 55003 „Sinnbilder für textlose Bedienschilder"). Damit solche Aufschriften bei senkrechter und waagerechter Montage lesbar sind, hat man sie auch auf den Tasten selbst angebracht und mit diesen versetzt. Das setzt dann aber Verdrehungsschutz voraus. Die *Farben*, die für die Tasten gewählt werden sollen, sind in DIN 43605 festgelegt und im übrigen auch grundsätzlich durch DIN 4818 in Übereinstimmung mit der Tradition und den internationalen Festlegungen, nicht zuletzt denen des internationalen Arbeitsamtes. Die Taste, mit deren Hilfe die Gefahr beseitigt, also im allgemeinen ausgeschaltet wird, soll rot gefärbt werden. Nach DIN 4818 hat die Farbe rot zwei Bedeutungen, einmal das Signal „Gefahr", d. h. eingeschaltet, auf der anderen Seite sind die Mittel zur Gefahrenbekämpfung ebenfalls rot gefärbt, d. h. im allgemeinen die Ausschalttaste. Die Einschalttaste soll indifferent gefärbt werden, jedenfalls nicht grün, was im Ausland zum Teil der Fall ist. Meistens wird naturfarbiges Material gewählt. Man kann auch auf die rote Kennzeichnung der Ausschalttaste verzichten, denn nicht jeder Austaster dient der Gefahrenbeseitigung. Häufig ist hierzu an größeren Maschinen eine zentrale Ausschalttaste vorhanden, die unter allen Umständen rot zu färben ist, s. „Gefahrenschaltung" nach VDE 0113 [Franken (39)]. Weitere Festlegungen für Arbeitsmaschinen sind im Rahmen der IEC beabsichtigt.

Für Sonderfälle werden auch Drucktastengruppen mit Tastensperrung gebaut, wobei das gleichzeitige Drücken mehrerer Tasten verhindert ist, weiterhin Drucktasten mit Über-Hub-Auslösung. Bei einmaligem Drücken rastet die Taste ein und beim zweiten Drücken wird sie unter Ausnutzung des Überhubs entriegelt und geht in die Ruhestellung zurück z. B. s. Frisch.

Im Interesse der Unfallverhütung ist es wichtig, daß man auch ohne die Aufschriften jedesmal genau zu studieren, die Tasten, die zur Abschaltung bzw. zur anderweitigen Beseitigung des Gefahrenzustandes dienen, schnell findet. Auch in dieser Richtung hat DIN 43605 schon seit langem ein einfaches System geschaffen. Es wird dort verlangt, daß bei einer horizontalen Reihe die Aus-Taste links liegt, bei einer vertikalen unten und bei Wendebetrieb zwischen den beiden Richtungstasten. Die Lage der Aus-Taste in der Mitte bei Wendebetrieb entspricht einerseits der Gewohnheit, andererseits ist diese Anordnung sehr sinnfällig. Im übrigen ist es bei der Festlegung der räumlichen Anordnung der Tasten im allgemeinen zweckmäßig, sie wie alle Betätigungsmittel, ganz gleichgültig welcher Art sie sind, möglichst so zu legen, daß sie eine sympathische Steuerung erlauben, also Geräte für Wendebetrieb, je nachdem, ob es sich um Links-Rechts- oder Auf-Ab-Steuerung handelt, horizontal bzw. vertikal. Die Regeln der sympathischen Steuerung sind an sich ganz natürliche, trotzdem wird man in Grenzfällen auch von dem „Schaltsinn" des Normblattes DIN 43602 für Schaltgeräte mit Handantrieb Gebrauch machen.

Die *Zahl* der für eine Steuerung erforderlichen Drucktaster ist u. U. außerordentlich hoch, sie werden reihenweise nebeneinander gesetzt, bei

Abb. 96. Druckknopfsammelkästen (Klöckner-Moeller)

größeren Gruppen aber auch in Kästen, die sich in Länge und Breite entwickeln, zusammengefaßt, z. B. nach Abb. 96. Die Konstruktionen sind dabei so durchgebildet, daß wahlweise an bestimmten Punkten entweder eine Signallampe oder eine Druckknopftaste eingebaut werden kann, oder auch ein Rast-(Dreh- oder Kipp-)schalter.

Bei Maschinen mit größeren Werkstücken und vielfältigeren Arbeitsgängen ist das Werkstück für den Arbeitsplatz bestimmend und dem Maschinenführer muß freigestellt sein, jeweils denjenigen Standort zu wählen, von dem aus er das Werkstück am besten beobachten und die Maschine steuern kann. Das erste Mittel zur Lösung dieser Aufgabe ist naturgemäß die Anwendung mehrerer Drucktaster in Parallel- bzw. Hintereinanderschaltung der einzelnen Schaltelemente. Mit dem Ansteigen der Zahl der erforderlichen Steuerelemente, Anzeigegeräte u. dgl.

wuchs jedoch bei dieser Lösung das Leitungssystem beträchtlich an. Auch ist es vielfach aus betrieblichen Gründen notwendig, dem Bedienenden nur ein einziges Element an Hand zu geben. Aus diesen Gedankengängen heraus entwickelten sich die pendelnd aufgehängten Druckknopftafeln. Sie können an einer Stelle mit fester Aufhängung des Pendels angeordnet sein oder aber die Pendelschnüre treten aus wiederum im Kreis drehbaren Rohrenden aus. Man findet in ihnen nicht nur Drucktaster, sondern auch Umschalter der verschiedensten Art, Signallampen, ja vollständige Leuchtschaltbilder (Staffel). Maßnahmen zum Schutz der Tafeln beim Anstoßen sind zweckmäßig, z. B. kräftige Randwülste aus Gummi (s. Abb. 97). Diese Hängedruckknopftafeln sind sowohl vom Standpunkt der Unfallverhütung wie auch vom Standpunkt der bequemen Maschinenbedienung häufig von großem Vorteil. Besonders bei ausgedehnten Maschinen, bei denen durch schwenkbare Arme die Tasten an jeden beliebigen Arbeitspunkt herangebracht werden können.

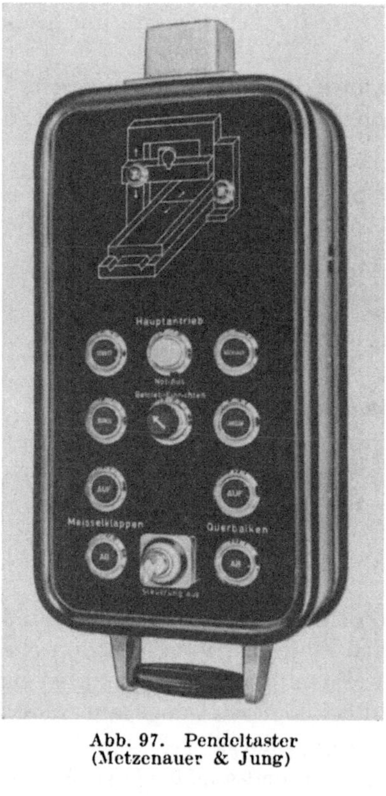

Abb. 97. Pendeltaster (Metzenauer & Jung)

Eine besondere Form der Drucktaster stellen die *fußbetätigten Geräte* dar. Sie sind vor allem dann notwendig, wenn der Bedienungsmann beide Hände für das Werkstück oder die Maschine selbst braucht, in jedem Fall ungefährlich als Ausschalter und hier im Extremfall, wenn beide Hände in Benutzung sind, sogar von großem Wert für die Unfallsicherheit. Beim Einschalter ist aber darauf zu achten, daß die Eigenart der Maschine nicht die Gefahr mit sich bringt, daß herabfallende Arbeitsstücke eine unbeabsichtigte Einschaltung verursachen. Die Geräte sind besonders zweckmäßig bei nur kurzzeitig benutzten Maschinen, z. B. Schleifsteinen, Sägen u. dgl., und werden dann so geschaltet, daß die Maschine bei Wegnahme des Fußes von selbst stehenbleibt. Im übrigen ist bei diesen Fußtastern wichtig, daß ihre Bedienung nicht unbedingt durch Zentraldruck erfolgen muß, es sollte auch ein gewisser Seitenschub zulässig sein, ohne daß Klemmungen eintreten. Hierfür ist die Konstruktion nach Abb. 98 entwickelt. Wie aus der Schnittdarstellung ersichtlich, greifen 2 Kugelkalotten ineinander, so daß ein Seitenstoß ebenfalls zur Auswirkung kommt. Bei diesen Geräten ist die Abdichtung besonders wichtig. Im vorliegenden Fall schirmt eine Gummihaube trotz der Relativbewegung die Schaltelemente gegen die Außenwelt ab und verhindert so die gerade bei Fußtastern leicht mögliche Verschmutzung. Die Kalotte für das Aufsetzen des Fußes besteht genau wie das gesamte Gehäuse aus Isolierstoff, u. U. noch mit besonders abriebfestem Überzug. Einen Fußtaster, bei dem durch eine übergesetzte torbogenartige Haube die Betätigung durch Herabfallen der zu bearbeitenden Teile nicht möglich ist, zeigt Abb. 99.

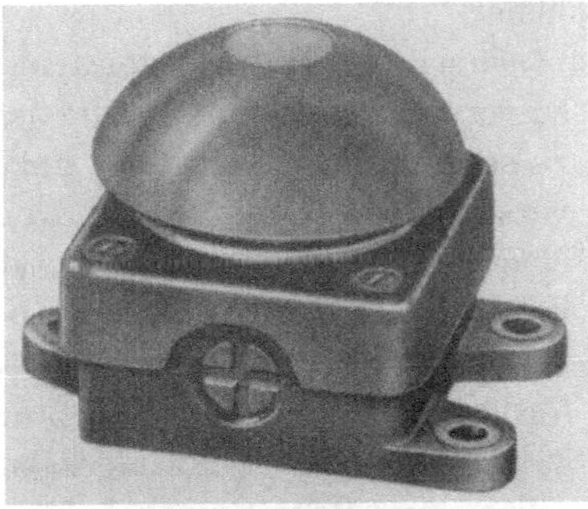

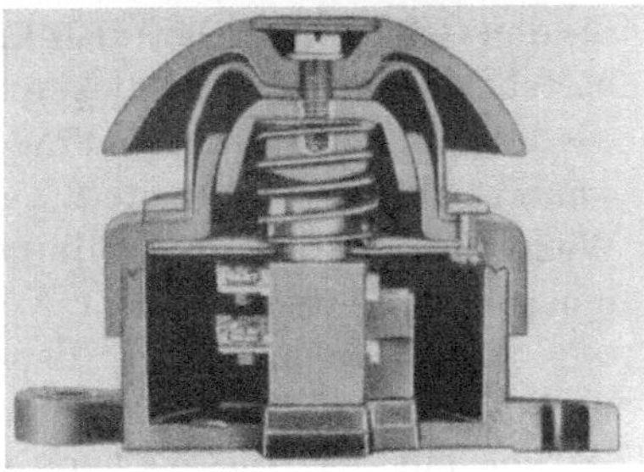

Abb. 98. Fußtaster

Für die *Anwendung der Geräte* sind noch einige Gesichtspunkte zu beachten. Zu einer ausgedehnten Steuerung gehören eine ganze Anzahl von Einzeltastern zur In- und Außerbetriebsetzung der verschiedensten Motoren, zur Änderung der Drehrichtungen und Drehzahlen. Auf diese Weise kann die Druckknopfgruppe zu einer großen Tastatur werden. Es muß unbedingt darauf geachtet werden, die Zahl der Tasten nicht größer, aber auf der anderen Seite auch nicht kleiner zu wählen als notwendig. Nicht größer bedeutet, daß man seltene Umstellungen nicht in die Taster verlegt, sondern in Rastschalter, die beim Loslassen des Bedienungselementes in ihrer Schaltstellung verbleiben. Beispielsweise kleine Wahlschalter, gleichgültig ob als Walzenschalter, Nockenschalter u. dgl. ausgeführte Geräte, die z. B. die Drehrichtung eines Motors oder seine Drehzahlstufe festlegen (s. auch „Wahlschalter" Abb. 91e S. 174).

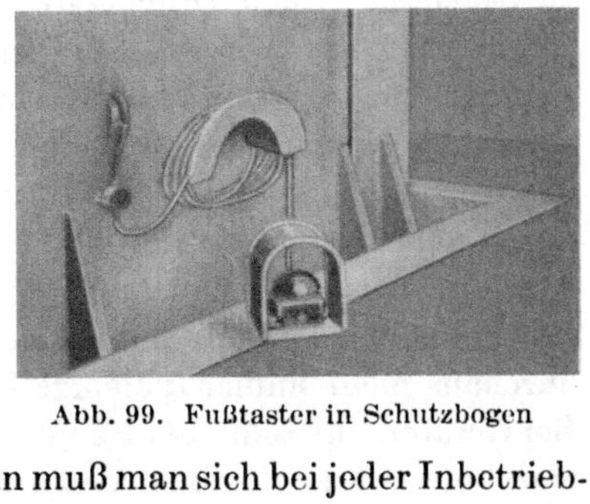

Abb. 99. Fußtaster in Schutzbogen

Greift man nicht zu diesem Mittel, dann muß man sich bei jeder Inbetriebsetzung je nach Aufgabe oft unnötigerweise genau überlegen, welche Drehrichtung und Drehzahl man für den betreffenden Motor einschalten will, um schließlich zum eigentlichen Betätigungsknopf zu gelangen. Bei vielen Antrieben bleiben aber die Grundvoraussetzungen hinsichtlich Drehzahl und Drehrichtung bei ausgedehnten Prozessen und Verarbeitungsverfahren längere Zeit gleich. Auf diese Weise schrumpft die Zahl der Drucktasten schnell zusammen und die Anordnung wird übersichtlicher.

Genauso wie davor gewarnt werden muß, die Zahl der Tasten unnötig zu vermehren, so muß häufig davor gewarnt werden, an Tasten unzulässig zu sparen, das ist z. B. der Fall, wenn man ein und derselben Taste zwei verschiedene Funktionen zuweist und z. B. verlangt, daß eine Taste mit einem „Wechsler" in einem Fall nur mit einem kurzen Druckweg lediglich den „Öffner" trifft, im anderen Fall aber durch Zurücklegung des vollen Durchhubs eine erneute Einschaltung durchführen soll, dann fordert man von dem Bedienungsmann etwas, zu dem er nur bei ganz außergewöhnlicher Aufmerksamkeit in der Lage ist. Auf keinen Fall sollte man solche Einschränkungen treffen, wenn die Ausschaltbewegung für den Gefahrfall in Betracht kommt und dann vielleicht die Möglichkeit besteht, durch Durchdrücken der Taste irgend etwas Unerwünschtes wieder einzuschalten. Die Frage entsteht in der Praxis auch sehr häufig, wenn es sich darum handelt, auszuschalten und gleichzeitig zu bremsen. Wenn dieser Bremsprozeß immer mit dem Ausschaltprozeß verbunden sein soll, dann ist eine solche Kombination natürlich zulässig und richtig, es gibt aber auch Fälle, in denen die Bremsung, beispielsweise weil die Verknäuelung der zu verarbeitenden Materialien möglich ist, nicht grundsätzlich mit der Ausschaltung verbunden sein darf, dann soll man dem Bedienenden nicht zumuten, mit halben Schaltwegen zu arbeiten. In dem geschilderten Fall muß eine „Aus-" und eine „Brems"-taste, wobei die letztere naturgemäß gleichzeitig die Ausschaltfunktion durchführt, vorhanden sein.

Bei Handtastern ist noch besonders die *Lage an den Arbeitsmaschinen* zu beachten. Auch Drucktaster können unfallfördernd sein [Franken (20, 26, 35, 36)]. Wenn es bei ihnen im allgemeinen auch erheblich schwieriger ist, eine unbeabsichtigte Einschaltung durchzuführen als etwa bei einem mit einem Hebel versehenen Nockenschalter, so besteht auch hier die Gefahr, daß trotz der versenkten Anordnung der Einschalttasten durch unbeabsichtigte Berührung mit einem Werkzeug, dem Ellenbogen oder dgl. eine Einschaltung vorgenommen wird. In Verbindung damit ist aber auch zu beachten, daß die frontale Anordnung von Drucktasten durchaus nicht immer diejenige ist, die zu den bestbedienbaren gehört. Bei Geräten, die tiefer als 1,2 m über dem Erdboden liegen, sind bei einer Maschine, bei der der Bedienende steht, die Tasten nur mit einer gewissen Fingerverkrampfung erreichbar, es sei denn, sie sind genügend seitlich vom Standplatz an der Maschine angebracht, so daß der Bedienende mit ausgestrecktem Arm arbeiten kann. Die Begriffe des Unfallschutzes einerseits und der leichten Bedienbarkeit andererseits greifen hier ineinander. Erheblich unfallsicherer und viel leichter bedienbar als Drucktasten auf der Vorderwand in nicht allzu großer Höhe sind solche, die über Kopfhöhe angeordnet sind oder unter dem Tisch. Auch Hängetafeln über der Maschine und Zusammenfassung der Druckknopftaster

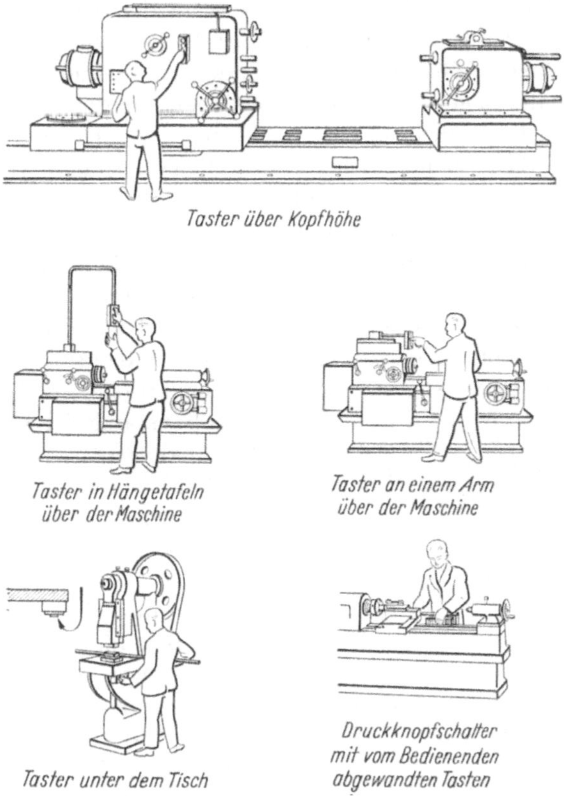

Abb. 100. Unfallsichere Anordnungen von Drucktastern

und anderer Bedienungselemente an einem schwenkbaren Arm dürften allen Forderungen gerecht werden. Letztere Anordnung ermöglicht auch in besonders einfachem Maße die Anwendung übersichtlicher Meß- und Kontrollgeräte. Weiterhin vorteilhaft sind bei Arbeitsmaschinen solche, die parallel zur Körperebene, aber auf einer abgewandten Fläche sitzen, wie z. B. am Support der Drehbank, s. Abb. 100.

Drucktaster werden auch zum *Leuchttaster* erweitert. Die Taste ist hier transparent und enthält im Inneren eine Signallampe, die durch

Aufleuchten einen gegebenen Befehl quittiert, s. Abb. 101. Die Lampen werden mit Kleinspannung betrieben, oder sind Glimmlampen. Ein Kleintransformator, z. B. für 6 V, ist oft mit dem Taster zusammengebaut. Auch für diese Taster gilt der genormte Einbaudurchmesser nach DIN 43696.

Bei diesen Geräten besteht eine Schwierigkeit darin, daß die für die Kommandogabe festgelegten *Farben* (DIN 4818 und 43605) sich nicht mit denen decken, mit denen die Auswirkung des Befehls gekennzeichnet werden soll. Das zuletzt genannte Normblatt enthält in seinem letzten Neuentwurf Nov. 1965 für den Bereich der Verwendung an Schaltgeräten und in Schaltanlagen deshalb Festlegungen für diese Farbgebung, um eine irrtümliche gefahrbringende Auslegung der aufleuchtenden Farbe zu vermeiden. Sie beziehen sich auf die „Schaltzustände“. Für die Aufrechterhaltung eines ungestörten Betriebsablaufs kann aber ein gefahrenloser „Betriebszustand“ von diesem „Schaltzustand“ abweichen. Damit können sich die farbigen Kennzeichnungen und Leuchtanzeigen der Befehls- und Meldegeräte u. U. umkehren, da hierbei nicht abgeschaltet werden soll. Für diese Fälle gilt die genannte Norm hinsichtlich der Farbgebung nicht, sondern man muß sich auf die grundsätzlichen Festlegungen von DIN 4818 beziehen. Für Leuchttaster zur Kennzeichnung der Schaltzustände ist angegeben, daß die Einschalttasten weiß oder klar, auf keinen Fall rot oder grün gekennzeichnet sein sollen. Für die Austaster soll kein Leuchttaster verwendet werden, sondern eine rote Taste. Der Leuchttaster konnte als Aus-Taster oder Gefahrentaster nicht eingesetzt werden, weil sonst Verwirrung darüber hervorgerufen würde, welcher Zustand wirklich angezeigt sein sollte, nämlich der der zu beseitigenden Gefahr oder der der beseitigten Gefahr. Für den Bedienenden bedeuten weiße Leucht-Ein-Taster gesteigerte Sicherheit, weil Unfälle infolge von Verwechslungen der Farben ausgeschaltet werden.

Abb. 101. Leuchttaster (Elan)

Neben den Drucktastern spielen die *Schwenktaster* eine Rolle. Hierbei handelt es sich im Gegensatz zu der bei den Drucktastern um eine kurze Drehbewegung. Sie gehen ebenfalls nach Loslassen selbsttätig in die Ausgangslage zurück. Bei Bewegung der Taster aus der Nullage nach links oder rechts kommen Kontaktgebungen wie bei Druck-Ein- und -Austastern zu-

Abb. 102. Schwenktaster (Sbik)

stande. Die Verwendung von Schwenktastern ist z. B. bei Verstelleinrichtungen, Laufkatzensteuerung u. dgl. wichtig, wenn es sich um besonders feinfühlige Ein- und Ausschaltung handeln soll. Läßt man die Taster los, so bleiben die Antriebe stehen. Die Geräte werden heute vorwiegend mit den Elementen der Nockenschalter aufgebaut. Einen Schwenktaster zeigt Abb. 102.

3.2 Maschinell betätigte Taster — Anstoßschalter — Endschalter Endtaster

Diese Geräte sind bezüglich ihrer Kontaktlage wie der Name sagt, wegabhängig. Es wird unterschieden zwischen gelegentlich betätigten Notabschaltern und Betriebsendschaltern zur regelmäßigen Aus- oder Umschaltung. In den modernen Steuerungen sind sie vorwiegend Hilfsstromschaltgeräte. Als Notschalter kommen auch Hauptstromendschalter vor. Damit bei selbsttätigen Endschaltern nach Rückfahrt die Wiedervorfahrt ohne weiteres möglich ist, werden die Geräte mit Rückzugfedern versehen, also als „Tastschalter" ausgebildet. Man spricht dann von „Endtastern". Von der Art ihrer Betätigung abgeleitet, führen diese Geräte auch die Bezeichnung „Anstoßschalter". Entsprechend ihrem ältesten Verwendungszweck im Aufzugsbau nennt man sie auch „Türkontakt". Sie finden bei der elektrischen Ausrüstung von Arbeitsmaschinen eine außerordentlich umfangreiche Anwendung und sind als Fühler häufig an vielen Stellen der Maschinen verteilt und daher störenden Umwelteinflüssen durch Wasser, Staub oder Öl besonders ausgesetzt. Sie dienen in erster Linie zur Wegbegrenzung von geradlinig hin- und herbewegten Maschinenelementen, für Sicherheitsschaltungen aber auch zur Verriegelung, als Schaltelemente zur Einleitung weiterer Schaltvorgänge, während der Bewegung, z. B. Eil-, Vor- oder Rücklauf. Eine einzelne Arbeitsmaschine, insbesondere eine Werkzeugmaschine, mit 10 oder 20 derartigen Geräten ist nicht gerade eine Seltenheit. Außer zur Wegbegrenzung von geradlinig hin- und herbewegten Maschinenelementen findet man sie auch noch an solchen, die beliebige Bewegungen, Drehungen u. dgl. ausführen. Ihre Kommandos sind die der „Schwarz-Weiß-Steuerung" „Ein", „Aus". Entsprechend der Vielgestaltigkeit der Aufgaben sind auch die Konstruktionsformen voneinander abweichend.

Im Gegensatz zu den sonstigen Befehlsgeräten ist ihre Lage an der Maschine durch deren Aufbau gegeben. Im Schaltschrank lassen sie sich kaum unterbringen. Diese enge Verbindung mit der Maschine erfordert häufig eine hochwertige „Schutzart" (s. S. 228). An sich könnte man zwischen Geräten, die nur gelegentlich aus Sicherheitsgründen in Tätigkeit treten sollen und solchen, die betriebsmäßig dauernd Umsteuerungen vorzunehmen haben, unterscheiden und Konstruktionsreihen für verschieden hohe mechanische und elektrische Ansprüche schaffen. Das verbietet jedoch im allgemeinen die rationelle Herstellung. Man hat gelernt, durch Einsatz bestimmter Stoffkombinationen Geräte mit hoher Gerätelebensdauer bei verhältnismäßig sehr bescheidenen Abmessungen zu schaffen. Es war notwendig, grundsätzlich zu Tastkontakten überzugehen, die gelegentlich nur mit Rücksicht auf die Kontaktsicherheit bei kleinen Kräften (s. S. 17 u. 299) eine ganz geringe Relativbewegung aufweisen.

Bei den heutigen Bauformen ist der Betätigungsstößel für sich gelagert und wirkt auf selbständige Kontaktelemente ein. Man hat sich

Abb. 103a bis d. Endtaster
a) Einsatzelement; b) breite Form; c) und d) schmale Form (Klöckner-Moeller)

sehr viel Mühe gegeben, Konstruktionen zu entwickeln, die durch geringfügige Umstellung oder Auswechselung einiger Teile die verschiedenartigsten elektrischen Schaltungen möglich machen. Es kann verlangt werden, daß Schaltstellen sich gleichzeitig öffnen bzw. schließen oder daß sie nacheinander öffnen und schließen, gewisse Überlappungszeiten vorhanden sind u. dgl., also ein neuer Kreis sich schließt, ehe der bereits bestehende geöffnet wird. Da oft auch Steuerungsvorgänge über Endtaster eingeschaltet werden, hat man, um Spannungsrückgangsauslösungen zu ermöglichen, auch Geräte mit Wischkontaktgliedern gebaut. Die Zahl der Schaltglieder, die mit dem Betätigungsstößel in Verbindung gebracht werden, ist in der Praxis oft sehr groß. Üblich sind ein bis zwei Wechsler nach Abb. 103. Häufig läßt sich die Lage der Einbauelemente gegeneinander verändern, so daß die zeitliche Reihenfolge, mit der die einzelnen Elemente ab- bzw. zuschalten, geändert werden kann und Folgeschaltungen sowie Kontaktüberschneidungen nachträglich möglich sind. Um die Umstellmöglichkeit z. B. vom „Öffner" zum „Schließer" zu schaffen, werden u. U. die feststehenden und auch die beweglichen Schaltstücke gegeneinander versetzt. Die Lieferprogramme enthalten aber heute meist so viel Varianten, daß ein Eingriff unnötig ist (s. Abb. 104). Man sollte bei der Anwendung die Zahl der Schaltglieder auf ein Mindestmaß beschränken und u. U. vom Endtaster aus ein Hilfs-

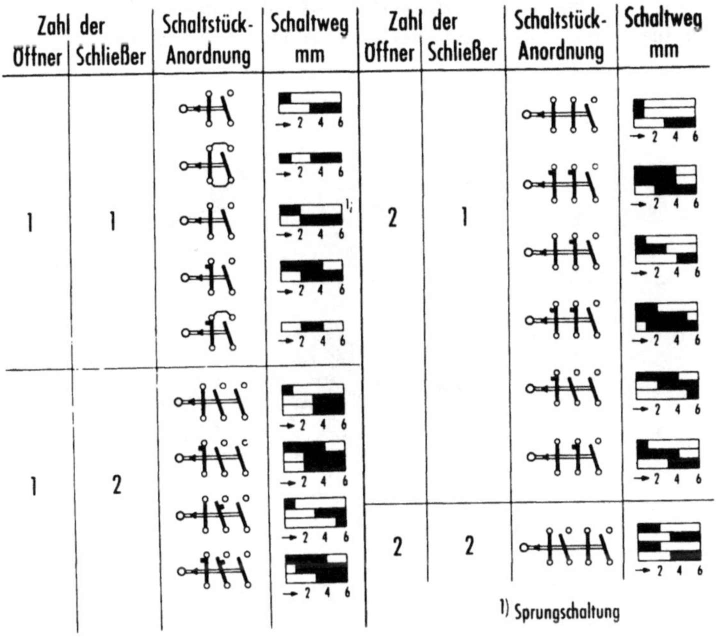

Abb. 104. Beispiel eines Endtasterprogramms

schütz steuern, das den Umwelteinflüssen leicht entzogen werden kann und die Leitungsführung vereinfacht. Zur Vergrößerung der Zahl der wirksamen Kontaktglieder können aber auch, wenn die Stößel auf der Rückseite aus dem Gerät herausgeführt sind, Tastelemente hintereinander in Tandem-Anordnung wie bei Drucktastern Abb. 93a angewandt werden.

Die Geräte als Ganzes werden durch Schlitzlöcher oder Aufspannplatten mit Schwalbenschwanzführung für die Anpassung an die Lage der bewegten Maschinenteile eingerichtet. Außerdem sind solche Führungen hervorragend geeignet, die Seitenkräfte aufzunehmen. Zum Langloch treten u. U. noch Feineinstellungen mit Exzenter.

Die *Übermittlung der mech. Kräfte* auf die Geräte erfolgt in verschiedener Weise. Man unterscheidet in der Hauptsache „Stößeltaster", „Rollenstößeltaster" und „Rollenhebeltaster". Die hierbei erforderlichen Antriebsmittel sind oft untereinander auswechselbar. Für den Einsatz ist maßgebend Anlaufrichtung, Anlaufgeschwindigkeit und Betätigungsweg. Die Einsatzmöglichkeiten, bezogen auf diese Faktoren, können sich nur in einem gewissen Bereich bewegen. Die vom Hersteller angegebenen Grenzen müssen unbedingt beachtet werden. Das Einfachste ist, wenn ein geradlinig bewegtes Maschinenteil in Richtung des Stößels drückt. Eine Bewegung senkrecht zur Geräteachse erfolgt meist zweckmäßig über einen *Rollenhebel*. Solche Hebel werden auch häufig

Abb. 105a u. b. Verstellbarkeit eines Anstoßschalters mit Rollenhebel (Kleinendtaster Klöckner-Moeller)
a) verstellbar in zwei Anfahrebenen;
b) verstellbar in vier Anfahrrichtungen (um je 90° versetzbar)

umsetzbar ausgeführt, um ein Anfahren sowohl in der Längs- als auch in der Querrichtung nach beiden Seiten zu ermöglichen. Bei dem Gerät nach Abb. 105 ist der Rollenhebel in zwei verschiedenen Anfahrebenen (a) bei je vier Anfahrrichtungen (b) durch Umstecken verwendbar.

Es gibt auch Geräte, bei denen die Umsetzbarkeit kontinuierlich möglich ist, s. Abb. 106. Hierdurch kann auch bei konstantem und gegebenem Schalterhub der Rollenhub in gewissen Grenzen variiert werden. Der gleiche Drehwinkel erfordert nach den Kreisfunktionen einen unterschiedlichen Rollenhub. Durch die nichtlineare Übersetzung der Drehbewegungen in die Längsbewegungen können ferner Teile des Schalterhubs gestreckt werden. Das ist z. B. von Vorteil, wenn für einen Schalter mehrere Nocken vorhanden sind, die nacheinander einwirken. Dann empfiehlt es sich, diesen Bereich am meisten zu strecken, um alle Toleranzen ohne Schaden aufnehmen zu können. Durch eine eingebaute Feder kann ein ständiger Druck auf die Hebel ausgeübt werden, so daß für die Schalter eine beliebige Arbeitslage möglich ist. Beim *Rollenstößeltaster* oder dem „Taster mit Rollenkopf" werden die Rollen unmittelbar auf die Stößel aufgesetzt. Das hat naturgemäß den Nachteil, daß der Stößel leichter klemmt. Man kann die Rolle zur Schalterbefestigungsebene parallel und auch senkrecht zu ihr setzen. Für ausgesprochene Umschalter, die von 2 Richtungen aus angesteuert werden sollen, sind diese Anordnungen naturgemäß nicht verwendbar. Hierfür ver-

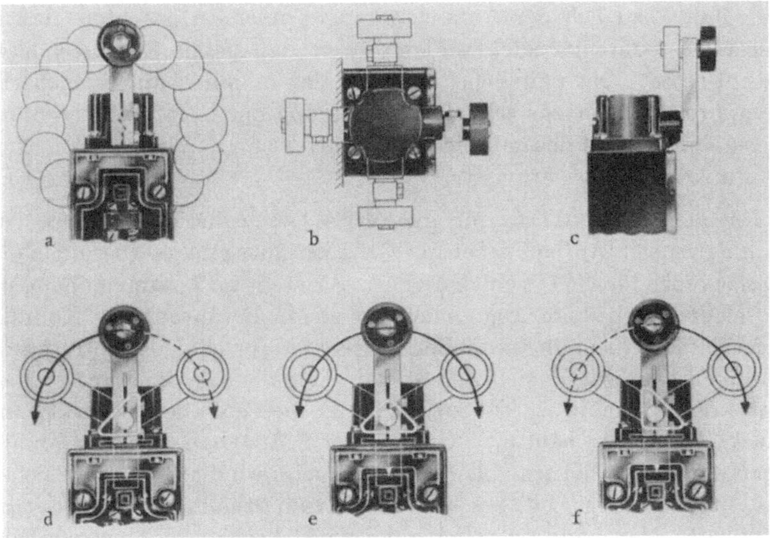

Abb. 106a bis f. Stetige Versetzbarkeit der Rollenhebel und Anpassung der Kontaktgabe an die Betätigungsrichtung

wendet man Rollenhebeltaster. Neuere Konstruktionen führten dazu, daß auch *das seitliche Anfahren ohne Rollen* weitgehend möglich ist. Hierbei wurden für die Stößelführung und den Stößel bestimmte Isolierstoffkombinationen verwandt, wie überhaupt die Kombination von Stahl und Preßstoff oder auch von verschiedenen Preßstoffarten aufeinander, die den Vorzug eines nur bescheidenen Reibverschleißes hat, bei den Endtastern mannigfach Verwendung findet, u. a. bei den Rollen auf Stahlleisten. Sie bestehen oft aus Polyamid (Nylon).

Die zulässigen Anfahrgeschwindigkeiten sind vom Anfahrwinkel abhängig. Hier müssen in jedem Fall die Herstellerangaben genau beachtet werden. Bei Geräten ohne Rolle rechnet man bei einem Anfahrwinkel von max. 20° – 30° mit zulässigen Anfahrgeschwindigkeiten bis 0,5 msec^{-1}

bei kleineren Winkeln bis etwa 1 $msec^{-1}$ ansteigend. Solche Anordnungen sollten aber auf Grenzfälle beschränkt bleiben, denn die größere mech. Beanspruchung erschwert die Einhaltung einer Mindestlebensdauer. Mit Rollenstößeln ist eine Anfahrgeschwindigkeit von 1 $msec^{-1}$, auch noch bei Winkeln von 30—40° möglich, um bei kleineren Winkeln bis auf etwa 3 $msec^{-1}$ anzusteigen. Bei Rollenhebeln werden auch noch höhere Geschwindigkeiten angegeben. Die Rollenhebel sind zweckmäßig bzw. notwendig etwa bei Geschwindigkeiten die über 0,5 $msec^{-1}$ gehen, ferner bei großen Nockenwegen und Toleranzen.

Selbstverständlich ist auch der Betätigungsweg des Nockens und der Stößelhub bei unmittelbarem seitlichem Anfahren vom Anfahrwinkel abhängig. Bezüglich der Anfahrnocken ist noch zu beachten, daß sie keinesfalls so durchgebildet werden dürfen, daß sie die Endtaster plötzlich entlasten. Die plötzliche Freigabe der in ihnen aufgespeicherten Energie reicht u. U. zur schnellen Zerstörung der Geräte aus. Symmetrische Nocken sind deshalb die Regel, auch wenn nur in einer Richtung eine Funktion beabsichtigt ist.

Die genannten Werte für die obere Geschwindigkeitsgrenze sind durch den mech. Aufbau gegeben. Genauso gut, gibt es aber auch eine untere Grenze für die Geschwindigkeit. Sie steht im Zusammenhang mit der Schaltsicherheit im Augenblick der ersten Berührung der Kontaktelemente. Bei einem ungewöhnlich langsamen Vorschub des betreffenden Maschinenteils bewegt sich der Stößel ebenfalls sehr langsam und die Kontaktgabe kommt zögernd zustande. In diesem Falle werden Sprungkontaktglieder eingebaut bzw. verwandt (s. S. 196). Die Schalter gewährleisten dann auch bei sehr kleinen Anfahrgeschwindigkeiten eine sichere Kontaktgabe. Sie sind insbesondere auch zum Schalten von Gleichstrom vorteilhaft. Man kann natürlich auch versuchen, durch Übersetzungen in den Maschinenelementen die Verwendung von Schaltgeräten ohne Momentschaltung möglich zu machen. Ob damit die nötige Genauigkeit erzielbar ist, muß im Einzelfall untersucht werden.

Für die Betätigungsmittel ist es sehr wesentlich, ob die Maschinenelemente, die mit den Anstoßschaltern zusammenwirken, Nachlauf haben oder nicht. Braucht man mit einem nennenswerten Nachlauf nicht zu rechnen, dann kann der Schalter einfach in die Bahn des bewegten Maschinengliedes gesetzt werden. Ist aber ein Nachlauf möglich, dann muß entweder der Kontaktapparat des Gerätes hierfür eingerichtet sein, was heute meist in gewissem Umfang der Fall ist, oder aber das Maschinenglied muß gewissermaßen über den Schalter hinweggehen können. Im letzteren Fall sind nur Schalter mit Rollen brauchbar. Sie werden durch ein Lineal oder eine Kurvenscheibe gesteuert. Nach Durchführung des Schaltprozesses läuft die Rolle auf dem Lineal weiter.

In einzelnen Fällen ist die übliche *selbsttätige Rückstellung* unerwünscht. Man versieht dann solche Umschalter beispielsweise mit 2 Rollen, auf die 2 verschiedene Lineale einwirken, die sich in entgegengesetzter Richtung bewegen. Siehe Abb. 107a. Es werden auch Endschalter mit einseitiger Wirkung angewandt, z. B. nach Teilbild b eine Seite der Rolle abgeflacht. Die Rolle ist hierbei durch die auf ihrer Achse sitzende Feder in der entsprechend der Abbildung gezeichneten Lage festgehalten, hat also selbsttätigen Rückgang. Bei der Annäherung der Schiene von rechts arbeitet die abgeflachte Rolle wie eine solche ohne Abflachung. Bei der Annäherung von links dreht sie sich um ihre eigene Achse, wobei sie die Klaue über sich hinweggehen läßt und keine Schwenkung des Umschalthebels bewirkt. In gleicher Weise kann die Ausweichung natürlich auch in das Steuerorgan verlegt werden. So z. B. wird bei der Anordnung nach Bild c bei der Annäherung von links die Klaue sich um den Stift *1* drehen, und über die Rolle hinweggehen, ohne den Umschalthebel zu verstellen. Bei der Annäherung von rechts stemmt sie sich gegen den Stift *2* und bewirkt eine Umschaltung. Neuere Lösungen weisen (s. Abb. 106d...f) im Inneren der Geräte verstellbar angeordnete Steuerkurven (Dreieckstücke) auf, so daß das Gerät wahlweise für Wirkung beim Anfahren von rechts, von links oder auch von beiden Seiten eingerichtet werden kann.

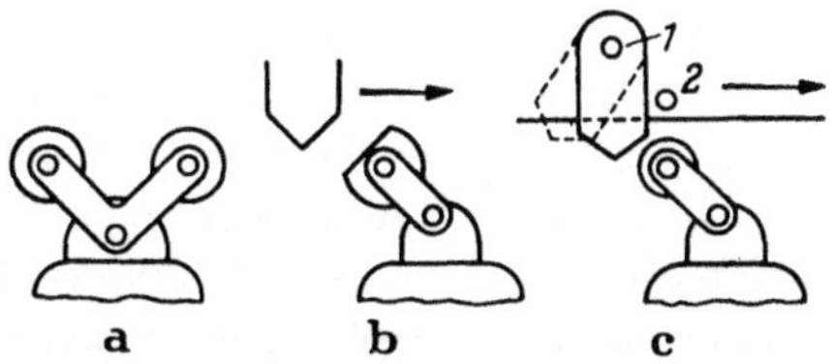

Abb. 107a bis c. Sonderformen von Rollenhebeln
a) Doppelrolle für Geräte ohne selbsttätige Rückstellung;
b) Wirkung nur in einer Richtung, in der anderen weicht die Rolle aus — selbsttätiger Rückgang;
c) desgleichen — das Betätigungsglied weicht aus

Sehr wichtig ist die Frage der möglichen *Genauigkeit*. Man möchte oft den Schaltpunkt sehr genau wählen können. Das lassen aber die mit üblichen Mitteln aufgebauten Schalter keineswegs zu. Erfahrungsgemäß kann man an der Achse des Anstoßschalters bei Tastschaltstücken mit einer Genauigkeit von einigen tausendstel Millimetern rechnen. Damit ist aber keinesfalls die Genauigkeit des Schaltvorganges selbst bestimmt, denn die elektrischen Einflüsse (Lichtbogenzeiten, Öffnungsverzug des Schützes) überwiegen nun (s. Abb. 89, S. 164). Die sich hieraus ergebenden Zeiten und die unter Berücksichtigung der Geschwindigkeit der bewegten Teile damit bedingten Wegunterschiede sind gegenüber den tausendstel Millimetern für den eigentlichen Schaltstift ausschlaggebend [Franken (30)] (s. auch S. 163). Hinzu kommt der Einfluß der Schaltstückbelastung auf die Schaltpunktverlagerung. Um ihn gering zu halten ist nicht zu hohe Belastung der Schaltstücke und nicht zu hohe Schaltgeschwindigkeit erforderlich. Gleichstrom und Wechselstrom hoher Phasenverschiebung ist von diesem Standpunkt aus gesehen ungünstig. Schaltstücke die für genaue Schaltungen herangezogen werden, sollen möglichst nur mit dem Einschaltvorgang und nicht mit dem Ausschaltvorgang belastet werden (Carl). Man wird versuchen Schaltstücke zu verwenden, die mehr in der Fläche als in der Tiefe abbrennen, d. h. solche mit verhältnismäßig großem Durchmesser.

Die Genauigkeit des Gerätes von wenigen tausendstel Millimeter ändert sich in außerordentlich starkem Maße, wenn man mit festen Nocken, Linealen u. dgl. senkrecht zur Achse des Schaltstiftes gegen den Stift anfährt. Hierbei tritt eine starke seitliche Kraftkomponente auf, die die Führung stark beansprucht. Gleichzeitig erhöht sich die Axialkraft. Gegen diese Beanspruchungen sind die Preßstofführungen empfindlich. Die Methode ist demnach nur anwendbar, wenn keine besonderen Anforderungen an die Genauigkeit gestellt werden. Die Betätigungsrolle hat ihrerseits keine übertriebene Genauigkeit, denn das Lineal wird jederzeit einen anderen Punkt der Rolle erreichen, so daß ihre Durchmesser- und Lagertoleranzen einen Einfluß ausüben.

Bei höheren Geschwindigkeiten und dementsprechend längeren Auslaufzeiten und -wegen liegt eine Schwierigkeit darin, daß immer um den Betrag des größten Auslaufweges vor Bahnende abgeschaltet werden muß. Ist die Geschwindigkeit nicht immer gleich, dann heißt das, die Bahn nicht immer voll ausnutzen. Hierfür gibt es Sonderkonstruktionen. So z. B. werden 2 Unterbrechungsstellen nacheinander geöffnet, wobei die zuerst öffnende den höchsten Auslaufweg berücksichtigt. Die zweitöffnende erlaubt Weiterfahrt mit geringer Geschwindigkeit, z. B. mit dem Motor vorgeschalteten Widerständen. Auch kann ein Drehzahlwächter der Auswahl der beiden Schaltstücke dienen. Stellt man besonders hohe Anforderungen an die Abschaltgenauigkeit, so ist es notwendig, mit mechanischen Mitteln, z. B. die Begrenzung durch feste Anschläge zu erreichen. Außerdem kommen in Betracht Reibungskupplungen, Fallschnecken u. dgl. Diese Einrichtungen arbeiten mit einer Genauigkeit von etwa $^1/_{100}$ bis $^1/_{1000}$ mm. Selbstverständliche Voraussetzung für die Genauigkeit ist exakte Ausführung und gute Bauart. Es ist nun nicht zu empfehlen, in all den Fällen, in denen derartig hohe Genauigkeiten in der Praxis gefordert werden, restlos zu den alten Methoden zurückzukehren. In den allermeisten Fällen wird eine Kombination zwischen der mechanischen und elektrischen Wegbegrenzung möglich und zweckmäßig sein. Der Support wird beispielsweise unter Vermittlung der Federn weiterbewegt. Sobald die gewünschte Strecke durchlaufen ist, wird er durch mechanische Anschläge in seiner Bahn aufgehalten. Das Werkzeug bewegt sich nicht mehr weiter, wohl aber die Antriebsspindel und die beispielsweise damit gekuppelten Anschläge für die Endausschalter. Erst wenn diese Anschläge sich ein Stück weiterbewegt haben, wird der

Motor durch die Endlagenschalter stillgesetzt. Die Anordnung hat den Vorzug, daß sie neben einer genauen Stillsetzung mit den wesentlichen elektrischen Einrichtungen ein Freischneiden des Werkzeuges ermöglicht. Die häufig für das Umschalten gewünschten Schaltverzögerungen durch zusätzliche Mittel sind dann unnötig. Die Zeitverzögerung liegt im Antrieb selbst.

Die Entwicklung der Kontaktdruckkraft bei solchen Geräten hängt sehr wesentlich von der Schaltgeschwindigkeit ab. Deshalb lassen sich auch über die *Lebensdauer der Schaltstücke* nicht so genaue Angaben machen wie etwa bei einem Schütz. Die Sicherheit der Kontaktgebung hängt wesentlich vom Durchhub ab. Man sollte hierbei nicht unter 1 mm heruntergehen. Ein möglichst großer Durchhub hat schalttechnisch noch den Vorzug, daß er die sichere Verwendung von Folgeschaltungen gestattet, also weitere Kontaktschließungen oder Unterbrechungen nachdem der erste Kontakt zustande gekommen ist.

Für die Verwendung der Geräte in *ungekapselter Ausführung* (Einsatz-Grenztaster), z. B. im Rahmen von Maschinensteuerungen, liegen in dem DIN-Blatt 43695 Blatt 1 genormte Abmessungen vor. Die Einhaltung dieser Maße gestattet eine universelle Austauschbarkeit, sowie die Lage und Ausführung der Anschlußschrauben ein dichtes Aneinanderreihen der Schalter. Durchsichtige Abdeckung des Schalterinnenraumes schützt ihn vor grobem Staub oder ähnlichem. Das Gehäuse bildet dann die Arbeitsmaschine selbst. Bei Beibehaltung des einfachen Stößels werden die Geräte auch für versenkten Fronteinbau ausgeführt.

Der Wunsch nach einem geringen Tiefenmaß, insbesondere mit Rücksicht auf die unten genannten *Reihen-Grenztaster*, hat aber auch noch zu einer Norm DIN 43695 Blatt 2 geführt. Diese Geräte sind im Gegensatz zu denen nach Blatt 1 mehr in die Breite entwickelt. Die Isolation nach Gruppe C VDE 0110 ist bei diesen Abmessungen jedoch nur für Spannungen bis 250 V möglich. Diese Geräte sind grundsätzlich mit Sprungschaltgliedern versehen. Häufig sind die Schaltelemente justierbar angeordnet, damit die Feineinstellung der Schaltpunkte nicht an den Gegennocken des Nutenfeldes selbst vorgenommen werden muß.

Die Geräte werden weiterhin in einer größeren Anzahl in einem *Reihengrenztaster* (DIN 43697) zusammengefaßt. Die Verwendung verschiedener Einsatz-Grenztaster entsprechend 43695 Blatt 1 bzw. 2 bedingt zwei verschiedene Gehäusetiefen. Beim Aneinanderreihen und beim Austausch von Einsatz-Grenztastern muß darauf geachtet werden, daß die Kriech- und Luftstrecken eingehalten werden, notfalls sind isolierende Zwischenlagen vorzusehen. Das Normblatt sieht zwei Zeilenabstände 12 und 16 mm vor. Bei 16 mm sind auch die Geräte nach DIN 43695 Blatt 1 einbaubar, bei 12 mm nur unter Schwierigkeiten. Reihen-

Grenztaster werden verwandt für die Nockensteuerung von Werkzeugmaschinen. Die Ansicht eines solchen Gerätes s. Abb. 108.

An sich sollten wie alle Befehlsgeräte auch die Endtaster grundsätzlich für 500 V Gruppe C gebaut sein; Geräte, die starken Kühlmittelströmen ausgesetzt sind, u. U. sogar nach Gruppe D. Die Betätigungsstifte in einer Isolierstoffkapselung müssen aus Isolierstoff bestehen oder jedenfalls nach dem Inneren zu, wenn sie aus Metall bestehen, durch Isolierstoffteile gesichert sein, sonst kann man nicht von einer Isolierstoffkapselung bzw. Voll- oder Schutzisolierung reden [Franken (27)].

Die Geräte sind zum Teil für mehr als 10000 Schaltungen je Stunde geeignet, d. h., etwa 3 je sec, Betätigung mit Rollenhebel oder durch axiales Anfahren vorausgesetzt. Bei seitlichem Anfahren ohne Rolle ist

Abb. 108. Reihenendtaster nach DIN 43697 (Elan)

die zulässige Schalthäufigkeit wegen der entstehenden Reibungswärme niedriger. Die *Gerätelebensdauer* richtet sich nach der Art der Betätigung. Bei Stoß in axialer Richtung ist sie praktisch unbegrenzt. Bei seitlichem Anfahren und max. Anfahrwinkel 30° liegt sie bei etwa 5×10^6 Schaltspielen. Bei kleinerem Winkel steigt sie stark an. Bei Geräten mit Rollenhebeln rechnet man mit mindestens 10×10^6 Schaltspielen.

Von ganz besonderer Bedeutung ist die Frage der *Schutzart*. IP 54 genügt keinesfalls, wenn die Geräte andauernd mehr oder weniger großen Flüssigkeitseinwirkungen ausgesetzt sind. Bei der Prüfung (s. S. 229) werden bescheidene Wasserstrahlen von allen Seiten auf die Dauer von 10 Min. auf das Gerät gerichtet und dabei darf sogar Wasser eindringen, soweit es nicht schädigend ist. Am besten ist, solche Geräte durch ihre Anbringung vor derartigen Einwirkungen zu bewahren, sonst ist Schutzart IP 55 oder gar eine noch höhere erforderlich. Bei Schutzarten unter IP 54 empfiehlt sich in jedem Fall eine Montage des Gerätes mit dem Antrieb senkrecht nach unten. Diese Montageart bietet eine zusätzliche Sicherheit gegen groben Schmutz. Die Geräte werden weitgehend durchsichtig abgedeckt, s. Abb. 103, 105 u. 109, um die Kontaktgebung und den Zustand der Kontaktelemente ohne Öffnen des Gerätes verfolgen zu können.

Für das *Ausmaß der Kapselung*, aber auch den sonstigen Aufwand, den man beim Aufbau der Geräte treibt, ist das Anwendungsgebiet entscheidend. Endtaster, z. B. nach Abb. 109 in Schutzart IP 65, sind in erster Linie für den Ein- und Anbau an Arbeitsmaschinen entwickelt, die den Umwelteinflüssen besonders ausgesetzt sind. Hier können die Abmessungen keine ausschlaggebende Rolle spielen. Bei Endlagenschaltern für Großmaschinen, Baumaschinen, Verlade- und Transportmaschinen wächst auch noch die Möglichkeit einer stärkeren mechanischen Beanspruchung. Bei diesem Gerät nach Abb. 109 sind die Antriebselemente a u. b gegeneinander austauschbar (Rollenhebel- und Stößelkopf), der Rollenhebel beliebig verstellbar und der Antriebskopf um je 90° versetzbar, s. Abb. 106b. Auch ist die Einstellung für Rechts-, Links- und Schaltungen in beiden Richtungen möglich. Der Schaltraum ist von dem für den mechanischen Antrieb vollständig getrennt s. Abb. 109c. Die Durchführung der äußeren Dreh- und Schubvorrichtungen in das Innere der Geräte bringen sonst leicht die Gefahr des Eindringens von Schmutz und Feuchtigkeit an die eigentlichen Schaltglieder mit sich. Das hat praktische Bedeutung, wenn die Geräte an Stellen mit starker Schmutzentwicklung arbeiten sollen. Das gilt insbesondere für Industrien, die Steine und Erde verarbeiten, für Zementfabriken, aber auch Industrien, die mit starker Staubentwicklung zu tun haben, wie die Nahrungsmittelindustrie, z. B. Kraftfutterwerke, bei Zuckerzentrifugen usw., ferner auch für Brauereien.

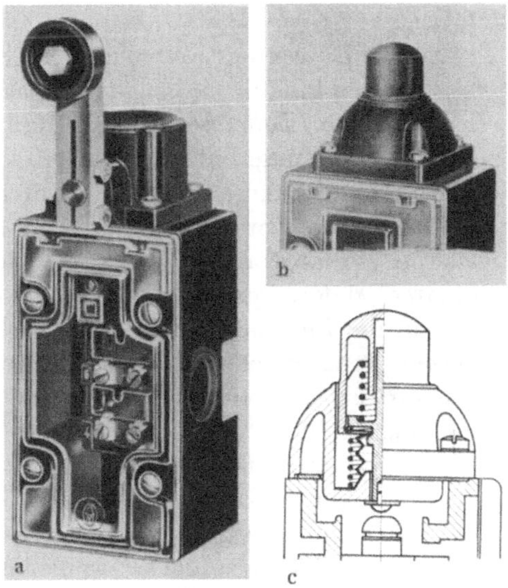

Abb. 109a bis c. Robustendtaster Schutzart IP 65 (Klöckner-Moeller) Rollenhebel- und Stößelkopf gegeneinander austauschbar; Antriebskopf um jeweils 90° versetzbar; Rollenhebel um 360° verstellbar; sowie 3 Arbeitsfunktionen durch Versetzen des Anschlags möglich

Bezüglich der *Verwendung* von Endlagenschaltern *in Gleichstromkreisen* sei darauf aufmerksam gemacht, daß die Lichtbögen im Gegensatz zur Wechselstromabschaltung eine beachtliche Länge (1—2 mm) erreichen können, oder es müssen Löschkondensatoren oder dgl. verwandt werden. Auch kann die Materialwanderung (s. S. 244) zu Schwierigkeiten führen. Das letztere gilt selbst bei 24 Volt. Es empfiehlt sich, z. B. bei Hydraulikventilen usw., vor jede Spule einen Gleichrichter zu setzen und auf der Wechselstromseite zu schalten. Diese Methode hat jedoch eine längere Magnetabfallzeit zur Folge. Ist das nicht zulässig, so schaltet man das Gleichstromelement über ein wechselstrom-erregtes Hilfsschütz [Maecker (2)].

Die Geräte werden weitgehend auch mit *Sprungfedergliedern* ausgerüstet und dann als *Sprung-(feder-)taster*, Momentschalter, Schnappschalter, *Mikroschalter* bezeichnet. Man erreicht dadurch einen sehr präzisen Schaltvorgang, flatterfreie Kontaktgabe auf rein mech. Grundlage, hohe Schaltgenauigkeit, geringe Antriebskräfte und verhältnismäßig kleine Abmessungen. Bei den Geräten benutzt man ein Federglied, um in der Regel langsame Bewegungen oder — im übertragenen Sinne — langsame Änderungen von Druck, Temperatur, Feuchtigkeit oder Gewicht in die für exakte Ein- oder Ausschaltung von Stromkreisen gewünschte Schaltgeschwindigkeit zu übersetzen. Sie verhüten bei passender Konstruktion den „Wackelkontakt", der bei den abhängigen Schaltrelais und Schützen genau die gleichen Schäden bewirkt, wie der Prellvorgang (s. S. 21). Die Geräte erhalten ein Sprungfederglied, d. h. bei einem sehr kurzen Hub z. B. auf eine vorgespannte Blattfeder springt diese Feder schlagartig um und löst einen Schaltimpuls aus. Die Schaltcharakteristik hängt von der Formgebung der Blattfeder ab. Durch die Anordnung eines solchen Elementes kann man weiterhin die Betätigungswege besonders klein halten. Es gibt Konstruktionen, bei denen die Rückstellung des Sprunggliedes nach Rückgang des Schalters selbsttätig erfolgt und solche, bei denen nur eine gewollte mech. Rückstellung durch eine Taste möglich ist. Letztere arbeiten gewissermaßen im Gegentakt. Für einen Schaltvorgang müssen dann beide Elemente abwechselnd betätigt werden. Die Wirkungsweise eines Schnappgliedes beruht darauf, daß in einem Federsystem durch die Richtungsänderung von Kraftwirkungslinien eine Bewegungskomponente erzeugt wird. Die in einer Richtung verlaufende Kraftänderung verursacht eine Bewegungskomponente aus einer Totpunktlage. Erhält z. B. eine einseitig eingespannte Blatt-Feder eine Vorspannung und erfolgt ein Druck auf den Scheitelpunkt, so wird sie in die entgegengesetzte Richtung umgesteuert. Eine solche Sprungfederanordnung mit Stahlfeder ist temperaturabhängig. Eine prinzipielle Darstellung mit Schraubenfeder s. Abb. 110. Die Zusammenhänge zwischen Kontaktdruckkraft und Hub der Schalttaste ergeben ein einer Hysteresiskurve entsprechendes Bild, d. h., die Kräfte sind vom Hub abhängig und ihm im wesentlichen proportional. Außerdem bewegen sie sich aber zwischen Ein- und Ausschaltlage in zwei verschiedenen Höhen mit einer bestimmten „Differenzkraft". Zwischen den beiden wirksamen Kontaktpunkten muß man mit einem bestimmten „Differenz- oder Arbeitshub" rechnen, also einer entsprechenden Verlagerung der Betätigungspunkte. Hinzu kommt naturgemäß ein „Leerhub" und ein „Überhub" oder „Nachlauf". Für das Arbeiten der Geräte ist nur die Größe des Differenzhubes ausschlaggebend. Er liegt in der Größenordnung von 0,05 bis 0,5 mm. Es gibt aber auch Geräte mit kleineren Werten s. ITEN. Ohne Leerhub ist eine Konstruktion nicht durch-

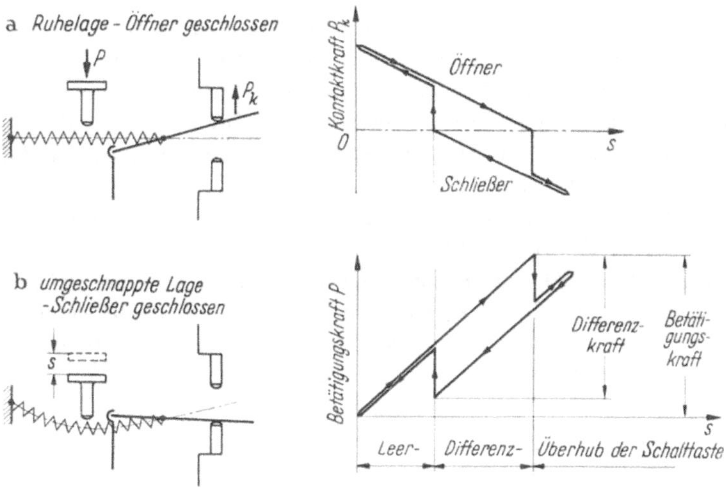

Abb. 110 a u. b. Wirkungsweise von Sprungfederschaltern (Mikroschaltern)

führbar, weil dann in jedem Fall die Normalkomponente der Betätigungskraft durch 0 geht. Außerdem sollte ein Überhub vorhanden sein. Eine größere Empfindlichkeit des Gerätes bedeutet einen kleineren Differenzhub und dementsprechend einen geringeren Schaltweg und ein geringeres Schaltvermögen sowie eine größere Erschütterungsempfindlichkeit.

Wesentlich ist, wie es sich mit der Kontaktkraft im Augenblick des Umschaltens verhält. Die Darstellung in Abb. 110 umfaßt einen einfachen Mechanismus, bei dem kurz vor dem Umschaltpunkt eine Zeit lang, die von der Betätigungsgeschwindigkeit abhängt, keine ausreichende Kontaktkraft vorhanden ist. Die auftretende Reibung wirkt kontaktkraftmindernd und vergrößert damit den Unsicherheitsbereich. Es gibt aber auch Konstruktionen, die dafür sorgen, daß die Kraft bis zum Umschaltaugenblick ganz oder teilweise erhalten bleibt, s. z. B. ALTER und GÖKE. Die einfachen Bauarten genügen für eine große Anzahl von Anwendungsfällen. Wenn jedoch extreme Betätigungssituationen auftreten, so sind kompliziertere Konstruktionen notwendig, damit wächst im allgemeinen auch die erforderliche Schaltarbeit an. Die Toleranz, mit der die Angaben gemacht werden können, hängt vom Aufbau der Geräte ab. Sie wird vom mechanischen Verschleiß beeinflußt. Die Umschaltung erfolgt schlagartig, sobald die Schalttaste den Leer- und Differenzhub zurückgelegt hat, die Rückschaltung, sobald Über- und Differenzhub zurückgelegt wurden. Die Geräte werden ein- und mehrpolig gebaut.

Die Eigenzeit, in der der Übergang von einer Schaltstellung zur anderen vor sich geht, liegt in der Größenordnung von 20—50 msec. Es kommen aber auch sehr kleine Werte vor, so gibt ITEN 2—3 msec an. Das ist die Dauer der Kontaktunterbrechung ohne Rücksicht auf die Lichtbogenzeit. Die Umschlagzeit ist in gewissen Grenzen von der Betätigungsgeschwindigkeit abhängig (s. HOFER). Im Interesse einer hohen Erschütterungsfestigkeit ist es vorteilhaft, dafür zu sorgen, daß die Erschütterungskraft nicht mit der Betätigungsrichtung zusammenfällt.

Das Kontaktglied ist meistens ein Wechsler. Das Schaltvermögen liegt im wesentlichen im Bereich der Steuerströme. Es lassen sich aber auch kleinere Stromverbraucher von solchen Elementen beherrschen, s. z. B. GARBERS (1). Das Schaltvermögen ist u. a. vom Differenzhub abhängig. Für $\cos\varphi = 1$ steigen die bei $\cos\varphi = 0{,}4$ zulässigen Ströme auf etwa das Doppelte. Die relativ großen Umschaltgeschwindigkeiten des Schnappschalters z. B. in der Größenordnung von 0,25 msec^{-1} haben insbesondere bei induktionsfreien Kreisen ein schnelles Abreißen des Lichtbogens zur Folge.

Schaltgenauigkeit wird häufig mit dem Umschaltweg verwechselt. Ein Schalter mit einem Umschaltweg von 0,05 mm kann selbstverständlich genauer arbeiten als ein solcher mit einem Weg von 0,005 mm. Die mechanisch genaue Reproduzierbarkeit ist durch die Konstruktion gegeben und zwar weitgehend durch die Führung der Betätigungsstößel. Deren Spiel ist entscheidend für die Schaltgenauigkeit. Hinzu kommt eine Abwanderung des Arbeitspunktes durch mechanische und elektrische Abnutzung. Sie kann nur durch Nachstellung kompensiert werden. Die höchste Genauigkeit wird wegen der elektrischen Abnutzung nur bei kleiner elektrischer Belastung erreicht. Bei stärkerer Ausnutzung der Schaltstückbelastung verlagern sich durch den dann nicht zu vermeidenden Abbrand die Schaltpunkte.

In Gleichstrom-Steuerkreisen sind die Geräte wegen ihrer kleinen Schaltwege im allgemeinen ohne zusätzliche, den Abschaltstellen parallel geschaltete, Widerstände mit Kapazitäten, nicht verwendbar.

Die Aktionszeiten der Geräte würden verhältnismäßig sehr hohe *Schalthäufigkeiten* zulassen. Mit Rücksicht darauf, daß die erzeugte

Wärme abgeführt werden muß, sind aber Pausen notwendig. Die max. Schalthäufigkeit wird z. B. mit 12000/h angegeben und als untere Grenzgeschwindigkeit für die Betätigung etwa 1 mm/h. Die Bedienung erfolgt wie bei anderen Anstoßschaltern durch Stifte, Rollen, Hebel u. dgl. Die Gerätelebensdauer geht bis zu etwa $2 \cdot 10^7$ Schaltungen. Sie wird wesentlich durch die Dauerhaftigkeit der Schaltfedern bestimmt. Bei voller Beanspruchung der Vor- und Nachlaufwege werden sie stärker beansprucht und die Lebensdauer vermindert. Da die genaue Verwendung der Sprungschalter den Herstellern im voraus nicht genau bekannt ist, gibt man Lebensdauerzahlen nur sehr vorsichtig an. Die Isolation wird, außer nach VDE 0110, Gruppe C, wie sie für industrielle Verwendung gefordert werden muß, häufig noch mit geringeren Kriech- und Luftstrecken durchgeführt, worauf zu achten ist. Die Schaltstücke der Schnappschalter treffen mit Rücksicht auf die sehr kurze Umschaltzeit mit rel. großer Geschwindigkeit aufeinander, deshalb zeigen sich häufig ausgeprägte Prellvorgänge. Diese Eigenschaft fördert die Schweißanfälligkeit. Die Prelldauer hängt von der Betätigungsgeschwindigkeit und der Härte der Schaltstückstoffe ab. Sie liegt nach ITEN in der Größenordnung von 3 bis 6 msec. Weiteres Schrifttum s. SIEMS, RICHE und LANGOSCH. Die Ansicht eines Sprungtasters s. Abb. 111.

Abb. 111. Sprungfederschalter (Brown-Boveri)

Die Verwendung der Geräte mit Sprungschaltern sollte auf Sonderfälle beschränkt bleiben. Das sind vor allen Dingen solche, bei denen Gleichstrom zu schalten ist, kleine Anfahrgeschwindigkeiten vorhanden sind und der Umschaltpunkt möglichst konstant sein soll. Es sind auch Sprungschalter bekannt, die mittels einer durch Dauermagnet gehaltenen dachförmigen Wippe arbeiten und bei deren Abriß schnell in die andere Kontaktlage übergehen (ELAN). Die Sprungcharakteristik wird hier nicht mehr durch eine Feder, sondern durch den Magneten erreicht. Hochbeanspruchte mech. Glieder fehlen. Die Einrichtung arbeitet ermüdungsfrei mit entsprechend hoher mechanischer Lebensdauer. Die Schaltung ist zwangsläufig, da die Betätigungs- und die Sprungrichtung gleichsinnig sind (s. FRISCH).

Für automatisierte Arbeitsverfahren, bei denen die Endtaster hoch beansprucht werden und sie, wenn ihre Lebensdauer erreicht ist, durch neue ersetzt werden müssen, werden um die Stillstandszeiten, insbesondere bei Fertigungsstraßen niedrig zu halten, auch steckbare Geräte verwandt. Bei deren Entwicklung wurde Wert darauf gelegt, daß sich der

Schaltpunkt der Steuerung beim Auswechseln nur in bestimmten Grenzen ändert (s. WOSNY und WILZECK).

In einigen Fällen sind die Endtaster mit unmittelbarer Kontaktbetätigung nicht geeignet, z. B. bei hohen Schaltgeschwindigkeiten, großen Anlauftoleranzen, starken Erschütterungen und dgl. An ihre Stelle treten dann gelegentlich von außen beeinflußbare Relais, wobei der Vorteil darin liegt, daß keine bewegten Elemente in das Relaisgehäuse eindringen. Bei diesen *berührungslosen Endtastern* wirkt z. B. ein außen vorbeigeführter Dauermagnet auf ein solches Relais ein. Für das Einschalten ist dabei eine größere magnetische Kraft erforderlich als für die Aufrechterhaltung des eingeschalteten Zustandes. Deshalb ist die Magnetlage für den Einschaltimpuls nicht identisch mit der für den Ausschaltimpuls. Die Geräte werden u. U. so aufgebaut, daß z. B. das Vorüberführen des Dauermagneten in einem Abstand bis zu 5 cm noch ein sicheres Ansprechen des Schaltelementes gewährleistet (s. SCHUSTER). Auch gibt es Konstruktionen, bei denen der Magnet im eigentlichen Schaltergehäuse einen Schlitz durchsetzt [z. B. ANONYM (3)]. Bei anderen Konstruktionen genügt es, daß das Signal durch die Bewegung ferromagnetischen Materials gegeben wird, z. B. Blechtafeln, Schienen, Karosserien und dgl. Diese Geräte sind vor allen Dingen dann am Platz, wenn die signalgebenden Gegenstände nur grob geführt sind. Es werden auch Kapazitätsänderungen ausgenutzt, z. B. bei Schüttgutschaltern, die der Kontrolle des Füllstandes von Behältern mit körnigen und flüssigen Medien dienen (s. STOLTE). Elemente, die auf Hallgeneratoren einwirken und noch einen Verstärker benötigen (s. LIPPMANN). Über einen Oszillator, dessen Streufeld in die Nähe gebrachte elektrisch leitende Gegenstände stören und dem Schwingkreis Energie entziehen s. EICHMANN und RICHTER.

3.3 Meisterschalter

Meisterschalter sind Rastschalter, die auf den einzelnen Kontaktstellen die unterschiedlichsten Verknüpfungen zwischen den Schützen und ihren Hilfselementen bewerkstelligen können. Es ist nicht unbedingt erforderlich, daß sie den Charakter als Rastschalter haben, sie werden auch mit Rückzugfedern ausgeführt, so daß sie nach dem Loslassen der Handhabe in die Nullstellung zurückgehen und die Steuerung wieder ausgeschaltet ist. Das heute vorherrschende Aufbauprinzip ist das des Nockenschalters, der wie die Schütze im wesentlichen mit Silbertastschaltstücken arbeitet und weitgehend auch mit Doppelunterbrechung der einzelnen Strombahnen. Die Schaltprozesse wickeln sich vorwiegend in einzelnen Kammern ab. Nach der Lage der Nocken und der Kontaktglieder können die kompliziertesten Schaltaufgaben gelöst werden, s. auch Wahlschalter S. 223. Um eindeutige „Ein-“ und „Aus-“Stellungen zu erhalten, werden bei neueren Entwicklungen die Geräte auch mit Sprungschaltgliedern versehen, denn nicht eindeutige Kontaktgebung kann ein Flattern der Schütze zur Folge haben. Das ist besonders leicht möglich, wenn die Betätigungsgeschwindigkeit klein ist, so daß eine schleichende Kontaktgebung zustande kommt und das Material schmelzen kann, ferner die Möglichkeit wiederholten Ein- und Ausschaltens der gesteuerten Schütze besteht. Weiterhin kann es zu einer falschen Befehlsübertragung führen, weil von Zählwerken auch die ungewollten Unterbrechungen mitgezählt werden. Eine von der Betätigungsgeschwindigkeit unabhängige Schaltstückgeschwindigkeit ist deshalb vorteilhaft. Über Meisterwalzen mit Sprungkontaktgliedern s. Dörr und Schreiner. Nullrast und Stellungsrasten sind oft getrennt und dann so ausgeführt, daß die Nullrast stark und die Stellungsrasten leicht sind, wodurch ein unbeabsichtigtes Überschalten der Nullstellung erschwert wird. Die Geräte erfordern oft bequem bedienbare Antriebslemente, vor allen Dingen auch bei sympathischen Steuerungen z. B. im Kranbetrieb, wo mehrere Geräte kombiniert und mit einem gemeinsamen Antrieb versehen werden, um die verschiedenen Bewegungsrichtungen auf dem Kran beherrschen zu können.

Abb. 112. 2 Meisterschalter mit Verbundhebelantrieb und Sprungschaltgliedern (Klöckner-Moeller)

Abb. 112 zeigt 2 Meisterschalter mit Sprungschaltgliedern und ihre Kombination mit einem Einhebelverbundantrieb. Die einzelnen Sprungschalter und die zur Betätigung erforderlichen Nockenscheiben sind dabei leicht austauschbar, dadurch ist es möglich am Montageort das Schaltprogramm abzuändern. Meisterschalter mit einer solchen Hebelanordnung machen es möglich, die Steuerpulte, die die Antriebe mit den Schaltern aufnehmen, den unterschiedlichen örtlichen Verhältnissen so anzupassen, daß für den Bedienenden, z. B. den Kranführer größte Sichtfreiheit bestehen bleibt. Sie werden auch als „Programmschalter" benutzt, indem man jeder einzelnen Stellung einen bestimmten Programmablauf zuordnet. Die Gesamtanordnung wird z. B. bei Fahrzeugen oft verfeinert und so getroffen, daß die Schalterstellung nur die Höchstgeschwindigkeit eines Antriebes bedingt, der Anlauf von Stellung zu Stellung jedoch unabhängig von der Bedienung vor sich geht. Ferner werden sie auch mit motorischem Antrieb gebaut und wirken außer für automatischen Ablauf ganzer Steuerungen, z. B. bei mehrstufigen Selbstanlassern als zentrales Verzögerungswerk. Diese Geräte sind hohen stündlichen Schaltzahlen gewachsen. Bei einer großen Anzahl von Schaltstellungen wächst naturgemäß der Durchmesser der Anordnung. Die einzelnen Konstruktionen unterscheiden sich durch die Schaltwinkel. Je größer der Schaltwinkel von Stellung zu Stellung, desto weniger Stellungen lassen sich auf dem Gesamtgerät unterbringen. Die Geräte werden sowohl für Rundschaltung wie für Rückschaltung ausgerüstet, aber auch mit selbsttätigem Rückgang versehen. Der Rückgang braucht dabei nicht unbedingt nach der Nullstellung zu erfolgen, sondern kann auch in irgendeine andere gerastete Stellung vonstatten gehen.

3.4 Programmschalter

Die Befehle können auch nacheinander von einem „Programmschalter", „-Steuergerät" oder „-Schaltwerk" gegeben werden. Es sind Meisterschalter mit einem zeitgebundenen Programm. Sie werden für ein unveränderliches oder veränderliches Programm gebaut. Im letzteren Falle sind die einfachsten Ausführungen diejenigen, bei denen Nockenschienen oder Steckschablonen in Verbindung mit einem Kreuzschienenverteiler, die jeweils gewünschten Schaltprozesse, z. B. in Verbindung mit einem Schrittschaltwerk festlegen. Beim Nockenschalter werden die untereinander gleichartigen Schaltelemente durch eine Nockenscheibe gesteuert. Die Kontaktfolge ist wählbar, z. B. unterbrechungslos, mit kurzzeitiger Kontaktgabe, Kontaktüberdeckung u. dgl. Bei diesen Schaltern verwendet man Trommeln mit Reitern und Steuernocken. Sie wirken meistens auf Sprungschaltglieder. Wenn jedes Schaltglied zwei Nockenscheiben hat, kann es vollständig unabhängig von seinen Nachbargliedern über einen Bereich von 360° arbeiten. Das Setzen der Steuernocken, Stifte u. dgl. ist ein Speichervorgang. Die Nockenbetätigung stellt die zweckmäßigste Form mit dem größten Anwendungsbereich und dem übersichtlichsten Aufbau dar. Abb. 113a zeigt eine Einrichtung für punktweise Impulskontaktgebung. Der Vorteil liegt in großer Verstellbarkeit. Die Stifte auf der Walze brauchen nur versetzt zu werden. Bei b wird, wie bei Nockenschaltern, mit verschiedenen u. U. einzeln verstellbaren Scheiben gearbeitet. Bei c stehen die Steuerscheiben starr mit der Antriebsachse in Verbindung. Der Einsatzzeitpunkt wird durch Schwenken des den Kontaktapparat tragenden Armes bewirkt. Um die Vielzahl der Ansprüche einigermaßen zu erfüllen, empfiehlt sich eine Baukastenart, die es ermöglicht, jede gewünschte Kontaktanordnung an den einzelnen Schaltpunkten anzubringen. Außerdem gehen die Ansprüche, hinsichtlich der Zeitabstände, in denen die einzelnen Kontaktglieder zur Wirkung kommen sollen, naturgemäß sehr weit. Bei solchen Programmen geschieht u. U. verhältnismäßig längere Zeit hindurch nichts. Dann ist es zweckmäßig, eine Zeitraffereinrichtung (Zweigangsystem) zu verwenden, die in diesem Bereich die Schaltschritte verkürzt. Hierzu verwendet man z. B. zwei Antriebsmotore, je einen für Normal- und Schnelllauf. Der Schnellauf kann über einen Steuerkontakt an bestimmten Stellen ein- und ausgeschaltet werden, oder aber dazu dienen, den Schalter für den Beginn eines erneuten Schaltvorganges zuvor in die Nullstellung zurückzuführen. Dabei ist es auch möglich, die Steuerkreise zwischenzeitlich über Hilfsrelais zu unterbrechen. Gelegentlich ist es auch erwünscht bei Spannungsabfall das Programm in dieser Weise zu unterbrechen und wieder von der Nullstellung aus zu beginnen. Meistens

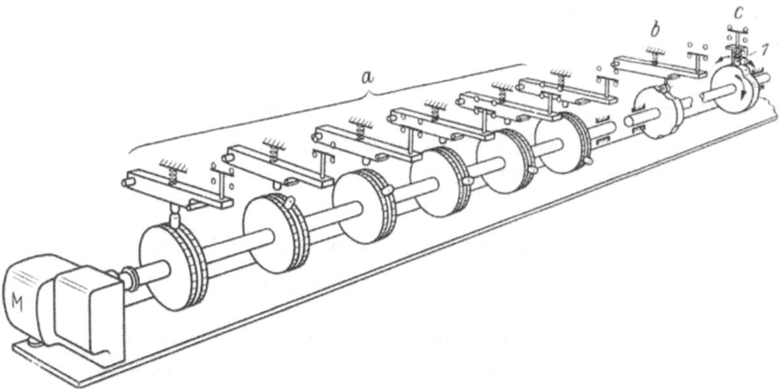

Abb. 113. Anordnungen von Programmschaltern

arbeiten die Geräte nicht kontinuierlich sondern schrittweise, bei z. B. synchron umlaufendem Antriebsmotor, wie beim Schrittschaltwerk, so daß eine eindeutige Unterbrechung erzielt wird.

Die *Lochkarte* arbeitet im Zusammenwirken mit Kommandoeinrichtungen. Sie kommt in ein Abtastgerät und gleitet langsam durch eine Kontakteinrichtung. In ihr werden die Steuerinformationen in entsprechende Steuersignale mit nachgeschalteten Ausgangsrelais umgewandelt und die verschiedenen Bauelemente wie Schütze, Relais, Ventile u. dgl. gesteuert. Die Lochkarten sind steckbar und damit schnell austauschbar. Sie werden z. B. auf die Walze des Programmgebers aufgespannt. Wenn sich bei einer Stellung in einer Spalte ein Loch in der Karte findet, tritt der Einfühlhebel in Aktion. Während des Programmablaufs wird auf diese Weise Zeile um Zeile abgetastet. An die Stelle der Lochkarte tritt auch der Lochstreifen wie in der Fernschreibtechnik. Er erfordert einen verhältnismäßig großen Aufwand an Elektronik. Die Geräte sind in dieser Form nicht nur Programmschalter sondern auch Programmspeicher und machen eine Programmänderung leicht möglich. Ein weiteres Mittel für die Programmsteuerung ist das *Magnetband*. Seine Anwendung setzt aber gegenüber Nockenschaltern, Lochkarten, Lochstreifen u. dgl. vom wirtschaftlichen Standpunkt aus gesehen eine nicht zu kleine Speicherkapazität voraus.

An die Stelle eines kompletten Programmschalters wird auch oft eine größere Anzahl von Endlagenschaltern über eine von der Maschine angetriebene Trommel oder dgl. mit umsetzbaren Nocken gesteuert, um z. B. Spindeldrehzahlen und Vorschübe auszuwählen oder die Bewegung verschiedener Maschinenteile zu- und abzuschalten. Solche Mittel führen u. U. zu vollselbsttätigen Maschinen. Eine Folgeschaltung von Schützen, Relais, Endschaltern und etwaigen Zeitschaltern läßt den einmal projektierten Zyklus ohne besonderes Programmwerk immer wieder zustandekommen. Sind mehrere Programme notwendig, dann ist der Programmschalter in jedem Fall erforderlich, wobei die Programme auch durch besondere Wahlschalter vorgewählt werden können. Außer den genannten Geräten gibt es noch reine *Taktgeber*. Das sind Zeitrelais für den zeitlichen Einsatz gleichartiger Prozesse z. B. Montagevorschub u. dgl. Programmsteuerungen s. S. 344.

3.5 Befehlsschalter abhängig vom Druck, der Temperatur, dem Wasserstand usw.

Diese Geräte gehören zu den „Wächtern", d. h. sie haben zwei einstellbare Grenzen. So werden zur Steuerung in Abhängigkeit vom Luft- oder Flüssigkeitsdruck *Druckwächter* verwandt, mit einer Grenze für den Druck, bei dem z. B. die Einschaltung des Motors zu erfolgen hat und einem höheren Wert, bei dem wieder abgeschaltet werden soll oder umgekehrt. Je größer die zulässigen Druckunterschiede gewählt werden können, eine desto exaktere Lage der einzelnen Schaltelemente ist möglich, desto größer können die Schaltwege sein. Die Kräfte sind naturgemäß von der Größe der Membran bzw. des Kolbens und damit von der Größe des Gesamtgerätes abhängig und finden dadurch sehr bald eine wirtschaftliche Grenze. Die Einstellgrenze wird meistens durch Veränderung der Federvorspannung geändert, der Unterschied zwischen Einschalt- und

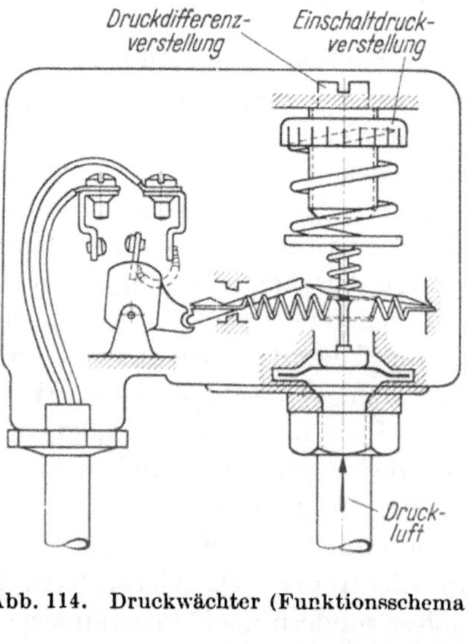

Abb. 114. Druckwächter (Funktionsschema)

Ausschaltüberdruck durch Änderung des Weges, um den sich der Hebel nach der Ausschaltung noch bewegt, festgelegt. Die Geräte werden entweder einpolig in den Steuerkreis eingesetzt oder schalten auch kleinere Motoren unmittelbar 3phasig. Ein solches Gerät zeigt Abb. 114. Neuerdings baut man sie auch mit Sprungschaltgliedern (s. S. 196). Die Membrane bestehen aus Kunststoffen oder Metallfederbälgen. Bei Verwendung der Geräte in hydraulischen Steuerungen ist meist durch Drosselorgane dafür zu sorgen, daß der Druck nicht schlagartig auftritt, weil die Geräte sonst leicht Schaden nehmen können. Reichen die üblichen Druckunterschiede zwischen Einschalt- und Ausschaltlage nicht aus, muß man also in sehr engem Bereich steuern, dann greift man zu einem

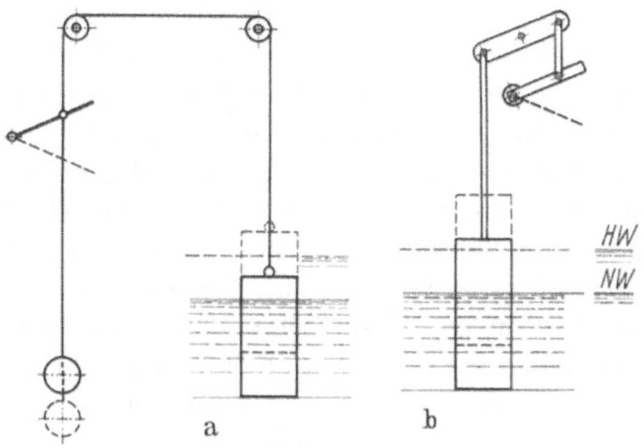

Abb. 115a u. b. Schwimmerschalterbetätigung
a) Seilantrieb; b) Stangenantrieb

„Kontaktmanometer" mit passendem Zwischenrelais in Intervallschaltung (s. S. 336, Abb. 184k).

Temperaturwächter arbeiten auf Grund der Wärmedehnung, sei es mit Bimetall oder einem sich verlängernden Stab oder auch durch die Druckänderung einer abgeschlossenen, leicht siedenden Flüssigkeit. In diesem Fall ist der Aufbau der gleiche wie bei den Druckwächtern.

Einfache *Wasserstandswächter* weisen meistens den gleichen Kontaktapparat auf wie die Druckwächter. Anstatt der Membran wirken mechanische Elemente auf den Kontaktapparat ein, entweder ein Schwimmer mit Seilantrieb oder ein Schwimmer, der über eine Stange unmittelbar auf das Gerät wirkt (s. Abb. 115).

3.6 Bremswächter und Schleppschalter

Die Anwendung der Gegenstrombremsung bei Drehstrommotoren erfordert Geräte, um zu verhüten, daß die Motoren — sobald der Stillstand erreicht ist — in der anderen Richtung wieder anlaufen. Oft ist eine derartige Bewegung auch nicht für kurze Zeit, d. h. auf einer kurzen Wegstrecke noch statthaft. Man hat Vorrichtungen der verschiedensten Art gebaut, um diese Gegenbewegung wenigstens im größeren Ausmaß zu verhindern. Hierzu gehören z. B. die „*Schleppschalter*" durch die der Motor abgeschaltet wird, wenn er zur Bewegung in der anderen Richtung ansetzt. Solche Einrichtungen, die durch Reibwirkungen, die nur in einer Richtung wirksam sind, durch Ratschen oder dgl. mitgenommen werden, können erst dann die Abschaltungen einleiten, wenn der Motor bereits über den Stillstand hinausgekommen ist. Das hat auf der einen Seite den Vorteil einer kurzen Bremszeit, auf der anderen den Nachteil der Gegenbewegung. Bei neueren Konstruktionen wird mit dem Einsatz der Abschaltung gerechnet, wenn in der Gegenrichtung — bezogen auf die Motorachse — ein Winkel von etwa 10° zurückgelegt wurde. Das ist bei vielen Maschinen, z. B. Zentrifugen, ohne Bedeutung. Bei Maschinen mit geringeren Schwungmassen und geringen Reibmomenten beträgt aber u. U. die Anlaufzeit des Motors nur Bruchteile einer Sekunde, also eine Zeit, die so kurz ist, daß der Motor auf seine Nenndrehzahl in Gegenrichtung hochlaufen kann bevor die Abschaltung durch einen Schleppschalter durchgeführt wird. In solchen Fällen verwendet man „*Bremswächter*". Bei ihnen erfolgt die Abschaltung kurz vor dem Erreichen des Stillstandes. Wählt man die Abschaltdrehzahl richtig, dann kommt der Motor tatsächlich zum Stillstand, ohne in der anderen Richtung wieder anzulaufen. Sind Schwungmoment und Reibmoment nicht konstant, dann besteht die Gefahr, daß bei kleinem Reib- oder hohem Schwungmoment ein Nachlauf möglich ist, also ein Auslauf mit geringer Drehzahl. Zu derartigen Einrichtungen, die auch bei sehr kurzen Bremszeiten zur Wirkung kommen, gehört z. B. eine von DEISSLER (1) beschriebene Anordnung. Der Aufbau erfolgt durch Kupplung eines kleinen Kurzschlußläufers bei drehbar gelagertem Ständer mit Einphasenwicklung zum Anschluß an das normale Betriebsnetz. Die synchrone Drehzahl des Hilfsmotors liegt höher als die des Hauptmotors, weil alle Motoren bei Synchronismus ihr Drehmoment wieder verlieren. Während der Hauptmotor in Betrieb ist, wird ein Drehmoment auf den Ständer des Zusatzgerätes ausgeübt. An dem Ständer ist ein Schaltglied angebracht, das sich je nach Drehrichtung des Ständers auf unterschiedliche Gegenschaltstücke legt. Ein Gewichts- oder Federausgleich versucht den Ständer in der Ruhelage zu halten. Bei Bremsung und Annäherung an den Stillstand sinkt das vom Läufer auf den Ständer ausgeübte Drehmoment ab, je nach dem Verhalten der Feder löst sich der Kontakt bei Stillstand oder z. B. bei dem Schlupf 0,9 und schaltet den Motor ab.

Eine andere Lösung bietet z. B. der Bremswächter der AEG [STERNKOPF] (s. Abb. 116). Er enthält einen mit der Motorwelle gekuppelten Dauermagneten. Um diesen Magneten liegt ein besonders drehbar gelagerter Kurzschlußkäfig, der nach Motoranlauf ebenfalls in Rotation kommt. Der Käfig bewegt sich nur um einige Grade, um eine Kontaktstelle zu öffnen und eine andere zu schließen. Die Schaltstücke werden z. B. bei Hochlauf bei 200 Umdrehungen je Minute geschlossen und bei Drehzahlrückgang auf 100 Umdrehungen je Minute durch Federdruckverstellung wieder gelöst. Die Federdruckverstellung kann die Schaltung früher oder später bewirken, damit läßt sich der Einfluß der Schwungmassen berücksichtigen. Im übrigen hat das Gerät keine Wicklungen und Schleifringe. Eine andere Einrichtung ist von THIELE beschrieben. Auf einem auf dem Motorwellenende sitzenden Stromwender schleifen zwei Bürstensätze, ein fester und ein beweglicher. Der bewegliche wird beim Drehen des Motors durch Reibung bis zu einem Anschlag mitgenommen. In dieser Stellung ist der Haltekreis vom Bremsschütz über feste Bürsten — Steg — bewegliche Bürsten geschlossen. Ist der Motor abgebremst und schickt sich an in entgegengesetzter Richtung hochzulaufen, so wird der bewegliche Bürstensatz bis zu einem zweiten Anschlag mitgenommen und der Haltekreis des Bremsschützes unterbrochen. Der Rücklauf des Motors ist bei genügend großer Übersetzung an den Werkzeugen nicht bemerkbar. Die Frage, ob ein Schleppschalter oder ein Bremswächter am Platze ist, entscheidet sich also je nach dem Anwendungsfall. Bei Werkzeugmaschinen ist der Bremswächter vorherrschend, bei Zentrifugen wird man z. B. in erster Linie zum Schleppschalter greifen.

Abb. 116. Bremswächter (AEG)

Die Anbringung derartiger Brems- bzw. Drehzahlwächter macht in einigen Fällen Schwierigkeiten, z. B. wenn das hierfür notwendige Wellenende bereits durch einen angebauten Lüfter oder für die Kraftübertragung besetzt ist. Es wurden deshalb auch Geräte entwickelt, die mit der Antriebswelle nicht mechanisch gekuppelt sind, sondern die Überwachung *auf rein elektrischem Wege* vornehmen. Z. B. bei Schleifringläufern durch Überwachung der Läuferfrequenz, s. LEMNITZ und MÜLLER. Bei läufergespeisten Drehstrom-Nebenschlußmotoren wird dazu die Spannung zwischen zwei Stromwenderbürsten benutzt, die ihre Frequenz mit dem Schlupf ändert, s. POPOVIĆ.

Es dreht sich bei den Geräten aber oft nicht nur darum, die Drehzahl zu überwachen oder nach Abbremsen bei Stillstand abzuschalten, sondern häufig ist die *Gewährleistung* des *stetigen Materialflusses* in Förder- und Fertigungsanlagen wichtig. Der Einschaltzustand des Motors ist hierfür kein zuverlässiges Kennzeichen. Ein hierfür entwickelter Stillstandswächter, der zur Kupplung mit der Transporteinrichtung bestimmt ist, s. KIRCHNER.

3.7 Überwachungsglieder

Als Überwachungsglieder können zahlreiche Befehlsgeräte, die der Selbststeuerung dienen, benutzt werden, so können z. B. Geräte, die normalerweise eine Steuerung abhängig vom Druck in und außer Betrieb setzen, auch dazu verwandt werden, bei Überschreiten einer bestimmten Druckgrenze die Anlage abzuschalten. Als „Begrenzer" müssen sie dann zwar oft so ausgebildet sein, daß sie bei Wiederabsinken des Druckes nicht mehr ohne Eingriff zurückgehen. Das wird z. B. gefordert, wenn die Drucksteigerung außergewöhnlich war und man dafür sorgen will, daß zunächst die Ursache klargestellt wird. In gleicher Weise wirken Temperaturwächter in der Form des Begrenzers, ferner Geräte, die vom Wasserdurchfluß aus Kontakte steuern, Endlagenschalter ohne selbsttätigen Rückgang, und nicht zuletzt die vom Motorstrom beheizten „Motorschutzrelais", s. S. 139. Häufig ist die unverzögerte Auswirkung einer Stromsteigerung erwünscht. Hierzu dienen „Stromwächter" (s. S. 218 u. 359) und zur Überwachung der Netz- und vor allem der Steuerspannung „Spannungswächter" (s. S. 218 u. S. 340). Fliehkraftschalter schützen Motoren und andere umlaufende Maschinen gegen Überschreitung der zulässigen Drehzahl, die z. B. durch Unterbrechung des magnetischen Feldes bei entlasteten Gleichstrommotoren eintritt.

4. Steuerzwischengeräte

Zu den Steuerzwischen- oder Hilfsgliedern gehören die freien Hilfsschalter an den Schützen, s. S. 131, „Hilfsschütze", die nur für Steuerströme verwandt werden, s. S. 221. Ferner vor allem die „Schaltrelais" aller Art insbesondere „Zeitrelais", s. S. 213. Die „Spannungs"- und „Stromwächter" s. S. 218 u. 340. Die „Wahlschalter", s. S. 223. Aber auch die Anstoßschalter (Endschalter) s. S. 185. Ferner Verstärkerelemente, die hier im einzelnen nicht behandelt sind. Weiterhin als Besonderheit die „Schrittschaltwerke", s. S. 223, ein Mittelding zwischen Befehls- und Zwischengeräten und die Programmschalter, s. S. 202.

4.1 Schaltrelais

Unter einem „Relais" versteht man messende oder nicht messende Befehlsschalter, die durch Änderung physikalischer Größen (Wirkungsgrößen), betätigt werden und elektrisch weitere Einrichtungen über Hilfsstromkreise steuern. Bei den danach als „Meßrelais" bezeichneten Geräten unterscheidet man wieder solche mit hoher Genauigkeit und solche mit einer nur angenäherten Meßfunktion. Dabei wird die Meßgröße als Vorsatzwort hinzugesetzt, z. B. „Überstromrelais", „Spannungsrelais", „Zeitrelais" u. dgl. Bei den nicht messenden Relais spricht man von „Schaltrelais". Bei den ohne beabsichtigte Verzögerungen arbeitenden findet man das Vorsatzwort „Hilfs-" oder auch die Angabe der Betätigungsgröße, z. B. „Hilfsrelais", „Hilfsschütz", „Arbeitsstromrelais" u. dgl. Das einfache Schaltrelais ist funktionsmäßig mit dem Hilfsschütz oder Steuerschütz identisch. Ein wesentlicher Unterschied zwischen dem Schaltrelais nach VDE 0435 und dem Hilfsschütz nach VDE 0660, Teil 2 liegt im Schaltvermögen. Bei letzterem wird die Beherrschung des 10fachen Nennbetriebsstromes bei $\cos\varphi = 0{,}4$ und 50 Schaltungen gefordert.

Im übrigen gilt für Geräte, die zum Betrieb und Schutz von Starkstromanlagen dienen, VDE 0435. Ausgenommen sind dabei Relais, die eine bauliche Einheit oder unmittelbar Zubehör zu einem Schaltgerät nach VDE 0660 bzw. 0670 bilden (z. B. thermische und magnetische Überstromrelais, Spannungsrückgangsrelais an Schaltern u. dgl.). Die Arbeit enthält u. a. umfangreiche Begriffsbestimmungen, die über die für Schaltgeräte nach VDE 0660 hinausgehen und auch nicht in jedem Punkt ganz mit ihnen übereinstimmen.

Die Bezeichnung „Relais" ist ursprünglich eine französische aus der Zeit der Postkutsche. Eine „Relaisstation" war eine Posthaltestelle mit Pferdewechsel durch ausgesuchte „Relaispferde". Bei der Drahttelegraphie reichte in den Anfangszeiten der Batteriestrom nur für eine kurze Strecke. Eine neue Einrichtung übertrug den Impuls auf einen neuen Kreis. Sie wurde in Anlehnung an den Postkutschverkehr „Relais" genannt.

In der Technik ist die Bezeichnung durch zu umfangreiche Verwendung etwas abgenutzt worden. Zwischen dem Einzelelement, das diese Bezeichnung verdient, und einer ganzen Relaisstation, die man ebenfalls abgekürzt mit „Relais" bezeichnet, gibt es alle Zwischengrößen und eine Unzahl von Kombinationen, die mit diesem Ausdruck belegt werden.

Die angegebene Definition deckt sich weitgehend mit der für das Schütz. Der Begriff Relais beschränkt sich aber nicht auf Elemente, die nach Aufhören der physikalischen Kraft selbsttätig in ihre Ausgangslage zurückgehen. Es gibt auch Relais, deren durch die physikalische Kraft erreichte neue Kontaktlage durch eine „Sperre" festgehalten wird. Weiter solche, die hierfür einer besonderen Sperre nicht bedürfen, sondern bei denen es sich um Rastschalter handelt, die durch neue Stromstöße in eine andere Kontaktlage gebracht werden (Stromstoßrelais).

Wichtig ist außerdem, daß man von den Schaltrelais einen weiteren Spannungsfunktionsbereich verlangt als von den Schützen. Vor allem soll die untere Ansprechgrenze niedriger liegen. Man erwartet von dem Steuersystem absolute Funktionsbereitschaft, wenn die Ansprechgrenze der Hauptstromschützen erreicht ist. Die Relais sollen deshalb bei 80 v. H. der Spulenspannung funktionstüchtig sein, während das von den Motorschützen erst bei 85 v. H. verlangt wird.

Im Zusammenwirken von Schützen und Relais entstehen die Schützensteuerungen. Mit ihnen können die kompliziertesten Fernsteuerungs-, Schutz- und Sicherheitsanlagen aufgebaut werden. Beim Einbau der Relais in eine Schützensteuerung ist darauf zu achten, daß sie die *Isolations*gruppe C (VDE 0110), wie sie für Schütze gefordert wird, aufweisen, s. S. 114 Tab. 4. Früher verwandte man oft für die Fernmeldetechnik entwickelte Relais in industriellen Steuerungen, wobei man sie mit Starkstromkontakten versah, ohne am Isolationsgrad etwas zu ändern. Heute sind Geräte auf dem Markt, die bei Steuerungen für Arbeitsmaschinen und Industrieanlagen den gestellten Bedingungen entsprechen (Diehl und Jungbauer). Wichtig ist auch die *Prüfspannung*. Sie sollte bei Spannungen von 125 Volt und mehr 2500 Volt sein, damit die Prüfung der vollständigen Steuerung mit dem für Schütze gültigen Wert möglich ist. Weiterhin ist auf ausreichende Kontaktkräfte zu achten, vor allen Dingen, wenn beim Einbau in größere Steuerungen die Fehlschaltungssicherheit (s. S. 19, Abb. 5 u. S. 21) eine Rolle spielt.

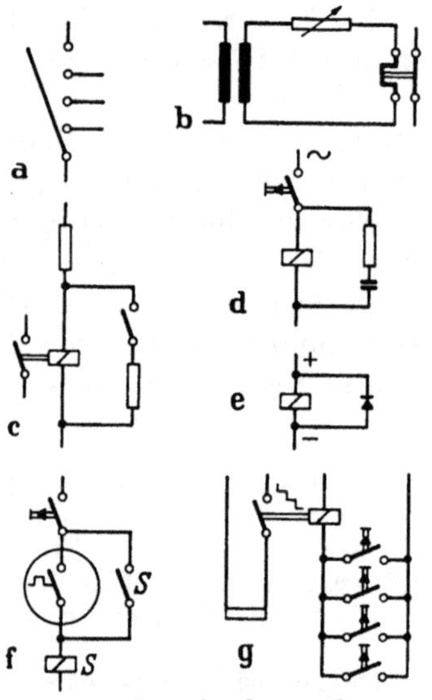

Abb. 117a bis g. Sonderanordnungen bei Schaltrelais
a) Mehrfachkontaktglied;
b) Thermisches Verzögerungsrelais transformatorisch beheizt;
c) Aberregung durch Parallelschluß;
d) Wechselstromrelais mit Kompensation der Phasenverschiebung;
e) Gleichstromrelais mit paralleler Ableitzelle zur Verminderung der Selbstinduktionsspitze;
f) Einschaltverzögerung mit edelgasgefülltem Schaltröhrchen – Bimetall und Glimmentladung;
g) Stromstoßrelais

Für Schaltrelais gilt weitgehend das auf S. 8ff. für Schütze hinsichtlich des Kontaktverhaltens, des Prellverhaltens sowie des Schaltvermögens und der Kraftsysteme gesagte. Die Kontaktglieder bieten die gleichen Möglichkeiten wie für Schütze auf S. 132 dargestellt. Sonderarten der Kontaktglieder sind u. a. „Mehrfachkontaktglieder" der Art, daß eine Zuführung gleichzeitig mit mehreren Abgängen in Verbindung kommt (s. Abb. 117a). Alle diese Funktionen können unverzögert und verzögert durchgeführt werden. Die Verzögerung kann dabei eine Eigenschaft einzelner Schaltglieder oder des ganzen Relais sein. Auch „Sprungkontaktglieder" s. S. 196

werden an Schaltrelais angebracht. Bei Geräten mit langsamer Schaltbewegung erzielt man mit ihnen eine exakte Kontaktgabe.

Für die Nachrichtentechnik sind in DIN 41020 für derartige Schaltglieder besondere Kennzahlen eingeführt, die gelegentlich auch für Industrierelais verwandt werden. So hat z. B. der Schließer die Kennzahl 1, der Öffner die Kennzahl 2, der Wechsler 21. Mit 11 bezeichnet man zwei nacheinander schließende und mit 22 zwei nacheinander öffnende Schaltglieder. Daraus werden Kombinationen zusammengestellt, z. B. 2212.

Die Zahl der Relaistypen ist bei allen Herstellern außerordentlich groß. Sie unterscheiden sich wesentlich nach der Bauart, z. B. nach der Art des Magnetsystems und weiterhin nach der der Kontaktglieder.

Für die Relais ist etwa folgende *Einteilung* möglich.

a) nach dem Zweck:

Kontaktvervielfacher,
Leistungsverstärker,
Umformer, die eine Energieform in eine andere für die Steuerung geeignete, meistens einen Strom umsetzen,
Energierichtungsrelais,
Melderelais u. dgl.

b) Nach der steuernden physikalischen Kraft:

elektrische
- elektro-magnetische,
- elektro-motorische,
- elektro-thermische,

pneumatische,
thermische,
druckkraftabhängige,
lageabhängige.

c) Nach der Ansprechgröße:

Strom (Unter-, Überstrom),
Spannung (Unter-, Überspannung),
Leistung,
Energierichtung (Rückstromrelais),
Frequenz,
Stromunterschiede (Differentialrelais, Fehlerstromrelais),
Spannungsunterschiede (Fehlerspannungsrelais),
Asymmetrierelais

Widerstandsrelais,
Erdschlußrelais,
für andere physikalische nicht-elektrische Größen:
- Druckrelais,
- Strömungsrelais,
- Entstehen von Gasblasen in Öl (Buchholzschutz),
- Windrelais,
- Temperaturrelais

d) Nach der Genauigkeit und der Zahl der Wirkungsgrenzen:

ohne jeden messenden Charakter — nicht messende Relais — „Schaltrelais",
Relais mit „angenäherter Meßfunktion" und geringerer Genauigkeit,
- 2 eingeeichte Punkte — „Wächter" — (Stromwächter, Spannungswächter), „Intervallrelais".
- 1 eingeeichter Punkt — „Begrenzer"

mit hoher Genauigkeit — „Meßrelais".

e) Nach der Art der Kontaktglieder:

mit Öffner — Öffnungsrelais,
mit Schließer — Schließrelais,
mit Wechsler — Wechselrelais,
mit Umschalter — Umschaltrelais,
mit Wischkontakten — Wisch(kontakt)-relais,
mit Einfachkontaktgliedern,
mit Mehrfachkontaktgliedern,
mit Sprungkontaktgliedern.

f) Nach dem Stoff der Kontaktelemente und ihrer Umgebung:

mit festen metallischen Schaltstücken in Luft — „Festmetallrelais“,
Quecksilberröhren — „Quecksilberrelais“, „Vakuumrelais“.

g) Nach der Lage zur Hauptstrombahn:

Primärrelais (Hauptstromrelais),
Sekundärrelais (über Wandler gespeist).

h) Nach der Magnetbauart (s. auch Abb. 43, S. 72):

Hubankerrelais,
Gleitankerrelais,
Tauchankerrelais,
Drehankerrelais,
Klappankerrelais,
Kernankerrelais,
Schneidankerrelais,
Zugankerrelais.

i) Nach dem Ausmaß der Verzögerung:

unverzögerte Relais
mit selbsttätigem Rückgang,
ohne selbsttätigen Rückgang
Stromstoßrelais,
Kipprelais,
Fortschaltrelais,
Schrittschaltwerke in einer bzw. zwei Richtungen weiterschaltend,
verzögerte Relais = Zeitrelais
Verzögerung beim Einschalten,
Verzögerung beim Ausschalten,
Verzögerung beim Ein- und Ausschalten,
Verzögerungsmittel:
mechanische,
elektrothermische,
elektromotorische (Synchronmotor-Ferrarismotor),
magnetische,
Quecksilberröhren,
Kondensatoren,
Zündröhren,
magnetische Zeitkonstante.

k) Elektronische Relais:
elektronische Vorstufe zu magnetischen Relais.

l) Periodische Kontaktgeber:
Kontaktwalzen und Nockenschalter mit Motorantrieb,
mit RC-Glied,
Pendelimpulsgeber.

m) Nach dem Ausmaß der Steuerenergie:
„Feinrelais“ z. B. mit einer Ansprechleistung von 20 mW.

n) Nach der Schaltung:
z. B. „Intervallrelais“.

o) Nach der Art des Leitungsanschlusses:
mit Schraubenanschlüssen,
mit Lötanschlüssen (Lötösen),
mit Steckergehäuse — (Steckerrelais).

Die einfachsten Schaltrelais, die im wesentlichen als Leistungs- oder Kontaktvervielfacher wirken, unterscheiden sich im Grundprinzip von einem Schütz nicht. Das meist magnetisch betätigte Kraftsystem wirkt auf eine mehr oder weniger große Anzahl von Schaltgliedern der verschiedensten Funktion. Sie werden auch als sogenannte „Haft- oder Remanenzrelais“ gebaut gleicherweise wie die Remanenzschütze s. S. 108. Die Geräte werden oft hermetisch gekapselt mit Schutzgasfüllungen, wodurch der Einfluß einer schädlichen Atmosphäre ausgeschlossen wird, oder ihre Schaltstücke liegen in solcher Atmosphäre, s. z. B.

„Schutzrohrkontakte“ S. 220. Die mechanische Lebensdauer (s. S. 233) erreicht zum Teil sehr hohe Werte, z. B. 20×10^6 und mehr Schaltungen.

Unverzögerte Relais. Sie werden u. U. auch mit 2 verschiedenen *Spulen* aufgebaut, eine zum Anzug und eine zum Halten. Beim Wiederunterbrechen des Anzugskreises wird das Relais von der Haltespule gehalten. Erst die Unterbrechung von deren Stromkreis durch einen 2. Befehlsschalter führt zur Abschaltung bzw. umgekehrt, s. Abb. 184f, S. 336. Relais ohne *selbsttätigen Rückgang* behalten die Kontaktlage bei, wenn die physikalische Kraft, also z. B. der Betätigungsstrom, verschwindet. Das gilt z. B. für die „Stromstoßrelais“, s. Abb. 117g. Hierzu gehören auch die Fortschalt- oder Schrittschaltrelais. Das sind Schaltrelais mit mehreren Stellungen, die ihre Stellung durch gleichartige Impulse wechseln und dann in der erreichten Stellung verbleiben (s. VDE 0435 § 4.1). Sie können z. B. aufgebaut sein, indem der Magnet auf ein Klinkrad einwirkt, das seinerseits einen Rastschalter weiterbewegt, wobei die Weiterbewegung je nach Konstruktion bei Beginn und Ende des Stromstoßes erfolgen kann. Das Stromstoßrelais hat nur 2 Kontaktlagen. Im Gegensatz dazu hat das Schrittschaltwerk eine größere Anzahl. „Kipprelais oder Sperrelais“ werden durch 2 Spulen betätigt. Hier bleibt die Kontaktlage solange aufrechterhalten, bis durch die andere Spule das Gegenkommando gegeben wird. Die Teilrelais sind gegenseitig mechanisch verriegelt. Das Gerät hat oft auch nur an einem Magnetsystem Kontaktglieder, so daß das andere lediglich zur Rückführung dient. Diese Geräte sind meist nur für Impuls-, nicht für Dauererregung gebaut. Es gibt aber Sonderausführungen, die den Steuerstrom selbsttätig abschalten.

Verzögerte Relais — Zeitrelais. Sie dienen der verzögerten Weitergabe der Schaltimpulse entweder im Interesse sicherer Kontaktlagen, indem z. B. ein neuer Befehl erst erteilt wird, wenn der zuerst eingeleitete Schaltzustand mit Sicherheit durchgeführt ist, zum kurzen Verweilen beförderter Gegenstände an einem bestimmten Platz, zum Einhalten von Bearbeitungszeiten, stufenweisem Fortschreiten von Anlaßvorgängen, verzögerter Einleitung der Gleichstrombremsung von Drehstrommotoren und Verhütung von deren Gleichstromdauerbelastung, Vermeidung von Abschaltungen bei kurzzeitiger Spannungsabsenkung u. dgl. Die Mittel für die Verzögerung sind der unterschiedlichsten Art. Sie können rein mechanischer, aber auch elektrischer Natur sein. Das Prinzip ist verschieden, je nachdem, ob es sich darum handelt, in verhältnismäßig wenigen msec eine Folgeschaltung zu verhindern oder auf viele Sekunden hin einen Anlaßvorgang zu steuern. Das *Ausmaß der Zeitverzögerung* hängt naturgemäß vom Verwendungszweck ab. Derartige Relais werden aufgebaut mit Verzögerung bei Erregung oder mit grundsätzlicher Verzögerung in beiden Fällen.

Als *mechanische Mittel* kommen Dämpfungskolben, z. B. pneumatische, zur Anwendung. Sie werden magnetisch gesteuert. Filter sorgen u. U. für Betriebsfähigkeit in staubiger Atmosphäre. Weiter kommen Pendelhemmwerke und Uhrwerke in Betracht, wobei der Magnetanker eine Feder spannt und unter Einwirkung der Federkraft ein Laufwerk abläuft, das seinerseits ein Kontaktglied betätigt. Mechanische Verzögerungsrelais genügen aber im allgemeinen nicht mehr im gleichen Maße wie rein *elektrische*, sowohl thermische wie motorische den heute auftretenden hohen Schalthäufigkeiten. Im letzteren Fall werden außer kleinen Synchronmotoren vor allen Dingen auch Ferrarismotoren verwandt. Mit dem *Synchronmotorantrieb* sind Ablaufzeiten bis zu praktisch unbegrenzter Dauer erzielbar, während mit den meisten thermischen Relais nur beschränkte Zeiten erreicht werden können. Der Vorlauf erfolgt motorisch, meist wird dabei eine Feder gespannt, die nach Abschalten den Rücklauf bewirkt. Hinzu kommt als weiteres Mittel zur Verzögerung die Ladeenergie und die Beeinflussung des Kraftflußanstieges bzw. Rückganges.

Bei den *thermischen Verzögerungselementen* findet man alle die Arten, die auch bei Motorschutzrelais, s. S. 139, angewandt werden, insbesondere kommen Bimetalle und Dehnungselemente in Betracht. Der Aufbau ist häufig einfacher, wenn eine geringere Spannung als die Netzspannung zur Verfügung steht. So z. B. kann man gelegentlich derartig thermische Werke über eine Sekundärwicklung auf der wechselstromerregten Schützenspule betreiben, so daß der Magnet des Netzschützes die Energie für das Fortschaltelement der Stufenschütze liefert. Zur Zeiteinstellung wird entweder der Schaltweg verstellt oder die Stromstärke durch vorgeschaltete Widerstände. Die Rückstellzeit ist bei thermischen Verzögerungen meist beträchtlich, z. B. 30 bis 60 sec.

Die *Wirbelstrom-(Ferraris-)laufwerke* (Induktionsrelais) bestehen aus einer flachen Scheibe aus leitendem Material. Sie ist um eine konzentrische Achse drehbar und durchläuft mindestens 2 Magnetfelder, die eine nennenswerte Phasenverschiebung aufweisen müssen (s. Abb. 118). Die Wirkung ist die eines Induktionsmotors mit sehr großem Schlupf. Das phasenverschobene Feld wird meist durch einen Kurzschlußring (s. auch S. 81, Abb. 49 usw.) erzeugt, seltener mit zwei verschiedenen Magneten.

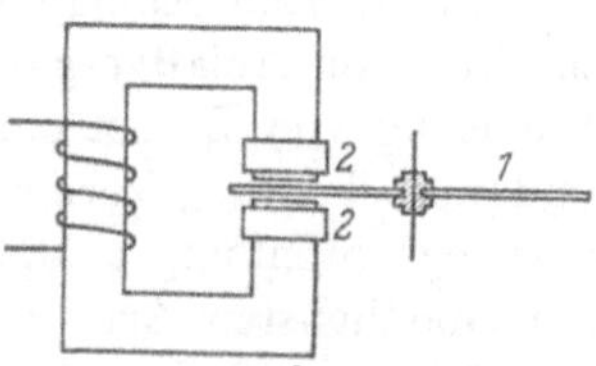

Abb. 118. Ferraris-Motor, grundsätzliche Anordnung
1 Scheibe; *2* Kurzschlußring

Diese Wirbelstromwerke erlauben den Aufbau verhältnismäßig einfacher und zuverlässiger Zeitwerke.

Motorgesteuerte Zeitrelais verbleiben nach Ablauf der eingestellten Zeit in der Schaltstellung und gehen erst zurück, wenn die Motorspannung verschwindet. Sie brauchen eine gewisse Rückstellzeit für das Kontaktglied, z. B. 0,2'', und eine Rücklaufzeit für den Motor, z. B. die Hälfte der Vorlaufzeit. Sie werden aber auch mit Abfallverzögerung und mit unabhängigen Verzögerungszeiten für Anzug und Abfall sowie mit Wischkontakten gebaut. Die Geräte sind oft in weitem Umfang verstellbar, z. B. stufenlos 1:60 mit gleichzeitig oder nacheinander schaltenden Kontaktgliedern.

Weniger häufig angewandte Zeitelemente sind die *magnetischen Zeitwächter*. Auch sie führen z. B. die fortschreitende Zuschaltung der Widerstandsschütze zeitabhängig durch. Die Wächter sind so aufgebaut, daß eine Magnetspule mit großer Selbstinduktion bei ihrer Erregung einen Anker anzieht, der dabei einen Hilfsschalter betätigt. Wird die erregte Wächterspule z. B. durch ein Widerstandsschütz kurzgeschlossen, so klingt der magnetische Fluß infolge der Selbstinduktion erst allmählich ab. Der Anker des magnetischen Zeitwächters fällt erst nach einer bestimmten Zeit zurück und betätigt einen Hilfsschalter im Spulenkreis des nächsten Widerstandsschützes. Statt des Wicklungskurzschlusses kann der Wicklung auch eine zweite massive zugeordnet werden, wie z. B. in Abb. 119b dargestellt, oder eine offene, die über einen Widerstand geschlossen wird. In der Abbildung ist bei a der Kurzschluß der Relaisspule durch einen in der Steuerung liegenden Schalter *1* dargestellt. Das in der Spule vorhandene Magnetfeld verschwindet langsam und verursacht in den Spulenwindungen eine EMK. Der infolgedessen in der Spule fließende Strom hält den Relaisanker fest, bis die Feder *2* die Haltekraft überwindet. Bei der Anordnung b setzt die verzögerte Abschaltung nach Öffnen des Hilfsschalters *1* ein. Auf dem Magneten befindet sich ein geschlossener Zylinder *3*, der in der gleichen Weise wie die kurzgeschlossene Wicklung bei Anordnung a das Magnetfeld einige Zeit aufrechterhält. Eine Veränderung der Zeiten ist in verschiedener Weise möglich, einmal durch Verstellen der Federkräfte *2*, weiterhin durch Änderung des Luftspaltes, also in der Praxis veränderte Stärke der Trennbleche und endlich durch Einfügen von Widerständen in den Kurzschluß-

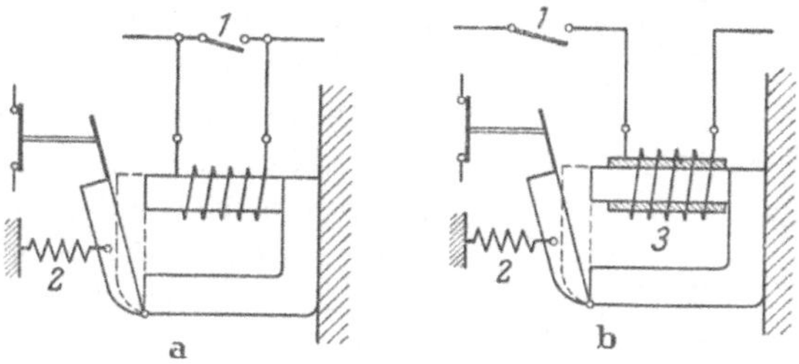

Abb. 119a u. b. Elektromagnetische Zeitrelaisanordnung

kreis. Diese Zeitwächter sind in ihrer Anwendung auf Gleichstromanlagen beschränkt. Bei Wechselstrom sind Gleichrichter erforderlich. Die Geräte haben den Vorzug großer Lebensdauer (10^7 Schaltungen) und eignen sich deshalb für große Schalthäufigkeiten. Die Verzögerungszeiten gehen bis etwa 2 sec und lassen sich noch weiter steigern, z. B. indem man der Magnetspule Kondensatoren parallel schaltet [s. ANONYM (3)].

Weiterhin werden Zeitfunktionen durch *Quecksilberschaltröhren* erzielt, bei denen das Quecksilber eine enge Stelle passieren muß, ehe der Kontakt zustande kommt bzw. sich löst. Man kann den Schaltwinkel der Röhre oft in bescheidenem Maße verändern und damit auch etwas die Schaltzeit. Die Röhren lassen sich im übrigen für sehr kleine (z. B. 0,5 sec) und sehr große (z. B. 300 sec) Verzögerung bauen. Sie sind lage- und erschütterungsempfindlich, sowie für viele Fälle außerdem zu ungenau. Für höhere Ansprüche verwendet man *Kondensatorrelais*. Relais mit RC-Glied für verzögerte Ein- und Ausschaltung (s. Abb. 120), setzen den Einsatz zuverlässiger Kondensatoren voraus. Die Wirkungsweise beruht darauf, daß während des Einschaltvorganges Energie in einem Kondensator aufgespeichert wird, die sich nach Abschaltung über die Relaisspule entlädt, so daß deren Anker noch einige Zeit festgehalten wird. Die Verzögerungszeit ist bei allen Anordnungen selbstverständlich spannungsabhängig.

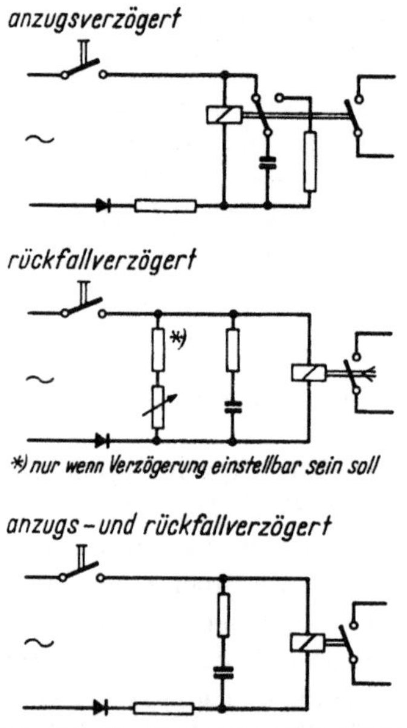

Abb. 120. Verzögerungsrelais mit RC-Gliedern

In Verbindung mit Kondensatoren verwendet man auch *Zündröhren* (vorwiegend Kaltkathodenröhren), sowie neuerdings in erster Linie *Transistoren*, dann spricht man von einem „Transistor-Vorschaltgerät“. Die Gesamtkombination besteht dabei aus einem Schaltrelais mit Starkstromkontakten, das über das Vorschaltgerät, abhängig von der Zeitkonstante eines einstellbaren hochohmigen RC-Gliedes, verzögert gesteuert wird. Diese Kombinationen erlauben lange Laufzeiten, stufenlos einstellbare Zeitbereiche, beginnend bei Bruchteilen einer Sekunde und Endwerten von einigen hundert Sekunden, dabei kleine Rücklaufzeiten bis herab zu Millisekunden. Die Genauigkeit bei rasch aufeinanderfolgenden Abläufen ist hoch, dsgl. die Gerätelebensdauer. Die Anordnung wird auch derart weiter entwickelt, daß nach Ablauf der eingestellten Zeit, in der sich der Kondensator über den Widerstand aufgeladen hat, ein Transistor einen Thyristor zündet. Dieser schaltet seinerseits das Relais. Elektronische Vorstufen s. auch S. 218.

Bei Gleichstromrelais zieht man zur Zeitverzögerung bei kleinen Zeiten häufig die *Zeitkonstante*, mit der der Strom ansteigt, heran. Sie läßt sich durch Vorschaltwiderstände in gewissem Maße beeinflussen. In vielen Fällen genügt sogar die Beachtung der *Schützen- und Relais-Eigenzeiten*, z. B. beim Kurzschluß des Vorschaltwiderstandes von Leistungskondensatoren, s. Abb. 66, S. 128.

Auf einige Relais sei noch besonders hingewiesen.

Quecksilberrelais. Quecksilberrelais besitzen Kipp- oder Vertikalröhren. Bei letzteren wird das Quecksilber durch eingebaute, von außen magnetisch gesteuerte Organe verdrängt. Es ist darauf zu achten, daß der Magnetschlag eine sichere Kontaktgebung nicht beeinflußt. Insbesondere Kippröhren haben eine oft nicht zu vernachlässigende Prelldauer.

Stromrelais. Bei magnetischen Relais, deren Kraftsysteme vom Strom beeinflußt werden (Stromrelais, Überstromrelais), kann man meistens mittels einer Einstellvorrichtung den Ansprechwert in gewissen Grenzen durch Änderung der Federspannung, durch Gewichts- bzw. Wegverstellung oder auch bei konstantem Spalt zwischen Anker und Magnet durch Änderung des magnetischen Kraftflusses z. B. Verschieben des Kernes im Zentrum der Spule einstellen. Zu den Stromrelais gehören auch die „Motorschutz- oder Überlastungsrelais", s. S. 139. Stromrichtungsabhängige Relais werden heute im wesentlichen durch Vorschalten von Einwegsperrzellen zu Gleichstromrelais erzielt.

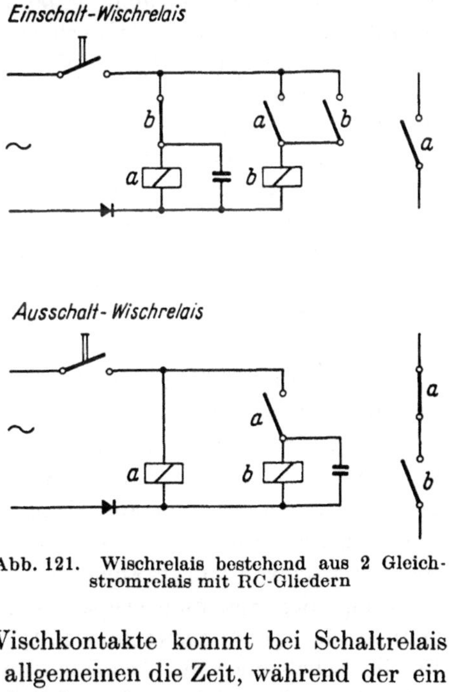

Abb. 121. Wischrelais bestehend aus 2 Gleichstromrelais mit RC-Gliedern

Wischrelais. Die Verwendung eines Öffners und eines Schließers mit zeitweiser Überdeckung der Kontaktgabe für Wischkontakte kommt bei Schaltrelais praktisch nicht vor. Es reicht im allgemeinen die Zeit, während der ein Kontaktglied an einem festen Schaltstück vorbeistreift, nicht. Die

Wischzeiten werden verlängert, z. B. indem der Magnetanker eine Schwungmasse anstößt, die auf ihrem Weg eine Zeitlang einen Kontakt herstellt oder öffnet. Weiterhin werden Quecksilberröhren angewandt, bei denen das Quecksilber in seinem Lauf vorübergehend einen Stromkreis schließt, sowie Kombinationen von Gleichstromrelais mit Kondensatoren s. Abb. 121, die so gebaut sind, daß sie entweder nur bei Erregung oder nur bei Entregung oder auch immer wirksam sind.

Wächter. Bei den „Wächtern" (Stromwächter, Spannungswächter u. dgl.) ist das Halteverhältnis groß, also liegen die Ansprech- und Abfallspannungen und -ströme sehr eng beieinander. Hierbei werden die Magnete weitgehend als Solenoide durchgebildet, so daß ein Eisenschluß nicht zustande kommt, weil die hiermit verbundene starke Kräfteerhöhung das Halteverhältnis herabsetzen würde.

Intervallrelais. Sie sind für kontaktgebende Meßinstrumente mit Minimal- und Maximalkontakten als Wächter bestimmt. Die Einschaltung erfolgt durch Überbrückung des Spulenvorschaltwiderstandes, die Ausschaltung durch Überbrückung der Spule unter Zwischenschaltung eines Widerstandes, s. S. 336, Abb. 184k.

Elektronische Relais. Schaltrelais, z. B. Zeit-, Unsymmetrierelais u. dgl. werden in zunehmendem Maße mit elektronischen Bausteinen aufgebaut, d. h. das Schaltrelais erhält eine *elektronische Vorstufe*, die die Geräte geeignet macht, mit empfindlichen Steuerkontakten in eine größere Steuerung eingehen zu können. Wesentlich dabei ist also der niedrige Wert der Anregeleistung, die gefordert wird. Sie eignen sich deshalb für empfindliche Meßwertgeber, z. B. Photozellen, Kontaktinstrumente u. dgl. Weitere Vorteile liegen in kleinen Abmessungen, weiten Einstellbereichen und hoher Gerätelebensdauer. Das beeinflußte magnetische Relais wird als „Folgerelais" bezeichnet.

Für die Vorstufen werden u. a. Kaltkathodenröhren verwandt, die keine Heizung und also auch keine Anheizzeit verlangen. Dafür ist ihre Anodenleistung klein und setzt ihrer Anwendung Grenzen. Sie werden durch eine Hilfsanode gezündet, Glühkathodenröhren durch die Gitterspannung. Hinzu treten noch die Kondensatoren und Widerstände einschließlich Transformator. Sie werden mit sofortschaltender Vorstufe, mit Impulsauslösung und mit periodischer, stufenlos einstellbarer Impulsgabe aufgebaut. Vor allen Dingen können die Vorstufen aber auch zeitabhängig wirken. Dabei sind die Geräte naturgemäß von den Netzspannungsschwankungen abhängig. Als Doppelrelais gestatten sie die Fixierung der Spannungswerte nach Art eines Zweipunktreglers und können als Spannungswächter mit engen Grenzen eingesetzt werden. Es gibt Schaltungen für Ansprech- und Rückfallverzögerung (s. S. 216), Tipp- und Intervallbetrieb, sowie Impulsüberwachungen.

An die Stelle der Röhren sind in steigendem Maße *Transistoren* getreten. Die Transistorvorstufe ist trotz hoher elektrischer Empfindlichkeit unempfindlich gegen Erschütterungen und hohe Schalthäufigkeiten. Der Temperatureinfluß wird, wenn notwendig, durch Kompensationsschaltungen praktisch ausgeglichen. Die Anregeleistung liegt bei Werten unter 100 μW und Spannungen unter 1 Volt. Niedrige Gleichspannungen werden unmittelbar eingeführt. Bei höheren geschieht das über Spannungsteiler. Bei Wechselspannungen ist ein Netzgerät notwendig. Es werden Gerätelebensdauern über $20 \cdot 10^6$ erzielt, Erschütterungsfestigkeit bis 10 g. Die Einbaulage des elektronischen Teiles ist immer beliebig. Insbesondere durch den Einsatz der Transistoren in Zeitelementen zum Lösen der vielfältigsten Aufgaben wurde die Veränderung von Zeitfunktion, Zeitbereich, Wirksamkeit bei Anzug und Abfall u. dgl. durch Steckkarten-Systeme ermöglicht.

Periodische Kontaktgeber. Die Geräte werden mit einem RC-Glied oder auch als „Pendelimpulsgeber“ gebaut. Im letzteren Falle enthält das Gerät ein gut gelagertes Pendel, das beispielsweise Quecksilberschaltröhren steuert. Die Geräte beginnen z. B. zu schwingen, sobald der Elektromagnet an Spannung gelegt wird. Durch die Pendeldrehung wird die Stromzuführung im Steuerkreis unterbrochen und damit der Elektromagnet entregt. Das Pendel schlägt nun nach der entgegengesetzten Seite aus, schließt nach dem Nulldurchgang den Steuerkreis wieder, und zwar solange, bis der gleiche Ausschlag wie auf der Gegenseite erreicht ist. Die Ausschaltung erfolgt durch Wegnahme der Spannung am Steuerkreis. Die Hauptrolle als periodische Kontaktgeber spielen aber wohl die Motorschaltwerke mit kontinuierlicher Bewegung.

Sekundärrelais. Bei Sekundärrelais ist auf die etwaige Wandlersättigung zu achten. Sie ist bei Meßrelais im allgemeinen nicht erwünscht, aber an bestimmten Stellen, z. B. bei Motorschutzrelais, zur Steigerung der Abschaltzeiten und der Kurzschlußfestigkeit bei hohen Überlastungen von Vorteil.

Temperaturrelais. Temperaturabhängige Schaltrelais arbeiten mit Stabausdehnung, Bimetallstreifen und Dampfdruckdosen. Sie werden sowohl als „Wächter“ wie als „Begrenzer“ ausgeführt, s. auch S. 97 thermisch gesteuerte Schütze.

Haftrelais. Haftrelais haben eine Doppelwicklung. Die Erregung erfolgt mit Gleichstrom. Die Klebeneigung wird durch Weglassen der sonst üblichen Klebstifte u. dgl. erhöht. Die Erregung hält infolge der Remanenz praktisch unbegrenzte Zeit. Soll das Relais wieder in seine Ausgangslage zurückgehen, so muß auf die Spule eine Gegenerregung gegeben werden s. Diehl und Jungbauer.

Pneumatische Relais. Sie werden im wesentlichen aufgebaut wie die Druckwächter, s. S. 204.

Steckerrelais. Hinsichtlich ihres mechanischen Aufbaues werden die Geräte, wie auch die Kleinschütze, für festen Anschluß ausgeführt, aber in immer steigendem Umfang auch als *Steckerrelais* und im Interesse einer sicheren, von Verstaubung unabhängigen Kontaktgebung weitgehend mit einer besonderen durchsichtigen Isolierstoffkappe ausgerüstet.

Meßrelais. Meßrelais gehören an sich nicht zu den Schaltrelais. Sie treten in Tätigkeit, wenn der Wert einer physikalischen Größe unter- bzw. überschritten wird. Sie werden für die verschiedensten Ansprechgrößen (s. die Übersicht S. 211) gebaut. Die Relais mit Energierichtungswirkung werden bei Wechselstrom mit einem Strom- und einem Spannungswerk ausgerüstet. Bei Gleichstrom verwendet man stromrichtungsabhängige Relais.

Fehlphasenrelais (s. S. 341, Fehlphasenschutz, Abb. 191). Sie werden vielfach bei Wechselstromsteuerung mit Gleichrichtung sowie Parallelkapazitäten zu den Spulen ausgerüstet und erhalten oft ein zusätzliches Relais als Zwischenglied zwischen den eigentlichen Phasenüberwachern und dem Steuerkreis. Die Schaltglieder sind Wechsler zur Abschaltung und Signalgebung.

Relais mit Schutzrohrkontakten. Die Lebensdauer der üblichen Schaltrelais, deren Elektromagnete über mechanische Zwischenglieder auf die Schaltstücke arbeiten, hängt nicht nur vom Schaltstückabbrand, sondern auch von der Abnutzung der zwischengeschalteten mech. Glieder ab. Ohne solche Glieder arbeiten Relais mit Schutzrohrkontakten. In der üblichen Form besteht der Kontaktapparat aus einem Glasrohr mit zwei in Schutzgasfüllung hermetisch eingeschmolzenen magnetischen Zungen. Wird dieses Rohr in ein magnetisches Feld gebracht, so ziehen die Zungen einander an und geben Kontakt. Die Lebensdauer ist also nur noch durch Art und Größe der geschalteten Last bestimmt. Darüber hinaus bietet der hermetische Abschluß noch Vorteile. Auch beim Schalten sehr kleiner Lasten (Transistor-Schaltkreise) ist stets noch eine einwandfreie Kontaktgabe unabhängig von der umgebenden Atmosphäre gewährleistet. Die Relais stellen also ein Bindeglied zwischen Elektronik und Starkstromelementen dar. Die kleinen bewegten Massen erlauben sehr kurze Schaltzeiten. Der Gesamtaufbau kann so vor sich gehen, daß das Schutzrohr in eine Magnetspule gesteckt wird, so daß sich bei entsprechendem Magnetfluß die beiden eingeschmolzenen Zungen berühren oder aber man legt einen permanenten Magneten hinzu, der im unerregten Zustand die Kontaktstelle geschlossen hält, die bei entsprechender Gegenerregung geöffnet wird. Über die Zuverlässigkeit dieser Schutzrohrkontakte berichtet RENSCH, weiterhin über den Aufbau RAB u. WOLAK. In einer weiteren Abwandlung bleiben die Schaltstücke ohne Haltestrom geschlossen oder geöffnet, dabei sind die Kontaktzungen mit remanenten Weicheisenkernen kombiniert. Diese werden durch kräftige Stromimpulse von kurzer Dauer (s. B. 10 A und 250 μsec) in den Zustand der positiven oder negativen Remanenz überführt und halten den Schaltzustand aufrecht, s. FEINER. Bei diesen in Glasröhren hermetisch eingeschlossenen Kontaktstellen spricht man im englischen Sprachgebrauch vom Reed-Kontakt.

Bei Relais mit Schutzgasfüllung ist das ganze Relaissystem hermetisch gekapselt und vollkommen gegen Einflüsse der umgebenden Atmosphäre geschützt.

Asymmetrie-Relais. Sie sprechen auf unsymmetrisch verlaufende Spannungsänderungen an, die sich durch ungleiche Netzbelastung oder Ausfall eines Außenleiters ergeben. Ein Netz, das bezüglich der Außenleiter symmetrisch ist, braucht es nicht mit Bezug auf den Mittelpunktsleiter zu sein. Die Asymmetrie-Relais erfassen immer nur die Differenz zweier Spannungen, reagieren also nicht auf symmetrisch verlaufende Spannungssenkungen oder Erhöhungen im Netz. Sie bestehen aus den Netzteilen für die drei zu überwachenden Spannungen, den Elementen zum Spannungsvergleich und einem Schaltrelais zur Weitergabe des Befehls [s. auch FRANKEN (46), S. 278].

Ganz allgemein wird im Interesse der Schaltstücke der Befehlsgeräte häufig bei Wechselstromrelais auf *Phasenkompensation* Wert gelegt, damit die Abschaltbedingungen denen eines rein Ohmschen Kreises entsprechen, s. Abb. 117d. Bei Gleichstromsteuerungen legt man gelegentlich bei kleinen Relais zur Verminderung der Selbstinduktionsspannungsspitzen, s. Abb. 117e, eine *Ableitzelle* parallel zur Spule.

4.2 Hilfsschütze — Steuerschütze

Die „Hilfs-“ oder „Steuerschütze“ unterscheiden sich im Grundsätzlichen nicht von den Hauptstromschützen. Sie sind in ihrem Grundaufbau weitgehend mit den Schützenmodellen für kleine Motorleistungen identisch. Deshalb weisen die Geräte das erforderliche Schaltvermögen auf. Außerdem erfüllen sie von vornherein die Anforderungen an Industriegeräte, Robustheit, Isolation u. dgl. Sie treten dann an die Stelle von Schaltrelais. Besondere Hilfsschalter sind natürlich nicht vorhanden, da das ganze Gerät praktisch nur für Hilfsströme gebaut ist. Die Zahl der Schaltglieder kann verhältnismäßig hoch sein. Sie sind oft in mehreren

Ebenen angebracht. Aus Öffnern lassen sich gelegentlich durch Umstekken Schließer herstellen und umgekehrt. Neben die Umstellung der Funktion tritt auch noch die des Schaltweges für normale bzw. verlängerte Kontaktgabe. Eine Kombination von Schließern und Öffnern mit verlängerter Kontaktgabe erlaubt auch Wischerfunktionen. Die unterschiedliche Bestückung mit Öffnern und Schließern macht beim Aufbau der Geräte gewisse Schwierigkeiten, denn bei gegebenem Schaltmagneten liegen auch die Kräfte fest. Es muß deshalb dafür gesorgt werden, daß die unterschiedlichen Kontaktkräfte nicht zu sehr in Erscheinung treten. Das geschieht beispielsweise durch die Anwendung von Rückstellfedern und Anpassung der Kontaktkräfte an das Ausmaß der noch zur Verfügung stehenden Magnetkräfte. Hilfsschütze sind so auch nicht etwa grundsätzlich billiger als Motorschütze gleicher Größe. Wie bei den Schaltrelais baut man auch Geräte für Steckanschluß, die sich als Ganzes schnell auswechseln lassen, sowie solche mit durchsichtigen Abdeckhauben. Die für die Erhaltung der Kontaktsicherheit (s. S. 17), angegebenen Grundsätze müssen unbedingt beachtet werden. Die Geräte gehören meistens der Geräteklasse E (s. S. 237) an, haben also eine mechanische Lebensdauer von mindestens 10^7 Schaltungen. Man rechnet im allgemeinen bei Wechselspannung mit mindestens 3000 und bei Gleichspannung mit 1500 Schaltungen/h, wenn jedoch Sparschaltung (s. S. 77) vorhanden ist, nur mit etwa 120/h. Bei diesen Hilfsschützen wird häufig Wert auf eine gewisse Anzeigevorrichtung gelegt, die sich im wesentlichen allerdings darauf beschränken muß, die Magnetlage festzustellen.

Dazu dient dann zum Beispiel ein Isolierstoffstift, der u. U. auch zur Durchprüfung des Steuerkreises benutzt wird. Die Betätigungsspannung soll nach VDE 0660, Teil 2 bei 80 v. H. liegen, jedoch können Hilfsschütze für die Betätigung von Kraftantrieben oder Schützen im Bedarfsfall an deren Spannungsgrenzen angepaßt werden, z. B. sind in gewissem Umfang solche mit abweichendem Halteverhältnis, d. h. im Verhältnis Rückfallspannung zu Anzugspannung notwendig. Es liegt normalerweise bei etwa 0,25—0,75 und kann z. B. nach SCHERER und WALTHER, bei gleichstromerregten Geräten durch Anwendung eines Tauchankers (s. S. 75) und Veränderung der Rückstellfederkraft auf 0,1—0,6 eingestellt werden. Bei Wechselstrom muß einem solchen Gerät ein Gleichrichter vorgeschaltet werden. Es werden auch wie bei Hauptstromgeräten (s. S. 130) Hilfsschütze mit Verklinkung gebaut. Aus dem Wunsch, Montage, Verdrahtung, Kontaktbestückung und den Betrieb von Steuerungen mit unbeschränkter Freizügigkeit einrichten zu können, entstanden die *steckbaren Hilfsschütze*. Bei Bedarf kann ein solches Gerät als Sicherheitsstecker verwandt werden, weil nach dem Abziehen alle Schützenstromkreise mit Sicherheit unterbrochen sind.

4.3 Wahlschalter

Wahlschalter sind Rastschalter zur Vorbereitung eines Steuerstromkreises in unterschiedlicher Verknüpfung. Hierfür werden die gleichen Elemente wie bei den Meisterschaltern (s. S. 200) verwandt. Ferner gehören hierzu die „Wahlschaltervorsätze" nach Abb. 91e. Insbesondere die Nockenschalter können durch praktisch beliebige Wahl der Anzahl der Baueinheiten, Strombahnen, Nockenscheiben und Rastenräder weitgehend variiert werden. Die verschiedensten Zusatzeinrichtungen sind auf dem Markt, wie z. B. unterschiedliche Bedienungselemente sowie Sperreinrichtungen. Letztere, im wesentlichen als Sicherheitseinrichtungen gegen unbefugtes Betätigen der Bedienungselemente entwickelt, sind „Schloß-" oder „Griffsperren". Bei Vorhängeschlössern kann meist nur eine Stellung gesperrt werden. „Zylinderschloßsperren" gestatten jedoch die Sperrung praktisch in jeder Schaltstellung. Hinzu kommt noch die „Drucktastersperre" für alle Fälle, in denen das Abschließen des Schalters nicht unbedingt erforderlich ist, jedoch der Bedienende vor Betätigung nochmals zu kurzem Nachdenken gezwungen werden soll. Bei dieser Ausführung kann erst nach Niederdrücken einer Taste der Schalter betätigt werden.

4.4 Schrittschaltwerke und Kopierschalter

Weitere im Steuersystem erforderliche Hilfsgeräte, die man auch noch zu den Befehlsschaltern rechnen kann, sind die „Schrittschaltwerke" und „Kopier(werk)schalter".

Die *Schrittschaltwerke* bedürfen zum Unterschied von den Programmschaltern (s. S. 202), die meist zeitabhängig sind, zur Weiterbewegung eines besonderen Stromstoßes entweder auf einen Hubmagneten, der das Werk über Ratschen weiterbewegt, oder bei motorischem Antrieb, auf eine Magnetkupplung, d. h. sie entsprechen in etwa den Stromstoßrelais. Nach Ingangsetzung bewegen sie sich in eine neue Kontaktlage und bleiben hier stehen. Sie besitzen aber eine größere Zahl solcher Kontakt-Stellungen. Es gibt dabei auch Werke, die mit 2 Schaltmagneten vor- und rückwärts gesteuert werden können. Die Schrittschaltwerke bedürfen zum Stellungswechsel immer eines neuen Kommandos. Ihnen obliegt es, u. U. in Verbindung mit einem Vorwähler, z. B. einem Kreuzschienenverteiler oder Klinkenfeld, das seinerseits z. B. über Lochkarten bedient wird (Lottmann u. Russig), den Einsatz eines anderen Vorganges zu bestimmen. Im Ablauf eines Arbeitszyklusses werden u. U. Verbraucher je nach Aufgabenstellung mehrmals geschaltet.

Kleinere Verbraucher, wie Ventilmagnete schaltet das Schrittschaltwerk gelegentlich unmittelbar, die meisten aber über Schütze und Relais. Um die Möglichkeit zum unmittelbaren Anschluß größerer Verbraucher,

z. B. von Magnetkupplungen (bis 40 W), zu schaffen, gibt man gelegentlich den Stromkreisen, die vom Schrittschaltwerk gesteuert werden, ein Vorschaltschütz, das die Schaltleistung übernimmt, während das Schrittschaltwerk von Stellung zu Stellung stromlos umschaltet. Durch den unmittelbaren Anschluß wird die Zahl der Kontaktstellen vermindert und damit die Betriebssicherheit erhöht. Abb. 122 zeigt ein Schrittschaltwerk mit Nockenschaltung der Kontaktbrücken.

Wenn die Geräte auf Elemente höherer Stromaufnahme unmittelbar einwirken sollen, dann scheiden Schrittschaltwerke, die lediglich zur Führung von Steuerströmen geeignet sind, aus. An ihre Stelle können dann u. U. mit „Remanenzschützen" (s. S. 108) aufgebaute Steuerungen treten. Da diese bei Spannungsunterbrechung in ihrer Lage verharren, erreicht man die gleiche Wirkung, wie bei einem Schrittschaltwerk, das den Schaltzustand der Anlage auch bei Spannungsabschaltung von beliebiger

Abb. 122. Schrittschaltwerk (Geßmann)

Dauer beibehält, so daß die Schaltschritte des Steuerwerkes in jedem Fall synchron mit der automatisierten Anlage stehen.

Kopierschalter sind vielseitig verwendbare Geräte, die in Abhängigkeit vom Ablauf des Arbeitsvorganges beliebig einstellbare Schaltbefehle wegabhängig geben, wobei Längsbewegungen in Drehbewegungen umgesetzt werden. Das älteste Anwendungsbeispiel ist das Kopiergerät in Aufzugsanlagen, das die Stellung des Fahrkorbes an der Drehlage eines Walzen- oder Nockensteuergerätes wiedergibt. Die Kontaktpunkte müssen einstellbar sein.

5. Meldegeräte

Die Trennung der Befehlsgeräte vom eigentlichen Schaltgerät, wie sie beim Schütz genau wie bei jedem anderen fernbetätigten Schalter gegeben ist, macht vielfach die Anwendung von Schaltsignalen zweckmäßig oder gar notwendig. Die Meldeglieder können akustische und optische sein. Bei den optischen stehen an der Spitze die ortsunabhängigen Leuchtmelder.

Dabei ist das Einfügen der Signallampen und auch anderer Meldegeräte in vielen Fällen mit einfachen Mitteln durch bloße Einschaltung in den Steuerkreis ohne besondere Hilfskontaktglieder (s. S. 131) an den Schützen möglich. Die Signallampe zur Kennzeichnung des *Einschaltzustandes* wird, wenn irgend möglich, einfach der Schützenspule parallel geschaltet, s. Abb. 123, Teilbild a. Sie leuchtet solange auf, wie die Schaltkraft wirkt, also das Schütz eingeschaltet ist. Die Anordnung hat bei Dauerkontaktgebung den Nachteil, daß sie auch aufleuchtet, wenn die Spule zerstört ist oder aus irgendeinem Grunde die Wirkung des Magneten versagt. Bei Impuls-(Drucktaster)bedienung wird sie aber allen Ansprüchen gerecht, es sei denn, man rechnet mit einem Hängenbleiben des Gerätes aus mechanischen Gründen, Verschweißen der Schaltstücke u. dgl. In diesen Fällen bleibt aber das Gerät ja auch tatsächlich eingeschaltet. Bei Doppeldrucktastern und Verwendung der Einschaltsignallampe in Parallelschaltung zur Schützenspule ist, wenn die Lampe in Drucktasternähe gebracht werden soll, eine zusätzliche Steuerleitung notwendig. Da Glühlampen über 250 V nicht hergestellt werden, muß man bei höheren Spannungen, die zur Steuerung auch nicht verwandt werden sollen, mit Glimmlampen arbeiten und einen Vorwiderstand benutzen, oder bei Wechselstrom Lampen für Kleinspannung transformatorisch betreiben. Werden Signallampen für die *Ausschaltung* verlangt, dann sind zusätzliche Hilfsschalter erforderlich, die bei ausgeschaltetem Schütz einen Stromkreis schließen (s. Abb. 123, Teilbild c). Ausschaltanzeige durch Motorschutzrelais mit Wechsler (s. Teilbild d). Natürlich ist auch Anzeige des Ein- und Ausschaltzustandes über je einen besonderen Hilfsschalter möglich. Gelegentlich erhalten auch die Schaltspulen der Schütze bei Wechselstrom Sekundärwicklungen, die kleine Signallampen unter Strom setzen (s. Abb. 123, Teilbild b). Zur Signalisierung des Ausschaltzustandes können aber auch Ruhestromrelais verwandt werden, die nicht wie die Lampen besondere Hilfsschalter am Schütz benötigen. Sie werden einfach den Steuermagnetspulen parallel geschaltet und besitzen einen Öffner, der bei Abfall z. B. den Stromkreis eines akustischen Gerätes einschaltet.

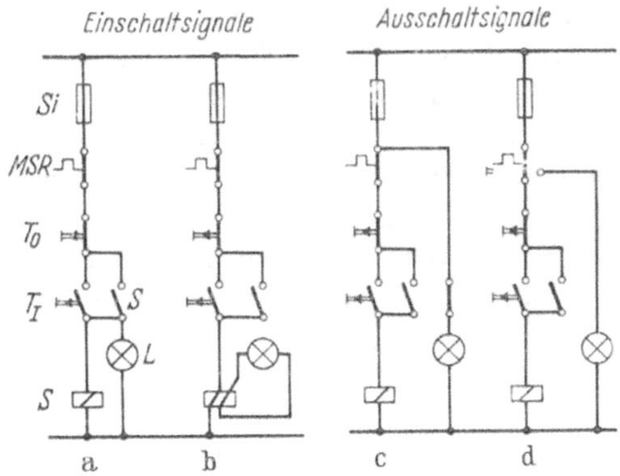

Abb. 123 a bis d. Signallampenanordnungen bei Schützen
Si Sicherung; *S* Schütz; T_0 Austaster; T_I Eintaster; *L* Lampe

Bei den *Signallampen* wird zunächst mit den durch DIN 43605 u. 43606 festgelegten *Farben* der Einschaltzustand eines Stromkreises rot, der Ausschaltzustand grün angezeigt. An sich bedeutet grundsätzlich die Farbe Grün das Kennzeichen für den ungefährlichen, also den ordnungsgemäßen Zustand. Es kommt mithin darauf an, ob man den „Schaltzustand" oder den „gefahrlosen Betriebszustand" anzeigen will. Im letzteren Falle kann auch der Lauf einer Anlage, also der „Einschaltzustand" eine Grünmeldung erforderlich machen, niemals dagegen im elektrischen Bereich [FRANKEN (39)]. Wenn nur der Einschaltzustand angezeigt werden soll, wird oft mit Rücksicht auf die kleinen Energiemengen weißes Licht verwandt, um eine größere Ausbeute zu erzielen. Mit diesen weißen Kalotten wird man grundsätzlich auch Lampen ausstatten, die andere Angaben, insbesondere Drehzahlstufen u. dgl. anzeigen sollen. Bei Blaufärbung ist bekanntlich die Lichtausbeute zu gering. Die Farbe Gelb ist nach DIN 4818 für andere Zwecke reserviert. In die Meldeleuchten können häufig Symbole eingesetzt werden. Man legt Wert auf im beleuchteten und unbeleuchteten Zustand lesbare Beschriftung. Weitere Festlegungen für die Farben der Meldeleuchten an Werkzeugmaschinen sind im Rahmen der IEC beabsichtigt. Der in DIN 43696 festgelegte *Einbaudurchmesser* von 30,5 mm für Drucktaster u. dgl. gilt auch für Leuchtmelder, s. a. Leuchttaster S. 183.

Sollen außer oder statt der Signallampen noch *akustische Geräte* Verwendung finden, dann werden sie bei Arbeitsstromschaltung genau so angeschlossen wie die Signallampen.

Signallampen zusammengefaßt in der Leuchtwarte s. S. 373.

Die weiterhin wichtigsten Meldeglieder sind dann ausgesprochene „Melderelais" bzw. „Rückmelder", wobei man unter „*Melderelais*" magnetische Relais versteht, die bei Erregung eine irgendwie farbig oder mit Aufschriften versehene Fläche sichtbar machen, z. B. eine weiße Fläche mit rotem Punkt. Der Rückmelder ist mehr ein Stellungsanzeiger. Er kann angeben, ob das zu überwachende Gerät eingeschaltet oder ausgeschaltet ist, was durch senkrechte oder horizontale Lage einer Anzeigefahne gekennzeichnet wird. Schrägstellung (45°) bedeutet „Störung". Gerät ein solcher Rückmelder, also beispielsweise wegen „Drahtbruches", außer Funktion, so steht das Signal schräg und es läßt sich erkennen, daß eine Schaltstellungsanzeige nicht mehr möglich ist. Melder sind nicht zu verwechseln mit „Schaltstellungsanzeigern", diese werden über mechanische Zwischenglieder unmittelbar vom Schaltgerät selbst angetrieben (s. S. 145).

Die dritte Gruppe von optischen Meldegliedern sind die „*Steuerquittierschalter*" in Verbindung mit den zuletzt angegebenen Rückmeldern oder auch Signallampen. Unter dem Quittierschalter versteht man einen Hilfsstromschalter mit einer eingebauten Meldelampe. Ist Schalterlage und Kommando entgegengesetzt, dann tritt zu der Anzeigefahne noch die Beleuchtung durch die Lampe, die nunmehr Strom erhält. Die Meldung quittiert man dann durch Umstellen des Quittierschalters, wodurch die Lampe wieder erlischt. Man arbeitet auch grundsätzlich mit Lichtsignalen, z. B. Ruhelicht, wenn die Schalterstellungen übereinstimmen, Blinklicht, wenn sie nicht übereinstimmen. Solche Schalter werden auch derart eingesetzt, daß der Steuerquittierschalter um 90° in die neue Stellung gedreht wird, wobei Blinklicht erscheint. Durch weiteres Überdrehen um z. B. 45° in der gleichen Richtung wird der zu steuernde Schalter geschaltet und das Blinklicht geht in Ruhelicht über. Die Meldeglieder sind auf diese Weise gleichzeitig Überwachungsglieder einer Anlage.

6. Die Abdeckung (Kapselung) von Geräten

Bei Schützen, Schaltrelais u. dgl. kommt im allgemeinen nur eine die Geräte vollständig umhüllende Abdeckung in Betracht, also eine sogenannte „Kapselung". Bei einigen Großanlagen wird jedoch statt dessen noch ein Gerüst mit den Steuergeräten in einen nur diesem Zweck dienenden Raum mit entsprechender Belüftung eingesetzt. Die Ansprüche an die Kapselung sind bestimmt durch die auf Festigkeit, Korrosionsbeständigkeit und den Schutz gegen Berührung spannungführender Teile, sowie gegen das Eindringen von festen Fremdkörpern und Flüssigkeiten.

Bei kleinen und mittleren Geräten findet heute vorwiegend die Isolierstoffkapselung Anwendung, bei größeren Metallkapselungen, z. B. mit Stahlblech, Gußeisen und Leichtmetall. Bei Stahl wurde gelegentlich die Rostanfälligkeit durch Verwendung gekupferter Stähle vermindert, bei denen vor allen Dingen auch die Schutzanstriche besser haften als auf normalem Stahl. Für besondere Ansprüche wurden die Stahlgehäuse auch phosphatiert oder mit einer Chlorkautschuk- bzw. Nitrolackschicht versehen. Bei der Isolierstoffkapselung kommt es wesentlich auf die Stoßfestigkeit an. Man hat hier Stoffe zur Verfügung, aus denen bei Bruch splitternde Kapselungen entstehen, aber auch solche hoher Schlagbiegefestigkeit und Kerbzähigkeit. Letztere sind außerordentlich stoßfest, zeigen allenfalls bei harten Stößen Anrisse [Franken (8)] und haben wesentlich zur Entwicklung der Isolierstoffkapselung beigetragen, die bei zweckmäßiger Konstruktion, die keine Spannungsverschleppung vom Inneren nach der Oberfläche möglich macht [Franken (27)], absoluten Berührungsschutz bietet. Ein weiterer Vorzug ist die praktisch vollständige Korrosionsbeständigkeit, selbst bei sehr aggressiven Mitteln halten die Stoffe stand. Hinzu kommt ihre große Bildsamkeit, die die Herstellung auch verhältnismäßig komplizierter Preßstücke ermöglicht, so daß man insbesondere bei kleinen Geräten Konstruktionselemente einsparen kann, indem die Kapselungsteile, also z. B. die Rückwand, gleichzeitig Träger spannungsführender Teile sind. Einzelschütze mit Isolierstoffkapselung s. Abb. 68, S. 131. Isolierstoffgekapselte Steuerungen s. z. B. Abb. 211 u. 213, S. 369 u. 371.

6.1 Kapselung — Schutzart

Für den Aufbau der Kapselung ist es wesentlich, welcher Fremdkörper-, Berührungs- und Wasserschutz erforderlich ist, d. h. welche „Schutzart" nach DIN 40050 zu wählen ist. Das genannte Normblatt unterscheidet durch ein zweistelliges Ziffersystem auf der ersten Stelle den Fremdkörper- und Berührungsschutz und auf der zweiten den Wasserschutz, wobei diesen Ziffern bestimmte Prüfungen zugeordnet sind, so daß die entsprechenden Listenangaben heute einen realen Hintergrund haben und sich nachprüfen lassen. S. auch DIN 40060 [Franken (31) und Metzger (2)].

Der *Berührungs-* und *Fremdkörperschutz* wird zusammengefaßt, weil auch die anzuwendenden konstruktiven Mittel für beide Fälle weitgehend

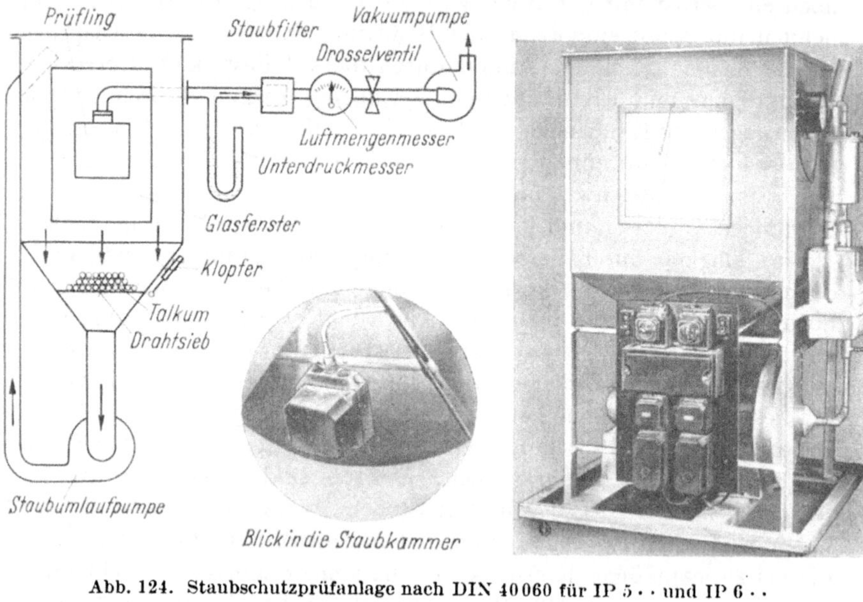

Abb. 124. Staubschutzprüfanlage nach DIN 40060 für IP 5 · · und IP 6 · ·

gleichartig sind. Die Neufassung dieser DIN-Blätter ist beeinflußt durch die IEC-Publikation 144, die das deutsche System übernommen hat, aber mit etwas feinerer Stufung. Die Bezeichnungen lauten IP statt P. Die Nummern sind durch Einfügung von Zwischenwerten, z. B. bei gleicher sonstiger Bedeutung, weitgehend gestiegen. Für Schütze und Schützensteuerungen kommen hauptsächlich die Schutzarten IP 00, IP 50, IP 54 (früher P 00, P 40, P 43) und u. U., aber verhältnismäßig selten, noch höhere Schutzarten wie IP 55 (P 44) usw. in Betracht. IP 00, d. h. keinerlei Schutz für Geräte, die in besonderen staubfreien, gut gelüfteten mit Filtern und Luftschleusen versehenen Räumen untergebracht sind. Andere Anlagen erfordern, da es sich um industrielle Anwendung handelt, im allgemeinen die Schutzart IP 50 (P 40). Höchst selten einmal, z. B. für Schaltwarte, genügt auch noch die Schutzart IP 40 (P 30). Die Schutzart IP 50 (Staubschutz) wird entsprechend Abb. 124 dadurch nachgeprüft, daß man in einem das Gerät umgebenden Luftstrom Talkumstaub aufwirbelt, weiterhin Luft aus dem zu prüfenden Gerät heraussaugt und nun feststellt, wieviel Staub bei gegebenem Luftdurchsatz sich nachher in dem zu prüfenden Objekt wiederfindet. Hierbei darf bei IP 50 Staub eindringen, aber nicht an Stellen gelangen, wo er „schädigend" wirken könnte. Er darf z. B. nicht da liegen, wo er die Isolation aufheben oder die mechanische Funktion des Gerätes beeinträchtigen könnte, nicht auf Schaltstücken und dgl. liegen bleiben. Bei der höheren Schutzart IP 6 · · (P 5 · ·) soll nach Beendigung der Prüfung kein Staub im Inneren des Probestückes sichtbar sein. Bei der seltener angewandten Schutzart IP 40 wird lediglich nachgeprüft, ob sich an keiner Stelle ein federharter Stahldraht von 1 mm Durchmesser in die Spalten der Konstruktion einführen läßt.

Abb. 125. Blick in eine Wasserschutzprüfanlage nach DIN 40060 für IP · · 3 und IP · · 4

Bei IP 50 wird auf *Wassereinwirkung* nicht geprüft. Die nächst gebräuchliche Stufe IP 54 wird hinsichtlich der Staubdichtigkeit genau geprüft wie IP 50. Die Prüfung auf Wasserschutz bezieht sich auf Wassereinwirkung (Überdruck 0,4 $kgcm^{-2}$) aus allen Richtungen, aber nur auf die Dauer von 10 Minuten. Diese Schutzart wird häufig überbewertet. Die Erprobung geschieht mit Schwenkrohren entsprechend Abb. 125. Für größere Objekte ist eine Handbrause vorgesehen. Es wird darauf geachtet, daß das Wasser nicht schädigend eindringt. Das Eindringen von Feuchtigkeit an sich ist zulässig, was auch noch für die nächste Wasserschutzart IP 55 gilt, nur wird hier mit stärkerer Wassereinwirkung gearbeitet, und zwar einem Strahlrohr, dessen Düsendurchmesser und der Abstand vom zu prüfenden Gerät sowie dessen Wassersteighöhe festgelegt ist. Die Schutzart IP 55 braucht nur selten gefordert zu werden, denn es kommt in der Industrie an Maschinen kaum vor, daß die Geräte abgespritzt werden. Das ist nur der Fall in Brauereien, Molkereien, Schlächtereien und ähnlichen Betrieben. Ferner natürlich an Bord von Schiffen. Sie ist aber erforderlich, wenn Geräte ständig der Feuchtigkeitseinwirkung, z. B. durch Bohröl ausgesetzt sind. Man kann auch voraussetzen, daß Geräte an Arbeitsmaschinen zumindestens einmal in der Woche absolut trocken gerieben werden, dann genügt vielfach IP 54.

Besondere Schwierigkeiten macht die *Abdichtung von Deckeln* und vor allen Dingen die von durch die Schutzwände geführten Bedienungselementen, z. B. Achsen und Drucktasten der verschiedensten Art. Bei Drucktasten kapselt man entweder den ganzen Innenraum durch eine elastische Haube ab, wie bei den Fußtastern nach Abb. 98, oder man klemmt außen unter die Führungsstücke für die Drucktaste besondere Kappen aus elastischem Stoff u. dgl., s. Abb. 126, auch verwendet man Faltenbälge (s. Abb. 109). Ein besonderes Kapitel ist die Dichtung von Geräten, die in die Maschinenwände eingesetzt werden. Hierzu gehören zahlreiche Befehlsschalter, aber auch kleine Wahlschalter u. dgl. Wichtig ist, daß der Raum, in den die Geräte hineingeschoben werden, nach allen Seiten innen abgeschlossen ist, so daß lediglich die Dichtung gegenüber der Frontplatte und den Leitungseinführungen notwendig ist. Erfahrungsgemäß ist die Einhaltung dieser Forderung jedoch sehr schwierig. Man hat deshalb auch solche Elemente mit Gummiüberzügen versehen, die von vorne durch die Abdeckplatte festgeklemmt werden und einen zuverlässigen dichten Schutz gegen die Umgebung bilden.

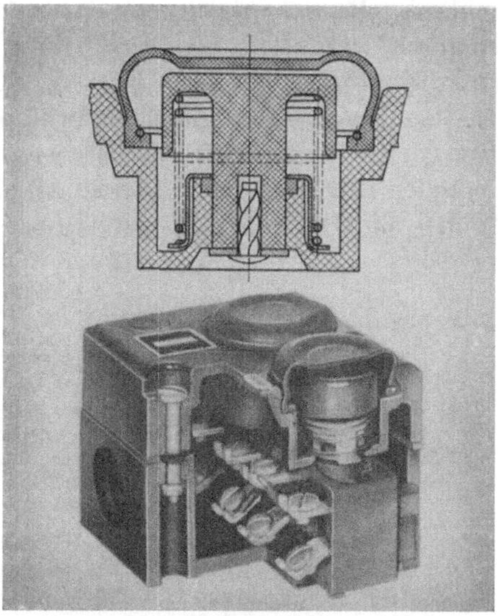

Abb. 126. Durch Gummikappen gedichtete Drucktasten

Es ist außerordentlich wichtig, die Elemente der Steuerungstechnik weitgehend mit *durchsichtigen Abdeckungen zu versehen*, damit man die Funktion und die Schaltzusammenhänge auch ohne Öffnung der Kapselungen studieren kann [s. WOEBKEN (1)]. Sonst müssen bei einer Störungssuche alle Abdeckungen weitgehend entfernt werden, so daß der Schutz gegen Staub und Feuchtigkeit aufgehoben wird. Die Gewähr, daß alles rechtzeitig wieder verschlossen wird, ist nicht immer gegeben (s. Abb. 127). Die dafür zur Verfügung stehenden Stoffe sind auch sehr stoßfest. Bei besonders empfindlichen Geräten ist es sogar zweckmäßig,

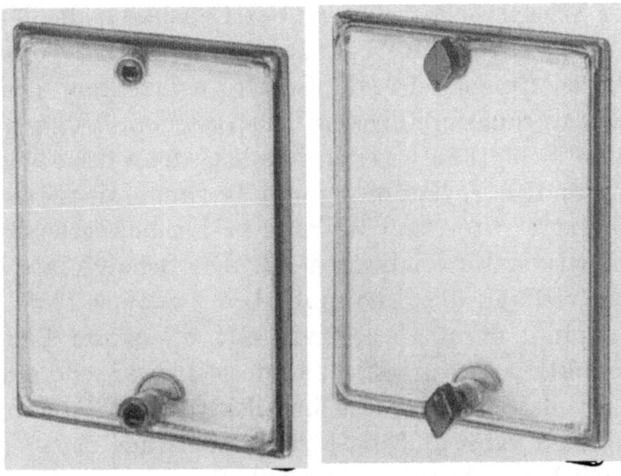

a b

Abb. 127 a u. b. Durchsichtige Abdeckplatten mit angepreßten Dichtungsrillen und Befestigungsaugen
a) Öffnen mit Werkzeug; b) Öffnen ohne Werkzeug

sie innerhalb einer solchen Kapselung mit durchsichtiger Abdeckung nochmals möglichst durchsichtig abzudecken. Das geschieht bei vielen Schaltrelais. Geräte mit durchsichtiger Abdeckung s. u. a. Abb. 67, S. 129, 68, S. 131, sowie 211, S. 369.

7. Die Lebensdauer der Schaltgeräte

Die Lebensdauer ist bei fast allen Gebrauchsgütern von volkswirtschaftlich einschneidender Bedeutung. Behalten sie ihre entscheidenden Eigenschaften doppelt so lang, dann braucht nur die Hälfte dieser Güter für die gleiche Bedarfsdeckung hergestellt zu werden. Bei vielen Gütern ist aber nicht einmal dieser volkswirtschaftliche Gesichtspunkt, der wichtigste, sondern die Auswirkung dieser Lebensdauer auf andere Einrichtungsgegenstände derart, daß ihr Ausfall nicht nur den Ersatz ihres eigenen Wertes erforderlich macht, sondern darüber hinaus den Stillstand und dementsprechend den Produktionsausfall größerer Einrichtungen bedingt. Das gilt von der Elektrotechnik fast in ihrem ganzen Bereich. Sie ist niemals Selbstzweck, sondern dient im Zusammenhang mit anderen Anlageteilen. Bei Ausfall elektrotechnischer Erzeugnisse kommen andere Einrichtungen zum Stillstand. Ein typischer Fall ist der der elektrischen Steuerung von Arbeitsmaschinen aller Art. Setzt eine komplizierte Maschine beispielsweise wegen irgendeiner Störung an einem Schaltstück aus, dann sind der Produktionsausfall und die entstehenden Kosten sofort von Bedeutung. Untersuchungen haben z. B. ergeben, daß die Verluste durch Produktionsausfall von Arbeitsmaschinen, bedingt durch Schaltgeräte zu geringer Lebensdauer, vor allen Dingen auch der Schaltstücke, während der Lebenszeit der Maschine schon bei einem niedrigeren Lohnniveau als heute [MOELLER] das 5- bis 6fache des ersten Anschaffungspreises der Geräte ausmachten. Die Schaltgeräte können zu den störungsanfälligsten Teilen werden, insbesondere, wenn es sich um höhere Schalthäufigkeiten handelt, denn dann wird in den Geräten durch ständige Verknüpfung und Trennung der Strombahnen viel Energie umgesetzt. Stoß und Reibung in den bewegten Konstruktionselementen bewirken Materialverschleiß. Die Schaltgeräte leiden darunter, daß man vielfach die Schaltaufgaben zunächst ohne jede Störung durchführen kann, dann aber einzig und allein die Lebensdauer der Geräte der Funktion ein vorzeitiges Ende setzt, während man die charakteristischen Eigenschaften, z. B. beim Elektromotor, alle in seinem Neuzustand probieren kann und die Lebensdauerfrage dagegen zurücktritt. Das gleiche gilt beispielsweise von den Leitungen.

Es ist notwendig, die Lebensdauer der Geräte möglichst weit zu treiben. Sie sollte zumindest der der ganzen Anlage entsprechen, und zwar möglichst ohne Wartung. Die Absicht, im Bedarfsfalle Teile auszuwechseln, kann im Zuge der Automatisierung ganzer Maschinenzüge nicht mehr als die Regel angesehen werden, denn jede Auswechslung von Teilen bedingt zwangsläufig das Stillsetzen der ganzen Anlage mit hohen Ausfallkosten. Billiger ist der Einsatz möglichst hochwertiger Geräte beim Bau einer Anlage. Bei der Betrachtung der Lebensdauer von Schaltgeräten sind *zwei Arten* zu unterscheiden. Zunächst einmal gilt es festzustellen, wie lange das Gerät als solches in seinen mechanisch bewegten Teilen hält. Diese Abnutzung ist im wesentlichen eine Frage der Gesamtschaltzahl, naturgemäß beeinflußt durch äußere Einwirkungen, wie z. B. den Zustand der Atmosphäre. Hinzu kommt, nicht nur von der Schaltzahl abhängig, der Schaltstückverschleiß, also die im wesentlichen elektrischthermische Abnutzung, die ihrerseits bedingt ist durch die Ströme, die Spannungen, den Charakter der Stromkreise, z. B. ihre Phasenverschiebung, die Stromanstiegsgeschwindigkeit u. dgl.

Die mechanische Abnutzung führt zur Festlegung der „mechanischen Lebensdauer" (s. S. 233), die elektrisch-thermische zur Festlegung der „Schaltstücklebensdauer" (S. 238). Die vorhin aufgestellte Grundforderung, daß die Lebensdauer der Geräte mindestens gleich der der ganzen Anlage sein sollte, muß dahin erweitert werden, daß das nicht nur für die mechanische, sondern auch für die Schaltstücklebensdauer gelten sollte. Im Idealfall sollten also Geräte- und Schaltstücklebensdauer gleich sein. Angaben über die Lebensdauer sowohl die mechanische wie die der Schaltstücke können aufgrund unvermeidlicher Streuungen verläßlich nur aus Großzahluntersuchungen an serienmäßig hergestellten Geräten abgeleitet werden. Als Nenn-Lebensdauer gilt dabei die Grenzzschaltzahl, die von 90 v. H. aller Geräte erreicht wird. Durch diese Angabe ist gewährleistet, daß die Mehrzahl der Geräte wesentlich höhere Lebensdauern erreicht, s. auch die Prüfung der Lebensdauer S. 275.

7.1 Die mechanische Abnutzung (mechanische Lebensdauer)

Ein besonderes Kennzeichen der erreichten Güte bei den Schützen und dem zugehörigen Hilfsmaterial ist die hohe, aber auch erforderliche mechanische Lebensdauer. Sie ist eine Funktion der Anzahl von Betätigungen (Schaltungen), wobei beim Schütz eine Ein- und eine Ausschaltung zusammen eine Schaltung (Schaltspiel) ausmachen. Die Grenze ist erreicht, wenn Geräteteile durch Verschleiß oder Bruch unbrauchbar werden. Die Beurteilung der mechanischen Abnutzung ist im wesentlichen immer noch eine Frage langwieriger Versuche. Die Verschleißforschung auf diesen Gebieten hat zwar erhebliche Fortschritte gemacht, ist aber noch nicht soweit gediehen, daß man ohne Versuche Voraussagen machen kann. Natürlich gibt es eine ganze Anzahl Erkenntnisse, die diese Frage bestimmend beeinflussen. Die Abnutzung ist in erster Linie durch den Reibungsverschleiß und durch Stoßdeformation bedingt. Hierzu kommen Ermüdungsschäden an den Konstruktionselementen (Rißempfindlichkeit). Besonders häufig sind solche Erscheinungen die Folge von Kerbwirkungen. Man wird derartige Kerben von vornherein an den beanspruchten Teilen zu vermeiden suchen. Für die mechanische Lebensdauer ist es oft von entscheidender Bedeutung, eine Form zu finden, welche Spannungsspitzen außer durch Kerbwirkung auch z. B. durch ungünstige Krafteinleitung, unnötige Starrheit oder Dicke nicht aufgelöster Querschnitte vermeidet. Das praktische Verhalten hängt oft von scheinbar geringfügigen Einflüssen ab. Es läßt sich unter verwickelten Betriebsbedingungen nicht aus einigen definierten Stoffeigenschaften ableiten. Bei Gleichheit der üblichen Eigenschafts-Prüfungsergebnisse kann das Gefüge so verschieden sein, daß ein Stoff gut, der andere rißempfindlich ist.

Der außerordentlich wichtige *Reibungsverschleiß* ist abhängig von den Werkstoffen der beiden aufeinander reibenden Körper, ferner von der Form und der Oberflächenbeschaffenheit. Es ist nicht etwa so, wie häufig angenommen wird, daß grundsätzlich jeder harte Stoff bei der Reibung den niedrigeren Verschleiß aufweist.

Es kommt sehr darauf an, daß sich die Oberfläche, wenigstens eines Körpers, etwas plastisch verformen läßt. Jedenfalls muß das Ausbröckeln von Kristallen erschwert sein. Löst sich trotzdem ein Teilchen, so muß es sich möglichst schnell zu feinstem Verschleißstoff zerreiben. Harte ausgebrochene Teilchen, die in der Lage sind, Verschleiß zu verursachen ehe sie selbst zerkleinert werden, müssen sich in einen weicheren Gegenwerkstoff einbetten können. In diesem Zusammenhang ist es z. B. interessant, daß die Erfahrung gezeigt hat, daß Gleitbahnen aus Kunststoffen sich dann besser verhalten, wenn es sich nicht um voll ausgehärtete Preßstoffe handelt. Bei diesen bildet sich viel schneller ein sogenannter Laufspiegel heraus. Die Härte hat weniger Einfluß auf die Abnutzung als die Zähigkeit. Ein harter Stoff hat naturgemäß auch seine Vorzüge. Er widerstrebt dem Verschieben seiner Oberflächenteile, während der zähe Stoff das Ausreißen der Teilchen erschwert und auf diese Weise günstig auf den Abnutzungswiderstand einwirkt. Auch der Einfluß der Verunreinigungen ist bei harten Stoffen oft größer als bei weichen.

Zu den genannten Faktoren kommt, daß es schlecht ist, wenn die Verschleißprodukte zwischen die reibenden Flächen gelangen können. Weitere Faktoren sind der Gleitweg, der Druck, die Gleitgeschwindigkeit und nicht zuletzt die Temperatur der Flächen. Der Verschleiß ist dann praktisch Null, wenn es gelingt, zwischen den Flächen einen vollkommenen Schmierfilm auszubilden. Das gilt aber nur dann, wenn es möglich ist, aus dem Schmierfilm Verschleißprodukte fernzuhalten.

Leider läßt sich bei Schaltgeräten die Schmierung nur in beschränktem Umfang durchführen. Die Zahl der der Reibung unterliegenden Konstruktionselemente ist u. U. sehr hoch und würde zu komplizierten Aufbauten führen, es sei denn, daß man die Schütze vollständig in Öl eintaucht, wie es beim Ölschütz der Fall ist. Leider hat sich dann gezeigt, daß zwar die mechanische Lebensdauer durch die Ölfüllung außerordentlich stark gesteigert werden konnte, dagegen die Lebensdauer der Schaltstücke gegenüber der von Luftschaltstücken stark absank. Es entstanden auch Zwischenlösungen, wobei z. B. die rein mechanisch wirkenden Glieder im Ölbad behalten, dagegen die Schaltstücke in Luft verlegt, wie bei dem geschmierten Luftschütz von Klöckner-Moeller [Franken (10)].

Der andere Weg zur Verbesserung der Reibungsverhältnisse bestand in der *Wahl neuer Stoffe*. Als ganz besonders glückliche Lösung erwies sich die Verwendung von Kunstharzformstoffen im Zusammenwirken mit Metall. Die Reibung zwischen diesen beiden Stoffen ist außerordentlich gering und dementsprechend der Verschleiß sehr niedrig. Die eigentlichen Gründe sind noch nicht bis in die letzte Konsequenz geklärt. Wahrscheinlich ist aber die Tatsache, daß sich die Kunstharzformstoffe an der Grenze von Plastizität und Elastizität bewegen, ausschlaggebend. Als Gegenmaterial ist am vorteilhaftesten Stahl. Die Verbindung dieser beiden Stoffe ist u. a. auch für alle Führungen von Vorteil. Ein Feind sind dabei Verunreinigungen, z. B. die Abbrandpartikel der Schaltstücke. Die Konstruktion muß deshalb dafür sorgen, daß unvermeidbare Abfallprodukte von den Führungen möglichst ferngehalten werden. Ausgedehnte Versuche bezüglich der Verbindung von Kunstharzstoffen mit Metall in ihrem Verschleißverhalten sind erstmalig bei Rasteinrichtungen vorgenommen worden [Franken (11)]. Die Lebensdauer solcher Einrichtungen stieg im Gegensatz zu solchen, bei denen beide Teile aus Stahl hergestellt waren, sofort auf die 15- bis 30fache Zahl der Schaltungen. Besonders günstige Abriebverhältnisse brachte bei Neukonstruktionen auch die Verwendung der Polyamide (Nylon). Die Anwendung dieses Prinzips der Wechselwirkung von Stahl und Preßstoff bei der Kniehebelkonstruktion eines Schützes zeigt Abb. 128, 6mal findet hier ein Übergang von Metall auf Preßstoff statt. Die Preßstoffteile und die Metallteile stehen bei der Relativbewegung immer in Wechselwirkung. Auf der Achse 2′ sitzt ein Nadellager 3, das die Kräfte auf die obenliegende Kontaktträgerplatte vermittelt.

Abb. 128. Wechsel von Preßstoff und Stahl zur Verschleißminderung bei Schützenkniehebeln

Von den verschiedenen, den mechanischen Verschleiß bedingenden Faktoren trat weiter besonders die *Druckkraft*, mit der zwei aufeinander reibende Stücke zusammenwirken, hervor. Alle Untersuchungen zeigten, daß der Verschleiß in sehr starkem Maße von ihr abhängt, in der Mehrzahl der Fälle mit einer Potenz höher als 1. Für Geräte mit hoher Verschleißfestigkeit mußte deshalb auf eine Verringerung der spezifischen Drücke, z. B. durch breitere Ausgestaltung der Auflageflächen hingewirkt werden. Bezüglich der anderen Hauptbeanspruchung bei der mechanischen Abnutzung, dem *Stoß*, hat sich sorgfältige Auswahl der Geschwindigkeiten und die Einführung von Preßstoff und Leichtmetall als außerordentlich vorteilhaft erwiesen. Mit der Verminderung des Gewichtes geht der Energieinhalt des gleichen Stückes zurück.

Entscheidend für die mechanische Lebensdauer ist bei Schützen die der *Schaltmagnete*. Hier ist es in erster Linie der Remanenzluftspalt, bei dessen Verschwinden das Gerät außer Funktion kommt. Besonders der 3schenklige E-Magnet ist in dieser Beziehung anfällig (s. Abb. 129). Der

Spalt verkleinert sich mit zunehmendem Verschleiß der Polflächen, bis er schließlich verschwindet und der Anker nicht mehr zuverlässig abfällt. Eine Flüssigkeitsdämpfung, z. B. eine Ölfüllung, bringt naturgemäß auch hier Erfolg. So z. B. zeigte ein Magnet [Franken (12)], der in Öl arbeitete, nach 10 Mill. Schaltungen und einer Steuerspannung, die 10 v. H. über dem Nennwert lag, keine Schäden. Der gleiche Magnet hatte, wenn er in Luft arbeitete und nur mit Nennspannung betrieben wurde, nach 1,65 Mill. Schaltungen so starke Deformationen aufzuweisen, daß der am mittleren Schenkel vorhandene Luftspalt fast vollständig verschwunden war; infolgedessen neigte der Magnet zum Brummen. Wurde er mit 10 v. H. Überspannung betrieben, dann zerbrach er nach 4,63 Mill. Schaltungen. Durch Beeinflussung der Magnetcharakteristik und auch naturgemäß weitgehend durch die Ausrundung der Kanten kann man Kerbwirkungen, die zum Magnetbruch führen, verhüten. Die Lebensdauer der Magnetpakete ist auch von der Art und Weise der Vernietung abhängig. Sie erfordert eingehende Erprobung und Kontrolle.

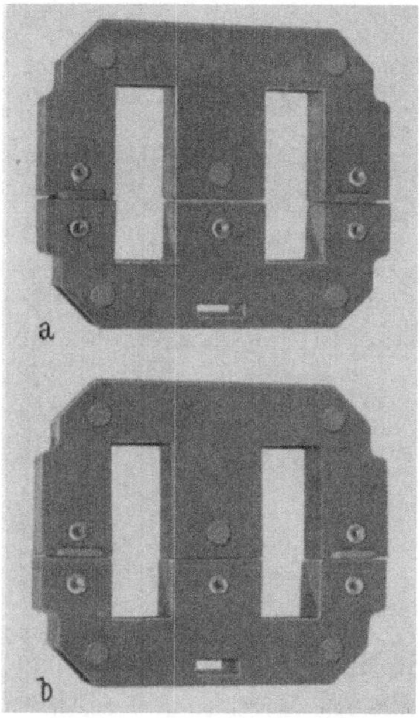

Abb. 129 a u. b. Luftspaltverminderung im Mittelschenkel bei 3-Schenkelmagnet nach 3×10^6 Schaltungen in Luft
a) Im Neuzustand $\delta = 0{,}15$ mm;
b) Nach 3×10^6 Schaltungen $\delta = 0{,}0$ mm

Besondere konstruktive Aufmerksamkeit erfordern die *Lagerstellen* und *Führungselemente*. Durch Reibung und Verkanten kann ihr Verschleiß groß sein, so daß die Arbeitsbedingungen ungenau werden. Eine gute Lösung sind Schwinghebel. Wenn sie verhältnismäßig lang sind, ist die Abweichung von der Geraden gering. Geringe spezifische Belastung der Lagerstellen und die Kombination Preßstoff–Stahl führen zum Erfolg. Besonders gefährdete Lagerstellen werden als Nadel- oder Kugellager ausgebildet.

Für das Ausmaß des Verschleißes ist auch die *Genauigkeit*, mit der die Einzelteile ineinandergreifen, von Bedeutung. Ungenau zusammenhängende Teile führen immer zu einer Herabsetzung der Verschleißgrenze, z. B. zu zusätzlichen Stoßwirkungen, denn diese Teile führen durch ungenaue Formgebung leicht Relativbewegungen aus und kommen beispielsweise bei einer Umkehrbewegung in anderer Form zum Eingriff. Das hat aber zusätzliche Reibungen und Stöße im Gefolge. Man kann auch mit einiger Berechtigung sagen, daß hohe mechanische Lebensdauer um so eher erreicht wird, um so weniger Teile, die verschleißen können, in der Konstruktion zu finden sind. Ein Gerät mit hoher Lebensdauer erfordert mithin bei der Herstellung die Verwendung gut passender Einzelteile und dementsprechend oft eine scharfe Auswahl z. B. der Preßteile. Es ist deshalb auch schon durch unterschiedliche Auswahl zur Entwicklung zweier getrennter Lieferformen gekommen, indem man beispielsweise Teile von Geräten für $3 \cdot 10^6$ Schaltungen, soweit sie größere Toleranzen aufwiesen, für fast genau so gebaute für z. B. $0{,}5 \cdot 10^6$ Schaltungen verwandte unter gleichzeitiger Änderung des Kontaktapparates und sie bei vermindertem Abbrandvolumen und entsprechend höheren Druckkräften mit einer höheren Leistung und geringeren Schaltzahl arbeiten ließ (s. S. 111) [Franken (28)]. Das hier von Preßstoffteilen Gesagte gilt auch von den verwandten Federn.

Die heute für Luftschütze festzustellende mechanische Lebensdauer liegt weitgehend bei $3 \cdot 10^6$ Schaltungen. Es sind aber auch zahlreiche Geräte mit 10, 15 und mehr $\cdot 10^6$ Schaltungen auf dem Markt. Ölschütze kommen ohnehin meist in diese Größenordnungen. Bei Luftschützen wurde dieses Ziel u. a. durch die genannten Methoden bei Lagerungen und Führungen, z. B. Kombination von Preßstoff und Stahl erreicht, wobei man, wenn irgend möglich, einfachen Aufbau, z. B. geradlinige Bewegungen von Magnet und Schaltstücken unter Vermeiden von beweglichen Strombändern, anstrebte. Hinzu kommt Anpassung des Kräftediagramms des Magneten an die Bedürfnisse der Geräte, wodurch übermäßige Beschleunigungen vermieden werden, ferner Verlagerung der Remanenzluftspalte an Stellen, an denen sie im Betrieb keine Verminderung erfahren. Auswahl der Magnetbleche unter Berücksichtigung von Härte und Elastizität. Für Sonderfälle wurden bei Luftschützen bis zu $50 \cdot 10^6$ Schaltspiele erreicht. Sie arbeiten mit einem wechselstromgespeisten Gleichstrom-Solenoid-Antrieb [*Anonym* (4)].

Die Geräte werden nach VDE 0660 mit Bezug auf die Gerätelebensdauer in *5 Geräteklassen* (A bis E) eingeteilt mit einer Lebensdauer von 1000, fortschreitend um eine Zehnerpotenz auf 10^7. Bezüglich der Feststellung dieser Werte und der Ausfallwahrscheinlichkeit s. S. 275. Außerdem gibt es Zwischenwerte z. B. $3 \cdot 10^5$ Prüfschaltungen. Die Klassenbezeichnung erhält dann einen Index, der den Vielfachwert angibt, im vorliegenden Beispiel z. B. C 3. Für Schütze kommen die Klassen C, D und E mit 10^5, 10^6 bzw. 10^7 in Betracht. Hierbei gelten die Klassen C und D für Ölschütze; C 3, D und E für Luftschütze und die jeweils zugehörigen Befehlsschalter, Klasse D dabei für Luftschütze allgemein, Klasse E für schweren aussetzenden Betrieb. Die Werte der Klassen C und D genügen weitgehend. Nur für einen ganz geringen Teil der Geräte ist E erforderlich. Einer mechanischen Lebensdauer von 500000 Schaltungen entsprechen bei einer Lebensdauer von 10 Jahren, 250 Tagen im Jahr und 8 Stunden je Tag etwa 25 Schaltungen je Stunde. Bei $3 \cdot 10^6$ Schaltungen 150 und bei $10 \cdot 10^6$ Schaltungen 500 je Stunde.

Die Betonung hoher mechanischer Lebensdauer hat nur Sinn, wenn eine genügend hohe Schaltstücklebensdauer damit einhergeht. Es darf nicht vergessen werden, daß die Feststellung der ersteren ohne jede elektrische Belastung der Schaltstücke erfolgt. Die bescheidenen VDE-Mindestanforderungen lauten bezüglich der Schaltstücke, daß sie mindestens 1/20 der Gerätelebensdauer haben müssen, und das auch nur beim Abschalten des laufenden Motors. So niedrige Werte haben allenfalls für Schütze sehr hoher Nennstromstärke einen Sinn. Für kleine Geräte wäre ein erheblich höherer Wert richtiger.

7.2 Die Schaltstückabnutzung (Schaltstücklebensdauer)

Um eine hohe Schaltstücklebensdauer zu erreichen, muß der spezifische Abbrand, also der je Einzelschaltspiel, möglichst klein sein. Die elektrisch-thermische Abnutzung der Schaltstücke ist ein komplizierter Vorgang. Eine große Anzahl von Faktoren ist dabei von entscheidendem Einfluß. An dem Verschleiß der Schaltstücke sind beteiligt: Mechanische Verformung durch hohe Kontaktdruckkraft und gegenseitige Reibung, Schmelzen von Kontaktmetall und Wiedererstarren in anderer Form, Verlust von Metall durch Oxydation, Verdampfen oder Verspritzen, Überführung von Metall von der einen Schaltstückhälfte auf die andere. Von weiterhin entscheidendem Einfluß ist die Art der Stromdiagramme mit Bezug auf den Einschalt- und Ausschaltvorgang, die Form und die Stoffe der Schaltstücke, ihre Geschwindigkeit, die Prellerscheinungen, ja sogar die Oberflächengestaltung durch den vorhergehenden Schaltvorgang. Grundsätzliche Untersuchungen über den Schaltstückverschleiß, insbesondere die Stoffwanderung, finden sich in den Arbeiten von Holm. Aber schon vor Jahren setzte auch die Untersuchung von Niederspannungsschaltgeräten, insbesondere auch Schützen, mit Bezug auf ihre Schaltstückabnutzung ein [Diehl (1, 2); Franken (1, 12, 13, 25)].

Die *physikalischen Grundlagen* sind ebenfalls in einem ausgedehnten Schrifttum, jedoch immer mit Bezugnahme auf einen bestimmten Vorgang, behandelt worden. Eine Übersicht über die Einzelvorgänge [Franken (24)] bietet Abb. 130. Die Vorgänge sind etwa in der Reihenfolge aufgezeichnet, wie sie beim Ausschalten auftreten können. Hierbei ist:

1. *Punktförmige Berührung.* Die erste bzw. letzte Berührung der Schaltstücke ist verbunden mit großer Wärmeentwicklung an wenigen Übergangsstellen bei geringer Druckkraft und hoher spezifischer Belastung der Metallspitzen. Ein Stoffverlust entsteht zunächst noch nicht.

2. *Die flüssige Brücke.* Metallspitzen werden flüssig und müssen sogar verdampfen. Die auftretenden Temperaturen dürften am Abrißpunkt die Siedewerte erreichen. Thermoelektrische Effekte bringen die Anode auf höhere Temperatur als die Kathode. Bei zunächst teilweiser Verflüssigung entsteht eine erhöhte Wärmeentwicklung, da die Leitfähigkeit der Metalle in diesem Gebiet sinkt. Die flüssige Brücke tritt als Folgezustand der punktförmigen Berührung (Vorgang 1), ferner als Folgezustand von Prellschlägen (*c*) nach der ersten Berührung oder eines kurzen Bogens (Vorgang 4) auf. Der Verlust entsteht an der Anode. Über die flüssigen Brücken berichteten BETTERIDGE und LAIRD. PAETOW bestimmte die Beziehungen zwischen Länge, Durchmesser und Stromstärke derartiger Brücken. Das abgebrannte Volumen ist danach dem Quadrat der Stromstärke proportional. Bei höheren Stromstärken (z. B. >50 A) macht sich bei Ag und Cu der Einfluß des Thomson-Effektes durch den Faktor I^3 bemerkbar. Bei kleineren Stromstärken ist Wärmeleitung und Tunneleffekt mit niedrigeren Strompotenzen von Einfluß [ZIELASEK].

3. *Tropfenbildung.* Die Brückenspannungen wurden bis etwa 2 V festgestellt und beobachtet, daß bei langsamem Auseinanderziehen der Schaltstücke zunächst zylindrische Brücken aus dem Material der positiven Elektrode heraustreten. Das Brückenmaterial schmilzt, wenn eine bestimmte Länge erreicht wird, plötzlich zu einem Tropfen zusammen. Eigenartigerweise reißt diese Brücke nicht in der Mitte ab. Der Tropfen erhält erfahrungsgemäß eine Einschnürung, die auf die Anode zuwandert. Die flüssige Brücke führt also meistens zum Anodenverlust, da diese infolge thermoelektrischer Effekte heißer ist.

4. *Der kurze Lichtbogen.* Diese Tropfenbildung kann durch den kurzen oder langen Bogen und den Glimmbogen, entsprechend den Bildern 4, 5 und 6 abgelöst werden. Bei dem kurzen Lichtbogen Nr. 4, der durch einen praktisch von der Stromstärke unabhängigen Spannungsabfall gekennzeichnet ist, erfolgt ein starkes Bombardement der Anode mit Elektronen der Kathode und Stoffwanderung von der Anode zur Kathode. Dabei ist der Elektrodenabstand noch kleiner als die freie Weglänge der Kathodenelektronen. Sie läßt deshalb kaum Zusammenstöße der aus der Kathode stammenden Elektronen mit neutralen Molekülen zustande kommen, so daß an diese im allgemeinen keine Energie verlorengeht, also auch keine positiven Ionen entstehen, die die Kathode angreifen können. Der Verlust tritt an der Anode auf. Die Zündung eines kurzen Bogens hängt von Spannung und Schaltstückabstand ab.

5. *Der lange Lichtbogen.* Die vorzugsweise thermisch aus der Kathode gelösten Elektronen gelangen nur sehr selten zur Anode, da unterwegs Ionisation neutraler Moleküle, Stoß auf die Kathode und dort Metallverdampfung auftritt. Der Spannungsabfall richtet sich nach Elektroden-

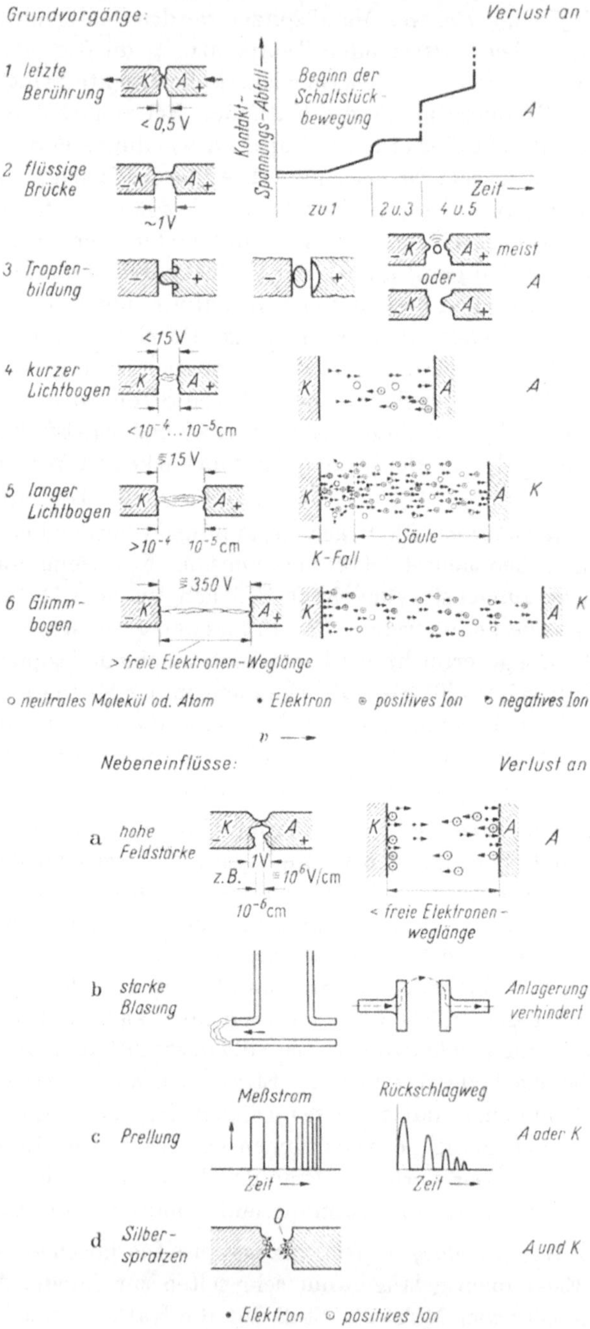

Abb. 130. Abbrandstadien bei Schaltstücken

stoff, Bogenlänge und Stromstärke. Dieser Bogen ist eine Folge des kurzen Bogens. Der Verlust tritt vorwiegend an der Kathode auf. Unterschiede zwischen dem kurzen und dem langen Bogen werden oft auch so erklärt, daß sich der lange Bogen auf der Anode verteilt, so daß in der kurzen Zeit keine genügend hohe Temperatur entstehen kann. Die Wärmeentwicklung und damit auch der Abbrand ist beim ruhenden kurzen Bogen, also während der Stehzeit der Stromstärke oder, besser gesagt, der Strommenge etwa proportional. Bei Bogenverlängerung nach der Stehzeit hängt der Stromstärkeeinfluß von der Wanderungsgeschwindigkeit des Bogens, also der Konstruktion ab.

6. *Der Glimmbogen.* Hierbei handelt es sich um einen energiearmen Kreis meist hoher Spannung in Luft. Zündspannung etwa 300 V, Brennspannung etwa 200 V. Der Abstand der Elektroden ist größer als die freie Weglänge der Kathodenelektronen. Bei genügender Feldstärke lösen die Ionen aus der Kathode Elektronen aus. Diese erzeugen mit neutralen Atomen neue Ionen, die die Kathode fortgesetzt bombardieren. Die Elektronen erreichen auf diese Weise kaum die Anode. Der Glimmbogen ist eine Folge des Lichtbogens, wenn die Abstände so groß werden, daß die Lichtbogenbedingungen verschwinden. Der Verlust tritt an der Kathode auf.

Darüber hinaus sind aber noch eine Anzahl *Nebeneinflüsse* z. T. in Verbindung mit allen vorgenannten 6 Haupteinflüssen von Bedeutung, und zwar:

a) Stoffwanderung unter *Feldeinfluß.* Wenn der Abstand der Elektroden kleiner als die freie Weglänge der primären Elektronen ist, entwickelt die Kathode eine kalte Elektronenemission. Umgekehrt verlassen Ionen die Anode und dienen der Stoffanhäufung auf der Kathode mit entsprechendem Krater auf der Anode. Die Stoffanhäufung kann zur Brückenbildung führen und ist gleichzeitig mit den Vorgängen 1...4 möglich. Der Verlust tritt an der Anode auf. Bei hohen Feldstärken z. B. 10 V bei 10^{-7} cm und demnach 10^8 V · cm^{-1} genügen schon die elektrostatischen Kräfte um die Zerreißfestigkeit der Metalle bei hohen Temperaturen zu überschreiten. Untersuchungen über die Stoffwanderungen wurden auch mit Hilfe radioaktiver Isotope durchgeführt s. u. a. WEDELL (1 u. 2).

b) Verhinderung der Stoffanlagerung an die Gegenelektrode durch *Blasfelder.* Jedes Stromelement im Kontaktspalt erfährt von den übrigen Teilen der Strombahn und etwaigen zusätzlichen Blasfeldern nach außen gerichtete Druckkräfte, die u. U. auch Stoffteilchen, die auf dem Wege zur Gegenelektrode sind, aus dem Kontaktspalt entfernen (s. auch S. 246).

c) Die *Prellung.* Sie führt von der ersten punktförmigen Berührung je nach Rückschlagweg und Wärmeentwicklung in der Berührungszeit zur „flüssigen Brücke" (2) und weiter zum „kurzen Lichtbogen" (4), im Sonderfall auch zum „langen Bogen" (5). Die Prellung ist bei jedem der vorgenannten Stadien beim Einsowie Aus-schalten möglich. Verluste je nach Folgezustand an der Anode oder Kathode.

d) *Spratzen des Silbers.* Das Silber nimmt im flüssigen Zustand erhebliche Mengen Sauerstoff auf und gibt sie beim Erstarren schlagartig wieder ab. In Luft wird etwa das 9fache Volumen Kaltsauerstoff oder etwa das 30fache Warmsauerstoff aufgenommen. Dieser Vorgang ist bei jeder Silberverflüssigung möglich. Die Verluste können dementsprechend an der Anode und Kathode auftreten.

Als ganz besonders niedrig erweist sich der Schaltrückabbrand im Vakuum. Der Lichtbogen wird schnell gelöscht. Das Vakuum verhütet auch die Oxydation der Schaltstellen, s. Absatz 2.2.2 S. 97.

Außerhalb des elektrisch-thermischen Verschleißes liegt der *Reibverschleiß*. Bei Nicht-Edelmetallschaltstücken muß man die Relativbewegung heranziehen, um beim Einschaltprozeß etwaige von früherer Benutzung her stammende Fremdschichten zu beseitigen. Ein anderer Grund für die Bevorzugung der Relativbewegung ist, wie bereits auf S. 32 gesagt, die günstige Einwirkung auf das Nenneinschaltvermögen. Bei

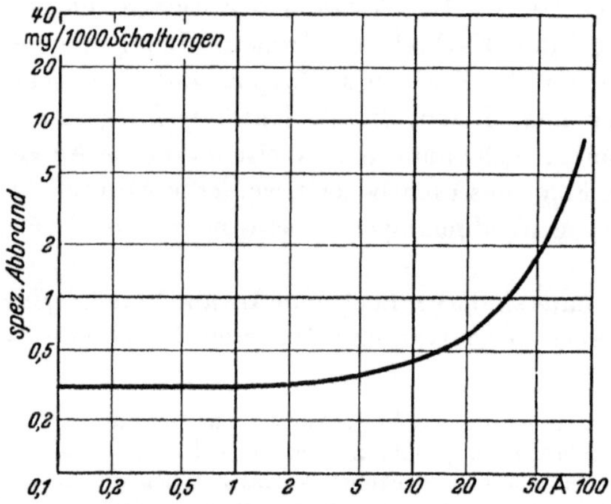

Abb. 131. Schaltstückverschleiß, abhängig von der Stromstärke bei Reibungseinfluß

Relativbewegung weisen die Schaltstücke eine Abnutzung auf, auch wenn sie gar keinen Strom führen. Wirkliche Abwälzkontakte, bei denen also ein Schaltstück auf dem anderen abrollt, haben diese Eigenschaften nicht. Erfahrungsgemäß bleibt aber der Zustand nur kurze Zeit bestehen, denn sobald eine Stromnarbe auftritt, ist es mit dem Abwälzen in dem ursprünglich vorgesehenen Sinn vorbei. Besonders natürlich dann, wenn bei der ersten Berührung sofort hohe Stromstärken auftreten. Der Reibungsverschleiß als Komponente zum Gesamtverschleiß der Schaltstücke hat zur Folge, daß bis zu einer bestimmten Strombelastung sich die Verschleißmenge gar nicht ändert. Erst bei noch weiter ansteigender Stromstärke steigt auch der spezifische Verschleiß an (s. Abb. 131). Die Beendigung der Relativbewegung, d. h. der Abwälzung, zeigt beispielsweise Abb. 10, S. 26. Die außerordentlich hohe Abnutzung des Gerätes wurde durch Einführung der Wälzbewegung stark vermindert. Von einem bestimmten Punkt ab steigt aber auch hier die spezifische Abnutzung wieder sehr stark an. Oft wurde der Anteil des mechanischen Verschleißes größer als der Anteil des elektrothermischen festgestellt. Bei Hilfssteuerwalzen, z. B. kleinen Meisterwalzen, konnten die Verhältnisse dadurch verbessert werden, daß man nicht mit Kupfer arbeitete, sondern Silber sich auf Stahlsegmenten bewegen ließ. Der Abrieb ging genau wie bei den mechanischen Konstruktionselementen in der Wechselwirkung von Stahl und Preßstoff stark zurück.

Maßnahmen zur Abbrandverminderung. Aus diesen Darlegungen, die im einzelnen naturgemäß noch zahlreicher Nebenangaben bedürfen, die aber höchstens Gegenstand von Sonderarbeiten sein können, kann man

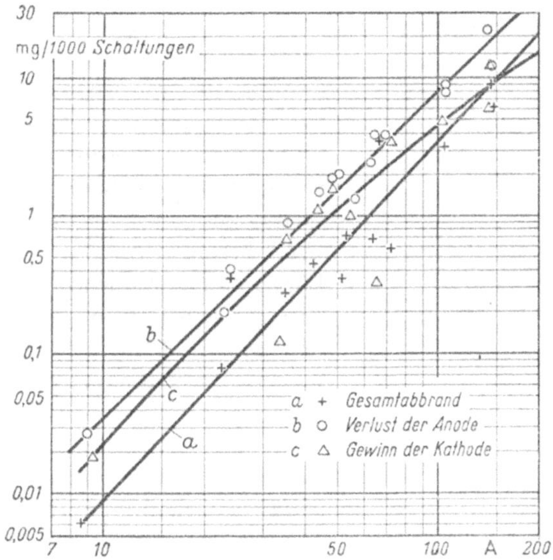

Abb. 132. Abbrand von Silbertaststücken in Luft beim Einschalten von Halbwellenstrom — cos $\varphi \sim 1$

schon entnehmen, was geschehen muß, um die Lebensdauer der Schaltstücke zu erhöhen. Das ist einmal, um bei den Nebeneinflüssen anzufangen, die Vermeidung der Prellung. Die Beachtung dieses Vorganges hat bei entsprechender Berücksichtigung der beeinflußbaren Werte zu praktisch prellfreien Schaltstücken geführt (s. S. 24). Das hat zur Folge, daß Schütze mit Silberschaltstücken beim Einschalten einen im Verhältnis zum Ausschaltprozeß kaum mehr nennenswerten Abbrand aufweisen [Franken (28)].

Von ganz besonderem Einfluß ist die Lichtbogenzeit beim Ausschalten. Ihre Verkürzung ist bei Wechselstrom durch die Verhütung der

Wiederzündung gekennzeichnet. Zündet der Bogen nach dem ersten Stromnulldurchgang nicht mehr, dann ist die Zeit bei Einphasenstrom im Mittel 5 msec, bei einer Wiederzündung aber 15, mithin 3mal so lang.

Weiterhin ist den Stoffwanderprozessen große Bedeutung zuzuweisen. So z. B. den Vorgängen bei der Auflösung der flüssigen Brücke. Es wird sich hier Stoff an einer Seite anlagern, denn die Brücke zerreißt, wie schon gesagt, unsymmetrisch. Das Gleiche ist bei anderen Prozessen der Fall. Man unterscheidet dabei die Vorgänge der „Feinwanderung" und „Grobwanderung", wobei sich die Feinwanderung im wesentlichen auf den Prozeß der zerreißenden Brücke (3) und auf die Prozesse beim Auftreten kurzer Bögen (4), Abb. 130, beschränkt und die Grobwanderung den langen Bögen (5) mit Kathodenverlust zuzuordnen ist. Im Gebiet der Feinwanderung mit Verlust der Anode und Hinwandern des Stoffes zur Kathode ist ein sogenannter „Spareffekt", möglich. Bei Verwendung solcher Schaltstücke in Wechselstromkreisen wird die Elektrode, an der sich der Stoff anlagert, dauernd wechseln. Sorgt man nun dafür, daß der Stoff im Kontaktspalt verbleibt und nicht wegspritzt, dann ist der endgültige Verlust sehr bescheiden. Bei Versuchen von Franken (12, 13) wurde mit Halbwellenstrom gearbeitet, um die Wanderungsrichtung eindeutig zu halten. Dabei konnte festgestellt werden, wieviel Stoff der einen Elektrode verlorenging und an der anderen sich anlagerte. Ein solches Ergebnis für Silberschaltstücke in Luft beim Einschalten zeigt beispielsweise Abb. 132. Dem Gesamtabbrand a steht der Verlust der Anode b und der Gewinn der Kathode c gegenüber. Lediglich die kleine Differenz von b und $c = a$ ist der endgültige Verlust. Er liegt in der Größenordnung von nur etwa einem Fünftel bis einem Sechstel der ursprünglich gelösten Stoffmenge. Auch beim Ausschalten hat sich Gewinn und Verlust weitgehend aufgehoben. Nur wurde vielfach beim Überschreiten einer bestimmten Stromstärke ein sprunghafter Anstieg des Verschleißes (etwa 1:5) festgestellt, s. Abb. 133. Hier macht sich offenbar der Einfluß des Thomson-Effektes gegenüber Wärmeleitung und Tunneleffekt stärker bemerkbar [Zielasek]. Der Spareffekt ist natürlich nur bei Schaltstücken aus Edelmetall möglich. Das praktische Ergebnis aus diesen

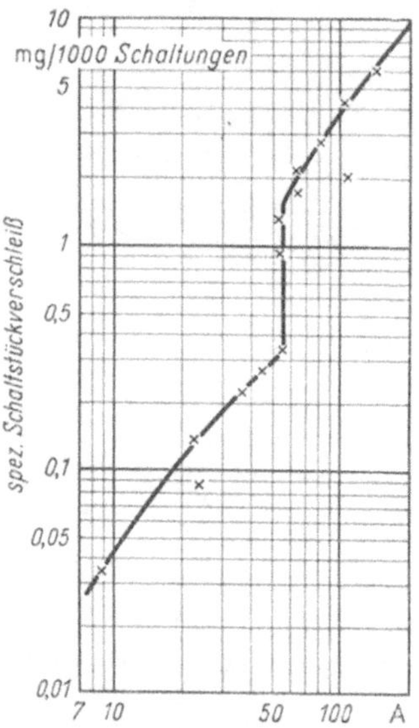

Abb. 133. Sprunghaftes Anwachsen des Silberschaltstückverschleißes beim Abschalten in Luft (Wechselstrom)

Untersuchungen war, daß es, um den Spareffekt möglichst hoch zu halten, sehr darauf ankommt, daß die Kontaktflächen der Schaltstücke nicht zu klein sind, damit der Stoffverlust durch Wegspritzen nicht zu groß wird s. Abb. 134. Eine in der Mitte gelöste Stoffpartikel erreicht die Gegenfläche. Bei einer Randpartikel geht jedoch ein Großteil verloren. Daraus ist ersichtlich, daß der Durchmesser eine Rolle spielt. Ein Umstand, den auch Abb. 135 [Franken (12)] zeigt, bei der der spezifische Abbrand als Funktion der Schaltstückbreite aufgezeichnet ist. Bei Kupferschaltstücken unter Öl wurde der gegenteilige Vorgang festgestellt. Hierbei führt das bei einer größeren Kontaktfläche größere Ölpolster offensichtlich zur Verzögerung der ersten Kontaktbildung und zu stärkeren lokalen Schmelzungen. Eine Wiederanlagerung ist unter Öl in Verbindung mit der Rußentwicklung nicht mehr möglich. Die schon angedeuteten *Stoffwanderungen* und die in ihrem Verfolg auftretende Stiftbildung zeigt an einem Beispiel Abb. 136. Hier schalteten Schütze

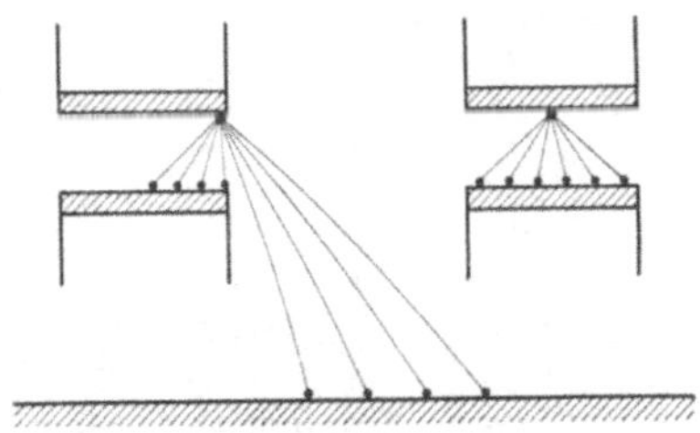

Abb. 134. Wiedergewinnung von Schaltstückstoff

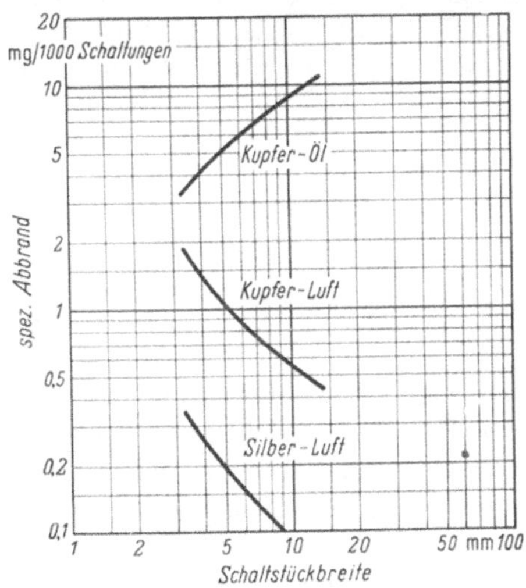

Abb. 135. Spezifischer Abbrand, abhängig von der Schaltstückbreite — (Durchmesser) bei gleicher Stromstärke

Magnetkupplungen. Schwierigkeiten sind natürlich erst zu verzeichnen, wenn die Stifte solche Formen annehmen, daß sie sich verhaken können. Bei Wechselstrom spielt, wie schon gesagt, diese Begleiterscheinung der

Stoffwanderung überhaupt keine Rolle, da sich die Ablagerungen ja nach statistischen Gesetzen gegenseitig aufheben müssen. Die Verhältnisse können dabei nur dann unangenehm werden, wenn die beiden aufeinandertreffenden Schaltstücke nicht vom gleichen Stoff sind; dann ist es denkbar, daß die Anlagerung in der einen Richtung stattfindet, in der anderen Richtung dagegen nicht. Solche Erscheinungen wurden z. B. schon an Drucktastern beim Zusammenwirken von Kupfer und Messing beobachtet. Die Stiftbildung konnte hier dazu führen, daß der ganze Kontaktspalt mit Metall zuwuchs.

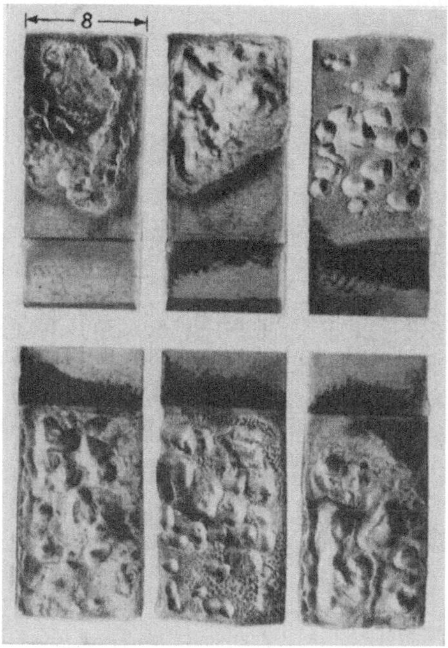

Abb. 136. Stoffwanderung beim Schalten von Magnetkupplungen 10 A, 220 V, $6{,}3\times10^6$ Schaltungen

In gleicher Weise ist darauf zu achten, daß die Anlagerung nicht unnötigerweise durch *Blasfelder* verhindert wird. Bei Vergleichsversuchen an einem Gerät mit eingeschalteter und kurzgeschlossener Blasspule konnten Relationen von 1:4 bis 1:7 festgestellt werden [Franken (23)]. Abb. 137 zeigt eine solche gegensätzliche Darstellung von Baxter. Bei höheren Strömen nähern sich die Kurven mit und ohne magnetische Blasung wieder. Offensichtlich ist bei diesen Stromstärken die Eigenblasung schon sehr stark, denn sobald sich der Lichtbogen ohnehin aus dem Kontaktspalt herausbegibt, dann kann eine Anlagerung naturgemäß nicht mehr stattfinden (s. auch S. 241). Deshalb sind auch Feststellungen verständlich, daß in bestimmten Fällen die ungünstige Einwirkung eines zusätzlichen Blasfeldes auf die Schaltstückabnutzung nicht auftritt [s. Brungsberg].

Besonders wichtig ist die *Vermeidung der Reibung.* Das erlauben Silberschaltstücke, die keine Reibbewegung zur Reinigung der Oberfläche brauchen. Die heute außerordentlich hohe Lebensdauer der Schaltstücke ist wesentlich unter Berücksichtigung der genannten Gesichtspunkte erreicht worden. Der Verschleiß hängt weiterhin noch von *verschiedenen Faktoren* ab, z. B. der Induktivität des zu schaltenden Kreises. Ist der $\cos\varphi$ hoch, d. h. wenn es möglich ist, daß der Strom im Augenblick der

Berührung sofort in voller Höhe auftritt, dann ist naturgemäß auch ein etwa vorhandener Einschaltverschleiß viel höher als bei gleicher Stromstärke und einem schlechten cos φ, bei dem der höchste Wert erst später auftreten kann. Umgekehrt ist beim Auschalten der Verschleiß bei niedrigem cos φ höher als bei hohem (s. Abb. 138). Die *Kontaktdruckkraft* hat nur Einfluß auf die Prellung und dementsprechend indirekt auf den Abbrand.

Weitere Vorteile brachte bei Wechselstrom die Beachtung der günstigsten *Ausschaltgeschwindigkeit.* Je geringer die Öffnungsgeschwindigkeit des schaltenden Kontaktgliedes ist, um so kleiner ist die durchschnittliche Lichtbogenlänge sowie der Lichtbogenspannungsabfall beim ersten Nulldurchgang des zu unterbrechenden Wechselstromes, s. S. 58 (Wechselstromlösung). Deshalb wird bei einer größeren Anzahl von Schaltungen

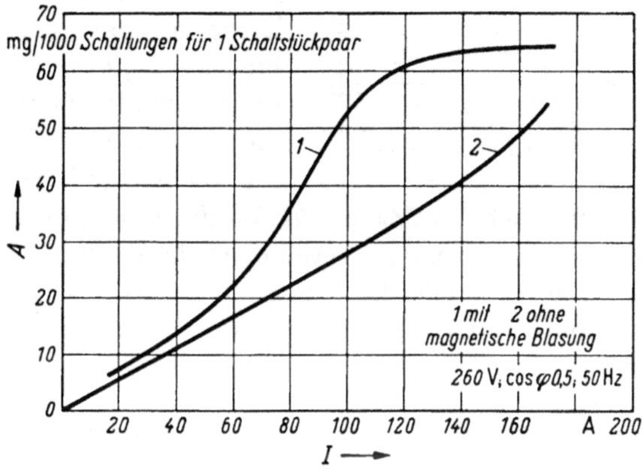

Abb. 137. Schaltstückabbrand (mg je 1000 Schaltungen) bei Schützen ohne und mit Blasung (nach Baxter)

auch der durchschnittliche Abbrand der Schaltstücke kleiner. Die während der Lichtbogenbrenndauer freiwerdende Wärme kann besser von den Schaltstücken aufgenommen werden und die Temperatur der Lichtbogenfußpunkte niedriger liegen bzw. schneller abfallen. Das bedeutet, daß auch die Ionisation erheblich zurückgeht und der Kontaktzwischenraum seine dielektrische Festigkeit schneller wiedererlangt. Solche Minima wurden von verschiedenen Verfassern bei 2 bis 8 cm$\sec^{-1}$ ermittelt [Rühlemann (1)]. Der Abbrand als Funktion der Ausschaltgeschwindigkeit führt ebenso wie bei der Einschaltgeschwindigkeit und dem Schweißstrom (s. S. 33) zu V-förmigen Kurven [s. Eisler].

Besondere Beachtung fand auch das *unterschiedliche Verhalten* der Schaltstücke *in Luft und in Öl.* Die Abbrandnarben sind bei Schaltstücken unter Öl im allgemeinen feinkörniger als bei gleicher Belastung in Luft, vor allen Dingen aber der Abbrand mengenmäßig immer größer. Die mutmaßlichen Gründe hierfür s. Franken (13). Auf das *unterschiedliche Verhalten* von Tastschaltstücken aus *Silber und* gleichartigen *aus Kupfer* wurde schon hingewiesen. Bei Versuchen wurde für erstere eine höhere Lebensdauer in der Größenordnung 15:1 festgestellt.

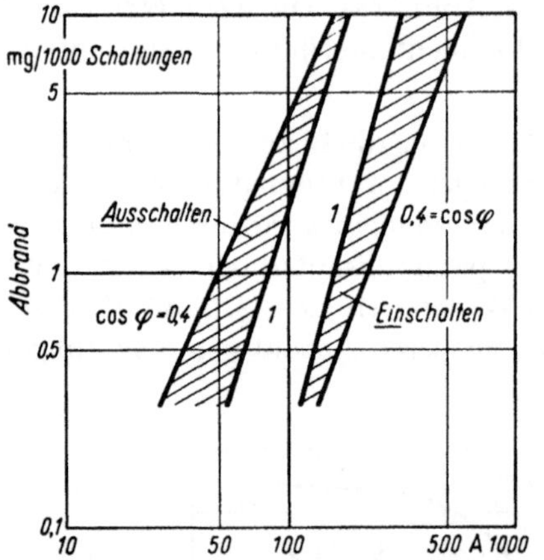

Abb. 138. Schaltstückverschleiß beim Ein- und Ausschalten abhängig vom cos φ

Die Schaltstücklebensdauer hat man durch *Legierungen* und *Sinterstoffe* zu verbessern gesucht. Insbesondere waren es Silberverbindungen mit Cu, Ni, Cd, CdO usw., wobei letzteres besonders hervorgetreten ist. Bei dieser Verbindung liegt der spezifische Abbrand im allgemeinen innerhalb des Streubandes für Reinsilber mit einer Tendenz zu den besseren Werten. Bei Schaltstücken aus Wolfram-Kupfer (Sintermetall) wurde unter Öl eine 6- bis 8mal größere Lebensdauer als bei Kupferschaltstücken erzielt. Sie wird allerdings mit einer beträchtlichen Erhöhung des Übergangswiderstandes erkauft. Für kleinere Ströme und $\cos \varphi = 1$ fanden Naidenow und Hoffrichter bei Wolfram-Kupfer keinen Vorteil gegenüber Elektrolytkupfer.

Das Grundmetall *plattierter Schaltstücke* wird bei der Stoffwanderung und der damit zusammenhängenden Bildung von Vertiefungen bei kleinen Spannungen, also Schaltvorgängen, die praktisch ohne Lichtbögen nur mit Feinwanderung verlaufen, nicht angegriffen. Es schützt sich durch eine isolierende Oxydschicht. Der Abbrand bleibt in der Diffusionszone stecken, so daß hier eine, wenn auch nur dünne, edelmetallreiche Schicht verbleibt. Der Metallgehalt erlaubt schon die Oxydation. Das Loch erweitert sich nunmehr nicht in die Tiefe sondern in die Breite. Bei Grobwanderung durch Lichtbögen wurde auch das Grundmetall angegriffen, [s. Raub].

Bei Kontaktnieten zeigen sich beim Abschalten verhältnismäßig hoher Stromstärken, oft schüsselförmige Aufwölbungen der Randzonen. Die Oberfläche erscheint von der Lichtbogenseite aus gesehen konkav gekrümmt. Der Grund liegt in Schrumpfspannungen, die beim örtlichen Anschmelzen und Wiedererstarren der Kontaktoberfläche in der Randzone entstehen. Abhilfe bietet eine ausreichende Bemessung der Schaltstücke. Bei aufgeschweißten Stoffen verwirft sich unter Umständen selbst das Trägermetall.

Der Abbrand steigt selbstverständlich mit *steigender Stromstärke*, und zwar mit einer bestimmten Potenz. Die praktischen Feststellungen dieser Potenzen ergaben, daß der Schaltstückstoff, der Anteil des Ein- und Ausschaltprozesses, ferner das umgebene Medium, z. B. Luft oder Öl, voneinander abweichende Werte zur Folge haben. Bei Kupferschaltstücken unter Öl wurde für die Strompotenz immer ein Wert unter 2, etwa zwischen 1,6 bis 1,8 gefunden. Bei Silberschaltstücken in Luft stellte man dagegen Werte über 2 (bis 3) fest. Bei AgCdO fand LOH (7) im Mittel 2,15. Über den ganzen Bereich kann man wohl mit einem Mittelwert von 2,5 rechnen. Dabei ist zu sagen, daß die Abbrandkurve für Silber in Luft nicht so kontinuierlich verläuft wie danach zu erwarten (s. Abb. 133) [FRANKEN (13)]. Auch bei Kupferschaltstücken in Luft wurden Strompotenzen von 2 und mehr festgestellt, wobei man beim Ausschaltabbrand

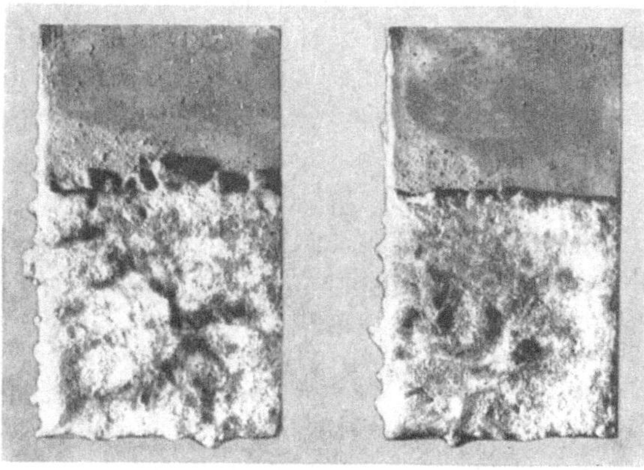

Abb. 139. Oberfläche von Silberschaltstücken nach längerer Betriebszeit

mit niedrigeren Werten z. B. 2,3 und beim Einschaltabbrand mit relativ höheren z. B. 2,8 zu rechnen hat. Die starke Stromabhängigkeit des Abbrandes hat zur Folge, daß er sehr von der Art der Belastung, also der Höhe des jeweiligen Ein- oder Ausschaltstromes, abhängt.

Die zerklüftete Oberfläche eines Silberschaltstückes (s. Abb. 139) wird oft fälschlicherweise als zur Stromführung ungeeignet angesehen, in Wirklichkeit ist sie es nicht. Abfeilen würde nur die Lebensdauer verringern. Während der Abbrand eines Reinsilberstückes im allgemeinen sehr gleichmäßig vonstatten geht, weisen Silber-Kadmium-Oxyd-Schaltstücke eine leicht zerklüftete Oberfläche auf, was sich insbesondere bei Gleichstrom bemerkbar macht [s. DREMEL]. Der Zustand der Schaltstücke läßt auch weitgehende Rückschlüsse auf außergewöhnliche Abbrandursachen zu. So z. B. lassen sich bei Silber Einschaltstromnarben von Ausschaltnarben sowie Verschweißungen durch Überströme u. dgl. erkennen [GALLE (1)].

Zur *Erzielung einer hohen Schaltstücklebensdauer* ist man bei Luftschützen also *folgende Wege* gegangen: Weitgehende Einschränkung der Prellung durch Abstimmung von Geschwindigkeit, Masse und Kontaktkraft, Einschränkung der Lichtbogenzeit durch Verhinderung der Wiederzündung bei Wechselstrom mit Hilfe der Mehrfachunterbrechung. Einschränkung der Blaswirkung magnetischer Felder wenigstens bei der Normallastabschaltung. Bei Wechselstrom durch Verwendung von Feinsilber, das einen Spareffekt hat und einen großen Teil des gelösten und wandernden Schaltstückstoffes sich am anderen Schaltstück wieder anlagern läßt, so daß der endgültige spezifische Verlust außerordentlich klein ist.

Bezüglich der Schaltstücklebensdauer hat man im übrigen *zwei Wege* beschritten. Entweder halten die Schaltstücke genauso lange wie das Gerät selbst, d. h. sie halten die Prüfschaltzahlen des Gerätes ohne Strombelastung ebenfalls mit ihrer Belastung aus, dann wird keine bequeme Ersatzmöglichkeit gefordert. Ist diese Voraussetzung nicht erfüllt, dann muß eine leichte Auswechselbarkeit möglich sein.

7.3 Die Gerätelebensdauer

Die mechan. Lebensdauer (S. 233) und die Schaltstücklebensdauer (S. 238) werden unabhängig voneinander in umfassenden Versuchsreihen ermittelt. In Wirklichkeit sind sie aber nicht unabhängig voneinander. Die im stromlosen Zustand ermittelte Abnutzung kann oft nicht der Maßstab für die Lebensdauer der Geräte sein. In der Praxis können Nebenwirkungen der Schaltstückbeanspruchung vermindernd auf die mechanische Lebensdauer einwirken, z. B. durch Abbrandpartikel der Schaltstücke, Angriffe auf Isolierstoffe usw. Letztere insbesondere als Wärmeeinwirkung der Lichtbögen bei Tippbetrieb. Die tatsächliche Lebensdauer der mechanischen Bauelemente kann deshalb außer von der ermittelten mechanischen Abnutzung auch von Motorleistung und Betriebsart abhängen. Bei den dadurch beeinflußten Werten spricht man von der „Gerätelebensdauer“.

Insbesondere bei Geräten, die nicht für Schaltstückauswechslung gebaut sind, bezieht man in diesen Bereich auch die Schaltstücklebensdauer ein. Sie ist dann gegeben durch einen Kurvenzug, der den jeweils niedrigsten Werten der mechanischen Lebensdauer, ihrer Beeinträchtigung durch die elektrische Belastung und der Schaltstücklebensdauer Rechnung trägt.

8. Die Prüfung

Hierunter sollen nicht die „Forschungsarbeiten“ verstanden werden, die zur Beschaffung grundlegender Erkenntnisse, die dem Aufbau der

Konstruktion oder den Anforderungen zugrunde gelegt werden können, und auch nicht die „Modelluntersuchungen", die im Zuge der Entwicklung an einzelnen noch nicht im Zuge der normalen Fertigung aufgebauten Geräten durchgeführt werden. Auf die Forschungsprüfungen kann die Konstruktion nicht verzichten. Hierbei kann auch das Experiment die Theorie nicht entbehren. Sie verleiht ihm erst seinen Sinn und ermöglicht eine Verallgemeinerung der Versuchsergebnisse. Sie rationalisiert die Versuchsarbeit und erhöht den Wert ihrer Ergebnisse. Die genannten Modellprüfungen sind unentbehrlich; ohne sie wäre eine Entwicklung der modernen Schaltgeräte nicht denkbar. Vor ihrer Fertigung sind komplizierte und kostspielige Erprobungen notwendig.

Nach Abschluß der Entwicklungsarbeiten und Aufnahme der Produktion sind wesentlich „Typen-" und „Stückprüfung" sowie in einem gewissen Umfang noch eine zusätzliche „Stichprobenprüfung". Die Typenprüfung hat hauptsächlich die Feststellung kennzeichnender Eigenschaften zum Ziel, ferner die Feststellung von Werten, bei deren Einhaltung die Wahrscheinlichkeit oder gar die Sicherheit einer Erfüllung gegeben ist. Derartige charakteristische Werte sind Gradmesser für die Funktionsfähigkeit.

Die *Typenprüfung* wird heute üblicherweise als Erprobung der „*0-Serie*" bezeichnet. Nach erfolgreichem Abschluß der Modelluntersuchung und Auswertungen der gemachten Erfahrungen werden zu ihrer Durchführung eine Anzahl mit Werkzeugen gefertigter Geräte untersucht [s. FRIEDRICH (2)]. Dabei ist es notwendig, bei diesen Geräten die Toleranzen zu überprüfen und dafür zu sorgen, daß ihre Schwankungen, die man zuzulassen beabsichtigt, bei den zu prüfenden Geräten vorkommen. Das gilt z. B. für Federn, Magnethübe u. dgl. Die Geräte müssen u. U. in diesem Sinne besonders hergerichtet werden. Im übrigen umfaßt die Typenprüfung also im Gegensatz zur „Stückprüfung" und „Stichprobenprüfung" die Untersuchung aller Eigenschaften. Viele der hier zu erfüllenden Bedingungen sind in den einzelnen Ländern durch einschlägige Vorschriften festgelegt. Es genügt aber nicht immer, daß man nur die gedruckten Vorschriften erfüllt, sondern häufig müssen Punkte, die deren Verfasser nicht behandelt haben, in das Prüfprogramm einbezogen werden. *Bei Schützen* und auch Schaltrelais der verschiedensten Art *gilt es in erster Linie zu ermitteln:*

Die Kontaktgebung (Spannungsabfall),
die Kontaktdruckkraft,
die Erwärmung,
das Ausschaltvermögen,
das Einschaltvermögen,
die mechanische Lebensdauer,
die Schaltstücklebensdauer,
die Ein- und Ausschaltsicherheit,
die Funktionszeiten und ihre Streuungen.
die Erfüllung der Schutzvorschriften bzgl. Erdung, Nullung u. dgl.,
die Möglichkeiten der Leitungseinführung.
die „Schutzart" nach DIN 40050.

Hinzu kommen noch viele andere Dinge, vor allem Sonderanforderungen je nach Gerätezweck. Die bei den Versuchen anzuwendenden Meßmethoden unterscheiden sich von den sonst in der Elektrotechnik üblichen fast gar nicht, nur für einige wenige Aufgaben werden spezielle Geräte und Methoden verlangt. Eine Übersicht über den Prüf- und Entwicklungsvorgang von Niederspannungsschaltgeräten, insbesondere von Schützen, s. KIRCHDORFER (1).

8.1 Kontaktgebung

Bei der Kontaktgebung ist die Messung der Druckkräfte wichtig. Sie muß nicht nur grundsätzlich bei der Typenprüfung, sondern in vielen Fällen auch bei der Stückprüfung vorgenommen werden. Die Druckkräfte sind für den Spannungsabfall, damit für die Erwärmung der Schaltstücke, für das Nenneinschaltvermögen und auch für die Prellvorgänge von ausschlaggebender Bedeutung. Ihre Messung erfolgt im allgemeinen mit Federwaagen. Voraus gehen exakte Bestimmungen der verwandten Federn unter Berücksichtigung ihrer Streubereiche. Für das elektrische Verhalten ist aber der aus der Druckkraft resultierende Widerstand wichtiger. Deshalb darf sich die Messung des Kontaktzustandes im allgemeinen nicht auf die Feststellung der Druckkräfte beschränken, sondern es ist eine Messung des Kontaktspannungsabfalles, die mit Gleichstrom vorgenommen wird, notwendig. Dabei ist die Verwendung eines Kompensationsverfahrens im allgemeinen entbehrlich. Bei der Gefahr elektrolytischer Prozesse empfiehlt sich bei großen Geräten eine Umpolung des Meßkreises für die Beurteilung des Übergangswiderstandes. Es wird der Mittelwert aus den beiden Ablesungen genommen. Bei der Messung ist es zulässig, auch mit niedrigeren Strömen zu arbeiten als dem Nennstrom und dann den Spannungsabfall entsprechend umzurechnen. An sich muß der Widerstand mit steigendem Strom und entsprechend steigender Temperatur wachsen und damit auch der Spannungsabfall. Das Wachstum ist aber zunächst ein ganz bescheidenes, so daß man zum mindesten bis zu Spannungsabfällen von 50 mV — bezogen auf den Nennstrom — höhere kommen in der Praxis auch nicht vor, bei Silber und Kupfer den Kaltspannungsabfall gleich dem Warmspannungsabfall setzen kann.

Viele kleine Geräte, z. B. Relaisschaltglieder sowie die Hilfsschaltglieder der Schütze, sind in der Praxis sehr druckkraftempfindlich. Einmal kann die Ansprechgenauigkeit der Geräte von der Höhe der Druckkräfte beeinflußt werden. Ferner sind sie, wie in Abb. 5 S. 19 dargelegt, das Fundament einer zuverlässigen Kontaktgebung, d. h. einer geringen Ausfallwahrscheinlichkeit. Darüber hinaus ist oft die Durchzugspannung der Schütze selbst von den Druckkräften der Hilfsschaltglieder abhängig. Die Beschleunigung und damit der Magnetschlag und der Verschleiß kann durch zu hohe Druckkräfte vermindert, durch zu niedrige auch vergrößert werden. Es ist deshalb bei vielen kleinen Geräten dringend notwendig, dafür zu sorgen, daß die Druckkräfte weniger mit Rücksicht auf den Stromübergang, wohl aber mit Rücksicht auf die Eingliederung dieser Elemente in das Gesamtgerät zwischen zwei manchmal verhältnismäßig engen Grenzen liegen. Auf der anderen Seite handelt es sich hierbei um Massenerzeugnisse, so daß das Bedürfnis nach einer leicht bedienbaren Massenprüfeinrichtung gegeben ist (s. WERNER).

8.2 Erwärmung

Für die Messung der Erwärmung gilt der Grundsatz, daß die Temperatur an der heißesten Stelle, soweit ermittelbar, maßgebend ist und nicht ein Mittelwert. Das gilt in erster Linie für die Erwärmung von Spulen, wobei man in der Praxis jedoch meist auf die Feststellung der Widerstandserhöhung zurückgreift, also doch einen Mittelwert feststellt, weil der Unterschied bei Schützenspulen kaum über 5 °C hinausgeht und dieser Tatsache bei der Festlegung der Erwärmungsgrenzen nach VDE 0660 Rechnung getragen wurde.

Bei der Kleinheit der Einzelobjekte, z. B. der Schaltstücke, verdient die Messung mit Thermoelementen gegenüber der mit Thermometern mit Rücksicht auf die Schwierigkeiten der Wärmeübertragung natürlich den Vorzug. Sie hat weiterhin den Vorzug, daß sie ohne weiteres die „Erwärmung“ statt der Temperatur angibt. Da meist verhältnismäßig kleine Erwärmungen zu messen sind, werden Thermoelemente mit hoher Thermospannung bevorzugt, das ist vor allem die Verbindung Chromnickel und Nickel mit etwa 0,04 mV $C^{\circ-1}$. Macht auch die Messung mit Thermoelementen Schwierigkeiten, so kommt man auch sehr weit mit „Schmelzsalzen“ und „Anlauffarben“. Bei ersteren muß darauf geachtet werden, daß die Schmelze zu keinen Kontaktverschlechterungen führen kann. Zur Aufnahme von Temperaturanstiegs- und -abkühlungskurven sind Thermometer nur mit Vorsicht zu verwenden, da sie die Ergebnisse infolge der mittelbaren Wärmeübertragung verwischen. Im Inneren der Schaltgeräte muß mit Thermoelementen gemessen werden; jedenfalls führen große herausragende Thermometer zu Fehlanzeigen. Die Feststellung der Lufttemperatur, die bei manchen Messungen von Bedeutung ist und bei Thermometermessungen ohnehin festgestellt und abgezogen werden muß, erfolgt mit mindestens 2 Thermometern, sie sollen in einem solchen Abstand angebracht werden, daß sie durch Strahlung und Konvektion des zu prüfenden Gerätes nicht beeinflußt werden. Sie müssen im natürlichen Luftstrom hängen. Bei Zugluft, die nicht vom Gerät selbst herkommt, sind Versuche zur Feststellung der Geräteerwärmung praktisch unmöglich. Die Umgebungstemperatur ist in etwa 1 m Abstand und etwa der Höhe der Mittelebene der Geräte zu messen, dabei gilt als Lufttemperatur der Durchschnittswert, der während des letzten Viertels der Versuchszeit in regelmäßigen Zeitabständen gemessenen Temperatur der Umgebungsluft. Bei den Erwärmungsmessungen läßt man die im Betrieb kurzzeitig auftretenden Erwärmungen durch Schaltlichtbögen nach VDE 0660 Teil 1, § 51 außer acht.

Bei Feststellung der *Schaltstückübertemperatur*, z. B. für Dauererwärmung, im gewissen Umfang auch bei aussetzendem Betrieb, wird verlangt, daß sich im letzten Drittel der Versuchsdauer die Erwärmung nicht mehr wesentlich erhöht. Mit derartigen Erwärmungsprüfungen geht immer die Messung des Spannungsabfalls, wie vorher erwähnt,

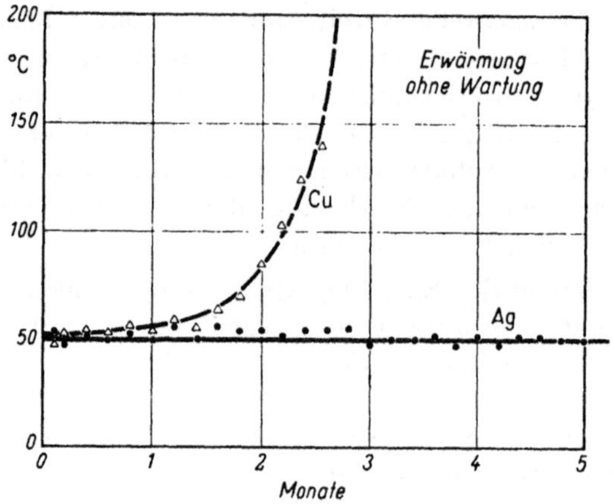

Abb. 140. Schaltstückerwärmung ohne Wartung bei Dauerlast mit Nennstrom

parallel. Der Spannungsabfall wird vor Beginn des Erwärmungsversuches gemessen, und zwar der der gesamten Strombahn, um etwaige Veränderungen feststellen zu können, und insbesondere derjenige der Kontaktstellen. Die Messung ist nach 5maligem Öffnen und Schließen des Gerätes zu wiederholen (0660 Teil 1, § 50). Wie lange diese Prüfung durchgeführt werden muß, hängt vom Zweck des Gerätes ab. Soll der zulässige Dauerstrom für unbegrenzte Einschaltung ermittelt werden, dann ist selbstverständlich zunächst eine Belastung bis zum Erreichen der Enderwärmung notwendig. Aber auch dann darf man bei Unedelmetallen den Versuch nicht abbrechen. Es muß erst noch abgewartet werden, inwieweit nachträglich Oxydationen auftreten. Die Erfahrung hat gezeigt, daß man einen solchen Versuch mindestens 4 Monate lang fortführen sollte. Es kann vorkommen, daß die Oxydation, die sich zunächst ganz langsam steigert, ihr Tempo nach vielen Wochen und Monaten beschleunigt, s. Abb. 140, nach der sich die Erwärmung der Silberschaltstücke im Laufe eines längeren Zeitraumes praktisch nicht verändert, während die Erwärmung von kupferhaltigen Schaltstücken nach rund $2^1/_2$ Monaten schlagartig stark anstieg, so daß das Gerät unbrauchbar wurde. Es ist aber nicht nur das Schaltstückmaterial, das den Grund für eine lange Belastungszeit abgeben kann, auch z. B. die Isolierstoffe, die bei der Erwärmung schwinden können und dadurch die Funktion beeinträchtigen, z. B. bei Übertragungsgliedern, Hebeln u. dgl.

In 0660 Teil 1, § 13 ist der Begriff des „8-Stundenstromes" eingeführt worden. Man bricht bei seiner Feststellung den Erwärmungsversuch nach 8 Stunden ab und setzt voraus, daß eine länger dauernde Belastung in der Praxis nicht vorkommt. Ein derartiger Belastungsfall ist oft bei industriellen Anwendungen gegeben, insbesondere als Höchstgrenze bei Schützen. Aber auch hierbei muß man vorsichtig sein, wenn es sich um einen Schalter handelt, der zwar täglich nur 8 Stunden be-

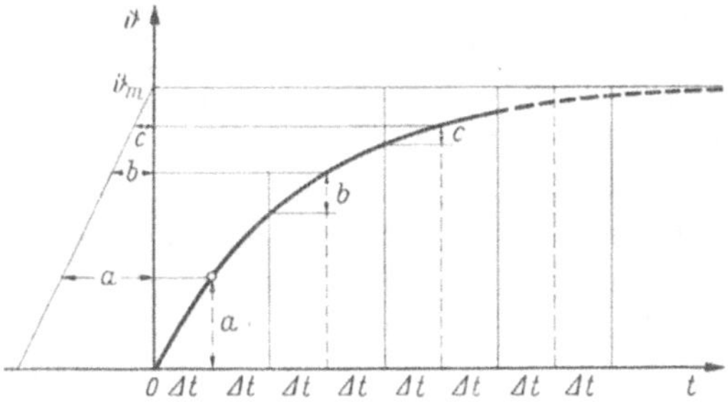

Abb. 141. Ermittlung der Grenzerwärmung

lastet ist, im übrigen aber gar nicht geschaltet wird, und Schaltstücke besitzt, die oxydieren können. Geräte, die grundsätzlich nur im aussetzenden Betrieb arbeiten, werden mit Strömen entsprechend dem meist normierten Arbeitsprogramm belastet, d. h. unter Zugrundelegung der prozentualen Einschaltdauer und maximalen Belastungszeit. Für die Strombahnen sind keine Sicherheitszuschläge üblich. Um Schwierigkeiten im Betrieb zu vermeiden, sollte man sie grundsätzlich für unbegrenzte Dauereinschaltung prüfen, was insbesondere bei Schützen mit Silberschaltstücken keine Schwierigkeiten macht. Bei der praktischen Durchführung der Versuche trennt man natürlich den Hauptstromkreis von dem der Spulen und betreibt ihn mit Kleinspannung.

Bei Erwärmungsversuchen an größeren Objekten, insbesondere großen Spulen, kann man oft die Erwärmungszeiten abkürzen. Man sollte vor allen Dingen dann zu diesem Verfahren greifen, wenn durch geringe Schwankungen der Umgebungstemperatur der Endwert schlecht zu ermitteln ist. Er wird dann nach bekannten Verfahren durch Extrapolation festgestellt, indem man für gleiche Zeitabschnitte die Erwärmungszunahme aufzeichnet und die entstehende Gerade nach Null hinverlängert, s. Abb. 141.

Bei *Wicklungen* kommt man im Gegensatz zu Schaltstücken aus unedlen Stoffen mit einer Probe bis zur Höchsttemperatur aus, da eine Veränderung der Voraussetzungen nicht mehr zu erwarten ist. Hier wird mit der Widerstandsmessung und u. U. dem Einbau von Thermoelementen zur Ermittlung der Höchsttemperatur gearbeitet. Bei Gleichstromwicklungen kann man den Widerstand in der betriebsmäßigen Schaltung anhand der Stromaufnahme überwachen. Bei Wechselstrom ist Abschaltung und Umschaltung auf einen besonderen Meßkreis notwendig. Die Umschaltzeit muß naturgemäß sehr kurz sein, damit in der Zwischenzeit keinerlei Wärme abgeleitet wird. Für die Erwärmungsmessung durch Feststellung der Widerstandszunahme ist die genaue Kenntnis der Temperatur bei Versuchsbeginn wichtig. Wird das Gerät erst bei Versuchsbeginn aus einem Raum mit abweichender Temperatur in den Versuchsraum gebracht, dann ist die Messung unmöglich. Meistens kommt man mit einer Stunde Einlagerung aus.

Nach 0660 Teil 1 werden die Spulen mit der oberen Betätigungsspannung nach Tafel 14, d. h. im allgemeinen 110% der Nennbetätigungsspannung geprüft. Hierbei dürfen die Erwärmungen nach Tafel 22 nicht überschritten werden. Es ist aber auch zugelassen, diesen Versuch mit Betätigungsnennspannung durchzuführen, dann ist es jedoch notwendig, in einem Zusatzversuch nach § 57 nachzuweisen, daß der Betrieb bei erhöhter Spannung ohne Schaden möglich ist. Die Zusatzprüfung umfaßt eine Dauereinschaltung von mindestens 4 Monaten mit mindestens der 1,1-fachen Nennspannung. Anschließend folgt eine Prüfung während 24 Stunden mit Aussetzbetrieb bei Nennspannung und der höchsten für das Gerät vorgesehenen Schalthäufigkeit.

Bei den Schaltmagnetspulen ist außer auf die Dauererwärmung wesentlich auf den Einfluß *der Schalthäufigkeit* zu achten. Während des Einschaltvorganges nehmen alle Spulen höhere Leistungen auf (Anzugsleistungen), die bei großer Schalthäufigkeit maßgebenden Einfluß auf die Erwärmung haben. Sie kann höher werden als bei Dauerbelastung. Bei konstanter prozentualer Einschaltdauer ergeben sich über der Schalthäufigkeit steigende Erwärmungen. Ein Beispiel zeigt Abb. 142. Elektrische Kraftantriebe und Hilfsauslöser, also auch Schützenspulen, sind mit den vom Hersteller angegebenen Schalthäufigkeiten zu betreiben. Fehlen Herstellerangaben, so gelten die nach 0660 Teil 1 Tafel 23 festgelegten konventionellen Schalthäufigkeiten (s. Tab. 5, Spalte 2) z. B. für ein Schütz der Klasse E mit 10^7 Prüfschaltungen, 3000 je Stunde. In Wirklichkeit lassen die Geräte meist höhere Schalthäufigkeiten zu z. B. solche für 60 A Motornennstrom bis 6000, Kleinschütze noch mehr. Darüber hinaus kann es vorkommen, daß eine Anzahl Schaltungen unmittelbar aufeinanderfolgt und zur weiteren Temperatursteigerung führt. Es empfiehlt sich deshalb, z. B. mit den Werten der Spalten 3 und 4 Tab. 5 die dabei auftretende Erwärmung nachzuprüfen.

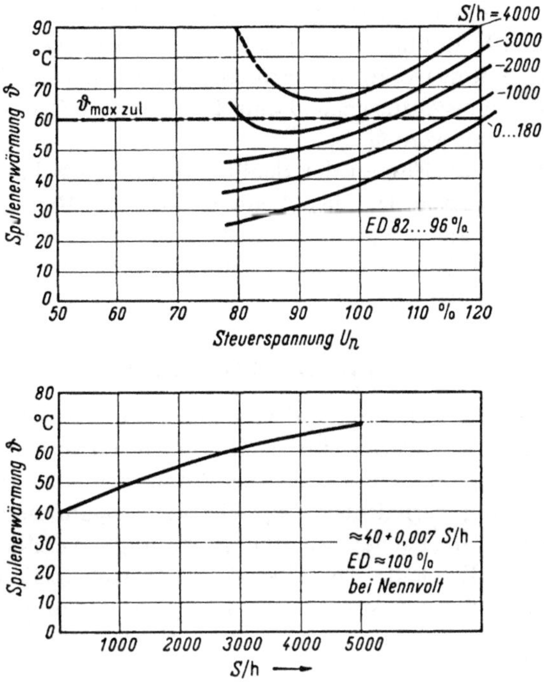

Abb. 142. Abhängigkeit der Erwärmung einer Schützenspule von Steuerspannung, v. H. ED und Schalthäufigkeit (S/h)

Bei allen Erwärmungsmessungen ist darauf zu achten, daß die Geräte in betriebsmäßiger Art befestigt und mit der vorgesehenen Kapselung versehen sind, sowie daß die Leitungen in voller Zahl und mit dem in

Tabelle 5. *Konventionelle Schalthäufigkeit für Schütze, Spalte 1 u. 2 nach VDE 0660 Teil 1*

Geräteklasse	S/h	S/3 Min	S/2 Min
A_1	10	10	—
B_1	20	10	—
C_1	50	—	30
D_1	500	—	100
E_1	3000	—	200

0660 Teil 1 Tafel 8 vorgesehenen Querschnitt in der üblichen Art eingeführt werden, ferner daß der Erwärmungsversuch nicht etwa in der Weise vorgenommen wird, daß die Bahnen eines dreipoligen Gerätes im

Inneren hintereinandergeschaltet und mit zwei von außen kommenden Leitungen gespeist werden, denn die Wärmeableitung aus dem Gerät über die Leitungen ist meistens recht beträchtlich. Die Wärmeabfuhr über eine Kastenoberfläche ist naturgemäß schlechter als bei freier Luftbewegung. Bei einer Anhäufung von Schaltgeräten, die gleichzeitig in Betrieb sind, z. B. in ungelüfteten Schränken oder auch schon beim Einbau der gekapselten Geräte in wärmere Räume ist es u. U. notwendig, die Stromstärken herabzusetzen, damit die zulässigen Grenztemperaturen nicht überschritten werden.

Der weitgehende Einbau der Schütze in großen Schaltgerätekombinationen, bei denen u. U. viele Schütze in einer Reihe und mehrere Reihen untereinander eingebaut werden, so daß sich die Geräte gegenseitig beeinflussen, legt nahe, bei der Entwicklung der Einzelgeräte Erwärmungsreserven vorzusehen.

8.3 Spannungsprüfung

Während die Kriech- und Luftstrecken unter Berücksichtigung der Wahrscheinlichkeit, mit der ihre Isolation vermindert wird bzw. eine Überbrückung der Luftstrecke eintreten kann, bemessen sind und so zu ihrer Nachprüfung verhältnismäßig sehr hohe Spannungen notwendig wären, handelt es sich bei der „Spannungsprüfung" in erster Linie darum, festzustellen, ob die elektrische Festigkeit der Isolierteile einschließlich der Wicklungsisolierung ausreichend ist. Die Prüfung geschieht mit Wechselstrom. Die Stromquelle soll nicht zu klein sein. In 0660 Teil 1 § 65 ist eine Wechselstromquelle, die bei Kurzschluß mindestens 0,5 A abgibt, bei einer Frequenz von 50 Hz und praktisch sinusförmiger Spannungskurve vorgeschrieben. Die Prüfspannung richtet sich nach der Reihenspannung, s. Tab. 4 S. 114. Liegen die Einzel- oder Teilgeräte betriebsmäßig an verschiedenen Stromquellen, so sind außerdem die unter Spannung stehenden Teile je zweier Einzel- oder Teilgeräte gegeneinander entsprechend der Reihenspannung des höher isolierten Gerätes zu prüfen. Es ist besonders wichtig, dafür zu sorgen, daß der Steuerkreis einheitlich mit den in VDE 0660 geforderten Spannungen geprüft werden kann.

Bei der Prüfung darf selbstverständlich weder ein Durchschlag noch ein Überschlag eintreten, noch dürfen sich die Isolierstoffe merklich erwärmen. Es gibt Fälle, in denen u. U. die Ladeströme bei der Beurteilung Schwierigkeiten machen, z. B. bei Geräten mit eingebauten Anlaßwiderständen. Im übrigen geschieht die Prüfung so, daß bei geöffnetem Gerät die Prüfspannung an die Klemmen oder Anschlüsse des Gerätes, die in geschlossenem Zustand leitend überbrückt sind, angelegt werden, weiter bei geschlossenem Gerät an die Klemmen oder Anschlüsse verschiedener

Polarität. Außerdem sind alle Anschlußklemmen der Geräte gegen das etwaige metallische Betätigungsglied oder eine für den Versuch anzubringende metallische Umwicklung des isolierten Betätigungsgliedes zu prüfen. In gleicher Weise gegen gefahrbringend berührbare metallische Teile oder eine für den Versuch anzubringende metallische Umwicklung der Isolierstoffkapselung und die leitend untereinander verbundenen Befestigungsschrauben des Sockels. Bei den Prüfungen ist selbstverständlich auf Spannungswicklungen, z. B. Schützenspulen, Voltmeterwicklungen u. dgl. Rücksicht zu nehmen. Es bleibt nichts anderes übrig, als sie vorher einseitig abzuklemmen.

8.4 Zeitmessungen

Die den Zeitmessungen zugrunde liegenden Zeitbegriffe, die in VDE 0660 Teil 1 § 19 festgelegt, s. S. 158. Die Messung dieser einzelnen Zeiten ist jedoch teilweise umständlich. Messungen mit Stoppuhren, auch magnetisch gesteuerten, sind wegen der außerordentlichen Kleinheit vieler Zeitabschnitte nicht immer durchführbar und deshalb im allgemeinen nur mit dem Oszillographen möglich. Am günstigsten ist die Beeinflussung von Gleichstromkreisen niedriger Spannung z. B. unter 10 V praktisch induktionsfrei und die Anordnung von Hilfsschaltstellen in diesen Kreisen beim Erreichen eines bestimmten Bahnpunktes. Die dann entstehenden Schwankungen des Stromes in Treppenlinien mit scharfen Übergangspunkten sind leicht auswertbar. Schwierigkeiten können hierbei nur entstehen, wenn man mit zu hoher Spannung und zu hohem Strom arbeitet, so daß kleine Lichtbögen möglich sind. Die wirkliche Schwierigkeit ist nur in der Notwendigkeit zu suchen, die Bahnpunkte, die ausgemessen werden müssen, durch zusätzliche Hilfsschalter zu markieren. Öffnung und Schließung der Hilfsstromkreise muß naturgemäß zeitlich genau mit dem Erreichen des zu untersuchenden Bahnpunktes übereinstimmen. Will man also beispielsweise bei einem Schütz auf diese Weise feststellen, nach welcher Zeit das Vor- und das Hauptschaltstück einschaltet und wann der Magnet in seine Endlage kommt, dann braucht man für diese 3 Punkte zunächst je einen zusätzlichen Hilfsschalter. Für 1 Punkt kann man noch die Schaltstücke selbst verwenden und bei Anwendung besonderer Isolationen zwischen Vor- und Hauptschaltstück vielleicht auch für 2 Punkte noch ohne zusätzlichen Hilfsschalter auskommen. Wichtig ist aber ein solcher für den Magnetweg-Endpunkt. In manchen Fällen hilft auch die Bewegungslage und die Berührung irgendwelcher mechanischer Elemente, die naturgemäß passend gegeneinander zu isolieren sind. Gleicherweise ist es in den allermeisten Fällen möglich, diese Zeiten aus anderen Oszillogrammen zu entnehmen, die z. B. zeigen, wann der Spulenstrom oder der Hauptstrom einsetzt, wann sich bei Wechselstromspeisung der Spulenstrom durch Überbrükkung des Luftspaltes vermindert. So ist z. B. bei Aufnahme des Spulenstromes und des Hauptstromes, abhängig von der Zeit, die Zeit zwischen dem Einschalten des Spulenstromes bis zur Kontaktgebung für den Hauptstrom (Schließverzug) und die Nachlaufzeit bis zum Erreichen der Magnetendlage erkennbar. Letztere an dem Knick in der Spulenstromkurve s. Abb. 143. Da außerdem die Prellvorgänge am Strombild des über die Hauptschaltstücke geführten Kreises (Schleife 2) zu sehen sind, kann auch die „Prelldauer" und die „Gesamtschließzeit" ohne zusätzliche Hilfsschalter entnommen werden, s. Abb. 84 u. 85 auf S. 159. In Abb. 85 ist der Zeitpunkt, an dem sich der Schalter in Bewegung setzt, durch Einbau eines besonderen Hilfsschalters kenntlich gemacht (untere Wechselspannungskurve). Die Bewegung beginnt geraume Zeit nach Einsetzen des Spulenstromes. Bei der Aufnahme Abb. 84 ist statt dessen die Geschwindigkeitskurve aufgenommen und daraus der Weg festgestellt, dabei kann auch z. B. durch wegabhängiges Verstellen eines Widerstandes der Weg unmittelbar gemessen werden oder noch besser durch Verwendung einer verstellbaren Induktivität oder Kapazität, deren Änderungen durch eine Brückenschaltung in Verbindung mit Verstärkern ermittelt wird. Diese Meßmethoden können weitgehend durch Filmaufnahmen hoher Bildzahl ersetzt werden.

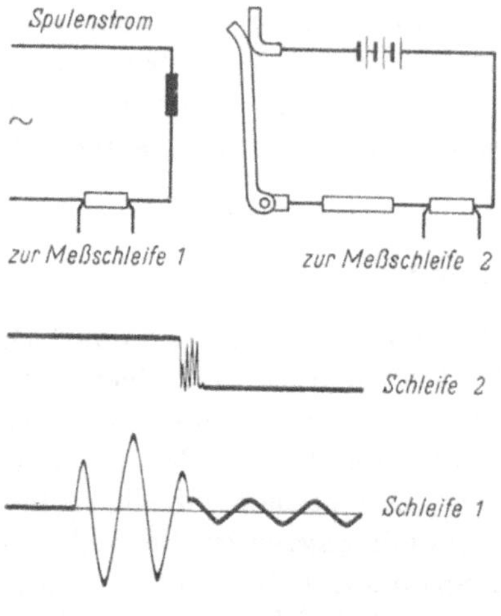

Abb. 143. Prellschlagmessungen bei Schützen

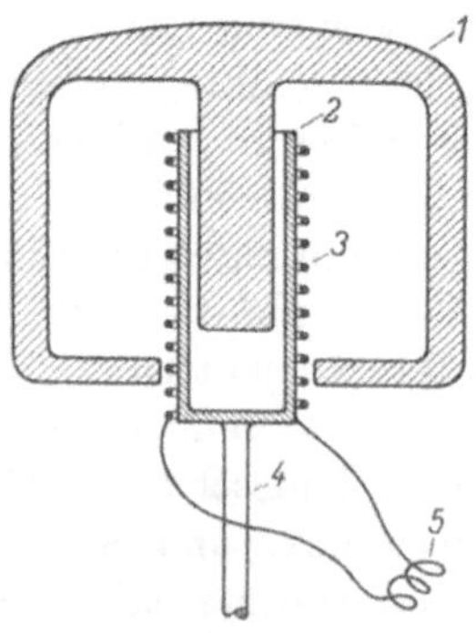

Abb. 144. Messung der Schaltgeschwindigkeit
1 permanenter Magnet;
2 Tragzylinder für
3 Meßwicklung;
4 Kupplungsstange zum untersuchten Gerät;
5 Oszillographenschleife

Die Messung der *Schaltgeschwindigkeit* geschieht entweder durch Hilfskontaktstücke an bestimmten Bahnpunkten und oszillographische Aufnahmen der bei deren Erreichen auftretenden Stromänderungen, bei Wälzbewegungen z. B. durch eingelassene isolierte Kontaktstücke auf einem beweglichen Schaltstück. Ein anderes Verfahren hat den Vorzug mit außerordentlich geringen Eigenkräften auszukommen, hierbei wird ein permanenter oder auch gleichstromerregter Magnet verwandt, der das Einschieben einer Spule mit gleichmäßig auf die Länge verteilten Windungen ermöglicht, s. Abb. 144 (KÜNDIGER). Entsprechend dem Vorschub des zu untersuchenden Gliedes werden mehr Kraftlinien von der Spule umschlossen. Die Zunahme in der Zeiteinheit ist ein Maß für die Geschwindigkeit und prägt sich durch die induzierte Spannung aus, die oszillographisch aufgenommen wird.

8.5 Prellverhalten

Bei den Messungen des Prellverhaltens muß man mit sehr starken Streuungen rechnen (s. S. 22). Deshalb ist es hier wesentlich, eine genügend große Anzahl von Versuchen vorzunehmen, die den Streubereich ausreichend festlegen. Die Streuung ist verständlicherweise besonders groß bei wechselstromerregten Schützen. Aber selbst dann, wenn man diesen Punkt ausscheidet, also gleichmäßige Aufschlaggeschwindigkeiten zur Anwendung bringt, sind die Vorgänge im Oszillogramm durchaus nicht gleichmäßiger Art. Es dreht sich u. a. sehr darum, wie der lokale Charakter der Oberfläche an der Aufschlagstelle gerade ist. Es ist üblich, die Messungen nach Abb. 143 so durchzuführen, daß man über die Schaltstücke einen niedrig gespannten Gleichstrom schickt, dessen Strom- und Spannungswerte so abgestimmt sind, daß kein Lichtbogen zustande kommt. Schleife 2 verzeichnet den Stromschließvorgang. Die Unruhezeit ist die Prelldauer. Außerdem nimmt man zweckmäßigerweise noch einen Wert auf, der den Bewegungsvorgang kennzeichnet, z. B. bei einem Schütz den Strom im Schaltmagneten entsprechend Schleife 1. Die Messungen werden nur bei Schaltstückbelastungen, die in Höhe dieser Meßströme liegen, durchgeführt. Andernfalls werden die Vorgänge, wie in Abb. 11 S. 26 dargelegt, durch zusätzliche Erscheinungen an den Schaltstücken verwischt. Bei den Meßkreisen ist es notwendig, daß sie möglichst induktionsfrei sind, denn die Anstiegsgeschwindigkeiten müssen sehr groß sein. Daraus geht schon hervor, daß Schleifen mit einigen wenigen 1000 Hz Eigenschwingungszahl nicht genügen. Erfahrungsgemäß sind solche von mindestens 10000, zweckmäßig bis 20000 Hz erforderlich [FRANKEN (32)]. Ein wirklich brauchbares Bild erhält man mit Kathodenstrahloszillographen, s. Abb. 145 u. FRANKEN (43). Das Bild ist als Sägezahndiagramm entstanden, wobei mit hochgespanntem Gleichstrom gearbeitet wird (HOCHRAINER). Nach dem Erreichen einer bestimmten Spannung erfolgt ein Überschlag, die Höhe der Spannung ist ein Maß für die Spaltweite; solche Messungen geben nicht nur quantitative, sondern auch qualitative Aufschlüsse über den Prellvorgang. Man kann in etwa die Sinusform des Rückschlagweges erkennen. Aus den Messungen wird häufig geschlossen, daß, wenn die Zahl der Unterbrechungen in der Prellzeit größer ist, das Prellverhalten um so schlimmer sei. Das ist nicht unbedingt richtig, richtiger ist schon die gesamte Prelldauer in Erwägung zu ziehen. Wenige Prellungen in der gesamten gleichbleibenden Prellzeit lassen darauf schließen, daß die Rückschlagwege verhältnismäßig groß sind. Gerade hierauf scheint es aber in ganz besonderem Maße anzukommen. Kleine Wege wirken sich in der Praxis bei weitem nicht so stark aus wie große, sie werden beispielsweise bei

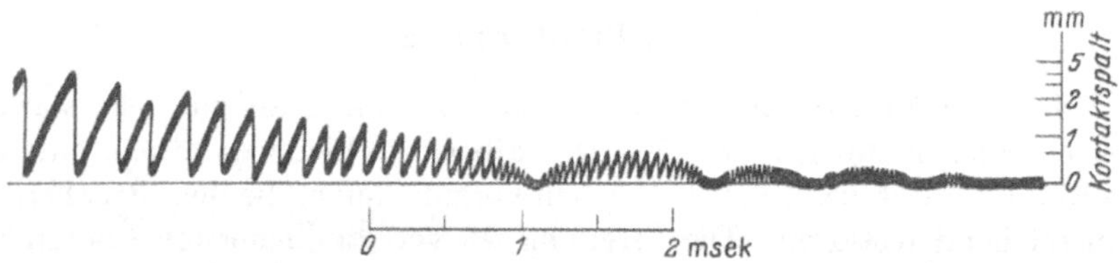

Abb. 145. Bewegungs- und Prellbild, aufgenommen als Sägezahndiagramm mit KO

Strombelastung der Schaltstücke durch das Flüssigwerden der Schaltstückpartikel überbrückt. Andere Meßeinrichtungen s. RATING und WALTER sowie ERK und FINKE.

Man hat auch durch elektronische Kurzzeitmeßgeräte für eine Anzahl Schaltungen die auftretenden Prellungen summiert, wobei die Mindestöffnungszeit eingestellt werden kann [PFEIFFER (1)]. Für die Messungen ist es außerordentlich wichtig, daß die Geräte in eine betriebsmäßige Situation gebracht werden. Das in Prüffeldern gelegentlich übliche Hinstellen der Geräte und Messen dieser Vorgänge führt zu keinem Ziel, denn dann ist die Gegenmasse, auf die das bewegliche Schaltstück aufschlägt, eine gänzlich andere, als wenn das Gerät an einer massiven Wand, einem Maschinenfuß oder dgl. hängt. Man sollte die Geräte zur Vergleichbarkeit immer an einer massiven Wand befestigen. Die Kontaktspannung sollte etwa 4 V Gleichstrom nicht überschreiten. Den Unterschied zwischen einem 4-V-Kreis und dem Kreis mit 220 V, also einem zu hohen Wert, zeigt Abb. 146.

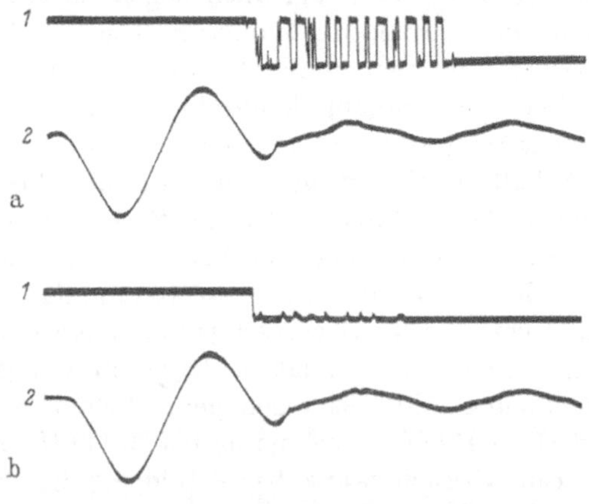

Abb. 146 a b. u. Spannungseinfluß bei Prellschlagmessungen
1 Kontaktmeßstrom; 2 Spulenstrom
a) 4 Volt, 70 mA; b) 220 V, 1,2 A; Schleifen 10000 Hz

In Abb. 147 wurden bei einem verhältnismäßig stark prellenden Gerät sogar bei Messungen mit Belastung (b), Abhebungen in einem Ausmaß festgestellt, daß die Spannung zur Aufrechterhaltung des Lichtbogens nicht mehr genügte. In zwei der verzeichneten Bilder tritt eine vollständige Unterbrechung auf. Will man die Spannungen, bei denen keine Unterbrechungen zustandekommen, mit ausreichendem Maßstab aufnehmen, dann empfiehlt sich wegen ihrer Kleinheit die Parallelschaltung zweier Thyratrons oder Zenerdioden in Gegenschaltung, so daß die Schlei-

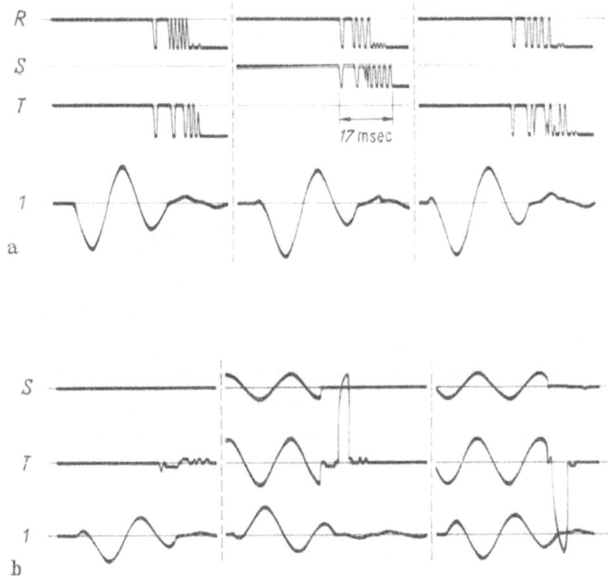

Abb. 147 a u. b. Prellschlagmessungen an Schützen mit großen Rückschlagwegen
a) gemessen mit Gleichstrom 4 V, 60 mA;
b) gemessen mit Wechselstrom 400 V, 225 A, cos φ = 0,44
1 Spulenstrom — (220 V)

fen bei auftretenden hohen Spannungen entlastet werden. Bemerkenswert ist auch der in der Abb. mehrfach erkennbare Kernschlag.

Etwas komplizierter fallen die Prellbilder sehr häufig aus, wenn es sich um Schalterbrücken mit Zwei- und Mehrfachunterbrechungen handelt. Hier ist es durchaus unsicher, an welchen der Kontaktstellen die Berührung zuerst zustande kommt. Dann entsteht der Rückstoß auf der einen Seite früher als auf der anderen Seite. Dadurch werden Drehimpulse in das System hineingebracht, die die Erscheinung weiterhin komplizierter gestalten und wohl auch hauptsächlich dafür verantwortlich zu machen sind, daß hierbei häufig besonders unregelmäßige Prellschlagbilder entstehen. Bei solchen Anordnungen ist also eine besonders große Anzahl von Messungen oder solche getrennt an den einzelnen Unterbrechungsstellen notwendig. Es ist notwendig, das Prellverhalten nicht nur am fabrikneuen Gerät zu studieren, sondern auch im abgenutzten Zustand, und zwar wenn die Durchfederung das für die Schaltstücklebensdauer zulässige Grenzmaß s. S. 282 und VDE 0660 Teil 1 § 63 u. Tafel 29 erreicht.

8.6 Erprobung des Schaltvermögens

Sie zerfällt in die Feststellung des Ein- (S. 272) und des Ausschaltvermögens (s. unten). Das Ausschaltvermögen wird zuerst behandelt, weil die Feststellung des Einschaltvermögens vielfach z. B. bei Lastschaltgeräten und der Erprobung des Kurzschlußabschaltvermögens keines besonderen Versuches bedarf. Lediglich Motorschaltgeräte müssen neben der Ausschaltprobe einer besonderen Einschaltprobe unterzogen werden.

8.61 Das Ausschaltvermögen

Die Feststellungen des Ausschalt- wie auch die des Einschaltvermögens geschehen unter Zuhilfenahme von Anordnungen aus Widerständen und Drosseln, u. U. auch von Kondensatoren. Auf diese Weise ist es möglich, einigermaßen reproduzierbare Verhältnisse zu schaffen. Deshalb werden auch die Drosseln als Luftdrosseln ohne Eisenkern eingesetzt. Voraussetzung für die Versuche ist eine vollständig betriebsmäßige Lage des Gerätes und Anwendung der vorgesehenen Kapselung. Auch alle Anschlüsse, insbesondere die des Schutzleiters sind zu verlegen. Bei manchen Geräten sind mehrere betriebsmäßige Lagen möglich, die, wenn der natürliche Auftrieb des Bogens und nicht im Verhältnis starke Blasfelder seine Lage bestimmen, alle durchprobiert werden müssen. Wichtig ist, daß nicht nur die zu bewältigende Stromstärke im Gerät fließt, die Verhältnisse des Kreises im Bezug auf die Anteile an Selbstinduktion und Kapazität nachgeahmt werden und die Kreisspannung die nötigen Sicherheitsaufschläge enthält, sondern auch die Spannungsunterschiede müssen sich an dem Gerät in der Weise auswirken können, wie es betriebsmäßig der Fall sein wird, d. h. bei Motorschaltgeräten und anderen Verbraucherschaltgeräten, wozu die Schütze gehören, müssen diese Widerstände hinter dem Schalter liegen, damit die entsprechend großen Spannungsunterschiede von Pol zu Pol im Schalter zustande kommen. Bei der Erprobung von Geräten mit einem Kurzschlußabschaltvermögen liegen die den höchsten Kurzschlußstrom begrenzenden Widerstände und Drosseln vor dem Schalter. Bei Durchprobe des Bereiches unterhalb der höchsten Grenze müssen auch dann die weiteren Widerstände hinter dem Schalter liegen. Würde man weiterhin beispielsweise ein 2poliges Gerät so prüfen, daß alle Abschaltstellen in unmittelbarer Hintereinanderschaltung im Gerät vereinigt werden, dann würden während der Lichtbogenzeit keine nennenswerten Spannungsunterschiede im Gerät aufkommen. Auf diese Weise wäre selbstverständlich oft ein höheres Schaltvermögen zu erzielen als bei einem Gerät, in das der Praxis entsprechend die beiden Netzanschlüsse unmittelbar eingeführt werden.

Es ist üblich, alle Schaltvermögensangaben unter der Voraussetzung zu machen, daß die betreffende Stromstärke an der Einbaustelle des Gerätes fließen würde. Die durch die Eigenwiderstände des Gerätes und die Lichtbögen bedingten Minderungen dieser Stromstärke werden bei den Angaben außer acht gelassen, praktische Bedeutung hat das zwar nur für die Kurzschlußstromerprobung. Bei Prüfungen mit Betriebsströmen dürften zwischen diesen Werten keine Unterschiede von Bedeutung aufkommen. Der Zeitabstand von Schaltung zu Schaltung bei der Versuchsdurchführung ist oft von entscheidendem Einfluß auf das Ergebnis, da eine starke Erwärmung der Schaltstücke durch Ionisierung die Löschfähigkeit beeinträchtigen kann. Es ist also außer den Angaben über Strom, Spannung und cos φ bzw. bei Gleichstrom die Zeitkonstante des Kreises, für das Versuchsprogramm die Zahl, Zeitdauer und der zeitliche Abstand der Schaltungen von Bedeutung.

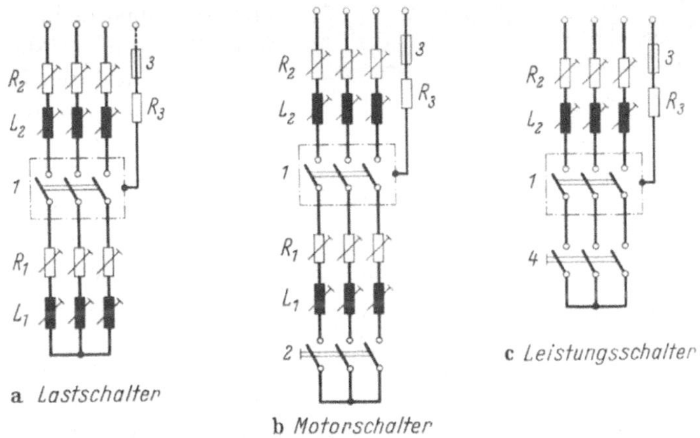

Abb. 148a bis c. Anordnung zur Prüfung des Schaltvermögens
1 Prüfling; *2* Ausschalter bei Prüfung der Schweißsicherheit der Schaltstücke; *3* Kennsicherung Cu-Draht 0,1 mm ∅; *4* Draufschalter: kann im Stromkreis beliebig angeordnet werden
L_1, L_2 Belastungsdrosseln; R_1, R_2 Belastungswiderstände; R_3 Schutzwiderstand 1,0 Ohm je 100 V Prüfspannung
Bei den Anordnungen a und b muß $R_1 \geqq 10 \times R_2$ sowie $L_1 \geqq 10 \times L_2$ sein, ausgenommen bei Prüfung auf Schweißsicherheit der Motorschalter

Die Feststellung, ob etwaige Lichtbögen zum Gehäuse übertreten, geschieht durch Abklemmen des Gehäuses von der üblichen Schutzleitung und Einbau von Feinsicherungen in die Gehäuseanschlußleitung, die während des Versuches an den Sternpunkt der Stromquelle oder einen durch induktive Widerstände gebildeten künstlichen Sternpunkt zu legen ist, s. Abb. 148. Dabei setzt man voraus, daß die Kennsicherungen in Verbindung mit dem Vorschaltwiderstand so bemessen werden, daß sie bei Spannungsübertritt in spätestens 1 sec abschalten. 0660 Teil 1 § 68g schreibt als Kennsicherung einen Kupferdraht von 0,1 mm Durchmesser vor. Der Schutzwiderstand soll etwa 1 Ohm je 100 V Prüfspannung (Sternspannung) betragen. Einen Prüfstand mit Drosseln und Widerständen zur Erprobung von Motorschaltern zeigt Abb. 149. Es sind Einrichtungen zum selbsttätigen zeitlichen Ablauf der Prüfprozesse eingebaut. Die Anordnungen im Stromkreis bei Lastschaltern, Motorschaltern und Leistungsschaltern s. Abb. 148. Eisendrosseln soll man nicht verwenden, weil die unterschiedliche Permeabilität schwankende Werte der Selbstinduktion zur Folge hat. Selbst dann, wenn man beträchtliche Luftspalte in die Kreise einfügt, sind die Verhältnisse noch nicht einwandfrei. Man muß erfahrungsgemäß auch mit durch die Eisendrosseln bedingten Oberwellen rechnen, außerdem bilden sich im Eisen Sekundärkreise aus, deren beim Ausschalten abklingende Ströme vorübergehend noch eine Spannung in der Wicklung induzieren. Die Wicklungs-Querschnitte der Drosseln dürfen nicht zu bescheiden sein, da eine nennenswerte Erhöhung des Ohmschen Widerstandes während des Schaltprozesses naturgemäß unzulässig ist. Bei der Prüfung der Geräte als Motorschalter, wie sie für Schütze in erster Linie in Betracht kommt, natürlich neben dem Versuch als Lastschalter, stellt man mit Drosseln und Widerständen die Kreise her, die beispielsweise bei Drehstromkäfigläufermotoren beim Abschalten im Allgemeinen einen $\cos \varphi = 0{,}35$ aufweisen. Der Ausschaltstrom liegt dabei nach VDE 0660, Tafel 26 je nach Motorgröße und Gebrauchskategorie zwischen dem 6- und 10-fachen Nennstrom, s. Tab. 6, S. 289. An sich wäre es richtiger gewesen, hier immer die höheren Werte für Gebrauchskategorie AC_4, d. h. je nach

Abb. 149. Prüfstand zur Feststellung des Motor-Ein- und Ausschaltvermögens. Automatische Abwicklung des VDE-Prüfprogramms. Stromkreis mit Drosseln und Widerständen

Motornennstrom, den 8- bzw. 10-fachen Nennstrom als Ausschaltstrom zu fordern, denn man kann bei keinem Gerät unterstellen, daß Tippschaltungen und dgl. grundsätzlich nicht vorkommen. Es brauchen gar keine beabsichtigten zu sein, sondern es können unsichere Kontaktgebungen an einem Hilfsgerät zum Flattern eines Schützes führen. Die wirkliche Unterscheidung von Geräten der Kategorien AC_3 und AC_4 liegt lediglich im Lebensdauerverhalten. Die grundsätzliche Forderung, mit den höheren Werten nach AC_4 zu prüfen, wurde nur mit Rücksicht auf internationale Absprachen fallen gelassen. Der Ausschaltstrom soll vor der Ausschaltung einige Zeit fließen. Diese muß in etwa zu den Anlaufzeiten in Beziehung stehen. Jedenfalls sollte sie nicht kleiner als 5 bis 10 sec sein. Bei der Anwendung darf nicht vergessen werden, daß bei der Ermittlung dieser Werte keinerlei weitere Sicherheitszuschläge mit Bezug auf den Strom mehr vorhanden sind.

Für *andere Motorarten als Käfigläufer* finden sich die Prüfströme sowie Leistungsfaktoren bzw. Zeitkonstanten in den Tafeln 26 u. 27 VDE 0660 Teil 1, s. auch Tabelle 6 S. 289 unter „gelegentliche Beanspruchung“.

Bei der Erprobung der Geräte als *Lastschalter* arbeitet man mit einem Sicherheitszuschlag. Die Prüfung muß mit einem Strom vorgenommen werden, der 25 v. H. höher ist als der, den der Hersteller als zulässigen Ausschaltstrom für das Gerät angibt. Dabei wird mit $\cos\varphi$ etwa 1 und wahlweise für induktive Kreise 0,7 sowie bei Gleichstrom mit einer Zeitkonstante von 1 msec geprüft. Die Prüfspannung ist im allgemeinen nach 0660 Teil 1 § 69 gleich der 1,1fachen Nennspannung, bei Schaltgeräten für Bahnanlagen und Gleichstrom der 1,2fachen, bei Wechselstrom der 1,15fachen. Schaltgeräte für Gegenstrombetrieb von Gleichstrommotoren werden bei 1,7facher Nennspannung geprüft. Dieser erhöhte Wert gilt für Drehstrom nur bei Geräten im Läuferkreis.

Die *Prüfung* des Ausschaltvermögens gilt als *bestanden*, wenn die Schaltstücke nicht verschweißen, die Strombahnen weder durch Stromkräfte noch durch unzulässige Erwärmung beschädigt werden, keine Schaltlichtbögen stehen bleiben, keine zwischen den Polen auftreten und kein Überschlag des Lichtbogens nach den zur Erdung bestimmten Teilen erfolgt. Stromführende Teile, mit Ausnahme der Schaltstücke, dürfen nicht beschädigt werden. Im übrigen sollen die Schaltstücke betriebsfähig bleiben. Wenn Zweifel an der Betriebsfähigkeit bestehen, soll ein Erwärmungsversuch mit Nennstrom durchgeführt werden, dabei darf keine Erwärmung auftreten, die zur Beschädigung der Isolierteile führen kann (VDE 0660 § 73).

Für die gelegentlich vorkommenden Schütze, die auch noch gewisse Kurzschlußströme bewältigen sollen, werden nach 0660 Teil 1, Tafel 29 mit dem höchsten zugelassenen Kurzschlußstrom 3 Schaltungen durchgeführt, dabei 1 reine Aus- und 2 Ein- und Ausschaltungen mit einer Pause von 15 sec bis 3 Minuten.

Die Schaltvermögensprüfung hinsichtlich der Kurzschlußströme bei Kombinationen der Schütze mit Leistungsschaltern und Sicherungen wird genauso durchgeführt wie bei der Erprobung auf Kurzschlußschaltfähigkeit schlechtweg. Es wird aber nur 1 Aus- und 1 Ein-Ausschaltung mit dem vom Hersteller für die Kombination angegebenen Nennein- und -ausschaltvermögen vorgenommen und naturgemäß den vom Hersteller zugelassenen stärksten Sicherungen, die Einschaltung muß dabei durch das Gerät kleineren Schaltvermögens erfolgen. Die Beurteilung der Ergebnisse ist genau die gleiche wie beim Motorschaltvermögen, nur ist hierbei zulässig, daß die Schaltstücke des Schützes verschweißen. Eine andere Lösung ist praktisch nicht möglich, denn die Schütze können auf Grund ihrer Eigenart nur Kontaktkräfte bis zu einer gewissen Grenze aufweisen und die Verschweißgrenze der Schaltstücke ist wesentlich durch diese Kontaktkraft gegeben. Würde man den zulässigen Kurzschlußstrom in der Höhe angeben, bei der auch die Schaltstücke nicht verschweißen, dann kämen verhältnismäßig sehr niedrige Werte heraus, die, gemessen an den Kurzschlußstromstärken, die heute in den industriellen Netzen auftreten können, außerordentlich niedrig lägen und die Abnehmer wären gezwungen Geräte mit einer Kurzschlußstromangabe einzubauen, die den Verhältnissen gar nicht entspräche. Wenn aber an dem Schütz weiter nichts geschieht, als daß die Schaltstücke im Kurzschlußfall verbacken, dann ist es besser für ihn, zu wissen, daß auch bis zu einer verhältnismäßig hohen Kurzschlußstromstärke sonst nichts passiert, d. h. der Kurzschlußstrom weggenommen wird, keine Deformationen des Gerätes auftreten, keine Verbiegungen, nichts zerstört wird, außer, wie gesagt, der Schaltstückverschweißung.

Von indirekten Prüfverfahren bei der Erprobung der Niederspannungsschaltgeräte hinsichtlich ihres Ausschaltverhaltens bei Motorüberströmen wird kein Gebrauch gemacht. Bei Schützen wäre das ja auch sinnlos, denn die in Betracht kommenden Leistungen müssen ja ohnehin überall zur Verfügung stehen.

Die bisherige Prüfmethode mit *Drosseln* und Widerständen, denen keinerlei *Parallelwiderstände* oder -Kapazitäten beigegeben werden durften, war gegenüber der Praxis zu scharf. Über das unterschiedliche Verhalten der Abschaltung eines Motorersatzkreises mit Drosseln und Widerstand und der Abschaltung des stillstehenden Käfigläufer-Motors liegt eine größere Anzahl Untersuchungen vor [s. u. a. FRANKEN (17); RÜHLEMANN (1)]. Die Gründe für das unterschiedliche Verhalten der Drosselanordnung und des Motors selbst liegen in den unterschiedlichen Einschwingfrequenzen bei der Spannungs-Wiederkehr und dem dabei auftretenden Überschwingfaktor (s. S. 64). Sie wurden von EINSELE (3),

Erk und Schmelzle, Friedrich und Mayer sowie Mau behandelt. Es war also notwendig, den Verlauf der wiederkehrenden Spannung genau festzulegen. In der IEC-Empfehlung 158–1 geschah das jedoch in unzulässiger Weise durch die Angabe eines Parallelwiderstandes mit der Durchlässigkeit für höchstens 1 v. H. des Prüfstromes. Es zeigte sich, daß bei diesem Parallelwiderstand meistens die Einschwingfrequenzen vollständig verschwinden. Die Wirkung des Parallelwiderstandes geht auch aus der Abb. 150 hervor, und zwar zeigt Bild a mittels Schwebungs-

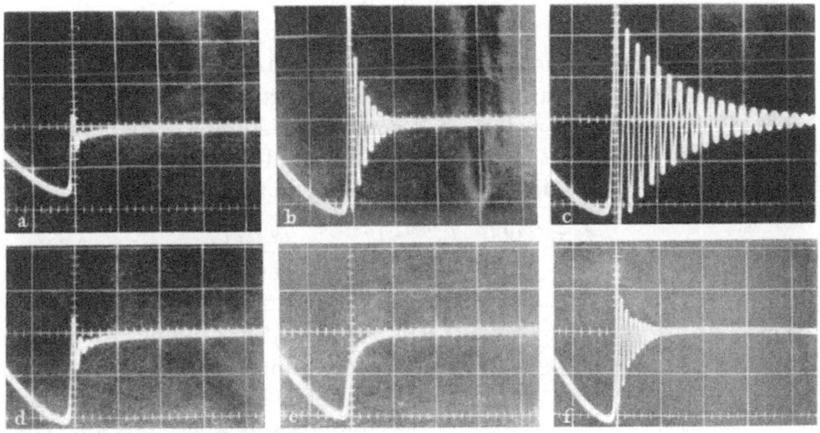

Abb. 150 a bis f. Einschwingfrequenzen und Überschwingfaktoren bei Motoren und Drosseln, ermittelt mit Schwebungssummer

a) Motor;
b) Drossel mit Widerstand ohne Parallelschaltungen;
c) Angleichung der Frequenz von b an a durch Parallelkapazitäten;
d) Anpassung des Überschwingfaktors von c an a durch Parallelwiderstände – Bild identisch mit a;
e) gleiche Drossel wie b mit einem praktisch induktionsfreien Parallelwiderstand für 0,3 v. H. Prüfstrom;
f) wie e aber mit nicht induktionsfreiem Widerstand

summer an einem Motor aufgenommene Einschwingvorgänge, dem gegenüber b ein mit derselben Apparatur aufgenommenes Bild bei einem aus Drosseln und Widerständen gleicher Stromaufnahme zusammengesetzten Prüfkreis, c die Angleichung der Frequenzen von b an a durch einen parallel geschalteten Kondensator, d die Anpassung des Überschwingfaktors an den des Motors durch einen Parallelwiderstand. Bild d ist mit Bild a praktisch identisch. Bild e zeigt die gleiche Drossel b mit einem praktisch induktionsfreien Parallelwiderstand, durch den 0,3 v. H. des Prüfstroms floß. Die Aperiodizitätsgrenze war dabei schon überschritten. Bei Verwendung eines Schiebewiderstandes mit der ihm eigenen Induktivität traten nach Bild f wieder hohe Frequenzen und Einschwingfaktoren auf. Aus den Bildern ist ersichtlich, von wie großem Einfluß die beiden genannten Werte auf die Beanspruchung der Kontaktspalte nach Stromnulldurchgang sind. Über die Beziehung zwischen Eigenfrequenz und Parallelwiderstand s. auch Burghardt (1, 2). Durchgeführte Messungen bestätigten die Überlegungen, nach der die Frequenz im wesentlichen von der dritten bis fünften Wurzel aus der Motorleistung und der Netzspannung abhängt. Siehe z. B. Erk und Schmelzle. Naturgemäß streuen die Werte in der Praxis nicht unbeträchtlich. Nach dem derzeitigen Stand der Untersuchungen gibt folgende Formel z. B. für Wertepaare $\alpha = 12 \cdot 10^3$; $\beta = 0{,}2$ oder $\alpha = 11 \cdot 10^3$; $\beta = 0{,}25$ einen brauchbaren Wert.

$$f_e = \frac{\alpha \cdot N^\beta}{U} \text{ [kHz]}$$

U = Motornennspannung in V; N = Motornennleistung in kW.

Auf den Wunsch ausländischer Stellen wurde mit Beibehaltung des ersten Wertepaares aber Übergang von der Leistung auf die Motorprüfstromstärke (I_p) unter Zugrundelegung einer solchen in Höhe von 10mal Motornennstrom (s. VDE 0660 Teil 1 § 68f) die Formel umgestellt auf

$$f_e = 2000 \cdot I_p^{0,2} \cdot U^{-0,8} \text{ [kHz]}.$$

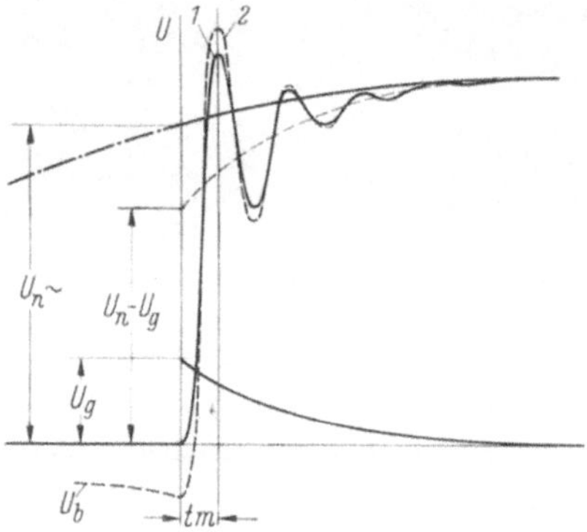

Abb. 151. Einschwingspannuog am Kontaktspalt bei Motorabschaltung; U_b Lichtbogen-, U_n Netz-; U_g Gleichstromgegenspannung; $U_n - U_g$ Spannung am Kontaktspalt; 1 desgl. mit überlagerter Ausgleichsspannung; 2 desgl. unter dem Einfluß der Lichtbogenspannung

Der Überschwingfaktor liegt, bedingt durch den Einfluß einer exponentiell abklingenden Motorspannung U_g s. Abb. 151, vielfach unter 1. Eine einfache Prüfanordnung kann aber nur mit Überschwingfaktoren über 1 arbeiten. Hierfür erscheint der Wert 1,1 zweckmäßig. Die Tatsache der in der Praxis geringeren Spitze wurde bei Aufstellung der Frequenzformel berücksichtigt. Sie ist so ausgelegt, daß die Spannungsanstiegsgeschwindigkeiten der Praxis entsprechen. Die Frequenz und der Überschwingfaktor werden durch Parallelkapazitäten bzw. -widerstände zu den Drosseln eingestellt. VDE 0660, § 72 enthält Angaben über die Einstellung der Einschwingfrequenzen und Überschwingfaktoren. Dabei wird z. B. der Lastkreis mit einer Wechselstromquelle, die im natürlichen Durchgang des Stromes unterbrochen wird, angestoßen. Der hierfür erforderliche Hochfrequenzgenerator soll etwa 2 kHz bei etwa 20 V aufweisen. Bei der Prüfung mit hohen Stromstärken muß die Frequenz bis auf etwa 4 kHz gesteigert werden. Um die Gleichstromglieder auszuschließen, erhält der Generator einen relativ hohen Vorwiderstand. Die Spannung an der Drossel hat dann bei Nulldurchgang des Stromes ihren Scheitelwert. Liegen die Einschwingfrequenzen des Lastkreises ohne besondere Parallelkapazitäten und Widerstände schon unter dem nach der Formel erforderlichen Wert, so ist die betreffende Drossel ungeeignet, weil ihre Windungskapazität zu groß ist.

Hinsichtlich der *Gleichstrommotoren* ist ein ähnliches Rezept, mit dem das Verhalten der Drosselkreise an das der Motoren angepaßt wird, noch nicht vorhanden. Deshalb mußte in VDE 0660/1967 § 68 auch noch die Prüfung mit Motoren zugelassen werden.

An sich sind die aufgeführten Zeitkonstanten richtig. Trotzdem ändert sich die Gerätebeanspruchung beim Ausschaltprozeß eines Motors gegenüber dem einer eisenfreien Drossel sehr stark. Bei der Drossel kann sie ein erhebliches Vielfaches derjenigen beim Motor ausmachen. Die Unterschiede entstehen durch die Sekundärwirkungen im massiven Eisen des Motors. Soweit die Motoren für Sonderzwecke mit geblättertem Eisen gebaut werden, steigt die Gerätebeanspruchung wiederum und entspricht etwa der beim Abschalten von Drosseln. Untersuchungen in dieser Richtung sind noch erforderlich, ehe man die Verwendung von Motoren bei der Prüfung ausschließen kann.

Bei der *Prüfung von Hilfsschaltelementen*, z. B. Hilfskontaktgliedern an Schützen, s. S. 131 und Befehlsschaltern, s. S. 171 gelten hinsichtlich der Prüfung des Ausschaltvermögens zunächst ähnliche Voraussetzungen. Bei Wechselstromkreisen ist der gelegentliche abnormale Betrieb im wesentlichen bei der Abschaltung eines etwa blockierten Magneten zu suchen. Dieser Vorgang ist nicht mit dem im Grundsatz ähnlichen Fall des Tippbetriebes bei Motoren zu vergleichen, weil die Wahrscheinlichkeit einer derartigen Beanspruchung bei Steuerschaltern viel geringer ist als bei Motoren. Es ist zwar möglich, insbesondere bei großen Schützen, die Schnellumschaltung einer Spule herbeizuführen und ein Abschalten des Stromes vor dem Schließen des Magneten zu erreichen, s. ZÖRB. Das praktische Interesse erstreckt sich aber nur auf den seltenen Fall, daß ein Hilfsschaltglied mit einem einzigen Magneten belastet ist, insbesondere auch bei großem Spannungsabfall. Dann ist die Prüfung des Abschaltvermögens von Interesse. Nach dem Entwurf VDE 0660 Teil 2 Tafel 26 wird bei Wechselstrom der verhältnismäßig niedrige Leistungsfaktor des Spulenstromkreises zugrundegelegt und der Prüfstromkreis mit $\cos\varphi = 0{,}4$ und 10-fachem Nennbetriebsstrom aufgebaut. Die Eigenfrequenzen der Schaltmagnetspulen s. S. 157. Diese eigenfrequente Komponente ist durch den bei Wechselstrommagneten erforderlichen Kurzschlußring, s. S. 82, stark gedämpft. Festlegungen über die Frequenzen sind nicht getroffen. Man prüft ohne Parallelwiderstand. Bei Gleichstrom erfolgt die Prüfung mit einer Zeitkonstante von 40 ms.

8.62 Das Einschaltvermögen

Zu den Schaltvermögensprüfungen gehört die Feststellung des Nenneinschaltvermögens, d. h. derjenigen Stromstärke, bei der unter gewissen Bedingungen hinsichtlich Leistungsfaktor oder Zeitkonstante und Spannung das Gerät nicht mehr verschweißt. Es ist eine große Anzahl von Schaltungen notwendig, weil es sich weitgehend um Wahrscheinlichkeitswerte handelt. Mit 100 Einschaltungen wird 0660 Teil 1 Tafel 29 Genüge geleistet, bei Schützen und Einschaltkraftantrieben, davon je zur Hälfte mit Unterspannung bzw. Unterdruck und Überspannung bzw. Überdruck. Da für die Größe des Schweißgrenzstromes die Abreißenergie des Gerätes von Bedeutung ist, soll man bei den Versuchen die Geräte in diesem Punkt auf das geringste Maß bringen, d. h. den Durchhub der Schaltstücke möglichst so weit vermindern, wie man es auch betriebsmäßig zulassen will. Die Oberfläche muß dabei selbstverständlich ebenfalls dem Abbrandendzustand entsprechen. Die Feststellung des Nenneinschaltvermögens soll in jedem Fall im Anschluß an den Schaltstücklebensdauerversuch (s. S. 278) mit drei Schaltungen wiederholt werden. Von Bedeutung ist bei diesen Versuchen die Kreisspannung. Kleinspannung genügt dabei nicht. Bei ihr hat der erhöhte Übergangswiderstand bei der ersten Berührung eine starke Stromverminderung zur Folge und etwaige Prellichtbögen können nicht auftreten. Wenn man mit verminderter Spannung arbeiten will, dann sollte man keinesfalls unter 100 V je Unterbrechungsstelle herabgehen. Eine vom Ausschaltvermögen getrennte Feststellung des Nenneinschaltvermögens findet, wie gesagt, außer bei Motorschaltgeräten, im allgemeinen nicht statt. Bei Lastschaltern untersucht man das Einschaltvermögen in der gleichen Höhe wie das Abschaltvermögen. Beim Einschalten von Wech-

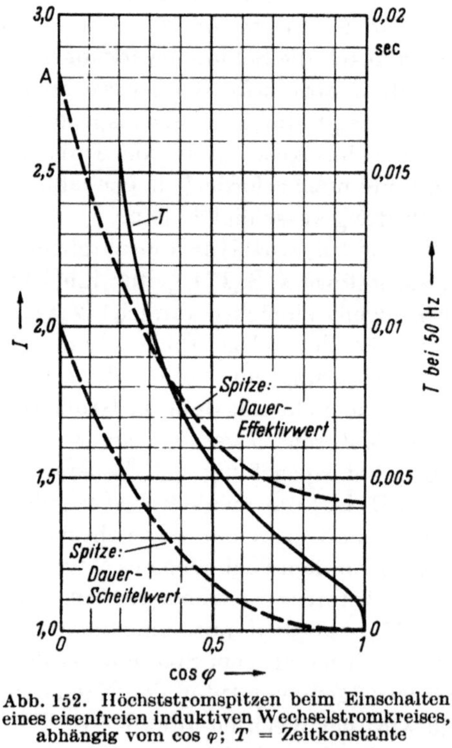

Abb. 152. Höchststromspitzen beim Einschalten eines eisenfreien induktiven Wechselstromkreises, abhängig vom cos φ; T = Zeitkonstante

selstrom kommen natürlich die durch die Gleichstromglieder verursachten Zuschläge hinzu. Das gleiche gilt für die Versuche zur Ermittlung des Kurzschlußausschaltvermögens. Die jeweilige höchste Einschaltstromspitze abhängig vom $\cos\varphi$, ist in Abb. 152 dargestellt, d. h., daß man bei dem häufig verwandten $\cos\varphi = 0{,}35$ mit einer Erhöhung bis zu 34 v. H. des normalen Scheitelwertes des Kurzschlußwechselstromes rechnen muß. Bei Wechselstrommotorschaltern muß das Einschaltvermögen verhältnismäßig bedeutend höher liegen als das Ausschaltvermögen, deshalb ist hierfür ein besonderer Versuch zur Feststellung des Nenneinschaltstromes vorgeschrieben. Dabei wird mit $\cos\varphi = 0{,}35$ (bei Motorströmen $\leq$ 16 A 0,65) und Strömen bis zum zwölffachen Motornennstrom gearbeitet je nach Gebrauchs-Kategorie (s. S. 288)

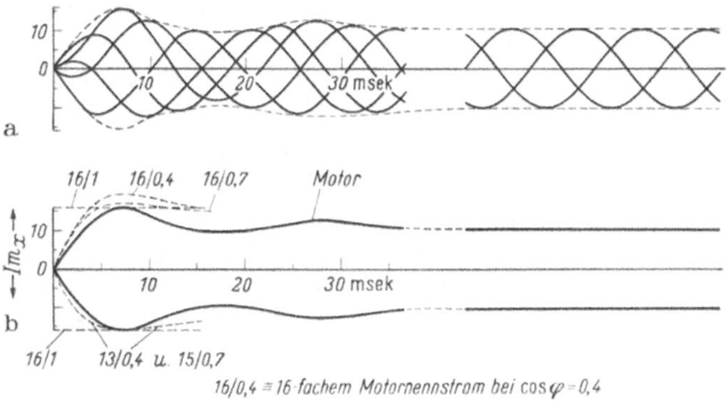

Abb. 153 a u. b. Vergleich von Käfigläufermotor-Einschaltdiagrammen (a) mit denen von Ersatzkreisen (b)

und Motornennstrom s. Tab. 6 unter „gelegentliche Beanspruchung" sowie Tafel 26 VDE 0660 Teil 1. Zweckmäßig stellt man aber bei Schützen das Einschaltvermögen auch bei $\cos\varphi = 1$ fest, da es viele Anwendungsfälle, z. B. bei Kondensatoren, Glühlampen u. dgl. gibt, bei denen die hohe Stromspitze ohne Verzögerung auftritt. Auf S. 31 wurde darauf hingewiesen, daß bei höherfrequenten Kreisen u. U. die Werte anderen Abhängigkeiten unterliegen als bei 50 Hz. Abb. 153 zeigt weiterhin Motor-Einschaltstromkurven nach Fickert und deren Hüllkurve, sowie Hüllkurven für Drosselkreise verschiedener relativer Stromstärke und unterschiedlichem cos (s. auch Abb. 19, S. 41). Bei den Versuchen hält man die Abstände von Einschaltung zu Einschaltung nach VDE 0660 ziemlich hoch, in der Größenordnung von etwa 10 Sekunden. Es ist keinesfalls erforderlich, daß das zu prüfende Gerät diese Stromstärke lange Zeit erträgt. Hierüber finden sich zwar keine Angaben in VDE 0660. Man nimmt zweckmäßig die Ströme durch ein anderes Gerät mit Schnellauslöser wieder weg, denn in der Praxis tritt diese Überschwingung nur in einer einzigen Halbwelle voll auf. Die Belastungsdauer des Prüflings sollte jedoch mindestens etwa 50 msec sein. Ein Zeiteinfluß auf die Verschweißung ist selbstverständlich vorhanden, wenn auch die Erwärmungszeitkonstanten der Übergangsstellen in der Größenordnung von etwa 10^{-4} sec liegen, denn die durch den Versuch in die Metallteile hineingepumpte Wärme führt in erster Linie zur Erhöhung der Schaltstücktemperatur. Auch bei der Feststellung des Einschaltvermögens wird aus den gleichen Gründen wie beim Ausschaltvermögen mit eisenlosen Drosseln gearbeitet. Die mit $\cos\varphi = 0{,}35$ ermittelten Werte dürften ohne weiteres auf Kreise mit hoher Induktivität, wie sie beispielsweise beim Einschalten von leerlaufenden Transformatoren auftreten, zu übertragen sein. Die Stromkurven haben hier keinen sinusförmigen sondern einen nadelförmigen Charakter, da aber zu ihrem Wirksamwerden beim Verschweißen nur etwa 1mal 10^{-4} sec gehören, so sind nennenswerte Abschläge bei ihrer Beurteilung im Verhältnis zur Spitze eines Motorenkreises nicht möglich. Im übrigen ist der zeitliche Verlauf der Spitzen von Kreisen mit Selbstinduktion und Widerstand für die verschiedensten $\cos\varphi$-Werte von 0,3 bis 0,99 aus den Hüllkurven der Abb. 18 (s. S. 40) erkennbar. Bemerkenswert ist die schon beträchtliche Verminderung der Anstieggeschwindigkeit bei ganz kleinen Abweichungen von $\cos\varphi = 1$. Überströme über den normalen Scheitelwert hinaus treten hier jedoch nicht auf, sie sind erst etwa von $\cos\varphi = 0{,}7$ an erkennbar.

Die *Prüfung der Hilfsstromschaltglieder* bezüglich des Einschaltvermögens erfolgt bei Wechselstrom in dem gleichen Stromkreis wie die des Ausschaltvermögens, s. S. 271. Das Auftreten der ersten Stromspitze hängt hier, mit Rücksicht auf die unterschiedlichen Belastungen derartiger Kreise in hohem Maße vom Leistungsfaktor ab. Er bedingt die zeitliche Verschiebung des Höchstwertes einerseits und andererseits die Einschaltspitze des Stromes. Diese Verschiebung ist für das Einschaltvermögen von Bedeutung, weil das Einschaltprellen unmittelbar nach dem Schließen der Schaltstücke erfolgt. Auf der anderen Seite ist bei den rein Ohmschen Kreisen mit ganz steilem Stromanstieg die Einschaltstromstärke in der Praxis relativ gering. Für die Prüfung im induktiven Kreis ist nach dem Entwurf VDE 0660 Teil 2 eine Stromstärke von 10× Betriebsstrom und $\cos\varphi = 0{,}4$ festgelegt, bei Gleichstrom die Zeitkonstante beim Einschalten mit 1 ms bei 1,1 fachem Strom.

Im Gegensatz zu den Hauptstromgliedern für den Motorstromkreis erfolgt noch eine besondere Prüfung auf *Kurzschlußfestigkeit*. Das vom Hersteller angegebene Überstromschutzorgan ist vorzuschalten und der Kreis in den betriebswarmen Zustand zu versetzen. Danach erfolgt das Draufschalten des Kurzschlusses bei Wechselstrom 50 Hz und geschlossenen Schaltgliedern. Die Prüfung gilt als bestanden, wenn keine Beschädigungen von Teilen des Hilfsstromschalters durch Erwärmung eingetreten sind, s. VDE 0660, Teil 2, § 7.

Eine besondere Prüfung der *Kurzschluß-* und *Überlastfestigkeit*, d. h. des Nennstoßstromes und Kurzzeitstromes ist bei den Hauptstrombahnen der Schütze im allgemeinen entbehrlich. Die zulässigen Werte sind bereits durch die Versuche zur Feststellung des Ein- und Ausschaltvermögens bzw. die Kombination zwischen Schütz und Sicherung bzw. Selbstschalter ermittelt.

8.7 Ermittlung der Lebensdauer

Einen besonders großen Umfang nimmt bei Schützen und den zugehörigen Hilfsgeräten die Feststellung der Lebensdauer ein. Derartige Versuche, wie sie zur Ermittlung der Lebensdauer zur Auswahl der Stoffe und der Konstruktionsformen notwendig sind, sind außerordentlich kostspielig und langwierig. Hierbei muß man sich vor allem vor einem häufig gemachten Fehler hüten, und darf nicht geringe Abnutzungen nach einer bestimmten Schaltzahl durch Extrapolation auf große Schaltzahlen übertragen wollen. Gerade mechanischer Verschleiß wächst sehr häufig plötzlich stark an, bedingt durch das Eintreten der Verschleißprodukte in die Gleitflächen u. dgl. oder aber bedingt durch das Verschwinden besonders schützender Häute, wie z. B. der Preßhaut beim Kunstharzpreßstoff. Schätzungen, wie sie gelegentlich vorkommen, von 10 auf 100 v. H. Abnutzung sind nur selten zulässig. Auch beim Schaltstückverschleiß, also der vorwiegend elektrisch-thermischen Beanspruchung, ist Vorsicht am Platze. Ehe man weitgehende Umrechnungen vornimmt, muß man sich hier zum mindesten vergewissert haben, daß bei Anordnungen der gewählten Art einigermaßen Proportionalität zwischen Verschleiß und Zahl der Schaltungen vorhanden ist. S. auch S. 281 bei Schaltstücklebensdauer.

8.71 Mechanische Lebensdauer

Die mechanische *Lebensdauerprobe* nach VDE ist mit einer gewissen Klassifizierung der Geräte verbunden worden (s. die 5 Geräteklassen bzw. Prüfgruppen nach 0660 Teil 1 Taf. 23 s. auch S. 237), wobei die Prüfschaltzahlen, verbunden mit einer gewissen Ausfallwahrscheinlichkeit, zwischen 10^3 und 10^7 liegen. Man hätte sich an sich mit der Angabe begnügen können, daß die Hersteller verpflichtet seien, über die Lebensdauer ihrer Geräte und die der zugehörigen Schaltstücke Angaben zu machen und dabei vielleicht die Art der Feststellung dieser Zahl und die etwa in der Praxis zulässigen Abweichungen normiert. Bei der Behandlung der Frage mußte man davon ausgehen, daß es eine absolute Lebensdauer eigentlich nicht gibt. Man kann nicht sagen, ein Gerät hält in jedem

Falle 1 Million Schaltungen aus. Alle Festigkeitseigenschaften, alle durch die Herstellung bedingten Eigenschaften besitzen eine gewisse Streuung. Materialfehler können sich einschleichen. Das Zusammentreffen der Toleranzen bestimmter Einzelelemente kann fördernd und schwächend wirken. Jede größere Meßreihe in dieser Richtung, die sich beispielsweise mit der Lebensdauer der mechanisch bewegten Konstruktionselemente befaßt, führt zu einer Ausfallkurve, die zunächst ganz langsam ansteigt, später steiler wird und allmählich in den Endwert einläuft (s. Kurve b in Abb. 154 [Franken (17)]. Die Beobachtungen der Praxis hatten dazu geführt, daß derartige Kurven bei den Schaltgeräten nicht in einer

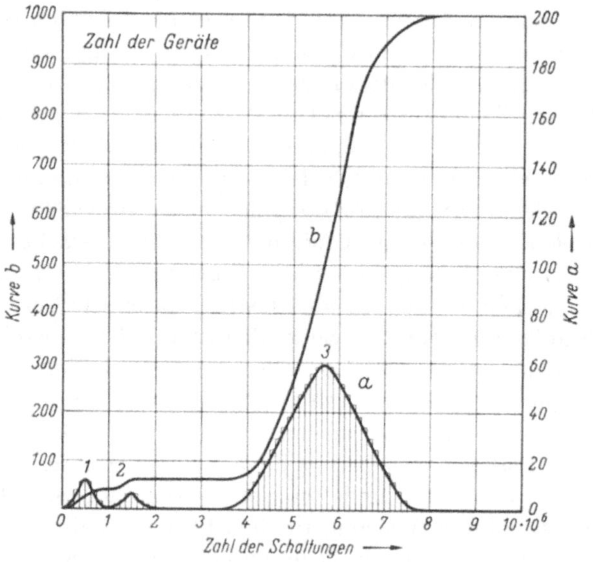

Abb. 154. Lebenserwartungskurven bei einem Schütz
1 Schäden am Kurzschlußring (Lockerung, Riß);
2 Spulenschäden (Windungsschluß);
3 Deformation des Magnetkerns (Verschwinden des Luftspaltes)
a Fehlerverteilung in Abhängigkeit von der Zahl der Schaltungen;
b Lebenserwartungskurve

idealen Form verlaufen. Es gibt fast bei jeder Konstruktion einzelne Konstruktionselemente, die besonders störanfällig sind, bei denen die oben geschilderten Möglichkeiten, Toleranzschwankungen u. dgl. häufiger zu einem Schaden führen. Eine gewisse Anzahl Geräte fällt oft verhältnismäßig früh aus. Dann vergeht längere Zeit, ehe die wirklich durch grundsätzlich verschleißbedingte Ursachen zu erwartenden Ausfälle zu verzeichnen sind. Man spricht gelegentlich von den Kinderkrankheiten der Geräte, z. B. sind bei der Abb. 154 2 Schäden, 1 und 2 angegeben, die nur im Anfang oder nie auftreten. Der Schaden 3 war bei dem betreffenden Modell die eigentliche Todesursache. Diese Ausfälle 1 und 2 sind durch schärfere Stoff- und Dimensionskontrolle einschränkbar. Die Erhöhung 3 ist eine echte Frage der Grenzlebensdauer.

Wie schon auf S. 233 dargelegt, ist eine verläßliche Aussage über die Lebensdauer nur aufgrund laufender Fabrikationsprüfungen möglich. Die Angaben können also nur aus Großzahluntersuchungen abgeleitet werden, die an serienmäßig hergestellten Geräten im Herstellerwerk durchgeführt wurden. Als Nenn-Lebensdauer wird die Grenzschaltzahl angegeben, die von 90 v. H. aller Geräte erreicht wird. Die Mehrzahl der Geräte erreicht dann sogar eine wesentlich höhere Lebensdauer. In der Ausgabe 1952 von VDE 0660 empfahl die Tafel 18 eine Richtschnur über die Ausfallwahrscheinlichkeit an Hand einer geringen Anzahl geprüfter Geräte. Dabei war eine Aussagesicherheit von 95 v. H. vorausgesetzt. Ein derartiger Hinweis ist in 0660 Teil 1 nicht mehr vorhanden. In Zukunft müßten für derartige *Stichprobenversuche* Abmachungen mit dem Hersteller getroffen werden. Die Ergebnisse an so kleinen Stückzahlen wie z. B. vier oder acht Geräten können nicht als ausschlaggebend angesehen werden.

Bei der Feststellung der Gerätelebensdauer ist also auf die kleinen Fehler in der ersten Zeit des Versuches besonders zu achten, Fehler, die

Abb. 155. Gerätelebensdauerprüfung an 400 Schützen für etwa 10 kW

in der Versuchspraxis ja häufig übersehen werden. Man tröstet sich damit, daß es ja doch nur ein kleiner Materialfehler war und hofft, daß er so bald nicht wieder vorkommt. Aber gerade diese Defekte machen der Praxis außerordentlich zu schaffen. Es hat sich deshalb als zweckmäßig erwiesen, neben der grundsätzlichen Feststellung solcher Zahlen während der Fabrikation, laufend gerade diese Anfangszeiten zu überwachen, s. S. 275 Prüfungen mit Bezug auf die mech. Lebensdauer an Schützen u. auch Abb. 155.

Gelegentlich der Feststellung der Schaltstücklebensdauer ist darauf zu achten, ob die Schaltvorgänge, z. B. durch Angriffe auf Isolierstoffe, die mechanische Lebensdauer beeinträchtigen (s. S. 250) und sie damit unter den festgestellten Wert absinken lassen.

Bei diesen Untersuchungen ist noch die Frage der *Wartung* von Bedeutung. Bei den derzeitigen Verhältnissen und dem Stand der Erkenntnisse kann der Hersteller erwarten, daß eine von ihm etwa vorgeschriebene Wartung durchgeführt wird. Zum Bestehen der Lebensdauerprobe, z. B. bezüglich des mech. Verschleißes, wird lediglich gefordert, daß keinerlei Auswechselung von Teilen innerhalb der vorgesehenen Prüfschaltzahl notwendig ist. Wenn aber jemand verlangt, daß nach 500000 Schaltungen beispielsweise eine Schmierung erfolgen soll, so wird man dagegen nichts einwenden können. Die Erfahrung hat zwar gezeigt, daß Vorschriften in dieser Richtung außerordentlich wenig Zweck haben. Man sollte das Lebensdauerproblem deshalb so lösen, daß während der Versuchszeit keinerlei Eingriffe, weder eine Reinigung noch eine Fettung oder irgendeine Nachstellung u. dgl. vorgenommen werden müssen, wie man überhaupt die Konstruktion der Geräte auf diesen Zustand abstellen sollte, da bei der Vielzahl der Schaltstücke und Elemente bei selbsttätigen Steuerungen es gar nicht möglich ist, eine wirksame Überwachung durchzuführen.

8.72 Schaltstücklebensdauer

Stromangaben zur Schaltstückabnützungsprüfung finden sich in VDE 0660 Tafel 24 nur für Motorschaltgeräte, die Werte sind identisch mit den in Tab. 6 S. 289 aufgeführten für Normalbeanspruchung bei Schleifringläufermotoren ohne Gegenstrombremsung Kategorie AC_2, Käfigläufermotoren Kategorie AC_3 u. AC_4 sowie für Gleichstrommotoren. Bei Prüfung nach der Kategorie AC_3 ist beim Ausschalten sowohl der Strom wie auch die Spannung eine andere wie beim Einschalten. Die Spannungsänderung erfordert das Vorhandensein eines zweiten Netzes, die Stromänderung im allgemeinen beim Einschalten den Kurzschluß eines Teiles der Widerstände und Drosseln, wobei die Überbrückung beim Ausschalten wieder freigegeben wird. VDE 0660 legt jedoch die Spannung beim Ausschalten im Verhältnis zur Nennspannung auf 1:6 fest, so daß sich die Ströme damit gleichzeitig auch automatisch im gleichen Verhältnis senken, ohne daß eine Widerstandsänderung notwendig wird. Leider ist dieses Verfahren insofern nicht richtig als der festgelegte

Spannungswert von 1/6 = 17 v. H. Nennspannung den praktischen Bedürfnissen nicht ganz entspricht. Die in Wirklichkeit in dem Stromkreis auftretenden Lichtbogenspannungen zwingen zu höheren Werten in der Größenordnung von 30—40 v. H., s. auch FRANKEN (38). Daß der Leistungsfaktor auf diese Weise beim Ein- und Ausschalten in Höhe von 0,35 derselbe bleibt ist richtig, denn der Motor verhält sich in gleicher Weise. In diesem Fall erfolgt also die Schaltanordnung nach Abb. 156b.

Weiterhin ist in VDE 0660 § 63 die bisher in Deutschland übliche vereinfachte Prüfung, die nur eine Stromquelle notwendig macht, zugelassen. In diesem Fall ist es erforderlich, die unterschiedlichen Ein- und

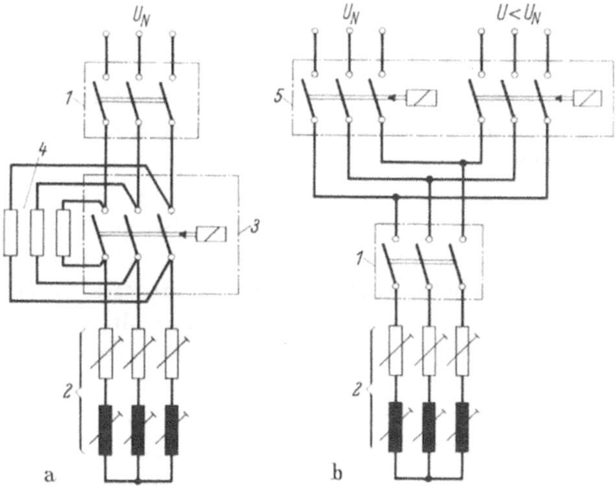

Abb. 156a u. b. Prüfstromkreis zur Ermittlung der Schaltstücklebensdauer für Motorschalter bei Gebrauchskategorie AC_3
a) mit gleichbleibender Spannung und Schwächschütz;
b) mit verschiedenen Spannungen beim Ein- und Ausschalten
1 Prüfling; *2* Belastung; *3* Schwächschütz; *4* Schwäch-Widerstand; *5* Netz-Umschaltschütz

Ausschaltströme durch ein „Schwächschütz", das in Verbindung mit einem Zeitschaltwerk einen zunächst kurzgeschlossenen Teil der Vorschaltwiderstände freigibt, herzustellen (s. Abb. 156a). Statt dieses Zeitwerks kann man u. U. auch die Eigenzeiten der Schütze ausnutzen. Durch die Einschaltung des zusätzlichen Ohmschen Widerstandes bei gleichbleibender Induktivität ändert sich zwar der Leistungsfaktor bzw. die Zeitkonstante gegenüber den Werten bei verminderter Spannung, jedoch ist die gespeicherte magnetische Energie im Abschaltaugenblick die gleiche. Diese Prüfung ist aber im allgemeinen schwerer als die Prüfung mit unterschiedlichen Spannungen nach Abb. 156b.

Bei der Gegenüberstellung dieser beiden Methoden, ist auch noch beachtlich, daß die Voraussetzungen der Methode b beim Abschalten eines erst auf nur verhältnismäßig niedrige Drehzahlen hochgelaufenen Motors (Tippschaltung) nicht nur bezüglich der Ströme nicht stimmen, sondern auch die Spannungen am Luftspalt bedeutend höher werden, so daß der dadurch bedingte Rückgang der tatsächlich zulässigen Zahl der Schaltungen ein noch viel größeres Ausmaß annimmt als bei der Prüfung mit voller Spannung und hohem Leistungsfaktor nach a. Das bedeutet, daß bei der höheren Lebensdauerbewertung des Gerätes nach b eine auch nur ganz beschränkte Anzahl von Tippschaltungen die Lebensdauer nicht nur wie bisher z. B. in der Größenordnung von 1:10 sondern von 1:20, also auf einen ganz geringfügigen Wert herabsetzt [s. FRANKEN (38)].

Bei beiden Anordnungen wird man die Zeit, in der der hohe Strom fließt, möglichst klein wählen (etwa 50 msec), um die Schaltprozesse zeitlich eng zusammendrängen zu können, ohne eine übermäßige Erwärmung des Gerätes herbeizuführen. Auf der anderen Seite muß naturgemäß darauf geachtet werden, daß die Verminderung der Stromstärke erst einsetzt, wenn die Schaltstücke endgültig geschlossen haben, also nach der etwaigen Prellzeit.

Bei der Nachprüfung des „Schwerlastverhaltens" (AC_4) wird beim Ein- und Ausschalten immer mit dem gleich hohen Strom, dem gleich niedrigen Leistungsfaktor und der vollen Spannung gearbeitet. Wie bei der Feststellung des Ausschaltvermögens hat die Motorersatzschaltung durch Drosseln und Widerstände gegenüber dem Abschalten des Motors auch bei Ermittlung des Schaltstückabbrandes Konsequenzen zur Folge, d. h. die Abbrandmengen bei der Motorersatzschaltung sind wenigstens bei AC_4 größer als wenn die gleichen Stromstärken und Leistungsfaktoren beim stillstehenden Motor beherrscht werden müssen. Es zeigt sich, daß die Prüfung etwas zu scharf ist. Bei einer Ersatzanordnung wurde z. B. ein Abbrandverhältnis 1:0,85 festgestellt, bei Schützen, die nur den Strom ausschalteten, sogar ein Verhältnis von 1:0,65. Die günstigeren Bedingungen beim Motor kommen einmal daher, daß durch die vom Sekundärkreis noch aufrechterhaltene, verklingende Teilspannung die Spannungsverhältnisse günstiger sind, d. h. der Spannungsunterschied kleiner. Das dürfte jedoch nicht ausschlaggebend sein, sondern wichtiger sind die unterschiedlichen Verhältnisse bezüglich Einschwingspannung und Überschwingfaktor, wie auch bei der Feststellung des Ausschaltvermögens (s. S. 269) geschildert. Es ist deshalb vorteilhaft, auch beim Schaltstücklebensdauerversuch Kategorie AC_4, eine bestimmte Einschwingfrequenz und einen bestimmten Überschwingfaktor nach der Formel S. 270 einzustellen. Diese Werte können nach allgemeiner Ansicht, da es sich auch nur um Durchschnittswerte zu handeln braucht, etwas tiefer liegen als die bei der Feststellung des Ausschaltvermögens verwandten. Bei dem Lebensdauerversuch für Normallast (AC_3) ist eine solche Rücksichtnahme nicht notwendig. Einmal ist die Spannung an sich bedeutend herabgesetzt, bei $\cos \varphi = 1$, das heißt also bei Stromnulldurchgang ist sogar praktisch gar keine mehr vorhanden und bei der geringen Spannung von 17 v. H. dürfte ohnehin die Anstiegsgeschwindigkeit keine Rolle mehr spielen.

Bei allen Typenprüfungen der Schaltstücklebensdauer ist es zweckmäßig, zunächst an zwei Prüflingen den Ein- und Ausschaltabbrand getrennt festzustellen. Schaltstücklebensdauerprüfungen s. Abb. 157. Die häufig geübte Methode, den Schaltstückabnutzungsversuch vor dem vollen Verschleiß abzubrechen und durch Extrapolationen die Grenze zu ermitteln, ist nur mit Vorsicht durchzuführen. Bei Kupferschalt-

Abb. 157. **Prüfstände für die Ermittlung der Schaltstücklebensdauer**

stücken unter Öl wurde die Proportionalität zwar immer gefunden, bei Silberschaltstücken in Luft dagegen nicht mehr. Die Anfangswerte streuten hier oft stark, je nach dem, ob Punkte am Schaltstückrand oder der Schaltstückmitte zuerst in Berührung kamen. Die Versuche müssen mindestens so weit getrieben werden, daß die gesamte Kontaktfläche Abbrandnarben aufweist. Die Ergebnisse der nächsten Untersuchungsperiode sind dann geeignet zu Extrapolationen verwandt zu werden. Eine Methode zur Abkürzung des Verfahrens für diese Art Schaltstücke ist von Kniel vorgeschlagen worden. Bei der Durchführung der Schaltstückverschleißversuche ist es häufig gar nicht zu umgehen, daß man die Schaltungen viel enger zusammendrängt als es der Praxis entspricht. Will man z. B. 10 Millionen Schaltungen in einem Jahr bei täglich

24 Stunden ohne Pause durchführen, dann muß man mit etwa 1200 Schaltungen je Stunde arbeiten. 10 Millionen Schaltungen in 10 Jahren wie es bei solchen Geräten der Praxis entspricht, sind bei täglich 8stündigem Betrieb und 250 Tagen dagegen nur 500 Schaltungen stündlich. Diese Steigerung von 500 auf 1200 kann naturgemäß eine erhebliche Erhöhung der Erwärmung über die betrieblich üblichen Grenzen hinaus bedeuten und damit die Verschleißgrundlage verwischen. In diesem Punkt ist der Versuchsingenieur stets in einem Dilemma. Auf der einen Seite erwartet man naturgemäß Ergebnisse nicht erst nach Ablauf einer langen Frist, auf der anderen Seite sind die Vorausschätzungen aus verschiedenen Teilversuchen nur sehr vorsichtig durchzuführen. Die Verschleißzahlen hängen bei Kupfer und Silber weniger von der Schalthäufigkeit ab, als z. B. bei Wolfram-Sinterstoffen [Baxter u. Cetnarowicz]. Der zulässige Abbrand ist durch seinen Einfluß auf die Funktion, Stromführung, Isolationszustand, Spannungsfestigkeit, Schaltvermögen u. dgl. bestimmt. 0660 Teil 1 § 63b verlangt, daß nach Beendigung der Prüfung bis zum zugelassenen Abbrand, der durch 3 Schaltungen mit den Strömen für gelegentliche Beanspruchung (s. Tabelle 6) ermittelt wird, die Geräte bei geschlossenen Schaltstücken eine Spannungsprüfung nach § 65 u. 66 a 2 u. 3 aushalten. Bei der Durchführung dieser Versuche sind außer reinen Luftdrosseln auch Luftspaltdrosseln zugelassen.

Die *Prüfung von Hilfsschaltgliedern* bezüglich der Lebensdauer erfolgt in gleicher Weise wie die der Hauptstromglieder. Da bei *Wechselstrom*kreisen hier unterstellt werden kann, daß die Ausschaltung in der Praxis immer bei geschlossenem Magnetluftspalt, d. h. mit dem kleineren Haltestrom erfolgt, so muß der Einschalt- und der Ausschaltstromkreis getrennt für den 10- bzw. 1-fachen Nennbetriebsstrom aufgebaut werden. Das geschieht durch einen Umschalter nach VDE 0660 Teil 2, § 63, Bild 10a oder aber auch durch ein Schwächeelement, das beim Einschalten sowohl einen Teil der Ohmschen wie der induktiven Widerstände überbrückt. Da die aus Luftdrosseln gebildeten Prüfkreise mit ihren erheblichen Einschwingspannungen eine Beanspruchung der Geräte ergeben, die von dem praktischen Verhalten solcher Kreise, bedingt durch den Kurzschlußring, der außerordentlich stark dämpft, abweicht, s. S. 157, erwog man bei der Prüfung einen Parallelwiderstand zur Luftdrossel zuzulassen. Dem stand gegenüber, daß die Abschaltbedingungen ohnehin in der Praxis bei dem hier in Betracht kommenden Strombereich außerordentlich leicht sind und auch schon bei kleinen Kontaktöffnungen und niedrigen Öffnungsgeschwindigkeiten ein sehr gutes Abschaltvermögen erzielt wird. Diese Schaltvorgänge fallen in den Bereich des Niederstrombogens und der Glimmentladungen, so daß die Durchschlagfestigkeit der Schaltstrecke sehr schnell zu hohen Werten ansteigt, s. auch Kirchdorfer (3).

Bei diesen Schaltgliedern wird aber auch noch für eine Gebrauchskategorie mit der Bezeichnung „Allgemein“ geprüft, bei der der Ein- und Ausschaltprüfstrom gleich ist, also auch der Schaltkreis. Der $\cos\varphi$ ist für beide Vorgänge nach dem Entwurf VDE 0660 Teil 2 0,4 und der Prüfstrom gleich dem Nennbetriebsstrom. Die Prüfung der Schaltstücklebensdauer bei Wechselstrom nach dieser Kategorie bedeutet eine Erleichterung gegenüber der genannten mit Strömen im Verhältnis 10:1 für Hilfsstromschalter, deren Schaltstücklebensdauer nicht wesentlich vom Einschaltvorgang beeinflußt wird, bzw. für solche Kreise, deren Stromaufnahme sich während des Schaltprozesses nicht in dem Ausmaß wie bei einer Schaltmagnetspule mit veränderlichem Luftspalt ändert. Umfangreiche Versuche ergaben einen äußerst geringen Einfluß der Einschaltstromspitze auf den Schaltstückabbrand, s. Kirchdorfer (3).

Bei *Gleichstrom* prüft man beim Ein- und Ausschalten mit dem Nennbetriebsstrom aber unterschiedlicher Zeitkonstante (1 bzw. 40 ms).

8.8 Schutzarten

Die Prüfung der „Schutzarten“ geschieht nach DIN 40050 und 40060. Für die Prüfung auf Tropenfestigkeit liegen noch keine endgültigen Festlegungen vor.

8.9 Rüttel- und Stoßsicherheit

Bei den Ermittlungen unterscheidet man die periodisch auftretenden Beschleunigungen, die Rüttelbewegungen, auch oft Erschütterungen genannt, und die einmalige Beschleunigung, den Stoß. Im ersteren Falle werden die zulässigen Werte auf Rütteltischen festgestellt und dabei die Eigenresonanzen der Prüflinge sowie daran Folgen bezüglich Ermüdung und Verschleiß ermittelt. Anschließend wird die zulässige Amplitude als Funktion der Frequenz festgelegt. Diese Messungen nimmt man üblicherweise in drei verschiedenen Beanspruchungsrichtungen vor. Bei Geräten, die in verschiedenen Lagen montiert werden können, muß die Montagerichtung an Hand dieser Verhältnisse festgelegt werden. Außerdem setzt man die Geräte noch in Dauerbetrieb, um festzustellen, ob die Rüttelbeanspruchungen keinen zusätzlich mechanischen Verschleiß herbeiführen. Die Einwirkung kurzer Stöße mit hoher Beschleunigung untersucht man mit dem Fallhammer. Konventionelle Festlegungen hinsichtlich der Ansprüche sind in den VDE-Arbeiten noch nicht vorhanden. Zur Beurteilung der Situation ist es notwendig, die Beanspruchungen, die in den Anwendungsgebieten auftreten können, hinsichtlich Frequenz, Amplitude und Richtung der Rüttelbewegungen zu ermitteln. Die

Schwierigkeiten, die die Geräte bieten, bestehen in erster Linie in dem unbeabsichtigten Öffnen von Kontaktstellen, das gilt insbesondere auch für Hilfskontaktglieder an den Schützen und für Befehlsgeräte.

8.10 Die Stückprüfung

Die Stückprüfung dient zum Feststellen etwaiger Werkstoff- und Herstellungsfehler an den zur Lieferung vorgesehenen Einzelstücken. Bei Schützen erstreckt sie sich im wesentlichen auf die Ermittlung der Kontaktkräfte, der Durchfederung, der Anzugsspannung, der Abfallspannung, der Stromaufnahme, und des Geräuschpegels. Diese Prüfstände werden an das Ende des Fließbandes gesetzt und die Messungen meist in einem Arbeitsgang durchgeführt. Siehe z. B. Abb. 158. Die Anzugsspannung und Abfallspannung wird durch langsame Steigerung bzw. Senkung der Spulenspannung festgestellt, die Stromaufnahme nach einigen wenigen Schaltungen gemessen und dann die Geräuschmeßeinrichtungen eingeschaltet. Zu diesem Zweck sitzen die Schütze meist in bestimmten Kasetten. Die Geräuschmessung ist zunächst in einem Schallraum an bestimmten Geräten durchgeführt worden und nun die zugelassenen Schwellwerte in dem Prüfschrank auf Anzeigeinstrumente übertragen. Andere Prüfungen werden am Vormaterial oder im Zuge der Herstellung im Fließprozeß an Zwischenprüfständen vorgenommen.

Abb. 158. Fertigprüfung von Schützen auf Anzugs-, Abfallspannung, Stromaufnahme und Geräuschentwicklung

So gehören zur wesentlichen Kontrolle im Fertigungsprozeß noch die Nachmessung der Luftspalte in den Magnetkreisen, ferner die Kontrolle der Hilfsschalterlage zum Schaltweg des Gerätes und die Isolationsprobe. In den vor dem Fließband liegenden Fabrikationen erfolgt die Untersuchung der Spulen auf Widerstand, Kurzschlußwindungen und Windungszahl. Für diese Prüfungen werden weitgehend Geräte mit Verhältnisskalen eingesetzt, z. B. Voltmeter mit einer v. H.-Teilung, die angeben, wie hoch die Anzugs-, Abfall- und Überlastwerte relativ sind. Die Lackdrahtkontrolle nach DIN 46453 zeigt Abb. 159, die Prüfung der Gleichmäßigkeit der Schaltstückdurchfederung Abb. 160 und die Spulenprüfung vor Einbau Abb. 161.

Außerdem werden regelmäßig Schütze aus der Produktion heraus in einen besonderen Dauerprüfstand gesetzt, um sie auf ihre mechan. Lebensdauer wenigstens bis zu 1/2 oder $1 \cdot 10^6$ Schaltungen, Schütze der Klasse E bis zu $10 \cdot 10^6$ zu untersuchen und festzustellen, ob keine Anfangsstörungen auftreten. Man prüft jetzt auch die Schaltstücklebensdauer für Normallast (AC_3) laufend nach. In größeren Abständen erfolgt dann stichprobenweise an einigen Stücken die Wiederholung der Typenprüfung.

Abb. 159. Kontrolle von Spulenlackdraht

Bezüglich der *Spulenprüfung* sei noch auf einige Einzelheiten verwiesen. Die Wechselstromspulen standen lange Zeit in dem Ruf, betriebsuntüchtiger zu sein als die Gleichstromspulen. Diese An-

Abb. 160. Prüfung der Schaltstückdurchhübe

nahme hatte eine gewisse Berechtigung, weil bei jedem Wechselstrommagneten, sobald sich der Luftspalt z. B. durch Fremdkörper, durch Hemmungen in den Übertragungsgliedern, aber auch durch Spannungsabsenkungen und die Unmöglichkeit, die letzten durch die Kontaktdruckkraft bewirkten Widerstände vollständig zu überwinden, nicht soweit verringert wie vorgesehen, die Stromaufnahme beträchtlich höher bleibt. Schon Vergrößerungen der Spalte um 0,1 mm machen sich in starkem Maße bemerkbar. Auf diese Weise wurden bei Wechselstromschaltmagnetspulen häufiger Zerstörungen hervorgerufen, wie sie bei Gleichstrom mit Rücksicht auf den Umstand, daß die Stromstärke lediglich durch Netzspannung und Widerstand gegeben ist, nicht auftreten können. Bei Wechselstromspulen kam aber noch ein anderer Umstand hinzu, der offenbar in der Praxis zu einem noch größeren Ausfall führte, das ist die Möglichkeit, daß bei einer Spule mit sehr vielen dünndrähtigen Windungen, eine oder mehrere einen Schluß aufweisen. Ein Umstand, der bei Gleichstrom nicht allzuviel zu bedeuten hat, während bei Wechselstrom in diesen kurzgeschlossenen Windungen eine neue zusätzliche Spannung induziert wird, die an der Berührungsstelle u. U. zu einer Schmelzerscheinung und darüber hinaus zur Lichtbogenbildung führen kann. Es war deshalb notwendig, festzustellen, ob etwa eine Spule auch nur über eine oder einige wenige Kurzschlußwindungen verfügte. Sobald ein großer Teil der Windungen kurzgeschlossen war, konnte natürlich die Widerstandsmessung Aufschluß geben. Kurzschlüsse derartig großen Umfangs sind aber bei den heutigen sorgfältigen Wickelmethoden praktisch ausgeschlossen. Aber schon eine einzige Kurzschlußwindung kann über kurz oder lang den Tod der Spule bedeuten, denn hier führt die Stromwärme u. U. zu einer dauernden lawinenartigen Ausdehnung des Fehlers. Deshalb wird durch besondere

Abb. 161. Fließband für Spulenfertigung; Kontrolle am Bandende auf Windungszahl, Wicklungswiderstand und Kurzschlußwindungen vor Einbau in die Geräte

Meßeinrichtungen der Kurzschluß auch einer geringen Anzahl von Windungen festgestellt. Es wirken meistens zwei Kraftflüsse in Gegenwirkung auf eine Spule ein. Wird der eine Kraftfluß durch die zu prüfende Spule mit einer kurzgeschlossenen Windung geschwächt, dann wird die Differenzwirkung nicht mehr 0 sein und in einer besonderen Meßspule ein Strom induziert, der zur Anzeige führt.

9. Zusammenfassung und Anwendung der Geräte

9.1 Die Auswahl der Geräte

9.11 Die Bewertung

Die Bewertung der Schütze wurde wie die fast aller Schaltgeräte früher lediglich nach Strom und Spannung betrieben, eine Methode, die man nun schon seit langem verlassen mußte. Man hat sich im wesentlichen außer nach diesen beiden schon genannten Begriffen nach dem Schaltvermögen und den Lebensdauerverhältnissen zu richten [Franken (14, 17)]. Insbesondere wurde früher der Lebensdauer nicht die nötige Aufmerksamkeit geschenkt. Bei den Schaltleistungsansprüchen ist zwischen dem Einschalt- und Abschaltvermögen zu unterscheiden, sie hängen von der Art des Stromverbrauchers und der seiner Benutzung ab. Die Folge dieser zahlreichen Einflußgrößen ist, daß es nicht mehr möglich ist, die Ansprüche bei Geräten für Steuerungsanlagen mit einer einzigen kurzen Zahl zu umschreiben.

Für Schütze sind deshalb schon seit längerer Zeit Größenangaben eingeführt, weil eine einzige Zahl, z. B. für Leistung, Spannung oder Nennstrom des Stromverbrauchers, z. B. des Motors, nicht ausreicht und insbesondere diese Werte durch die in Betracht kommenden Arbeitsdiagramme bzw. die „Gebrauchs-Kategorien", s. VDE 0660, Teil 1 § 14 und S. 289 eine Vervielfachung erfahren.

Über die „Gerätegröße" heißt es in VDE 0660 Teil 1 § 15:
„Motorschalter, insbesondere Schütze, werden durch die Angabe *eines* Nennstromes und *einer* Gebrauchskategorie nicht ausreichend gekennzeichnet, es wird daher empfohlen, zur Kennzeichnung des Anwendungsbereiches eine Größenbezeichnung vorzusehen. Hierbei soll ein höherer Zahlenwert eine höhere Leistungsfähigkeit bedeuten".

Dabei ist es natürlich notwendig, die weiterhin erforderlichen Angaben in eine zweckmäßige Form zu fassen. Hierfür findet man in den Preislisten Tabellen oder Kurven. Eine solche Darstellung bietet für eine bestimmte Gebrauchskategorie die „Gerätekennlinie" (s. Abb. 162a). Für eine gegebene Spannung und ein gegebenes Schaltdiagramm hinsichtlich der Ströme beim Ein- und Ausschalten kann man mit drei Grenzwerten rechnen. Die obere Grenze *a* ist bestimmt durch die mechanische Lebensdauer, gibt also an, wieviele Schaltungen mit dem Gerät überhaupt durchgeführt werden können, *c* ist bedingt durch das Schaltvermögen und *b* durch die Lebensdauer der Schaltstücke. Die drei Striche bei *b* und *c* gelten für unterschiedliche Netzspannungen. Während *a* im wesentlichen leistungs- und spannungsunabhängig ist, sind *b* und *c* spannungsabhängig, *b* außerdem leistungsabhängig, vor allen Dingen aber auch abhängig vom Arbeitsdiagramm, da der Verschleiß der Schaltstücke insbesondere von der rel. Höhe der Ausschaltströme beeinflußt wird. Der Abbrand ist ein viel größerer, wenn der praktisch noch im Stillstand befind-

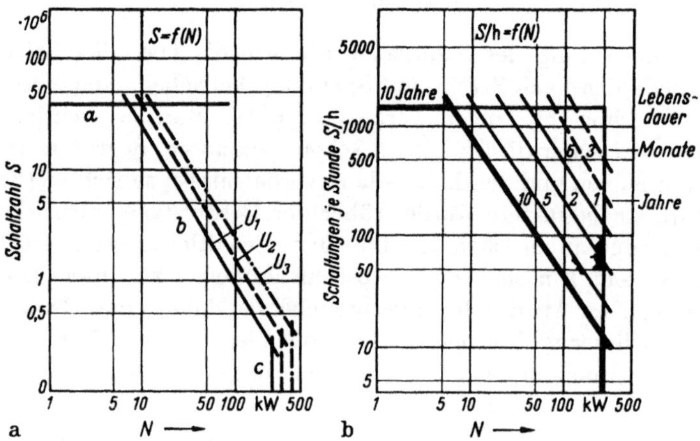

Abb. 162 a u. b. Gerätekennlinie
a) Absolutwert der Schaltzahl; b) Schalthäufigkeit

liche Motor sofort wieder abgeschaltet wird, gegenüber dem laufenden mit geringer Stromaufnahme.

Für Festlegungen bezgl. der Arbeitsdiagramme sind nach der IEC-Publikation 158-1 1964 in VDE 0660 Teil 1, Tafel 2, „*Gebrauchskategorien*“ eingeführt (s. Tab. 6, S. 289). Jede Kategorie ist durch einen Vielfachwert vor allem des Motornennstromes beim Ein- und Ausschalten unter gleichzeitiger Angabe der Leistungsfaktoren, Spannungen und Zeitkonstanten gekennzeichnet. Neben den Werten für „normales“ Schalten, wie sie z. B. den Lebensdauerangaben der Schaltstücke und des Gesamtgerätes zugrunde gelegt werden, finden sich auch noch höhere Werte, die nur „gelegentlich“ auftreten können und in erster Linie die Grundlage für das geforderte Nennein- und Nennausschaltvermögen bilden. Ähnliche Angaben wurden in Deutschland in der Praxis bereits seit vielen Jahren gemacht [Franken (14, 17)], nur war das Rezept etwas einfacher. Die hierbei eingeführten Oberbegriffe waren: „Leichtlast“, „Normallast“

Tabelle 6. *Gebrauchskategorien und zugehörige Ein- und Ausschaltbedingungen nach VDE 0660 Teil 1, Tafel 2*

Stromart	Kategorie	Anwendungsbeispiele	*Normal*-Beanspruchung Einschalten I/I_e	U/U_N	cos φ bzw. L/R[1])	*Normal*-Beanspruchung Ausschalten I/I_e	U/U_N	cos φ bzw. L/R[1])	*gelegentliche* Beanspruchung Einschalten I/I_e	U/U_N	cos φ bzw. L/R[1])	*gelegentliche* Beanspruchung Ausschalten I/I_e	U/U_N	cos φ bzw. L/R[1])
Wechselstrom	AC_1	*Lastschalter* für nicht- oder leichtinduktive Belastungen	1	1	0,95	1	1	0,95	1,5[3])	1,1	0,95	1,5[3])	1,1	0,95
	AC_2	Motorschalter für Schleifringläufer ohne / mit Gegenstrombremsen	2,5	1	0,65	1 / 2,5	0,4 / 1	0,65	4	1,1	0,65	4	1,1	0,65
	AC_3	Motorschalter für *Käfigläufer*, Ausschalten bei Lauf für Motoren mit I_e ≦ 16 A ≦ 100 A > 100 A	6	1	0,65 0,35	1	0,17	0,65 0,35	10[2]) 8[2])[5])	1,1	0,65 0,35	8 6[4])	1,1	0,65 0,35
	AC_4	dgl. bei Tippen, Gegenstrombremsen, Reversieren für Motoren mit I_e ≦ 16 A ≦ 100 A > 100 A	6	1	0,65 0,35	6	1	0,65 0,35	12[2]) 10[4])[6])	1,1	0,65 0,35	10 8[5])	1,1	0,65 0,35
Gleichstrom	DC_1	*Lastschalter* für nicht- oder leichtinduktive Belastungen	1	1	1	1	1	1	1,5[3])	1,1	1	1,5[3])	1,1	1
	DC_2	Motorschalter für *Nebenschlußmotoren*, Ausschalten während des Laufes	2,5	1	2	1	0,1	7,5	4	1,1	2,5	4	1,1	2,5
	DC_3	Dgl. bei Tippen, Gegenstrombremsen, Reversieren	2,5	1	2	2,5	1	2	4	1,1	2,5	4	1,1	2,5
	DC_4	Motorschalter für *Reihenschlußmotoren*, Ausschalten während des Laufes	2,5	1	7,5	1	0,3	10	4	1,1	15	4	1,1	15
	DC_5	Dgl. bei Tippen, Gegenstrombremsen, Reversieren	2,5	1	7,5	2,5	1	7,5	4	1,1	15	4	1,1	15

I = Ein- oder Ausschaltstrom
I_e = Nennbetriebsstrom
U = Ein- oder Ausschaltspannung
U_N = Nennspannung
L = Induktivität des Prüfkreises
R = Ohmscher Widerstand d. Prüfkreises

[1]) = L/R in ms
[2]) = Es können bis zu 30 % höhere Ströme auftreten
[3]) = Dieser Wert schließt die in Tafel 26 u. 27, VDE 0660, Teil 1 erhöhten Prüfströme gegenüber dem Ausschaltstrom mit ein
[4]) = mind. 800 A
[5]) = mind. 1000 A
[6]) = mind. 1200 A

und „Schwerlast". Bei der neuen Klassifikation sind der „Leichtlast" die „IEC-Werte" AC_1 u. AC_2, der „Normallast" AC_3 und der „Schwerlast" AC_4 zuzuordnen (s. Abb. 163).

Der *Kategorie* AC_3 entspricht das Diagramm für den Käfigläufer bei unmittelbarem Einschalten und Ausschalten, wenn er auf volle Drehzahl gekommen ist und höchstens noch Nennlast abgibt. Der Ausschalt-

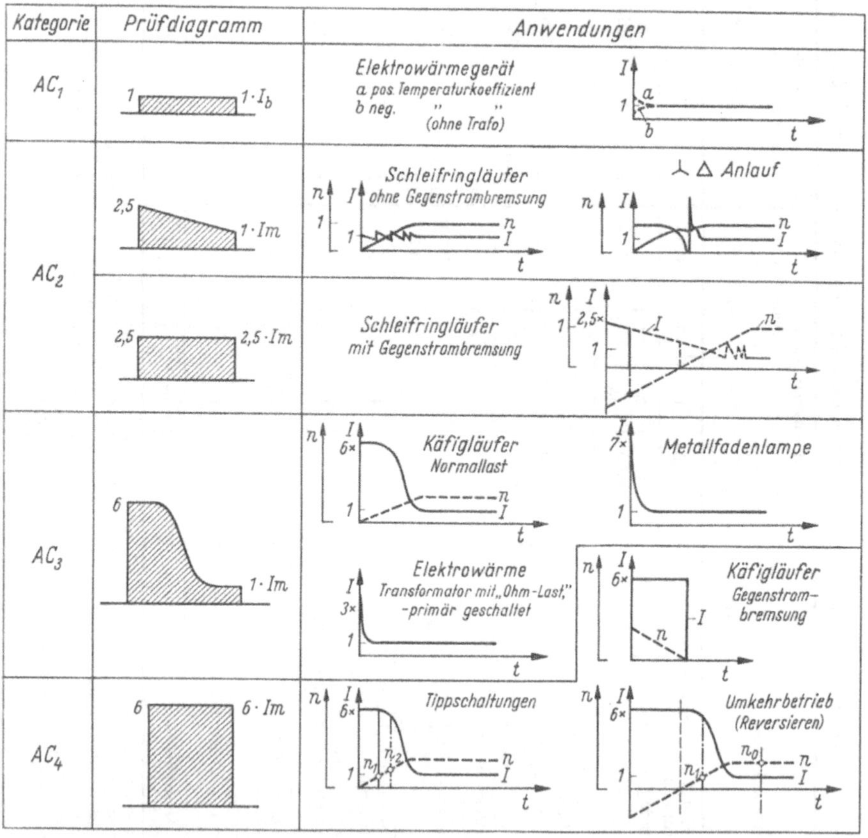

Abb. 163. Lastdiagramme für Schaltstückabnutzung bei Wechselstrom

vorgang wird noch erleichtert durch die Tatsache, daß der Motor eine Gegenspannung entwickelt. Dadurch wird die Spannung am Schalter kleiner als die Nennspannung, allerdings bei einem niedrigen Wert für den Leistungsfaktor (s. Tab. 6). Bei *Kategorie* AC_4 wird unterstellt, daß auch die Ausschaltung mit einem hohen Strom bis zum Motorstillstandsstrom erfolgt. Die schweren Belastungsfälle treten in der Praxis in mannigfacher Abstufung auf. Ein klares Diagramm ergibt der Motor, der nur für die Gegenstrombremsung vom Gegenlauf bis zum Stillstand benutzt wird. Beim Ausschalten muß dann regelmäßig der Stillstandsstrom unterbrochen werden, wobei praktisch die Netzspannung in voller Höhe wirksam und auch der Leistungsfaktor entsprechend dem stillstehenden Motor klein ist. Beim Einschalten wirkt der beim Käfigläufer etwas darüber liegende volle Gegenstrom, während er beim Schleifringläufermotor beim Betrieb mit Vorschaltwiderständen im Läuferkreis gegenüber dem Stillstand doppelte Höhe erreicht. Der eigentliche Wendebetrieb weicht demgegenüber vom Normaldiagramm eigentlich gar nicht ab, es sei denn, es treten wegen zu kurzer Pausen besonders hohe Magnetisierungsströme auf s. S. 36. Man spricht dann vom „Reversierbetrieb" und versteht darunter das schnelle Anhalten oder das schnelle Umkehren der Drehrichtung des Motors durch Vertauschen der Motoranschlüsse beim laufenden Motor. Mit Rücksicht auf die erheblich größere lebendige Energie, die erst einmal zu vernichten und dann wieder aufzubringen ist, sind diese Umsteuerzeiten erheblich länger als die normalen Anlaufzeiten. Bei dem zuletzt genannten Betrieb kommt es in der Praxis aber sehr häufig vor, daß der Motor bereits wieder reversiert wird, ehe er die volle Drehzahl erreicht hat, denn bei einem Antrieb, bei dem man keine Zeit hat, ihn erst auf Stillstand zu bringen, um ihn dann erneut wieder einzuschalten, liegen meistens sehr hohe Schalthäufigkeiten und dementsprechend kurze Spielzeiten vor, so daß man hier auch oft mit der Abschaltung des Stillstandsstromes rechnen muß. Eine besondere Rolle spielt der *Tippbetrieb*. Hierunter versteht man das einmalige oder mehrmalige kurzzeitige Einschalten eines Motors, um ihn in kurze Drehbewegung zu versetzen s. S. 337, Abb. 185 und 186. Bei diesen Tippschaltungen wird also der Anlaufstrom vor Erreichen des Beharrungsstromes unterbrochen. Die Unterbrechung erfolgt in der Praxis meistens nicht immer bei ein und derselben Stromstärke, sondern der gleiche Motor, der vorübergehend durch Tippschaltungen nur kurzzeitig in Betrieb gesetzt worden ist, wird in anderen Fällen im Lauf abgeschaltet. Zu einer Normierung ist also diese Art von Diagramm schlecht geeignet. Die Listenangaben beziehen sich häufig auf Verhältnisse, bei denen z. B. bei 10 v. H. Abschaltungen die Unterbrechung des Stillstandstromes vorausgesetzt wird. Im Interesse eines sicheren Betriebes empfiehlt es sich, in allen Fällen, in denen man nicht mit der Abschaltung des laufenden Motors rechnen kann, ein Diagramm zugrundezulegen, bei dem der Ein- und Ausschaltstrom gleich dem Motorstillstandsstrom ist, also die Kategorie AC_4. Die Lebensdauer der Schaltstücke eines Gerätes, das den laufenden Motor abzuschalten hat, zu dem eines solchen, das des Stillstandsstrom zu bewältigen hat, ist außerordentlich viel höher. Rechnet man z. B. für den ersteren Fall mit drei Millionen, dann geht der Wert beim Abschalten des 4- bis 6fachen Stromes auf etwa 200000 Schaltungen zurück. Es ist also empfehlenswert für den Einsatz der Schütze nur nach Kategorie AC_4, die zulässigen Motorleistungen gegenüber einem Einsatz nach AC_3 herabzusetzen, um eine ausreichende Schaltstücklebensdauer zu erzielen.

Für *Zwischenwerte* mit einem bestimmten v. H.-Satz der Schwerlastschaltung ist die Errechnung der Schaltstücklebensdauer aus den Werten für AC_3 und AC_4, also den Normal- und Schwerlastangaben möglich. Ist z. B. bei einem Gerät, das normalerweise den laufenden Motor abschaltet, aber auch in einem bestimmten Prozentsatz Tippschaltungen vollführt, für den ersten Fall eine Lebensdauer S_L, für den letzteren eine S_T angegeben und ist der Prozentsatz der Tippschaltungen P, so wird die Lebensdauer der Schaltstücke für den kombinierten Betrieb

$$S = \frac{S_L}{1 + \frac{P}{100}\left(\frac{S_L}{S_T} - 1\right)}$$

Kurven dieser Art siehe FRANKEN (38). Der Einfluß von S_T ist bedeutend. Der Mischbetrieb — 90 v. H. AC_3, 10 v. H. AC_4 — wird jetzt gelegentlich als „Schwerlast" bezeichnet (Klöckner-Moeller) und dann der Vollbetrieb AC_4 als „extremer Schaltbetrieb". Spielt die Einschaltbeanspruchung eine Rolle und sind Werte für nur „Ein"- (S_e) und nur „Aus"-Schaltverschleiß (S_a) gegeben, dann ist

$$\frac{1}{S} = \frac{1}{S_e} + \frac{1}{S_a}; \quad S = \frac{S_e \cdot S_a}{S_e + S_a}$$

[FRANKEN (2)]. Leichter als AC_3 ist die Beanspruchung beim Einschalten von Schleifringläufermotoren. Hier gilt *Kategorie AC_2*. Die Höhe des Einschaltstromes ist normalerweise vom Widerstandswert des Anlassers abhängig (s. S. 41, Abb. 20). Abgeschaltet wird im wesentlichen der Laufstrom, d. h. bis zum Nennstrom. Im Umkehrbetrieb tritt der doppelte Wert des normalen Einschaltstroms auf. Weiterhin entstehen günstige Abnutzungsverhältnisse bei der Anwendung der *Sterndreieckschaltung*. Das Schütz, das die Sternverbindung herstellt, hat beim Einschalten nur ein Drittel des normalen Stillstandsstromes zu bewältigen. Beim Abschalten sollte entsprechend der Betriebsform auch nicht mehr als der Nennstrom auftreten. Die nachfolgende Stromspitze ist jedoch verhältnismäßig hoch (s. S. 38). Es ist üblich, den Stern-Dreieck-Schaltbetrieb zu der Gruppe AC_2 zu rechnen, denn für Motoren, die außerdem noch mit Tippschaltung betrieben werden, wird man kaum zu einem derartigen Mittel greifen, das doch im wesentlichen nur zur Schonung der Netze bestimmt ist.

Bei der Beurteilung der für normale und gelegentliche Beanspruchung bei Käfigläufermotoren angegebene Zahlen, z. B. in Höhe des 6- oder

8fachen Motornennstroms, muß man beachten, daß die nach VDE 0530 zulässigen Toleranzen bei den Motoren bis zu ± 20 v. H. gehen, daß also ein 8facher Strom beim Ausschalten zunächst nur einen Sollstillstandsstrom von $6{,}7 \times$ Nennstrom deckt. Hinzu kommt weiter noch, daß die Ausschaltungen u. U. entsprechend den möglichen Spannungs-Steigerungen mit 110 v. H. der Nennspannung vorgenommen werden. Hierbei steigt die Stromaufnahme der Motoren wegen der stärkeren Sättigung der Streupfade noch stärker als die Spannung. Man kann bei 10 v. H. erhöhter Spannung, mit etwa 15 v. H. erhöhter Stromaufnahme rechnen, so daß aus dem 6,7fachen der 5,8fache Nennstrom wird. Als Grenzwerte sind also die vorgeschriebenen Prüfwerte keineswegs zu hoch. Außerdem kommen insbesondere bei zweipoligen Maschinen u. U. auch noch recht beträchtliche Grundwerte vor. Vor allem aber ist zu beachten, daß bei Käfigläufermotoren die Beherrschung dieser Ströme u. U. zur Regelbeanspruchung werden kann, z. B. bei Geräten nach Kategorie AC_4 und Tippschaltungen. Dann ist diese Beanspruchung, die für den Extremfall gedacht ist, auch die betriebsmäßige Beanspruchung beim Ausschalten. Das gleiche ist bei der Gegenstrombremsung der Fall, auch hier wird der Motor in dem Augenblick abgeschaltet, in dem er die Drehzahl 0 bei entsprechend hoher Stromaufnahme erreicht hat. Der Leistungsfaktor $\cos \varphi = 0{,}35$ ist ein konventioneller Wert, bei kleinen Motoren ist er in der Praxis höher, bei großen geht er bis auf 0,3 herab.

Die Kategorien AC_1 und DC_1 beziehen sich auf die „Lastschalter", die für nennenswerte Überströme nicht ausgelegt sind. Zu ihnen gehören die Elektrowärmegeräte, deren Einschaltströme sich nach dem Temperaturkoeffizienten des Materials richten. Sie gehen selten über 115% des Nennstroms hinaus. Abgeschaltet wird naturgemäß höchstens der Nennstrom. Werden dagegen solche Verbraucher über Transformatoren eingeschaltet, dann kommen deren Einschaltvorgänge hinzu und rücken damit die Geräte wieder in das Gebiet von AC_3. Auch Metallfadenlampen kann man nicht zu dem leichten Betrieb rechnen, weil diese bekanntlich zunächst wegen des geringen Kaltwiderstandes einen sehr hohen Stromstoß aufnehmen. Natürlich ist beim Abschalten nur mit Nennstrom zu rechnen. Sie sollten nach AC_3 behandelt werden. Bei der Verwendung größerer Einheiten, z. B. 200-Watt-Lampen, gehen die Einschaltströme u. U. sogar über die Verhältnisse bei AC_3 hinaus. Ihre Einwirkung hängt von den Prellverhältnissen der Geräte und der Tatsache der geringen Induktivität ab. In ähnlicher Weise verhalten sich die Gasentladungslampen, soweit sie einzelkompensiert sind. Sind sie nicht- oder zentralkompensiert, dann bleibt der Einschaltstrom außer Betracht und die Auswahl nach AC_2 ist möglich. Das ist auch der Fall bei der Duo-Schaltung und Schaltungen, bei denen der Kompensationskondensator in Reihe mit der Drossel liegt. Für Kondensatoren ist keine besondere Kategorie geschaffen. Maßgebend sind die u. U. besonders beim Zuschalten im Parallelbetrieb sehr hohen Einschaltströme.

Abb. 163 zeigt die den 4 Grunddiagrammen zuzurechnenden Anwendungsfälle, natürlich nur in ungefährer Anpassung. Die Gerätekennlinie sollte man möglichst für alle Lastfälle aufzeichnen. Besonders einfach werden die Verhältnisse, wenn die Linie *b* (Abb. 162) von dem aus den Linien *a* und *c* gebildeten Rechteck keine Ecke mehr abschneidet. Das ist heute bei zahlreichen Konstruktionen, wenigstens für Kategorie AC_3 möglich und bedeutet, daß man während der ganzen Lebenszeit des Gerätes und Ausnutzung der höchst zulässigen Motorleistung, kein Schaltstück mehr auszuwechseln braucht. Ein Umstand, der insbesondere bei vollautomatischen Fertigungseinrichtungen (Fließstraßen) nicht hoch genug veranschlagt werden kann und Verlustzeiten mit ihren Ausfällen beseitigt. Man spricht dann von Geräten mit „Maschinenlebensdauer". Selbstverständlich unter der Voraussetzung, daß Geräte mit entsprechender Gerätelebensdauer gewählt wurden.

In Abb. 162b zeigt von den Querlinien rechts die unterste die zulässigen Schalthäufigkeiten für eine sehr lange, die weiter oben liegenden für kürzere Lebensdauerzeiten der Schaltstücke. Diese Unterscheidung hat aber praktisch nur Wert, wenn man mit *auswechselbaren Schaltstücken* rechnet. Man steht also vor der Frage, ob man die höchst zulässige Motorleistung ausnutzen und dann in mehr oder weniger großen Abständen die Schaltstücke auswechseln soll oder aber mit der Modellausnutzung nur so weit gehen, daß das Gerät einschließlich seiner Schaltstücke eine bestimmte Lebensdauer erreichen kann. Maßgebend für diese Auswahl sind die unterschiedlichen Anschaffungskosten, der unterschiedliche Raumbedarf, das Ausmaß der erforderlichen Wartung, die Frage, ob Wartungspersonal überhaupt zur Verfügung steht oder nicht u. dgl. Eine eingehende Behandlung dieser Frage s. Reuscher. Der wichtigste Faktor bei der Entscheidung dieser Frage sind nicht die Anschaffungskosten, sie spielen mit Rücksicht auf die bemerkenswert niedrigen Preise der Geräte, die durch Massenerzeugung erreicht wurden, keine ausschlaggebende Rolle gegenüber Lebensdauer, Wartungsansprüchen und dgl., die für die Wirtschaftlichkeit von entscheidendem Einfluß sind. Die Ausgaben, die durch die Produktionsunterbrechung und die Notwendigkeit des Eingriffs in die Geräte entstehen, überwiegen etwaige höhere Investitionskosten ganz bedeutend. Deshalb findet man selbst für Geräte, die eine Schaltstückauswechselung zwar zulassen, sehr oft auch die Angaben über die Herabsetzung der Leistung zur Erzielung der Gleichheit von Schaltstück- und mechanischer Lebensdauer oder doch jedenfalls für eine sehr hohe Anzahl von Schaltungen.

Bei der Betrachtung der Gerätekennlinien, insbesondere der Lebensdauerkurven für die Schaltstücke (b), sollte man nicht übersehen, daß sich die Diagramme alle auf bestimmte Stillstandsströme beziehen, z. B. beim Käfigläufermotor in der Höhe von 6×Nennstrom. In der Praxis weichen die Ströme naturgemäß meistens von diesem Richtwert ab. Bei den heute üblichen Geräten mit gutem Prellverhalten ist der Einschaltabbrand zwar gering und deshalb nicht mehr von ausschlaggebender Bedeutung. Das hat den Vorteil, daß man bei der Auswahl der Geräte, abgesehen von Kategorie AC_4, freizügiger verfahren kann, weil praktisch nur der Ausschaltstrom und die Induktivität des Kreises für die Schaltstücklebensdauer maßgebend ist. Bei Geräten, bei denen die Voraussetzung des guten Prellverhaltens nicht zutrifft, ändert sich naturgemäß mit abweichendem Stillstandsstrom die Lebensdauer der Schaltstücke schon bei AC_3 u. U. nicht unbeträchtlich [Franken (15)]. Bei AC_4 ist diese Stromhöhe natürlich von entscheidendem Einfluß. Es muß auch beachtet werden, daß bei vielen Maschinen parallel zum Ständer noch ein Bremslüftmagnet angeschlossen ist, dessen erheblicher Einschaltstrom zusätzlich von dem Schütz bewältigt werden muß. In gleicher Weise muß man auch auf die Lebensdauer der Hilfsschaltstücke achten, für die ebenfalls Strom, Spannung und Leistungsfaktor bzw. Zeitkonstante des Steuerstromkreises maßgebend sind. Diese Schaltstücke sollen mindestens so lange halten wie das Gerät. Außer diesen, durch die Kategorien gegebenen Normalfällen der Beanspruchung, die für die Bewertung der Geräte von Bedeutung sind, gibt es aber *noch eine ganze Anzahl Umstände*, die beachtet werden sollten, aber im allgemeinen an Bedeutung erheblich gegenüber den genannten vier Hauptmerkmalen (Stromführung, Schaltvermögen, Gerätelebensdauer, Schaltstücklebensdauer) zurücktreten. Da ist die Rücksicht auf die *Verhältnisse des Aufstellungsraumes*. Die Festlegung der genormten Arbeitsverhältnisse schließt den Einfluß der veränderlichen Größen, wie Erschütterungen, Spannungsschwankungen, Verschmutzungsgefahr usw., nicht ein. Abweichende Raumtemperaturen müssen berücksichtigt werden. VDE 0660 sieht ein Tagesmittel von 35° und eine höchste Raumtemperatur von 40° vor. Die Beherrschung anderer, von den Raumverhältnissen herkommender Beanspruchungen, z. B. durch Gas- und Staubgehalt der Luft, sind in erster Linie eine Angelegenheit der Schutzart s. S. 228. Da bei jedem Schütz bewegte Teile vorhanden sind, spielt mit Rücksicht auf die Lagerreibung der Staubgehalt der Luft eine Rolle. Die Kapselung ist sowohl in Bezug auf die Verunreinigung der Gelenkstellen als auch auf den thermischen Zustand der Schaltstücke von Einfluß. In Einzelfällen kommen durch die Sonderanwendungen bedingte Erschwerungen der Beanspruchung, die Unterbringung in druckdichten Kästen für schlagwetter- und explosionsgefährdete Betriebe und dgl. hinzu, weiterhin die Einflüsse von Erschütterungen. Ein Schütz auf einem Kranhubwerk, das alle dessen Erschütterungen mitmachen muß, wird davon zusätzlich beansprucht, sowohl mechanisch als u. U. auch elektrisch-thermisch. Besonders starke Erschütterungen beeinflussen die Arbeitsweise der Zugmagnete und können bei den Schaltstücken sehr abträgliche, zusätzliche Prellschläge verursachen. In gleicher Weise führen auch Prellschläge von Befehlsschaltern u. U. zu kurzzeitiger Wiederunterbrechung der hohen Motoreinschaltströme und damit erhöhtem Schaltstückverschleiß.

Weitere Ansprüche können aus dem *Schwanken der Netzspannung* entstehen. Die Lebensdauerversuche werden bei Schaltmagneten nur mit Nennspannung vorgenommen, obwohl die Geräte auch bei 85 bis 110 v. H. noch einwandfrei arbeiten müssen. Bei abweichender Spannung ändern sich die Lebensdauerwerte naturgemäß u. U. nicht unbeträchtlich. Die Beschleunigungskräfte nehmen bei Überspannung stark zu, bei 110 v. H. Spannung die Kräfte um mindestens 20 v. H. und die Überschußkräfte natürlich in noch viel stärkerem Maße.

Wesentlich für die Auswahl der Geräte ist noch die Beantwortung der Frage, mit welchen *stündlichen Schaltzahlen* bei der Maschine oder der Anlage zu rechnen ist. Die Gerätekennlinien werden mit unterschiedlichen Ordinatenmaßstäben versehen, entweder trägt man hier die Absolutwerte für die Geräte- und Schaltstücklebensdauer auf oder sofort die Zahl der Schaltspiele je Stunde — die Schalthäufigkeit, die dann natürlich auf eine bestimmte Lebensdauer und eine bestimmte Schichtzeit bezogen sein muß. Es empfiehlt sich offensichtlich, die Schalthäufigkeit anzugeben. Die Zahl der Schaltspiele angeben heißt, zu sagen, wieviel Schaltungen das Gerät bzw. seine Schaltstücke unter bestimmten Bedingungen bis zum Verschleiß durchführen können. Schalthäufigkeit angeben heißt, diese Zahl auf einen bestimmten Zeitraum umzulegen. Gibt man nur die ersteren Werte an, dann besteht nach jahrelanger Erfahrung die große Gefahr, daß der Abnehmer, weil ihm die Zahlen verhältnismäßig hoch vorkommen, keinerlei Überlegungen anstellt und ein Gerät, das beispielsweise 10^6 Schaltungen zuläßt, ohne weiteres als ausreichend ansieht, während er vielleicht, wenn er umrechnen würde, wie lange bei seinen stündlichen Schaltzahlen diese Million vorhält, feststellen würde, daß in einem halben Jahr bereits mit einem Verschleiß des Gerätes oder doch wenigstens der Schaltstücke zu rechnen ist. Zum Vergleich von Erzeugnissen untereinander ist natürlich die Angabe der Absolutwerte der Gerätelebensdauer und der Schaltstücklebensdauer von Bedeutung. Bei der Angabe der Schalthäufigkeit sind selbstverständlich gewisse Voraussetzungen zu machen. Man muß sich über die Zeitdauer, die die Geräte die Beanspruchung aushalten sollen, im klaren sein. Ein Richtwert ist im allgemeinen der von 10 Jahren. Weiterhin muß man festlegen, ob es sich um einen ein- oder mehrschichtigen Betrieb handelt und ob man es etwa für richtig hält, auch noch einen Ausnutzungsfaktor z. B. in

Höhe von 50 v. H. einzusetzen unter der Annahme, daß die Maschine nicht immer arbeitet.

Bei einer Lebensdauer von 10 Jahren bei 8stündigem Einschichtbetrieb an 250 Tagen handelt es sich um rund 20000 Stunden. Rechnet man mit 50 v. H. Benutzungsdauer, so ermäßigt sich der Wert auf 10000 Stunden. Die stündliche Schalthäufigkeit mit 10000 multipliziert ergibt also für diesen Fall die absolute Zahl der Schaltspiele in der Lebenserwartungszeit.

Ausgehend von der Tatsache, daß man gelegentlich bei Maschinen mit höherer stündlicher Schalthäufigkeit auch von der Voraussetzung einer geringeren Maschinenlebensdauer ausgehen kann, hat man auch versucht, solche Kennlinien unter dem Gesichtspunkt aufzustellen, daß sich die Lebensdauer bei höherer stündlicher Schalthäufigkeit für die ganze Maschine systematisch verkleinert, indem man beispielsweise bei der höchsten stündlichen Schalthäufigkeit nur etwa ein Fünftel der Gesamtlebensdauer einsetzt, die bei niedriger Schalthäufigkeit vorliegt. Eine formelmäßige Behandlung und zeichnerische Darstellung solcher Abhängigkeiten und ihre Abweichungen von denen mit konstanter Lebensdauer s. FRANKEN (7).

Bei den einzelnen Konstruktionen sind außer durch die Lebensdauer auch durch die *Bedienbarkeit* den stündlichen Schaltzahlen Grenzen gesetzt. Bei Schützen und ihren üblichen Befehlsgeräten wie Drucktastern liegen die Zahlen aber sehr hoch in der Größenordnung von einigen Tausend je Stunde (s. S. 256) abhängig von den Geräteklassen; bei Steuerwalzen, Nockenschaltern und dgl. bei einigen Hundert je Stunde. In besonderer Ausführung für Hilfsstromkreise (Meisterschalter) mit verhältnismäßig langen Betätigungshebeln gehen sie auch hier bis ungefähr 1000 Schaltungen je Stunde.

Die *dynamische* und *thermische Stromfestigkeit* der Schaltbahn ist durch die einschlägigen Schaltvermögensproben im allgemeinen in genügender Höhe miterfaßt. Sie wird bei Schützen in Verbindung mit einer bestimmten Sicherung oder einem Leistungsschalter angegeben.

9.12 Die Betriebssicherheit

Bei der Auswahl der Geräte sind im Hinblick auf die Betriebssicherheit einige besondere Erwägungen anzustellen. Das gilt insbesondere für Schaltgeräte an *Taktstraßen*, *Fließstraßen*, *Fabriksteuerungen* u. dgl. Durch das, und wenn auch nur vorübergehende, Versagen eines einzigen Gerätes, wird u. U. der Betrieb eines ganzen Werkes in Frage gestellt. Es muß deshalb bei der Bewertung der elektr. Elemente im Gegensatz zum Einzeleinsatz ein großer Unterschied gemacht werden.

Drei Umstände sind dabei zu beachten. Einmal die Tatsache, daß sich die betriebliche Beanspruchung hinsichtlich der Schalthäufigkeit, aber auch bezgl. der Ein- und Ausschaltströme einerseits meist nicht exakt vorausbestimmen läßt, andererseits die Angaben in Preislisten und Festlegungen aufgrund der VDE-mäßigen Prüfungen, keine weiteren Sicherheitszuschläge bezügl. der beherrschbaren Stromwerte beim Ein- und Ausschalten aufweisen. Hinzu kommt der Umstand, daß alle Angaben für die Lebensdauer der Geräte und auch der Schaltstücke Wahrscheinlichkeitsgesetzen unterliegen (s. Abb. 154, S. 276), die vorzeitige Ausfälle nicht ausschließen und schließlich der Umstand, daß sich diese Tatsachen stark auswirken, weil die Zahl der Steuerelemente eine außerordentlich hohe ist.

Angaben über die *Lebensdauer und* etwaige *Wartung* elektrischer Anlagen sind nicht einfach möglich, weil der Hersteller nicht erwarten kann, daß seine serienmäßig hergestellten Erzeugnisse in Bezug auf Belastung, Einschaltdauer, Schalthäufigkeit, Verschmutzung und dgl. auch nur annähernd gleichartigen Betriebsbedingungen ausgesetzt sind. Es sind hier die Ausführungen über die Kontaktsicherheit (s. S. 17), die Lebensdauer (s. S. 231) und die Prüfschaltzahlen (s. S. 256) besonders zu beachten, wobei die Ausfallraten, d. h. die Ausfallmöglichkeiten je Zeiteinheit, z. B. Stunde oder Monat, oder aber die „Störungen je Schaltung" z. B. 1 je $10 \cdot 10^6$ Schaltungen den Maßstab angeben. Die Multiplikation dieser Ausfallrate mit der Anzahl der Bauelemente gibt den Ausfallbeitrag und der reziproke Wert der Summenbeträge für eine bestimmte Kombination z. B. die Zeit nach der man damit rechnen muß, daß das Gesamtgerät in irgendeiner Weise zum Stillstand kommt [Franken (47)]. Die Lebensdauer der Elemente ist u. U. eine unterschiedliche. Neben den statistischen Mittelwerten ist immer noch die Auswirkung des Zufalls in Betracht zu ziehen. Insbesondere bei elektronischen Bauelementen herrscht bei vielen Teilen noch eine gewisse Unsicherheit über deren Lebensdauer. Durch die Verfeinerung der Steuerungen sind auch die Schaltpläne außerordentlich viel verwickelter geworden. Es ist deshalb notwendig, daß das Personal des Anlagenbesitzers bei umfangreichen Steuerungen um deren Verständnis bemüht ist. Andernfalls bleibt die Anlage leicht auf lange Zeit durch eine unsichtbare Nabelschnur mit ihrem Hersteller verbunden [Lopitzsch]. Das gilt zwar für die sogenannten klassischen Steuerungen, wie sie die Schützensteuerungen darstellen, nicht ganz in demselben Ausmaß wie bei Steuerungen mit elektronischen Mitteln.

Die Hersteller streben selbstverständlich für alle Teile der Anlagen eine hohe Betriebssicherheit an. Sie suchen die Wartung zu vereinfachen und nur alterungsbeständige Einzelteile zu verwenden. Man bemüht sich, die Steuerungen so auszugestalten, daß sie wartungsfrei arbeiten können, indem man sie so bemißt, daß sie nach menschlicher Voraussicht in der Zeit, in der die Maschine lebt, nicht einmal des Ersatzes von Schaltstücken bedürfen. Ist das Ideal erreicht, eine Steuerung aufzubauen, die in allen Teilen praktisch gleiche Lebensdauer aufweist, dann ist beim Erreichen dieses Schwellwertes ein radikaler Ersatz der Steuerung, die richtige Lösung.

Der Einsatz der Geräte in ausgedehnten Steuerungen erfordert, daß sie mit Rücksicht auf die Betriebssicherheit *nicht bis zu den für Einzelverwendung zulässigen Grenzen ausgenutzt* werden, denn in der Praxis können diese Grenzen leicht überschritten werden. So z. B. können höhere Motorstillstandsströme auftreten, als der Geräteprüfung nach Tabelle 6 zu Grund gelegt sind. Das Schlimmste ist, wenn Normalbetrieb nach AC_3 vorausgesetzt wurde, in Wirklichkeit aber in mehr oder weniger großem Umfang Tippschaltungen möglich sind, also Kategorie AC_4 vorliegt, was eine bedeutend geringere Lebensdauer bedeutet. Gegen diese Möglichkeiten hilft nur nicht volle Ausnutzung der Listenwerte. Damit in der Steuerung keine Schwachstellen aufkommen, sind Reserven erforderlich. In der Praxis hat sich herausgestellt, daß die Ausfälle in jeder Richtung beträchtlich zurückgehen, wenn die Grenzwerte nicht ausgenutzt werden. Bei der Abschätzung des Ausmaßes der Überbemessung ist es natürlich wesentlich, welche Bedeutung man der Anlage zumißt.

Weiter sind für die Betriebssicherheit *von Bedeutung*, der Fremdkörperschutz (s. S. 228), die Verhütung des Zusammendrängens wärmeerzeugender Elemente ohne Lüftung und die Zufuhr sauberer Luft.

Für den *Steuerstromkreis* besonders wichtig ist die Frage der Kontaktsicherheit, (s. S. 17) [FRANKEN (45)]. Die Kontaktkräfte sollten gewisse Werte nicht unterschreiten, die Steuerspannung nicht zu niedrig sein und unter Umständen Kontaktglieder parallel geschaltet werden. Ferner sind die Schaltzeiten und ihre Streuung (s. S. 160) und die Einhaltung des Isolations-Niveaus nach Gruppe C VDE 0110 (s. S. 113) zu beachten. Besondere Sicherheitsmaßnahmen im Steuersystem sind oft nicht nur da notwendig, wo es sich um Leben und Gesundheit handelt, sondern auch weitgehend mit Rücksicht auf die Betriebssicherheit ausgedehnter Anlagen. Es ist erstaunlich, welch kühne Erwartungen manchmal an ein winziges Kontaktglied gestellt werden; Ansprüche, die mit hundertprozentiger Sicherheit nicht zu erfüllen sind. Man macht die Wirksamkeit davon abhängig, daß man gegen einen kleinen Endlagenschalter von wenigen ccm Inhalt anfährt, der einen Hilfsstromkreis öffnet, dann ein Schütz öffnen soll und dgl., und bedenkt nicht mit welchen Umständen dieser Prozeß behaftet sein kann. Über die Erhöhung der Sicherheit durch Anwendung mehrerer Unterbrechungsstellen im Steuerkreis, durch die Verwendung von Einfachleitungen u. dgl. s. S. 319. Ein besonderes *Hilfsmittel zur schnellen Beseitigung etwaiger Störungen* bietet die Abdeckung in durchsichtiger Form (s. S. 230). Sie ermöglicht eine schnelle Fehlersuche, weil nicht alle Abdeckungen geöffnet zu werden brauchen, um eine Einsicht zu gewinnen.

Ein ganz allgemeiner Gesichtspunkt für Schütze und alle Zusatzelemente, wie Befehlsschalter, Relais u. dgl., ist die Frage des *Kleinbauens*. Das Streben nach kleinen und kleinsten Abmessungen geht oft über das vertretbare Maß hinaus. Die Notwendigkeit, bei den Schützensteuerungen u. U. eine große Anzahl von Geräten zusammenzufassen, stützt den Wunsch nach bescheidenen Abmessungen. Unter häufig zu beobachtenden übertriebenen Verkleinerungen leidet aber naturgemäß die Güte und Betriebssicherheit. Das gilt in allererster Linie von den Befehlsgeräten, z. B. Endschaltern. Besonders nachteilig ist der übertriebene Kleinbau, wenn an den *Anschlußräumen gespart* wird. Abgesehen von den Schwierigkeiten der Installation hat das Zusammenquetschen und Knicken der Leitungen Betriebsunsicherheit zur Folge. Von der richtigen Wahl der Abmessungen hängt viel für die Güte der elektrischen Ausrüstung ab.

9.2 Die Schaltpläne bei Schützensteuerungen

Die Schaltpläne haben gerade bei Schützensteuerungen eine ganz besondere Bedeutung, denn die in verhältnismäßig hohen Stückzahlen jeweils das Fließband in gleichmäßiger Form verlassenden Schütze müssen nun für die praktische Anwendung in unterschiedlichsten Verhältnissen kombiniert werden. Dem hochmechanisierten Herstellungsprozeß des Gerätes folgt ein weitgehend dem individuellen Einsatz angepaßter Gedankenprozeß, der im Schaltplan seinen Niederschlag findet. Wichtig ist dabei die einheitliche Darstellung in den Plänen. Als Richtlinien dienen die zahlreichen auf diesem Gebiet vorhandenen Normblätter. Bei der Aufstellung wurde neben möglichster Sinnfälligkeit und Unterscheidbarkeit Wert auf einfache zeichnerische Ausführbarkeit gelegt. Etwaige Kritik fußt immer in voneinander abweichender Wertung dieser Begriffe, z. B. leichtere zeichnerische Ausführbarkeit auf Kosten der Sinnfälligkeit. Es gelten:

DIN 40710 bis 40719.

Darunter insbesondere für den Schaltgerätebau:

DIN 40713 Die *besonderen Schaltzeichen für Schaltgeräte*, Beiblatt 1, Beispiele aus der Starkstromtechnik.

DIN 40719 *Schaltpläne*, Begriffsbestimmungen; Beiblatt 1, Schaltpläne für Starkstromanlagen.

Es wird allgemein die Bezeichnung „Schaltplan“ und nicht „Schaltbild“ verwandt, weil es sich um eine Darstellung der Zusammenhänge und nicht eine bildmäßige Wiedergabe handelt. Der Ausdruck „Bild“ ist nur dann am Platze, wenn gleichzeitig eine räumliche Darstellung vorgenommen wird.

Die *Darstellung des Schützes* erfolgt zunächst unter Benutzung des Symbols für den Kraftantrieb allgemein, ein Quadrat mit angesetzter Wirkverbindung zum Schaltglied in Form zweier paralleler Striche oder einer punktierten Linie, s. Abb. 164a. Der Wirkverbindung wird zur Kennzeichnung des selbsttätigen Rückganges in Pfeilrichtung ein Dreieck aufgesetzt. Um darzustellen, daß es sich um einen magnetischen Antrieb handelt, erhält das Quadrat einen schrägen Strich, nicht eine Diagonale. Tritt an die Stelle des magnetischen Antriebes ein Druckluftantrieb, dann wird in das Quadrat ein Kolben eingezeichnet, s. Abb. 166. Da das Zeichen *a* nach Abb. 164, das sich aus den Grundelementen für magnetischen Antrieb und selbsttätigen Rückgang zusammensetzt, beim Aufbau der Steuerungspläne mit sehr vielen Schützen und sonstigen magnetischen Relais umständlich aufzuzeichnen wäre, hat man hierfür ein ganz einfaches Symbol (*b*) besonders eingeführt, ein Rechteck mit dem Seitenverhältnis 1:2. Dieses Zeichen kann zur Kennzeichnung weiterer Eigenschaften weiter ausgestaltet werden. Für das elektromagnetische System gilt als besonderes Symbol das nach Abb. 164c. Varianten für elektrothermischen Antrieb, für Spulen mit mehreren Wicklungen u. dgl. s. Abb. 165. Eine Auswahl aus den übrigen Schaltzeichen zeigt Abb. 166. Beispiele für 3polige Geräte verschiedener Art s. Abb. 167. Schütze und Hilfsschaltglieder in deutscher und amerikanischer Art gegenübergestellt s. Abb. 168.

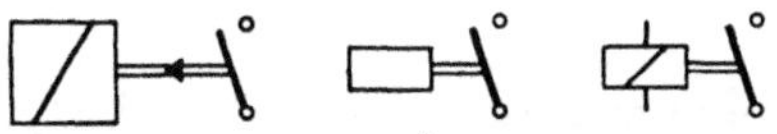

Abb. 164 a bis c. Grundsätzliche Schaltzeichen für Schütze
a) kombiniert aus Magnetantrieb und Rückfallpfeil;
b) verkürzt: Allgemeines Triebsystem mit selbsttätigem Rückgang;
c) elektromagnetisches Triebsystem im besonderen

Bei den für Schützensteuerungen besonders wichtigen *Schaltplänen* handelt es sich um die Darstellung elektrischer Einrichtungen durch „Schaltzeichen" oder „Schaltkurzzeichen".

Eine Übersicht über die *Arten der Schaltpläne* bietet DIN 40719. Sie können sehr zahlreich sein, je nachdem, ob man den Stromverlauf, die Wirkungsweise oder das Außenleitungsnetz oder Kombinationen dieser Teile behandeln will. Oft kann die Aufgabe mit einem einzigen Schaltplan erfüllt werden. Das DIN-Blatt enthält lediglich eine Auswahl, die aber üblicherweise auch ausreichend ist. Hier kommen zunächst diejenigen Schaltpläne in Betracht, die vorwiegend die Wirkungsweise und den Stromverlauf für ein Leitungsnetz, eine Anlage, ein Gerät oder für Teile eines Gerätes zeigen. Dazu gehören:

Der Übersichtsschaltplan. Bei ihm handelt es sich um die vereinfachte meist 1polige Darstellung der Schaltung ohne Hilfsleitungen, wobei nur die wesentlichen Teile berücksichtigt werden müssen. Er enthält eine

Übersicht über die Anordnung in großen Zügen. Stromverlauf und Schaltmöglichkeiten sind erkennbar.

Der **Stromlaufplan** ist die nach Stromwegen aufgelöste Darstellung der Schaltung mit allen Einzelteilen und Leitungen. Im allgemeinen wird man auch die Klemmen in den Stromlaufplan eintragen. Er soll die Schaltung und Wirkungsweise klar darstellen und dient zum Entwerfen und Erklären verwickelter Steuerungen sowie zum Verfolgen der einzelnen Stromwege beim Suchen von Störungsursachen und gegebenenfalls zum Erkennen der Schaltfolge. Die Stromwege sollen in ihm möglichst geradlinig und ohne Kreuzung dargestellt werden. Auf die räumliche Lage und den mechanischen Zusammenhang der einzelnen Teile braucht keine Rücksicht genommen zu werden.

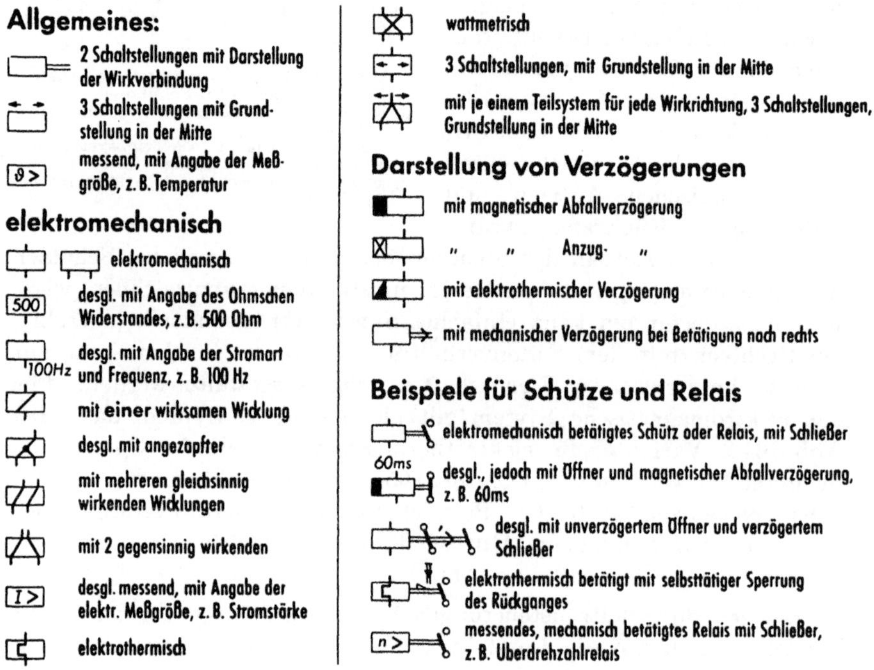

Abb. 165. Schaltzeichen für Triebsysteme mit selbsttätigem Rückgang nach DIN 40713

Der **Wirkschaltplan** ist die Darstellung der Schaltung mit allen Einzelteilen und Leitungen. Im Gegensatz zum Stromlaufplan werden die Teile eines jeden Gerätes zusammenhängend gezeichnet. Die räumliche Anordnung der verschiedenen Geräte zueinander braucht aber nicht berücksichtigt zu werden. Klemmen und Lötstellen können in den Wirkschaltplan eingetragen werden. In der Regel ist die räumliche Unterteilung der einzelnen Geräte in Gruppen, nicht aber die räumliche Anordnung der Geräte innerhalb der Gruppen zu berücksichtigen. Der Wirkschaltplan soll ein klares Bild über die Anordnung und die Schaltung geben.

Die zweite Gruppe von Plänen zeigt vorwiegend die *Leitungsverbindungen*. Sie geben meist keinerlei Aufschluß in bezug auf die Wirkungsweise und den Stromverlauf. Man unterscheidet hier den „Netzplan“, das ist die Darstellung der Leitungen, Verbindungen usw. eines Netzes oder Teilnetzes, und den „Leitungsplan“, das ist die Darstellung der Lei-

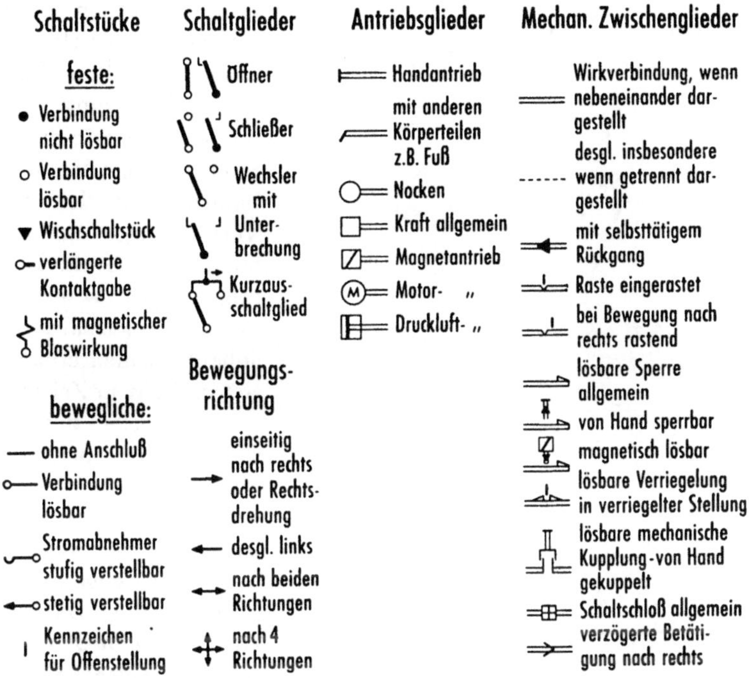

Abb. 166. Auswahl aus den Schaltzeichen für Schaltgeräte nach DIN 40713

tungen innerhalb eines Gerätes, zwischen Geräten oder zwischen Gerätegruppen einer Anlage bzw. Teil derselben. Dabei brauchen die Leitungen innerhalb der Geräte oder Gerätegruppen nicht eingetragen zu werden. Die Anschlußstellen können vereinfacht dargestellt werden. Der Leitungsplan gibt also lediglich Aufschluß über die Verbindungen zwischen Teilen eines Leitungsnetzes und den Geräten, nicht aber über die Schaltung selbst.

Der **Bauschaltplan** ist die Darstellung der Leitungen und Anschlußstellen innerhalb eines Gerätes oder zwischen Geräten einer Gerätegruppe. Hierbei werden im Gegensatz zum Leitungsplan die einzelnen Teile des

Gerätes bzw. einer Gruppe lagerichtig dargestellt. Der Bauschaltplan wird meist als Unterlage für die Fertigung geschaffen.

Die Einzelheiten werden in eine Gebäude- oder Maschinenzeichnung eingetragen.

In der Praxis spricht man noch häufig vom „Geräteschaltplan", der mit dem Bauschaltplan nach DIN 40719 identisch ist. Die Bauschaltpläne sind für Fabrikation oder Verkauf zu jedem einzelnen Gerät erforderlich und meist schon in den Gerätelisten enthalten. Der Geräte- oder Bauschaltplan einer Steuerung umfaßt immer die Darstellung mehrerer Einzelgeräte in Kombination mit den inneren Verbindungen und Klemmen, wie z. B. die Darstellung eines selbsttätigen Sterndreieckschalters aufgebaut aus mehreren Schützen und einem Zeitwerk.

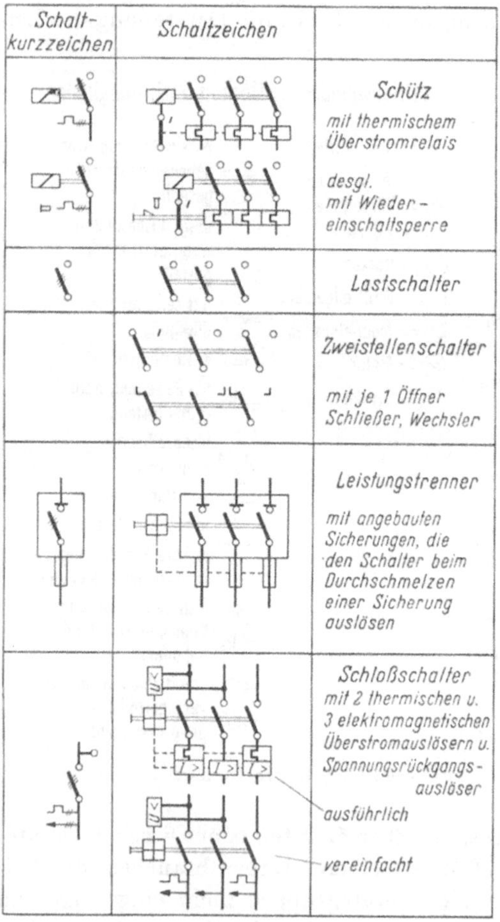

Abb. 167. Beispiele für Schaltzeichen 3poliger Geräte nach DIN 40713

An Stelle des Wirkschaltplanes spricht man oft von einem „Anlagenschaltplan". Voraussetzung ist, daß er, wie auch schon beim „Wirkschaltplan" gefordert, die Darstellung aller anzuschließenden Motoren, Endschalter usw. sowie alle zugehörigen Verbindungsleitungen enthält. Entsprechend spricht man vom „Anlagenleitungsplan", wenn alle diese Elemente ohne ausführliche Darstellung des Inneren der Geräte eingezeichnet sind. Statt „Leitungsplan" sagt man häufig auch „Außenschaltplan", wobei selbstverständlich außer den Leitungen die Anlagenteile außerhalb der eigentlichen Schaltgeräte, wie z. B. die Betätigungsschalter, Motoren u. dgl. einzuzeichnen sind.

Während die bisher behandelten Pläne in erster Linie von der Gerätefabrik bzw. der die gesamte Anlage planenden Stelle, z. B. für eine Werkzeugmaschinenausrüstung, herzustellen sind, hat der Verbraucher meist den „Installationsplan" seinerseits herzustellen, wobei die Leitungsverlegung zwischen den Gerätegruppen und den übrigen Anlageteilen, dem Motor und Betätigungsschalter u. dgl., in verlegungsgetreuer Art wiederzugeben ist. Die Einzelheiten werden in eine Gebäude- oder Maschinenzeichnung eingetragen. Wirkschaltpläne und Stromlaufpläne s. z. B. S. 302.

Ein Beispiel für die Ausrüstung einer Fräsmaschine mit Übersichtsschaltplan, Stromlaufplan, Innenschaltung des zugehörigen Schaltschrankes und Außenschaltung ist in DIN 40719 Beiblatt 1 enthalten.

Eine besondere Beachtung, insbesondere für Schützensteuerungen, verdient der *Stromlaufplan*. Man unterscheidet hier den Hauptstromlaufplan" und den „Hilfsstromlaufplan", wobei letzterer nicht auf elektrische Steuerkreise beschränkt ist, sondern ebensogut Geräte für Druckluft oder Drucköl enthalten kann. Der Stromlaufplan ist bei Schützensteuerungen viel wichtiger als der Wirkschaltplan. Die Entwicklung eines Schaltplanes, wenigstens eines komplizierten, muß beim Stromlaufplan beginnen. Er hat sich mittlerweile überall durchgesetzt. Trotzdem machen sich noch immer viele Ingenieure seine Vorzüge nicht genügend zunutze. Der übliche Wirkschaltplan führt beim ersten Entwurf ohne Stromlaufplan, wenn er nicht ganz einfach ist, zu einem verworrenen Ergebnis, das umgezeichnet werden muß, denn man beginnt damit, die einzelnen Geräte aufzuzeichnen und durch Leitungen zu verbinden. Da ihre Zahl und Art bei Beginn der Arbeit aber noch nicht feststeht, ist nicht einmal eine Raumplanung auf dem Papier möglich. Es ist viel einfacher, den ersten Entwurf in Form des Stromlaufplanes aufzuzeichnen, der auch später zum Verständnis der Schaltung erhalten bleibt, und dann die Umzeichnung in Form des Wirkschaltplanes vorzunehmen,

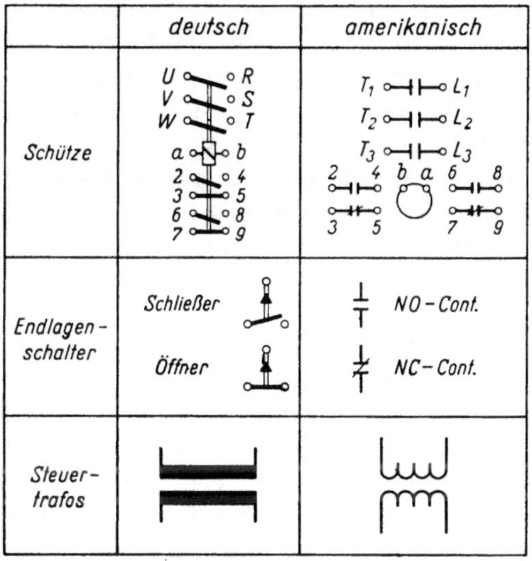

Abb. 168. Gegenüberstellung von Schaltzeichen für Schaltgeräte in deutscher und amerikanischer Darstellung

sofern er überhaupt noch notwendig ist. Von Mehrarbeit kann keinesfalls die Rede sein, eher vom Gegenteil, und außerdem hat man den Vorzug, einen brauchbaren Kommentar zum Schaltplan zu besitzen. Man hält ihm entgegen, daß auch der Stromlaufplan in seinem Ausmaß vorher nicht zu übersehen ist. Das stimmt zwar, aber er baut sich Zeile für Zeile auf, da ja die Schaltglieder nach Stromkreisen aufgetrennt werden ohne Rücksicht auf die Zusammengehörigkeit in den Geräten, und zwar in der Weise, daß sämtliche Kreise nebeneinander von einem zum anderen Pol führend aufgezeichnet werden. Nur der Stromlaufplan erlaubt eine Schaltung so darzustellen, daß daraus die Wirkungsweise der Anlage erkannt werden kann. Eine Erkenntnis, die zum Nachprüfen der gestellten Bedingungen, zur Beurteilung der Ausführungsmöglichkeit und des Aufwandes bei etwaigen Änderungen sowie zum Ermitteln von Störungsursachen unbedingt erforderlich ist. Eine solche klare Darstellung liegt aber auch im Interesse des Entwerfenden, weil dadurch der Entwurf und das Erklären erleichtert wird. Ferner werden dabei weniger Fehler gemacht und etwaige Fehler leichter gefunden als wenn der Stromlaufplan fehlt. Mit dieser Darstellung kann man den „Wirkschaltplan" entbehrlich machen, was heute in der Paxis des elektrischen Steuerungsbaues schon weitgehend der Fall ist. Vielerorts wird für das Steuersystem, vor allen Dingen bei Schützen, nur noch mit einem Stromlaufplan gearbeitet, weil man in den verworrenen Darstellungen des Wirkplanes nicht mehr zurecht kommt. Auch der Zusammenbau solcher Schützensteuerungen selbst, wird in vielen Betrieben schon einzig und allein auf Grund des Stromlaufplanes durchgeführt.

Da Stromlaufpläne eine Darstellung aufgelöst nach Stromwegen haben sollen, ist erste Voraussetzung, daß diese Stromwege möglichst geradlinig parallel ohne Kreuzungen vom Netzpol zum Netzpol verlaufen. Eine oft gestellte, aber schlecht restlos erfüllbare Forderung ist die Vereinigung aller zu einem Teilgerät gehörenden Elemente, z. B. der Hilfsschalter eines Schützes auf einer zu den Stromwegen senkrechten Geraden. Ist das nicht möglich, dann faßt man zweckmäßig unterhalb des Stromlaufplanes die Schaltglieder der einzelnen Elemente in zusätzlichen Darstellungen der vollständigen Einzelgeräte mit allen Hilfsschaltern u. dgl., aber ohne Leitungsanschlüsse, zusammen (s. z. B. Abb. 204 u. 205, S. 360), u. U. zeichnet man „Bauschaltpläne", die alle Elemente umfassen. Zum mindesten müssen im Stromlaufplan alle Elemente, die sich an ein und demselben Gerät befinden, also mit ihm mechanisch verbunden sind, gleichlautend bezeichnet werden, z. B. alle Hilfsschaltglieder, die am Schütz 7 anzubringen sind, mit dieser 7. Eingezeichnet werden sie aber im Zuge des Kreises, in dem sie elektrisch wirken. Das erfordert oft, z. B. bei Schaltwalzen, daß diese aufgelöst und mit ihren Elementen den Einzelkreisen zugeordnet werden (s. Abb. 219, S. 378).

Weitergehende Vorschläge hinsichtlich der Geräte- und Klemmbezeichnungen machen DIN 40719 u. 46199.

Sehr vorteilhaft ist, wenn der Stromlaufplan nicht ganz einfach ist, die Einfügung einer Erläuterungstabelle. Sie enthält zweckmäßig in je einer Spalte die „Schaltaufgaben", z. B. „Linkslauf", „niedrige Drehzahl" u. dgl., die Nummer der betreffenden Schaltfolge, die Art des Kommandos, das die Schaltfolge herbeiführt, z. B. „Drucktaste A" oder „Zeitwerk B" u. dgl. Ferner zweckmäßig in einer 4. Spalte die Geräte, die an der Durchführung des Kommandos beteiligt sind, z. B. welche Schütze ein- und welche ausgeschaltet sind.

Wird ein Bau- oder Wirkschaltplan verlangt, dann kann er auf Grund des Stromlaufplanes hergestellt werden. Zum Schluß ist es u. U. notwendig, den Leitungsplan zu erstellen. Während Bauschaltplan und Wirkschaltplan sowie Stromlaufplan für die Lösung ein und derselben Aufgabe nur einmal notwendig sind, richten sich die Leitungspläne naturgemäß nach den Verhältnissen der jeweils zu erstellenden Anlage.

In diesem Zusammenhang fehlt noch ein oft notwendiger Plan. Er hat mit dem Stromlaufplan vieles gemeinsam, trägt aber doch ein anderes Gesicht, das ist der „*Schaltfolgenplan*". In ihm werden die für die verschiedenen Zustände erforderlichen Stromwege in aufeinanderfolgenden Bildern dargestellt, wie es z. B. immer schon bei den möglichen verschiedenen Gruppierungen eines Mehrmotorenfahrzeuges mit Hintereinander-, Parallel- und Bremsschaltungen oder der Widerstandsgruppierung bei einem Kranmotor auf den einzelnen Stellungen des Steuergerätes der Fall war. Eine solche Darstellung braucht sich aber nicht immer auf die Elemente im Hauptstromkreis zu beschränken, sondern kann auch die jeweils mitwirkenden Teile des Steuersystems enthalten. Der Schaltfolgenplan soll also zeigen, in welcher Weise die einzelnen Wicklungsteile bzw. Maschinen in den einzelnen Schaltstadien miteinander verbunden sind. Es tritt dann u. U. ein und dieselbe Wicklung in einem Plan mehrfach auf. Man bezeichnet aber auch vielfach einen „Stromlaufplan", der die zeitlich nacheinander wirksam werdenden Kreise neben- bzw. untereinander aufführt, als Schaltfolgenplan. Eine andere Variante ist der „Strom-" und „Arbeitsablaufplan". Er zeigt außer dem Stromverlauf die Wechselwirkung zwischen mechanischen Bewegungen einer Maschine und den elektrischen Schaltvorgängen [Maecker (1)].

Im Zusammenhang mit den Schaltplänen ist noch der „Einheitsnetzanschluß" nach DIN 43666 zu erwähnen. Er gibt eine genormte Anordnung für die Umschaltmöglichkeiten bei Arbeitsmaschinen, deren Steuersystem für eine bestimmte Spannung, z. B. 220 V, ausgelegt ist, für den Fall, daß der Motor an höhere Spannungen angeschlossen wird.

Für ein einzelnes Schütz mit und ohne Motorschutz zeigt Abb. 169 den Wirkschaltplan sowie die Steuerstromlaufpläne für verschiedene Arten der Betätigung. Weitere Beispiele von Stromlaufplänen s. S. 378 u. 381.

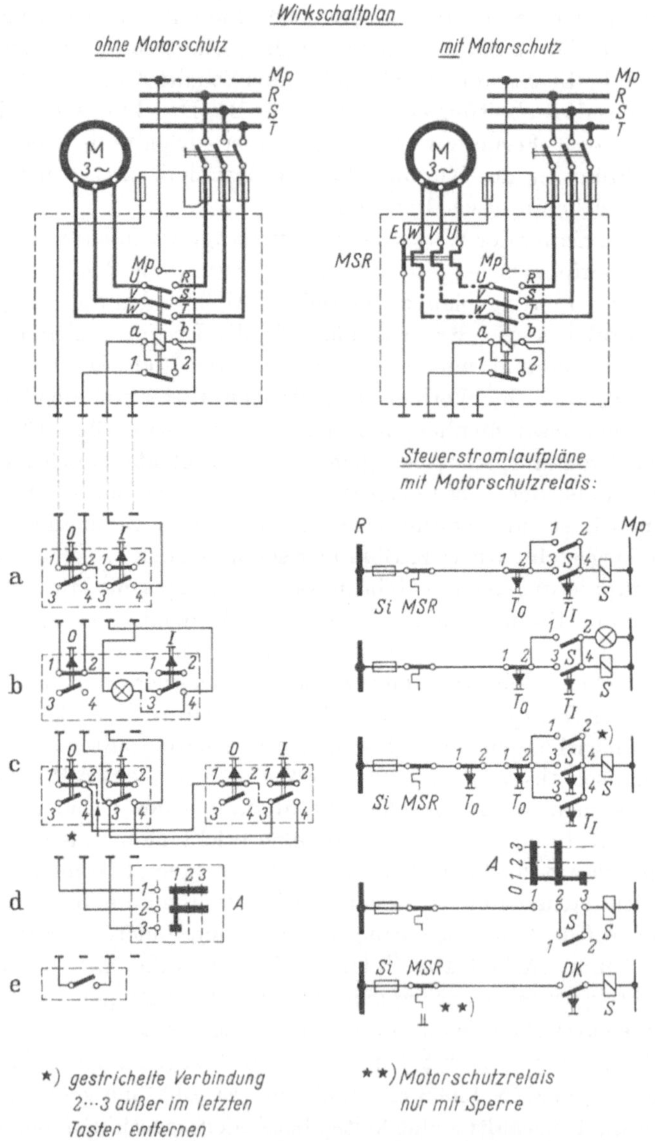

Abb. 169a bis e. Stromlauf- und Wirkschaltpläne für Einzelschütz mit und ohne Motorschutzrelais
Si Sicherung; *S* Schütz; T_O Austaster; T_I Eintaster; *A* Anlasser; *DK* Dauerkontaktgeber; *L* Signallampe; *MSR* Motorschutzrelais
Betätigung mit: a) Doppeldrucktaster; b) desgl. mit Signallampe; c) mehreren Tastern; d) Hilfsschaltern am Anlaßgerät; e) Dauerkontaktgeber

9.3 Das elektrische Steuersystem — Der Steuerkreis

Die Summe der Elemente vom Befehlsschalter über die verschiedenen Zwischenglieder, wie Hilfsschütze, Relais, Überwachungs- und Signalglieder bis einschließlich der Magnetspulen der Schütze, deren Hauptkontaktglieder im Motorkreis oder dem anderer Stromverbraucher liegen, also all die Elemente über die verhältnismäßig geringe elektrische Energiemengen fließen, werden unter dem Begriff des „Steuerkreises" oder „Steuersystems" zusammengefaßt (s. S. 5, Tab. 1). Mit dem Steuerkreis verbunden werden oft noch der Beleuchtungskreis der Maschine oder Anlage und kleine Stromverbraucher geringen Leistungsbedarfs, besonders wenn solche Elemente bei höheren Netzspannungen zweckmäßig mit der niedrigeren Steuerspannung betrieben werden, z. B. Magnetventile. Nachstehend sollen einige grundsätzliche Fragen dieser Steuerkreise behandelt werden.

9.31 Die Steuerspannung

Die Steuerspannung soll, von einigen kleinen Ausnahmen abgesehen, bei Be- und Verarbeitungsmaschinen nach VDE 0113 nicht über 220 V hinausgehen. Eine nicht zu hohe Spannung wünscht man, weil die Steuersysteme oft sehr verzweigt sind und die Steuerspannung an vielen Betätigungselementen kleiner Abmessungen auftritt, so daß die Gefahr großer Spannungsunterschiede gegeben ist. Bei Netzen höherer Spannung erfordert diese Grenze immer einen Steuertrafo, aber auch bei 380/220-V-Netzen mit geerdetem Mittelpunktsleiter wird er angestrebt, denn andernfalls bringt jeder Isolationsschaden an einem Befehlsglied die Gefahr einer Berührungsspannung von 220 V. Weitere Gefahren in diesen Netzen, die die Steuerung selbst betreffen, z. B. unbeabsichtigte Inbetriebsetzung oder Nichtabschaltung bei Unterbrechung des Steuerkreises, lassen sich weitgehend vermeiden, wenn im geerdeten Netz alle der Sicherheit dienenden Schaltelemente im Steuerkreis an einen Außenleiter und die Spulen an den geerdeten Mittelpunktsleiter angeschlossen werden. Beim Anschluß des Steuersystems an 2 Außenleiter im geerdeten Netz, z. B. an 380 V, sind solche Unfallmöglichkeiten schon bei einer einzigen Erdschlußstelle gegeben, in gleicher Weise grundsätzlich im ungeerdeten bzw. nur über Durchschlagsicherungen offen geerdeten Netz, z. B. bei 500 V.

Die richtige Lage der Schützenspule und der zugehörigen Bedienungselemente im *Netz mit geerdetem Mittelpunktleiter* ist in Abb. 170 links aufgezeichnet. Die Sicherung befindet sich selbstverständlich an der Außenleitung, gleich hinter ihr aber sämtliche Steuer-, Verriegelungs- und ähnliche Kontaktglieder, die der Sicherheit dienen. Weiterhin ist ein Beispiel für falschen Anschluß an *Mp* und der unzweckmäßige Anschluß an die Außenleiter aufgezeichnet. In der Abb. 171 sind für diese Anordnungen drei verschiedene mögliche Erdschlußstellen (*a*, *b* u. *c*) an den Steuerleitungen angenommen.

Aus der Tabelle ist ersichtlich, daß bei ordnungsgemäßem Anschluß zwischen *Mp* und einem Außenleiter in keinem Fall weitere Schadensmöglichkeiten vorhanden sind. Bei einem Erdschluß vor der Einschaltung ist bei der Erdschlußstelle *a* keinerlei Wirkung zu verzeichnen, bei den Erdschlußstellen *b* u. *c* schmilzt bei satten Schlüssen die Sicherung ab. Nach der Einschaltung schmilzt sie in jedem Falle ab und beseitigt damit alle Gefahr. Falsch ist im Gegensatz dazu, wie es immer noch oft geschieht, die Schützenspule an eine Außenleitung zu legen und die Steuerelemente ganz oder teilweise an den geerdeten Mittelpunktsleiter. In diesem Fall tritt bei der Erdschlußstelle *a* und Erdschluß vor der Einschaltung keinerlei Wirkung auf. Nach der Einschaltung ist das Schütz durch Bedienung des Ausschalt-

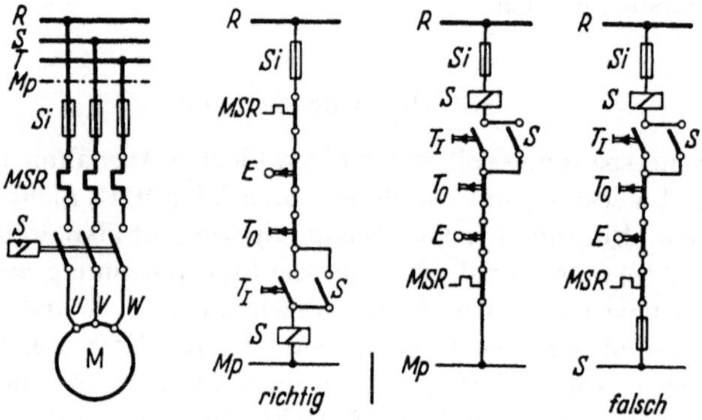

Abb. 170. Lage der Schützenspule und der zugehörigen Bedienungselemente in Netzen mit geerdetem Mittelpunktleiter
E Endlagenschalter; *MSR* Motorschutzrelais; *Si* Sicherung; T_O Ausschalttaster; T_I Einschalttaster; *S* Schütz

druckknopfes nicht mehr abschaltbar. Bei der Erdschlußstelle *b* schaltet jedoch das Schütz beim Auftreten des Erdschlusses, ohne daß ein Einschaltkommando gegeben wurde, ein. Weiterhin ist es auch wie bei *a* mit dem Ausschalttaster nicht mehr abschaltbar, wenn der Schluß während des eingeschalteten Zustandes auftritt. Bei der Erdschlußstelle *c* schmilzt auch hier die Sicherung ab.

Liegt die Steuerung zwischen zwei Außenleitern, hat also beispielsweise im 220/380-V-Netz Spulen für 380 V, so sind, abgesehen davon, daß hier unbedingt 2 Steuerleitungssicherungen erforderlich sind, ähnliche Schäden wie beim falschen Anschluß an *Mp* zu verzeichnen. Tritt der Erdschluß an der Schadensstelle *a* vor der Einschaltung auf, dann erhält die Spule 220 V und zieht im allgemeinen nicht an, hat aber, da sie nun wegen des Magnetluftspaltes unter der Einwirkung der großen Stromaufnahme steht, eine große Wärmeentwicklung und dementsprechend besteht Zerstörungsgefahr. Tritt der Erdschluß nach erfolgter Einschaltung auf, dann bleibt die Spule eingeschaltet, die Sicherung Si_1 wird abschmelzen, die Spule hat nur eine Spannung von 220 V, die sie im allgemeinen ohne Schaden verträgt Besonders nachteilig ist aber, daß nun die Steuerung durch Betätigung des Ausschalttasters nicht mehr abschaltbar ist. Bei der Schadensstelle *b* schmilzt bei Erdschluß vor der Einschaltung die Sicherung 1 ab. Bei Erdschluß nach der Einschaltung schmilzt sie ebenfalls ab, die Spule bleibt aber an 220 V und ist nicht mehr abschaltbar wie bei *a*. Bei der Erdschlußstelle *c* und Erdschluß vor der Einschaltung treten außer dem Abschmelzen der Sicherung 1 keine weiteren Erscheinungen auf, da Einschalttaster T_I und Selbsthalteschalter des Schützes noch offen sind. Tritt der Schluß nach der Einschaltung auf, dann bleibt die Spule an 220 V im allgemeinen ohne Schaden eingeschaltet, die Sicherung 1 schmilzt ab, die Ausschaltung durch die Drucktaste ist noch möglich.

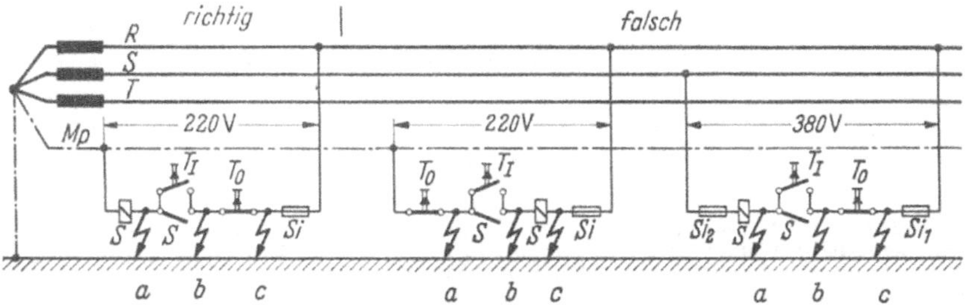

Abb. 171. Verhalten der Schütze bei Erdschlüssen und den unterschiedlichen Anordnungen nach Abb. 170
T_I Einschalttaster; T_O Ausschalttaster; *Si* Sicherung; *S* Schütz

Erdschluß	Auswirkungen bei Erdschluß vor und nach der Einschaltung					
	vor	nach	vor	nach	vor	nach
a	ohne Wirkung	*Si* schmilzt ab	ohne Wirkung	Schütz durch „Aus"-taster nicht mehr abschaltbar	Spule an 220 V meist kein Anzug Zerstörungsgefahr	Si_1 schmilzt ab. Spule bleibt an 220 V, durch den „Aus"-taster nicht mehr abschaltbar
b	*Si* schmilzt ab		Schütz schaltet ohne Kommando ein	„	Si_1 schmilzt ab	„
c	„		*Si* schmilzt ab		„	desgl. - jedoch im Allg. ohne Schaden

Bei richtigem Anschluß nach Abb. 170 links führt also ein Erdschluß noch nicht zu unbeabsichtigtem Ansprechen bzw. Verhinderung des Abschaltens. Überbrückungen einer Schaltstelle ohne gleichzeitigen Erdschluß haben diese Wirkung natürlich nicht. Vor allen Dingen kleinere Schütze und Relais sind in der Lage, über hochohmige Feuchtigkeits- und Schmutzschichten anzusprechen bzw. in Betrieb zu bleiben (s. S. 317). Die Gefahr ist bei gleichen Geräten und gleichen Schichtwiderständen um so größer, je höher die Steuerspannung ist. Bei den unter „falsch" angegebenen Schaltungen führt bereits ein einziger Erdschluß zu den angegebenen Folgezuständen.

Ähnliche Verhältnisse ergeben sich bei *ungeerdetem* bzw. offen geerdetem *Netz*. Hier kann ein Erdschluß im ausgedehnten Netz existieren, der noch nicht beseitigt wurde. Kommt ein solcher hinter einer Schützenspule hinzu, so können sich Steuerungen unbeabsichtigt in Betrieb setzen

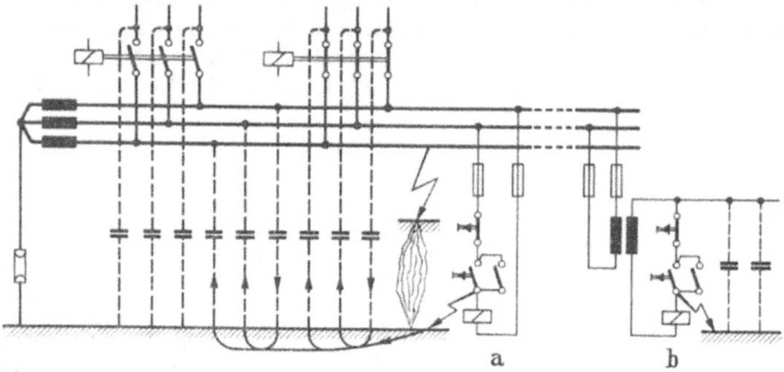

Abb. 172 a u. b. Verhütung der Verschleppung von Primärstörungen durch Erdschlüsse oder kapazitive Ströme mittels sekundär ungeerdetem Steuertrafo bei offen geerdetem Netz a ohne, b mit Transformator

bzw. ihre Abschaltbarkeit durch kombinierte Schlüsse verlieren, s. Abb. 172 u. auch SECK (3). Hier kann aber vor allen Dingen bei einer

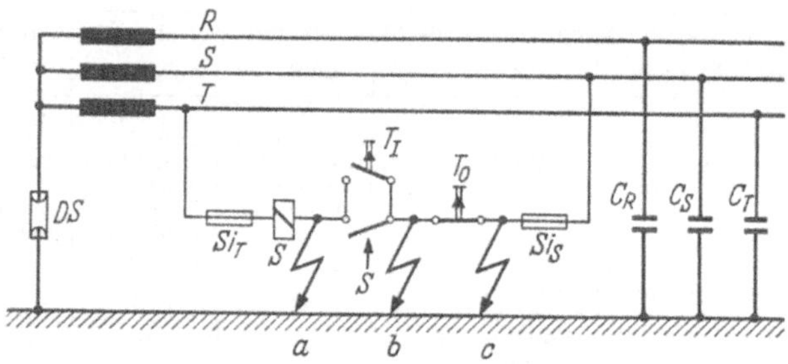

Abb. 173. Verhalten der Schütze bei Erdschlüssen im ungeerdeten Netz ohne Steuertrafo

Erdschluß an Stelle	a	b	c
Auswirkungen bei Erdschluß *vor* der Einschaltung	Abschmelzen der Sicherung Si_s wahrscheinlich Schütz spricht u. U. ohne Befehl an, Spulen-Spannungserhöhungen möglich	—	—
dgl. *nach* der Einschaltung	Abschmelzen der Sicherung Si_s wahrscheinlich Schütz bleibt wahrscheinlich eingeschaltet. Spulen-Spannungserhöhungen möglich		
	Schütz durch Drucktaste nicht mehr ausschaltbar		noch ausschaltbar

einzigen Erdschlußstelle die Kapazität der Leiter gegen Erde zu gefährlichen Situationen führen. Diese Verhältnisse zeigt Abb. 173.

Es ist wiederum der Erdschluß an drei verschiedenen Stellen angenommen worden. Bei dem Erdschluß an der Stelle *a* ist es vor Einschaltung des Gerätes möglich, daß ein Schütz u. a. ohne Befehl anspricht. Spulenspannungserhöhungen sind möglich. Nach der Einschaltung können sich bei Erdschlüssen entsprechend *a* und *b* Umstände ergeben, die das Ausschalten unmöglich machen. Gerade das ist leicht möglich, denn wenn auch das Gerät zum Anzug mindestens 85 v. H. der Nennspannung notwendig hat, so genügen zum Halten meist 40 v. H., ja nach 0660 Teil 1 u. U. sogar 10 v. H., und das auch noch bei stark vermindertem Strombedarf. Auch sind hier Spulenspannungserhöhungen möglich, s. Abb. 174.

Inwieweit in der Praxis Schäden durch die Netzkapazität auftreten, hängt natürlich wesentlich von dem Verhältnis der Induktivität der Schützenspulen zu den Erdkapazitäten ab. Die Erdkapazitäten sind in einem größeren Leitungssystem von vornherein schlecht als Fixwert feststellbar. Sie ändern sich mit der Schaltsituation unausgesetzt. Es wird oft vermutet, daß sie in der Praxis nicht so leicht in der erforderlichen Höhe gegeben seien. Das stimmt nicht, so z. B. zieht ein Kleinschütz für Motoren bis 3 kW, 380 V bei einer Spulenaufnahme von 40 VA beim Anzug und 8 VA im angezogenen Zustand bei Spulennennspannung und 220 V~ bei einer Vorschaltkapazität von 1,7 μF unbeabsichtigt an, bei 0,11 μF fällt es nicht ab und bei 0,5 μF überschreitet seine Spulenspannung den Nennwert bis etwa zum 2fachen Betrag. Im 3phasigen System gelten vom Einzelleiter zur Erde etwa die halben Werte. Zum Vergleich sei gesagt, daß allein die Trafokapazität bei 500 kVA ohne jede Leitung bei etwa 0,035 μF liegt. Drückt man die genannten Kapazitätswerte durch die Leitungslänge aus, dann genügen für das selbsttätige Anziehen ohne Rücksicht auf den Trafo 1500 m 240², der Abfallwert wird mit 250 m 35² erreicht. Bei 500 V genügen für den gleichen Effekt schon Kapazitäten in Höhe von 20 v. H. der Werte für 220 V. Diese Situation ist also nicht so abwegig wie sie oft erscheint. Da etwaige Erdschlußüberwachungseinrichtungen im allgemeinen nur der Anzeige dienen, ist der Gefahrenzustand bis zur Beseitigung des Erdschlusses in einer Betriebspause vorhanden.

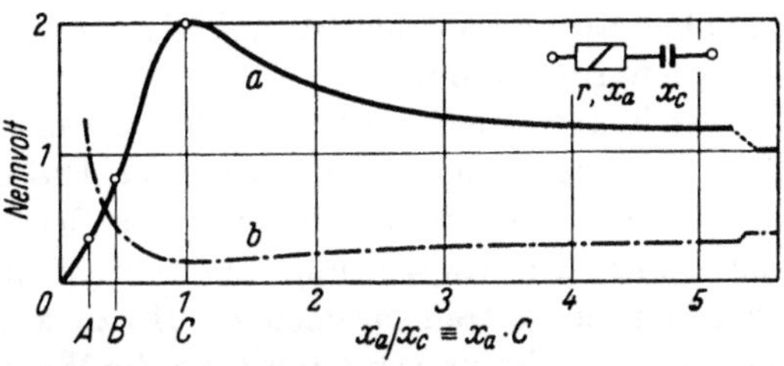

Abb. 174. Spannungen an der Schützenspule bei Erdschluß im ungeerdeten Netz, abhängig vom induktiven Spulenwiderstand (x_a) zum Widerstand einer Vorschaltkapazität (x_c)

a Spannung an der Spule bei Nennvolt und Vorschaltkapazität $\cos\varphi = 0{,}4$;

b Erforderliche Netzspannungsverminderung um an der Spule 35% Nennvolt zu erzielen

Aus dem Gesagten beantwortet sich auch weitgehend die Frage, *warum* man *Steuertransformatoren* verwenden sollte. Sie sind selbstverständlich erforderlich, wenn die Netz-Spannung für den Steuerkreis zu hoch ist, insbesondere auch zur Anpassung der Steuerspannung an genormte Werte, weiterhin, wenn für den Steuerkreis eine bestimmte Spannung vorgeschrieben ist, z. B. beim Einsatz elektronischer Elemente, ferner in einem schwachen Netz, bei dem man mit permanenter Unterspannung rechnen muß und vor allen Dingen, wenn es sich darum handelt, die Betriebssicherheit zu erhöhen, insbesondere auch die Sicherheit gegen Berührungsgefahr s. S. 317. Es werden praktisch in allen Ländern verminderte Spannungen verlangt. In den meisten ausländischen Bestimmungen sind Werte von 110 bis 115 V vorgeschrieben, eine Spannung, die also weitgehend von den üblichen Netzspannungen abweicht. Aus diesem Grunde ist der Steuertransformator in Netzen über 220 V, also solchen mit 380 und 500 V, bei offener Erdung über Durchschlagsicherung grundsätzlich notwendig. Höhere Steuerspannungen als 220 V haben in der Praxis noch den Nachteil, daß normale Glühlampen als Signalgeräte im gleichen Stromkreis wie die Schützenspulen nicht verwendet werden können.

Der Transformator ist weiterhin zweckmäßig, weil er im geerdeten Netz die ungünstige Auswirkung der Erdschlüsse nach Abb. 171 vermeidet. Hier schaltet er die durch die Betriebserde gegebenen Möglichkeiten aus. Die Einwirkung ungewollter Erdschlüsse des Primärnetzes wird in allen Netzen vermieden. Hinzu kommt noch, daß der Steuertransformator im ungeerdeten Netz die Wirkung der primären Erdkapazitäten ausschließt z. B. mit Bezug auf den selbsttätigen Anzug von Relais und Schützenspulen über diese Kapazitäten s. Abb. 172b. Die aber wohl wichtigste Konsequenz ist die, daß der Steuertransformator die Berührungsgefahr im Steuernetz herabsetzt (s. Franken (44) und McPartland). All die Vorteile setzen jedoch voraus, daß die nachfolgend behandelte Frage der Erdung oder Nichterdung des Sekundärkreises im Sinne der Nichterdung entschieden wird. Der Steuertransformator ist auch dann zu empfehlen, wenn die Steuerspannung gleich der Netzspannung ist. Jedenfalls sollte man auch da, wo die VDE-Bestimmungen keine besondere Grenze für die Steuerspannung ziehen, Umfang und Art der Gefahren bei höheren Steuerspannungen als 220 V ohne Steuertrafo vor der Anwendung feststellen. VDE 0113 empfiehlt auch, wenn 220 V zur Verfügung stehen, bei verzweigten umfangreichen Steuerstromkreisen aus Gründen der Betriebssicherheit stets die Verwendung eines Steuertransformators. Als umfangreich gelten dabei im allgemeinen Steuerstromkreise von Maschinen mit mehr als 2 Motoren, wobei Elektromagnete, z. B. Ventile, Schieber und Bremslüfter als Motoren gewertet werden. Motoren der Kühlmittelpumpen sowie Bremslüfter, die unmittelbar mit dem Motor verbunden sind, werden dabei jedoch nicht berücksichtigt.

Bei Anwendung der Steuertransformatoren entsteht die Frage, ob man den *Sekundärkreis erdet oder nicht*, s. Franken (44). VDE 0113/1.64

läßt beide Betriebsarten zu. Die Steuerungen sollen so beschaffen sein, daß sie ungeerdet betrieben aber durch Einfügen einer Verbindungsleitung geerdet werden können. Die hierfür bestimmte Verbindung muß aus dem Schaltplan deutlich hervorgehen. Lediglich bei Stromkreisen, bei denen einpolige Erdung aus Betriebsgründen notwendig ist, z. B. solchen für Magnetkupplungen, oder auch bei Steuerungsabschnitten mit elektronischen Bauelementen muß sie vom Hersteller durchgeführt werden. Niedrige Steuerspannungen im geerdeten Kreis sind auch dann, wenn sie $\leqq 42$ V sind, keine Schutz-Kleinspannungen im Sinne von VDE 0100 mehr.

Für die Entscheidung der gestellten Frage spielen *zwei Gesichtspunkte* eine große Rolle. Vielfach erwartet man, daß eine gewollte Erdung in Verbindung mit einer zweiten ungewollten, das Ansprechen der Schütze

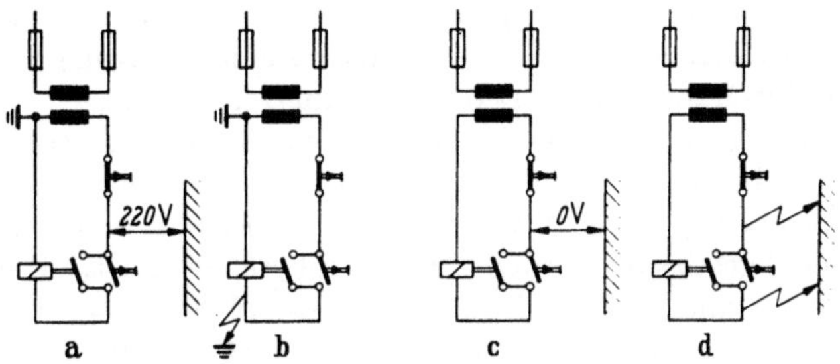

Abb. 175a bis d. Über einen Isoliertransformator angeschlossener Steuerkreis
a) u. b) sekundär geerdet;
c) u. d) nicht geerdet, Erläuterungen im Text

und Schaltrelais verhindert. Andere ziehen aus der Erfahrung heraus einen Isoliertransformator mit Rücksicht auf die vielen, den Umwelteinflüssen oft stark ausgesetzten Befehlsgeräte, vor. Bei der Entscheidung der Frage ist es wichtig, sich den Grundsatz der Unfalltechnik vor Augen zu führen, der besagt, daß eine Anlage dann sicher ist, oder besser gesagt, als sicher gelten kann, wenn mindestens zwei voneinander unabhängige Umstände auftreten müssen, um zum Fehlerfall zu führen.

Für die beiden Fälle, des geerdeten sowie des ungeerdeten Sekundärkreises lassen sich *Vorteile und Nachteile* aufführen, die gegeneinander abzuwägen sind. So hat die *sekundärseitige Erdung* des Transformators nach Abb. 175a den *Nachteil*, daß wenn irgend ein Fehler an der Isolierung der manchmal sehr ausgedehnten Steuersysteme mit zahlreichen Betätigungs- und Überwachungsgeräten verstreut über die Maschinen entsteht, sofort die Spannung in voller Höhe von 220 V gegen Erde auftritt. Derartige Isolationsschäden können bedingt sein außer durch Drahtbruch u. dgl. durch eingedrungene Fremdkörper, Feuchtigkeit u.s.w. Ein weiterer Nachteil liegt darin, daß durch das Ansprechen der

Sicherungen auch diejenigen Geräte ohne Kommando abgeschaltet werden, die der besonderen Gefahr wegen selbst über die Notdruckknöpfe oder allgemein gesagt das „Befehlsgerät — Gefahr" nicht abgeschaltet werden dürfen, s. Abb. 175b. Das sind z. B. magnetische Spannfutter, elektr. Bremsen u. dgl. Ein Schluß im Steuersystem kann also bei geerdetem Kreis einen Gefahrenzustand heraufbeschwören. Es gehört hierzu wohlgemerkt nur ein einziges Ereignis, und nicht wie oben gefordert, mindestens zwei unterschiedliche. Weiterhin nachteilig ist die Erdung für den Fall einer Fehlersuche im Steuerstromkreis, die bei den heutigen umfangreichen Steuerungen weitgehend leider nicht im spannungslosen Zustande möglich ist. Bei Erdung des Sekundärkreises sind Kurzschlüsse durch Werkzeuge gegen Masse jederzeit möglich. Auch kann der Elektriker, der in einem solchen Falle auf leitendem Boden steht, dabei häufig unverhofft an Spannung kommen. In 220/380 V-Netzen mit geerdetem Mittelpunkt ist bei einem Fehler im Hauptnetz und einem zusätzlichen im Steuerstromkreis eine Erregung von Schaltmagneten durch die Spannung des Hauptnetzes möglich.

Die dem gegenüberstehenden *Vorteile der Erdung* des Steuersystems liegen in bescheidenem Umfang darin, daß bei einem Schluß, die Kreise, deren Abschaltung dann erwünscht ist, durch den Überstromschutz tatsächlich abgeschaltet werden. Hierzu gehören aber satte Erdschlüsse, die sehr selten sind. Meist bilden sich insbesondere bei rauhen Betriebsbedingungen und nicht ausreichender Schutzart an Befehlsgeräten, wie Druck- und Endtastern, durch leitende Brücken nur unvollständige Erdschlüsse aus. Bei den dann vorhandenen Widerständen sind die Ströme aber nicht so groß, als daß sie zum Ansprechen der Überstromschutzelemente führen. Die Erdung des Steuertransformators führt deshalb nur in den seltensten Fällen eine Abschaltung herbei, weil die Flüssigkeits- und Staubbrücken die gewünschte Wirkung nicht zur Folge haben. Die auftretenden Ströme sind zu klein. Um in 220 V Steuerkreisen eine 25 A-Sicherung bei 3,5fachem Strom zum Abschmelzen zu bringen, muß man schon zu sehr kleinen Erdschlußwiderständen kommen. Der Kreis darf nur 2,5 Ω aufweisen. Ein 1000 VA-Steuertransformator hat bei 220 V aber schon einen eigenen Ohmschen Widerstand von etwa 1,7 Ω. Hinzu kommen die Leitungswiderstände. Erst der dann verbleibende bescheidene Rest darf auf den Erdübergangswiderstand entfallen. Über das wirkliche Ausmaß des Widerstandes solcher Übergangsstellen an Hand von Versuchen berichtet FRANKEN (44). Die Erdung des Sekundärkreises stellt also nur ein sehr bescheidenes Mittel zur Erzielung des Abschaltens bei Erdschluß dar. Der Kurzschluß muß schon metallischer Natur sein. Ein Schluß der Spulenklemme, die nicht am geerdeten Pol des Steuerkreises liegt, über einen relativ hochohmigen Widerstand gegen Erde allein, bedeutet nur einen Parallelwiderstand zur

Spule und sonst gar nichts. Das elektrische Durchschlagen einer Steuerleitung, z. B. einer zweiadrigen Leitung, zu irgendeinem Endtaster hat mit der Frage Erdung oder Nicht-Erdung überhaupt nichts zu tun. Das betreffende Gerät wird in jedem Fall selbsttätig anziehen oder nicht abfallen, wenn die Widerstände das erforderliche Maß nicht überschreiten.

Für das zum Anzug und Abfall zulässige Maß von Vorschaltwiderständen ein Beispiel. Ein Kleinschütz für 3 kW Motorleistung bei 380 Volt und einer Steuerspannung von 220 Volt, zieht über ein Vorschaltwiderstand von etwa 600 Ohm ohne Kommando an und fällt bei Nennspannung auch nach Vorschalten eines Widerstandes von etwa 20 kΩ nicht ab.

Im Gegensatz dazu stehen die Auswirkungen bei dem *nichtgeerdeten Steuertransformator* nach Abb. 175c u. d. Der *Vorteil* liegt darin, daß beim Berühren irgendeines Punktes des Steuerstromkreises keine Spannung gegen Erde vorhanden ist. Erst durch Hinzutreten eines zweiten Erdschlusses würde der gleiche Zustand auftreten, den der Kreis mit geerdetem Steuertransformator hat. Weiterhin ist bei einer Fehlersuche im Steuerstromkreis die Sicherheit größer als bei den Schaltungen nach Abb. 175a und b, da beim Berühren eines blanken Teiles keine Spannung gegen Erde vorhanden ist. Die Kapazitätseinwirkungen, wie im ungeerdeten Netz sind allerdings möglich, jedoch wegen des kleineren Leitungssystems gegenüber den Verhältnissen beim galvanischen Anschluß an das Hauptstromnetz und der herabgesetzten Spannung in ihrer Wirkung mit erheblich geringerer Wahrscheinlichkeit verbunden. Diese Behauptung, daß im ungeerdeten System keine Berührungsspannung vorhanden sei, gilt natürlich nur mit der Einschränkung, daß bei einem sehr ausgedehnten Steuernetz die Kapazität des Gesamtsystems gegen Erde zu einer solchen führen kann. Meistens ist keine nennenswerte festzustellen. Bei Berührung der aktiven Metallteile eines Befehlsgerätes ist mit Rücksicht darauf, daß am anderen Pol nur die Kapazität der Spulenleitung und der Spulen selbst vorhanden ist, lediglich ein ganz bescheidener Ladestrom zu erwarten. Sollte jedoch ein Netz so ausgedehnt sein, daß die Ladeströme ein unzulässiges Ausmaß erreichen können, dann müssen mehrere Steuerstromkreise und ein Steuertransformator mit mehreren Sekundärwicklungen oder mehrere Steuertransformatoren eingesetzt werden. Über die günstigen Wirkungen der Steuertransformatoren im Hinblick auf die Fehlerströme des Primärnetzes, durch hochohmige Erdschlüsse, kapazitive Ströme u. dgl., s. Abb. 172b. Beim Vorhandensein eines Doppelerdschlusses kann jetzt natürlich je nach Lage der Schlußstelle und der Höhe des Übergangswiderstandes eine unbeabsichtigte Ingangsetzung eintreten oder die Abschaltung unterbleiben. Es sind aber, wie gesagt, zwei derartige Schlüsse notwendig. Auch führt ein einziger satter Erdschluß hier nicht mehr zur Abschaltung. Das gilt auch im 220/380 Netz mit geerdetem Mittelpunkt, wenn der Steuerstromkreis hinter dem Transformator ungeerdet bleibt. Ein einziger Defekt führt im allgemeinen noch zu keiner Berührungsspannung, s. Abb. 175c. Die Kapazität einer Steuer-Hin- und Rückleitung zu einem Befehlsgerät ist im Gegensatz zu den vorgenannten Kapazitäten eine konstante Größe. Ihre Einwirkung kann ausgeglichen werden (s. S. 329).

Über die Vorteile eines Isoliertransformators ohne Erdung berichtet auch Cooper. Hierbei werden Schutzmaßnahmen gegen Störungen zwischen den Wicklungen des Transformators für zweckmäßig angesehen, z. B. indem man zwei Transformatoren in Hintereinanderschaltung verwendet und den Zwischenstromkreis erdet.

In der Frage der Erdung oder Nichterdung des Steuertransformators neigte die VDE-Kommission 0113 lange dazu, eine einheitliche optimale Lösung festzulegen, die nach Wahrscheinlichkeitsgesichtspunkten hätte erfolgen müssen. Bei der jetzigen Festlegung ist die Beantwortung der Frage naturgemäß auf den Verbraucher bzw. Ausrüster einer Maschine abgewälzt. Es lagen der Kommission aus dem Kreise der Maschinenfabriken Gesamturteile für und gegen die Erdung vor. Bei den Fabriken, die mit der Nichterdung gute Erfahrungen gemacht hatten, wurde sie zum Teil schon seit mehreren Jahrzehnten durchgeführt. Die Kommission hätte sich in Abwägung der verschiedenen Möglichkeiten für die Nichterdung als dem ihrer Ansicht erheblich kleineren Übel entschieden. Die Festlegung, die Steuerungen so durchzuführen, daß sie geerdet werden können, je nachdem welche der genannten Vor- und Nachteile überwiegen, kommt allen Wünschen entgegen. Über die Festlegungen im Ausland s. Franken (44).

Ein wertvoller Zusatzschutz ist ein empfindlicher *Isolationswächter*. Bei derartigen Erdschlußüberwachungseinrichtungen müssen die Innenwiderstände erheblich größer sein als die in VDE 0100 § 11 Ncl beim Schutzleitungssystem geforderten von 15 kΩ, weil anderenfalls Gefahr besteht, daß beim ungewollten Erdschluß eines Kreises kleinere Schütze und empfindliche Relais über diesen Widerstand ansprechen bzw. in der Kontaktstellung verbleiben. Wichtig ist außerdem bei den meist üblichen einphasigen Steuerstromkreisen, daß der Wächter nur an einen Pol angeschlossen wird und zwar an denjenigen, der, wenn das Netz geerdet ohne Isolationsüberwachung betrieben wird, geerdet wird. Denn nur dann durchsetzt bei einem etwaigen Isolationsdefekt, z. B. dem Erdschluß eines Spulenendes lediglich der zur Messung eingeprägte Gleichstrom die Schaltspulen. Bei Verwendung beider Pole fließen außerdem noch überlagerte Wechselströme. Der in diesem Fall fließende Strom (der Überwachungsstrom) muß kleiner sein als der kleinste Haltestrom (Gleichstrom) der in der Steuerung verwandten Schütze und Relais. Selbstverständlich sind bei ungeerdeten Netzen grundsätzlich Maßnahmen zu treffen, damit im Erdschlußfall der durch die Leitungskapazitäten bedingte Erdschlußstrom unter dieser Grenze bleibt.

Bei der Frage nach der *Erhöhung der Sicherheit* ist zu beachten, daß *Schlüsse zwischen zwei zu einem Befehlsgerät führende Steuerleitungen*, die nicht gleichzeitig Erdschlüsse oder Polschlüsse sind, mit der Frage der Absicherung oder der Erdung gar nichts zu tun haben. Die Überbrückung eines Befehlsgerätes kann auf diese Weise in jedem Fall zu unbeabsichtigten Einschaltungen oder zum Nichtausschalten führen. Man hat in dieser Beziehung schon Überlegungen angestellt, s. ANONYM (1), und verlegt beispielsweise die Leitung zu einem Endschalter in zwei getrennten Rohren, was bei Aufzugsanlagen gefordert wird, oder, wenn man damit bezweckt, daß die Erdung eines Steuerkreises noch einen besonderen Sinn haben soll, dann muß man dafür sorgen, daß zwischen diesen beiden Leitungen ein geerdetes Stück kommt, so daß der Durchschlag auch zur Erdung führt. Reicht diese Sicherheit noch nicht aus, dann empfiehlt die obengenannte Arbeit, *zwei Schalter in Reihe* einzubauen, wobei erwartet werden kann, daß nach den Wahrscheinlichkeitsgesetzen nicht an beiden gleichzeitig Überbrückungen auftreten. Das Risiko kann also ganz allgemein bedeutend vermindert werden, wenn man die Schaltelemente verdoppelt, deshalb werden auch Einschaltkommandos genauso wie Ausschaltkommandos u. U. mit doppelpoligen Schaltern gegeben. Bei dieser Anordnung wäre jede Erdung verfehlt und könnte die Wirkung der Doppelunterbrechungen wieder aufheben. Über deren Vorzüge s. auch FLECK.

Die *Spannung* im Steuersystem sollte nicht nur nicht zu hoch sondern auch *nicht zu klein* sein, s. „Kontaktsicherheit" S. 17. Außerdem ist der bei kleinen Spannungen auftretende hohe Stromverbrauch von Bedeutung. Längere Steuerleitungen führen dann zu einem unzulässigen Spannungsabfall oder sie müßten Kupferquerschnitte aufweisen, die gegenüber den kleinen Befehlsgeräten überbemessen wären, so daß man zweckmäßig Zwischenrelais verwendet anstatt größere Schütze unmittelbar mit einer kleineren Spannung zu betreiben. *Mehrere Steuerspannungen* in ein und derselben Anlage sollten grundsätzlich vermieden werden. Sind sie nicht zu umgehen, so muß man die Anwendung einer zweiten Spannung auf einen klar umrissenen, eng begrenzten Bezirk beschränken.

In jedem Fall sollte oberste Richtschnur sein, möglichst eine Steuerspannung in Höhe von etwa 220 V zu verwenden, da diese Spannung, vor allen Dingen, wenn sie über Isoliertransformatoren dem Steuersystem zugeführt wird, möglichst in Verbindung mit Isolationen für 500 V nach Gruppe C, VDE 0110, einerseits ein hohes Maß von Berührungsschutz gewährleistet, andererseits Kontaktschwierigkeiten nicht zu befürchten sind und auch keine allzu hohen Spannungsabfälle auftreten.

9.32 Steuertransformatoren

Der Sinn der Anwendung von Steuertransformatoren ist schon auf S. 314 behandelt. Sie erhöhen die Betriebssicherheit, vor allen Dingen auch die Sicherheit gegen Berührungsgefahr. Die Transformatoren müssen aber zwei getrennte Wicklungen haben und außerdem *Isoliertransformatoren* sein, d. h. Trenntransformatoren im Sinne von VDE 0550 Teil 3, bzw. bei niedrigen Sekundärspannungen bis 42 V, VDE 0551. In diesen Arbeiten wird eine wirksame Trennung zwischen den beiden Wicklungen vorausgesetzt, so daß ein Draht der Sekundärwicklung mit der Primärwicklung keinen Kontakt erhalten kann. Autotransformatoren sind naturgemäß unzulässig; sie würden den Sinn des Isoliertransformators vereiteln. Es werden praktisch nur Trockentransformatoren verwandt. Wichtig ist, daß der Transformator auch unter Berücksichtigung der Spannungsabfälle beim Einschalten der Schützenspulen, also unter Berücksichtigung des hohen Einschaltstromes, ausgelegt wird, s. S. 326.

Nach VDE 0113 soll der *Spannungsabfall* durch den Steuertransformator 5 v. H. keineswegs überschreiten. Es ist zweckmäßig, seine Sekundärspannung im Leerlauf etwas höher zu wählen, z. B. 3 v. H. über dem Nennwert der Steuerspannung. Allerdings ist diese Methode etwas gefährlich bezüglich etwa eingebauter Signallampen, die erfahrungsgemäß keine Überspannung vertragen können. Zum Ausgleich grundsätzlicher Spannungsabweichungen im Netz (s. S. 328) erhalten die Steuertransformatoren zweckmäßig noch Zusatzklemmen, durch die die Spannung um ± 5 v. H. verändert werden kann. Steuertransformatoren geben oft noch eine besondere Möglichkeit, wenn es sich darum handelt, für 50 Hz hergestellte Ausrüstungen bei Auslandslieferungen auf abweichende Frequenzen, z. B. zwischen 42 und 60 Hz umzustellen, ohne alle Schützen- und Relaisspulen auswechseln zu müssen. Nach dem Induktionsgesetz kommt man zum gleichen Kraftfluß, wenn man mit der Frequenz im gleichen Umfang die induktive Komponente der Spannung ändert. Die Beziehung zwischen der Frequenz und der der Spule aufzudrückenden Spannung hängt dabei vom $\cos\varphi$ ab. Dann ist das Verhalten der Magnete aber nur für den Anzugsaugenblick das gleiche. Der Haltekraftfluß kann abweichend sein. Meist ist es jedoch möglich, eine Spannung zu finden, bei der z. B. eine ganze Steuerung, die für 50 Hz gebaut wurde, mit 60 Hz betrieben werden kann. Dieser Wert liegt zwischen 110 und 120 v. H. der 50 Hz-Steuerspannung. Bei Frequenzen unter 50 Hz sinkt die erforderliche Steuerspannung ab. Diese abweichende Spannung wird mit dem Steuertrafo erzeugt und nur dieser ausgewechselt. Es gibt aber auch Fälle, in denen die geforderte Ersatzspannung bei unterschiedlichen Geräten wegen stark unterschiedlicher Leistungsfaktoren der Spulensysteme so verschieden ist, daß daran die Durchführung der Methode scheitert. Über den Spannungsabfall der Steuertransformatoren s. S. 326, ihre Bemessung s. KIRCHDORFER (2) und DEISSLER (2).

9.33 Die Absicherung des Steuersystems

Für die Absicherung der Steuerstromkreise bei Arbeitsmaschinen ist es wichtig, daß nach VDE 0113/1.64 § 14k für Steuerleitungen innerhalb von Maschinen kein Überlastschutz, sondern nur Kurzschlußschutz gefordert wird. Über die Durchführung des Kurzschlußschutzes gibt VDE 0100/12.65 Auskunft. Früher war Bedingung für eine drei Stufen höhere Sicherungsauswahl das Vorhandensein eines Kurzschlußstromes in Höhe des 15fachen Sicherungsnennstromes an der Einbaustelle und ein max. Spannungsabfall in der Leiterschleife bei Nennstrom der vorgeschalteten Sicherung in Höhe von 3,5 v. H. Jetzt ist in § 41 N festgelegt, daß Leitungsschutzsicherungen oder -Schalter eine Stufe höher gewählt werden können als für den Überlastschutz gefordert, wenn am Ende der Leitung bei vollkommenem Kurzschluß mindestens der 3fache, um 2 Stufen der 6fache und um drei Stufen der 9fache Nennstrom des Schutzorganes zum Fließen kommt. Diese Bedingung dürfte zunächst bei Arbeitsmaschinen weitgehend erfüllt sein. So z. B. verlangt ein Kreis mit einer 25 A-Sicherung, daß bei 1,5 mm² die einfache Länge 125 m nicht übersteigt, beim 6fachen Strom, also 150 A 65 m und beim 9fachen, also 225 A 43 m.

Die Verhältnisse werden komplizierter und die Möglichkeiten stark eingeschränkt, wenn sich in dem System ein Steuertransformator befindet. Erst verhältnismäßig große Transformatoren lassen beispielsweise bei 220 V Steuerspannung zu, daß von der Sicherungsverstärkung Gebrauch gemacht wird. So z. B. wird für den Überlastschutz einer Kupferleitung von 1,5 mm² ein Schutzorgan mit dem Nennstrom 20 A verlangt. Will man es zwei Stufen höher, also für 35 A wählen, dann muß mindestens $6 \times 35 = 210$ A Kurzschlußstrom fließen. Ein Transformator von 2000 VA bei einer Kurzschlußspannung von 4 v. H. hat einen Kurzschlußstrom von 230 A. Bei kleineren Transformatoren kann also die Überhöhungsmöglichkeit der Sicherungen nur in sehr bescheidenem Maße ausgenutzt werden. Eine Steuerleitung von 1,5 mm² ohne Steuertransformator würde bei etwa 50 m einfacher Länge gerade noch die geforderte Kurzschlußstromstärke von 210 A am Ende ergeben.

Eine andere Frage ist die, ob die *Sicherung vor oder hinter dem Transformator* liegen soll. Eine solche hinter dem Transformator wird nicht gefordert, d. h. aber nicht, daß nicht u. U. eine primär- und sekundärseitige Sicherung notwendig ist. Das kann zweierlei Gründe haben. Ein ausgedehntes Leitungssystem auf der Sekundärseite des Transformators kann es u. U. notwendig machen, daß die den Leitungen, auch unter dem Gesichtspunkt des Kurzschlußschutzes zugeordnete Sicherung nicht mehr in der Lage ist, den Gesamtstrom aufzunehmen. Es muß dann der Sekundärkreis aufgeteilt werden und mehrere Sicherungen enthalten, die den Leitungsschutz unter Berücksichtigung der angegebenen Bedingungen übernehmen können. Dann kommt primär naturgemäß für den Kurzschlußschutz der Trafozuleitung an deren Anfang gesetzt eine erheblich stärkere der Gesamtstromaufnahme entsprechende Sicherung in Betracht. Eine solche stärkere Sicherung kann aber primärseitig auch dann notwendig sein, wenn an sich die den Querschnitten und Kurzschlußbedingungen zugeordnete, mit Rücksicht auf die Steuerströme der Schütze u. dgl. ausreichend wäre, aber der Transformator, infolge seiner Größe und seines hohen Magnetisierungsstromes, auf der Primärseite erhöhte Ansprüche stellt. Maßgebend hierfür ist das Leer-Einschaltdiagramm des Transformators. Ein solches für einen 1000-VA-Steuertransformator zeigt Abb. 176. Die Stromspitzen gehen bis zum 21fachen des Nennstromes.

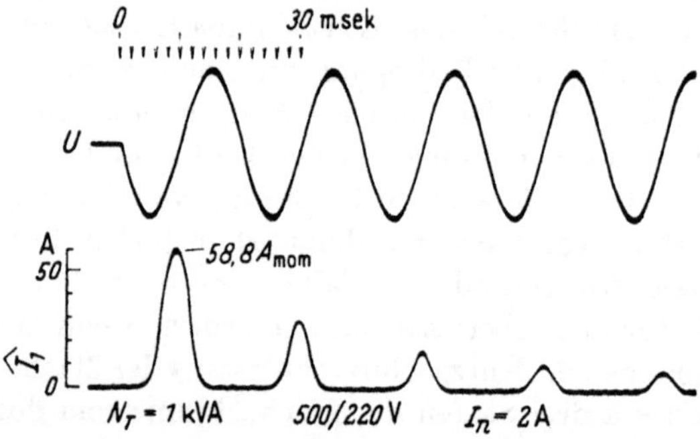

Abb. 176. Einschaltstrom eines Steuertrafos bei Leerlauf

In einem solchen Fall sind außer einer Primärsicherung stärkeren Ausmaßes eine oder mehrere Sekundärsicherungen notwendig. Man muß also verschiedene Sicherungsanordnungen unterscheiden, s. Abb. 177. Bei Steuerkreisen ohne Steuertransformatoren (Teilbilder a u. b) erfolgt der Einbau von Kurzschlußsicherungen, vorausgesetzt, daß die obengenannten Bedingungen für die Steuerleitungen erfüllt sind. Andernfalls sind nur Sicherungen mit einem verminderten Wert bzw. Überlastsicherungen zulässig, oder es muß der Querschnitt der Steuerleitungen erhöht werden. Bei erhöhtem

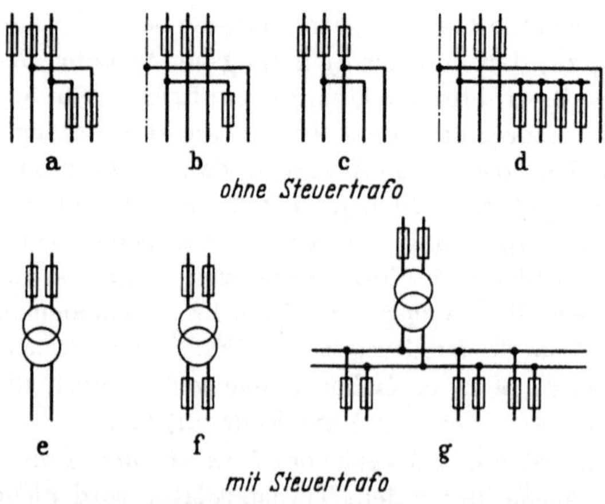

Abb. 177 a bis g. Sicherungen in Steuerstromkreisen

Leistungsbedarf des Steuerstromkreises ist eine Aufteilung auf mehrere Sicherungen notwendig, s. Abb. 177d. Ist die Hauptsicherung in der Maschinenzuleitung bereits so schwach, daß sie die Bedingungen bei Steuerleitungskurzschluß erfüllt, so sind besondere Steuerleitungssicherungen entbehrlich, s. Abb. 177c. Ist nach e bis g ein Steuertransformator vorhanden, so sind die Sicherungen als Kurzschlußsicherungen für das Sekundärnetz auszulegen, aber bei höheren Primärspannungen und Einsatz an dieser Stelle entsprechend dem Spannungsverhältnis umzurechnen. Außerdem ist nachzurechnen, ob der Steuertransformator infolge seiner Abmessungen die Kurzschlußbedingungen nicht illusorisch macht.

Wenn Sicherungen hinter dem Steuertransformator erforderlich sind, müssen sie allpolig sein, soweit nicht sichergestellt ist, daß der Sekundärkreis geerdet betrieben wird. Das ist aber nach VDE 0113, s. S. 318, für Steuerungen an Be- und Verarbeitungsmaschinen im allgemeinen nicht der Fall. Die Steuerungen sind so durchgebildet, daß sie geerdet werden können. Bei der Lieferung sind die Erdverbindungen jedoch nicht vorhanden. In anderen Anlagen, die nicht VDE 0113 unterliegen und bei denen die Sekundärerdung durchgeführt wird, genügt es, wenn im einphasigen Sekundärkreis die Sicherungen lediglich in den ungeerdeten Leitungen liegen.

9.34 Die Schütze und der Spannungsabfall

Schütze sind ihrer Natur nach nur innerhalb gewisser Steuerspannungsgrenzen aktionsfähig, s. S. 153. Nach VDE 0660 kann, abgesehen von Bahnschützen, die Funktion nur im Bereich von +10—15 v. H. der Spulennennspannung gefordert werden. Derartige Spannungsabweichungen müssen im kalten wie im warmen Zustand ertragen werden. Mit den genannten Werten sollte man in einem einigermaßen gesunden Netz bei richtiger Projektierung aber auch zurechtkommen. Daß die Schütze an sich von Hause aus bezüglich ihrer unteren Spannungsgrenze früher anziehen, als etwa erst bei 85 v. H. der Spulennennspannung, ist richtig und notwendig. Diese Differenz ist ein Maß für die Mindestbeschleunigungskraft derart, daß sie bei 85 v. H. ihre Funktion wirklich erfüllen können, d. h. u. a., daß sich mit einer für die Bewältigung der Motoreinschaltspitzen brauchbaren Geschwindigkeit die Schaltstücke berühren.

Die Netzspannung allein ist aber nicht maßgebend, sondern erhebliche *Spannungsabfälle* treten auch *in der Anlage selbst* auf. Spannungsabfälle, die wegen ihres ganz kurzzeitigen Einwirkens mit anzeigenden Meßgeräten gar nicht erkannt werden können. Die meisten Vorgänge lassen sich aber aus den gegebenen Leitungs- und Transformatorendaten ohne weiteres in ihrer Bedeutung feststellen. Solche Spannungseinbrüche treten vorwiegend im ungünstigsten Augenblick, und zwar bei der ersten Berührung der Schaltstücke, in dem Augenblick, in dem der Magnet die Kontaktkräfte zu überwinden hat und gleichzeitig die höchsten Stromspitzen zu verzeichnen sind, auf.

Die Quellen des Spannungsabfalls sind [Franken (40)]:

das Hochspannungsnetz	die Steuerstromleitung
der Transformator	der Steuertrafo
die Hauptstromleitung	

Vom *Hochspannungsnetz* kann man im allgemeinen annehmen, daß es seine Spannung konstant hält.

Beim *Haupttransformator* können besonders unangenehme Zustände entstehen, wenn die Nennleistung eines einzuschaltenden Käfigläufers im Verhältnis zu der des Transformators groß ist, dann bringen schon die inneren Widerstände des Transformators beim Auftreten der Einschaltströme des Motors oft unzulässige Spannungsabfälle mit sich. Wird beispielsweise ein Transformator, der nur 250 kVA Nennleistung hat, dazu herangezogen, u. a. auch einen Motor für 100 kW zu speisen, und hat dieser Motor eine Einschaltaufnahme von nur 600 kVA, dann werden im Augenblick der Einschaltung bei betriebsmäßig voller Ausnutzung des Transformators $150 + 600 = 750$ kVA entnommen, der Transformator also auf das Dreifache überlastet. Wenn er eine Kurzschlußspannung von 4 v. H. hat, wird der von ihm hervorgerufene Spannungsabfall nach der später für den Steuertrafo angegebenen stark vereinfachten Formel, die im Grundsatz auch hier gilt, bei $u_k = 4$, $u_x = 3{,}7$ und $u_r = 1{,}6$ v. H. sowie $\cos\varphi = 0{,}5$, für den Nennstrom des Trafos $1{,}6 \cdot 0{,}5 + 3{,}7 \cdot 0{,}86 = 4$ v. H. und bei dreifacher Last 12 v. H., bei $u_k = 8$, $u_x = 7{,}8$ und $u_r = 1{,}6$ v. H., Werten, die heute in der Industrie weitgehend üblich sind, dagegen sogar schon 22,5 v. H. Gegen diesen Umstand hilft nur vernünftige Planung, d. h. ein genügend stark bemessener Transformator.

Einige typische Anordnungen bezüglich der Einwirkung des Spannungsabfalls der *Hauptstromleitungen* auf denjenigen der Schützenspule zeigt Abb. 178. Wenn die Verbindungsleitungen zwischen Motor und Sammelschiene und damit auch dem Steuerleitungsanschluß des Schützes verhältnismäßig lang sind (Teilbild a), können an der Spule leicht unzulässige Spannungsabfälle auftreten. Es wird hierbei übersehen, daß der für den Nennstrom festgestellte Spannungsabfall sich durch den Einschaltstrom des Motors vervielfacht. Man muß zu seiner Feststellung eigentlich sogar mit dem Stillstandsstrom einschließlich dem höchsten beim Einschalten auftretenden überschwingenden Wert rechnen. Hat z. B. die Leitung bei dem Nennstrom des Motors einen Spannungsabfall von 1,6 v. H., so steigt er bei einem Stillstandsstrom z. B. in Höhe von

8mal Nennstrom auf fast 13 v. H. und bei entsprechendem Überschwingen weit über 13 v. H. hinaus.

Diese Verhältnisse als Quelle eines unzulässigen Spannungsabfalls trifft man leider in der Praxis oft an. Man kann sich also bei der Anordnung a, bei der die Steuerspannung am Ende der Einspeiseleitung abgenommen wird, nicht damit begnügen, daß der Spannungsabfall an den Kabeln bei Motornennstrom bei Werten liegt, die normalerweise nicht als bedenklich angesehen werden. Umgehen kann man diese Schwierigkeit, indem man den Kabelquerschnitt entsprechend stark wählt. Das ist natürlich vor allem bei größeren Motoren u. U. eine sehr kostspielige Lösung, wobei auch die Wahrscheinlichkeit vorhanden ist, daß die Ge-

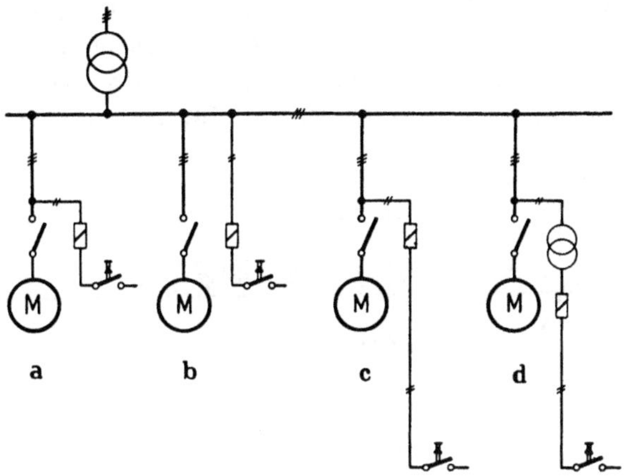

Abb. 178 a bis d. Die Spulenschlußstellen der Schütze und der Spannungsabfall

räteklemmen nicht mehr ausreichen. Vielfach wird es billiger sein, entsprechend Teilbild b die verhältnismäßig starken Querschnitte der Motorleitung unverändert zu lassen und eine besondere Steuerleitung bis zur Sammelschiene zu ziehen. Es ist auch vorgeschlagen worden, durch einen Wandler im Motorstromkreis, dessen Sekundärwicklung mit der Schützenspule hintereinandergeschaltet ist, eine der Stromaufnahme des Motors proportionale zusätzliche Spannung im Steuerkreis zu erzeugen. Die Einrichtung ist aufwendig und muß jeweils den Verhältnissen angepaßt werden [Schönauer (2)].

Wird die *Steuerleitung* lang und erhält damit einen hohen *Leitungswiderstand*, ein Fall, der bei den Anordnungen b und c möglich ist, bei denen daran gedacht wurde, daß die Einschaltung von einer entfernten Stelle aus vor sich geht, dann muß auf den *Widerstand* dieser *Steuerleitungen* Rücksicht genommen werden. Hierbei ist von Bedeutung, daß die vorzugsweise zur Verwendung gelangenden dünnen Querschnitte praktisch nur Ohmsche Widerstände aufweisen und die induktiven dagegen vollständig verschwinden. Errechnet man den Ohmschen Spannungsabfall der Leitung überschläglich aus ihrem Widerstand und dem Einschaltstrom des Schützes, dann erhält man aber, bezogen auf die Spule, zu ungünstige Werte. Es ist eine exaktere Rechnung unter Berücksichtigung des Leistungsfaktors zu empfehlen. Abhängig vom Phasenwinkel φ erhält man die zulässige Abfallspannung U_v auf der Leitung zu [Deissler (2)]

$$U_v = p \cdot U\left(\sqrt{\frac{1}{p^2} - \sin^2\varphi} - \cos\varphi\right).$$

Hierin ist p das Vielfache der Netzspannung U, das übrigbleiben soll. Bei einem Spannungsabfall ΔU von 5 v. H. ist $p = 0{,}95$. Die Auswertung dieser Formel zeigt, daß der zulässige Spannungsabfall auf der Leitung, was leicht verständlich ist, bei sinkendem $\cos\varphi$ erheblich ansteigt, s. Abb. 179. Für $p = 0{,}95$ ergibt sich z. B. für den zulässigen Spannungs-

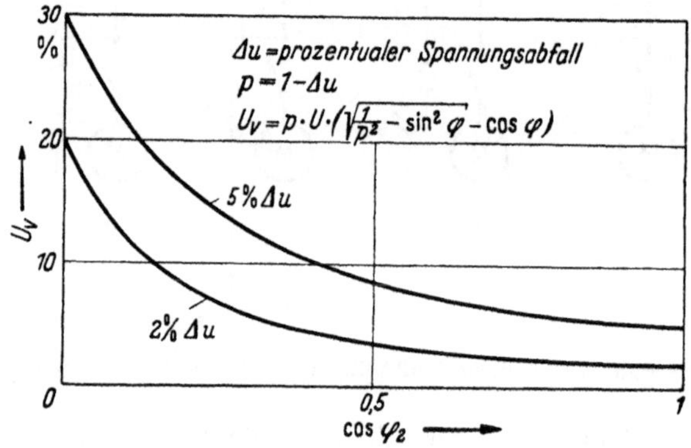

Abb. 179. Zulässiger Leitungsspannungsabfall (U_v) in v. H.-Spulenvolt (U)

abfall auf der Leitung bei $\cos\varphi = 1$ naturgemäß nur 5 v. H.; bei $\cos\varphi = 0{,}4$ dagegen 10,4 v. H. Derartig hohe Ohmsche Spannungsabfälle auf der Leitung werden oft unbedachterweise als unzulässig angesehen.

Die Verhältnisse ändern sich, wenn in dieser Steuerleitung noch ein *Steuertransformator* hinzukommt, Abb. 178d. Er hat u. U. einen nicht zu unterschätzenden Einfluß auf die Spannung. Der Transformator hat nicht nur Ohmschen, sondern auch beachtlichen induktiven Widerstand. Um ihn zu beurteilen, muß man seine Kurzschlußspannung (u_k) kennen und das Verhältnis vom inneren Ohmschen (u_r) zum induktiven Spannungsabfall (u_x) bzw. den Leistungsfaktor ($\cos\varphi_k$) des Kurzschlußkreises. Man geht hierbei üblicherweise von einem vereinfachten Vektordiagramm (s. Abb. 180) aus und reduziert alle Werte auf die Primär- bzw. Sekundärseite. Im allgemeinen genügt folgende Formel, bei der einige Vereinfachungen angewandt wurden.

$$\Delta U \approx u_r \cdot \cos\varphi_2 + u_x \cdot \sin\varphi_2 .$$

Da $u_r = u_k \cdot \cos\varphi_k$ und $u_x = u_k \cdot \sin\varphi_k$, so kann man auch schreiben

$$\Delta U \approx u_k \cdot \cos(\varphi_2 - \varphi_k)$$

oder der zulässige Wert für u_k bei Nennbelastung des Steuertransformators ist

$$u_k = \frac{\Delta U}{\cos(\varphi_2 - \varphi_k)}$$

genauer

$$u_k = u\varphi' + 1 - \sqrt{1 - u\varphi''^2} \approx u\varphi' + 0{,}5 \cdot u\varphi''^2 ,$$

wobei

$$u\varphi' = u_r \cdot \cos\varphi_2 + u_x \cdot \sin\varphi_2 ; \quad u\varphi'' = u_r \cdot \sin\varphi_2 - u_x \cdot \cos\varphi_2 .$$

In diesen Formeln ist wieder ΔU der Spannungsabfall, der im Verhältnis zur Nennspannung zugelassen werden soll, also $1 - \Delta U = p$. Diese zulässige Kurzschlußspannung kann man über dem $\cos\varphi_2$, d. h. über dem des anzuschließenden Schützensystems, für gewisse Werte von ΔU und φ_k bzw. dem Verhältnis u_x zu $u_r = \operatorname{tg}\varphi_k$ auftragen. Das ist in Abb. 181 für die Spannungsabfälle 5, 3 und 2 v. H. geschehen. Läßt man beispielsweise bei einer Traforeihe mit $u_r/u_x = 4$, also $\operatorname{tg}\varphi_k = \frac{1}{4}$, 5 v. H. Spannungsverlust bei $\cos\varphi_2 = 0{,}4$ zu, so wird nach der vereinfachten Formel

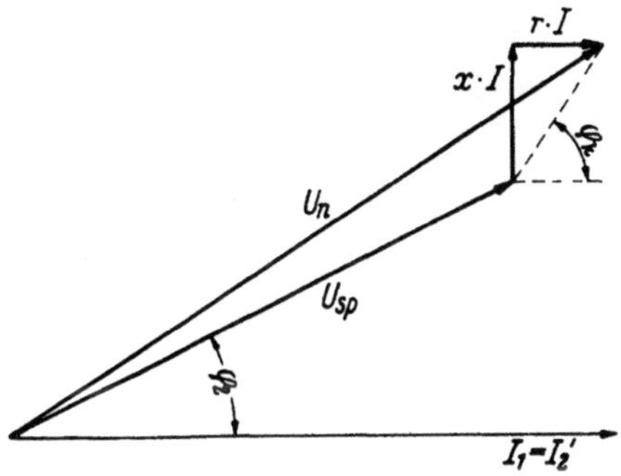

Abb. 180. Vereinfachtes Vektordiagramm für Steuertrafo

$$\cos\varphi_2 = 0{,}4; \quad \varphi_2 = 66°20'$$
$$\operatorname{tg}\varphi_k = 0{,}25; \quad \varphi_k = 14°$$
$$\varphi_2 - \varphi_k = 52°20'$$
$$\cos(\varphi_2 - \varphi_k) = 0{,}61$$

die zulässige Kurzschlußspannung

$$u_k = \frac{0{,}05}{0{,}61} = 8{,}2 \text{ v. H.}$$

Hat der zugehörige Transformator nur 4 v. H. Kurzschlußspannung, so ist er in diesem Fall bei 5 v. H. Spannungsabfall bis zu 8/4 oder 2fach überlastbar. Man kann solche Überlastfaktoren abhängig vom $\cos\varphi$ des

Steuerkreises angeben. Auch ist es möglich, die zulässigen Einschalt-VA abhängig vom cos φ_2 für die einzelnen Modelle aufzutragen. Setzt sich die Belastung aus bezüglich des cos φ unterschiedlichen Strömen zusammen, so muß zunächst deren Summenwert gebildet werden. Hat man eine Traforeihe mit gleichen φ_k-Werten, so kann man für alle Größen einheitliche Überlastfaktoren ermitteln. Eine ausführliche Darstellung der Zusammenhänge, bei der nicht ΔU sondern die Einzelwerte U_n und U_{sp} eingeführt sind, s. KIRCHDORFER (2).

Da fast alle Faktoren im Kreise zur Spannungsverminderung drängen, man also die zulässige Unterspannung von 15 v. H. aus diesem Grunde in der Praxis nicht mehr voll ausnutzen kann, dagegen die Überspannung von 10 v. H. voll zur Verfügung steht, wird meistens versucht, durch erhöhte Trafoausgangsspannungen einen gewissen Ausgleich zu schaffen. Man erhöht die Leerlaufspannung der Transformatoren z. B. sekundär um 3 v. H. Bei der Benutzung der Trafoanzapfungen zum Ausgleich von Spannungsschwankungen im Netz muß man bezüglich grundsätzlicher Anpassung aber sehr vorsichtig sein. Man darf z. B. nicht nur damit rechnen, daß am Tage wegen großer Belastung des Netzes die Spannung grundsätzlich 5 v. H. niedriger ist, während dann vielleicht bei Motoren, die auch nachts allein laufen, es nun bei voller Entlastung des Netzes zu unzulässigen Überspannungen kommt.

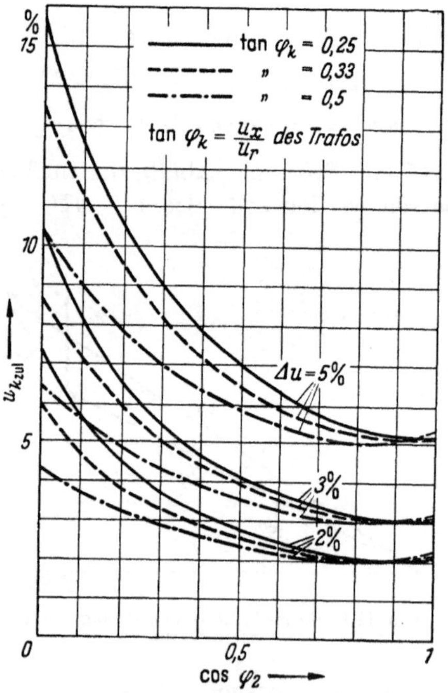

Abb. 181. Zulässige Kurzschlußspannungen (u_k) von Steuertransformatoren, abhängig vom Leistungsfaktor des Steuerkreises (cos φ_2)

Bei dem Haupttrafo ist das Verhältnis des Ohmschen zum induktiven Spannungsabfall kleiner als beim Steuertrafo. Die Kurven nach Abb. 181 ändern sich im Grundsatz zwar nicht, sie fallen aber links, wo sie beim Steuertrafo eine sehr hohe Kurzschlußspannung als zulässig angaben, herab, um auf der rechten Seite bei den Werten für cos $\varphi = 1$ bedeutend anzusteigen.

Die *Addition* der verschiedenen *Spannungsabfälle* bereitet einige Schwierigkeiten. Addiert man sie einfach algebraisch, dann kommt man auf etwas zu große Werte. Will man exakter vorgehen, dann empfiehlt sich zunächst die *graphische Lösung.* Das Aufzeichnen derartiger Bilder ist in der Praxis aber nicht ganz einfach, weil es sich bei den Spannungsabfalldreiecken um verhältnismäßig kleine Gebilde handelt, denn die Spannungsabfälle sollen ja in der Summe weit unter 15 v. H. liegen. Dadurch werden die Dinge bei einem größeren System schon recht schwierig. Bei der rechnerischen Lösung rechnet man mit der Näherungsformel für den Trafo auch für die Leitungsabschnitte und errechnet nach Feststellung der Summenströme und der zugehörigen Leistungsfaktoren nacheinander die Spannungen hinter dem Trafo, an den Sammelschienen und an den Motoren. Daraus erhält man auch diejenigen der Steuerkreise, innerhalb deren in gleicher Weise die für die Spulen ermittelt werden [Franken (40)].

Spannungskonstanthalter zum Ausgleich der Spannungsabfälle sind bei diesen kurzzeitigen Vorgängen nicht wirksam genug. Sie haben im allgemeinen eine Regelzeit von etwa 100 msec, sind also zu träge. Spannungseinbrüche müßten in viel kürzerer Zeit, z. B. 5 msec, ausgeglichen werden. Geräte, die sich nicht die Aufgabe setzen, eine konstante Spannung zu liefern, sondern im Rahmen einer größeren Schwankung der Eingangsspannung (z. B. 70 bis 120 v. H.) eine ausreichende Ausgangsspannung (90 bis 110 v. H.) liefern, führen schon eher zum Ziel.

Die *Nichtbeachtung* der angeführten Möglichkeiten für das Auftreten eines erhöhten Spannungsabfalls führt bei sinkender Spannung zu verminderter Zugkraft der Magnete. Unter bestimmten Verhältnissen kann es dazu führen, daß die Kontaktdruckkraft nachläßt, ja sogar die Schaltstücke sich trennen. Verminderte Druckkraft bedingt aber eine erhöhte Erwärmung der Schaltstücke, eine Trennung das Entstehen eines Lichtbogens und damit eine starke Erwärmung der Schaltstückoberfläche und in deren Folge einen zusätzlichen unerwünschten Abbrand der Schaltstücke. Am schlimmsten ist die Wirkung der Spannungsabsenkung im Augenblick des Einschaltens des Gerätes, weil gleichzeitig der Motor seine höchste Stromaufnahme hat.

9.35 Die Kapazität der Steuerleitungen

Die Kapazitäten der Steuerleitungen haben bei Schützen die unangenehme Eigenschaft, daß sie bei Wechselstromsteuerkreisen u. U. die Abschaltung verhindern. Dabei sind die Kapazitäten der Steuerleitungen gegen Erde und vor allem diejenigen der Leitungen unter sich, wirksam. Besonders störend wirken sich letztere bei 2adrigen Steuerleitungen größerer Länge aus, z. B. der Leitung eines Hilfsstromschwimmerschalters von einem entfernt liegenden Wasserbehälter zur Pumpe (s. Abb. 182a). Die Kapazität dieser Leitung hat einen andauernden

Spulenstrom zur Folge, der oft genügt, einen eingeschalteten Magneten auch nach Öffnen des Befehlsschalters geschlossen zu halten, weil der geringe Magnetisierungsstrom, der im Einschaltzustand noch notwendig ist, weiterfließt. Auch bei Doppeldrucktaster-Steuerungen, z. B. Abb. 182b, wobei über 3 Leitungen geschaltet wird, sind die Verhältnisse die gleichen. Hier sind 3 Kapazitäten maßgebend. Bei der Normallage der Befehlsschalter ist die Kapazität C_3 überbrückt und die Kapazitäten C_1 und C_2 parallel geschaltet. Im Augenblick, in dem man die Ausschalttaste niederdrückt, sind dagegen die Kapazitäten C_2 und C_3 in Parallelschaltung wirksam und verhindern u. U. das Abschalten. Die Leitungslänge, bei der das Abschalten nicht mehr möglich ist, wird also bei dem 3-Leiter-System kleiner sein als bei dem 2-Leiter-System. Trotzdem sind

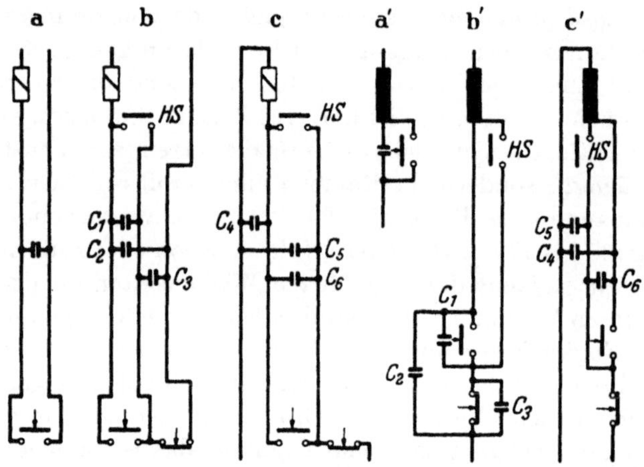

Abb. 182a bis c. Erregung von Schützen über die Steuerleitungskapazität (*Hs* Haltschaltglied des Schützes)

die Schwierigkeiten bei letzterem in der Praxis meist größer, weil es vorzugsweise bei großen Entfernungen Anwendung findet. In der Abb. 182 sind die Erd-Kapazitäten nicht besonders eingetragen. Selbstverständlich ist beispielsweise die Kapazität C_1 in Teilbild b, nicht nur die Kapazität zwischen den Leitern unmittelbar, sondern auch die hintereinandergeschalteten Kapazitäten der beiden Leiter gegen Erde. Die Kapazität von Steuerleitungen beträgt bei Niederspannungskabeln Leiter gegen Leiter etwa 0,1 μF/km und Leiter gegen Erde 0,2 bis 0,3 μF/km.

Um den Einfluß der Kapazität festzustellen, muß nachgerechnet werden, ob die an der Spule verbleibende Spannung selbst bei erhöhter Netzspannung (110 v. H.) nicht größer ist als die Abfallspannung des Magneten. Die Schwierigkeiten sind um so größer, wenn die Steuerspannung relativ hoch oder der Leistungsverbrauch der Spulen klein ist.

Bei höherer Spannung ist der Ladestrom größer und andererseits der erforderliche Strom kleiner als bei niedriger Spannung. Liegt die Steuerstelle nahe der Energiequelle, s. Teilbild c, dann sind praktisch keine Schwierigkeiten vorhanden. Die Kapazitäten C_4 und C_5 sind für den Steuervorgang jetzt unwirksam. Die Kapazität C_6 tritt erst in Erscheinung, wenn die Ausschaltung durch den Ausschalttaster bereits erfolgt ist. Die erste Aufgabe besteht darin, die Höchstwerte der Kapazität festzustellen, bei denen das Schütz noch abfällt. Unter Zugrundelegung einiger Annahmen errechnete Remy zunächst den Grenzfall derart, daß bei der Nennspannung des Steuernetzes trotz der vorgeschalteten Leitungskapazität nicht mehr als die Abfallspannung am Schütz auftritt. Vorausgesetzt wurde, daß die Abfallimpedanz zwischen dem 1,05- und 1,5fachen der Nennimpedanz liegt und die Abschaltung spätestens bei 35 v. H. der Spulenspannung erfolgt. Daraus folgt, daß der kapazitive Widerstand des Leitungssystems größer als die 3,86fache Abfallimpedanz (x_a) sein muß, um das Abschalten zu gewährleisten, d. h.:

$$C < \frac{825}{x_a} \, [\mu F] \, .$$

Für $x_a = 1{,}5 \cdot x_n$ also dessen höchsten Wert, erhält man

$$C < \frac{550 \cdot N_H}{U^2} \, [\mu F] \, .$$

Hierin ist N_H die Halteleistung der Spule bei Nennspannung in VA. Zu einem ähnlichen Wert kommt Kaufmann. Er setzt die Abfallspannung $U_a = a \cdot U_n$ und den dabei auftretenden Haltestrom $i_H = b \cdot i_n$ und erhält dann für den Grenzfall also die Kapazität, bei der der Schalter eben noch hängenbleibt,

$$C = \frac{b}{1+a} \cdot \frac{N_H \cdot 10^6}{\omega \cdot U^2} = \frac{500 \cdot N_H}{U^2} \, [\mu F] \, ,$$

wobei mit $a = 0{,}35$ und $b = 0{,}25$

$$\frac{1}{\omega} \cdot \frac{b}{1+a} \approx 5 \cdot 10^{-4}$$

ist.

Man kann nach Zaremba auch schreiben

$$C = \frac{i_H \cdot 10^6}{\omega \, (U_n + U_a)} \, [\mu F] \, .$$

Die *Maßnahmen*, die getroffen werden können, um *die Verhältnisse zu verbessern*, sind folgende:

Die erste wurde bereits angedeutet, sie besteht im *Herabsetzen der Steuernennspannung*. Sie stellt oft die wirtschaftlichste Lösung dar und ist vor allen Dingen dann am Platze, wenn es sich um Anlagen mit vielen

Geräten handelt. Allerdings darf man hierbei nicht auf Spannungswerte zurückgehen, die zu Kontaktstörungen führen können (s. S. 18) oder zu große Spannungsabfälle im Steuersystem zur Folge haben. Die Spannung muß nach dem Zweig gewählt werden, in dem die Leitungskapazität den größten Wert hat. Weiter ist als Abhilfe vorgeschlagen worden, gleichzeitig mit der Unterbrechung der Steuerleitung die *Spule* zu *überbrücken*, also einen Taster mit einem Wechselglied zu verwenden [ZAREMBA]. Das ist eine Maßnahme, von der man nur selten Gebrauch machen kann, denn gerade bei 2-fach-Leitern zu entferntliegenden Befehlsschaltern, müßte zu diesem Zweck noch eine dritte Leitung hinzugefügt werden. Auch die wirksame *doppelpolige Abschaltung* kann nur selten angewandt werden. Deshalb haben die nachfolgend genannten Methoden eine weitergehende Anwendung gefunden.

Zunächst einmal könnten die *Leitungskapazitäten* eines 2adrigen Kabels *durch* einen gleich großen, ihnen *parallel geschalteten induktiven Widerstand unwirksam gemacht* werden. Während des Betriebes ist er kurzgeschlossen. Er verbraucht keinen Strom. Ein einigermaßen genauer Abgleich ist naturgemäß notwendig. Dann ist es möglich, den Spulen *Zusatzverbraucher parallel zu schalten*. Diese Methode ist erstmalig 1930 angegeben worden [FRANKEN (3)]. Hier wurde von der Parallelschaltung Ohmscher Widerstände zur Schützenspule Gebrauch gemacht und eine Rechnungsmethode angegeben, die sich auf Leistungsfaktor und Scheinverbrauch der Spule bezieht. Diese Parallelverbraucher können aber auch kapazitive und induktive sein. Die rechnerischen Zusammenhänge sind auch von REMY behandelt worden, der sie auf alle 3 Widerstandsarten ausdehnte, aber zur Vereinfachung seiner Berechnung die Spulenwiderstände als rein induktive einsetzte. Man erhält bei gegebener Abfallimpedanz x_a für die drei verschiedenen Parallelverbraucher folgende Widerstandswerte. In den Formeln ist

U_n	die Steuernennspannung
U_a	die Abfallspannung
x_a	die Abfallimpedanz
x_c	der kapazitive Widerstand des Steuerleitungssystems
x_{cp}	der kapazitive Widerstand der Parallelkapazität
x_{ap}	der induktive Widerstand des Parallelverbrauchers
R_p	der Ohmsche Widerstand des Parallelverbrauchers

Für den *Ohmschen* Parallelwiderstand ergibt sich:

$$R_p = \frac{x_c}{\sqrt{\left(\frac{U_n}{U_a}\cdot 1{,}1\right)^2 - 1 + \frac{x_c}{x_a}\left(2 - \frac{x_c}{x_a}\right)}}$$

Für den *kapazitiven* Zusatzwiderstand

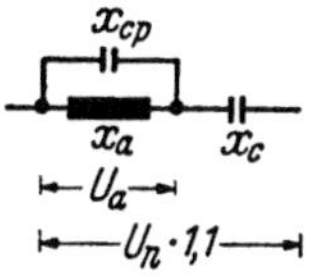

$$x_{cp} = \frac{x_c}{\frac{U_n \cdot 1{,}1}{U_a} - 1 + \frac{x_c}{x_a}}$$

Für den *induktiven* Parallelwiderstand

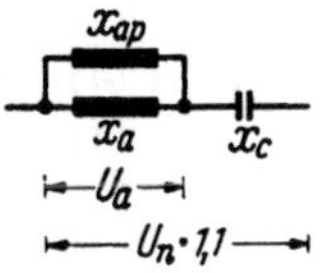

$$x_{ap} = \frac{x_c}{\frac{U_n \cdot 1{,}1}{U_a} + 1 - \frac{x_c}{x_a}}$$

Es ist in allen drei Fällen möglich, eine Darstellung des Parallelwiderstandes als Vielfachwert der Abfallimpedanz in Abhängigkeit vom kapazitiven Widerstand der Vorschaltkapazität zur Abfallimpedanz zu geben. Dazu werden in den Formeln beide Seiten durch x_a dividiert, (s. Abb. 183). Es ist bei diesen Kurven im Gegensatz zur Arbeit von Remy der Wert der Netzspannung mit 1,1fachem Wert eingesetzt, weil ja auch bei diesen überhöhten Steuerspannungen der Abfallwert noch unbedingt erreicht werden muß. Ferner sind noch Kurven für die Abfallspannungen 0,2 und 0,15×Nennspannung eingesetzt, weil in 0660 Teil 1 Tafel 14 bei abgenutzten Schaltstücken eine Abfallspannung bis zu sehr kleinen Bruchteilen der Nennspannung zugelassen wird. Es darf bei diesen Rechnungen kein irgendwie gearteter Mittelwert eingesetzt werden, sondern U_a muß so niedrig sein, daß das Schütz in jedem Fall sicher abschaltet.

Kaufmann gibt unter den gleichen Voraussetzungen wie bei der Berechnung der Grenzkapazität für den Parallelwiderstand R_p in Annäherung bei Vernachlässigung des induktiven Spulenstromes

$$R_p < \frac{a}{1+a} \cdot \frac{10^6}{\omega \cdot C} \approx \frac{1000}{C} \, [\Omega]$$

an, wenn C in μF. Für a rechnet er hier mit einem Mittelwert von 0,47.

Es empfiehlt sich, bei allen diesen Berechnungen ziemlich hohe Sicherheiten einzurechnen, insbesondere da auch die Kurvenform der Wechselspannung eine Rolle spielt. Kapazitäten parallel zur Spule sind mit Rücksicht auf die Gefahr einer Resonanz mit der Betriebsfrequenz bei derart verlustarmen Kreisen mit Vorsicht zu verwenden. Die Arbeit von Franken (3) berücksichtigt auch den Ohmschen Widerstand der Spulen. Das Ergebnis drückt sich in einer Tabelle zur Ermittlung eines Faktors A abhängig von Netzspannung und Spulenwiderstand und einer Kurvenschar für die Werte B, die den $\cos\varphi$ berücksichtigen, aus. R_p ist dann $= 1000 \times A \times B$. Auch ALLEY hat die Verhältnisse mit Berücksichtigung des Ohmschen Widerstandes durchgerechnet.

Bei der Verwendung induktiver und Ohmscher Parallelwiderstände zu den Schützenspulen treten Überspannungen an den Steuerleitungen auf.

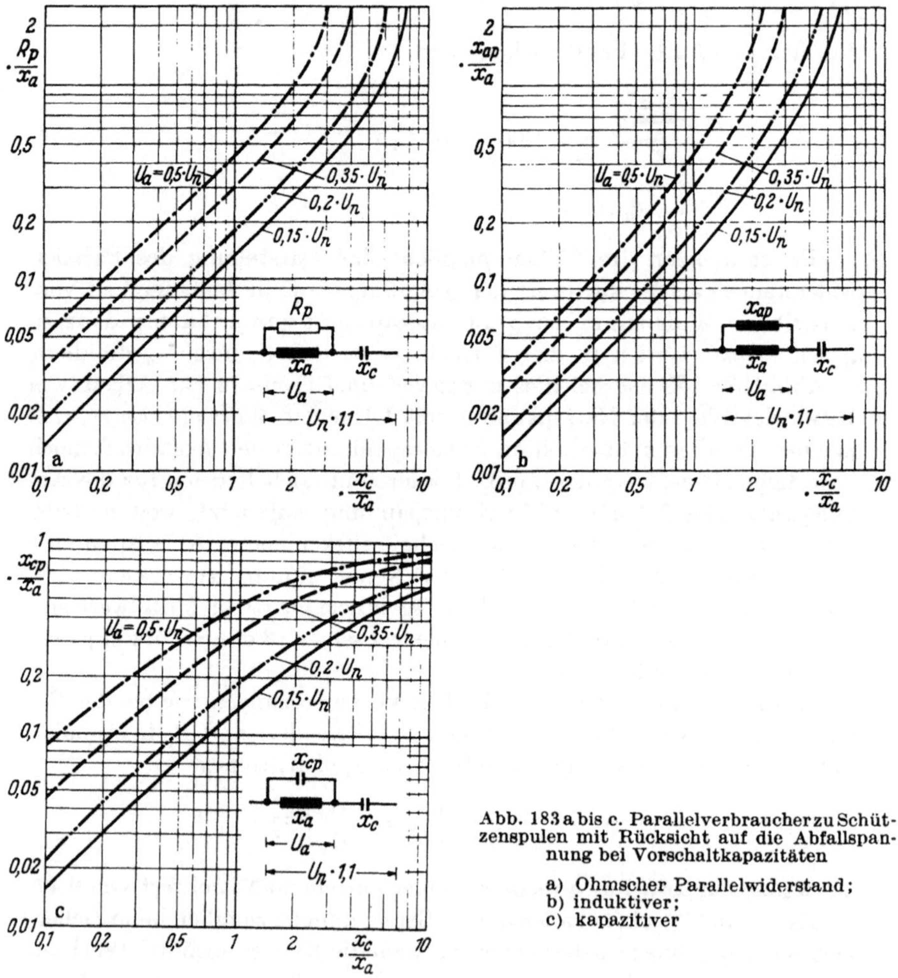

Abb. 183 a bis c. Parallelverbraucher zu Schützenspulen mit Rücksicht auf die Abfallspannung bei Vorschaltkapazitäten

a) Ohmscher Parallelwiderstand;
b) induktiver;
c) kapazitiver

Die Ohmschen Widerstände haben den Nachteil, daß in ihnen dauernd Wirkverluste entstehen, die u. U. ein Vielfaches derjenigen des Schützenmagneten ausmachen. Sind Ableitungen irgendwelcher Art vorhanden, die bewirken, daß sich der aufgrund der Gesamtkapazität auftretende Blindstrom teilt, wobei nur ein Teil durch die Spule fließt, so ist das zu berücksichtigen. Ein solcher Fall liegt z. B. vor, bei Steuerkabeln mit geerdetem Metallmantel, wenn außerdem der Steuerstromkreis einpolig geerdet ist [Zaremba]. Die gleichen Probleme werden auch von Gonsior (1) und Frenzel behandelt. Bei ausgedehnten Anlagen ist u. U. eine Umstellung auf Gleichstrombetätigung wirtschaftlich.

9.36 Grundsätzliche Schaltungsaufgaben im Steuersystem

Befehlsgabe. Bei den Kontaktgebungen für die Schütze ist zwischen den *Dauerkontaktgebern* (Rastschaltern), die für die Zeit, in der das Schütz eingeschaltet bleiben soll, geschlossen sind und den Impulsgebern, z. B. einem *Drucktaster*, der beim Loslassen zurückgeht, wobei das Schütz meist durch einen von ihm oder einen im Zuge der weiteren Schaltprozesse an anderer Stelle geschlossenen Überbrückungskreis eingeschaltet bleibt und die Unterbrechung durch ein anderes Element bei neuem Kommando vor sich geht, zu unterscheiden.

Abb. 184 zeigt von *a* bis *c* Dauerkontaktgabe mit Rastschaltern, bei *b* und *c* von mehreren Bedienungsstellen aus. *d* gehört auch noch dazu, denn das Schütz bleibt nur solange eingeschaltet, wie der Taster T niedergehalten wird. *e* bis *i* zeigt Betätigung mit Impulskontakten. Das Einschaltkommando des Tasters T_I wird durch einen Hilfsschalter S am Schütz aufrechterhalten. *f* ist eine Sonderform wesentlich für Gleichstromgeräte mit 2 Wicklungen. *g* stellt die Anordnung mehrerer Ein-(T_I) und Ausschalttaster (T_0) dar. Bei *h* treten Hilfskontaktglieder bei mehrstelligen Schaltern, z. B. Walzenschaltern, an die Stelle der Drucktaster. Bei *i* besitzt das Schütz keinen sogenannten Halteschalter. Zum Einschalten wird der Vorschaltwiderstand R_V überbrückt, über den es nicht anziehen kann. Diese Anordnung ist mit einem ständigen Stromverbrauch verbunden. Bei Anwendung von empfindlichen Meßinstrumenten als Befehlsgeber zwischen 2 Meßpunkten kommt noch die sogenannte „Intervallschaltung" oder „-regelung" (*k*) zur Anwendung, vor allem bei Relais, aber auch bei kleineren Schützen. Zum Einschalten wird ein Vorwiderstand überbrückt, desgleichen zum Ausschalten die Spule unter Parallelschaltung eines Widerstandes.

Eine häufig gestellte Aufgabe ist die der *Kraftverstärkung*, wenn der Befehlsgeber (*DK* bzw. *T*) den vollen Steuerstrom des Schützes nicht führen kann (Teilbilder l u. m). Ein Schütz mit *Fortschaltrelais* (Stromstoßrelais) s. Teilbild n. Jeder Impuls bringt das Relais (*FR*) in eine neue Kontaktlage, in der es bis zum nächsten Stromstoß verharrt.

Eine besondere Aufgabe besteht darin, bei Doppeldrucktastern die Steuerung so einzurichten, daß sie wahlweise auch nur auf die Dauer des Niederdrückens der Einschalttaste anspricht, also die Halteleitung außer Wirkung kommt („Tippen"). Das kann man durch einen u. U. mit dem Taster verbundenen Umschalter (Wahlschalter) bewerkstelligen. Meist hat man einen weiteren Einschaltknopf nur für „*Tippen*". Hierbei ist es notwendig, nach Abb. 185 ein zusätzliches Hilfsschütz (*SHi*) zu verwenden (*b*). Andernfalls (*a*) besteht die Gefahr, daß bei ganz kurzen

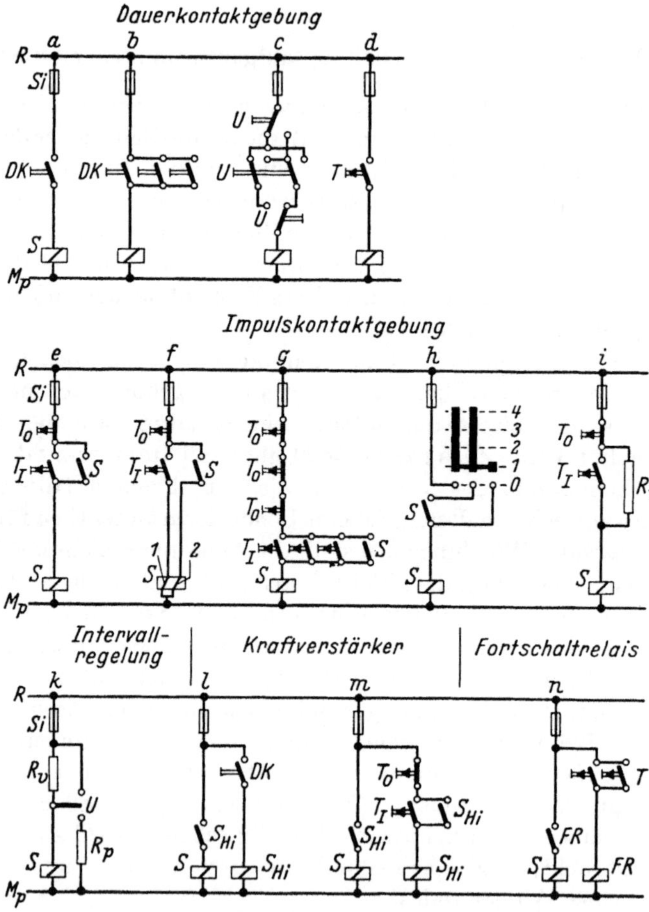

Abb. 184. Steuerkontaktgebung für ein Einzelschütz

DK Dauerkontaktgeber; *FR* Fortschaltrelais; R_p Parallelwiderstand; R_v Vorschaltwiderstand; *S* Schütz; S_{Hi} Hilfsschütz oder -relais; *Si* Sicherung; *T* Drucktaster; T_O Austaster; T_I Eintaster; *U* Umschalter

Kontaktgebungen der Öffner an der Drucktaste sich so schnell wieder schließt, daß der Halteschalter noch geschlossen ist und Dauerlauf stattfindet. In Verbindung mit einem Drehzahlwächter kann man die Schaltung vereinfachen, indem man lediglich bis zu einer bestimmten Drehzahl die Halteleitung unterbricht, so daß in diesem Bereich beim Loslassen des „Ein"-tasters das Gerät sofort wieder abschaltet. Auch automatisch sich wiederholende Tippschaltungen sind gelegentlich notwendig. Eine Anordnung mit Kondensatoren zeigt Abb. 186. Den Einsatz von Schaltrelais oder Steuerschützen als Kontaktvervielfacher zeigt Abb. 187.

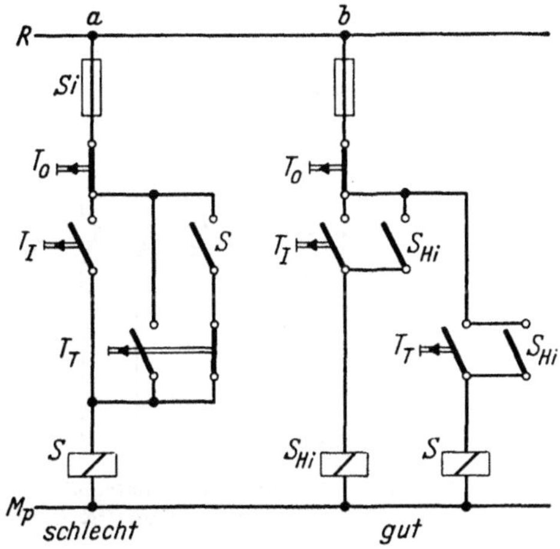

Abb. 185. Steuerung mit Tipptaster
Si Sicherung; *S* Schütz; S_{Hi} Hilfsschütz; T_O Austaster; T_I Eintaster; T_T Tipptaster

Sicherheitsschaltungen. Die Aufgabe der Sicherung gegen selbsttätiges Wiedereinschalten nach Spannungsrückgang ist verhältnismäßig leicht zu lösen, wenn die Schütze mit Drucktastern betätigt werden, s. Abb. 184*e*—*i*. Fallen die Geräte ab, dann ist der Kreis der Schützenspule unterbrochen bzw. der Widerstand vorgeschaltet. In Verbindung mit mehrstelligen Geräten (*h*) ist die Verriegelung derart durchgeführt, daß auf einer Vorkontaktstellung oder der ersten Betriebsstellung das Schütz eingeschaltet wird und nun das mehrstellige Gerät ohne Veränderung der Schützenlage weiterbewegt werden kann. Fällt das Schütz ab, dann muß das Gerät in die Vorstellung zurückgedreht werden. Vielfach ist es un-

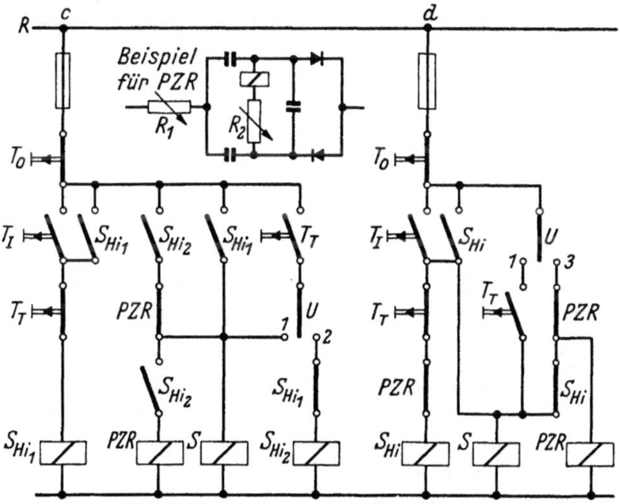

Abb. 186. Automatische Tippschaltung
c automatisch über T_T; *d* automatisch nur mit Umschalter; *1* mit T_T von Hand, *2* mit T_T automatisch, *3* ohne T_T automatisch; *PZR* periodisches Zeitrelais; R_1 und R_2 Vorwiderstände, sonst wie bei Abb. 185

erwünscht, daß beim Rückdrehen auf der Vorstellung nochmals eine Einschaltung erfolgt, ehe die Nullstellung erreicht ist. Dann ist der für die Einschaltung der Schützenspule vorhandene Kontaktgeber derart

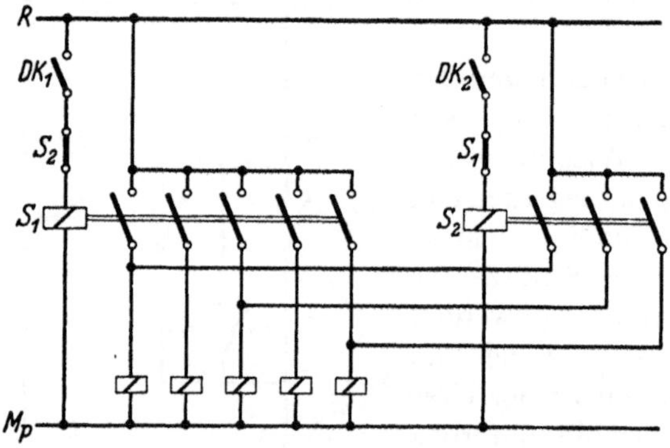

Abb. 187. Schütze als Kontaktvervielfacher
S Schütze; *DK* Dauerkontaktgeber

zu konstruieren, daß er nur bei Bewegung in Einschaltrichtung wirksam wird. Verzögerte Nullspannungsauslösung s. S. 146.

Gelegentlich wird auch die Aufgabe der *Nullspannungsauslösung* bei *Dauerkontaktgabe* gestellt. Lösungen s. Abb. 188. In jedem Fall ist ein Hilfsschütz notwendig. Bei *a* ist der Befehlsschalter ein Umschalter, der in der Ausgangslage das Hilfsschütz einschaltet. Steht er in der Einschaltlage und die Spannung bleibt weg, so schaltet das Hilfsschütz ab und das Hauptschütz (*S*) kann bei Wiederkehr nicht einschalten. Der Handschalter muß zunächst einmal zurückgestellt werden. Bei *b* wird das Hilfsschütz mit Doppeldrucktastern gesteuert, während die Inbetriebsetzung mit einem Dauerkontaktgeber erfolgt. Bei Remanenzschützen ist keine Nullspannungsauslösung vorhanden. Sie ist aber durch Einfügen eines Hilfsrelais möglich (s. Wagner).

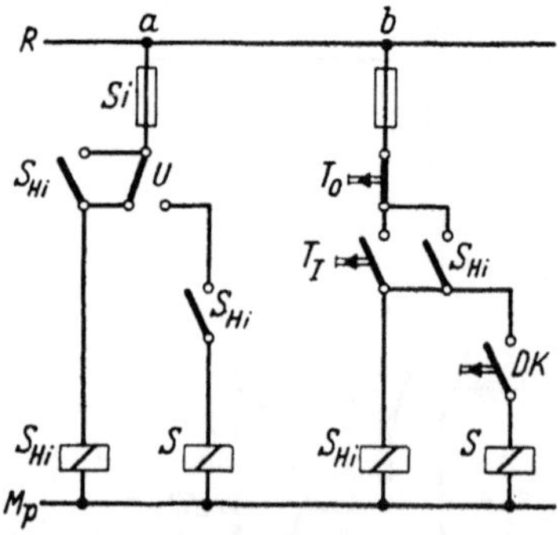

Abb. 188. Nullspannungsauslösung bei Dauerkontaktgebung
U Umschalter, sonst wie bei Abb. 185

Zu den Sicherheitsmaßnahmen gehören auch die, die einsetzen, wenn bei einem Schütz infolge Überbelastung durch hohe Einschaltstromspitzen oder durch Reibungen Schaltstücke verschweißen bzw. die Abschaltung auf andere Weise nicht zustande kommt. Wesentlich ist das Vorhandensein eines übergeordneten Schalters, z. B. eines Hauptschalters für die gesamte Arbeitsmaschine bzw. Anlage, s. S. 170. In einigen Fällen erscheint es aber zweckmäßig, in dieser Hinsicht auch noch besondere Vorkehrungen zu treffen. Eine derartige Methode ist die Verbindung des Schützes mit einem vorgeschalteten Leistungsschalter derart, daß dieser abgeschaltet wird, wenn das Schütz bei Ausschaltkommando nicht abfällt. Der Leistungsschalter erhält eine mit Zeitverzögerung arbeitende Arbeitsstromauslösung, s. Abb. 189. Im Ausgangszustand ist der Stromkreis des Zeitrelais und damit auch des Arbeitsstromauslösers am Befehlsgerät geschlossen, aber am Schütz offen. Fällt das Schütz nicht ab, dann wird der Stromkreis nach Rückgang des Befehlsschalters geschlossen und der Leistungsschalter schaltet ab. Die Aufgabe kann auch ohne Anwendung eines Zeitrelais gelöst werden, wenn z. B. bei Kransteuerwalzen unterschiedliche Schaltwege zwischen den einzelnen Kontaktstellungen zur Verfügung stehen. Wird in diesem Falle eine Kontaktstelle für den Arbeitsstromauslöser des Hauptschalters in der Walzen-0-Stellung vorgesehen und im Leitungszug zu diesem Arbeitsstromauslöser parallel geschaltete, als Schließer ausgebildete Schaltglieder an den beiden Richtungsschützen, dann wird beim Zurückdrehen der Steuerwalze in die 0-Stellung, falls die Hilfsschaltglieder noch Kontakt geben, der Arbeitsstromauslöser erregt. Durch entsprechenden Abstand zwischen der ersten Betriebs- und der 0-Stellung kann die Zeitdifferenz so groß gehalten werden, daß der Auslöser nur anspricht, wenn tatsächlich das Schütz nicht mit normaler Verzögerung abfällt. Ähnliche Methoden sind auch bei umständlicheren Schaltungen, z. B. bei Gegenstromschaltungen u. dgl. möglich.

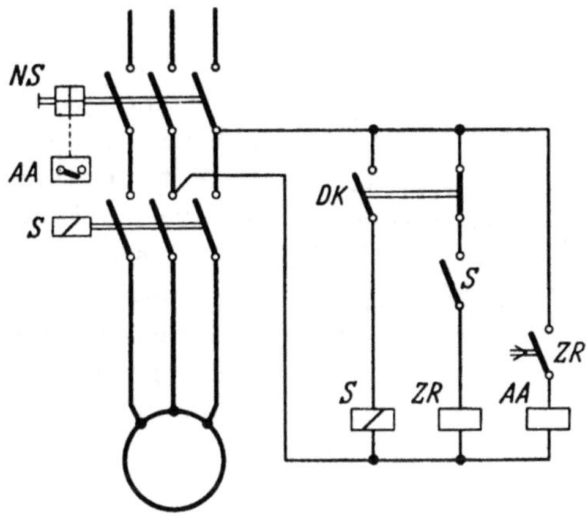

Abb. 189. Sicherheitsanordnung für die Nichtabschaltung von Schützen
AA Arbeitsstromauslöser; *DK* Dauerkontaktgeber; *NS* Leistungsschalter; *S* Schütz; *ZR* Zeitrelais

Es sind auch noch andere, z. T. sehr unübersichtliche und infolgedessen auch nicht recht betriebssicher erscheinende Methoden empfohlen worden. Am ehesten durchführbar ist die Anwendung zweier unabhängiger Schütze in Hintereinanderschaltung, wobei man mit der Wahrscheinlichkeit rechnet, daß infolge Reibung bestimmt nicht beide gleichzeitig hängen bleiben und bei Verschweißung auch noch ein Schütz verschont bleiben wird [Anonym (1)]. Als weitere Sicherheitsmaßnahme kommt u. U. noch die allpolige Unterbrechung des Steuerstromkreises durch den Befehlsschalter hinzu (s. S. 319). Ganz allgemein greift man zur Steigerung, insbesondere der Ausschaltsicherheit bei wichtigen Schaltfunktionen, zur Verdopplung der Zahl der Schaltglieder, s. z. B. MEYER (5, Abb. 8).

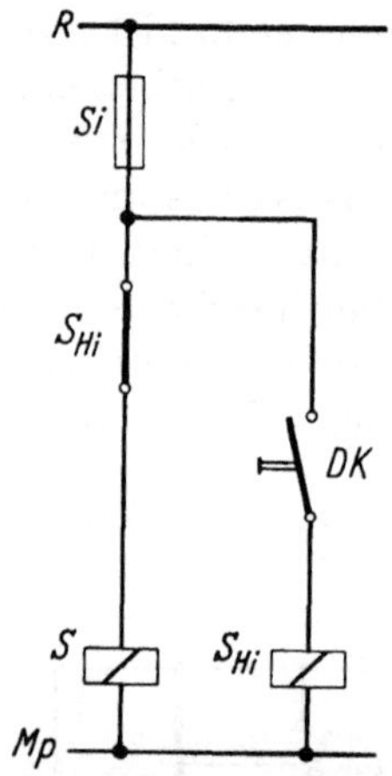

Abb. 190. Einschaltung des Hauptschützes, wenn Hilfsschütz abgeschaltet *Si* Sicherung; S_{Hi} Hilfsschütz; *S* Schütz; *DK* Dauerkontaktgeber

Bei Abb. 190 handelt es sich um eine Sonderaufgabe. Es soll bei stromlosem Steuerkreis der Hauptkreis geschlossen sein.

Fehlphasenschutz. Auch in Drehstromanlagen ist das Steuersystem immer 1phasig. Es werden also höchstens 2 Netzleitungen für den Steuerstromkreis verwandt. Das können 2 Außenleiter oder auch 1 Außenleiter und der Mittelpunktsleiter sein. Letzterer Anschluß ist vorzuziehen, s. S. 309. Nun kann es vorkommen, daß die Steuerung noch betriebstüchtig ist und die Motoren trotzdem nicht in der Lage sind anzulaufen, z. B. weil die Spannung auf einer für das Steuersystem nicht benutzten Netzleitung ausbleibt. Hier wird zwar in vielen Fällen die Überwachung des Kreises durch Motorschutzgeräte genügen. Andernfalls ist es notwendig, eine Überwachung der Spannungen vorzunehmen. Das kann mit anzeigenden Vorrichtungen oder durch Einsatz eines Fehlphasenschutzes geschehen. Beim Fehlphasenschutz werden kleine Schütze oder noch besser Spannungswächterrelais, s. S. 218, verwandt, die bei 3phasiger Überwachung, s. Abb. 191 Teilbild a u. b, an alle Netzleiter oder mindestens diejenigen Außenleiter geschaltet werden, die für den Steuerkreis an sich nicht herangezogen wurden (c—e). Wird das Steuersystem zwischen Mittelpunkts- und Außenleiter angeschlossen, dann legt man häufig ein Relais zwischen die beiden anderen für das Steuersystem nicht benutzten Außenleiter, s. Abb. 191e. Die Schaltglieder des Fehlphasenschutzes werden dabei so in den Steuerkreis eingeschaltet, daß beim Nichtansprechen dieser Schütze auch der Steuerstromkreis der ganzen Anlage offen bleibt und damit die Motoren nicht eingeschaltet werden können. Es empfiehlt sich nicht, für diesen Sonderzweck normale Schütze zu verwenden, denn es können mit Rücksicht auf die Möglichkeit teilweiser Aufrechterhaltung der Spannung auf den abgeschalteten Leitern für das Schütz noch ausreichende Spannungen zur Verfügung sein, während sie für den Motor nicht mehr reichen [FRANKEN (46), S. 7].

Dieses Problem ist besonders wichtig, wenn in Großanlagen das gesamte Steuerungssystem in einzelne Steuerungsgruppen unterteilt ist, die jede für sich getrennt über Sicherungen oder auch Schutzschalter von der Steuerspannungsquelle aus gespeist werden (Teilbild f). Dabei sind die Dreiphasengeräte mit einem einzigen Hilfskontaktglied Sonderausführungen. Die Regel ist je eine Gruppe von drei 1phasigen Relais

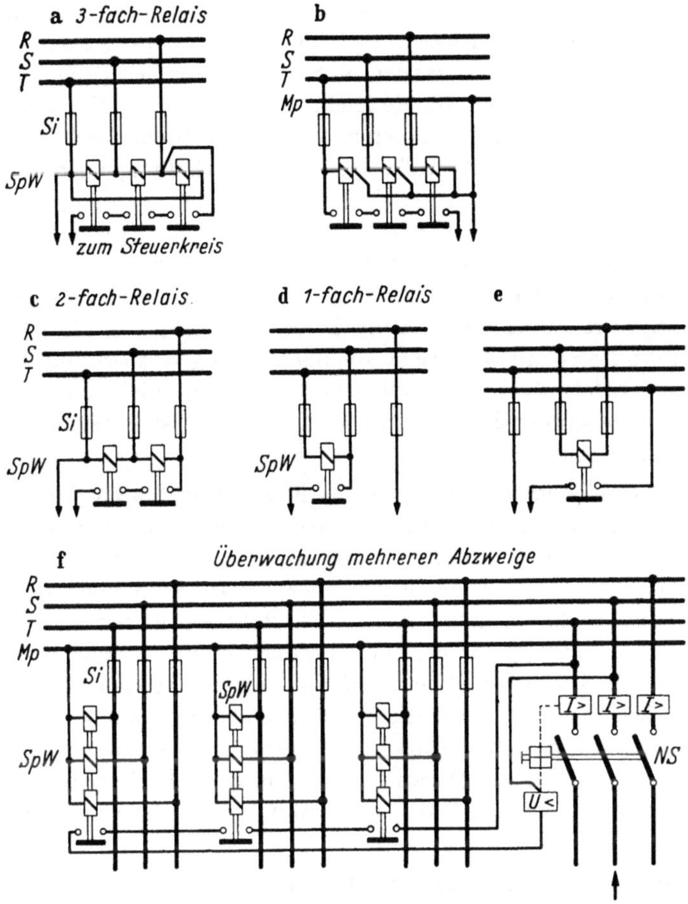

Abb. 191 a bis f. Anordnungen für den Fehlphasenschutz
Si Sicherung; *SpW* Spannungswächter (Schütz oder Relais); *NS* Leistungsschalter mit Überstrom- und Unterspannungsauslöser

bzw. Spannungswächtern mit je einem Kontaktglied, die auf ein Zwischenrelais wirken. Wird die Überwachung durch Schutzschalter statt durch Sicherungen vorgenommen, dann sind die Lösungen einfacher. Es genügt, die Schutzschalter mit Hilfsschaltgliedern zu versehen, die ihrerseits die Meldung durchführen oder die Abschaltung eines zentralen Steuerspannungsschützes herbeiführen. Ob im übrigen eine Abschaltung oder nur eine Überwachung der anderen Steuergruppen durchgeführt wird, hängt von den Betriebsanforderungen ab. Bei der Abschaltung sind bis zur Behebung der Störung und Wiedereinschaltung des betreffenden Zweiges sämtliche Teile der Anlage unwirksam.

Oft wird es aber zweckmäßig sein, außerdem das Netz auf die Erhaltung des vollen Spannungszustandes zu überwachen. Starke Spannungsabfälle können beispielsweise auch eintreten, wenn größere Motoren gleichzeitig eingeschaltet werden, s. S. 324. Dann wird die Funktionsgrenze der Schütze und Relais leicht unterschritten. Es kann zu unsicherer Kontaktgebung kommen und damit das Steuersystem in Unordnung geraten. Aber auch große Spannungsüberhöhungen sind unerträglich. Die Schütze vertragen noch 10 v. H. der Netzspannung, nicht aber alle Signaleinrichtungen, z. B. die Lichtsignale. Ein Spannungswächter, der den Betrieb nur im Bereich von 90 bis 105 oder 110 v. H. der Netzspannung zuläßt, wird die Schwierigkeiten umgehen. Bei den Spannungswächtern liegt das Halteverhältnis besonders hoch, s. S. 218. Im Drehstromnetz treten an die Stelle von mehrphasigen Spannungswächtern auch mit Erfolg Asymmetrierelais (s. S. 221), die nicht auf Grund der absoluten Spannungshöhe ansprechen, sondern bei unsymmetrischem Spannungsdreieck.

Andererseits ist es oft wichtig, bei unvermeidbaren Ausfällen der Steuerspannung den Schaltzustand des Steuersystems aufrechtzuerhalten, besonders bei „Programmsteuerungen“. Das kann z. B. durch „Kipprelais“, s. S. 213, geschehen oder Verwendung von „Stromstoßrelais“ und „Schrittschaltwerken“ (s. S. 223) sowie Remanenzschützen (s. S. 108), Geräten, die in der einmal erreichten Kontaktlage verbleiben, bis ein neues Kommando kommt. Sonst kann ein solcher Vorgang u. U. schwerwiegende Folgen für die Produktion haben, wenn das Abfallen der Schütze und Schaltrelais Beendigung des Arbeitsprozesses vortäuscht, obwohl er in Wirklichkeit in seinem Verlauf unterbrochen wurde. Häufig hilft schon die Verwendung von Hilfsstromstellschaltern an Stelle von Tastern.

Eine weitere Sicherheitsmaßnahme ist der Einsatz des thermischen Überlastschutzes s. S. 139. Einrichtungen zum Schutz einzelner Motoren bei Phasenausfall s. Franken (46, S. 273).

Verriegelungen. Eine wichtige Frage ist die der *Verriegelungen* zum Ausschluß von Fehlbedienungen und für den Fall, daß die Geräte beim Anzug und insbesondere beim Rückgang zeitlich unterschiedlich arbeiten, z. B. bei 2 Schützen für Wendebetrieb das eine noch nicht vollständig geöffnet hat, wenn das andere in die Kontaktlage gehen soll, s. auch S. 135. Die Verriegelungen sind bei Schützen leicht durchführbar. Ein Öffner an einem Schütz ist ohne weiteres in der Lage, ein anderes außer

Funktion zu setzen, wie es z. B. die Verriegelungsglieder an den Teilschützen eines Wendeschützes tun, s. S. 350. In gleicher Weise werden die Verriegelungen mit bestimmten Lagen der Maschinenelemente, Gewichtsbelastungen u. dgl. im allgemeinen durch Anstoßschalter, s. S. 185, bewirkt. Die Verriegelung braucht nicht immer eine Funktionsbehinderung zu sein. In gleicher Weise können Schließer eine Inbetriebsetzung erzwingen.

Zu den Verriegelungen des Steuerbefehls gehört auch die Abhängigkeit von der Aufrechterhaltung eines bestimmten Zustandes. Ihr dient ein Großteil der *selbsttätigen Steuerungen* abhängig vom Druck, Wasserstand, Temperatur u. dgl., die ihren Schaltbefehl nicht willkürlich, sondern zwangsläufig, gegeben durch eine physikalische Größe, erhalten, s. S. 204 u. 208. Im allgemeinen geschieht das durch „Wächter" bei einer sogenannten 2-Punkt-Regelung, allerdings meist mit einem beträchtlichen Unterschied der abzutastenden Größe zwischen den beiden Kontaktlagen. Bei weiterer Verfeinerung und Vergleich der Stell- und Meßgrößen liegt hier der Übergang zur Regelungstechnik. Gelingt es nicht, den geforderten Zustand zu erhalten, dann wird, wenn notwendig, die Steuerung zwangsläufig verriegelt.

Folgeschaltungen. Beim Arbeitsablauf ist es oft notwendig dafür zu sorgen, daß die Einzelelemente (Maschinen oder Maschinenteile) nur in zwangsläufiger Reihenfolge eingeschaltet werden. Für diese Abhängigkeitsschaltungen wird die Bezeichnung „*Folgeschaltung*" verwandt. Die Voraussetzung für die „Folge" braucht nicht immer nur die Erfüllung bestimmter Schaltzustände der elektrischen Geräte zu sein, sondern genau so gut kann es auch z. B. der Zustand oder die Lage mechanischer Elemente, das Erreichen einer bestimmten Endlage, Drehzahl, Temperatur oder dgl., als Folge der Schalthandlungen sein. Weiterhin gibt es selbsttätige Folgeschaltungen, bei denen beim Erreichen des erforderlichen Vorzustandes das nachfolgende Antriebselement selbsttätig eingeschaltet wird, und solche Schaltungen, bei denen nur sichergestellt wird, daß der nächste Impuls nicht gegeben werden kann, ehe die Voraussetzungen erfüllt sind. Folgeschaltungen sind z. B. notwendig bei aufeinanderfolgenden Bandantrieben, um zu verhüten, daß Stauungen des Fördergutes beim Einschalten oder bei einer Störung möglich sind, oder aber auch bei Arbeitsmaschinen, bei denen der Vorschub nicht eingeschaltet werden darf, ehe die Bearbeitungswelle läuft. Weiterhin, wenn das Gut während des Förderns bearbeitet werden soll, z. B. beim Zuschneiden des Walzgutes während der Beförderung von der Walzenstraße zu den Kühlbetten. Hier müssen Schaltfolgen ausgelöst werden, die die Scheren betätigen und die einzelnen Rollgänge sowie Fördervorrichtungen in der richtigen Folge selbsttätig in Tätigkeit setzen. „Verriegelungen“ und „Folgeschaltungen“ sind von den Fließstraßen und den Bändersteuerungen nicht wegzudenken. Auch kommt es vor, daß gerade bei Störungen ein bestimmtes Schaltprogramm notwendig ist. Die Einrichtung von Folgeschaltungen wird oft dadurch erschwert, daß die Reihenfolge nicht starr ist, sondern von Fall zu Fall geändert (vorgewählt) werden muß. Programmschalter s. S. 202.

„*Programmsteuerungen*“ dienen der Automatisierung von Arbeitsmaschinen und ganzen Maschinensystemen (Oswald u. Breuker). Die Geräte können für ein festes Programm ausgebildet sein oder sie bedürfen eines zusätzlichen Programmwählers mit etwas größerem Aufwand. Weiterhin muß unterschieden werden zwischen rein zeitabhängigen Programmen „Zeittaktsteuerungen“ und solchen, bei denen der Befehl für den Einsatz der nächsten Programmstufe durch eine Rückmeldung aus der Anlage (lagemäßig, mengenmäßig u. dgl.) als Kriterium benutzt wird.

Soll der zeitlich richtige Einsatz, z. B. abhängig vom Druck, Wasserstand, Gewichtsmengen, der Drehzahl, Drehrichtung, Geschwindigkeit oder dgl., ferner wegabhängig über Endtaster gesteuert werden, dann vermittelt ein Schrittschaltwerk (s. S. 223) die richtige Reihenfolge. Auch ist es möglich, daß der weitere Programmablauf von mehreren Zuständen abhängig gemacht wird, deren Eintreten von einem „Kontaktsammler“ registriert und bei Erfüllung aller Voraussetzungen weitergegeben wird. Das ist besonders auch dann der Fall, wenn sich zwei oder mehrere Förderzweige in einem Punkt vereinigen, um von da ab gemeinsam weiter zu laufen.

Zu der zeit- und wegabhängigen Steuerung kommt noch eine Kombination beider Begriffe, sie kann verschiedene Gründe haben. Das Erreichen eines bestimmten Wegpunktes kann z. B. von der technologischen Seite gesehen, immer noch die Einschaltung einer gewissen Pause vor dem Weiterschalten bedingen, oder aber die wegabhängigen Elemente sind in einen an sich zeitabhängigen Verlauf als Kontrollorgane eingeschaltet. Die Zeitabhängigkeit kann die des Programmwerkes selbst sein, sie kann aber auch durch zusätzliche Zeitelemente in Verbindung mit den einzelnen Programmstufen erweitert werden, dann scheidet das kontinuierliche Programmwerk aus und das Schrittschaltwerk ist am Platze.

Man unterscheidet u. U. „Richtungsprogrammsteuerungen“, die bei Bearbeitungsmaschinen eine Folge von waagerechten und senkrechten bzw. Längs- und Querbewegungen im Arbeits- und Eilgangstempo festlegen, sowie „Schnittprogrammsteuerungen“, die im Verlauf der Bearbeitung Vorschub- oder Spindeldrehzahl oder auch beide ändern.

Die Mittel der Programmsteuerung s. S. 202. Besonders wichtig sind im Interesse der Rationalisierung zur Einsparung von Leerzeiten bei

Arbeitsmaschinen Vorwähleinrichtungen, mit denen z. B. die geforderten Vorschub- und Spindeldrehzahlen für den nächsten Bearbeitungsvorgang eingestellt werden, ohne daß die Maschine fürs erste beeinflußt wird. Oft baut man zwei Programmschalter ein. Während der eine in Betrieb ist, kann auf dem zweiten ein neues Programm eingestellt werden.

„Folgeschaltungen" und „Programmsteuerungen" findet man insbesondere auch bei „Transferstraßen". Mehrere Transferstraßen ergeben die automatische Fabrik. Leuchtwarten und Steuerpulte für Programmsteuerungen s. S. 373.

Bei der Aufstellung der Steuerungspläne ist zu beachten, daß *Schaltfolgen „freizügig"* und *„zwangsläufig"* sein können. Je nach der Bauart von Geräten mit mehreren Schaltstellungen muß man in dieser Richtung unterscheiden. Eine Steuerwalze bedingt auf jeder Stellung einen anderen Schaltzustand. Um z. B. von Stellung 1 auf Stellung 3 zu kommen, muß auch der Schaltzustand entsprechend Stellung 2 durchschritten werden. Die gleichen Verhältnisse zeigen Nockenschalter u. dgl. Hier machen die Schütze eine Ausnahme, vorausgesetzt, daß sie nicht mit einer Steuerwalze als Meisterschalter verbunden sind. Bei ihnen kann beispielsweise durch Drucktaster eine beliebige freizügige Schaltfolge erzielt werden. Das gleiche ist auch möglich, wenn man die Meisterwalzen u. dgl. lediglich als „Wahlschalter" wirken läßt, d. h. als Geräte, die den Stromkreis lediglich vorbereiten, der dann aber durch andere Mittel endgültig geschlossen wird. Bei den genannten mehrstelligen Geräten ist es auch möglich, durch entsprechende Ausbildung der Kontaktelemente dafür zu sorgen, daß beim Vorwärts- oder Rückwärtsschalten bestimmte Schaltstellungen unwirksam gemacht werden, indem der Kontaktschluß richtungsabhängig ist.

Die *Motoranlaufschaltungen* sind als normale listenmäßige Schützenkombinationen auf S. 349 behandelt.

Einsparung von Steuerleitungen. Bei der Konzentration einer größeren Anzahl von Steuerfunktionen hat man sich auch damit befaßt, die Zahl der Steuerleitungen zu vermindern, wenn gleichzeitig immer nur eine beschränkte Anzahl von Kommandos erfolgen kann. Man wählt z. B. eine Gruppe von Steuerleitungen und dann innerhalb der Gruppe durch einen zweiten Schalter das betreffende Einzelrelais oder Schütz. In diesem Zusammenhang wird unter „Eindrahtsteuerung" oft ein Verfahren bezeichnet, bei dem jedem Schaltgerät eine Ader des Steuerkabels zugeordnet ist und durch Ändern von Größe und Richtung des Stromes der Schalter ferngesteuert und seine Stellung rückgemeldet wird. Diese Eindrahtsteuerungen benutzen außer der Steuerleitung das Hauptnetz, setzen also das Vorhandensein des gleichen Netzes in beiden Stationen voraus.

Bei der *Einspeisung* von Geräten mit *Gleichstrommagneten* aus dem Wechselstromnetz genügt, wenigstens soweit es sich um Schütze handelt, das einfache Vorsetzen einiger Gleichrichterzellen im allgemeinen nicht; zu empfehlen ist Graetzschaltung. Werden die Gleichrichter einzeln den Schützen oder Relais zugeordnet, so ist es notwendig, die Befehlsschalter, um eine Abfallverzögerung zu vermeiden, zwischen Gleichrichter und Spule zu legen, also nicht auf die Wechselstromseite.

9.37 Eingliederung von Elementen mit Kleinspannung, der Schwachstromtechnik und Elektronik

Die Einfügung derartiger Elemente in den Steuerkreis ist oft nicht zu umgehen, z. B. ist an bestimmten Stellen Kleinspannung notwendig, wenn die Möglichkeit eines vollen Berührungsschutzes nicht gegeben ist. Wenn nur kleine Meßleistungen zur Verfügung stehen, helfen elektronische Elemente. Eine Eigenart dieser Kreise liegt darin, daß die in ihnen zur Verfügung stehenden Energien bescheidenen Umfangs sind und deshalb auch die Auswirkungen eines Isolationsschadens nicht das gleiche Ausmaß haben, wie bei einer Steuerung mit magnetischen Relais und Schützen. Bei den elektronischen Bauelementen ist es häufig aus physikalischen Gründen nicht möglich, sie nach der geforderten Isolationsgruppe C VDE 0110 aufzubauen. Sie werden für die Gruppen B und sogar A gebaut, dürfen aber nicht wahllos verwandt werden. Die Anordnung soll so erfolgen, daß die Isolation gegen inaktive Metallteile mindestens der Gruppe B entspricht. Ihr Einsatz ist von den Umweltbedingungen abhängig, es müssen also die notwendigen Voraussetzungen bzgl. Feuchte, Erwärmung u. dgl. geschaffen werden. Der Einsatzbereich ist deshalb eingeschränkt und liegt in erster Linie bei digitalen Meßgeräten, im Gebiet der Fernsprechvermittlung, der Rechentechnik u. dgl. (s. PETRASEK). Das gleiche gilt von den Bauelementen der Fernmeldetechnik nach VDE 0800. Bei letzteren können die Leitungen nach VDE 0890 verdrahtet werden, dabei sind die Querschnitte kleiner als bei Steuerkreisen sonst üblich. Man geht weitgehend unter 1,5 mm^2 herunter.

Der *Übergang von derartigen Systemen auf normale Starkstromsteuerspannungen* von 220 V erfolgt über Isolierrelais, die eine galvanische Trennung von Schwach- und Starkstromkreisen bewirken, bei für die höheren Spannungen ausreichenden Isolationen (s. auch VDE 0804/65 § 2). Ein besonderer Vorteil guter Trennung liegt darin, daß durch Schaltvorgänge im Starkstromkreis hervorgerufene Induktionsströme aus dem Schwachstromkreis herausgehalten und falsche Impulse vermieden werden können. In jedem Fall sollte man den Bereich von Kleinspannungen so eng wie möglich begrenzen. Elektronische Bauelemente faßt man zweckmäßig innerhalb des Gesamtsteuersystems zu bestimmten

Gruppen in besonderen Gehäusen (Einschüben) zusammen, wobei die Gehäuse mindestens die Schutzart IP 54 nach DIN 40050 haben sollten. Es ist darauf zu achten, daß eine hinreichende Isolation zwischen diesen und den nach Gruppe C isolierten des Steuerkreises zustande kommt. Das heißt alle Kontaktglieder, die in den Schützen-Steuerkreis eingreifen, müssen gegenüber den minder isolierten Elementen nach Gruppe C isoliert sein. Weiterhin muß dafür gesorgt sein, daß die Überbrückung einer Kriech- oder Luftstrecke bei diesen Elementen nicht zu Kurzschlußströmen in dem nach Gruppe C isolierten Steuerungsteil führen kann. Der Strombegrenzung dienen Zwischentransformatoren, Drosseln, Widerstände und Schmelzsicherungen kleinerer Nennstromstärke. Die letzten Schaltglieder an der Übergangsstelle des elektronischen bzw. Kleinspannungs-Systems in den Steuerkreis des Leistungsteils sowie ihre Klemmen müssen unbedingt nach dem Industrieniveau Gruppe C ausgeführt sein. Hierfür sind Schaltrelais auf dem Markt. Um Einflüsse und Störungen innerhalb dieser schwächer isolierten Elementengruppen vom Gesamtsteuerkreis fernzuhalten ist darauf zu achten, daß sie mit dem eigentlichen Steuernetz nicht galvanisch sondern nur über Trenntransformatoren verbunden sind, eine Forderung die im allgemeinen schon mit Rücksicht auf die Anforderungen an die elektronischen Steuerungen erfüllt ist.

9.38 Überspannungen

Überspannungen können im Steuernetz vor allem durch das schnelle Abschalten von Schaltspulen entstehen. Sie sind weniger zu befürchten, wenn Wechselstrommagnete unter Lichtbogenbildung erst im natürlichen Stromnulldurchgang abgeschaltet werden. Bei geringer Leistungsaufnahme, s. Abb. 25, S. 45, ist aber auch schon bei langsamer Abschaltung ein vorzeitiges Erlöschen des Lichtbogens möglich. Erst recht gilt das für die Verwendung von Vakuumschaltgliedern. Es ist dann noch eine nennenswerte magnetische Energie vorhanden, die bei geringen Kapazitäten, d. h. kleinen Leitungslängen zu beträchtlichen Spannungen führen kann. Abb. 192a zeigt an einem mit 220 V 50 Hz erregten Kleinschütz abhängig von der Phasenlage der Steuerspannung im Augenblick des Stromabrisses gemessene Überspannungen. Sie erreichten fast den zwölffachen Scheitelwert der Steuerspannung. Abb. 192b gibt zu dem Verlauf der Spannungskurve bei verschiedenen Phasenlagen (ψ) einige Teilbilder. Dem $\cos\varphi = 0{,}4$ des Steuerkreises entspricht ein Strom-Nulldurchgang bei etwa 66° el. der Spannungskurve. In dieser Gegend werden deshalb auch die kleinsten Überspannungen gemessen. Längere Steuerleitungen setzen diese Spannungen beträchtlich herab. Gegebenenfalls sind bei Schaltrelais die üblichen Mittel zur Spannungsverminderung wie Parallelwiderstände, Kondensatoren oder dgl. bei Gleichstrom parallel geschaltete Gleichrichterzellen zu verwenden. Dabei ist darauf zu achten, wie weit durch diese Verfahren die Abschaltzeiten beeinflußt werden. Aus den hohen Überspannungen folgt die Notwendigkeit eines hohen Isolationsgrades für den Steuerstromkreis.

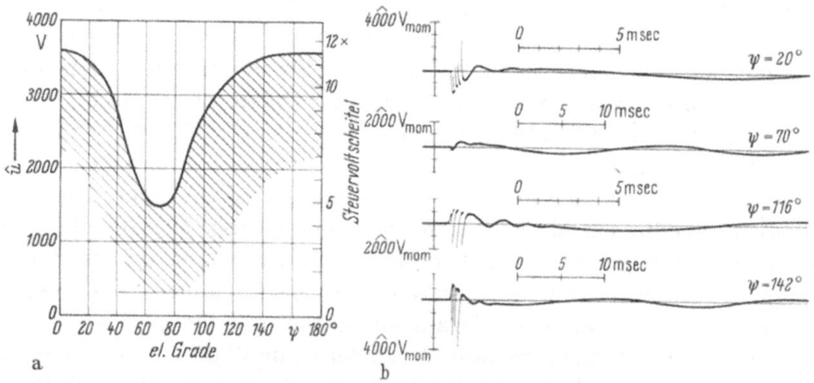

Abb. 192a u. b. Überspannungen beim Abschalten eines Kleinschützes und verschiedenen Ausschaltphasenlagen ψ, Spule 220 V 50 Hz
a) Spannungsspitzen abhängig von ψ;
b) Spannungsverlauf bei verschiedenen Werten von ψ

9.39 Die Steuerleitungen

Der störungsfreie Betrieb, insbesondere großer Anlagen, hängt in hohem Maße von der Zuverlässigkeit der Steuerleitungen ab. Sie müssen selbstverständlich den zu erwartenden mechanischen, chemischen und thermischen Beanspruchungen gewachsen sein. Darüber hinaus soll man aber auch die Einzeladern schnell und sicher unterscheiden können. Schaltfehler, die durch vertauschte Adern entstehen, bringen meistens große Zeitverluste bis zur Inbetriebnahme der Anlage mit sich. Man kann die einzelnen Adern unterschiedlich färben. Die Farben müssen aber gut voneinander unterscheidbar sein und genügende Lichtbeständigkeit aufweisen. Ein anderes System ist das der Adernkennzeichnung durch Zahlen. Solche Maßnahmen erübrigen ein „Ausklingeln". Im Gegensatz zum Farbsystem unterliegt die Anwendung von Ziffern zahlenmäßig keiner Beschränkung, s. Ittmann.

9.4 Schützenkombinationen

Abgesehen von der einfachen In- und Außerbetriebsetzung eines Stromverbrauchers, z. B. eines Motors, eines Heizelementes oder dgl. über ein Einzelschütz, sind meist mehrere Schütze zur Lösung einer Aufgabe erforderlich. Hierbei befinden sich zahlreiche listenmäßige Kombinationen, z. B. zur Durchführung von Motoranlaufschaltungen, selbsttätigen Netzumschaltungen, periodischen Umschaltungen u. dgl. Darüber hinaus sind noch Kombinationen für nicht regelmäßig wiederkehrende Schalthandlungen zusammenzustellen. In den nachfolgenden Schaltplänen wurden mnemotechnisch günstige Kurzbezeichnungen der einzelnen Geräte gewählt, um eine gute Unterscheidung zu ermöglichen. DIN 40719 gibt Empfehlungen mit einheitlichen Buchstaben für große Gerätekomplexe.

9.41 Motoranlaufkombinationen

Für einfache Motoreinschaltungen, z. B. von Käfigläufern mit einem einzelnen Schütz, gelten die Grundbedienungsarten nach Abb. 169, S. 308 mit und ohne Zusatz eines Motorschutzrelais sowie Abb. 184, S. 336. Abb. 193 zeigt Schütze in Verbindung mit Handanlassern für Schleif-

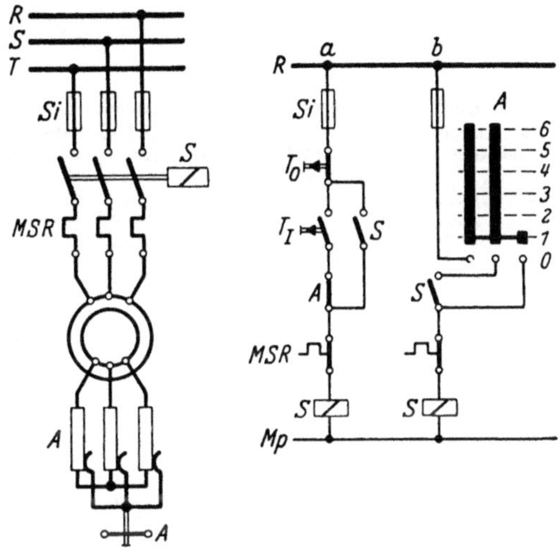

Abb. 193. Netzschütz für Schleifringläufer in Verbindung mit Handanlassern
a Schütz mit Anlasser verriegelt; *b* Schütz durch Anlasser gesteuert
A Anlasser; *Si* Sicherung; *MSR* Motorschutzrelais; *S* Schütz; T_0 Austaster; T_I Eintaster

ringläufermotoren. Einmal ist der Anlasser mit der Steuerleitung des Schützes verriegelt (a). Die Einschaltung durch Drucktaster ist nur in der Ausgangsstellung des Anlassers möglich. Im anderen Falle (b) wird das Schütz über Hilfskontaktglieder am Anlasser gesteuert. Eine Schützenkombination erfordert die Anwendung eines Ständervorschaltwiderstandes. Er liegt im allgemeinen nur in 1 Phase und wird dann kurzgeschlossen. Das Anzugsdrehmoment wird hierdurch gedrosselt, s. Abb. 194.

Die häufigste Kombination ist die zweier Schütze zum Umkehr- oder *Wendeschütz* unter elektrischer Verriegelung der beiden Schütze gegen-

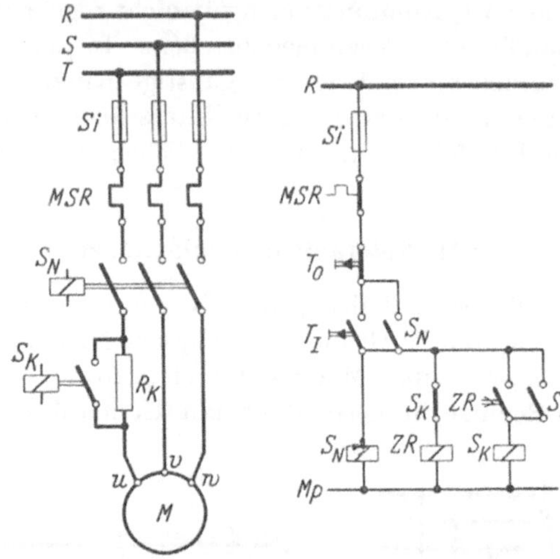

Abb. 194. Einschalten eines Käfigläufers mit einphasigem Ständervorschaltwiderstand
Si **Sicherung;** ***MSR*** **Motorschutzrelais;** S_N **Netzschütz;** S_K **Überbrückungsschütz;** T_O **Austaster;** T_I **Eintaster;** ***ZR*** **Zeitrelais;** R_K **Ständervorschaltwiderstand**

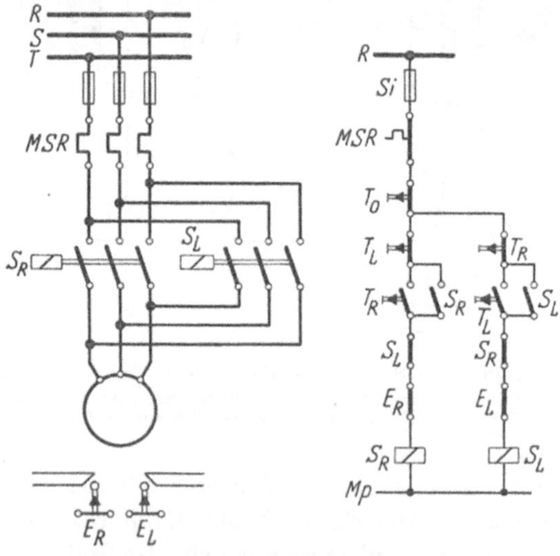

Abb. 195. Wendeschütz für Drehstrom
Si **Sicherung;** ***MSR*** **Motorschutzrelais;** S_R **Rechtsschütz;** S_L **Linksschütz;** E_R **Endtaster rechts;** E_L **Endtaster links;** T_O **Austaster;** T_R **Rechtstaster;** T_L **Linkstaster**

einander. Hierbei kommen hinsichtlich der Schaltung mit Drucktastern zwei Möglichkeiten in Betracht. Entweder erfolgt die Umschaltung nachdem vorher durch Betätigung des Halt-Kommandogerätes das Schütz für die zuerst gewählte Drehrichtung ausgeschaltet worden ist. Es ist das die üblichste Methode bei Umkehrschützen s. Abb. 195. Bei der andern erfolgt die Umschaltung ohne vorherigen Ausschaltzwang. Es gibt dabei im allgemeinen ebenfalls drei Taster, aber beim Niederdrücken der Taste für den „Rechtslauf" wird der „Linkslauf" automatisch abgeschaltet und umgekehrt. Es ist also nicht notwendig, zunächst den „Aus"taster niederzudrücken, ehe man die neue Drehrichtung wählt.

In Abb. 196 ist der Wirkschalt- und Stromlaufplan

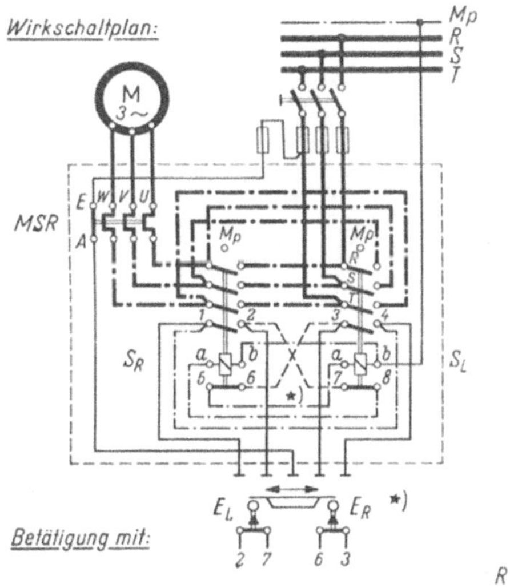

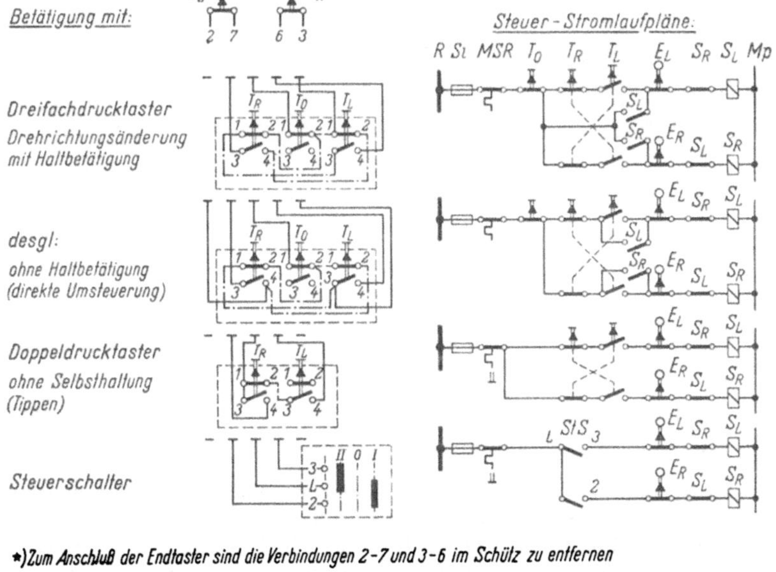

*) Zum Anschluß der Endtaster sind die Verbindungen 2-7 und 3-6 im Schütz zu entfernen

Abb. 196. Wirkschalt- und Steuerstromlaufpläne für Wendeschütze
S_R Rechtsschütz; S_L Linksschütz; *Si* Sicherung; T_O Austaster; T_R Rechtstaster; T_L Linkstaster; *MSR* Motorschutzrelais; *StS* Steuerschalter; E_R Endtaster rechts; E_L Endtaster links

für ein solches Schütz in gleichmäßiger Ausführung für alle diese Betätigungsfälle aufgezeichnet. Die unteren Zeilen geben noch andere Schaltmethoden an, z. B. über Doppeltaster ohne eine besondere Halteleitung, infolgedessen auch ohne einen besonderen Haltetaster. Sobald man die Drucktaster losläßt, wird das betreffende Schütz wieder abgeschaltet. Weiterhin ist die gleiche Methode für die Bedienung durch einen Steuerschalter z. B. Schwenktaster angegeben. Schaltungen, bei denen ein Umschaltkommando für sofortigen Rücklauf, oder selbsttätige

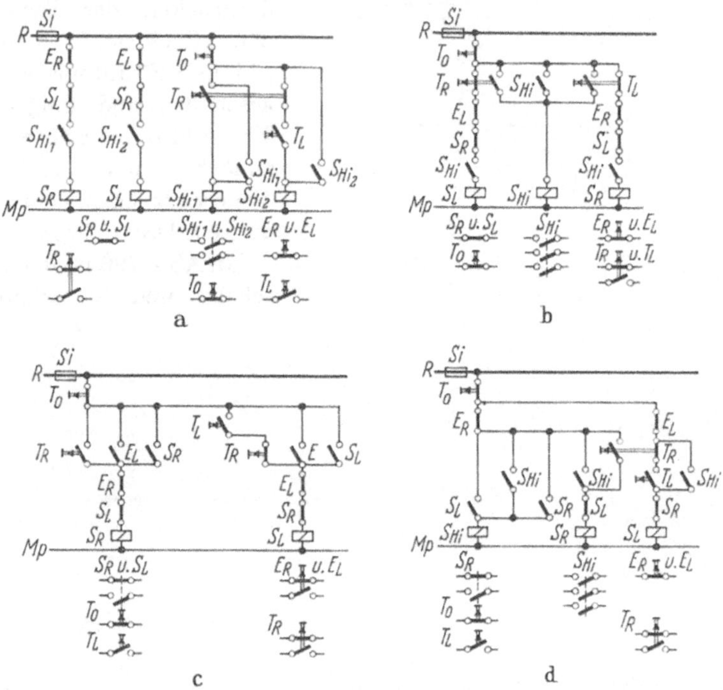

Abb. 197 a bis d. Umkehrschütze für selbsttätige Hin- und Herfahrt
Si Sicherung; S_R Schütz für Rechtslauf; S_L Schütz für Linkslauf; $S_{Hi\,1,2}$ Hilfsschütze; E_R Endtaster für Rechtslauf; E_L Endtaster für Linkslauf; T_O Austaster; T_R Rechtstaster; T_L Linkstaster

Hin- und Herfahrt durch einen Endschalter also wegabhängig gegeben wird, wie u. a. bei Gewindeschneidmaschinen s. Abb. 197.

Bei Anordnung a haben die Endtaster lediglich Öffner, T_R und T_L müssen nacheinander gedrückt werden. Drückt man T_R oder T_L allein, so erfolgt nur Rechts- bzw. Linkslauf. Bei der Anordnung b ist nur ein Hilfsschütz erforderlich. Man kann die erste Wahl bezüglich der Richtung durch die Taster treffen, während sich dann der Prozeß selbsttätig abspielt und die automatische Steuerung in die Endlagen jedesmal durch Anfahren eines der beiden Endtaster E_R bzw. E_L erfolgt. Bei dieser periodischen Umschaltung bleibt das Hilfsschütz ununterbrochen in Selbsthaltung eingeschaltet. In jeder Lage ist Nullspannungsauslösung vorhanden. Bei c haben die Endtaster Wechsler, ein Hilfsschütz ist nicht notwendig. Es genügt ein Kommando T_R oder T_L. Der Anlauf erfolgt zunächst in dem entsprechenden Sinne. Bei d sind die Geräte in jedem Schaltzustand beeinflußbar. Nach Linksfahrt bis zum Endtaster erfolgt selbsttätig Rückfahrt.

Bei der Drehrichtungsänderung ohne Haltebetätigung ist darauf zu achten, daß die Geräte auch bei kurzen Umschaltzeiten von der einen in die andere Richtung die nötige Sicherheit gegen das Auftreten eines Kurzschlusses bieten. Ein Kurzschluß käme zustande, wenn die Kontaktgebung für die neue Drehrichtung vor sich ginge, während der Lichtbogen an den Schaltstücken der anderen Richtung noch nicht erloschen ist. Die Methode verlangt also eine besondere Rücksichtnahme auf die Schaltzeiten. Es ist eine wirksame in erster Linie elektrische Verriegelung erforderlich. Die Unterbrechungszeiten müssen auch bei mit bestem Schaltvermögen ausgestatteten Geräten mit Sicherheit über 10—15 msec liegen. Bei dieser Zeitbemessung ist vorausgesetzt, daß kein Lichtbogen länger als eine Halbperiode ansteht. Zugrunde zu legen ist aber nicht nur das Lichtbogenverhalten bei laufendem Motor sondern vor allem auch bei Tippschaltungen und Nichtanlauf. Besonders ist zu beachten, ob nicht in der erstlöschenden Phase Rückzündungen auftreten können.

Zur Vergrößerung der Unterbrechungszeiten kommen mech. und elektr. Zeitverzugselemente, Zeitverzögerungen an den Hilfsschaltern (s. S. 134) oder Zwischenschaltung von zusätzlichen Kleinschützen in Betracht. Das Letztere ist oft der einfachste und billigste Weg (Philipp).

In vielen Fällen wird man die Einschaltfunktion von der Umschaltfunktion trennen können, die Umkehrfunktion einem handbetätigten Gerät als „Wahlschalter" zuweisen und die Einschaltung durch das Schütz vornehmen.

Eine andere listenmäßige Steuerkombination ist der selbsttätige *Stern-Dreieckschalter*. Sein Aufbau erfordert drei Schütze in Verbindung mit einem Zeitwerk. Es sind auch schon Geräte mit einem Sonderschütz durchgebildet worden, das im unerregten Zustand ebenfalls Hauptstromkreise schließt. Solche Sonderausführungen dürften wirtschaftlich nicht mehr lohnend sein. Bei den drei Schützen handelt es sich um das Haupt-, Stern- und Dreieckschütz. Es hat sich als zweckmäßig herausgestellt, um mit möglichst wenig Material auszukommen, zunächst durch das Hauptschütz das Netz mit dem Motor und dann die drei anderen Motorklemmen durch ein zweites, das Sternschütz, zu verbinden. Anschließend nach Wiederöffnen dieser Verbindung diese drei Klemmen durch ein drittes Schütz, das Dreieckschütz, unmittelbar an das Netz zu legen. Bei dieser Anordnung führen alle Schütze nur noch den Phasenstrom, d. h. den Strom, den der Motor bei betriebsmäßiger Sternschaltung aufnehmen würde. Die Umschaltzeiten liegen je nach den Anlaufverhältnissen des Motors zwischen 2 und etwa 25 sec. Bei spannungsabhängigen Verzögerungselementen ändern sich selbstverständlich die Verzögerungszeiten mit steigender bzw. sinkender Netzspannung. Es muß dafür Sorge getragen werden, daß auch bei einer Unterspannung von 10 v. H. die Zeiten keinesfalls um mehr als 50 v. H. steigen, insbesondere bei thermischen

Elementen, bei denen sie so weit gesteigert wurden, daß beim Auslösepunkt schon fast die Enderwärmung zustande kommt, ist die Voraussetzung keinesfalls ohne weiteres gegeben [s. ANONYM (5)]. Nach Zeit-

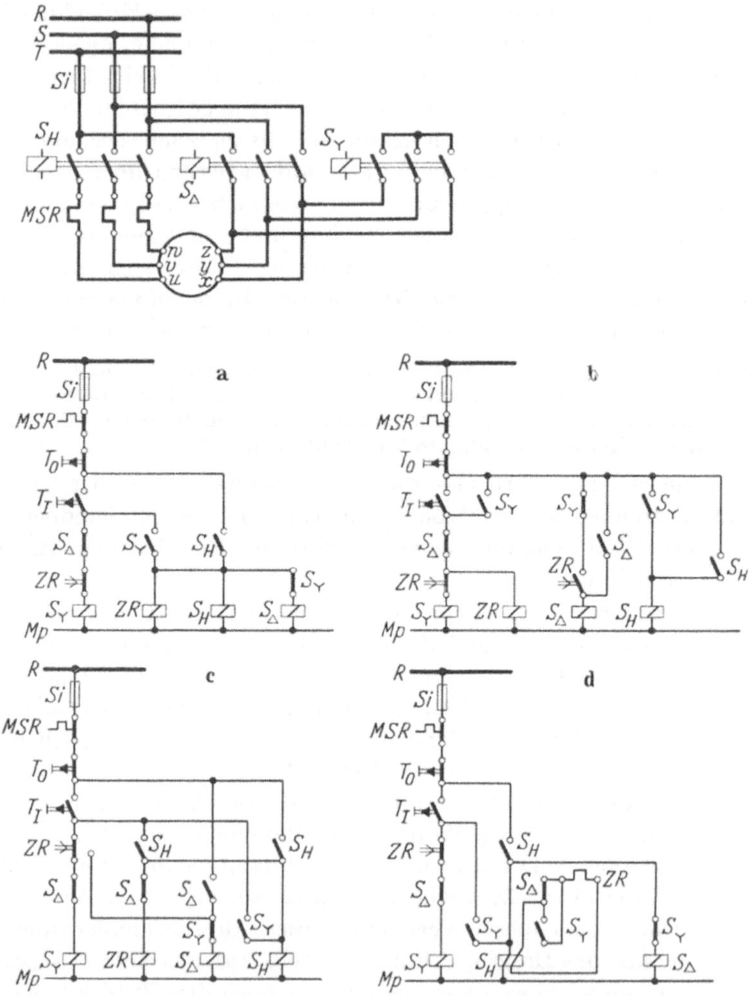

Abb. 198 a bis d. Sterndreieckschalter — zeitabhängige Fortschaltung
Si Sicherung; S_H Hauptschütz; S_Y Sternschütz; S_Δ Dreieckschütz; *MSR* Motorschutzrelais; *ZR* Zeitrelais; T_0 „Aus"-taster; T_I „Ein"-taster

ablauf wird der Steuerstromkreis des Sternschützes unterbrochen, wodurch sich ein bereits vorbereiteter Kreis für das Dreieckschütz schließt. Die Zeitwerke haben entweder nur einen Öffner oder einen Öffner und einen Schließer. Für beide Methoden enthält Abb. 198 Stromlaufbilder.

Bei Anordnung a hat das Zeitrelais einen Öffner. Das Einschaltkommando bleibt erst wirksam, wenn Haupt- und Sternschütz eingeschaltet sind. Bei b ist ein Wechsler vorhanden. Das Kommando wird schon festgehalten, wenn nur das Sternschütz eingeschaltet hat. Bei c hat das Zeitelement einen Wechsler. Das Kommando wird erst festgehalten, wenn Haupt- und Sternschütz eingeschaltet sind. Bei d wird ein thermisches Element von einer Sekundärwicklung der Hauptschützenspule erregt.

Die Zeitelemente sind im allgemeinen nachträglich einstellbar entweder durch Wegverstellung oder aber bei thermischen Geräten durch Änderung der Stromstärke, beispielsweise im Sekundärkreis eines kleinen Wandlers oder durch Vorwiderstände in einem spannungsabhängigen Kreis. Selbstverständlich müssen nach erfolgter Sterndreieckumschaltung die Zeitelemente abgeschaltet werden, damit sie in ihre Ausgangsstellung zurückkehren können. Der Rückgang, insbesondere eines thermischen Elementes, erfolgt aber nicht schlagartig, sondern entsprechend

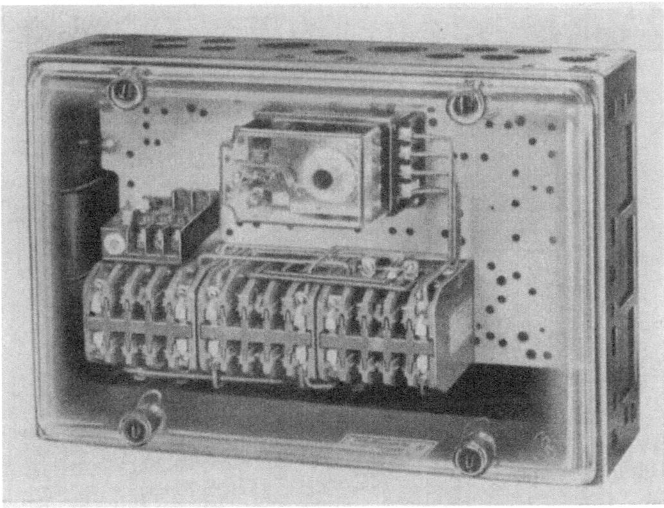

Abb. 199. Selbsttätiger Sterndreieckschalter (Klöckner-Moeller)

dem fortschreitenden Abkühlungsvorgang, so daß bei Wiedereinschaltung nach ganz kurzen Zeiten die Umschaltverzögerungszeit kleiner ist. Die Stromspitze beim Umschalten und die Überschaltdrehzahl ist bei zeitabhängiger Umschaltung vom Lastmoment abhängig. Über das Ausmaß der Spitze s. Abb. 17, S. 37. Es werden aber auch Selbstanlasser mit anlaufabhängigen Fortschalteinrichtungen gebaut. Sie sind jedoch stark in den Hintergrund getreten. Die Umschaltung erfolgt dabei, wenn mit zunehmender Drehzahl der Strom unter einen bestimmten Wert abgesunken ist. Bei dieser Anordnung besteht die Gefahr, daß, wenn die Belastungsdrehmomente zu hoch sind, der Strom gar nicht auf den gewünschten Wert zurückgeht oder aber durch zu geringe Beschleunigungskräfte die Sternschaltung zu lange hingezogen wird. Diese Gefahr ist bei Sterndreieckschaltung größer als beim Anlauf eines Schleifringläufers, weil in Sternschaltung nur geringe Drehmomente entwickelt werden können. Gegen etwaige Dauerbelastung in der Sternschaltung schützt in gewissem Umfang ein Motorschutzrelais. Für die Praxis ist bei Stern-

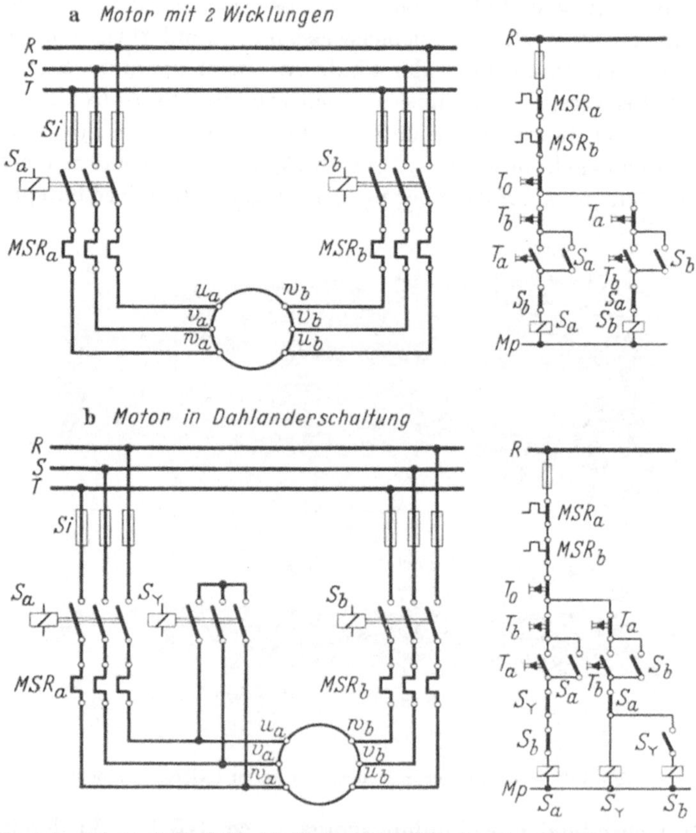

Abb. 200 a u. b. Polumschaltschütze für Motoren mit 2 Drehzahlen. Erklärungen s. Abb. 201

dreieckschaltung aber die zeitabhängige Schaltung vorzuziehen. Die Motorschutzauslösung wird hierbei immer so angeordnet, daß die thermischen Elemente gleichzeitig mit der Wicklung umgeschaltet werden, so daß dem Wicklungsquerschnitt immer das gleiche thermische Organ vorgeschaltet ist. Deshalb ist das Motorschutzrelais für Motornennstrom/$\sqrt{3}$ auszulegen. Abb. 199 zeigt ein solches selbsttätiges Sterndreieckgerät. Über dem mittleren Schütz ist das zeitabhängige Fortspaltelement eingebaut, über dem linken das Motorschutzrelais. Es ist wesentlich, daß auch mit diesen Geräten festgebremste Drehstrommotoren betriebssicher ein- und ausgeschaltet werden können. Die für die Schaltleistungsprobe bestimmten Drosseln und Widerstände werden dabei im Dreieck angeordnet und für die vollen Prüfwerte nach S. 289 ausgelegt.

In gleicher Weise wie für die Sterndreieckschaltung sind die Geräte für *polumschaltbare Motoren* aufgebaut, s. Abb. 200. Die häufig ange-

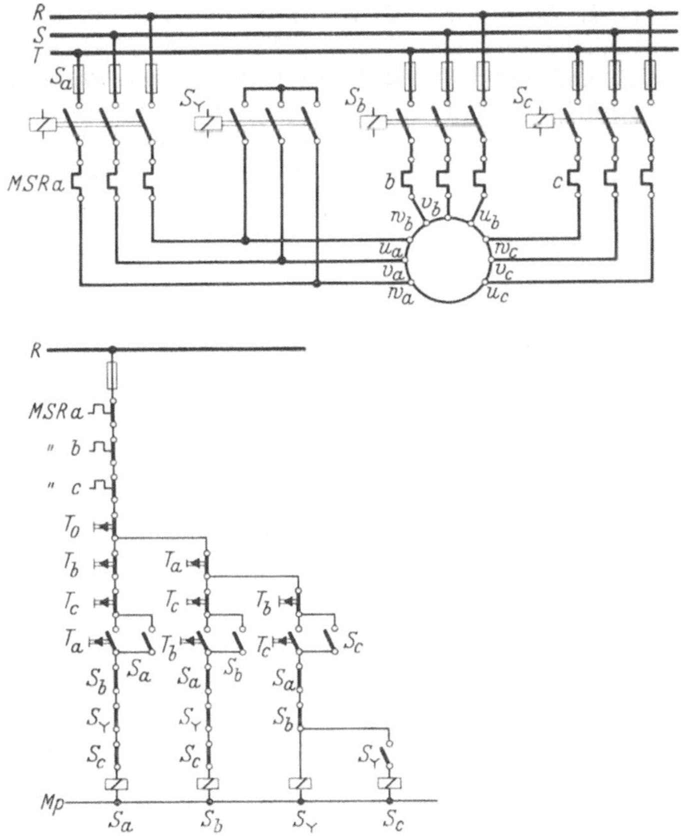

Abb. 201. Polumschaltschütze für Motoren mit 3 Drehzahlen
T_O Austaster; T_a, T_b, T_c Ein-Taster; S_a, S_b, S_c Netzschütze; S_Y Sternschütz; *MSR* Motorschutzrelais
Index *a*, *b*, und *c* bezeichnen die drei Drehzahlstufen, *a* und *c* werden durch Dahlanderschaltung erreicht; *b* mit Einfachwicklung

wandte Dahlanderschaltung zur Erzielung zweier Drehzahlen im Verhältnis 1:2 mit ein und derselben Wicklung (b), erfordert drei Schütze. Zwei für den unterschiedlichen Anschluß des Netzes und ein drittes für die Herstellung einer Sternverbindung bei der hohen Drehzahl. Nicht umschaltbare Wicklungen bedingen naturgemäß jeweils nur 1 Gerät,

Motoren für einen Umkehrbetrieb die entsprechenden Zusatzschütze für Drehrichtungswechsel. Die Schaltung eines Polumschaltschützes für Motoren mit 3 Drehzahlen zeigt Abb. 201. Besonders zu achten ist hierbei darauf, daß, wenn ein Motor Drehzahlen hat, die nicht im Verhältnis 1:2 stehen, eine etwa in Dreieck geschaltete Wicklung beim Betrieb der anderen aufgetrennt werden muß.

Eine weitere, in Amerika gebräuchliche Methode der Wicklungsumschaltung ist die durch den *Teilwindungsanlasser* (Partwinding Starter). Der amerikanische Normmotor besitzt je Phase zwei Wicklungen, die bei 220 V parallel und bei 440 V in Reihe geschaltet werden. Bei der Parallelschaltung wird für jede dieser Wicklungen ein besonderes Schütz verwandt, zuerst eine Wicklung und dann die zweite eingeschaltet (s. Abb. 202). Deren Zuschalten erfolgt wieder durch Zeitrelais oder ge-

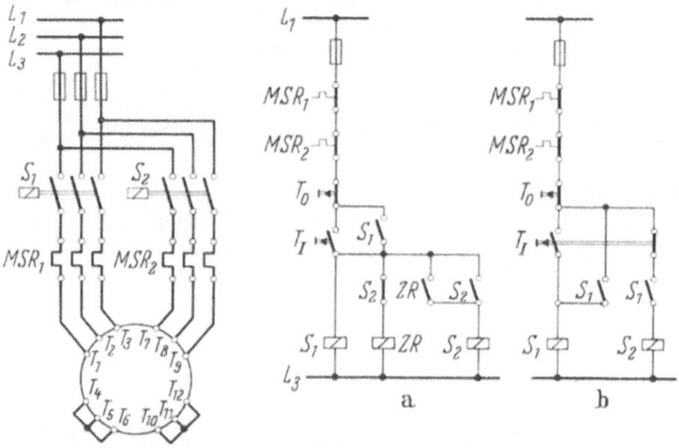

Abb. 202 a u. b. Teilwindungsanlasser

a) automatischer Anlauf; b) Handschaltung; T_O Austaster; T_I Eintaster; S_1, S_2 Schütze für Wicklung 1 bzw. 2; $MSR_{1,2}$ Motorschutzrelais für Wicklung 1 bzw. 2; ZR Zeitrelais

legentlich auch durch Loslassen des anfänglich gedrückten Ein-Tasters. Es gibt auch Motoren für 440 V, die zur Durchführung dieses Verfahrens besonders mit zwei für diese Spannung bestimmten parallelen Wicklungen aufgebaut sind. Die beiden Schütze werden für die halbe Leistung ausgelegt, das zuerst ansprechende üblicherweise jedoch für mindestens 60 v. H. der Motorleistung. Es werden auch Geräte gebaut, die zunächst mit der ersten Wicklung einen Widerstand hintereinander schalten und dann nacheinander den Widerstand überbrücken und die zweite Wicklung zuschalten, s. McPartland. Sie werden wie Sterndreieckschalter verwandt, wenn es darauf ankommt, mit geringerem Anfahr-Drehmoment bzw. -Strom zu arbeiten.

Weitere Kombinationen sind die *Selbstanlaßvorrichtungen* für das *stufenweise Kurzschließen von Widerständen*, insbesondere bei Drehstrom-

Schleifringläufermotoren. Eine Schaltungsdarstellung für zeitabhängige Fortschaltung, unter Benutzung eines motorisch angetriebenen Stufenschaltwerkes oder Einsatz eines Zeitrelais je Stufe, zeigt Abb. 203. Eine Stromwächtersteuerung, bei der die Weiterschaltung immer dann vor sich geht, wenn der Strom unter einen bestimmten Betrag abgesunken

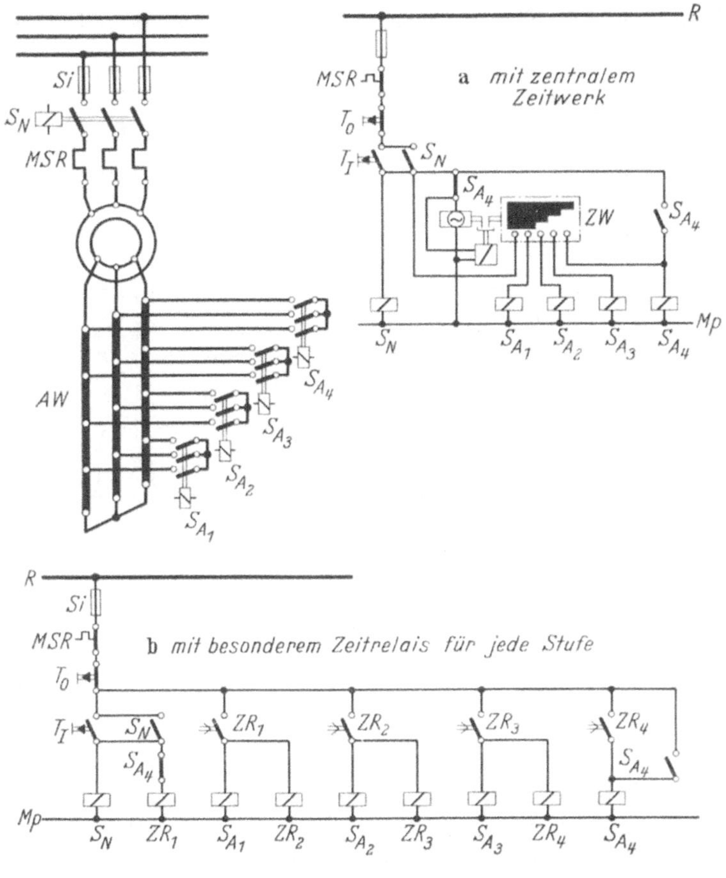

Abb. 203 a u. b. Schaltung für Drehstromläuferselbstanlasser mit *zeitabhängiger* Fortschaltung
Si Sicherung; S_N Ständer-Netz-Schütz; S_A Läufer-Anlaß-Schütz; MSR Motorschutzrelais; ZR Zeitrelais; T_O Austaster; T_I Eintaster; AW Anlaßwiderstand; ZW Zeitschaltwerk

ist, s. Abb. 204. Hierbei ist es auch möglich, durch weitere Stromwächter bei nachträglichem Auftreten hoher Stromspitzen eine teilweise oder vollständige Wiedervorschaltung der Widerstände vorzunehmen. Ein Vorgang, der gelegentlich bei Maschinen mit verhältnismäßig hohen Schwungmomenten verwandt wird, um einen stoßartigen Kraftanspruch aus der Energie der umlaufenden Massen und nicht aus dem Netz zu decken. Heute, nachdem der Motorschutz in der Lage ist, durch Anlauferschwerungen entstandene Überströme rechtzeitig wegzunehmen, finden vorzugsweise zeitabhängige Geräte Anwendung.

Bei Drehstrommotoren kommt noch gelegentlich die stufenweise Einschaltung von *Widerständen im Ständer* hinzu. Der Schaltplan ändert sich dann praktisch gegenüber den Steuerungen mit Widerständen im Läuferkreis nicht. Eine Bedeutung haben, zwar nicht in Deutschland,

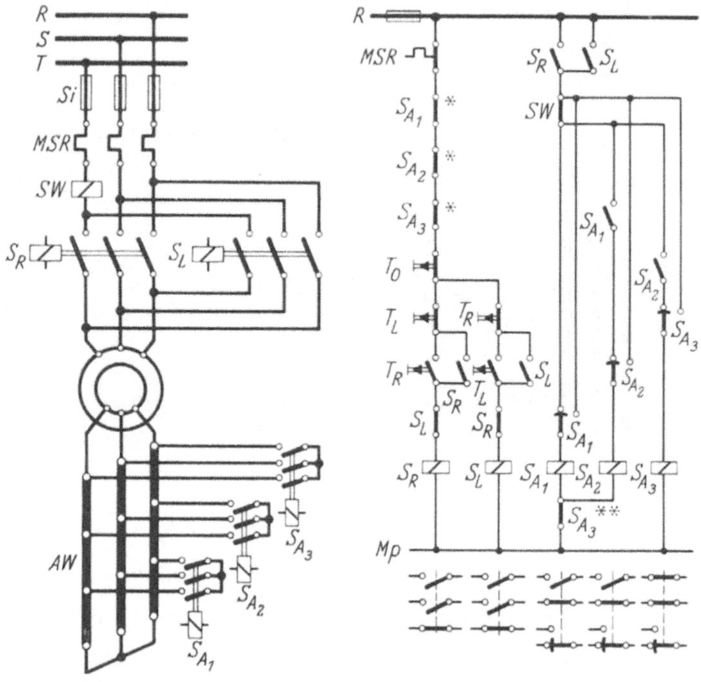

Abb. 204. Schaltung für Drehstromselbstanlasser mit *stromabhängiger* Fortschaltung
Si Sicherung; S_R Schütz für Rechtslauf; S_L Schütz für Linkslauf; S_A Anlaß-Läuferschütz; *MSR* Motorschutzrelais; *SW* Stromwächter; T_O Austaster; T_R Rechtstaster; T_L Linkstaster; *AW* Anlaßwiderstand

* Die 3 Verriegelungsschalter werden oft weggelassen

** Kann wegfallen, dann bleiben alle Läuferschütze während der Laufzeit eingeschaltet

aber sonst in der Welt, Steuerungen, die *Anlaßtransformatoren* an Stelle von Widerständen verwenden. Ein Beispiel einer solchen Steuerung zeigt Abb. 205. Es sind hierbei zwei grundsätzliche Schaltungsanordnungen üblich, einmal Transformatoren mit einer symmetrischen 3-Phasenwicklung (a), dann solche mit 2 Spulen und 3 Kernen in der sogenannten „V-Schaltung" (b). Im letzteren Fall ist der Kupferaufwand geringer. Die Ausführung hat aber ungleichmäßige Leitungsströme in den einzelnen Phasen und deshalb bei gleichen Strömen geringere Drehmomente zur Folge. In Amerika wird der 3phasige symmetrische Anlaßtrafo als Spartrafo bevorzugt, und zwar bis 50 PS mit 2 Anzapfungen, bei etwa 65 und 80 v. H. Netzspannung, bei größeren Leistungen mit 3 Anzapfungen bei etwa 50, 65 und 80 v. H. Man hat beim Anlaßtransformator im Gegensatz zum Sterndreieckschalter nicht nur eine einzige

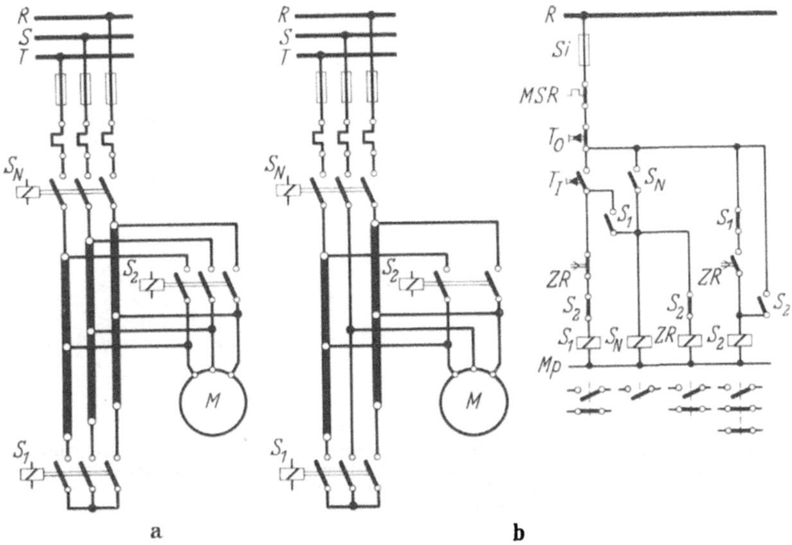

Abb. 205a u. b. Schalter für Drehstromständerselbstanlasser mit Anlaßtransformator
a) Symmetrische Schaltung mit 3phasigem Transformator;
b) Unsymmetrische Schaltung, sogenannte V-Schaltung mit 2phasenwicklung

Möglichkeit der Strom- und Drehmomentenverminderung zur Verfügung, sondern beliebig viele.

Bei *Gleichstrommotoren* kommen die gleichen Methoden zur Anwendung wie bei Drehstrommotoren. Abb. 206 zeigt die Schaltung eines Wendeschützes für einen Gleichstromnebenschlußmotor mit Sparwiderständen bei den Schützenspulen. Bei den Gleichstromselbstanlassern hat man aber über die bei Drehstrom üblichen Methoden hinaus noch andere Wege beschritten und z. B. die fortschreitende Abschaltung der Widerstandsstufen durch Spannungsrelais eingeleitet, d. h. bei steigender Ankerspannung werden weitere Widerstandsstufen kurzgeschlossen. Statt besonderer Relais können auch die Schütze selbst diese Funktion übernehmen (s. Abb. 207), indem ihre Spulen durch unterschiedliche Wicklungen oder Vorschaltwiderstände auf unterschiedliche Anzugsspannungen gebracht werden. Die Schützenspulen solcher Geräte wurden auch hintereinandergeschaltet und ihnen Widerstände parallelgeschaltet, deren unterschiedliche Auslegung unterschiedliche Anzugsspannungen zur Folge hat. Nach Ansprechen der betreffenden Stufe wird der zugehörige Parallelwiderstand abgeschaltet. Weiter wurden noch Schützen-

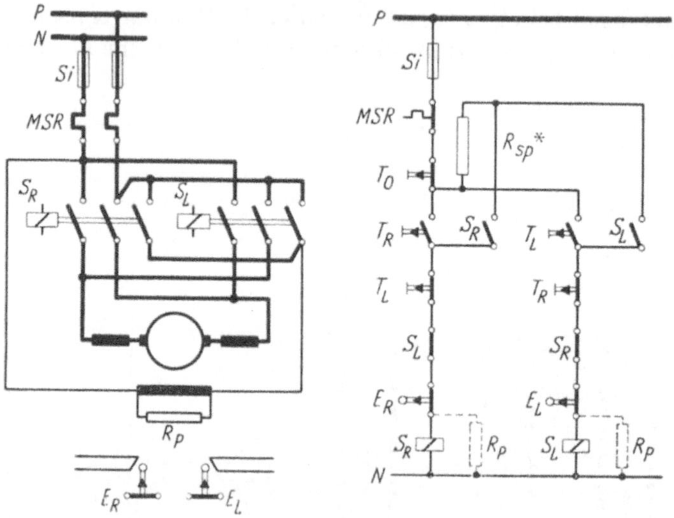

Abb. 206. Wendeschütz für Gleichstrommotoren

Si Sicherung; *MSR* Motorschutzrelais; S_R Rechtsschütz; S_L Linksschütz; E_R Endschalter rechts; E_L Endschalter links; T_O Austaster; T_R Rechtstaster; T_L Linkstaster; R_p Schutzwiderstand; R_{sp} Sparwiderstand

* Sparwiderstand auch durch besonderen Sparschalter vorschaltbar

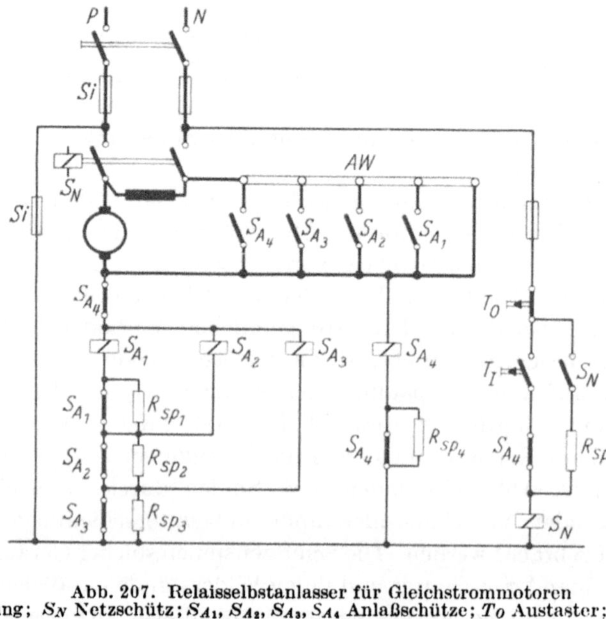

Abb. 207. Relaisselbstanlasser für Gleichstrommotoren

Si Sicherung; S_N Netzschütz; S_{A_1}, S_{A_2}, S_{A_3}, S_{A_4} Anlaßschütze; T_O Austaster; T_I Eintaster; *AW* Anlaßwiderstand; R_{sp} Sparwiderstand

selbstanlasser mit Spezialschützen gebaut, so z. B. Geräte mit 2 Spulen je Schütz. Eine davon ist eine Spannungsspule, die andere vom Hauptstrom durchflossen. Der Anzug erfolgt erst, wenn der Strom auf einen bestimmten Wert gesunken ist. In gleicher Weise wurden auch Geräte mit 2 Magnetsystemen gebaut, wobei der Strommagnet dem Spannungsmagneten entgegenarbeitete.

Unter der Bezeichnung „*Motorstarter*“ ist seit langem in Amerika eine Vereinigung aller zum Betrieb eines Motors erforderlichen Schaltgeräte im einem Gehäuse, einem Einschub in Schaltschränken oder

a b

Abb. 208 a u. b. Motorstarter; a) kombiniert aus Leistungsselbstschalter, Schütz, Steuerleitungssicherungen und eingebautem Doppeldrucktaster; b) statt Leistungsselbstschalter Sicherungen u. Schalter; je ein Feld für Betrieb mit 1 Schütz, Wendebetrieb sowie für selbsttätigen Y — △ Anlauf, (Teilbild aus Abb. 213) (Klöckner-Moeller)

einem ausziehbaren Geräteblock zu verstehen. Hierzu gehören z. B. der Hauptschalter, das Schütz, Überlast- und Kurzschlußschutz sowie u. U. Befehls- und Meldegeräte. Sie werden einschließlich der Innenverdrahtung am Fließband anschlußfertig hergestellt. Am Aufstellungsort sind nur noch die Zu- und Ableitungen anzuschließen. Diese Methode gewährleistet den niedrigsten Preis und, da die Lage aller Teile zueinander gut durchgeplant ist, den geringsten Platz bei übersichtlicher Anordnung. Die Verwendung der Starter setzt erfahrungsgemäß sowohl die Projektierungs- wie auch die Montagezeiten erheblich herab. Die Unfall- und Betriebssicherheit wird erhöht. Durch den eingebauten Hauptschalter kann der gesamte Antrieb zuverlässig und sicher vom Netz getrennt werden. Der Einbau umfaßt zwei Grundlösungen, einmal kombiniert Schalter mit Sicherung sowie Schütz und thermischem Relais, oder aber Leistungsselbstschalter mit Überstrom- und Kurzschlußauslösern, kombiniert mit einem Schütz, dieses jedoch ohne thermisches Relais, s. Abb. 208. Ähnliche Zusammenstellungen gibt es auch mit Umkehrschützen, Sterndreieckschützen u. dgl. Die Geräte finden Anwendung als selbständige Elemente zum An- oder Einbau an Maschinen bzw. in Zuleitungen und auch als Bausteine von Verteilern, sowie Schaltschränken (Motorenschaltschränke) s. Abb. 213, S. 371, auch auf Platten zum Einbau in größere Gehäuse.

9.42 Selbsttätige Netzumschalter

Ein besonderes Kapitel stellen die selbsttätigen Netzumschalter dar, die einen Stromverbraucher wahlweise an verschiedene Netze legen, je nachdem diese Netze Spannung führen oder nicht. Sie entspringen dem

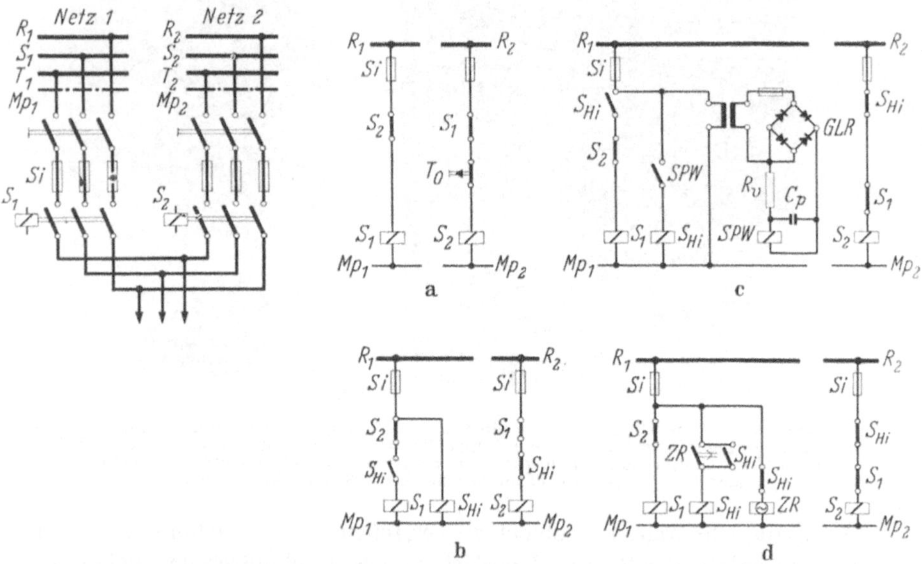

Abb. 209 a bis d. Selbsttätiger Netzumschalter für 2 Netze

a) Rückschaltung nur nach Niederdrücken der Taste T_O;
b) Selbsttätige Rückschaltung durch ein Hilfsschütz;
c) Selbsttätige Rückschaltung unter zusätzlicher Verwendung eines Spannungswächters SpW
d) Verzögerte Rückschaltung durch Zeitrelais ZR

Si Sicherung; S_1 Schütz für Netz 1; S_2 Schütz für Netz 2; S_{Hi} Hilfsschütz; R_v Vorwiderstand; C_p Parallelkapazität; T_O Rückschalttaste; *SpW* Spannungswächter; *GLR* Gleichrichter; *ZR* Zeitrelais

Bedürfnis, bei zahlreichen Arbeitsmaschinen und Beleuchtungsanlagen beim Ausbleiben der Netzspannung automatisch eine Umschaltung auf ein Hilfsnetz vorzunehmen, s. Abb. 209.

Teilbild b zeigt ein Gerät, bestehend aus 2 Hauptschützen S_1 und S_2 sowie 1 Hilfsschütz S_{Hi}. Das Hilfsschütz liegt mit seiner Spule an dem Netz 1. Durch seine Vermittlung wird das Reserveschütz S_2 abgeschaltet und damit das Schütz S_1 erregt. Wird Netz 1 und damit das Hilfsschütz spannungslos, so geht es in die Ausschaltlage zurück. Der Stromkreis für S_2 wird geschlossen und die Einschaltung von S_1 verhütet. Es ist ohne weiteres klar, daß eine Abstimmung der Spulen von S_1 und S_{Hi} notwendig ist, derart, daß S_1 auf keinen Fall abfällt, ehe S_{Hi} außer Tätigkeit getreten ist. Andererseits sollte auch die Anzugsspannung von S_1 niedriger liegen als die von S_{Hi}, damit bei einer Rückschaltung auch bei Spannungsabsenkung noch genügend Anzugsenergie zur Verfügung steht. Die Hilfsschütze müssen deshalb oft durch empfindliche Relais (Spannungswächter) (c) ersetzt werden, deren Ansprechgrenzen etwas einstellbar sind. Meistens genügt aber die Auswahl passender Kleinschützenmodelle. Die Heraufsetzung der Abfallspannung von S_{Hi} geschieht durch einen vorgeschalteten, beim Anzug überbrückten Widerstand. Bei der Anordnung nach a erfolgt die Rückschaltung durch eine Drucktaste.

Stehen verschiedenartige Netze zur Verfügung und müssen Motorantriebe geschaltet werden, dann ist es naturgemäß notwendig, daß die betreffende Maschine zwei verschiedene Motoren erhält und das Schaltgerät jeweils den einen oder anderen unter Spannung setzt. Statt der Auswahl zwischen zwei verschiedenen Stromquellen ist es auch möglich, in der gleichen Weise Geräte aufzubauen, die an 3 verschiedene Stromquellen angeschlossen werden können, z. B. ein Drehstromspeisenetz, eine eigene Maschinenanlage und eine Akkumulatorenbatterie. Sind die Reservestromquellen zu schwach um die Versorgung aller Stromverbraucher zu übernehmen, dann kann man die Umschaltung auf einzelne Stromverbraucher beschränken, ja, es ist sogar möglich, einzelne Stromverbraucher nur noch kurze Zeit eingeschaltet zu lassen und dann auszuschalten. Zum Beispiel wird man Aufzüge, die sich gerade in Fahrt befinden, noch herunterfahren lassen und dann die Stromzufuhr zu ihnen von der Reservestromquelle abschalten. Da bei plötzlicher Spannungswiederkehr die Gefahr nochmaliger Abschaltung durch den dann oft auftretenden hohen Einschaltstoß besteht, ist es oft notwendig, durch ein eingebautes Zeitschaltwerk die Rückschaltung um einige Zeit zu verzögern, s. Abb. 209 Teilbild d.

Bei größeren Anlagen, die mehrphasig betrieben werden, ist es außerordentlich wichtig, darauf zu achten, daß die Umschaltung auch dann stattfindet, wenn nur ein Teil der Zuleitungen spannungslos wird, also beispielsweise von den 3 Drehstromaußenleitungen nur noch 2 Spannung führen. Es empfiehlt sich daher die Verwendung von „Spannungswächtern", wobei also das Netz von Relais, die zwischen Außen- und Außen- oder Außen- und Mittelpunktleiter liegen und enge Grenzen zwischen Anzugs- und Abfallspannung besitzen, überwacht wird, so daß bei nennenswertem Rückgang der Spannung auf irgendeiner Phase die Umschaltung automatisch einsetzt, s. Abb. 191, S. 341. Empfehlenswert ist die Einstellung auf eine Ansprechspannung von 90 v. H. und Abschalten, wenn an irgendeiner Stelle die Spannung auf 80 v. H. zurückgeht. Wiederrückschalten, wenn die Spannung wieder auf mindestens 90 v. H. angestiegen ist. Bei Beleuchtungsanlagen ist es wesentlich, derartige Spannungsrelais so zu schalten wie die Lampen selbst geschaltet sind, d. h. je nachdem, ob diese in Dreieck oder Stern liegen, wobei der Sternpunkt mit dem Mittelpunktsleiter zu verbinden ist.

Im übrigen muß die Umschaltung schnell erfolgen, denn sonst ist die Möglichkeit einer Phasenopposition der Motoren nicht unbeträchtlich und es würden entsprechend hohe Ausgleichsströme entstehen, s. Abb. 17, S. 37. Eine derartige Schnellumschaltung geht natürlich bei Motoren nur dann, wenn die in Betracht kommenden Netze synchronisiert sind, andernfalls ist unbedingt eine Pause einzulegen, die durch ein Zeitwerk erzwungen werden kann. Es ist gelegentlich üblich, mit Spannungsrückgangsrelais zu arbeiten, die eine vom Grad der Spannungsabsenkung abhängige Verzögerungszeit aufweisen, damit die selbsttätige Umschaltautomatik nicht unnötig oft anspricht. Man kann diese Zeit derart abhängig machen, daß sie um so kürzer ist, je stärker die Spannung abfiel. Bei einer Spannungsabsenkung um nicht mehr als 15 bis 20 v. H. bleiben normal belastete Motoren bei entsprechend vergrößertem Schlupf in Betrieb.

Bei den *Periodischen Umschaltern* handelt es sich im allgemeinen um Motorwendebetrieb, z. B. bei Waschmaschinen, Gerbfässern u. dgl., bei denen in gewissen Abständen die Drehrichtung geändert werden soll. Als Zeitwerke kommen insbesondere die „Taktgeber“ nach S. 204 in Betracht.

9.43 Kombinationen je nach Aufgabe

Die listenmäßigen Kombinationen umfassen in der Hauptsache Motoranlaufgeräte, Wendeschütze u. dgl., Elemente, die naturgemäß auch bei größeren Kombinationen unterschiedlichster Art immer wiederkehren. Die Lösung einer umfassenden Aufgabe, beispielsweise die Ausrüstung einer Transferstraße u. dgl., geht aber nun von anderen Voraussetzungen aus. Es ist der Stromlaufplan zu erstellen, danach das erforderliche Schaltmaterial festzulegen, und dann beginnt die räumliche und schaltungsmäßige Disposition. Das Wesentliche ist also zunächst die geistige Arbeit der Planung. Für die Zusammenfassung und Kapselung stehen Gerüste, Schränke u. dgl. zur Verfügung, s. S. 367ff.

9.5 Gerätekombinationen

Bezüglich der Unterbringung der Geräte für eine Steuerung kann man 4 Gruppen unterscheiden (Hoormann).

1. Geräte im „Griffbereich“, also Taster, Befehls- und Steuergeräte, die von Hand bedient werden müssen. Sie werden nach Möglichkeit zu-

sammengefaßt und müssen insbesondere bei Werkzeugmaschinen so angebracht sein, daß die Verlustzeiten bei der Bedienung möglichst klein gehalten werden und der Bedienende durch die Bedienung von der Aufmerksamkeit nicht abgelenkt und keinerlei Unfallgefahren ausgesetzt wird. Bei ausgedehnten Steuerungen erfolgt die Zusammenfassung in der „Schaltwarte" (s. S. 373).

2. Geräte im „Sichtbereich". Dieser Bereich deckt sich ganz oder teilweise mit dem „Griffbereich". Für ihn kommen hauptsächlich in Betracht Leuchtmelder, Meßgeräte u. dgl.

3. Geräte im „Funktionsbereich" der Maschine. Hierbei handelt es sich vornehmlich um Endtaster, aber auch Temperaturwächter, Druckwächter usw. Hierzu rechnet man vorteilhaft außer den Motoren auch die anderen Antriebselemente, wie Magnetkupplungen, Zugmagnete usw. Bei ihrer Unterbringung ist man an die Lage bewegter bzw. anderer von der Maschine beeinflußter Teile gebunden.

4. Geräte „außerhalb dieser Bereiche", die nur gelegentlich und im allgemeinen nur in Betriebspausen zugänglich sein müssen. Hierunter fallen Schütze und Relais aller Art, in gewissem Umfange die Hauptschalter und die Wahlschalter, soweit letztere nicht zu dem Bereich 1 gehören, ferner weiteres Zubehör, wie Gleichrichter, Steuertransformatoren, Widerstände, Kondensatoren und schließlich das meist ausgedehnte Klemmensystem. Die Elemente der letzten Gruppe faßt man in besonderen „Gerätesammelkästen" und „-schränken" zusammen. Diese können in die Maschinen eingebaut oder bei größeren Abmessungen neben ihnen aufgestellt werden.

Sie haben heute eine Bedeutung, die der der Grundelemente in keiner Weise nachsteht. Gewisse Kombinationen werden häufig in immer gleichbleibender Art verwandt, wie z. B. die Zusammenfassung zweier Schütze zu einem Wendeschütz und mehrere Schütze zu einem Sterndreieckschalter, Polumschalter u. dgl. Hierfür gibt es Kästen aus Isolierstoff und Metall, z. B. nach Abb. 199, S. 355, mit durchsichtiger oder massiver Abdeckung. Weiterhin werden mehrere Geräte in einzelnen Kästen zu einer Gruppe zusammengefaßt, z. B. Motorstarter Abb. 208 S. 363. Beim Aufbau größerer Kombinationen war lange Zeit der Aufbau einer Schalttafel oder eines Schaltgerüstes vorherrschend. Er findet sich auch heute noch, vor allem in der Schwerindustrie und in der chemischen Industrie, wo oft besondere Gründe zur Zusammenfassung in eigenen Schalträumen Anlaß geben, während aber sonst der Zug zur gekapselten Zusammenfassung unverkennbar ist, wie er sich bei den fabrikfertigen Schalt- und Verteilungsanlagen durchgesetzt hat. Schütze finden sich in großer Zahl in gekapselten Verteilern, also einer Reihe von Sammelschienenkästen mit Abzweiggeräten. Gelegentlich werden auch Schützensteuerungen in dieser Art aufgebaut. Dabei strebt man zu geschlossenen Konstruktionen mit verhältnismäßig ruhigen Außenkonturen und einer gewissen Abkehr von der Schottung der Einzelfelder. Die bereits erwähnte durchsichtige Abdeckung solcher Gehäuse hat der Anwendung offener Steuerungen eigentlich den letzten Grund von Daseinsberechtigung genommen. Man konnte früher sagen, daß letztere den Vorzug verhältnismäßig großer Übersichtlichkeit hätten und die Störungssuche hierbei sehr leicht wäre. Das ist jetzt bei den durchsichtig abgedeckten auch der Fall. Bei offenen Steuerungen sollte übrigens trotz des reichlich gewählten Bedienungsganges, ein gewisser Handschutz, besonders bei Geräten, die häufiger einer Wartung bedürfen, wie z. B. bei Überlastsicherungen u. ä., auf keinen Fall unterlassen werden. Der Aufbau der Schützensteuerungen

Abb. 210. Schützensteuerungen in Gerüstbauweise für Spannplattenwerk

ist aber wesentlich gekennzeichnet durch den *Schaltschrank* in den verschiedensten Größen bzw. Zusammenfassung einer Reihe von Schaltschränken zu einer Großsteuerungsanlage. Für die Bedienungselemente kommen dann hinzu Steuerpulte, in die nicht nur die Befehlsschalter, Wahlschalter und Meldegeräte u. dgl. eingebaut sind, sondern sehr häufig auch ein Großteil der zugehörigen Hilfsrelais, Hilfsschütze u. dgl. Die dritte Form stellen die *Leuchtwarten* dar, in denen neben einer Zusammenfassung der Befehls- und Überwachungsgeräte auch noch durch Leuchtsignale das Fortschreiten des Schalt- und Produktionsvorganges erkennbar ist.

Abb. 210 zeigt eine Schützensteuerung in Gerüstbauform. Abb. 211 ein Isolierstoffgehäuse mit einer Kleinsteuerung und durchsichtiger Abdeckung für eine Werkzeugmaschine, Abb. 212 eine Steuerung in einem Stahlschrank, Abb. 213 eine isolierstoffgekapselte (schutzisolierte) Verteilung, vorwiegend aus Motorstartern mit durchsichtiger Abdeckung zusammengesetzt. Der untergebaute Sockel, ebenfalls aus Isolierstoff, enthält die Kabelendverschlüsse und dient der Leitungseinführung. Abb. 214 eine Steuerung vorwiegend Hilfsschütze enthaltend für eine Getreideaufbereitungsanlage aus einer Reihe von Schränken zusammengebaut.

Beim Aufbau solcher Gerätekombinationen achtet man häufig auf eine Trennung der Geräte, z. B. je eine Gruppe für die Leistungszufuhr mit den Motor- sowie den Hilfsschützen, Schaltrelais u. dgl. Mit der Befehlsgruppe sind meistens auch die Elemente für die Überwachung verbunden, z. B. Leuchtmelder, Instrumente usw. Die Überwachungs- und Befehlsgruppe wird oft *im Steuerpult* oder der Leuchtwarte zusammengefaßt (s. S. 373).

In all diesen Anlagen ist es heute weitgehend üblich, fabrikseitig die Verbindung von den Geräten zu *besonderen Klemmleisten* herzustellen, an denen der Anschluß der Außenleitungen erfolgt. Bei kleinen Geräten, wie z. B. Kleinschützen, die nebeneinander gesetzt mit ihren Anschlußklemmen praktisch eine solche Klemmleiste bilden, ist naturgemäß der Anschluß auch noch unmittelbar beibehalten worden.

Abb. 211. Isoliert gekapselte Steuerung mit durchsichtiger Abdeckung für Werkzeugmaschinen

Eine besonders wichtige Frage ist noch die der *Zugängigkeit*. Es ist natürlich nicht angängig, in einer Werkstatt mit einer großen automatischen Anlage zwischen den Maschinen stehende Schränke mit spannungführenden Elementen durch einen einfachen Handgriff jedem zugängig zu machen. Hier sind Verriegelungen notwendig, gelegentlich in Form von Türverriegelungen, die auf einen Zentralschalter einwirken und die gesamte Anlage spannungslos machen. Zum mindesten aber müssen, wie es für Maschinenausrüstungen auch in VDE 0113 gefordert ist, solche Steuerungen mit einem Hauptschalter versehen sein, der rot gekennzeichnet ist und dessen auch nach der Abschaltung noch spannungführende Teile so abgedeckt und gekennzeichnet sind, daß sie für jedermann nach Ziehen des Hauptschalters und Öffnen der Abdeckung noch als spannungführend erkennbar sind. Wünschenswert ist eine mechanische Verriegelung zwischen der Stellung dieses Ausschalters und den Verschlüssen für die Öffnungen der Steuerung [Franken (35, 36)]. Die Geräte, z. B. nach Abb. 211, sind so durchgebildet.

An Arbeitsmaschinen wird man diese Steuerungen möglichst unmittelbar aber *nicht zu tief anbauen.* In VDE 0113 wird empfohlen, die Unterkante der Geräte nicht weniger als 50 und Anschlußklemmen nicht weniger als 25 cm vom Erdboden anzuordnen. Zweckmäßig ist es hierbei, die Steuerungen so auszubilden, daß sie soweit das irgendwie möglich ist, gleichzeitig die Befehlsschalter enthalten. Dann müssen sie natürlich im Griffbereich des Bedienenden angebracht werden. Bei größeren Konstruktionen wird man die Steuerung neben die Maschine stellen müssen. Die Grenze zwischen Anbau und getrennter Montage wird aber häufig zu sehr zu Gunsten der letzteren Lösung gezogen. Der Einwand, daß bei mittleren und kleineren Maschinen die Flächen zur Anbringung einer solchen Kombination nicht vorhanden sind, ist nur sehr beschränkt richtig. Es war in der Praxis häufig möglich, in schier verzweifelt aussehenden Fällen diesen Plan durchzuführen, sogar ohne daß die Maschine eine Umkonstruktion erfuhr, erst recht, wenn bei der Maschinenkonstruktion bereits Rücksicht genommen wurde. Häufig wird übersehen, daß es oberhalb der Maschinen genügend Raum für die Unterbringung derartiger Steuerungskästen gibt. Die amerikanische Praxis ist in diesem Punkte oft vorbildlich.

Abb. 212. Steuerung in Stahlschrank für eine Galvanik-Beschickungsanlage

Die *Leitungsverlegung innerhalb der Schaltschränke* und Gerätesammelkästen kann man bei den heute ausgedehnten Steuerungen nicht mehr den Werkstätten allein überlassen. Eine gute Planung ist notwendig. Es mußten aber auch Systeme gefunden werden, die ohne besondere Leitungsverlegungspläne eine brauchbare Installation ermöglichten. Man kam dabei zu *Leitungskanälen*, s. Abb. 210, 212, 214 u. 218, in die sich die Leitungen gut einlegen lassen und bei denen auch nach Öffnen eine erleichterte Auffindbarkeit der einzelnen Leitungen besteht. Diese treten an den Stellen aus den Kanälen, an denen sie zum Anschluß an die Schaltgeräte geführt werden. Die Kanäle selbst sind z. B. mit Isolierstoffabdeckungen und federndem Verschluß versehen. Diese Art der Leitungsverlegung erwies sich in der Starkstromtechnik erheblich vorteilhafter als die Bündelleiterverlegung, da man hier über die Steuerleitungen hinaus mit größeren Drahtquerschnitten zu rechnen hat als etwa in der Schwachstromtechnik. Sie hat weiterhin den Vorzug, daß nicht im glei-

Abb. 213. Isoliert gekapselte Verteilung, bestehend vorwiegend aus Motorstartern mit durchsichtiger Abdeckung (ID-Verteiler Klöckner-Moeller)

chen Maße zeichnerische Festlegungen der Verdrahtung notwendig sind. Das Nachverlegen oder Auswechseln von Leitungen ist ebenso einfach wie bei der *freizügigen Verdrahtung*, unter der man die auf kürzestem Weg gezogene Leitung von einer Klemme zur anderen versteht. Letztere wurde zunächst vorwiegend in der Weise verwandt, daß man die Leitungen durch Bohrungen in der Rückwand hindurchführte und in der Nähe der anderen Klemme wieder auf die Vorderseite überführte. Man verwandte Tafeln aus Schichtpreßstoff oder bei solchen aus Metall eingesetzte Gummitüllen u. dgl. Der Nachteil dieser Verlegungsart besteht darin, daß man bei großflächigen Steuerungen auch die Rückseite zugängig machen muß, weil es sonst nicht möglich ist, eine Leitung ggf., insbesondere bei Änderungen, einmal umzulegen. Bei kleineren Steuerungen, bei denen man die Platte leicht als Ganzes herausnehmen kann, entfällt diese Hemmung. Diese Verbindungsart war material- und arbeitssparend. Dieser Methode folgte die *Bündelleiterverlegung* in der Erkenntnis, daß für die geordneten Leitungen nebeneinander und auch die freizügige Verlegung doch eigentlich nur wesentlich optische Gesichtspunkte maßgebend waren. In der Schwachstromtechnik hatte man mit ihr auch hinsichtlich der Sicherheitsansprüche keine schlechten Erfahrungen gemacht.

Abb. 214. Steuerung für Getreideaufbereitungsanlage in Stahlschränken

Die bequeme Prüfung bei geordneter Einzelverdrahtung war ohnehin durch die wachsende Zahl der Leitungen und die Tatsache, daß man die Kreuzungen nicht entbehren konnte, sehr stark eingeschränkt. Insbesondere bei vernünftigen Bezeichnungen der Einzelleiter hat die Bündelleiterverlegung hiergegen keine Nachteile mehr. Sie erfordert aber immerhin noch eine sehr exakte Behandlung der Einzeldrähte bei der Verlegung, um die Bündel herstellen zu können. Heute ist die freizügige Verdrahtung bei kleinen Steuerungen die übliche, während bei größeren Kanäle u. dgl. am Platze sind.

Bei Steuerungen, vor allen Dingen solchen größeren Ausmaßes, besteht gelegentlich die Schwierigkeit der *Kondenswasserbildung* bei schwankenden Temperaturen, z. B. bei Betriebsstillegungen und Abkühlung. Hier hilft der Einbau von Heizelementen. Oft muß auch eine Eigenbelüftung durchgeführt werden. Für die damit verbundene Filterung kommen lediglich Filter für Feinstaube, die einen geringen Luftwiderstand (max. 20 mm Wassersäule) aufweisen, in Betracht.

Die *Schaltwarten* in der verschiedensten Ausführung dienen der Zusammenfassung der Befehls- und Überwachungsgeräte. Eine der beliebtesten Formen ist das *Steuerpult*. Es hat den Vorteil, daß die Übersicht über den Raum, z. B. die Hauptschaltanlage oder den Maschinenpark, nicht gestört wird. Oft werden die Abdeckplatten mit eingebauten Drucktasten und Meßinstrumenten so durchgebildet, daß sie abgehoben werden können, ohne daß an dem elektrischen Teil ein Eingriff notwendig

Abb. 215. Steuerpult für Schützensteuerung mit in den Leuchtplan eingefügten Befehlsgeräten

ist. An ihnen befinden sich also lediglich Abdeckgläser für die darunter liegenden Meßinstrumente, Tastvorsätze, Lampenkalotten u. dgl., während die Instrumente selbst und die Kontaktapparate der Drucktasten usw. ortsfest im Pult verbleiben. Für die Leitungsführung werden weitgehend die Unterbauten (ebenfalls mit eingebauten Geräten) verwandt. In kleinerer Form besteht eine derartige Schaltwarte aus einem an der Wand hängenden Kasten. Ein freistehendes Steuerpult s. Abb. 215.

Zu der Schaltwarte kommt oft das *Leuchtschaltbild*, die *Leuchtwarte*. Man bezeichnet das Leuchtschaltbild auch als „Symbolschaltbild". Dabei sind die Schaltelemente in den symbolisch dargestellten Produktions- oder Materialfluß eingegliedert. Es gibt auch Anordnungen, bei denen zwecks besserer Übersicht das reine Leuchtbild einerseits und die Bedienungselemente andererseits je für sich zusammengefaßt sind. Letztere befinden sich dann auf einem Steuerpult vor der Leuchtplatte. Die

Ausführung der Leuchtbilder erfolgt in unterschiedlicher Weise. Es werden Symbole aufgemalt oder aus Aufklebefolien ausgeschnitten. Es sind aber auch noch zahlreiche andere Methoden in Gebrauch, z. B. Ausführungen aus Stahlblech mit aufgelegten Symbolen aus Kunststoff, oberflächenbündig eingelegte Leuchtmarken oder Symbole aus Plexiglas, die rückseitig eingefräst und farbig ausgelegt sind. Die Wärmeentwicklung durch die Vielzahl der erforderlichen Lampen muß beachtet und u. U. für eine entsprechende Wärmeabfuhr durch Fremdbelüftung Sorge getragen werden. Wesentlich ist auch, ob man das Bild so gestalten will,

Abb. 216. Leuchtschaltwarte einer automatischen Wasseraufbereitung, Befehlselemente vor dem Leuchtschaltbild

daß es bei Änderungen der Anlage oder der Schaltung ebenfalls verändert werden kann. Um ein wirklich umstellbares Bild aufzubauen, bedarf es der Zusammensetzung aus Bausteinen.

Für die Ausführung der Leuchtwarten gibt es verschiedene Formen. Sie können als Schrank, als einfaches Pult, als Pult mit geradem oder schrägem Aufsatz, als Schreibtischpult oder in verschiedenen Sonderformen, z. B. für Zusammenbau mit Schaltschränken und Verteilern gebaut werden. Ein Steuerpult mit aufgesetztem Leuchtbild zeigt Abb. 216, Leuchtwarten s. Abb. 217 und 218. Letztere aus dem Zuge der Schaltanlage auch Abb. 214.

Derartige Leuchtwarten spielen eine besondere Rolle bei Förderanlagen, Mühlen, Baggern u. dgl. mit weitgehenden elektrischen Verriegelungen. Dabei sind meistens unterschiedliche Förderwege möglich. Die Zusammenhänge werden durch die Leuchtschaltbilder erkennbar gemacht. Sie weisen eine schematische Darstellung auf. Beim Einschalten der zugehörigen Maschinen leuchten Meldelampen auf. Man kann also jederzeit den Betriebszustand der Anlage klar übersehen, um neue Bewegungen einleiten zu können. Die Förderglieder sind symbolisch durch Pfeile wiedergegeben [Ose]. Die Pfeile werden während des Betriebs je nach dem Zustand der Anlage ein- oder ausgeschaltet, beleuchtet oder nicht. Durch Wahlschalter können in Verbindung mit der Steuerwarte die gewünschte Förderwege bestimmt werden. Im Leuchtbild sind sie dann u. U. durch Zahlen gekennzeichnet, die sich auf der Pultplatte wiederfinden. Es hat z. B. jeder Förderweg einen Wahlschalter und jeder

Abb. 217. Steuerpult mit Aufsatz und getrenntem Leuchtschaltbild einer Zementanlage

Antrieb Drucktaster und Leuchtmelder. Bei der Inbetriebnahme eines Förderweges leuchten diese Melder in der Reihenfolge auf, in der die zugehörigen Antriebe eingeschaltet werden. Diese getrennte Anordnung ist vor allem bei großen Leuchtbildern am Platze, sie kommen dann an eine Stelle, von der aus man die gesamte Einrichtung überblicken kann. Jede Zustandsänderung, auch die, die nicht unmittelbar mit der augenblicklichen Schalthandlung zusammenhängt, kann aus der Entfernung besser zur Kenntnis genommen werden.

Das Einschalten der Förderglieder geschieht selbstverständlich immer entgegen der Transportrichtung, d. h. man beginnt mit dem letzten Glied einer Förderstrecke. Gleichzeitig mit der Einschaltung des Antriebs eines Fördergliedes leuchtet im Leuchtschaltbild die diesen Weg darstellende Strecke auf. Außer den Wahlschaltern befinden sich auf der

Pultplatte u. U. noch Drucktaster z. B. für „Abfragen“, „Ein“, „Blinklicht aus“, „Leuchtbild aus“, „Leuchtbild ein“, „Störungsquittung aus“ u. dgl. Nach Festlegung des Förderweges überzeugt man sich durch den Drucktaster „Abfragen“ von der Betriebsbereitschaft der Anlage, wobei z. B. der Förderweg – wenn volle Betriebsbereitschaft vorhanden ist – auf dem Leuchtbild in voller Länge aufblinkt. Sollte ein Antrieb des gewählten Weges gestört sein, oder zum Zweck einer Überholung oder Prüfung aus der Verriegelung herausgenommen sein, dann leuchtet das Zeichen für diesen Antrieb und die darauf zu fördernden nicht auf. Die

Abb. 218. Blick in das Innere einer Leuchtwarte im Zuge der Schützensteuerschränke einer Getreideaufbereitungsanlage nach Abb. 214

Aufhebung der elektrischen Verriegelung der Antriebe kann durch Entriegelungsschalter geschehen, die räumlich den Arbeitsmaschinen zugeordnet sind. Das Kommando „Abfragen“ kann durch den Taster „Blinklicht Aus“ rückgängig gemacht werden. Zeigt das „Abfragen“ Betriebsbereitschaft, dann kann die Anlage durch den Drucktaster „Ein“ in Betrieb genommen werden. In diesem Augenblick ertönen Warnrufe und geben bekannt, daß der Anlauf der Anlage unmittelbar bevorsteht. Innerhalb dieser Warnzeit ist es nicht möglich, von irgendeiner Stelle des Betriebes die Anlage einzuschalten. Nach ihrem Ablauf wird die Einschaltung freigegeben. Bei den Zeitabständen muß, wenn vollautomatischer Anlauf vorgesehen ist, Rücksicht auf die Anlaufzeiten der einzelnen Teilantriebe genommen werden. Störmöglichkeiten werden außer durch Störlichtsignale meist auch noch durch akustische Signale angezeigt.

Es empfiehlt sich, Blinklichtsignale nur für anormale Störungsfälle zu verwenden, bzw. wenn ein Übergang in eine andere Betriebsform stattfindet. Oft ist es zweckmäßig, die Lampenspannung durch einen Dreistufenschalter über Anzapfungen der primären Wicklung regelbar zu machen. Bezüglich der *Farben* sind, soweit die Verhältnisse der Anlage und nicht der Spannungszustand der elektrischen Geräte gekennzeichnet werden sollen, entsprechend DIN 4818, für schaltbereite Glieder grün und für nichtschaltbereite rote Signale zu verwenden, desgleichen für die Störungsanzeige [Franken (39)]. Das weiße Licht dient der Markierung eines Betriebsdauerzustandes. Zu viele Farben in einem Leuchtbild sollten vermieden werden, da sie nur verwirren und die Klarheit erheblich beeinträchtigen.

Je nach dem Aufwand kann man *schaltungstechnisch drei Möglichkeiten* unterscheiden, und zwar erfolgt bei geringstem technischen Aufwand Steuerung und Überwachung mit Hilfe von Wahlschaltern und Tastern, die in den symbolisch dargestellten Produktionsgang eingegliedert sind. Entsprechend dem technologischen Ablauf kann dann unmittelbar in den Betriebsgang eingegriffen werden. Das ist die am häufigsten angewandte Methode. Bei höherem technischen Aufwand wählt das Betriebspersonal den Startpunkt und den Zielpunkt an und alle anderen technologischen Wege werden automatisch durchgeschaltet. Bei noch größerem Aufwand entsteht die vollautomatische Leuchtwarte, die überwiegend nur noch die Rückmeldung der Betriebszustände übernimmt. Wogegen der gesamte technologische Arbeitsprozeß durch einen Programmgeber, z. B. eine Lochkarte, gesteuert wird. Ein Nachteil dieser Steuerung liegt darin, daß Störungen, die von der Automatik nicht erfaßt werden, im allgemeinen längere Unterbrechungszeiten nach sich ziehen, s. Schlecker, Kübel u. Felkel.

9.6 Beispiele

Beispiel 1. Programmsteuerung

Abb. 219 zeigt eine Programmsteuerung für eine Presse mit Sicherheits-Zweihandbedienung. Es ist mit Absicht eine verhältnismäßig einfache Anordnung gewählt worden. Der Stempel bewegt sich zwischen zwei Endlagen, Zwischenlagen sind nicht vorgesehen. Letztere sind notwendig, wenn beispielsweise bei einem Schmiedehammer innerhalb des Programms Schläge von verschiedenem Arbeitsvermögen abgegeben werden müssen, wobei je nach Hammerbauart im allgemeinen 2 bis 3 Stufen in Betracht kommen. Die grundsätzliche Anordnung ändert sich dabei nicht, nur muß die Zahl der in der Bewegungsbahn angeordneten Endlagenschalter E_0 vermehrt werden. Sie sind dann durch entsprechende Schaltglieder des

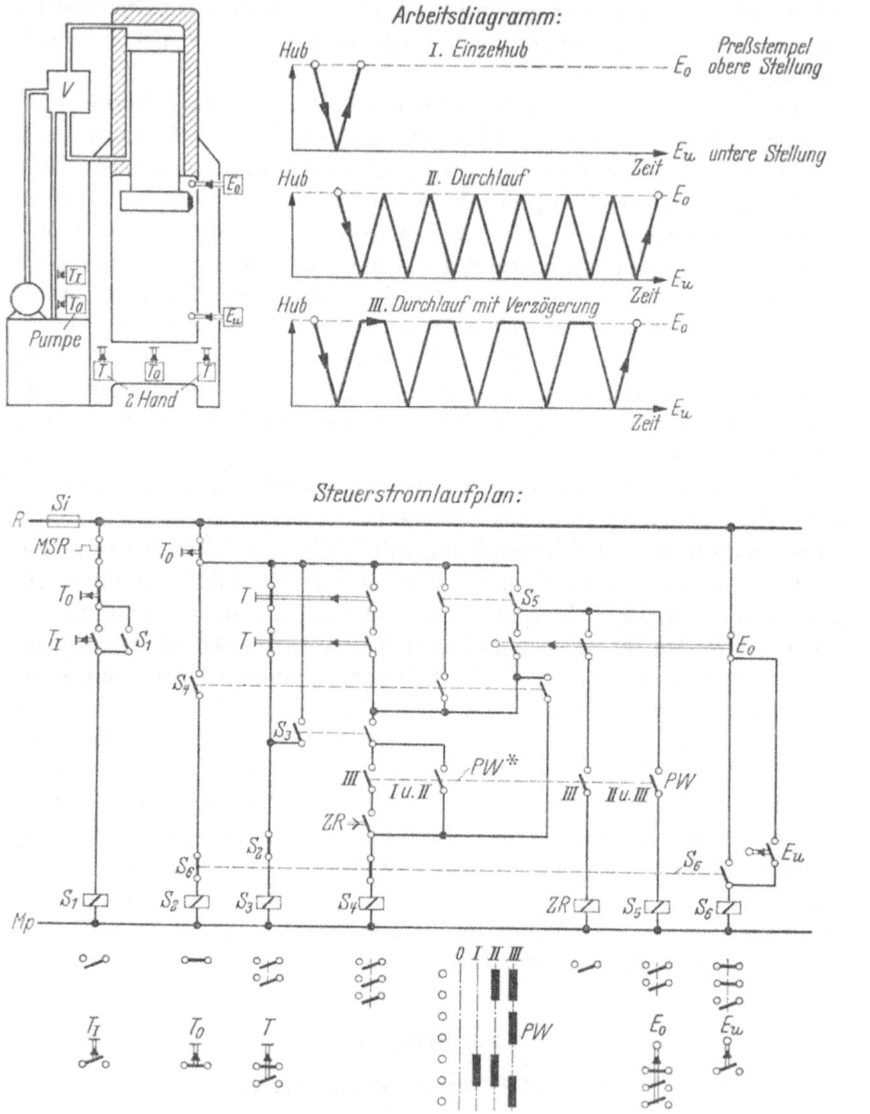

S_1 = Schütz für Pumpe
S_2 = Schütz für Ventilmagnet
$S_{3 \ldots 6}$ = Hilfsschütze

T = 2-Handtaster für Presse
T_I = Eintaster
T_0 = Austaster

E_0 = Endtaster oben
E_u = Endtaster unten
ZR = Zeitrelais

PW = Wahlschalter
MSR = Motorschutzrelais für Pumpe
V = Ventil mit Hubmagnet
entregt – Aufwärtsgang
erregt – Abwärtsgang

* Kontakte sind bei den angegebenen Schalterstellungen geschlossen

Abb. 219. Beispiel einer Programmsteuerung für eine Presse mit Sicherheits-2-Handbedienung

Programmschalters anzuwählen. Die Zeit zwischen zwei Arbeitsspielen (Schlägen) muß sich oft dem gewünschten Arbeitsablauf anpassen, bei den gewählten einfachen Diagrammen enthält III eine derartige Verzögerungszeit.

Die Presse kann nur in Betrieb gesetzt werden, wenn die Taster T mit beiden Händen niedergehalten werden. Bei dem Arbeitsdiagramm I und entsprechender Einstellung des Wahlschalters PW wird lediglich ein Einzelhub durchgeführt. Auf Stellung II wiederholen sich die Schläge solange, bis der „Aus"-taster T_0 der Presse gedrückt wird. Bei Stellung III ist vor dem Niedergang des Stempels jeweils eine Verzögerungszeit eingeschaltet. Der Steuerstromverlauf bei den einzelnen Arbeitsdiagrammen ist ungefähr folgender.

Wahlschalterstellung I, „Einzelhub"

Über die Öffner der beiden Drucktaster T erhält Sicherheitsschütz S_3 Spannung und hält sich über sein Hilfsschaltglied. Beim Niederdrücken der beiden Tasten T bekommt S_4 über Schließer von S_3, den Wahlschalter PW, sowie Öffner von S_6 Spannung und wird durch sein Selbsthalteglied festgehalten, solange die Taster T niedergedrückt werden. Über Schließer von S_4 und Öffner von S_6 erhält das Schütz S_2 für den Ventilhubmagneten Spannung, der Preßstempel fährt abwärts, das Sicherheitsschütz S_3 fällt durch Öffner von S_2 ab. Hat die Presse ihren vollen Hub ausgeführt, so wird durch den unteren Endschalter E_U Schütz S_6 eingeschaltet (Selbsthaltung). Durch die Öffner von S_6 fallen die Schütze S_4 und S_2 ab. Der Ventilhubmagnet fällt ebenfalls ab und der Preßstempel bewegt sich wieder aufwärts.

In der oberen Stellung wird S_6 durch den Endschalter E_0 abgeschaltet. Ein neuer Hub kann erst eingeleitet werden, wenn die Drucktaster T freigegeben werden und S_3 wieder anzieht.

Wahlschalterstellung II, „Durchlauf"

In der Anfangsstellung ist Sicherheitsschütz S_3 wieder eingeschaltet, der Endschalter E_0 betätigt. Bei Niederdrücken der beiden Taster T schaltet sich das Schütz S_4 wie oben bei I genannt ein. Gleichzeitig erhält S_5 über einen Schließer von E_0 und Wahlschalter PW Spannung und hält sich selbst. S_4 hält sich jetzt über einen Schließer von S_5, 2 Schließer von S_4 und einen Öffner von S_6. Der Ventilhubmagnet wird wiederum über Schütz S_2 eingeschaltet. Der Preßstempel fährt abwärts und betätigt über E_U das Schütz S_6. S_2 sowie S_4 und damit der Ventilmagnet fallen ab. Die Presse fährt aufwärts bis zum Endschalter E_0. S_6 fällt ab. Über die Schließer von S_5, E_0, S_3 und PW bekommt S_4 wieder Spannung. Der Preßstempel fährt erneut abwärts usw. Der Zyklus wird durch Betätigen des Tasters T_0 beendet.

Wahlschalterstellung III,

„Durchlauf mit verzögerter Einschaltung der Abwärtsbewegung"

In der Ausgangsstellung ist wieder Sicherheitsschütz S_3 eingeschaltet und der Endschalter E_0 betätigt. Drückt man auf die beiden Taster T, dann schaltet sich über PW und E_0 S_5 ein, hält sich selbst, und das Zeitwerk ZR beginnt zu laufen. Sobald es Kontakt gibt, schaltet sich über je einen Schließer von S_5, E_0, S_3 und PW S_4 ein und hält sich wie unter II gesagt. Der Preßstempel fährt abwärts, Endschalter E_0 wird frei und ZR läuft zurück. Der Ablauf des Prozesses verläuft weiter wie unter II, nur daß jeweils beim Betätigen von E_0 über ZR die Einschaltung des Hilfsschützes S_4 erfolgt. Der Arbeitsvorgang wird wiederum durch T_0 abgeschaltet.

Natürlich ist es möglich, bei diesen Prozessen durch zusätzliche Zeitelemente die Zahl der Schläge zu begrenzen, ohne daß das von der Aufmerksamkeit des Bedienenden abhängt. Wird bei einer Presse die Schlagstärke durch verschiedene Fallhöhe eingestellt, dann muß auch die Schlagfolgezeit von der Fallhöhe und außerdem von der Hub- und Fallgeschwindigkeit, die für jeden Hammer konstruktiv festliegt, abhängig gemacht werden. Ferner muß das Programm mit dem Fertigungsablauf derart abgestimmt werden, daß das Schmiedestück wenn notwendig vor einem neuen Schlag umgelegt werden kann, weil nur bei einem hohen Hub genügend Zeit dafür vorhanden ist. Es sind naturgemäß auch Programme denkbar, in deren Ablauf mehrere Schlagstärken in beliebigem Wechsel und bei verschieden langen Schlagfolgezeiten eingestellt werden.

Beispiel 2

Folge- und andere Schaltungen bei einer Kohlen-Sieb- und Mahlanlage

Folgeschaltungen (s. S. 343) werden in den verschiedensten Betrieben verlangt, so z. B. muß das Werkzeug oft in Funktion sein ehe der Vorschub einsetzt. Die ausgedehnteste Verwendung finden sie dagegen in Transport- und Aufbereitungsanlagen. Bei der Hintereinanderschaltung von Fördereinrichtungen, wie z. B. Laufbändern, Becherwerken mit Arbeitsmaschinen, muß bei Ausfall eines Antriebes z. B. durch Ansprechen eines Überstromrelais dafür gesorgt werden, daß sämtliche zufördernden Antriebe abgeschaltet und damit Überlastungen der gestörten Arbeitsmaschinen mit Material verhindert werden. Eine derartige Transportkette wird also vom Ende her aufgezogen, so daß die Ausgangsfördereinrichtung zuletzt in Betrieb kommt. Durch besondere „Entriegelungsschalter" ist es möglich, auch alle Einzelantriebe unabhängig von einander zu schalten, wie es bei Reparaturen zuweilen notwendig ist. Die Befehlselemente, die für die Einzelschaltung notwendig sind, befinden sich an Ort und Stelle, während bei ausgedehnten Anlagen die übrigen Befehls- und Überwachungsgeräte weitgehend in der „Schaltwarte" zusammengezogen sind. Hierbei lassen sich die einzelnen Arbeits- und Transportmaschinen erst einschalten, wenn die jeweils vorhergehende in Betrieb ist oder es kann durch eine sogenannte „Staffelschaltung" eine ganze Gruppe von Antrieben mit einem Befehlsgerät in Betrieb gesetzt werden, wobei dann der nächste Antrieb sich selbsttätig einschaltet, sobald der vorhergehende in Betrieb ist. Dafür verwendet man oft Zeitglieder, die den Anlaufprozeß der Kette etwas auseinanderziehen.

Bei solchen Anlagen ergibt sich eine Vielzahl von Transportwegen, Umspeichermöglichkeiten u. dgl. Es ist oft notwendig, den kontinuierlichen Fluß zu unterbrechen oder umzuleiten. Waagen werden in den Prozeß eingeschoben, gelegentlich auch die Bandgeschwindigkeiten noch in Abhängigkeit von den Bandbelastungen verändert, Komplikationen, die hier weggelassen werden mußten.

Bei der beschriebenen Anlage (s. Abb. 220, 1 bis 3) wird das Material über verschiedene Bänder (A_1, A_2), Becherwerke (B_1, B_2) und eine Siebanlage (C), die teils unmittelbar auf ein Band (A_2) oder zu einer Mahlanlage (D_1), die die größeren Stücke nach Behandlung dem Band zuführt, liefert. Das Material gelangt dann über ein weiteres Becherwerk (B_2) und Abstreifer (E) zu Mühlen (D_2), die es über ein Drehrohr (F) in einen Verteiler (G) gelangen lassen. Endlich kommt es in Bunker (H_1) mit Minimal- und Maximalfüll-Schalteinrichtungen. Von dort kann es über elektropneumatische Auslaufschieber (J) entnommen werden.

Zweimal ist der Übergang auf Reservebunker (H_2 und H_3) möglich. Einmal hinter dem ersten Laufband (A_1), ferner hinter A_2 vor dem Becherwerk B_2. In den Schaltplan sind nur Teilabschnitte der ausgedehnten Steuerung aufgenommen und

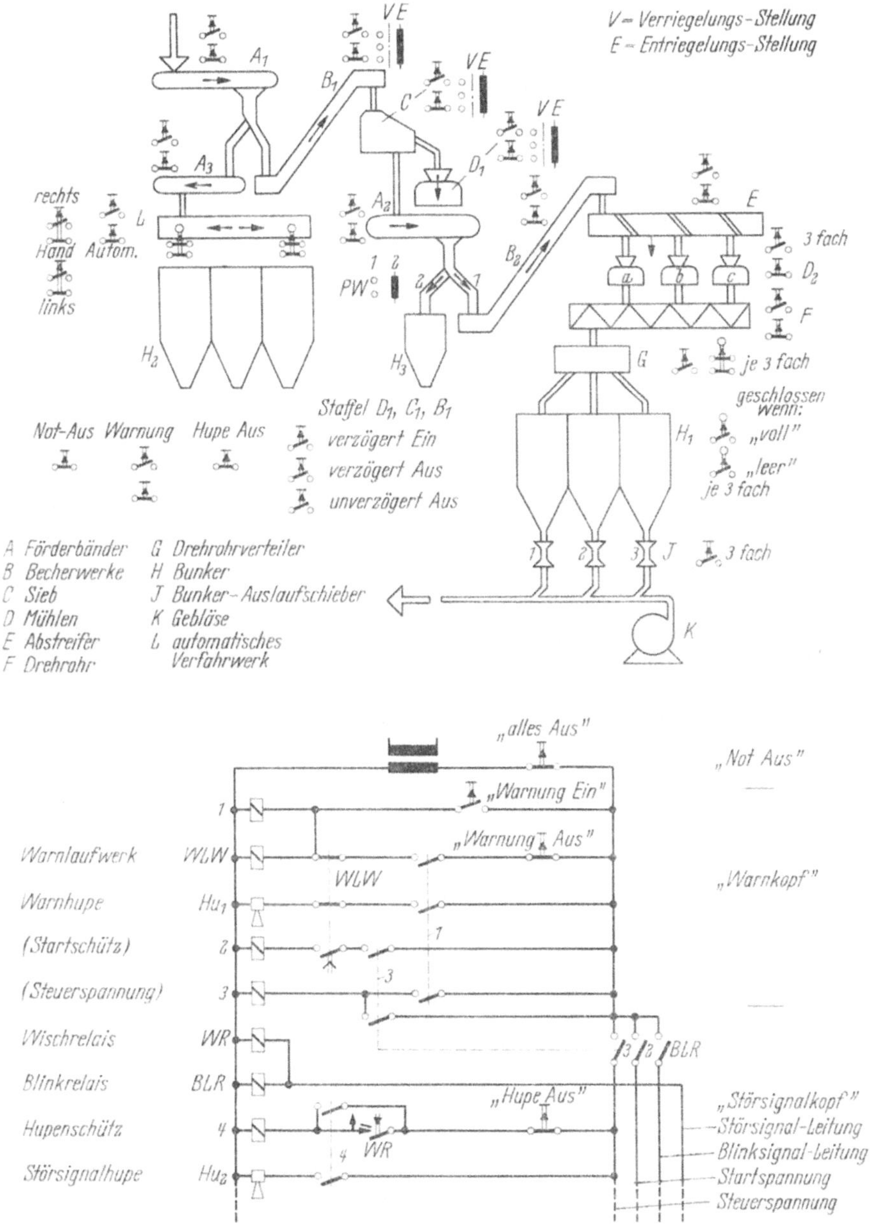

Abb. 220. 1. Beispiel der Steuerung einer Kohlen-Sieb- und -Mahl-Anlage; Folgesteuerung

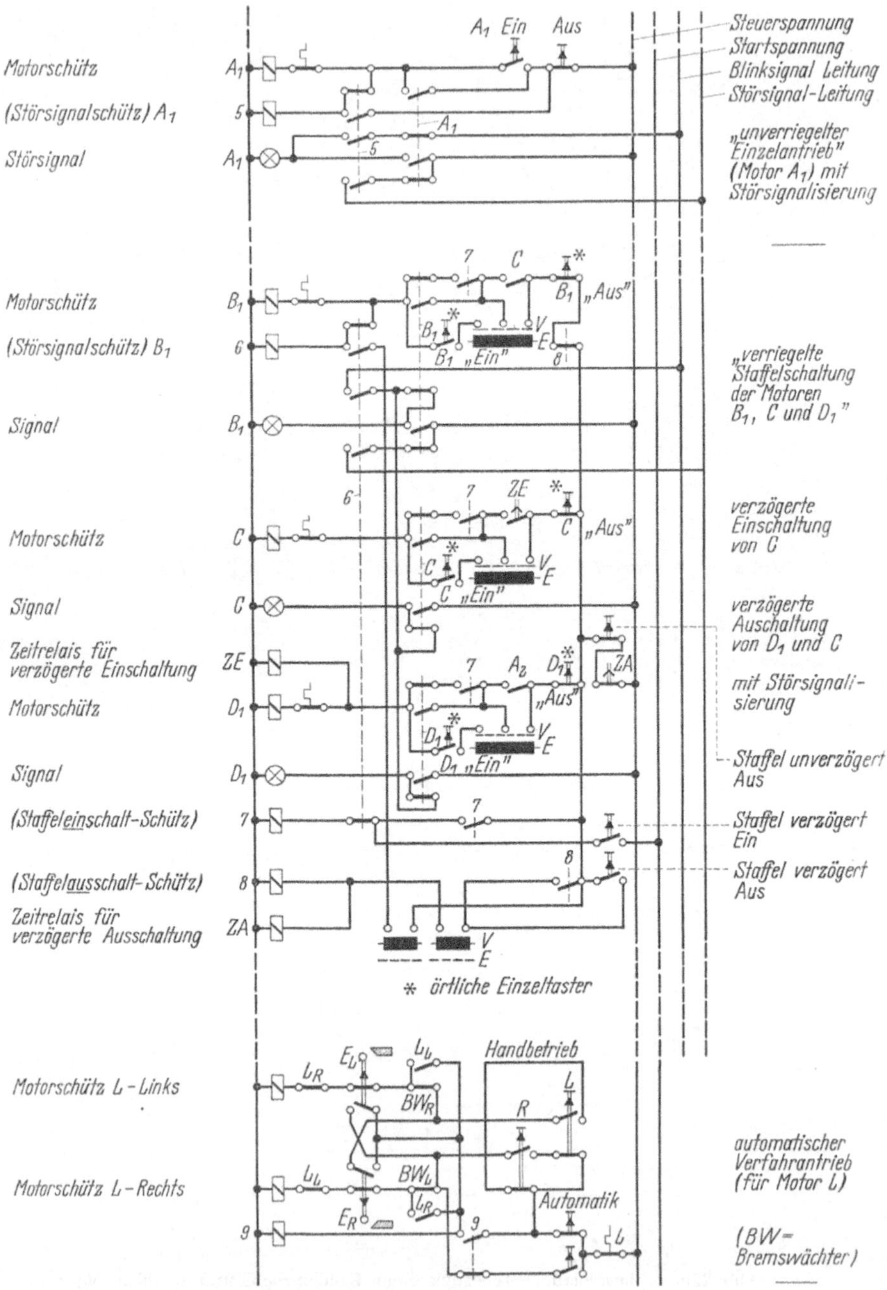

Motorschütz
(Störsignalschütz) A_1
Störsignal
A_1 Ein
Aus
Steuerspannung
Startspannung
Blinksignal Leitung
Störsignal-Leitung
„unverriegelter Einzelantrieb" (Motor A_1) mit Störsignalisierung
Motorschütz
(Störsignalschütz) B_1
Signal
„verriegelte Staffelschaltung der Motoren B_1, C und D_1"
Motorschütz
Signal
Zeitrelais für verzögerte Einschaltung
Motorschütz
Signal
(Staffeleinschalt-Schütz)
(Staffelausschalt-Schütz)
Zeitrelais für verzögerte Ausschaltung
verzögerte Einschaltung von C
verzögerte Ausschaltung von D_1 und C
mit Störsignalisierung
Staffel unverzögert Aus
Staffel verzögert Ein
Staffel verzögert Aus
* örtliche Einzeltaster
Handbetrieb
Automatik
Motorschütz L-Links
Motorschütz L-Rechts
automatischer Verfahrantrieb (für Motor L)
(BW = Bremswächter)

Abb. 220.2

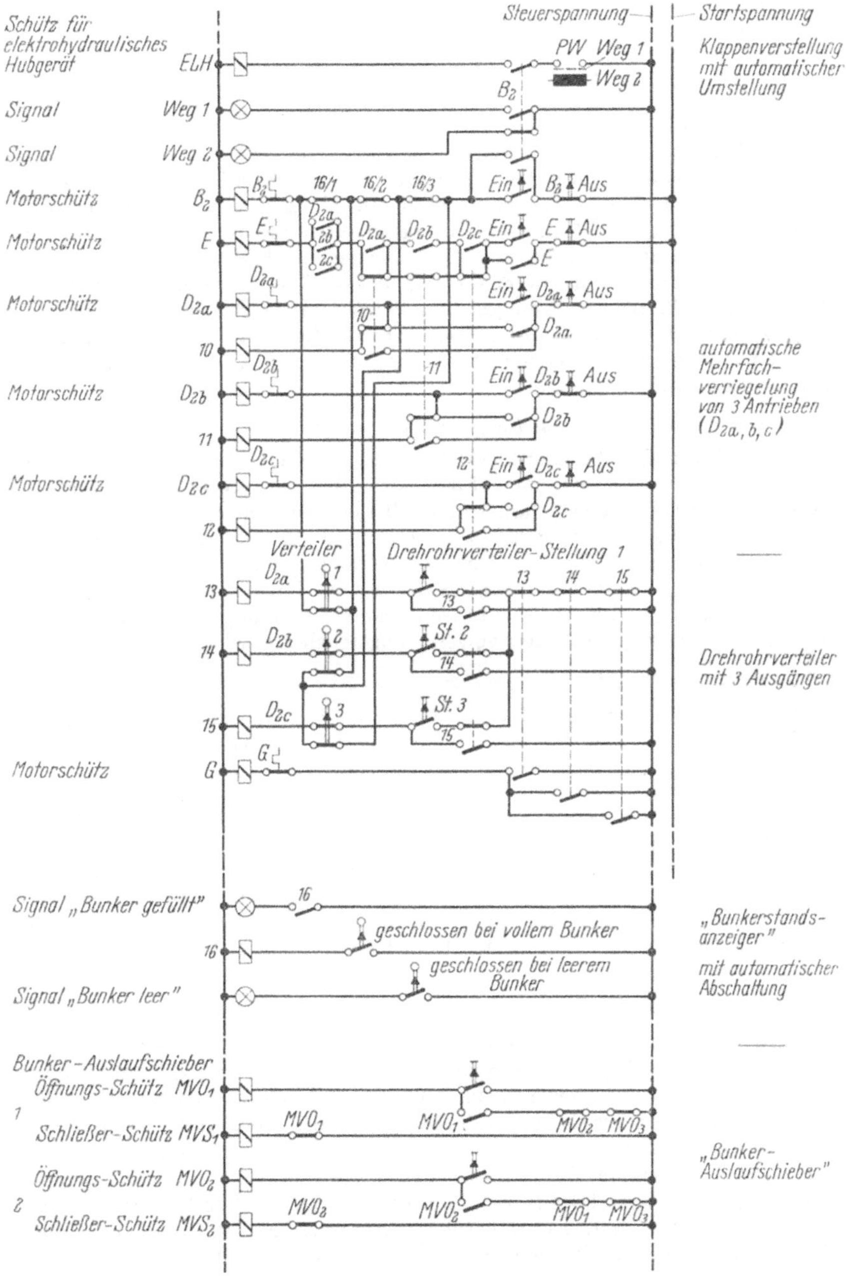
Steuerspannung
Startspannung
Schütz für elektrohydraulisches Hubgerät
ELH
PW Weg 1
Weg 2
Klappenverstellung mit automatischer Umstellung
Signal
Weg 1
Signal
Weg 2
Motorschütz
B2
Ein
Aus
Motorschütz
E
Motorschütz
D2a
10
Motorschütz
D2b
11
Motorschütz
D2c
12
automatische Mehrfach-verriegelung von 3 Antrieben (D2a, b, c)
Verteiler
Drehrohrverteiler-Stellung 1
13
14
15
St. 2
St. 3
Drehrohrverteiler mit 3 Ausgängen
Motorschütz
G
Signal „Bunker gefüllt"
16
geschlossen bei vollem Bunker
Signal „Bunker leer"
geschlossen bei leerem Bunker
„Bunkerstands-anzeiger"
mit automatischer Abschaltung
Bunker-Auslaufschieber
Öffnungs-Schütz MVO1
1
Schließer-Schütz MVS1
Öffnungs-Schütz MVO2
2
Schließer-Schütz MVS2
„Bunker-Auslaufschieber"

Abb. 220.3

die Steuerstromkreise z. T. vereinfacht dargestellt. Einzelne im Zusammenhang weniger wichtige Teile sind weggelassen.

Funktionsbeschreibung:

1. Warnkopf

Bei derart ausgedehnten Anlagen kann man die einzelnen Antriebe von der Steuerwarte aus nicht übersehen. Deshalb wird eine akustische Vorwarnung, der sogenannte „Warnkopf", eingebaut. Nach Ablauf der Warnzeit ist dann die Einschaltung zulässig. Erfolgt sie in einer bestimmten Zeit nicht, so fällt die Startbereitschaft selbsttätig wieder weg. Ein Warntaster schaltet Hilfsschütz 1, damit Hilfsschütz 3, das Warnlaufwerk (WLW) und die Warnhupe ein. Sie wird nach Ablauf der im Warnlaufwerk eingestellten Warnzeit abgeschaltet. Darauf folgt eine kurze Zwischenpause. Im Anschluß daran gibt das Laufwerk über das Hilfsschütz 2 „Startspannung" auf die entsprechende Leitung. Nach Ablauf der eingestellten Zeit wird sie wieder abgetrennt.

2. Unverriegelter Einzelantrieb mit Störungssignalisierung

Der 2. Abschnitt gibt ein Beispiel für einen solchen Antrieb. Die Einschaltung erfolgt über Taster unmittelbar auf das Motorschütz A_1. Hilfsschütz 5 wird über seinen eigenen Öffner eingeschaltet und hält sich dann selbst. Bei Ausfall von A_1 durch Überlast bleibt 5 eingeschaltet und gibt Blinklicht, indem ein Schließer von 5 und ein Öffner von A_1 die Steuerspannungsleitung mit der Störsignalleitung verbindet, wodurch sich das Wischrelais (WR) und das Blinkrelais (BLR) in Tätigkeit setzen. Durch WR wird Hilfsschütz 4 und damit die Störsignalhupe eingeschaltet. Sie kann von einem „Aus"taster vorzeitig abgeschaltet werden.

3. Verriegelte Staffelschaltung mit verzögerter Ein- und Ausschaltung

Sie erstreckt sich auf die Motoren B_1, C und D_1. Die verzögerte Einschaltung geschieht über den Taster „Staffel verzögert ein", der die zugehörigen Antriebe in Verriegelungsreihenfolge einschaltet, und zwar Motor D_1 sofort, vorausgesetzt, daß das zufördernde Band A_2 in Betrieb ist. Das Zeitverzögerungsglied (ZE) schaltet dann erst nach Ablauf den Antrieb C zu. C seinerseits sofort Motor B_1. Die Abschaltung kann verzögert und unverzögert erfolgen. Bei der verzögerten wird zunächst Hilfsschütz 8 und Zeitrelais ZA eingeschaltet und gleichzeitig der zufördernde Antrieb B_1 sofort abgeschaltet. Alle dahinterliegenden Antriebe erst nach Ablauf der Zeitverzögerung. Bei der unverzögerten Staffelausschaltung stehen sofort alle Antriebe still. Dieser Abschnitt bietet ein Beispiel für eine Folgeschaltung.

4. Automatischer Verfahrantrieb

Statt über das Becherwerk B_1 kann bei entsprechender Umstellung der Klappe nach den Bunkern H_2 geliefert werden. Hier ist ein automatisches Verfahrwerk L zwischengeschaltet. Die Steuerung kann von Hand durch Einzeltaster und auch im selbsttätigen rhythmischen Prozeß durch „Automatik" und einen entsprechenden Doppeltaster vor sich gehen. Die Steuerung der Wendeschütze erfolgt über Endschalter und Bremswächter. Letzterer erlaubt die Einschaltung in der Gegenrichtung erst nach Stillstand des Motors. Für den ersten Anlauf ist bei der Automatik eine Richtung bevorzugt. Die Handschaltung ist nur für Tippbetrieb eingerichtet. Nach Loslassen der Drucktasten steht der Antrieb wieder still.

5. Klappenverstellung

An 2 Stellen, sowohl beim Abgang von A_1 wie auch von A_2 ist eine Klappenverstellung vorgesehen. Die elektro-pneumatischen Hubgeräte bewegen die Klappen nach einer Seite. Bei Ausfall des Becherwerkes B_2 wird automatisch auf Gegenrichtung (Bunker H_3) geschaltet. Sonst geschieht die Umschaltung von Hand durch den Wahlschalter (PW) für die beiden Förderwege 1 und 2.

6. Automatische Mehrfachverriegelung

Bei den 3 Mühlen $D_{2\,a,\,b\text{ und }c}$ wird bei Einsatz der betreffenden Motorschütze gleichzeitig ein Hilfsschütz (10, 11, 12) mit eingeschaltet, das so geschaltet ist, daß bei Ausfall des Motorschützes dieses Hilfsschütz eingeschaltet bleibt. Dadurch werden die vor dem Abstreifer E usw. liegenden Antriebe abgeschaltet, sobald eine dieser Mühlen ausfällt, unabhängig davon, wieviel Mühlen eingeschaltet waren.

7. Drehrohrverteiler

Der Drehrohrverteiler G wird über Drucktaster gesteuert, wobei er in der jeweiligen Endstellung von Endschaltern abgeschaltet wird. Gegenseitige Verriegelungen verhindern eine zweite Anwahl während des Drehvorganges.

8. Bunkerstandsanzeiger mit automatischer Abschaltung

Kontaktglieder, die sich bei vollem Bunker schließen, erregen das Hilfsschütz 16, das seinerseits Signal gibt und den zufördernden Antrieb B 2 abschaltet. Der Drehrohrverteiler G muß auf einen anderen Bunker geschaltet werden. Entleerung der Bunker wird über ein sich dabei schließendes Kontaktglied signalisiert. Die Einrichtung ist an allen 3 Bunkern gleich.

9. Bunkerauslaufschieber

Die Steuerung erfolgt über Magnetventile mit je einem besonderen Öffnungs- und Schließschütz. Das Schließschütz tritt selbsttätig in Tätigkeit, sobald das Öffnungsschütz abgeschaltet wird. Außerdem ist Voraussetzung, daß jeweils nur an 1 Bunkerauslaufschieber gearbeitet wird, d. h. der Schieber 1 kann nicht in Betrieb bleiben, wenn nicht der Schieber 2 geschlossen ist.

Schrifttum

Alley, R. P.: A—C Contactors Supplied by long control lines, Applications and Industry, A. I. E. E May 1961, 46—50.

Alter, S.: Bauformen verschiedener Mikroschalter-Konstruktionen und ihre Wirkungsweise, Deutsches Elektro-Handwerk 38 (1963), 152—155.

Andersen, N.: Experimental Data on the Shaded Magnetic Field of Alternating-Current Magnets, Electr. J. 26 (1929), 82—85; Ref. ETZ 51 (1930), 90.

Baxter, H. W.: Heavy Duty Contactor Contacts, Electr. Tms. 125 (1954), 90—94.

— u. Z. Cetnarowicz: Variables in Contactor Testing, Electr. Tms. 133 (1958), 19—23.

Beer, F.: Über den Einfluß der Blechdicke und der Oberflächenisolierung auf die Induktion und die Ummagnetisierungsverluste in Wechselstrommagnetkernen, Elektrie 18 (1964), 83—86.

Bergold, K.: Dynamisches Verhalten des elektrischen Niederstrombogens, ETZ-A 82 (1961), 161—167.

— u. Faikus: Zur Frage des Verschweißens einschaltender Kontakte, ETZ-B 17 (1965), 489—491

BERNDT, H.: (1) Über die Löschung des Wechselstromlichtbogens bei kleinen Trenngeschwindigkeiten der Kontaktstücke, Wissenschaftliche Zeitschrift der Hochschule für Elektrotechnik Ilmenau, 6. (1960) 2, 143–148;

— (2) Über die Löschung des Wechselstromlichtbogens bei kleinen Trennungsgeschwindigkeiten der Kontaktstücke, Elektrie 15 (1961), 124–128. Ref. ETZ-B 13 (1961), 679.

BETTERIDGE, W., u. I. A. LAIRD: The wear of electrical contact points, J. Electrical Engng. 82 Nr. 498 (1938), 625–632; Ref. ETZ 59 (1938), 1161–1162.

BIEFER, H.: Elektrische Kontakte, Technische Rundschau Bern 46 (1954) H. 10, 18–21; H. 14, 3–7.

BIERMANNS, J.: Kurzschlußleistung, Einschwingfrequenz und Überschwingfaktor; ETZ-A 77 (1956), 435–441.

BOECKLE, G.: Hilfsschütze K 915 mit erhöhter mech. Lebensdauer. Siemens-Zeitschrift 40 (1966), 279–280.

BROWNE, T. E.: Extinction of A–C.Arcs in Turbulent Gases, Trans. Amer. Inst. Electr. Engrs. 51 (1932), 185–191.

BRUNGSBERG, H.: Weiterentwicklung der neuen Luftschützreihe, Conti-Elektro-Berichte 5 (1959), 273–278.

BUCHHOLD, TH.: Über die Steuerwirkung kleiner Wechselstromlichtbögen und ihre Anwendung auf funkenfrei schaltende Wechselstromschütze und -schalter, ETZ 63 (1942), 601–608.

BURGHARDT, G.: (1) Die wiederkehrende Spannung in Niederspannungsprüfkreisen und ihre Bedeutung für das Löschverhalten kurzer Lichtbögen. Die elektrische Ausrüstung (1962), 83–89.

— (2) Der Einfluß der wiederkehrenden Spannung auf das Löschverhalten kurzer Wechselstromlichtbögen in Niederspannungsprüfkreisen; Die elektrische Ausrüstung, Ausgabe B (1963), Teil I, 43–51; Teil II, 86–94.

— (3) Über den Einfluß der Lichtbogenlänge und der Lichtbogenverlustarbeit auf die Wiederverfestigung kurzer Wechselstromlichtbögen in Luft, ETZ-A 85 (1964), 161–166; Ref. Elektrie 19 (1965), U 6.

— (4) Wiederverfestigung erloschener Lichtbogenstrecken bei Doppelunterbrechungen in Luftschützen, ETZ-A 85 (1964), 306–311.

BURKHARD, G.: (1) Untersuchungen über das Lichtbogenverhalten in Löschblechkammern, Elektrie 14 (1960), 424–428.

— (2) Ein Beitrag zur Lichtbogenwanderung auf ferromagnetischen Flächenelektroden, Elektrie 15 (1961), 363–369

— (3) Über die Ausbildung der Teillichtbögen in Löschblechkammern, Elektrie 16 (1962), 270–276; Ref. ETZ-B 15 (1963) 36.

BURSTYN, W.: Elektrische Kontakte und Schaltvorgänge, 4. Aufl. Berlin/Göttingen/Heidelberg: Springer 1956.

CARL, R.: Eigenschaften von Wegfühlern mit elektrischen Kontakten. Der Maschinenmarkt 36 (1961), 30–36.

CARLSSON, J. E.: (1) Pådrag och manöverapparater, Asea's Tid. 36 (1944), 34–42.

— (2) Déclenchement à minima de tension dans les réseaux à basse tension, Asea-Rev. 21 (1949), 11–15; Ref. H. Titze, E & M 67 (1950), 54–55.

— (3) Neue Schütze für 25 bis 100 A, ASEA-Zeitschrift 5 (1960), 87–92.

CHRISTELER, E.: Neuentwicklungen in der Konstruktion elektromagnetischer Schütze, (1. Teil) Bulletin Oerlikon Nr. 352 (1963), 1–7.

CLERC, A.: Réenclenchement sur court-circuit des disjoncteurs á pouvoir de rupture élevé, Rev. gen. Électr. 24 (1928), 217–223, 255–259; Ref. ETZ 51 (1930), 178–179.

COHN, A.: Neuer Motorschutz-Ölschalter mit Fernbetätigung, ETZ 52 (1931), 259–260.

COOPER FORDHAM, W.: Electrical Interlocking of Machine Guards. Machinery Vol 80, Jan. 10 (1952). 59–64.

COURVOISIER, G.: Auswirkungen von Netzstörungen auf Industriebetriebe; Bulletin SEV 54 (1963), 630–632.

DEISSLER, O.: (1) Eine neue Bremseinrichtung für Drehstrommotoren, E & M 53 (1935), 618–621.

— (2) Größe der Steuertransformatoren für Schützensteuerungen, ETZ 62 (1941), 499–506.

DEGOT, X.: Investigation on Welding and Erosion of High Current Electrial Contacts, Proceedings of the Third International Research Symposium of Electric Contact Phenomena, Dept. of El. Eng., Univ. of Maine, Orono, June 1966, 225–241.

DIEHL, M. G.: (1) Mechanische s'lijtage van contactstukken, Elektro-Techniek 28 (1950), 218–221; Ref. ETZ-A 72 (1951), 387.

— (2) Invloed van de schakelsnelheid op de contactslijtage bij wisselstroomschakelaars, Elektro-Techniek 31 (1953), 189–191.

DIEHL, H. u. F. JUNGBAUER: Schaltrelais für Steuerungen in der Industrie, AEG-Mitteilungen 52 (1962), 133–138.

DOMONKOS, S.: Über die zwischen den Deionlöschblechen und dem Lichtbogen auftretenden Kräfte, Periodica Polytechnica Bd. 8 (1964), 1, 79–92.

DÖRR, F. J. u. A. SCHREINER: Neue vielseitige anpassungsfähige Antriebe mit leichtgängigen Meisterschaltern, Klöckner-Moeller-Post (1964), 1, 22–32.

DREMEL, W.: Untersuchungen an Silber-Kadmium und Silber-Kadmium-Oxyd, Elektrie 14 (1960), 98–101.

EDLER, R.: (1) Sparmagnete für Gleichstromschütze, Zeitschrift für Fernmeldetechnik 15 (1934), 75 sowie Arch. Elektrotechn. 28 (1934), 418–431.

— (2) Elektromagnetspulen für Gleichstromschütze. E & M 52 (1934), 65–67.

EICHMANN, D. u. M. RICHTER: Bero, ein kontakt- und berührungsloser Befehlsgeber, Siemens-Zeitschrift 39 (1965), 394–396.

EIDINGER, A.: Ein-, Zwei- oder Vielfachunterbrechung bei Niederspannungsschaltgeräten, insbesondere bei Schützen. BBC-Nachrichten 41 (1959), 55–61.

— u. W. RIEDER: Das Verhalten des Lichtbogens im transversalen Magnetfeld, Arch. Elektrotechn. 43 H. 2 (1957), 94–114.

EINSELE, A.: (1) Neuere Entwicklung auf dem Gebiet der Motorsteuergeräte und der druckfesten Gehäuse zur Erhöhung des Sicherheitspegels schlagwettergeschützter Niederspannungsschaltausrüstungen, Siemens-Z. 26 (1952), 323–332.

— (2) Die Technik der Niederspannungsschaltgeräte aus dem Werk „Die Entwicklung der Starkstromtechnik". SSW (1953), 263–267.

— (3) Diskussionsbeitrag zum VDE-Fach-Bericht, Bd. 19 (1956), I/80–I/81.

EISLER, J.: Rationelle Beanspruchung von Kontakten, Einige konstruktive Maßnahmen und Untersuchungsmethoden, in P. A. Klaudy: Vorträge der 2. Internationalen Tagung über elektrische Kontakte, Graz, Mai 1964 309–315.

ERK, A.: (1) Über die Bemessung und Ausbildung von Gleichstrommagneten für Schütze, ETZ-A 81 (1960), 361–365.

— (2) Über die thermische Beanspruchung von Starkstromkontaktstücken bei Kurzzeitbelastung mit hohen Strömen, ETZ-A 85 (1964), 226–231.

— u. H. FINKE: Über die mechanischen Vorgänge während des Prellens einschaltender Kontaktstücke, ETZ-A 86 (1965), 129–133.

— u. M. SCHMELZLE: Die Einschwingspannung beim Ausschalten festgebremster Kurzschlußläufermotoren, ETZ-A 84 (1963), 357–361.

Erk, A.: u. K.-H. Schröder: Materialverschleiß an Kontaktstücken unter Berücksichtigung der Beanspruchungen in Niederspannungsschaltgeräten, ETZ-A 86 (1955), 731–732.

Evans, C. T.: Shading Coil Calculations for Single-Phase Magnets, AIEE Transactions 66 (1947), 134–138.

Feiner, A.: The Ferreed, Trans. Inst. electr. and electronic Eng. 83 (1964), 73–78; Ref. ETZ-A (1965), 158.

Fickert, W.: Der Ausgleichsvorgang beim Einschalten von Asynchronmotoren. E & M 61 (1943), 133–137.

Fischer, H.: Fehlerstromrelais, Siemens-Zeitschrift 37 (1963) 350.

Fleck, B.: Erläuterungen zu den Bestimmungen für das Errichten von Starkstromanlagen mit Nennspannungen von 1 kV und darüber VDE 0101/9.62, VDE-Schriftenreihe H. 11 4. (Aug. 1964).

Fleguth, O. H.: Umschaltvorgänge in Kraftwerks-, Eigenbedarfs- und Industrieanlagen, Siemens-Z. 26 (1952), 163–166.

Flöth, H.: Ausgleichvorgänge beim Parallelschalten von Kondensatoren, ETZ-A 78 (1957), 577–583.

Franken, H.: (1) Kontaktabnutzung bei Niederspannungsölschaltern, Helios, Lpz. 35 (1929), 202–204.

— (2) Niederspannungsölselbstschalter, E & M 47 (1929), 192–196.

— (3) Die Steuerung von Schützenschaltern über Kabelleitungen, Helios, Lpz. 36 (1930), 349–350.

— (4) Fortschritte im Bau von Niederspannungs-Ölselbstschaltern und Motorschutzschaltern ohne Klinken, Helios, Lpz. 37 (1931), 213–217.

— (5) Schaltgeräte für Kondensatoren, Helios, Lpz. 37 (1931), 293–294.

— (6) Die Schaltzeiten automatischer Schaltgeräte, Helios, Lpz. 38 (1932), 97–99.

— (7) Die Leistungsverminderung von Schaltgeräten mit der Schalthäufigkeit, ETZ 54 (1933), 1163–1164.

— (8) Die Zähigkeit der Isolierpreßstoffe im Niederspannungsschaltgerätebau, Plast. Massen 7 (1937), 135–138, 176–177 u. 219–231.

— (9) Die Entwicklung der Niederspannungsschaltgeräte, ETZ 59 (1938), 461–464.

— (10) Niederspannungs-Schütze für hohe Schaltzahlen, ETZ 60 (1939), 250–251.

— (11) Verwendung von Kunststoffen bei Rasteneinrichtungen für Walzenschalter, Kunststofftechn. u. Anwend. 9 (1939), 170–172.

— (12) Verschleißfeste Schaltgeräte, E & M 58 (1940), 124–133.

— (13) Untersuchungen über Schaltstückverschleiß, E & M 59 (1941), 145–153.

— (14) Die Leistungskennzeichnung von Niederspannungsschaltgeräten, Elektrotechn. 2 (1948), 135–136.

— (15) Die Einschaltströme in Motorkreisen und ihre Auswirkung auf die Schaltgeräte, VDE-Fachbericht 12 (1948), 45–54.

— (16) Silber im Schaltgerätebau, Der Elektrotechniker 1 (1949), 73–77.

— (17) Die Bewertung der Niederspannungsschaltgeräte, VDE-Fachbericht 13 (1949), 320–330.

— (18) Schaltstückstoffe für Motorschaltgeräte unter besonderer Berücksichtigung von Feinsilber und Kadmiumsilber, VDE-Fachbericht 14 (1950), 63–68.

— (19) Schaltgeräte für Niederspannungskondensatoren, Elektropost 3 (1950), 70–72.

— (20) Die Installation der elektrischen Ausrüstung von Arbeitsmaschinen, Elektro-Post 3 (1950), 257–262.

— (21) Anwendungsgrenzen von Keramik und Harzpreßteilen in der Elektrotechnik, insbesondere im Niederspannungsschaltgerätebau, ETZ-A 72 (1951) 133 bis 137.

FRANKEN, H.: (22) Druckknopftaster, Elektro-Post 4 (1951), 403–407.
— (23) Diskussionsbeitrag zu I. Moeller, Kurzschlußfeste Motorschutzschalter, VDE-Fachbericht 15 (1951), 80–86.
— (24) Aus der Physik der Niederspannungsschaltgeräte, Technische Mitteilungen, Vulkan-Verlag Essen 44 (1951), 226–235.
— (25) Niederspannungsschütze für hohe Lebensdauer, ETZ-A 73 (1952) 288–290.
— (26) Elektrische Schaltgeräte, Werkst. u. Betr. 85 (1952), 142–145.
— (27) Vollendete Isolierstoffkapselung, ETZ-B 4 (1952), 187–189.
— (28) Weiterentwicklungen bei Niederspannungsschaltgeräten, ETZ-B 5 (1953), 113–116.
— (29) Schaltgeräte und die Blindleistungsbekämpfung, Klöckner-Moeller-Post H. 1, (1953), 1–15.
— (30) Die Genauigkeit von elektrischen Endabschaltungen, Diskussionsbeitrag anläßl. des 6. Aachener Werkzeugmaschinenkoll. 1953; Aufwand, Leistung und Wirtschaftlichkeit neuzeitlicher Werkzeugmaschinen, Essen: Girardet 1953, 134 bis 135.
— (31) Der Schutz der elektrischen Geräte gegen die Umwelt und der der Umwelt gegen die Geräte, Elektro-Post 6 (1953), 92–97.
— (32) Messung von Kontaktprellungen bei Schaltgeräten, ETZ-A 75 (1954), 787–789.
— (33) Entwicklungstendenzen bei Schützen, ETZ-B 6 (1954), 101–104.
— (34) Eigentümlichkeiten der Zugkraftkurve von Wechselstrommagneten, Elektro-Post 7 (1954), 112–115.
— (35) Elektrische Ausrüstung von Arbeitsmaschinen und Unfallverhütung, Z. VDI 96 (1954), 1131–1134.
— (36) Die elektrische Ausrüstung von Arbeitsmaschinen vom Standpunkt der Unfallverhütung aus gesehen, Die Berufsgenossenschaft (Okt. 1955), 411–415.
— (37) Diskussionsbeitrag zu E. Rühlemann, Beitrag zur Wechselstromabschaltung von Motorlast kleiner Nennstromstärken, VDE-Fachbericht 19 (1956), I 74–I 81.
— (38) Das Verhalten von Schaltgeräten beim Abschalten laufender Drehstrominduktionsmotoren, ETZ-A 78 (1957), 458–462.
— (39) Die farbige Kennzeichnung von Bedienungselementen und Signalen der Elektrotechnik, Elektro-Welt (1958), 188–190.
— (40) Die Schütze und der Spannungsabfall, Klöckner-Moeller-Post H. 1 (1958), 1–8.
— (41) Das Auftreten überhöhter Stromspitzen beim Ein- und Umschalten von Asynchronmotoren, Elektrowelt (1958), 268–269.
— (42) Diskussionsbeitrag zu: A. Eidinger, Lichtbogenlöschung und wiederkehrende Spannung in Niederspannungs-Schaltgeräten, VDE-Fachbericht 22 (1958), 68–72.
— (43) Die Messung von Kontaktprellungen bei Schaltgeräten, ETZ-B 12 (1960), 53–54.
— (44) Die neuen Bestimmungen für die elektrische Ausrüstung von Bearbeitungs- und Verarbeitungsmaschinen — VDE 0113, ETZ-A 82 (1961), 326–330.
— (45) Kontaktsicherheit in der industriellen Steuerung, ETZ-B 14 (1962), 349–353
— (46) Motorschutz, Überströme — Übertemperaturen, Berlin/Göttingen/Heidelberg: Springer 1962.
— (47) Betriebssicherheit umfangreicher elektrischer Steuerungen, insbes. von Vielmotorenmaschinen, Fließstraßen und Fabrikssteuerungen, Kölner technische Mitteilungen 78 (1963), H. 2 1–3, H. 3, 7–9.
FRENZEL, W.: Das Schaltverhalten von Schützen unter dem Einfluß der Kapazität langer Steuerleitungen, Elektrie 18 (1964), 22–23.

FRIEDRICH, H.: (1) Zugkraftmessungen am Wechselstrommagneten für Luftschütze, ETZ-A 82 (1961), 343–347.
— (2) Der Werdegang eines Luftschützes vom Handmuster bis zur Serienreife, BBC-Nachrichten 44 (1962), 456–466.
— u. H. MAYER: Die wiederkehrende Spannung beim Abschalten von Prüfstromkreisen mit Luftschützen, ETZ-A 82 (1961), 597–604.
— u. R. SCHLAGER: Wechselstrom-Luftschütze mit geringer Schaltgeschwindigkeit, ETZ-B 12 (1960), 566–570.
FRISCH, H.: Automatisierungselemente der Elektrotechnik, Werkstattstechnik 53 (1963), 337–344.
GALLE, G.: (1) Bewertung des Aussehens der Schaltstückoberfläche von Luftschützen, April 1958, Druckschrift der Fa. Klöckner-Moeller, Bonn.
— (2) Ursache und Wirkung kurzzeitiger Spannungszusammenbrüche bei Schützen, Klöckner-Moeller-Post H. 2 (1960), 24–32.
— (3) Einflußgrößen im Steuerstromkreis, insbesondere die Kontaktsicherheit, Klöckner-Moeller-Post H. 1 (1965), 54–68.
GARBERS, H.: (1) Der Mikroschalter und seine Abarten, ETZ-B 7 (1955), 127–129
— (2) Anlaßhilfsschütz HL 1, Schaltgerät für den selbsttätigen Anlauf von Einphasen-Wechselstrommotoren, AEG-Mitteilungen 48 (1958), 241–246.
GEBAUER, E. u. W. BECK: Die geltenden Vorschriften und die praktischen Betriebsbedingungen für den Einsatz schwerer Industrie-Schütze, Elektrie 17 (1963), 341–342.
GERHARD, G. B. u. TH. SCHMELCHER: Dreipoliges Hochspannungsschütz für 200 A, 6000 V mit hohem Ausschaltvermögen, Siemens-Zeitschrift 39 (1965), 336–337.
GERLACH, A.: Gleichstrommagnete mit verminderter Halteerregung, Internationale Elektronische Rundschau 18 (1964), 21–22.
GERSTMANN, B.: Einphasen-Elektromagnete mit Kurzschlußring, E & M 75 (1958), 89–92.
GÖKE, K. J.: Klein-Endtaster AT 11b S–i mit Sprungschaltung, Klöckner-Moeller-Post H. 1, (1964), 33–36.
GONSIOR, I.: (1) Kleben von ferngesteuerten Schaltern infolge kapazitiver Aufladung des Steuerkabels, Glückauf 87 (1951), 797–798.
— (2) Beanspruchung von Schützen beim Abschalten von Kurzschlüssen, AEG-Mitteilungen 48 (1958), 328–331.
HÄUSLER, H.: Systematik im Aufbau von Folgesteuerungen durch Einsatz von Remanenz-Schützketten, Bulletin SEV 53 (1962), 825–829.
HENTSCH, A.: (1) Neuere Untersuchungen und Entwicklungstendenzen auf dem Gebiet der elektrischen Kontaktwerkstoffe, Elektrie 16 (1962), 149–152.
— (2) Untersuchungen über den Widerstand sulfidierter Kontakte aus Silber und Silberlegierungen, Elektrie 16 (1962), 234–236.
HEUMANN, G. W.: Magnetic Control of Industrial Motors, New York: John Wiley & Sons 1961.
HEUMANN, K. u. F. KOPPELMANN: Die Problematik des synchronen Schaltens von Wechselstrom mit mechanischen Schaltern, ETZ-A 86 (1965), 417–421.
HILGARTH, G.: Über die Grenzstromstärken ruhender Starkstromkontakte, ETZ-A 78 (1957), 211–217.
HOCHRAINER, A.: Die Spannungskennlinien des Leistungsschalters, VDE-Fachbericht 17 (1953) Teil II, 27–31.
HOFER, Th.: Mikroschalter, Vielseitige elektrische Schaltelemente, Bull. SEV 57 (1966) 913–918.

Höpp, W.: (1) Lichtbogenfreie Schalter für Wechselstrom, ETZ 41 (1920), 748—750.
— (2) Neuartige Bauweise von Schaltgeräten, ETZ 54 (1933), 203—205.
— (3) Feinsilberdruckkontakte für große Ströme, Feinmechanik und Präzision 47 (1939) 299—302.

Holm, R.: (Elektrische Kontakte, 3. Aufl.) Electric Contacts Handbook, Berlin-Göttingen-Heidelberg: Springer 1958.

Hoormann, Fr.: Aufbau von Steuerungen und Steuerungstafeln, ETZ-B 6 (1954), 369—371.

Iten, A.: Mikroschalter, moderne Bauelemente für elektrische Schalt- und Steuerzwecke, Technische Rundschau Bern 54 (1962) H. 7, 7, 9 u. 11, H. 8, 11 u. 13.

Ittmann, K.-H.: Protoflex-Steuerleitungen, Siemens-Zeitschrift 39 (1965), 405.

Jacobs, K.-H.: AEG-Befehls- und Meldegeräte für vielseitige Probleme und hohe Forderungen, AEGMitteilung 55 (1965), 178—181.

Jasse, E.: Die Elektromagnete, Berlin, Springer 1930.

Jermolajew, J. N.: Für einen neuen Aufschwung des sowjetischen Niederspannungsapparatebaues, (russisch) Vestnik Elektropromyschlennosti Tom 29 (1958) H. 9, 1—4.

Kappler, E., E. Rüchardt u. R. Schläffer: Kontaktwiderstand in Abhängigkeit von der Kontaktlast, Z. angew. Physik 2 (1950), 313—319, Ref. ETZ-A 72 (1951), 318.

Karttunen, M. A. u. E. N. Törnquist: Testing the breaking capacity of low-voltage contactors, Sähko 38 (1965), 186—190.

Kaufmann, W.: Einfluß langer Steuerleitungen auf die Wirkungsweise der Schütze, Siemens-Z. 28 (1954), 201—202.

Keil, A.: (1) Werkstoffe für elektrische Kontakte, Berlin/Göttingen/Heidelberg: Springer 1960.
— (2) Die Bedeutung des „Kleinklimas" in gekapselten Schaltgeräten, ETZ-B 12 (1960), 264—265.
— u. C. L. Meyer: Die mechanische Deformation von Kontaktstücken durch den Schaltlichtbogen, ETZ-B 12 (1960), 309—311.

Keiper, K.: Eigenbedarfsschaltanlagen für Dampfkraftwerke, ETZ-A 78 (1957), 122—126.

Kesselring, F.: Theoretische Grundlagen zur Berechnung der Schaltgeräte, 3. Aufl. Göschenband 711 Berlin: de Gruyter 1950.

Kirchdorfer, J.: (1) Erprobung von Niederspannungsschaltgeräten, Techn. Rundschau Bern 52, H. 43 (1960), 33, 35, 37, 41.
— (2) Die Bemessung von Steuertransformatoren für Niederspannungsschaltgeräte, Techn. Rundschau Bern, H. 16 (1961), 5, 7, 9, 11 u. H. 20, S. 29.
— (3) Eine Betrachtung von Prüfstromkreisen für Steuerschalter (Control-Switches), Bulletin SEV 57 (1966), S. 970—980.

Kirchner, W.: Stillstandwächter für Maschinen in Staffelschaltung, Siemens Zeitschrift 34 (1960), 86—89.

Klein, E.: Entwicklungsverlauf beim Bau elektrischer Bahnapparate, BBC-Nachrichten 47 (1965), 375—379.

Kleiner, R.: Betriebserfahrungen an einem Masselgießkran, Klöckner-Moeller-Post, H. 2 (1962), 88—89.

Kleinle, A.: Untersuchungen des Verschweißverhaltens von elektrischen Kontakten aus Silber und Silberlegierungen, Metall 15 (1961), 666—671.

Kniel, W.: Eine Schnell-Untersuchungsmethode für Kontakte hoher Lebensdauer von Schützenschaltern, E & M 60 (1942), 166—171.

KOCH, H. O.: Ein piezoelektrisches Druckmeßgerät und seine Anwendung zur Untersuchung von Zugkraftschwankungen bei wechselstrombetriebenen Schaltschützen, Frequenz 12, Nr. 10 (1958), 311–318.

KOCMANN, A.: Die Einschaltzeit von Schaltgeräten beim Prellen der Schaltstücke, Die elektrische Ausrüstung Ausg. B (1963), 204–207, (1964), 135–141,

KUBIAK, H. J. u. L. H. MATTHIAS: Shading Coil Magnet of New Design, AIEE Transactions Part II, Applications and Industry 80 (1962), 346–351.

KÜBLER, E.: Berechnung des Dämpferringes von Wechselstrommagneten, ETZ-A 74 (1953) 558–560.

KÜNDIGER, E.: Schütze mit Wechsel- oder Gleichstrommagneten, ETZ-B 6 (1954), 105–109.

KUSSY, W. F.: (1) Elektrische Niederspannungsschaltgeräte, Berlin: Technischer Verlag Cram 1950.

— (2) Berechnung der Abmessungen des Kurzschlußringes bei Einphasenmagneten, ETZ-A 72 (1951), 513–517.

LAIG-HÖRSTEBROCK, W.: Beitrag zur Untersuchung des Kontaktprellens, ETZ-A 74 (1953), 41–42.

LANGOSCH, O.: Kinematik in Springschalterkonstruktionen, TZ für praktische Metallbearbeitung 55 (1961), 192–195.

LEMNITZ, H. u. H. MÜLLER: Ein frequenzabhängiger Drehzahlwächter aus Simatic-Bauteilen, Siemens-Zeitschr. 34 (1960), 226–228.

LINCKH, H. E. u. K. KRAPF: Eine neue Anordnung zum Prüfen des Schweißverhaltens von Kontakten, ETZ 63 (1942), 405–409.

LIPPMANN, H. J.: Kontaktlose Signalgeber mit berührungsloser Betätigung durch Eisenteile, ETZ-A 83 (1962), 367–372.

LOH, O.: (1) Strom-, Spannungsspitzen und thermische Belastung der Schaltstücke beim Ein- und Zuschalten von Kondensatoren, Arch. Elektrotechn. 42 H. 3 (1956), 164–183.

— (2) Kraft-, Weg- und Geschwindigkeitsmessungen an einem Schütz, E & M Wien 77 (1960), 149–154, 170–173.

— (3) Ein Vergleich von Drehstromschützen mit 3×4, 1×4, plus 2×2 und 3×2 Unterbrecherstellen, E & M Wien 77 (1960), 301–305.

— (4) Verhalten des Wechselstromlichtbogens bei Niederspannungs-Schaltgeräten ETZ-A 82 (1961), 748–753.

— (5) Die Berechnung des dynamischen Verhaltens eines Wechselstrommagnetantriebes, Archiv für Elektrotechnik 47, H. 5 (1963), 302–317; Ref. ETZ-A 84 (1963), 543.

— (6) Vergleich der Lichtbogenarbeit beim Abschalten mit Schaltstücken aus Silber und Silberkadmiumoxyd, ETZ-B 17 (1965), 52–53.

— (7) Vorschriften zur Prüfung und Beurteilung von Schaltstücken bei Schützen ?, E & M 82 (1965), 19–22.

LOPITZSCH, K. H.: Systematische Wartung elektrischer Industrie-Anlagen, Stahl u. Eisen 80 (1960), 1414–1417.

LOTTMANN, G. u. A. RUSSIG: Automatisierung im Werkzeugmaschinenbau durch Lochkarten- u. Meßsteuerung, Dtsch. Elektrotechn. 12 (1958), 171–177.

MAECKER, K.: (1) Die einheitliche Darstellung der Schaltungen für elektrisch gesteuerte Werkzeugmaschinen, Werkstattstechnik u. Maschinenbau 39 (1949), 57–61, 87–92.

— (2) Endschalter im Werkzeugmaschinenbau, Industrieanzeiger 80, H. 36/37 (1958), 76–83.

MARTIN, E.: Korrosionsschutz u. Klimabeständigkeit in Schaltanlagen, BBC-Nachrichten 44 (1962), 8–15.

MAU, H.-J.: Kritische Bemerkungen zur Schaltvermögensprüfung von Motorschaltern und Schützen, Elektrie 15 (1961), 288–294.

MCPARTLAND, I. F.: An application manual on modern electric controls, Electrical construction and maintenance 60 (1961), 71–124.

MECKLENBURG, W.: Klimaprüfung von Schaltgeräten, BBC-Machrichten 44 (1962), 441–446.

METZGER, F.: (1) Internationale Normen und Vorschriften für Niederspannungsschaltgeräte im Lichte des Exports und Imports, Die elektrische Ausrüstung, H. 2 (1963), 35–42.

— (2) Die zweckmäßige Wahl der Schutzarten für Niederspannungs-Schaltgeräte und Schaltanlagen, Die elektr. Ausrüstung 1966, S. 86–94.

MEYER, H.: (1) Über die Wirkungsweise der Kurzschlußringe in Einphasenwechselstrommagneten, Berlin-Charlottenburg: Diss. TU (1960).

— (2) Stoßsichere Luftschütze, AEG-Mitteilungen 50 (1960), 209–210.

— (3) Die neue Schützenreihe der AEG, Schaltschütze Typ LS und Luftschütze Typ L, AEG-Mitt. 54 (1964), 265–267.

— (4) Schütze zum Schalten von Heizstromkreisen, AEG-Mitt. 54 (1964), 268–269.

— (5) Zuverlässigkeit elektrischer Steuerschütze, ETZ-B 18 (1966), 77–81.

— (6) Ein neues Remanenschütz Typ LSOR und seine Anwendungsmöglichkeiten, AEG-Mitteilungen 56 (1966), S. 131–133.

MEYER-HARTWIG, E.: Neue elektrische Schaltverzögerer für Schütze, ETZ-B 14 (1962), 465–467.

MEYER, H. u. A. PPEIFFER: Niederspannungsschaltgeräte für anomale Frequenzen, AEG-Mitt. 48 (1958), 149–154.

MOBARRY, J. W.: Electromagnet Shading-Coil Design Charts, Electro-Technology 70 (1962), 138–140 u. 142.

MOELLER, H.: Wege u. Ziele im Schaltgerätebau, Klöckner-Moeller-Post, H. 1 (1950), 4–15.

MÖNNICH, A. u. W. WOSNY: Unterspannungsbrücken, AEG-Mitt. 52 (1962), 84–86; Ref. ETZ-B (1962), 662.

MÜHLINGHAUS, A.: Die Isolierung von Elektroblechen, ETZ-B 17 (1965), 49–51.

MÜLLER, O.: Diskussionsbeitrag zum dem Vortrag F. Kassau, Luftschütze zum Steuern von Hochspannungsmotoren großer Leistung, VDE-Fachbericht 10 (1938), 42–46.

MÜLLER-HILLEBRAND, D.: (1) Diskussionsbeitrag zu F. Metzger, Entwicklung der Niederspannungsschaltgeräte für große Leistungen, VDE-Fachbericht 8 (1936) 137–142.

— (2) Aus der neueren Entwicklung von Schaltgeräten für Niederspannungsanlagen, Siemens-Z. 17 (1937), 505–516.

NAIDENOW, E. u. G. HOFFRICHTER: Schaltstückabbrandfestigkeit von Schaltstück-Werkstoffen für Niederspannungs-Öl-Schaltgeräte, Elektrie 14 (1960), 73–74.

NEDESS, H. u. J. VINCKEN: Luftschütze mit kontaktkraftfreiem Magnetanker, Calor-Emag-Mitteilungen, H. III/IV (1960), 3–21.

NEUMANN, I.: Löschung von Lichtbögen in engen Spalten zwischen Isolierstoffwänden, ETZ-A 82 (1961), 336–342.

NÖSKE, H.: Untersuchungen an kurzen Wechselstromlichtbögen in Luft, Z. angew. Physik 10 (1958), 327–336, 382–393.

OHARA, M. u. M. YAMAMOTO: Der Einfluß der Polflächenbeschaffenheit auf die Zugkraft eines Wechselstrommagneten, ETZ-A 86 (1965), 375, 376.

OSE, K.: Vorzüge und Probleme von Leuchtwarten für Förderanlagen, Fördern u. Heben 4 (1954), 585–589.

OSWALD, F. u. H. BREUKER: Technik der Programm-Steuerungen, ETZ-B 10 (1958), 112—116.
PAETOW, H.: Kontaktschmelzbrücken und Feinwanderung, ETZ 70 (1949), 227—232.
PALME, R.: Der Einfluß der oxydierenden Wirkung atmosphärischer Luft auf die Wirkungsweise elektrischer Kontakte, Schweiz Arch. 19 (1953), 177—184.
PAWELKA, E.: Einführung in die Schaltgerätetechnik, Wien: Springer-Verlag 1965.
PETRASEK, L. H.: Probleme der Entwicklung elektromechanischer und statischer Relais für die Schutz- und Steuerungstechnik, Elektrie 17 (1963), 345—349.
PFEIFFER, A.: (1) Industrieschaltgeräte erfordern leistungsfähige Entwicklungslaboratorien, AEG-Mitteilungen 48 (1958), 154—163.
— (2) Einpolige Synchronschalter zum Prüfen von Niederspannungs-Schaltgeräten, ETZ-B 10 (1958), 455—460.
PHILIPP, M.: Einiges über Schaltungen von Kleinschützen beim Umkehrbetrieb, Polumschaltung usw., Klöckner-Moeller-Post, H. 1 (1960), 39—41.
POHLMANN, G.: Verzögerte Nullspannungsauslösung für Niederspannungs-Schaltgeräte, Z. VDI 106 (1964), 1813—1816.
POPOVIĆ, A.: Der neue Resonanzbremswächter RBwI für läufergespeiste Drehstrom-Nebenschlußmotoren, Siemens-Zeitschrift 33 (1959), 244—246.
RAB, D.: Geschützte Kontakte — Bausteine für moderne Steuerungen, Elektrie 19 (1965), 95—98.
RATING, F. u. A. WALTER: Digitales Meßgerät zum Erfassen der Prelldauer, ETZ-B 17 (1965), 557—560.
RAUB, E.: Plattierte Edelmetallkontakte, Metallforschung 37 (1946), 71—75.
REMY, H.: Abhilfemaßnahmen gegen das durch die Kapazität der Steuerleitungen verursachte Hängenbleiben von wechselstrombetätigten Schützen, AEG-Mitteilungen (1942), 70—72.
RENSCH, H.: Eigenschaften und Anwendung von Schutzrohrkontakten, Z. VDI 107 (1965), 160—167.
REUSCHER, I.: Hohe Wirtschaftlichkeit von Luftschützen K 915 auch bei angestrengtem Schaltbetrieb, Siemens-Z. 36 (1962), 738—743.
RICHE, A. L.: Precision Snap-Acting Switches, Electr. Engs. 68 (1949), 128—134; Ref. Der Elektrotechniker 2 (1950), 21—22.
RIEDER, W.: (1) Leistungsbilanz der Elektroden u. Charakteristiken frei brennender Niederstrombögen, Z. Phys. 146 (1956), 629—643.
— (2) Die Beurteilung der Kontaktwerkstoffe für elektrische Schaltgeräte, Bulletin SEV 53 (1962), 830—840.
ROSELLEN u. TILS: Einjährige Erfahrung mit der elektropneumatischen Schützensteuerung, Verkehr u. Technik 4, H. 8 (1951), 208—209.
ROTH, A.: Hochspannungstechnik, 5. Aufl. Wien: Springer 1965.
RÜDENBERG, R.: Elektrische Schaltvorgänge, 4. Aufl. Berlin/Göttingen/Heidelberg: Springer 1953.
RÜHLEMANN, E.: (1) Beitrag zur Wechselstromabschaltung von Motorlast kleiner Nennstromstärken, VDE-Fach-Berichte 19, (1956), I 74—81.
— (2) Der Einfluß der wiederkehrenden Spannung auf das Schaltvermögen von Drehstrom-Motorschaltern bei Niederspannung, BBC-Nachrichten 41 (1959), 47—54.
SCHÄR, F.: Schnellwiedereinschaltung, Selektivschutz und industrielle Verbraucher, BULL. SEV (1961), 875—877.
SCHARHAG, W.: Neues aus dem Befehlsgeräteprogramm, Klöckner-Moeller-Post H. 1 (1965), 14—19.

SCHERER, H. u. G. WALTHER: Hilfsschütze für Sonderaufgaben, BBC-Nachrichten 47 (1965), 99–103.

SCHLAGER, R. u. H. FRIEDRICH: Neue Wechselstrom-Luftschütze, BBC-Nachrichten 42 (1960), 556–563.

SCHLECKER, G., A. KÜBEL u. H. FELKEL: Leuchtwarten für Steuerungen in Industriebetrieben, Siemens-Zeitschrift 37 (1963), 561–565.

SCHÖNAUER, H.: (1) Fortschritte im Bau von Luftschützen, ETZ-B 5 (1953), 73–76.

— (2) Auswirkungen von Netzspannungsschwankungen bei ferngesteuerten Schaltgeräten, AEG-Mitteilungen 48 (1958), 225–229.

SCHUMANN, R. L.: Luftschütze K 915 mit Ausschaltverzögerung, Siemens Zeitschrift 33 (1959), 295–298.

SCHUSTER, U.: Berührungslose Endtaster, Siemens-Zeitschrift 36 (1962), 345–346.

SECK, A.: (1) Ist das Auswechseln von Schaltstücken noch statthaft? Klöckner Moeller-Post H. 2 (1963), 97–100.

— (2) 25 Jahre rote und grüne Schütze, Klöckner-Moeller-Post H. 1 (1965), 20–28.

— (3) Das Betriebsverhalten von isolierstoff- und metallgekapselten Befehlsgeräten an Be- und Verarbeitungsmaschinen, Konstruktion 17 (1965), 403–408.

— (4) Fehlschaltungs-Sicherheit elektrischer Steuerungen, ETZ-B 18 (1966), 33–37.

SEEGERT, R. u. W. BECK: Konstruktionsmerkmale moderner Niederspannungsschaltgeräte, Elektrie 14 (1960), 429–432.

SIEMS, H.: Springfederschalter, Feinwerktechnik 57 (1953), 85–86.

SLEPIAN, J.: (1) Theory of the Deion Circuit-Breaker Trans. A.I.E.E. 48 (1929), 523–527.

— (2) Extinction of a long A–C arc, J. Amer. Inst. Electr. Engng. 49 (1930), 310–314; Ref. ETZ 53 (1932), 439.

— (3) Die Löschung eines Wechselstromlichtbogens im Gasstrom, E & M 51 (1933), 180–184.

STAFFEL, W.: Allwärts bewegte Kommandogeräte für Arbeitsmaschinen, Werkst. u. Betr. 85 (1952), 235–237.

STEINBERG, C. u. V. PANAITE: Pulsatia fortei de atractie la electromagnetii monofazati, Electrotehnica 7 (1959), 435–443.

STERNKOPF, H.: Gegenstrombremsung bei Drehstrommotoren, AEG-Mitteilungen (1937), 443–446.

STETTNER, H.: (1) Das Remanenzschütz LOR, ein magnetisch verklinktes Steuerschütz, AEG-Mitteilungen 52 (1962), 81–82.

— (2) Die neuen Luftschütze Typ L und LS, AEG-Mitteilungen 53 (1963), 127–129

STOLTE, W.: Schüttgutschalter, ein neuer kapazitiver Taster, Siemens-Zeitschrift 40 (1966), 330.

STOTZKE, G.: Der Einfluß der Kontaktform auf die Schweißgrenze bei Niederspannungsgeräten, Dtsch. Elektrotechn. 12 (1958), 152–158.

TAEV, J. S.: Über den Kathodeneffekt im Wechselstrom-Lichtbogen (russ.), Vestnik Elektropromischlennosti 10 (1960), 48–55.

THIELE, R.: Antrieb von großen Schrubbdrehbänken, ETZ 58 (1937), 199–200.

TOMOIAGA, R. u. S. GOLDEMBERG: Contibutii la proiectarea elementelor cinematice ale contactoarelor (rum.) (Beiträge zur Projektierung der kinematischen Schützenbauelemente), Electrotehnica 12 (1964), 104–117.

TONIOLO, S. B.: L'Interruzione „lenta“ di modeste Correnti alternate a basse Tensioni, L' Elettrotecnica 38 (1951) 498–504

UNGER, F.: (1) Die Dämpferwicklung bei Einphasen-Wechselstromhubmagneten, E & M 55 (1937), 85–89, Auszug ETZ 58 (1937), 795.

— (2) Entwurf der Dämpferwicklung bei Wechselstrom-Hubmagneten, E & M 56 (1938), 201–206.

WAGNER, L.: Remanenzschütze, E & M 75 (1958), 481–485.

WEDELL, H. M.: (1) Über die Messungen der Materialwanderungen an Abhebekontakten mit Hilfe von radioaktiven Isotopen, Elektrie 16 (1962), 12.

— (2) Untersuchung der Grobwanderung an Abhebe-Kontakten mit Hilfe radioaktiver Isotope, Elektrie 17 (1963), 340–341.

WERNER, W.: Die Kontrolle von Kontaktdrücken, Philips Techn. Rdsch. 6 (1941), 62–63.

WICH, H.: Werkstoffeinfluß bei Wechselstrommagneten, Elektrie 17 (1963), 371–372.

WILZECK, M.: Endtaster mit Wechselvorrichtung, Siemens-Zeitschrift 39 (1965), 393.

WOEBCKEN, W.: (1) Durchsichtige Gehäuse für die Kapselung elektrischer Schaltgeräte, Kl.-Moeller-Post H. 2 (1959), 1–12.

— (2) Oberflächenschutz von Metallteilen im Schaltgerätebau, Klöckner-Moeller-Post H. 2 (1960), 8–15.

WOLAK, K.: Schutzgaskontakte und Schutzgaskontakt-Relais, Siemens-Z. 32 (1958), 845–847.

WOLLENEK, A.: Die Schweißneigung prellender Starkstromkontaktstücke, VDI-Zeitschrift 102 (1960), 1053–1060.

WOSNY, W.: Das neue AEG-Grenztaster-Programm, AEG-Mitt. 55 (1965), 175–178

ZANDRA, W.: (1) Die Stellung des Kleinschützes im Niederspannungsschalterbau, E & M 69 (1952), 46–50.

— (2) Neuartige Luftschütze mit leistungslosem Haltekraftsystem, E & M 70 (1953), 445–446.

ZAREMBA, P.: Ermittlung einer max. zulässigen Kapazität von Steuerleitungen in Wechselstromkreisen, Elektrie 15 (1961), 411–414.

ZIELASEK, G.: Zur Feinwanderung in elektrischen Abhebekontakten, Arch. Elektrotechn. 43 (1957), 249–275.

ZÖRB, H.: Die Beanspruchung von Hilfsstromschaltern beim Schalten von Schützmagneten, ETZ-B 15 (1963), 312–313.

ANONYM: (1) Reliability in Control Gear Performance, Failure to Safety Features in Electromagnetic and Electronic Gear, Electr. Tms. Vol. 133 (1958), 795–796.

— (2) Gleichstrom-Schütze mit Wechselstromerregung, Conti-Elektro-Berichte 7 (1961), 46–47.

— (3) Aus der Industrie, Teil 4 Niederspannungsschaltgeräte u. Relais, ETZ-B 14 (1962), 201–206.

— (4) Niederspannungsschaltgeräte für die Automation, Zeitschrift für praktische Metallbearbeitung 57 (1963), 223–227.

— (5) Thermische Zeitrelais für automatische Sterndreieckschalter, Conti-Elektro-Berichte 9 (1963), 125–127.

— (6) Hochspannungsluftschütze, Type 6/200 Z und 10/200 Z, Conti-Elektro-Berichte 9 (1963), 247–248.

Sachverzeichnis

GPSR Compliance

The European Union's (EU) General Product Safety Regulation (GPSR) is a set of rules that requires consumer products to be safe and our obligations to ensure this.

If you have any concerns about our products, you can contact us on ProductSafety@springernature.com

In case Publisher is established outside the EU, the EU authorized representative is:

Springer Nature Customer Service Center GmbH
Europaplatz 3
69115 Heidelberg, Germany

Batch number: 10682323

Printed by Printforce, the Netherlands